零点工作室　范文利　姜洪奎　张蔚波 等／编著

CAXA 2008 制造工程师行业应用实践

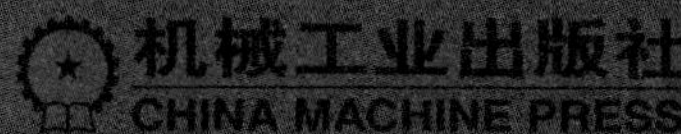

本书主要内容以CAXA制造工程师的功能模块为主线，从基础入手，以实例为引导，循序渐进地介绍了软件的基本操作、线架造型、几何变换、曲面造型、曲面编辑、实体造型、数控铣加工与编程和综合运用加工实例等内容。本书内容翔实，系统、全面，通过大量实例说明了软件的功能和应用方法，并在每一章的最后通过综合实例详细地演示了各章所讲述的主要内容，使读者通过实际演练，能更快、更好地掌握所学知识。

本书图文并茂，讲解深入浅出，通俗易懂，适合作为高等学校机电类CAD/CAM技术相关课程的教材，也适合作为CAXA制造工程师的初学者、机械制造企业和相关单位的技术人员学习CAD/CAM技术软件及进行相关培训的配套教材和参考用书。

图书在版编目（CIP）数据

CAXA制造工程师2008行业应用实践/范文利等编著. —北京：机械工业出版社，2010.3
（精工：CAD/CAM行业应用实践丛书）
ISBN 978-7-111-29870-0

Ⅰ. ① C… Ⅱ. ① 范… Ⅲ. ① 数控机床—计算机辅助设计—应用软件，CAXA 2008 Ⅳ. ① TG659

中国版本图书馆CIP数据核字（2010）第032219号

机械工业出版社（北京市百万庄大街22号 邮政编码100037）
责任编辑：张晓娟 责任印制：杨 曦
版式设计：墨格文慧

保定市中画美凯印刷有限公司印刷

2010年5月第1版第1次印刷
184mm×260mm · 19.75印张 · 487千字
0 001－4 000册
标准书号：ISBN 978-7-111-29870-0
ISBN 978-7-89451-493-6（光盘）
定价：42.00元（含1DVD）

凡购本书，如有缺页、倒页、脱页，由本社发行部调换

电话服务
社服务中心：（010）88361066
销售一部：（010）68326294
销售二部：（010）88379649
读者服务部：（010）68993821

网络服务
门户网：http://www.cmpbook.com
教材网：http://www.cmpedu.com

前　　言

CAXA 制造工程师 2008 是北京数码大方科技有限公司（CAXA）开发的国产 CAD/CAM 软件。CAXA 软件产品覆盖了设计、工艺、制造和管理四大领域。CAXA 软件在装备制造、电子电器、汽车及零部件、国防军工、工程建设和教育等各个行业中得到了广泛的应用。CAXA 制造工程师 2008 是 2008 年 6 月推出的最新版本，版本号为 2008r1。

本书以 CAXA 制造工程师 2008 最新版为基础，介绍其草图、线架造型、曲面造型、特征实体造型、加工轨迹生成、加工 G 代码生成及仿真等功能模块，能使初学者在较短的时间内熟悉并掌握 CAXA 制造工程师软件，并具有一定的运用 CAXA 制造工程师解决问题的能力。

本书的写作思想是：立足于实际问题的应用设计，通过针对性、代表性的实例讲解常用命令，开拓读者思路，使其掌握方法，提高对知识综合运用的能力。在学习过程中，通过循序渐进的练习使读者真正掌握造型设计的技巧。

本书的读者对象包括：

- 学习 CAXA 制造工程师的初级读者。
- 具有一定 CAXA 制造工程师基础知识的中级读者。
- 学习机械设计的在校大中专学生。
- 从事产品设计的机械工程师及从事三维制造与加工的专业人员。

本书既可以作为院校机械专业的教材，也可以作为读者自学的教程，同时也非常适合作为专业人员的参考手册。

为了方便读者的学习，本书提供了配套光盘，其中的内容包括：

- 教学视频。将综合练习和工程实例的操作以视频录像的形式制作出来，通过合理组织，使读者能够方便地学习。
- 本书各章实例和综合实例的源文件。
- 课后习题的答案、源文件和最终效果文件。

读者可以直接将这些源文件在 CAXA 制造工程师的环境中运行或修改。

本书主要由山东建筑大学范文利（编写第 3、4、5、6、7、9 章）、姜洪奎（编写第 2 章）、张蔚波（编写第 1 章）、吕志杰（编写第 8 章及附录）编写，参与编写的人员还有管殿柱、宋一兵、郭世永、瞿晓东、张俊华、张忠林、刘国华、王玉甲、于广滨、张晓杰、赵秋玲和童桂英等，他们为本书提供了大量的实例和素材。

感谢您选择了本书，希望我们的努力对您的工作和学习有所帮助，也希望您把对本书的意见和建议告诉我们。

零点工作室网站地址：www.zerobook.net

零点工作室联系信箱：gdz_zero@126.com

零点工作室

目　　录

第 1 章　CAD/CAM 基础

学习目标

掌握线架的组成及画法

掌握构建线架的操作方法

掌握线的编辑操作方法

掌握几何变换的方法

CAD/CAM 即计算机辅助设计与计算机辅助制造，是一项利用计算机作为主要技术手段，通过生成和运用各种数字信息与图形信息帮助人们完成产品设计与制造的技术。

CAM 编程是当前最先进的数控加工编程方法，它是利用计算机以人机交互图形方式完成从零件几何图形计算机化、轨迹生成与加工仿真到数控程序生成的全过程，操作过程形象生动、效率高、出错几率低，而且还可以通过软件的数据接口共享已有的 CAD 设计结果，实现 CAD/CAM 集成一体化和无图纸设计制造。

1.1 CAD/CAM 基础知识

CAD/CAM 即计算机辅助设计与计算机辅助制造，英文全拼为 Computer Aided Design and Computer Aided Manufacturing，是一项利用计算机作为主要技术手段，通过生成和运用各种数字信息与图形信息帮助人们完成产品设计与制造的技术。

1.1.1 基本概念

CAD 主要指使用计算机和信息技术来辅助完成产品的全部设计过程，包括从接受产品的功能定义到设计完成产品的材料信息、结构形状和技术要求等，并最终以图形信息的形式表达出来的整个过程。

CAM 一般有广义和狭义两种理解，广义的 CAM 包括利用计算机进行生产的规划、管理和控制产品制造的全过程；狭义的 CAM 仅包括计算机辅助编制数控加工的程序。本书所说的 CAM 是指狭义的 CAM。

CAD/CAM 技术的发展和应用水平已成为衡量一个国家科技现代化和工业现代化水平的重要标志之一。CAD/CAM 技术的应用可提高产品设计的质量，缩短产品设计制造周期，可以产生显著的社会经济效益。目前，CAD/CAM 技术广泛应用于机械、汽车、航空航天、电子、建筑工程、轻工、纺织和家电等领域。

1.1.2 CAD/CAM 系统的基本组成

CAD/CAM 系统由硬件系统、软件系统和人才系统组成。

硬件主要指计算机主机及其外部设备、网络通信设备和生产加工设备。硬件设备是 CAD/CAM 系统运行的基础。软件一般是指由系统软件、支撑软件和应用软件组成的程序、数据及有关文档。软件是 CAD/CAM 系统的核心。近年来，由于计算机技术的不断进步，大大缩短了软件升级和硬件更新的周期。二者之中，尤以软件升级更为活跃，只有及时进行升级完善，才能不断满足生产加工的需要。软件的发展需要更快的计算机硬件系统，而硬件的更新为开发更好的 CAD/CAM 软件提供了必备的物质条件。

配置最佳的软、硬件系统离不开高素质的操作和维护人员，人才是 CAD/CAM 系统运行的关键。从使用角度来看，各类 CAD/CAM 系统都通过人机对话完成各种交互任务，而大部分交互工作是在人与计算机之间进行的，这就要求操作人员与计算机密切合作，各自发挥自身特长。操作人员在设计策略、逻辑控制、信息组织、经验和创造性方面占有主导地位。计算机在信息存储与检索、分析与计算、图形与文字处理等方面有着特有的优势。只有把硬件、软件和操作人员的工作有机结合起来，并加以正确的维护，才能有效地发挥 CAD/CAM 系统的作用。

CAD/CAM 系统的组成如图 1-1 所示。

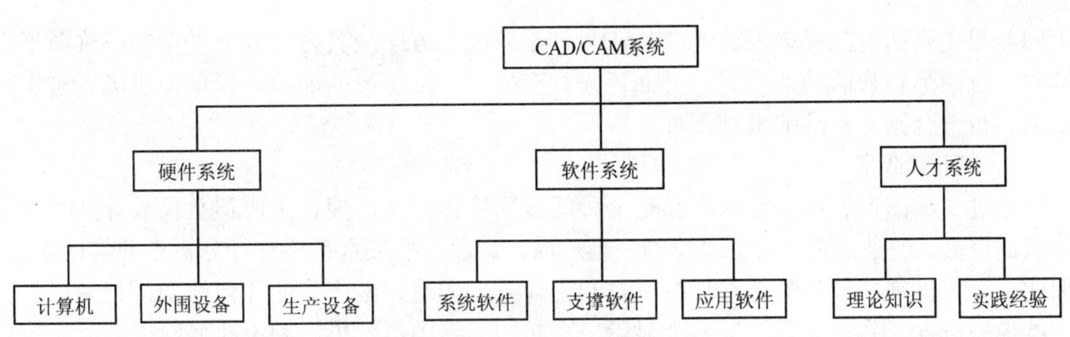

图 1-1　CAD/CAM 系统的组成

CAD/CAM 系统是一个有机的统一体，但 CAD 和 CAM 又各有其侧重面。下面先简单介绍一下 CAD 系统软件的功能。由于 CAD/CAM 系统所处理的对象不同，硬件的配置、选型不同，所选择的支撑软件不同，因此，系统的功能也会有所不同。系统总体与外界进行信息传递与交换的基本功能是靠硬件提供的，而系统所能解决的问题是由软件来保证的。

（1）图形显示功能

CAD/CAM 系统的工作过程是一个人机交互的过程，从产品的造型、构思、方案的确定、结构分析到加工过程仿真，系统随时保证用户能观察、修改中间结果，实时编辑处理。用户每一次操作都能从显示器上及时得到反馈，直到取得最佳的设计、制造结果。图形显示功能不仅能够对二维平面进行显示控制，还能实现三维实体处理。

（2）存储功能

在 CAD/CAM 系统运行时产生的数据量很大。往往有很多算法生成大量的中间数据，尤其在进行对图形的操作以及交互式的设计、结构分析中的网格划分等时。

为了保证正常运行，CAD/CAM 系统必须配置容量较大的存储设备，以支持数据在各模块运行时的正确流通。另外，工程数据库系统的运行必须有存储空间的保障。

（3）输出、输入功能

在 CAD/CAM 系统运行时，用户需要不断将有关设计要求、各个步骤的具体数据等输入计算机，通过计算机处理后，输出处理结果。输入、输出信息可以是数值，也可以是非数值，如图形数据、文本和字符等。

（4）交互功能

在 CAD/CAM 系统中，人机接口是用户与系统连接的桥梁，友好的用户界面是保证用户直接而有效地完成复杂设计任务的必要条件。除软件中的界面设计外，还必须有交互设备实现人与计算机之间的通信。

1.1.3　CAD/CAM 系统的主要任务

CAD/CAM 系统需要对产品设计、制造全过程的信息进行处理，包括设计、制造过程中的数值计算、设计分析、绘图、工程数据库、工艺设计及加工仿真等各个方面。

（1）工程绘图

采用计算机进行平面图形的绘制，以取代传统的手工绘图，CAD/CAM 系统中的某些中间结果也是通过图样来表达的。CAD/CAM 系统一方面应具备从几何造型的三维图形直接向二维图形转换的功能，另一方面还需具有处理二维图形的能力，以保证生成合乎生产要求、也符合国家标准的机械图样。

（2）几何造型

通过二维图形表达三维的产品是一种间接的设计方法，理论上应该直接设计具有三维形状的产品。但是，依靠人工去绘制三维产品，并对三维产品直接进行分析是非常困难的。因此，计算机辅助设计的基本任务就是利用计算机构造三维产品的几何模型，记录产品的三维模型数据，并在计算机屏幕上显示出真实的三维图形效果。利用几何建模功能，用户不仅能构造各种产品的几何模型，还可以随时观察、修改模型或检验零部件装配的结果。

产品几何建模包括零件建模（即在计算机中构造每个零件的三维几何结构模型）和装配建模（即在计算机中构造部件的三维几何结构模型）。常用的建模方法有线框模型（即用零件边框线来表示零件的三维结构）、曲面模型（即用零件的表面来表示零件的三维结构）和实体造型（即全面记录零件边框、表面及由曲面所组成的实体的信息，并记录材料属性及其他加工属性）。

（3）计算分析

CAD/CAM 系统构造了产品的形状模型之后，能够根据产品几何形状计算出相应的体积、表面积、质量、重心位置及转动惯量等几何特性和物理特性，为系统进行工程分析和数值计算提供必要的基本参数。另一方面，CAD/CAM 系统中的结构分析需进行的应力、温度和位移等计算，图形处理中变换矩阵的运算，体素之间的交、并、差计算以及工艺规程设计中的工艺参数计算都要求 CAD/CAM 系统对各类计算分析算法正确、全面，而且适应数据计算量大、有较高的计算精度等要求。

（4）结构分析

CAD/CAM 系统结构分析常用的方法为有限元法，这是一种数值近似求解方法，用来解决结构形状比较复杂的零件的静态（动态）特性、强度、振动、热变形、磁场、温度场和应力分布状态等计算分析。在进行静态、动态特性分析之前，系统根据产品结构特点划分网格，标出单元号和节点号，并将划分的结果显示在屏幕上。进行分析计算之后，将计算结果以图形和文件的形式输出，如应力分布图和位移变形图等，用户可以方便、直观地看到分析结果。

（5）优化设计

CAD/CAM 系统应具有优化求解的功能，也就是在某些条件的限制下，使产品或工程设计中的预定指标达到最优。优化包括总体方案的优化、产品零件结构的优化和工艺参数的优化等。优化设计是现代设计方法学中的一个重要组成部分。

（6）装配及干涉碰撞分析

零部件在设计时，利用计算机分析和评价产品的装配性，可以避免真实装配中的各种问题。对于运动机构，也要分析其内部零部件之间及机构周围环境之间是否有干涉碰撞现象，要及时发现并纠正各种可能存在的干涉碰撞问题。

（7）可制造性分析

在零部件设计时，用计算机分析和评价产品的可制造性能，以避免一切不合理的设计（不合理的设计将导致后续制造困难或制造成本增加）。

（8）计算机辅助工艺规程设计（CAPP）

产品设计的目的是为了加工制造出该产品，而工艺设计是为产品的加工制造提供指导的文件。因此，CAPP 是 CAD 与 CAM 的中间环节。CAPP 系统应当根据建模后生成的产品信息及制造要求，自动设计、编制出加工该产品所采用的加工方法、加工步骤、加工设备及参数。CAPP 的设计结果一方面能被生产实际所用，生成工艺卡片文件，另一方面能直接输出一些信息，为 CAM 中的 NC 自动编程系统接收、识别，直接转换为刀位文件。

（9）NC 自动编程

在分析零件图后，制订出零件的数控加工方案，并用专门的数控加工语言（如 APT 语言）将其输入计算机。其基本步骤如下。

- 编程：手工或计算机辅助编程，生成源程序。
- 前处理：将源程序翻译成可执行的计算机指令，经计算求出刀位文件。
- 后处理：将刀位文件转换成零件的数控加工程序，最后输出数控加工代码。

（10）模拟仿真

在 CAD/CAM 系统内部建立一个工程设计的实际模型，通过运行仿真软件，代替、模拟真实系统的运行，用以预测产品的性能、产品的制造过程和产品的可制造性。如数控加工仿真系统，从软件上实现工件试切的加工模拟，避免了现场调试带来的人力、物力的投入及加工设备损坏的风险，减少了制造费用，缩短了产品设计周期。模拟仿真通常有加工轨迹仿真、机构运动学模拟、机器人仿真及工件、刀具、机床的碰撞和干涉检验等。

（11）工程数据库管理

由于 CAD/CAM 系统中数据量大、种类繁多，既有几何图形数据，又有属性语义数据；既有产品定义数据，又有生产控制数据；既有静态标准数据，又有动态过程数据，结构还相当复杂，因此，CAD/CAM 系统应能提供有效的管理手段，以支持工程设计制造全过程信息的流动与交换。通常，CAD/CAM 系统采用工程数据库系统作为统一的数据环境，实现各种工程数据的管理。

1.2　数控加工基础

数控加工编程就是把零件的图形尺寸、工艺过程、工艺参数、机床的运动及刀具位移等内容按照数控机床的编程格式并用数控机床能识别的语言记录在程序单上的过程。程序编制的好坏直接影响数控机床的正确使用和数控加工优越性的发挥。

1.2.1　数控加工编程的内容与步骤

数控编程的内容与步骤，即 CAD/CAM 系统的操作过程，可分为如下 5 步，图形表示如图 1-2 所示。

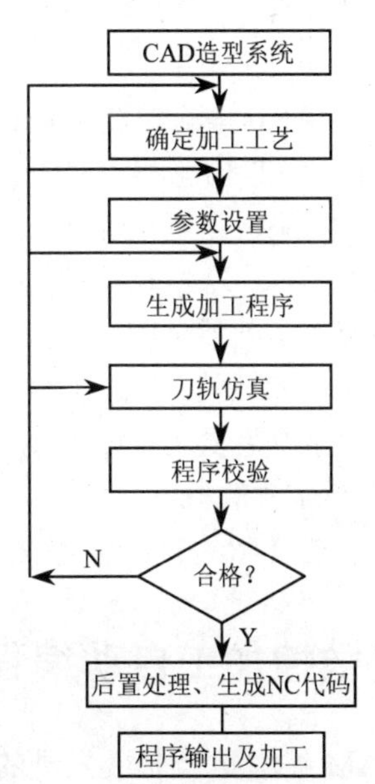

图 1-2　CAD/CAM 系统的操作过程

（1）零件几何信息的描述。利用 CAD/CAM 系统软件对零件进行几何造型，形成零件的三维几何信息。

（2）加工工艺参数的确定。根据零件的几何信息（三维模型）确定零件的加工工艺参数及被加工面等信息。通过 CAM 系统提供的交互界面将这些信息输入计算机内。工艺参数包括加工方法、刀具参数和切削用量等；被加工面信息输入包括选择被加工面或被加工面的边界、进刀退刀方式和进给路线等。

（3）刀具轨迹生成。根据几何信息和工艺信息，CAM 系统将自动进行有关数据的计算，生成刀具轨迹，并将相关信息分别保存在零件的轮廓数据文件、刀位数据文件及工艺参数文件中，它们是系统自动生成 NC 代码和仿真加工的基础。

（4）刀具轨迹编辑与仿真。刀具轨迹仿真可验证刀具轨迹的合理性，如有错误和缺陷，可以对刀具轨迹进行一定的编辑，包括刀具轨迹的裁剪、分割、连接、转置、反向及刀位点的增加、删除、修改与均匀化等。

（5）数控程序的产生——后置处理。将编辑好的刀位文件转换成指定数控机床系统能执行的数控程序单。这些程序单可以直接输入到数控机床中，用于控制数控加工。

1.2.2 数控编程技术的发展概况及程序编制的方法

数控编程一般可分为手工编程和自动编程。

手工编程是指编制数控加工程序的各个步骤均由人工来完成。几何形状不太复杂的零件，计算比较简单，加工程序不多，适合进行手工编程。但对于形状复杂、具有非圆曲线和列表曲线轮廓的零件，特别是具有列表曲面和组合曲面的零件，或者虽然几何元素并不复杂但程序量很大的零件来说，由于其计算非常烦琐，程序量很大，易出错，难校对，因此采用自动编程比较合适。

根据编程信息的输入方式及计算机对信息处理方式的不同，自动编程又分为以自动编程语言（APT 语言）为基础的自动编程方法和以 CAD 为基础的自动编程方法，即语言式自动编程和交互式自动编程。

使用 APT 语言编制数控程序提高了编程效率，同时还具有程序简练、走刀控制灵活等优点。但 APT 仍有不少缺点，由于是用语言来定义零件几何形状的，因此难以描述复杂的几何形状，缺乏几何直观性；缺少对零件形状和刀具运动轨迹的直观图形显示以及刀具轨迹的验证手段；难以同 CAD 数据库和 CAPP 系统有效连接；不易做到高度的自动化和集成化；要求编程人员熟悉 APT 语言，仍需手工编写并输入源程序，难免存在人为的错误。

针对 APT 语言的缺点，从 20 世纪 70 年代开始，出现了许多 CAD/CAM 一体化集成软件，产生了交互式 CAM 自动编程技术，并逐步形成了计算机集成制造系统（CIMS）及并行工程（CE）的概念。

本书要介绍的自动编程技术就是一种交互式 CAM 自动编程技术。

1.3 数控加工自动编程

CAM 编程是当前最先进的数控加工编程方法，它是利用计算机以人机交互图形方式完成从零件几何图形计算机化、轨迹生成与加工仿真到数控程序生成的全过程，操作过程形

象生动、效率高、出错几率低，而且还可以通过软件的数据接口共享已有的 CAD 设计结果，实现 CAD/CAM 集成一体化和无图纸设计制造。

1.3.1　CAD/CAM 一般作业流程

CAD/CAM 系统是产品设计、制造过程中的信息处理系统，它以计算机硬件、软件为支撑环境，通过各个功能模块（分系统）实现对产品的描述、计算、分析、优化、绘图、工艺规程设计、仿真及 NC 加工。另外，从广义上讲，CAD/CAM 集成系统还包括生产规划、管理及质量控制等方面的内容。因此，它克服了传统人工操作的缺陷，充分利用了计算机高速、准确、高效的计算功能，图形处理和文字处理功能，以及对大量数据的存储、传递和加工功能，在运行过程中，结合人的经验、知识及创造性，形成一个人机交互、各尽所长、紧密配合的系统。它主要研究对象的描述、系统的分析、方案的优化、计算分析、工艺设计、仿真模拟、NC 编程及图形处理等理论和工程方法，输入的是系统的产品设计要求，输出的是系统的产品制造加工信息。CAD/CAM 系统的一般作业流程如图 1-3 所示。

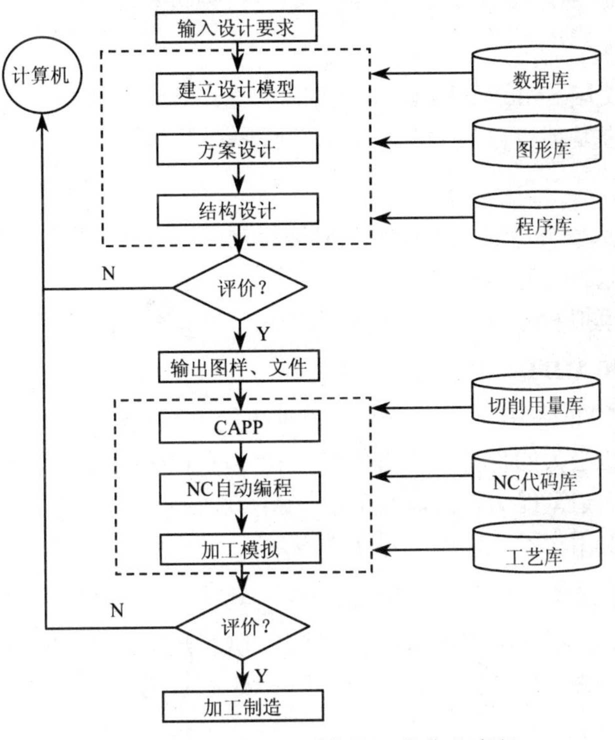

图 1-3　CAD/CAM 系统的一般作业流程

1.3.2　常用的数控加工 CAM 软件介绍

用于数控加工的 CAM 软件大体上分为两种类型。一是数控机床厂开发的配套编程软件；二是软件开发商专为数控加工开发的 CAD/CAM 集成软件。第一种类型的软件针对性强，但在功能及操作方便性方面存在不足，因此，现在有些数控机床生产厂扬长避短，选

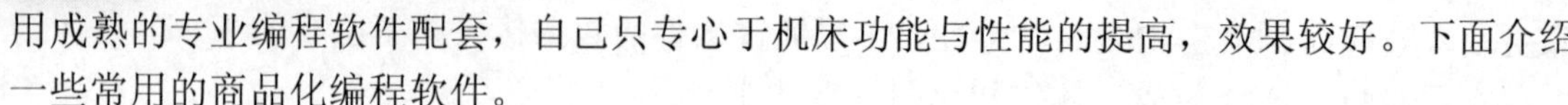

用成熟的专业编程软件配套，自己只专心于机床功能与性能的提高，效果较好。下面介绍一些常用的商品化编程软件。

1．Pro/ENGINEER（简称 Pro/E）

Pro/E 是美国 PTC 公司开发的机械设计自动化软件，包含了多个专用功能模块，如特征造型、产品数据管理（PDM）、有限元分析和装配等，是最早较好实现参数化设计功能的软件。Pro/E 目前是全球应用最为广泛的 CAD/CAM 软件之一。

2．Unigraphics（简称 UG）

UG 是美国 EDS 公司的产品，该软件汇集了美国航空航天与汽车工业丰富的设计经验，已经发展成为世界一流的集成化机械 CAD/CAE/CAM 软件系统。

3．I-DEAS

I-DEAS 是美国 EDS 公司的产品，它集产品设计、工程分析、数控加工、塑料模具仿真分析、样机测试及产品数据管理于一体，是高度集成化的 CAD/CAE/CAM 软件。它的 CAE 能力突出，具备强大的有限元分析前处理和机构仿真能力。

4．SolidWorks

SolidWorks 是美国 SolidWorks 公司推出的小型 CAD/CAM 系统，采用著名的 Parasolid 为造型引擎，其主要功能可以与大型 CAD/CAM 系统相媲美。

5．CATIA

CATIA 是法国达索公司研制的三维几何造型软件，具有工程绘图、数控加工编程和计算分析等功能。可以方便地实现二维元素与三维元素之间的转换，还可以进行平面或空间机构运动学方面的模拟和分析。

6．AutoCAD 和 MDT

AutoCAD 和 MDT 是美国 Autodesk 公司推出的 CAD 系统，前者在我国二维 CAD 市场多年来一直占有相当大的份额，后者则是一种集成化的微机版 CAD 系统，具有特征造型、约束装配和曲面造型能力，同时与 AutoCAD 完全集成。由于 AutoCAD 和 MDT 对设备资源要求不高，费用也不高，因此易于普及。

7．Mastercam

Mastercam 软件是美国 CNC Software，INC．研制开发的 PC 级 CAD/CAM 系统，它集三维建模，数控车、铣、线切割等功能于一体，突出的后置处理功能使其在模具制造中被广泛应用。

8．CAXA 系列软件

CAXA 系列软件是北京数码大方科技有限公司的系列产品。该公司开发研制的 CAD/CAM 系列产品如下。

- ❑ 二维和三维电子图板。
- ❑ 注塑模具设计系统。
- ❑ 线切割系统。

- CAXA 制造工程师。
- 工艺图表。
- 实体设计。

目前，CAXA 电子图板在国内 CAD 市场占有一定的市场份额。

9．Inte 软件

Inte 软件是武汉天喻软件有限责任公司的产品，它是以华中科技大学 CAD 中心为基础发展起来的。天喻公司对 CAD/CAM 技术进行全面研究与开发，并推出了系列 InteCAX 产品，在国内占有很大的市场，其主要产品如下。

- Inte CAD：集成智能化辅助绘图设计系统。
- Inte SOI.ID：三维产品造型与设计系统。
- Inte PDM：产品数据管理系统。
- Inte CAM：数控加工编程及仿真系统。
- Inte CAPP：计算机辅助工艺设计软件。
- InteVSS：虚拟仿真系统等。

10．开目软件

开目软件是武汉开目信息技术有限责任公司的系列产品，它依托华中科技大学雄厚的科研力量和丰富的人才资源，立足于制造业信息化领域，开发并拥有的开目系列软件产品如下。

- 开目二维 CAD。
- 开目三维 CAD。
- 产品数据管理系统开目 PDM。
- 工艺设计系统等开目 CAPP。
- 开目工艺设计及管理系统 KMCAPIM 等。

本书主要介绍的 CAM 软件是 CAXA 制造工程师 2008。

CAXA 制造工程师软件目前已广泛应用于国内塑模、锻模、汽车覆盖件拉伸模和压铸模等复杂模具的生产及汽车、电子、兵器、航空航天等行业精密零件的加工。CAXA 制造工程师 2008 具有 Windows 原创风格，是易学实用的全中文、三维、曲面实体完美结合、集三维造型设计、加工代码生成和校验一体化的 CAD/CAM 方案。灵活、强大的实体曲面混合造型功能和丰富的数据接口可以实现零件复杂的三维造型设计；通过加工工艺参数和机床后置的设定自动生成适用于任何数控系统的加工代码；通过直观的加工仿真和代码反读可以检验加工工艺和代码质量。

1.4　应用项目——连杆零件的设计

完成一个零件的生产，需要由设计人员先进行零件图纸设计，然后再加工生产出来。数控加工是把设计图纸经计算机绘制成实体，再进行刀具轨迹及加工代码的生成，然后把代码传送绘数控系统，让数控系统来完成零件的自动加工。所以在数控加工过程中需要配置机床，看懂图样，并用曲线、曲面和实体表达工件，根据工件形状选择合适的加工方式，以生成刀位轨迹和加工程序 G 代码，再把 G 代码传送给机床，由机床进行加工。

本书中以一个连杆零件为例，贯穿各章节，讲述 CAXA 制造工程师 2008 是如何进行配置文件、生成实体、编辑实体、生成加工轨迹及如何传送到数控系统完成零件的加工等。连杆零件的二维俯尺寸图如图 1-4 所示。

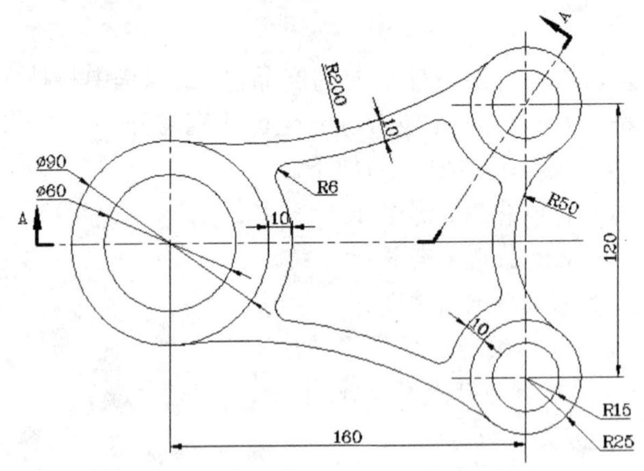

图 1-4 连杆零件的二维俯尺寸图

连杆零件的 A-A 视图如图 1-5 所示。

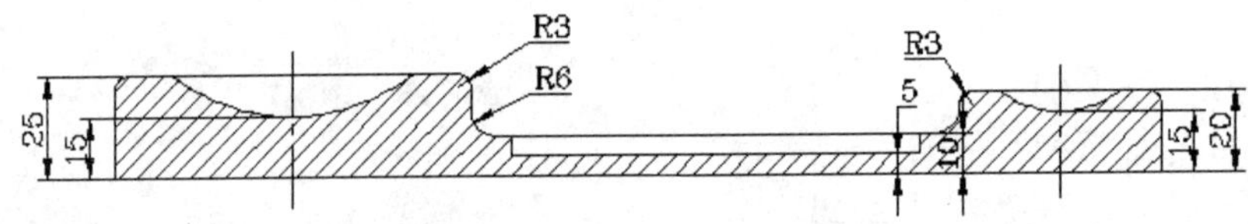

图 1-5 连杆零件的 A-A 视图

连杆的二维图纸在 CAXA 制造工程师 2008 中进行三维实体造型后，其效果图如图 1-6 所示。

图 1-6 连杆的三维实体造型效果图

1.4.1 设计要求

本例将会参照连杆的两个视图图纸中的零件尺寸参数在 CAXA 制造工程师 2008 软件中进行零件设计。根据二维图纸，首先生成实体底板，在底板上生成两个小圆柱台、一个

大圆柱台及一凹槽，生成 3 个圆柱台上表面的球形凹槽，完成实体的倒角过渡等操作。

在进行实体仿真后，还要在 CAXA 制造工程师 2008 软件中进行数控机床和加工刀具的配置，根据加工工艺进行刀具轨迹的设计，生成刀具轨迹后再进行加工轨迹的仿真，由刀具轨迹生成刀具轨迹的 G 代码。在 CAXA 软件中可以进行 G 代码的加工仿真、机床通信设置、G 代码的传送实验及加工工艺表的生成等操作，这些都是本例要求在 CAXA 制造工程师软件中实现的操作。

1.4.2　设计方案

CAXA 制造工程师 2008 软件中有 3 大类造型方法，分别为线架造型、曲面造型和特征实体造型。

- 线架造型是指用空间点和空间曲线来描述零件轮廓形状的造型方法。线架造型是曲面造型和实体造型的基础，是三维造型技术的关键。
- 曲面造型主要是构建线框后，可以在线框的基础上选用各种曲面的生成和编辑方法，在线框上构造所需定义的曲面来描述零件的外表面。
- 特征实体造型通常包括孔、槽、型腔、点、凸台、圆柱体、块、圆锥体、球体和管子等。同时，特征实体造型是 CAXA 制造工程师 2008 的重要组成部分。

了解了 CAXA 制造工程师的 3 种造型方法后，再分析一下连杆的造型特点，由连杆二维图纸可知，连杆主要是由连接底板和 3 个圆柱体组成的，因此，在构造模型时，应主要考虑 1 块底板、3 个圆柱体、3 个球面和 1 个凹槽的构造。

线架造型主要是用空间点和空间线来描述零件外形轮廓的，在本例中，可以方便地用直线及圆弧线做出底板线架、通过圆做出圆柱体的线架、通过直线及圆弧线作出凹槽的线架，但是做球面时有点困难。

连杆零件也可以用曲面造型来完成，如通过曲线与曲线之间的生成面来完成底板、圆柱体及球体的曲面造型。但曲面造型需地线架来完成，所以需要把连杆的线架造型画出来，再生成曲面，进行曲面造型。

连杆零件可以通过实体造型生成各种部件，通过二维草图就可以生成底板、圆柱，通过一维草图进行旋转除料可以生成球面。实体造型通常包括孔、槽、型腔、点、凸台、圆柱体、块、圆锥体和球体等实体，操作比较简单、方便。

综上所述，通过实体造型可以方便地建立连杆的零件模型。通常在做比较简单的造型时，可以使用前两者，但在做实体造型时，线架造型和曲面造型是穿插在内的，同时也是实体造型不可缺少的一部分。所以本书将以特征实体造型为主介绍连杆零件的造型及加工生产。

1.4.3　实施路线

本例将使用特征实体造型来完成连杆零件的实体造型。观察连杆的二维视图，首先做出连接底板的实体，然后做出 3 个圆柱实体，最后做球弧曲面，进行边的倒角，完成实体造型。具体实施步骤如下。

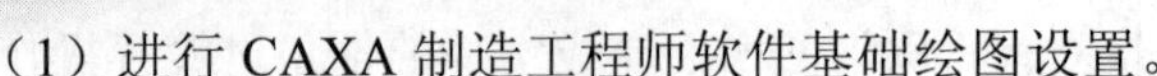

（1）进行 CAXA 制造工程师软件基础绘图设置。
（2）进行特征实体造型。
（3）绘制连杆的外形轮廓草图。
（4）生成底板实体。
（5）绘制凹槽外形轮廓草图。
（6）除料生成凹槽。
（7）分别生成 3 个圆柱实体特征。
（8）分别生成 3 个圆柱体上的球面。
（9）使用过渡特征生成圆角。
（10）设置机床刀具参数。
（11）生成加工轨迹。
（12）进行加工仿真。
（13）由加工轨迹生成 G 代码。
（14）生成加工工艺表。

1.5 思考与练习

1．思考题

（1）CAD 的含义及功能是什么？
（2）CAM 的含义及功能是什么？
（3）CAD/CAM 技术的发展经历了哪些阶段？
（4）CAD/CAM 系统由哪几种类型的软件组成？各有什么功能？
（5）简述 CAD/CAM 系统的一般作业流程。
（6）CIMS 的含义是什么？
（7）试比较线框造型、曲面造型和特征实体造型的优缺点和它们的应用范围。

2．操作题

（1）指出如图 1-7 所示的鼠标模型由哪几种特征组成。
（2）指出如图 1-8 所示的电话机的模型有哪几种实体特征组成。

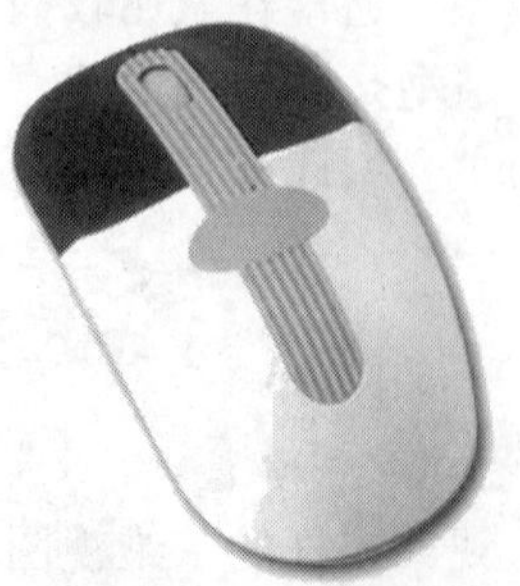

图 1-7　鼠标模型

图 1-8　电话模型

第 2 章 CAXA 制造工程师概述

学习目标

熟悉 CAXA 软件界面

了解 CAXA 软件的功能

掌握 CAXA 软件的菜单功能

掌握 CAXA 软件的操作使用方法

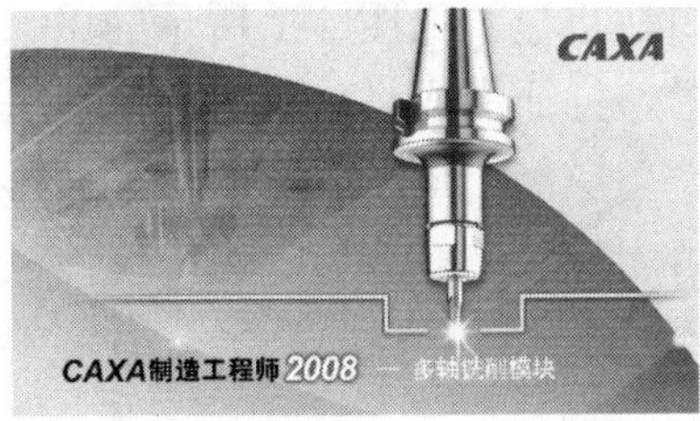

CAXA 制造工程师 2008 是在 Windows 环境下运行 CAD/CAM 一体化的数控加工编程软件。该软件集成了数据接口、几何造型、加工轨迹生成、加工过程仿真检验、数控加工代码生成、加工工艺生成等一套面向复杂零件和模具的数控编程功能。

CAXA 制造工程师工具软件提供了线架造型、曲面造型和实体造型三大类基本造型方法，具有自动编程、NC 代码自动校验和模拟加工的仿真功能。CAXA 制造工程师自动生成的 NC 代码，可用数据传输软件通过计算机与数控机床间的 RS232C 接口，传送给数控机床的控制系统。

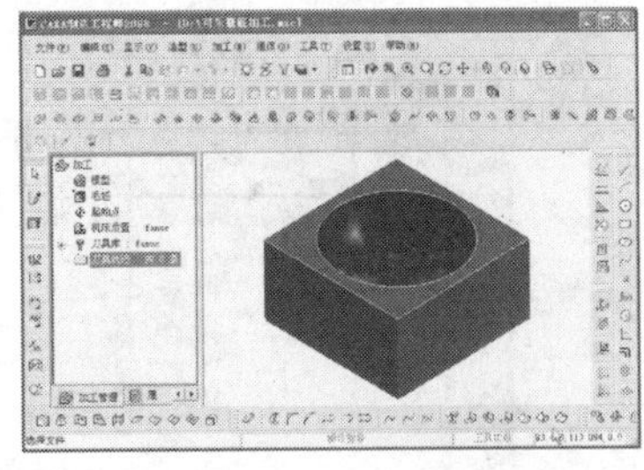

2.1 概述

CAXA 制造工程师工具软件提供了线架造型、曲面造型和实体造型三大类基本造型方法，具有自动编程、NC 代码自动校验和模拟加工的仿真功能，为使用者省去了针对不同的控制系统、不同的零件编制复杂数控加工程序的环节，消除了检查数控加工程序对错的烦恼，减少了在加工过程中才发现问题而导致浪费的现象。

CAXA 制造工程师自动生成的 NC 代码，可用数据传输软件通过计算机与数控机床间的 RS232C 接口传送给数控机床的控制系统。如果控制系统支持 DNC 功能，数据传递软件还能直接控制数控机床的加工过程，解决了大 NC 代码常因存储空间不够而必须分段的问题，使加工和控制更容易。

2.2 设计环境

CAXA 制造工程师 2008 是在 Windows 环境下运行的 CAD/CAM 一体化的数控加工编程软件。该软件集成了数据接口、几何造型、加工轨迹生成、加工过程仿真检验、数控加工代码生成和加工工艺单生成等一整套面向复杂零件和模具的数控编程功能。

2.2.1 软件界面

启动 CAXA 制造工程师 2008 之后，进入主窗口，将显示如图 2-1 所示的用户操作界面，主要由标题栏、菜单栏、标准工具栏、特征树栏、特征生成栏、立即菜单、绘图区及状态栏等组成。

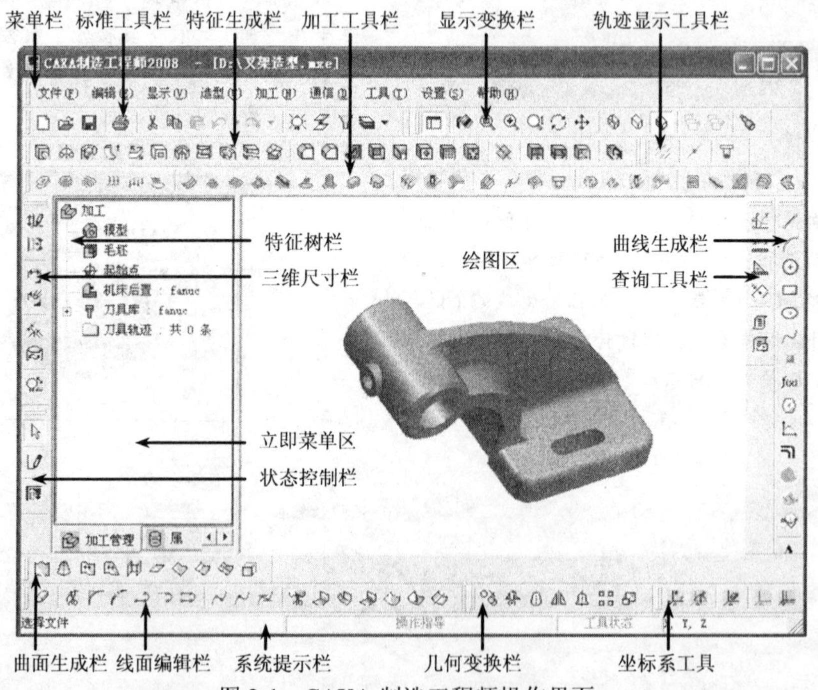

图 2-1 CAXA 制造工程师操作界面

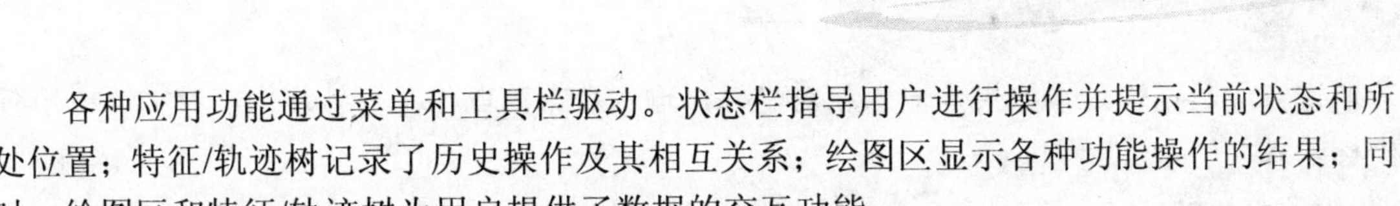

各种应用功能通过菜单和工具栏驱动。状态栏指导用户进行操作并提示当前状态和所处位置；特征/轨迹树记录了历史操作及其相互关系；绘图区显示各种功能操作的结果；同时，绘图区和特征/轨迹树为用户提供了数据的交互功能。

CAXA 制造工程师 2008 工具栏中的每一个按钮都对应一个菜单命令，单击按钮和选择菜单命令的操作结果是完全一样的。主菜单是位于界面最上方的菜单栏，单击菜单栏中的任意一个菜单项，都会弹出一个下拉式菜单，鼠标指向某一菜单项会弹出其子菜单。主菜单中包括文件、编辑、显示、造型、加工、工具、设置和帮助等菜单项。每个部分都包含若干个下拉菜单。

立即菜单描述了该项命令执行的各种情况和使用条件。根据当前的作图要求，正确地选择某一选项，即可得到准确的响应。

绘图区是进行绘图的工作区域，它位于屏幕的中心位置，并占据了屏幕的大部分面积。宽广的绘图区域为清晰显示全图提供了空间。

在绘图区的中央设置了一个三维直角坐标系，该坐标系称为世界坐标系，它的坐标原点为（0.0000，0.0000，0.0000），在操作过程中的所有坐标均以此坐标系的原点为基准。

2.2.2　常用键

在 CAXA 制造工程师软件中有很多键盘操作。通过键盘操作可以节省寻找菜单命令的时间，大大提高绘图速度，减少操作步骤，提高绘图质量。CAXA 软件中常用键有鼠标键、回车键、数值键、空格键和功能热键。

1．鼠标键

现在的鼠标一般由鼠标左键、鼠标右键、鼠标中键及滑轮 4 个键组成。各键的功能如下。

- 鼠标左键可用来选择图素、确定点坐标和激活功能菜单。按动鼠标左键一次称为单击，对点、曲线、曲面和实体选择时的单击操作也称为拾取。
- 鼠标右键可用来确认拾取、结束操作、终止命令和弹出快捷菜单。按动鼠标右键一次称为右击。
- 鼠标中键依鼠标样式不同而不同，有的鼠标中键是一个单独的按键，放置在鼠标左键与右键中间，有的把中键放在滑轮下面，按下滑轮即为按下鼠标中键，其效果是一样的。鼠标中键一般用于对绘图区中的图像进行选定操作，配合鼠标的移动来完成绘图区的旋转效果。按下鼠标中键或滑轮不放，移动鼠标，可以对绘图区中的图像进行旋转操作。
- 鼠标滑轮的作用是把绘图区的图像进行放大或缩小，向下或向上滑动滑轮可以使当前绘图区的图像进行放大或缩小。

2．回车键和数字键

当屏幕左下角系统提示栏提示输入点坐标，如圆心、中点、起点、终点、肩点或者半径时，一般是先按 Enter 键（回车键）激活数据输入框，如图 2-2 所示，然后用

@10, 20, 30

图 2-2　数据输入框

数值键完成数据输入。如果是输入相对坐标，输入数据前以“@”号开头，表示使用相对坐标输入。

3．空格键

在下列情况下可使用空格键。

- 系统要求确定点坐标时，按 Space 键（空格键），将弹出如图 2-3 所示的【工具点】菜单，以确定合适的点捕捉方式，达到快速输入点坐标的目的。
- 作扫描面时，按 Space 键，将弹出如图 2-4 所示的【矢量工具】菜单，以选择方向。

✔ S 缺省点
E 端点
M 中点
I 交点
C 圆心
P 垂足点
T 切点
N 最近点
K 型值点
O 刀位点
G 存在点

图 2-3 【工具点】菜单

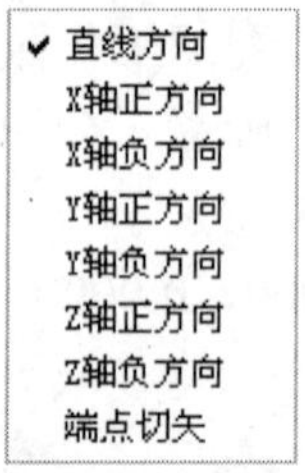

✔ 直线方向
X轴正方向
X轴负方向
Y轴正方向
Y轴负方向
Z轴正方向
Z轴负方向
端点切矢

图 2-4 【矢量工具】菜单

- 作曲线组合和平面时，按 Space 键，将弹出如图 2-5 所示的【拾取方式选择】菜单，以确定拾取方式。
- 进行剪切、复制、移动和阵列操作时，按 Space 键，将弹出如图 2-6 所示的【选择集拾取工具】菜单，用来添加新图素或者去除已拾取图素。

当在屏幕任意位置处绘制点或拾取图素无效时，需要按 Space 键，在弹出的【工具点】菜单中选取【S 缺省点】命令。

> **提示**
>
> 【拾取方式选择】菜单中的“单个拾取”用在轮廓线不多且易拾取的场合；“链拾取”用在轮廓线较多且首尾相连的场合；“限制链拾取”用在选定两条限制线之间的连接链部分。

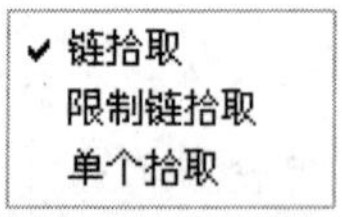

✔ 链拾取
限制链拾取
单个拾取

图 2-5 【拾取方式选择】菜单

✔ A 拾取添加
W 拾取所有
R 拾取取消
L 取消尾项
D 取消所有

图 2-6 【选择集拾取工具】菜单

4．功能热键

系统提供了如下一些方便操作的功能热键。

- F1 键：请求系统帮助。
- F2 键：草图器。用于“草图绘制”与“非绘制草图”模式的切换。
- F3 键：显示全部图形。
- F4 键：刷新屏幕显示。
- F5 键：将当前面切换至 *XOY* 平面。视图平面与 *XOY* 平面平行，把图形投影到 *XOY* 面内显示，即选取 *XOY* 平面为视图平面和作图平面。

- F6 键：将当前面切换至 *YOZ* 平面。视图平面与 *YOZ* 平面平行，把图形投影到 *YOZ* 面内显示，即选取 *YOZ* 平面为视图平面和作图平面。
- F7 键：将当前面切换至 *XOZ* 平面。视图平面与 *XOZ* 平面平行，把图形投影到 *XOZ* 面内显示。即选取 *XOZ* 平面为视图平面和作图平面。
- F8 键：按轴侧图方式显示图形。
- F9 键：重复按该键将当前面在 *XOY* 平面、*YOZ* 平面和 *XOZ* 平面间切换，但不改变视图平面。
- 方向键（←、↑、→、↓）：显示平移，可以使显示的图形在屏幕上平行移动。
- Shift+方向键（←、↑、→、↓）：显示旋转，使图形在屏幕上旋转显示。
- Ctrl+方向键（↑）：显示放大。
- Ctrl+方向键（↓）：显示缩小。
- Shift+鼠标左键：显示旋转，与 Shift+方向键（←、↑、→、↓）功能相同。
- Shift+鼠标右键：显示缩放，与 Ctrl+（↑）、Ctrl+（↓）功能相同。
- Shift+鼠标右键+鼠标右键：显示平移，与方向键（←、↑、→、↓）功能相同。
- PageUp：显示放大，与 Ctrl+（↑）功能相同。
- PageDown：显示缩小，与 Ctrl+（↓）功能相同。

如果要自定义功能热键，需要选择主菜单中的【设置】/【自定义】命令，弹出【自定义】对话框，从中进行各选项的设置即可，如图 2-7 所示。

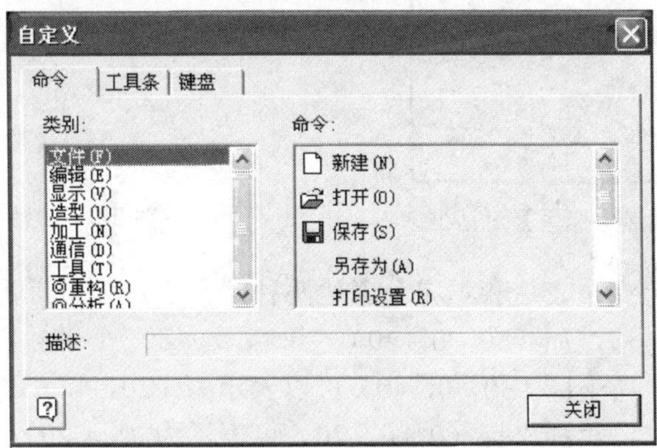

图 2-7 【自定义】对话框

2.2.3 坐标系

打开 CAXA 制造工程师软件时，绘图区中显示的三维坐标系为世界坐标系，即为工作坐标系。工作坐标系是指系统默认的坐标系为绝对坐标系、自定义的坐标系为工件坐标系或用户坐标系、正在使用的坐标系为当前工作坐标系。其中，当前工作坐标系是不能被删除的，任何时刻输入的点坐标或鼠标移动时右下角的变动数值，都是针对当前工作坐标系的。

如果在绘图和造型过程中使用系统默认坐标系不方便，可创建新的坐标系。新创建的坐标系将自动成为当前工作坐标系。

1．创建坐标系

CAXA 制造工程师提供了单点、三点、两直交直线和圆或圆弧 4 种创建坐标系的方法。

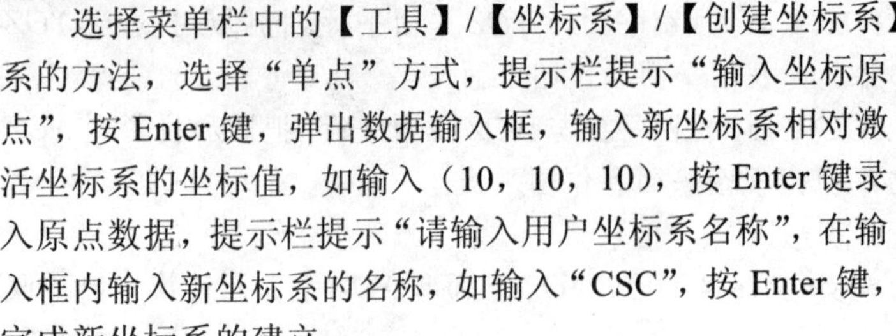

选择菜单栏中的【工具】/【坐标系】/【创建坐标系】命令，立即菜单提示创建坐标系的方法，选择“单点”方式，提示栏提示“输入坐标原点”，按 Enter 键，弹出数据输入框，输入新坐标系相对激活坐标系的坐标值，如输入（10，10，10），按 Enter 键录入原点数据，提示栏提示“请输入用户坐标系名称”，在输入框内输入新坐标系的名称，如输入“CSC”，按 Enter 键，完成新坐标系的建立。

> **提示**
>
> 用“圆或圆弧”方法创建的坐标系原点在圆或圆弧的圆心处，拾取的箭头方向即为 X 轴正向。

2. 激活坐标系

如果系统中有多个坐标系，可根据绘图或造型的需要选择不同的坐标系。选择主菜单中的【工具】/【坐标系】/【激活坐标系】命令，弹出【激活坐标系】对话框，如图 2-8 所示，拾取需要激活的坐标系，单击【激活】按钮。单击【激活结束】按钮退出对话框，所选取的坐标系被激活。在绘图区中被激活的坐标系显示为红色，其他显示为灰色，如图 2-9 所示。

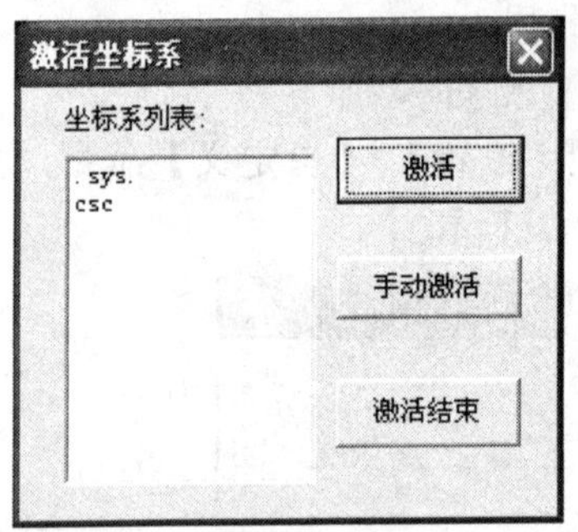

图 2-8 【激活坐标系】对话框

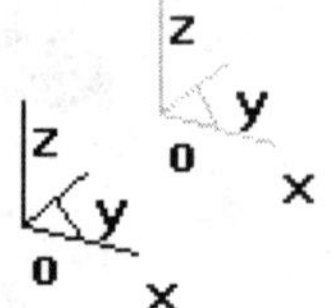

图 2-9 激活坐标系显示

坐标表达方式分为完全表达和不完全表达两种。完全表达是指 *X*、*Y*、*Z* 三个坐标值都需要明确给出的表示方法，如（30，0，40）。当 *X*、*Y*、*Z* 三个坐标值中有 0 存在时，可以采用不完全表达方式，如坐标（30，0，40）可以表示为（30，40）；又如坐标（30，20，0）可以表示为（30，20，）；再如坐标（0，0，20）可表示为（，，20）。

点输入有绝对坐标和相对坐标两种方式，但第一个点坐标必须使用绝对坐标输入，只有从第二个点开始才能使用相对坐标。相对坐标的输入需要在坐标数据前加“@”符号，如（@10，20，10）。

2.2.4 系统设置

系统设置是对软件本身的参数设置，对系统的颜色、图层和系统基础参数等的设定。

1. 当前颜色设置

当前颜色是指设置点和曲线在屏幕上显示时的颜色。可通过单击按钮或者选择主菜单中的【设置】/【当前颜色】命令激活该功能。

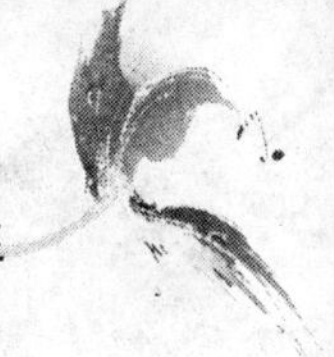

操作步骤

01 单击按钮或者选择主菜单中的【设置】/【当前颜色】命令激活设置当前颜色功能，如图 2-10 所示。

02 在弹出的【颜色管理】对话框中选取所需颜色，单击 确定 按钮。

03 单击【与层同色】按钮会使当前图形元素的颜色与图形元素所在层的颜色一致。

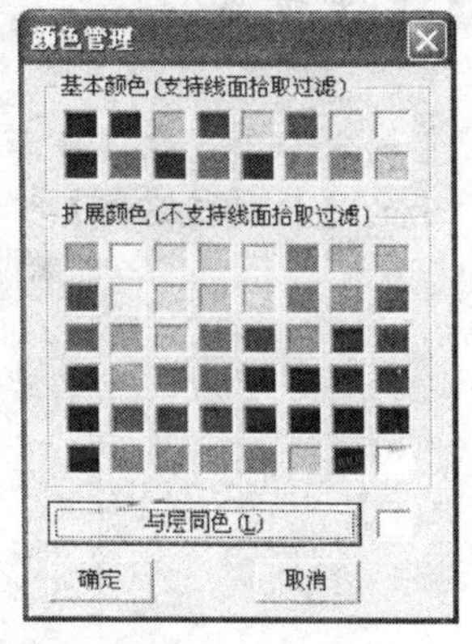

图 2-10 【颜色管理】对话框

2．层设置

层是图层的简称。如果把一个图层看成一张透明纸，那么屏幕上显示的结果就是每张纸上内容的叠加，增加新层就相当于在当前一叠透明纸的最下面再添加一张。工作中可根据需要将不同元素放在不同的图层中，达到方便修改或只显示特定元素的目的。层设置包括修改（查询）图层名、图层状态、图层颜色、图层可见性及创建新图层。

操作步骤

01 单击按钮，或选择主菜单中的【设置】/【层设置】命令，弹出如图 2-11 所示的【图层管理】对话框。

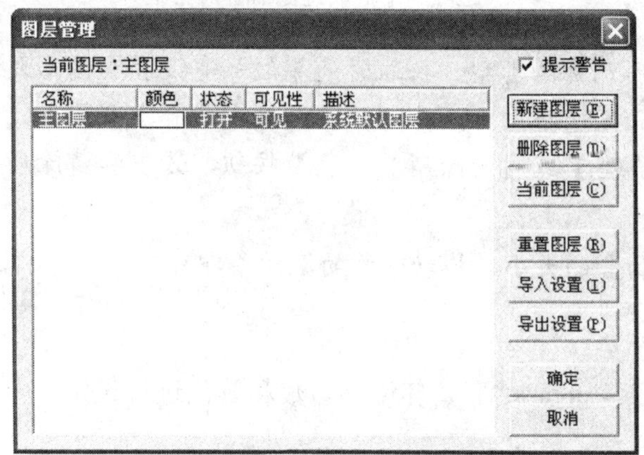

图 2-11 【图层管理】对话框

02 【图层管理】对话框中的【状态】列显示该层上的图素能否进行编辑。当图层处于“锁定”状态时，虽然层上图素可见，但不能被拾取。

03 当前层不能设为“锁定”、“不可见”和“删除”；要删除某个图层，必须先删除该层上的所有元素，然后才能删除该层；新建图层名不能与现有图层名相同。

3．拾取过滤设置

拾取过滤是指鼠标能够拾取到屏幕上的图形类型，拾取到的图形被加亮显示；导航过滤是指鼠标移动到拾取的图形类型附近时，图形能够加亮显示。

操作步骤

01 单击按钮，或选择主菜单中的【设置】/【拾取过滤设置】命令，弹出如图 2-12 所示的【拾取过滤器】对话框。

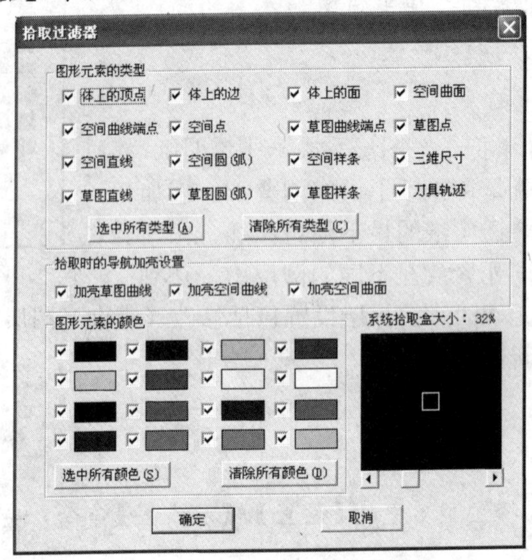

图 2-12 【拾取过滤器】对话框

02 如果要修改图形元素的类型、拾取时的导航加亮设置和图形元素的颜色，只要直接选中项目对应的复选框即可。可以单击【选中所有类型】或【选中所有颜色】按钮和【清除所有类型】或【清除所有颜色】按钮，选中和清除所有图形元素类型和图形元素的颜色。

03 要修改系统拾取盒的大小，拖动下方的滚动条即可。

4．系统设置

系统设置是指对系统的一些原始环境、参数和颜色进行设定。

操作步骤

01 选择主菜单中的【设置】/【系统设置】命令，弹出【系统设置】对话框，如图 2-13 所示。

02 分别选择【环境设置】、【系统设置】或【颜色设置】选项卡，在其中输入合适的参数后，单击 确定 按钮即可。

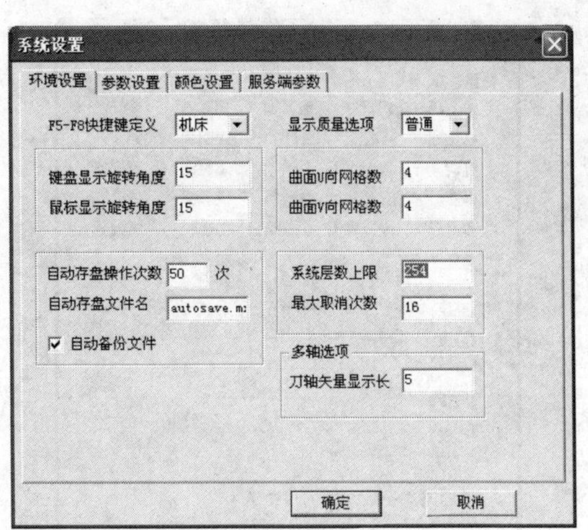

图 2-13 【系统设置】对话框

5．光源设置

光源设置是对零件的环境和自身的光线强度进行改变。选择主菜单中的【设置】/【光源设置】命令，弹出【光源设置】对话框，如图 2-14 所示。

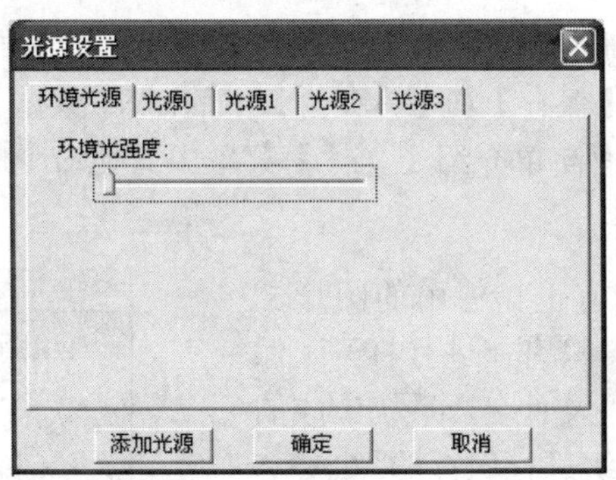

图 2-14 【光源设置】对话框

6．材质设置

材质设置是指对生成的实体表面材质进行设定。

操作步骤

01 选择主菜单中的【设置】/【材质设置】命令，弹出如图 2-15 所示的【材质属性】对话框。

02 在其中作【材质选择】、【材质亮度】、【散射强度】、【光洁度】、【光反射指数】和【材料密度】的设置。

03 如果用户需对材质的亮度、密度以及颜色元素等进行修改，可以选中【自定义】单选按钮，单击【颜色更改】按钮，在弹出的颜色对话框中选择所需的颜色，单击 确定 按钮。返回到【材质属性】对话框，单击 确定 按钮，即可完成自定义设置。

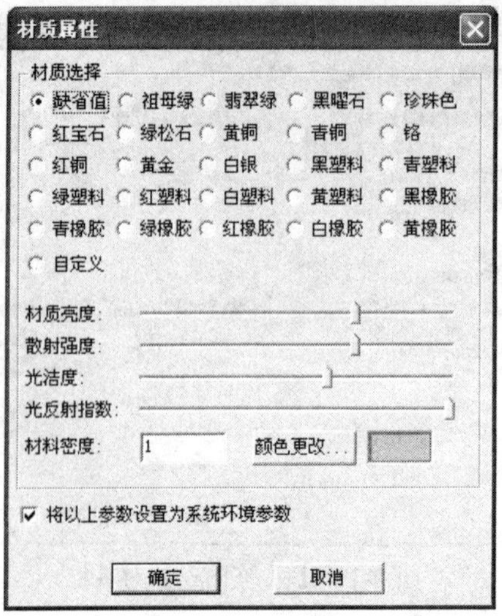

图 2-15 【材质属性】对话框

2.2.5 文件管理

【文件】菜单中的【新建】、【打开】、【保存】、【另存为】和【打印】图形文件命令与 Windows 的类似，只是在【保存】和【另存为】中的 eb97 数据文件格式只有线架显示下的实体轮廓才能够输出。下面简单介绍【文件】菜单中其他命令的功能。

1．文件类型

当前文件是指系统当前正在使用的图形文件，系统初始没有文件名，只有在进行打开、保存、另存为等操作后才赋予文件名。系统生成的实体文件是以.mxe 作为后缀进行保存的。CAXA 制造工程师软件系统有几种特定的文件格式，如图 2-16 所示。

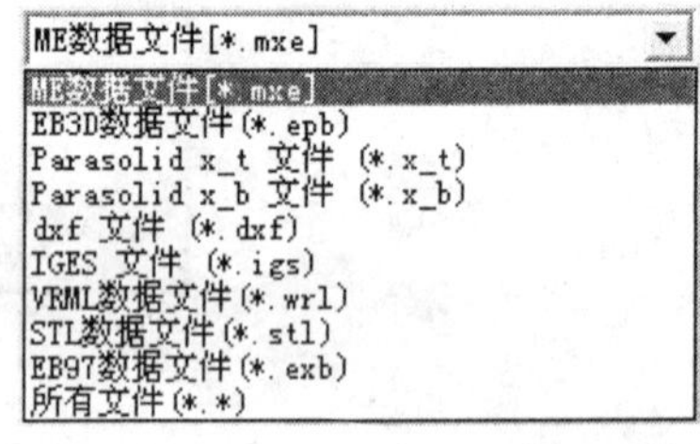

图 2-16 文件类型

在 CAXA 制造工程师中可以读入 ME（制造工程师）数据文件 mxe、零件设计数据文件 epb、ME1.0 和 ME2.0 数据文件 csn、Parasolid x_t 文件、Parasolid x_b 文件、DXF 文件、IGES 文件及 DAT 数据文件。

2．并入文件

主菜单中的【文件】/【并入文件】命令用于并入一个实体或者线面数据文件（DAT、IGES、dxf），与当前图形合并为一个图形。

3．读入草图

主菜单中的【文件】/【读入草图】命令用于将已有的二维图作为草图读入到制造工程师中。读入草图的方法为：首先选取草图平面进入草图，然后选择【文件】/【读入草图】命令，状态栏中提示“请指定草图的插入位置”，用鼠

> **注意**
>
> 读入草图文件操作要在草图状态下进行，否则出现警告“必须选择一个绘制草图的平面或已绘制的草图”。

标拖动图形到某点，单击鼠标左键，草图读入结束。

4. 样条输出

样条输出是将样条线输出为*.dat 文件。文件中记录了每个样条线型值点的个数和坐标值。

操作步骤

01 选择主菜单中的【文件】/【样条输出】命令，弹出如图 2-17 所示的【样条输出】对话框。

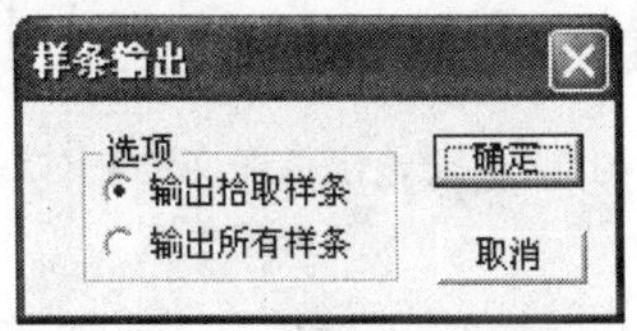

图 2-17 【样条输出】对话框

02 选中【输出所有样条】或【输出拾取样条】单选按钮，单击 确定 按钮。

03 如果选中【输出拾取样条】单选按钮，需拾取要输出的样条元素，单击鼠标右键确认。

04 弹出【存储文件】对话框，如图 2-18 所示，给出文件名，单击 保存(S) 按钮。

05 弹出对话框提示“DAT 文件只输出样条的型值点”，如图 2-19 所示，单击 确定 按钮，样条输出完成。

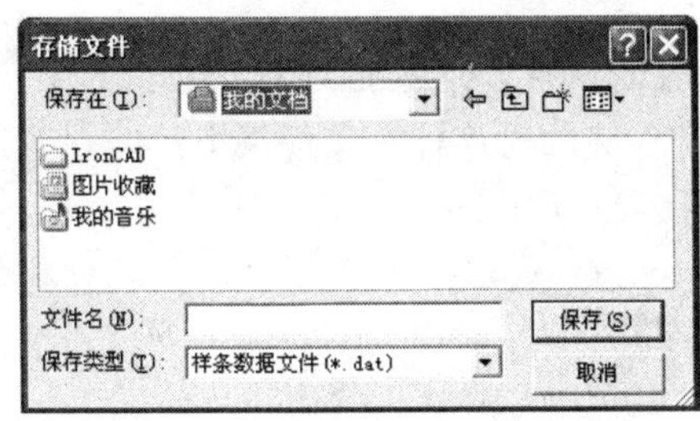

图 2-18 【存储文件】对话框

图 2-19　提示对话框

5. 保存图片

保存图片是将制造工程师的实体图形导出类型为 bmp 的图像。

操作步骤

01 选择主菜单中的【文件】/【保存图片】命令，弹出如图 2-20 所示的【输出位图文件】对话框。

02 单击【浏览】按钮，弹出【另存为】对话框，如图 2-21 所示。在该对话框中选择保存路径，定义文件名称，单击 保存(S) 按钮，关闭【另存为】对话框，返回到【输出位图文件】对话框。

03 选择是否需要固定纵横比，并确定图像的宽度和高度，单击 确定 按钮，图像导出完成。

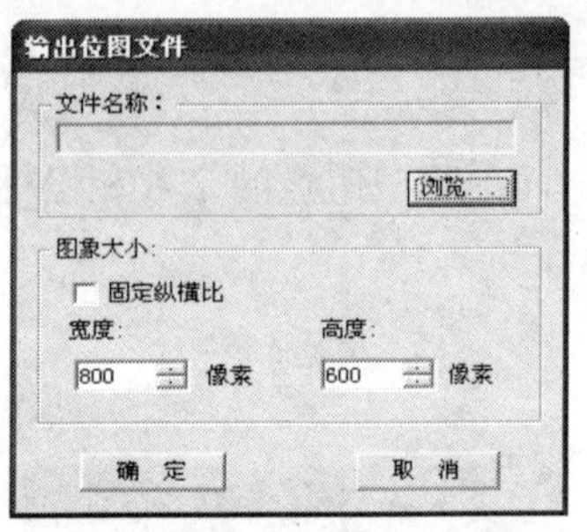

图 2-20 【输出位图文件】对话框

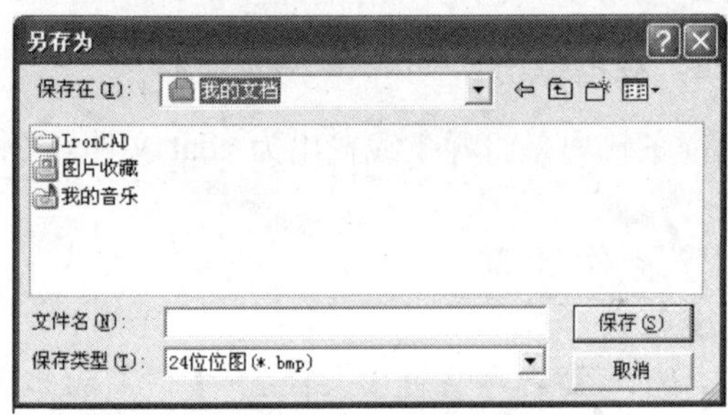

图 2-21 【另存为】对话框

2.3 项目实现：连杆零件设计之一——设计环境设置

在进行每一个零件设计时，首先要进行一些文件设置，包括设置文件存放位置、文件的分类及文件所属项目目录等，这些操作都是为了方便设计人员对自己设计的产品文件进行管理与保存。在确定好设计文件的存放目录及分类后，打开软件，新建项目，再设置相关的参数即可。

1. 文件存放位置

文件的存放位置即设计的文件存放在计算机中的位置。这里把连杆设计文件存放在 D 盘目录下的“CAXA2008 制造工程师设计文件”文件夹的“连杆”文件夹下，即存放目录为“D:\CAXA2008 制造工程师设计文件\连杆”，如图 2-22 所示。

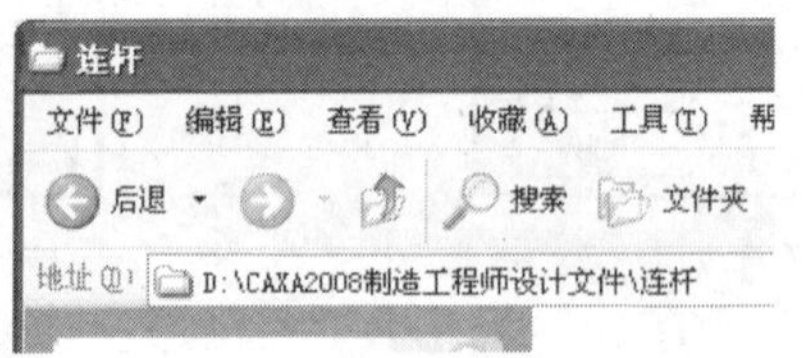

图 2-22 设计文件目录

文件夹建立好以后，选择【开始】/【程序】/【CAXA】/【CAXA 制造工程师】/【CAXA 制造工程师 2008】命令，如图 2-23 所示；或直接双击【CAXA 制造工程师 2008】桌面快捷方式图标，如图 2-24 所示，打开 CAXA 制造工程师软件，进入设计界面。

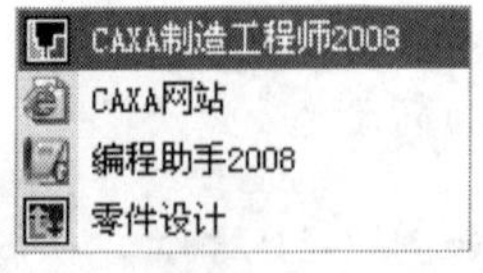

图 2-23 CAXA 制造工程师 2008 启动菜单项 图 2-24 CAXA 制造工程师 2008 桌面快捷方式图标

在主菜单中选择【文件】/【保存】命令，弹出【存储文件】对话框，选择保存文件目录为“D:\CAXA2008 制造工程师设计文件\连杆”，在【文件名】文本框中输入“连杆”，如图 2-25 所示，单击保存(S)按钮，完成文件的保存。

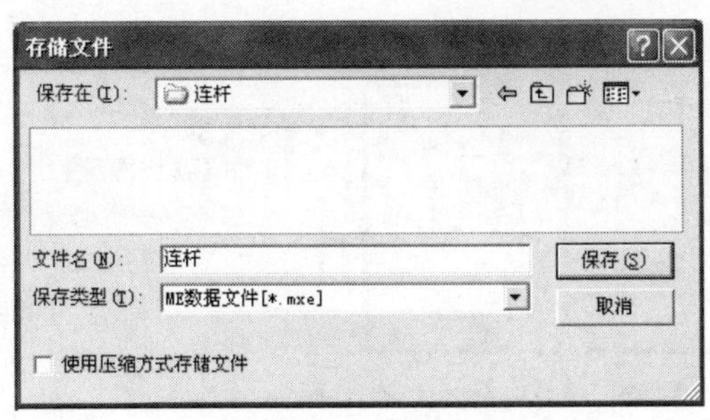

图 2-25 【存储文件】对话框

2．软件初始参数

进入软件界面后，可以对一些常用参数进行设置，如主菜单中的【设置】菜单下的当前颜色、图层设置、系统设置、光源设置和材质设置等。最为常用的就是【设置】/【系统设置】对话框中的【颜色设置】选项卡，如图 2-26 所示，可以通过颜色设置修改背景颜色。此处以设置白色为背景颜色为例进行讲解，首先单击【修改背景颜色】按钮，在弹出的【颜色管理】对话框中选择白色，如图 2-27 所示，单击【确定】按钮，退出【颜色管理】对话框。如果想恢复软件提供的设置，可以单击【缺省设置】按钮，即可恢复修改过的参数，只有在单击确定按钮后，修改的参数才能生效。

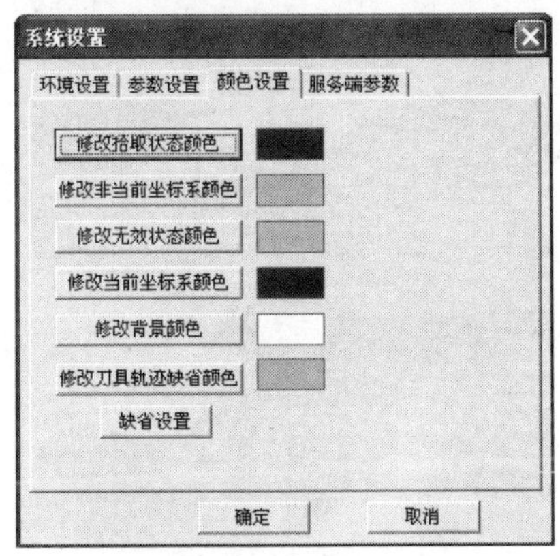

图 2-26 【系统设置】对话框

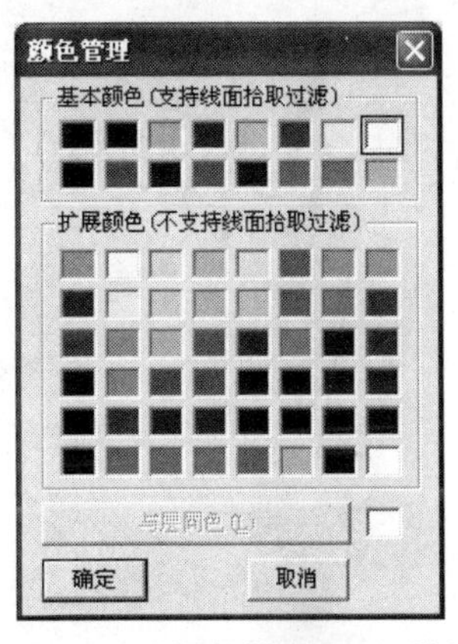

图 2-27 【颜色管理】对话框

2.4　思考与练习

1．思考题

（1）F1～F9 热键的功能分别是什么？

（2）如何添加新图层及修改图层颜色？

（3）如何把三维实体输出为 bmp 格式的图片？

（4）如何修改背景的颜色为蓝色？

2．操作题

（1）建立如图 2-28 所示的文件夹及第二章.mxe 文件。

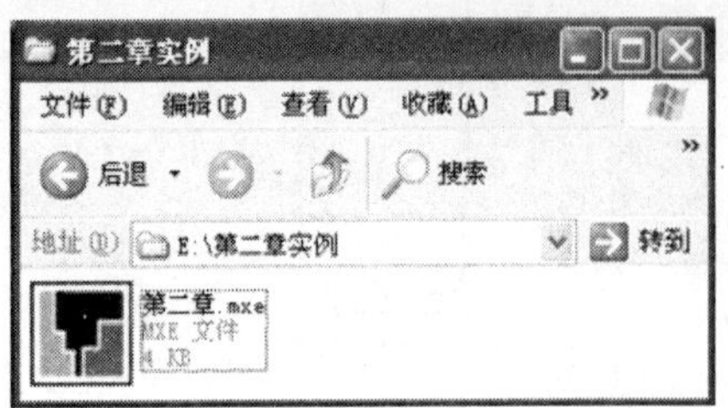

【操作提示】

☆ 观察地址栏的目录地址。

☆ 提取文件夹存放的盘符、文件夹及文件名。

图 2-28　文件夹及文件名

（2）在系统原坐标系的点（100，100，100）上建立一个名为“我的坐标系”的新坐标系，绘制完成后如图 2-29 所示。

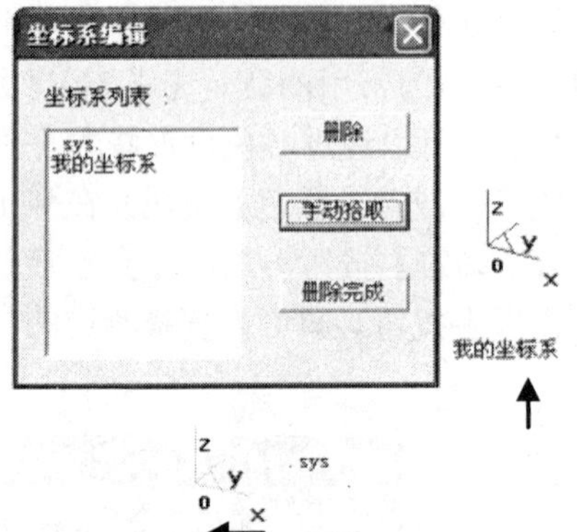

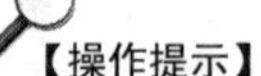

【操作提示】

☆ 在【工具】/【坐标系】命令中寻找。

☆ 输入坐标值，输入新建坐标系的名称。

☆ 进入激活坐标系编辑坐标系。

图 2-29　建立坐标系

第 3 章　线架造型

学习目标

掌握线架的组成及画法

掌握构建线架的操作方法

掌握线的编辑操作方法

掌握几何变换的方法

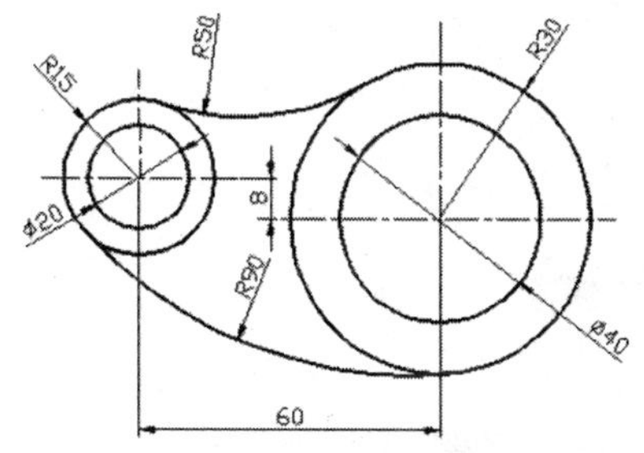

二维草图的设计是三维造型的基础。二维草图是由一系列的点、线段、圆、弧线及样条线组成，用以描述物体的外形轮廓。实体可以直接通过二维图经过拉伸、除料、放样等操作生成三维实体。

规则实体可以画出三维框架，通过线与线之间生成面可以实现实体的构建。不规则的实体则可以用曲面生成，进行曲面造型。由样条线和引导线通过放样、拉伸和除料等操作来完成曲面实体的构建。

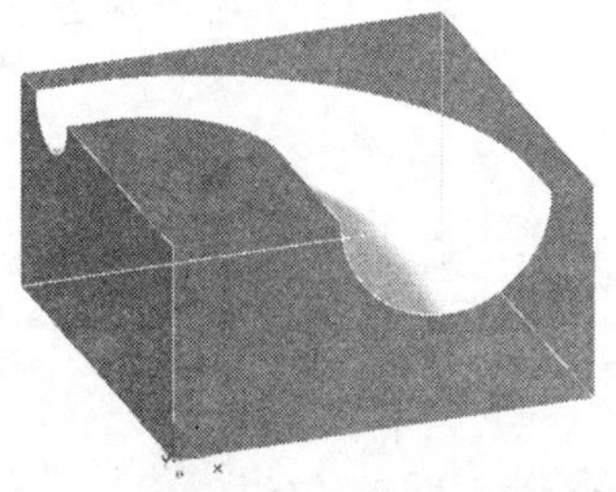

3.1 相关专业知识

CAXA 的造型方法分为 3 类，分别为线架造型、曲面造型和特征实体造型。线架造型是指用空间点和空间曲线来描述零件轮廓形状的造型方法。线架造型是曲面造型和实体造型的基础，是三维造型技术的关键。

CAXA 制造工程师软件为曲线绘制提供了 15 项功能，分别是直线、圆弧、圆、矩形、椭圆、样条、点、公式曲线、多边形、二次曲线、等距线、曲面投影、相关线、样条转圆弧和线面映射等。

对当前图形进行编辑修改是 CAD/CAM 软件的基本功能。熟练使用编辑功能对提高绘图速度和质量具有重要意义，所以 CAXA 制程工程师提供了 10 项功能，分别是删除、曲线裁剪、曲线过渡、曲线打断、曲线组合、曲线拉伸、曲线优化、编辑型值点、编辑控制顶点和编辑顶点切矢等曲线编辑功能。

CAXA 制造工程师在为用户提供丰富的线架造型功能的同时，也提供对点、曲线和曲面有效，对实体无效的平移、平面旋转、旋转、平面镜像、镜像、阵列和缩放等几何变换功能，进一步提高了线架造型和曲面造型的速度，避免了重复性劳动。曲线生成栏、线面编辑栏和几何变换栏如图 3-1 所示，它们都是线架生成功能栏。

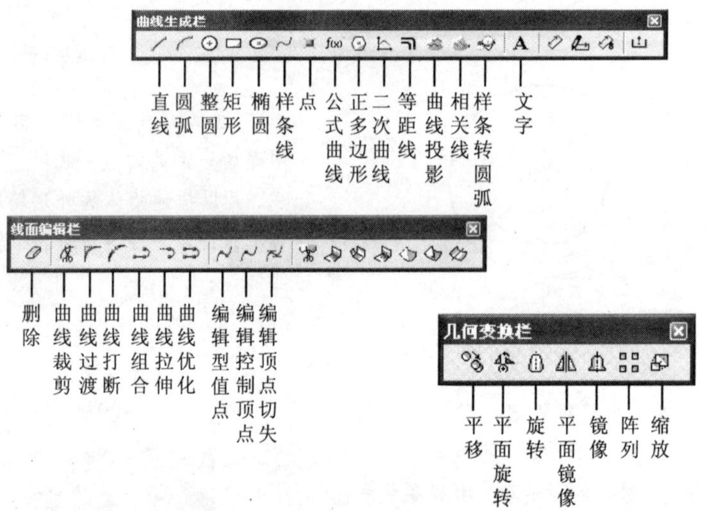

图 3-1 线架生成功能栏

3.2 软件设计方法

要构造物体的轮廓线框，首先必须生成直线、圆弧等各种曲线。本节将介绍如何在 CAXA 制造工程师软件中通过曲线生成栏、曲线编辑栏和几何变换栏中的各种图标按钮实现在平面或草图中绘制、编辑和操作各种曲线。在 CAXA 中，如图 3-1 所示各工具栏中的图标功能也可以通过选择【造型】菜单中的【曲线生成】、【曲线编辑】和【几何变换】子菜单中的各命令来实现，如图 3-2 所示。绘图过程中可以通过选择【曲线编辑】和【几何变换】子菜单中的命令对线进行编辑。

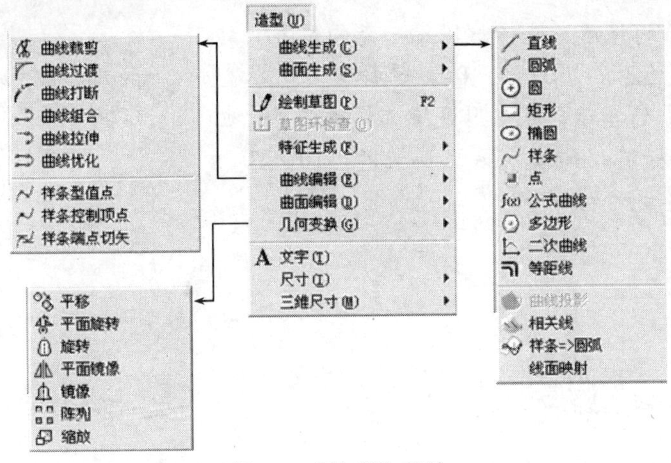

图 3-2 【造型】菜单

3.2.1 曲线生成

1. 直线

直线是图形构成的基本要素。为了适应在各种情况下直线绘制的需要，直线功能提供了“两点线”、“平行线”、“角度线”、“切线/法线”、“角等分线”和“水平/铅垂线”6 种绘制直线的方式。

- 两点线：就是在屏幕上按给定的两点画一条直线或按给定的连续条件画线段。
- 平行线：是按给定的距离或通过给定的已知点绘制与已知线平行且长度相等的平等线段。绘制平行线可以采取“点”方式或“距离”方式，还可以指定条数，同时作出多条平等线。

画线的每一种方式都不一样，各种方式的要素也会在立即菜单下发生变化。要根据各方式的要素进行画线操作。

- 角度线：是生成坐标轴或与已知直线成一定夹角的直线。夹角类型包括与 X 轴夹角、与 Y 轴夹角和与直线夹角。
- 切线/法线：用于经过给定点作已知曲线的切线或法线。
- 角等分线：用于按给定点的等分份数和给定长度画一条或几条直线段，并对一个角进行等分。
- 水平/铅垂线：用于生成平行或垂直于平面坐标轴的给定长度的直线段。

直接单击按钮后，屏幕左边的立即菜单中会出现 6 种画线方式，如图 3-3 所示。

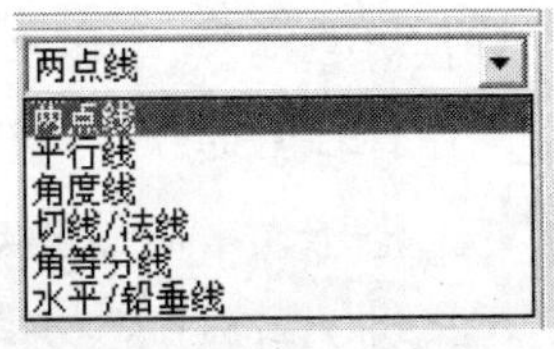

图 3-3　直线立即菜单

【实例 1】 生成起始坐标为（0，0，0）、终点坐标为（10，10，10）的直线段。

01 单击按钮后，在立即菜单中出现“画线”方式，鼠标指针变成形状，选择【两

点线】选项。

02 立即菜单变成如图 3-4 所示的状态。此时，在状态栏出现第一点:的指示，选择线段第一点的位置。如选择坐标系的原点（0，0，0），选择完后，状态栏出现第二点:的指示，可以用鼠标选择第二点，也可以输入坐标值，如输入第二点坐标（10，10，10），如图 3-5 所示。

提示

在操作中需要输入点时，都可以用键盘直接输入其坐标值，有绝对坐标值（如（0，10，50））和相对坐标（如（@10，10，10））两种格式。

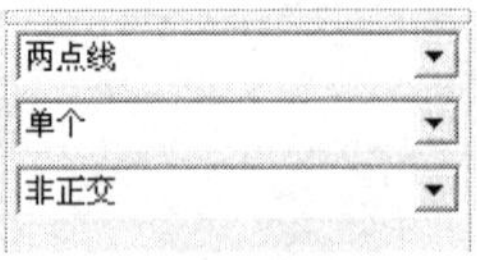

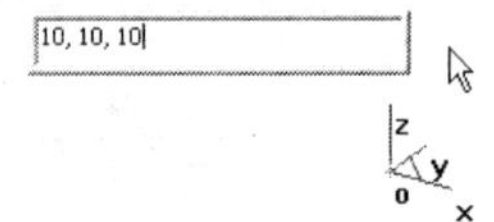

图 3-4　两点线的立即菜单

图 3-5　第二点坐标值

03 按 Enter 键，一条空间线段就绘制完成了，如图 3-6 所示。

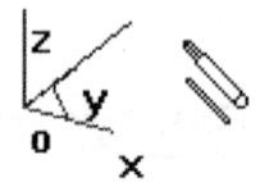

图 3-6　一条空间线段

2．圆弧

圆弧是图形构成的基本要素，为了适应在各种情况下圆弧绘制的需要，圆弧功能提供了如下 6 种方式。圆弧立即菜单如图 3-7 所示。

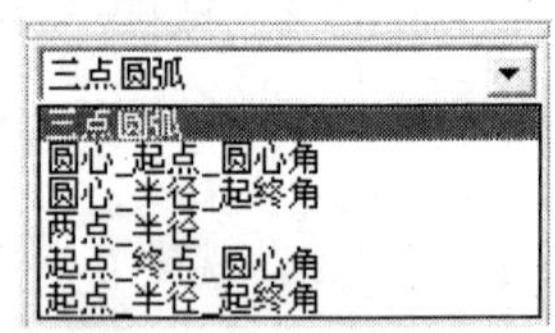

图 3-7　圆弧立即菜单

- 三点圆弧：按给定的 3 个点画圆弧，其中第一个点为圆弧的起点，第二个点决定圆弧的位置和方向，第三个点为圆弧的终点。
- 圆心_起点_圆心角：已知圆心、起点及圆心角或终点画圆弧。
- 圆心_半径_起终角：已知圆心、半径和起终角画圆弧。
- 两点_半径：按给定的两点及圆弧半径画圆弧。
- 起点_终点_圆心角：已知起点、终点和圆心角画圆弧。
- 起点_半径_起终角：已知起点、半径和起终角画圆弧。

【实例 2】　在平面 XY 中画圆弧。

01 在树管理器（如图 3-8 所示）中单击 ◀▶ 按钮选择【零件特征】选项卡，选择【平面XY】选项。

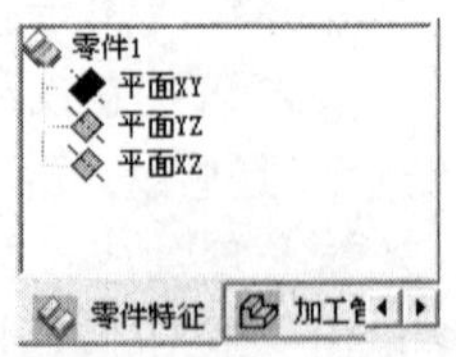

图 3-8　树管理器

02 选定所在平面 *XY* 后，单击按钮，在立即菜单中出现“画圆弧”方式，鼠标指针变为形状，选择立即菜单中的【三点圆弧】选项。

03 状态栏出现输入第一点的提示，选择坐标系原点，或直接输入点坐标值（0，0，0），输入完毕后按 Enter 键，第一点确定完成。

04 状态栏出现输入第二点的提示，输入第二点坐标值（5，5，0），如图 3-9 所示，输入完毕后按 Enter 键，第二点输入完成。

05 状态栏出现输入第三点的提示，输入第三点坐标值（10，0，0），输入完毕后按 Enter 键。此时，一个圆弧绘制完成，如图 3-10 所示。

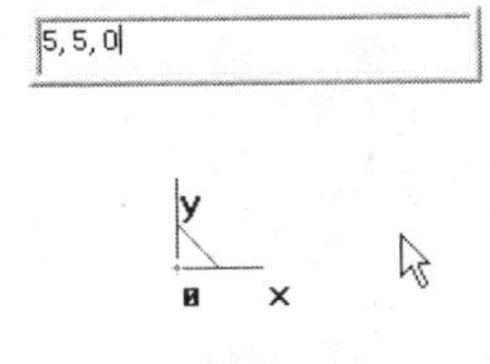

图 3-9　输入第二点坐标

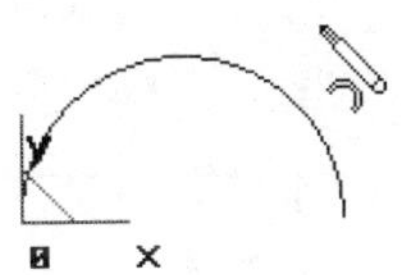

图 3-10　完成的圆弧

3. 圆

圆是组成图形的基本要素。可通过单击⊙按钮激活圆功能，然后通过选择立即菜单中的相应命令切换到不同的整圆绘制方式。

圆功能提供了 3 种方式，分别为圆心_半径、三点圆和两点_半径。圆的立即菜单如图 3-11 所示。

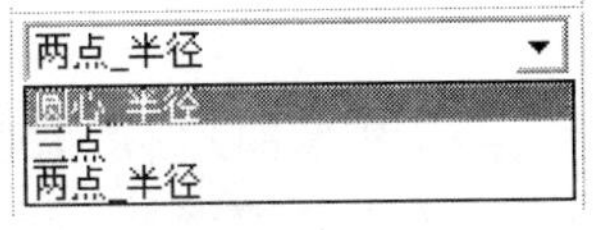

图 3-11　圆的立即菜单

- 圆心_半径：是指按给定圆心坐标和半径生成整圆。
- 三点圆：是指按给定圆上任意 3 个不重合点坐标生成整圆。
- 两点_半径：是指按给定圆上任意两个不重合点的坐标及圆的半径生成整圆。

【实例 3】　绘制如图 3-12 所示的图例。

01 在树管理器（如图 3-8 所示）中单击◀▶按钮选择【零件特征】选项卡，选择 平面XY 选项，或按 F5 键选择平面 *XY*。

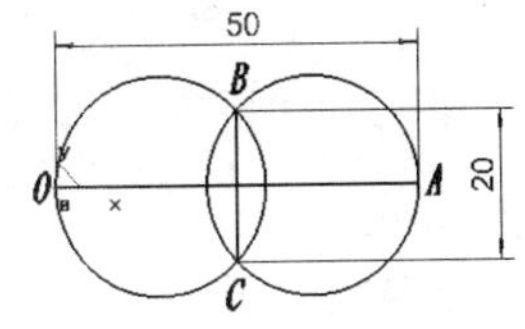

图 3-12　相交圆例图

02 画第一条长度为 50mm 的线段 *OA*。单击╱按钮，选择【两点线】选项，输入第一点 *O* 点坐标值（0，0，0），输入完毕后按 Enter 键；输入第二点 A 点坐标值（50，0，0），输入完毕后按 Enter 键，第一条线段 *OA* 完成。

03 画第二条长度为 20mm 的线段 *BC*。画完第一条线段 *OA* 后直接画第二条线段 *BC*，输入第二条线段的第一点 *B* 点坐标值（25，10，0），输入完毕后按 Enter 键；输入第二点 *C* 点坐标值（25，－10，0），输入完毕后按 Enter 键，第二条线段 *BC* 完成。

> **提示**
>
> 在操作中如果要选择一平面，可以使用快捷键选择，如按 F5 键选择平面 XY，按 F6 键选择平面 YZ，按 F7 键选择平面 ZX。

04 单击⊙按钮，再选择立即菜单中的相应选项，切换到“三点”绘制整圆方式。

05 状态栏出现输入第一点的提示时，选择 *O* 点；出现输入第二点的提示时，选择 *B* 点；出现输入第三点的提示时，选择 *C* 点，一个整圆绘制完成。

06 此时圆命令有效，状态栏提示输入第一点，依次选择 *A*、*B*、*C* 3 点，则第二个圆绘制完成。绘制过程如图 3-13 所示。

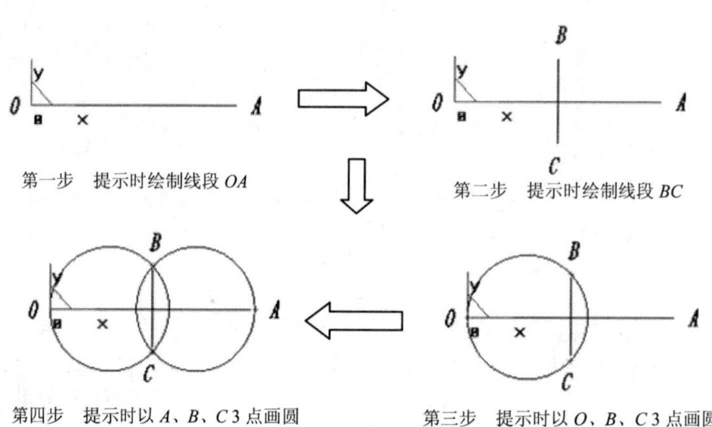

图 3-13　绘制两相交圆步骤

4．矩形

绘制矩形时，可通过单击□按钮激活矩形功能，再选择立即菜单中的相应选项切换到不同的"矩形"绘制方式。

矩形功能提供了两点矩形和中心_长_宽两种方式。

- 两点矩形：是指通过给定矩形的两个对角点坐标生成矩形，如图 3-14 所示。
- 中心_长_宽：是指通过给定矩形几何中心坐标和两条边的长度值生成矩形，如图 3-15 所示。

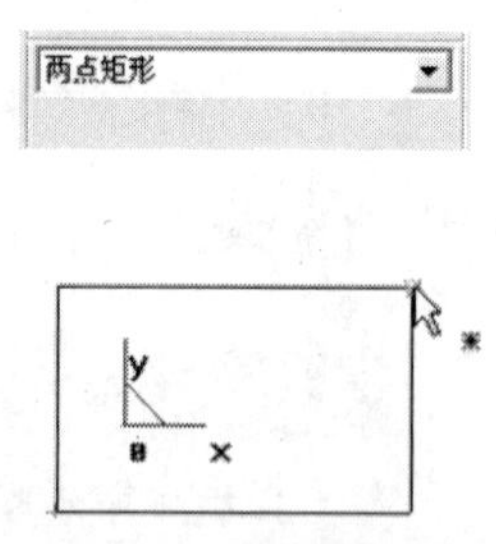

图 3-14　两对顶点画矩形

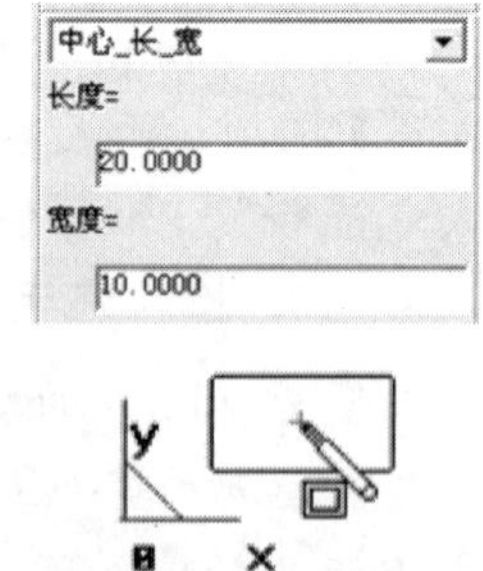

图 3-15　长宽画矩形

5．椭圆

绘制椭圆时，可通过单击⊙按钮激活椭圆功能。生成椭圆只有一种方法，即输入长半轴长度、短半轴长度、旋转角度、起始角度和终止角度，如图 3-16 所示。

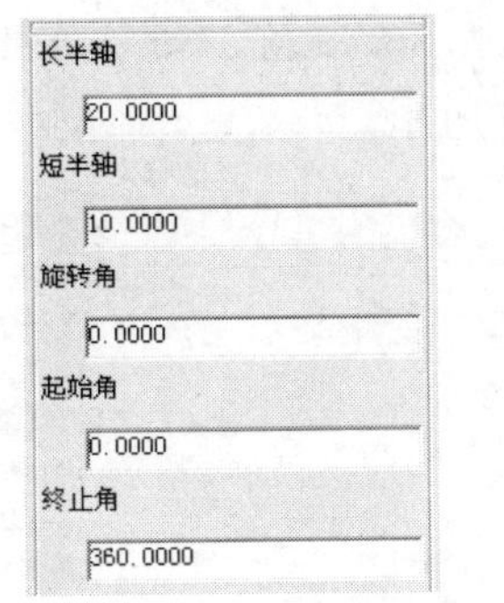

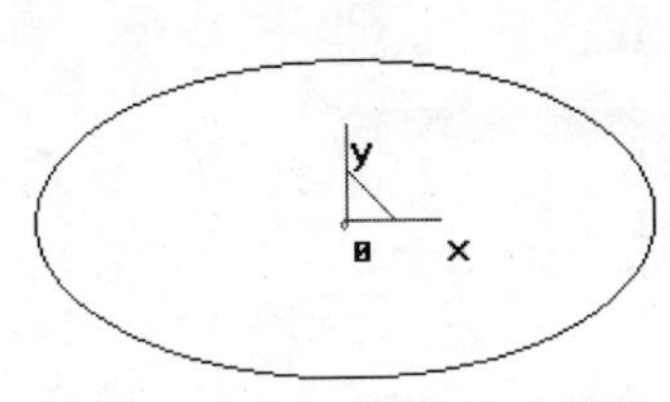

图 3-16　长短半轴画椭圆

6．样条

绘制样条线时，可通过单击按钮激活样条线功能，再选择立即菜单中的相应选项切换到不同的“样条线”绘制方式。

样条线功能提供了插值和逼近两种方式。

- “插值”方式：是指输入一系列的点，系统顺序通过这些点生成一条光滑的样条线。圆和圆弧与轴线的交点或用来生成样条线的点统称为型值点。
- “逼近”方式：是指顺序输入一系列点，系统根据事先设定的精度生成拟合这些点的光滑样条线，如图 3-17 所示。

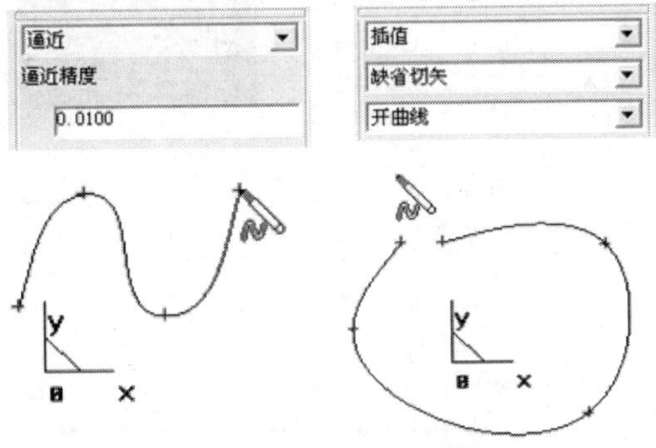

图 3-17　样条线立即菜单及图例

7．点

绘制点时，可通过单击按钮激活点功能，再选择立即菜单中的相应选项切换到不同的“点”绘制方式。

点功能提供了单个点和批量点两种方式，如图 3-18 所示。

- 单个点：是指通过输入点的坐标生成或通过【工具点】菜单捕捉的点，如端点、交点、切点、中点和型值点等。
- 批量点：是指一次生成的多个点，又分为等分点、等距点和等角度点。
    - 等分点：是指把曲线按照段数进行等分生成的点。
    - 等距点：是指生成曲线上间隔为给定弧长的点。
    - 等角度点：是指生成圆弧或整圆上按照点数及角度进行等分的点。

在绘制图形时，如果需要取特殊点时，可以按 Space 键，就会在鼠标一角出现【工具点】菜单，再选择“取点”方式即可，如图 3-19 所示。

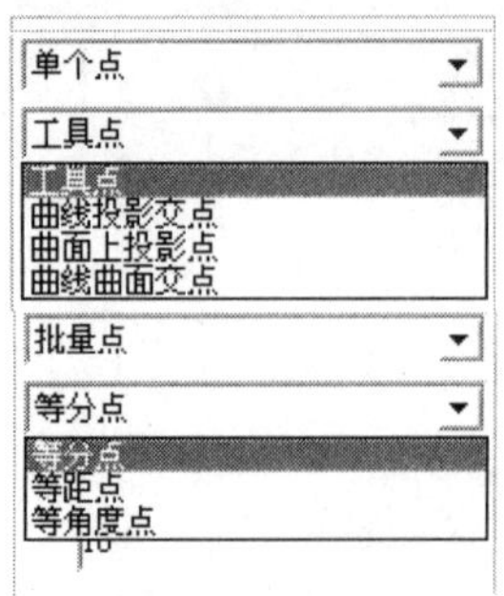

图 3-18　点的样式

图 3-19 【工具点】菜单

8．公式曲线

公式曲线是指按照数学表达式绘制出来的数学曲线。可通过单击f(x)按钮激活公式曲线功能，该功能分为直角坐标系和极坐标系两种方式。【公式曲线】对话框如图 3-20 所示。

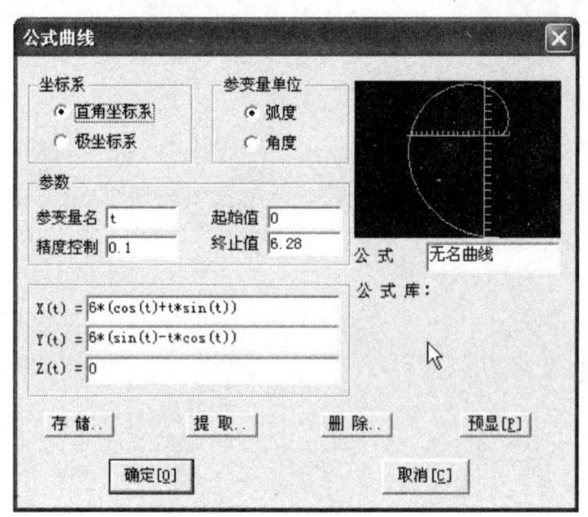

图 3-20 【公式曲线】对话框

公式曲线为用户提供了一种更方便、更精确的作图方法，以适应某些精确型腔、轨迹线的作图设计。用户只要交互输入数学公式，给定参数，计算机会自动绘制出公式所描述的曲线。

公式曲线可用的数学函数有 sin、cos、tan、asin、acos、atan、sinh、cosh、sqrt、exp、log 和 log10 共 12 个函数。

- 三角函数 sin、cos、tan 的参数单位采用角度，如 sin(45)=0.707。
- 反三角函数 asin、acos、atan 的返回值单位为角度，如 acos(0.5)=60。
- 双曲线函数 sinh、cosh。
- x 的平方根函数用 sqrt(x)表示，如 sqrt(4)=2。
- e 的 x 次根用 exp(x)表示。
- Lnx 自然对数用 log10(x)表示。
- 幂用^表示，如 x^4 表示 x 的 4 次方。

- 求余运算用%表示，如 15%4=3。
- 表达式中乘号用“*”表示，除号用“/”表示。表达式中没有中括号和大括号，只能用小括号。

【实例 4】 利用公式曲线功能画公式为 X(*t*)=100*cos(*t*)、Y(*t*)=100*sin(*t*)、Z(*t*)=40**t*/6.28 的螺旋线。

01 选择【造型】/【曲线生成】/【公式曲线】命令，或者直接单击【公式曲线】按钮，弹出【公式曲线】对话框，如图 3-21 所示。

02 在【坐标系】栏中选中【直角坐标系】单选按钮。在【参变量单位】栏中选中【弧度】单选按钮。

03 参数设置。在【参数】栏中的【参变量名】文本框中输入“t”，在【起始值】文本框中输入“0”，在【精度控制】文本框中输入“0.1”，在【终止值】文本框中输入“30”。输入公式 X（*t*）=100*cos(*t*)、Y(*t*)=100*sin(*t*)、Z(*t*)=40**t*/6.28。

04 单击【预显】按钮，可以在预览框中预览曲线，然后单击【确定】按钮，回到绘图区域，状态栏提示“曲线定位点”，单击一点，曲线绘制完成并显示在绘图区域，如图 3-21 所示。

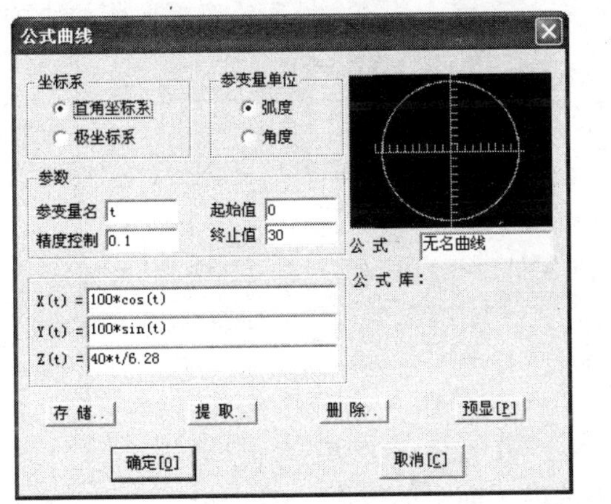

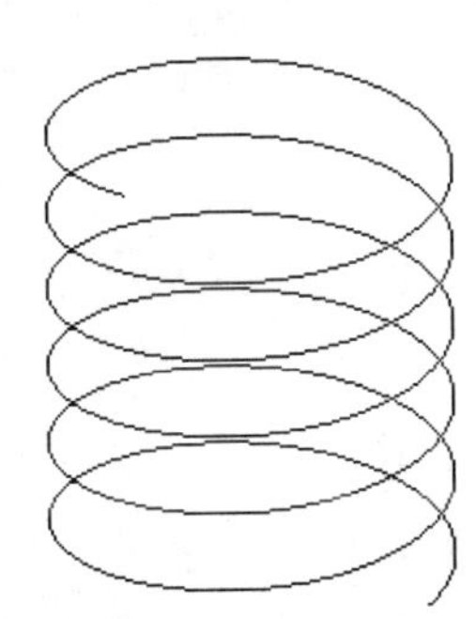

图 3-21 【公式曲线】对话框及螺旋线

9. 多边线

可通过单击按钮激活多边线功能，再选择立即菜单中的相关选项，切换到不同的“正多边形”绘制方式。

正多边形功能提供了边_边数和中心_边数_内接（外切）两种方式，如图 3-22 所示。

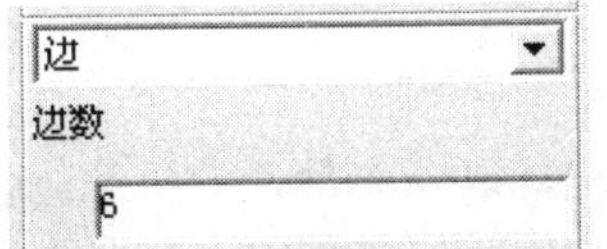

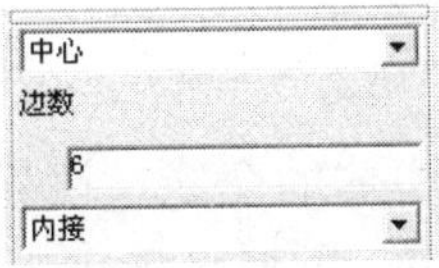

图 3-22 多边形立即菜单

- “边_边数”方式：是指按照给定的边数、边起点和终点生成正多边形。

- “中心_边数内接（外切）”方式：是指按照给定的多边形中心位置、边数和与给定图形的“相接”方式（内接或外切）生成正多边形。

10．二次曲线

可通过单击按钮激活二次曲线功能，再选择立即菜单中的相应选项切换到不同的“二次曲线”绘制方式。二次曲线功能提供了定点和比例两种方式，其立即菜单如图 3-23 所示。

“定点”方式是指给定起点、终点、方向点和肩点，用鼠标“拖动”方式生成二次曲线。

图 3-23　二次曲线立即菜单

11．等距线

可通过单击按钮激活等距线功能，再选择立即菜单中的相应选项切换到不同的“等距线”绘制方式。

等距线功能提供了等距和变等距两种方式，其立即菜单如图 3-24 所示。

- 等距线：是指按照给定的距离作现有曲线的等距离线。
- 变等距线：是指按照给定的起始和终止距离，沿着给定方向作曲线的变等距离线。

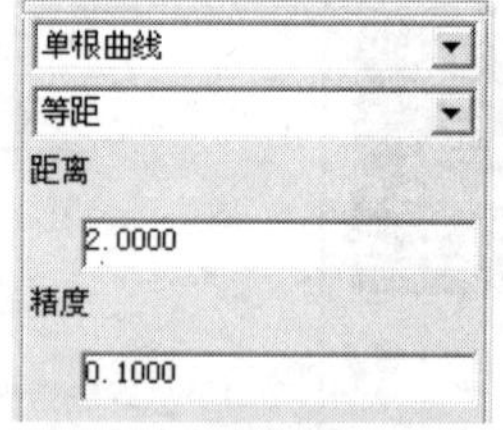

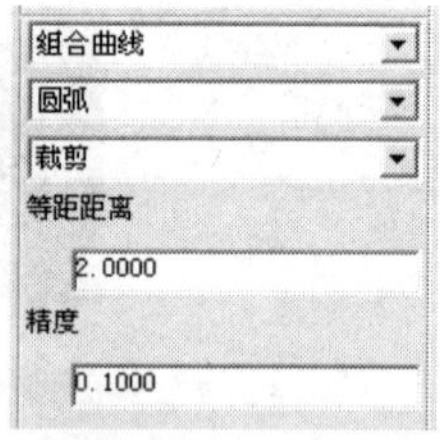

图 3-24　等距线立即菜单

12．曲线投影

曲线投影就是指定一条曲线沿某一方向向一个实体的基准平面作投影，得到曲线在该基准平面上的投影线。曲线投影功能可以充分利用已有的曲线来绘制草图平面里的草图线。投影的对象为空间曲线、实体的边和曲线的边，只有在草图状态下才具有投影功能。可通过单击按钮激活该功能。

如图 3-25 所示为空间的一条曲线投影到 *XY* 平面的草图内。

图 3-25　空间曲线在草图内的投影

13．相关线

相关线是曲线或实体的交线、边界线、参数线、法线、投影线和实体边界。可通过单击按钮激活相关线功能，再选择立即菜单中的相关选项切换到不同的相关线求取方式。相关线立即菜单如图 3-26 所示。相关线

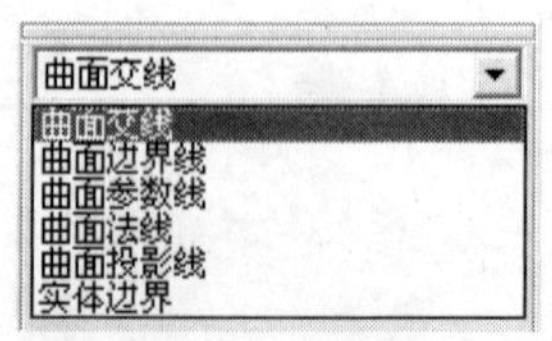

图 3-26　相关线立即菜单

是非常重要的功能，如能熟练掌握其用法，在恰当的时候加以运用，会节省很多计算点坐标的时间，对提高曲面造型和特征实体造型速度十分有益。

- 曲面交线：是指求取两个曲面间的相交线。
- 曲面边界线：是指求取一个曲面的内外边界线。曲线方向是由起点和终点决定的。曲面方向则用 U 和 V 两个方向表示。
- 曲面参数线：是指求取曲面的 U 向或 W 向的参数线。
- 曲面法线：是指求取给定曲面在指定点处的法线。
- 曲面投影线：是指求取曲线在曲面上的投影线。
- 实体边界：是指求由实体特征生成的实体间的相交线或实体的棱边线。

14．样条转圆弧

样条转圆弧是用多段圆弧来拟合样条曲线，以便在加工时更光滑，使生成的 G 代码更简单。可以通过单击按钮激活该功能。

15．文字

可通过单击 A 按钮激活文字功能。生成的文字属于矢量字，可用来生成刀具轨迹，适用于零件表面刻字的场合。单击 A 按钮后，立即菜单有几种不同的文字书写位置，如图 3-27 所示。

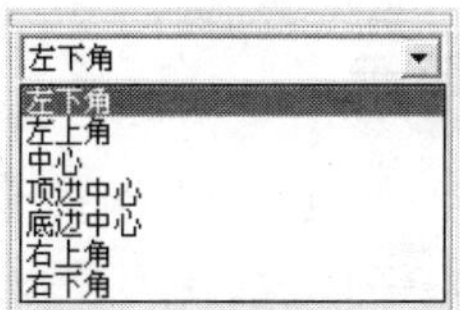

图 3-27　文字立即菜单

【实例 5】　绘制 CAXA 几个字母的文字线型。

01 单击 A 按钮激活文字功能。

02 用鼠标单击要插入文字的位置后，弹出【文字输入】对话框，单击【设置】按钮，弹出【字体设置】对话框，如图 3-28 所示。

03 设置字体及文字大小等属性，单击【确定】按钮完成字体设置。

在输入文字后，系统自动将文字打散，因此无法再对文字进行编辑，如果出现文字录入错误或尺寸不合适等情况，只能将文字删除重新输入。

04 在【文字输入】对话框的文本框中输入要插入的文字，如输入“CAXA”，如图 3-29 所示。

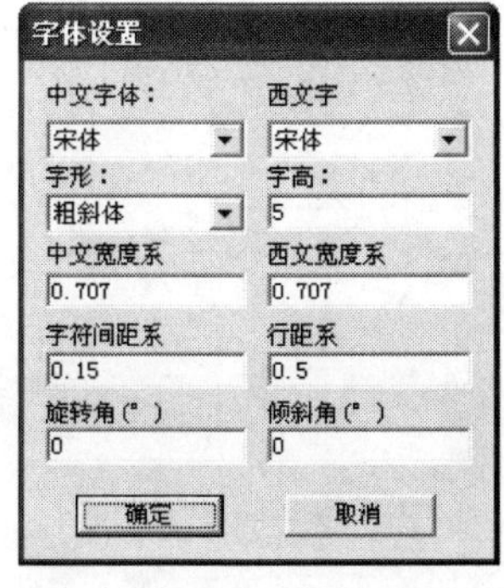

图 3-28 【字体设置】对话框

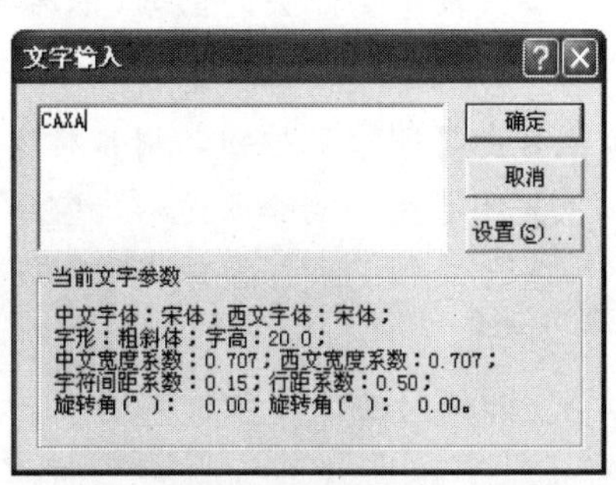

图 3-29 【文字输入】对话框

05 单击【确定】按钮，CAXA 字样会放到平面内，如图 3-30 所示。

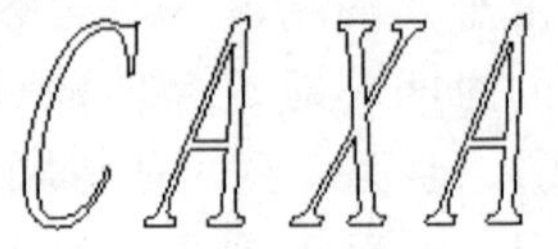

图 3-30　CAXA 文字的线型

3.2.2　曲线编辑

1．删除

删除即删除图形功能，可以通过单击按钮激活。删除曲线的方法为：首先单击按钮，逐个拾取或框选（在屏幕上先单击一点，然后拖动鼠标用动态虚矩形把要删除的元素包围进来，再在屏幕上单击另一点），完成后，单击鼠标右键结束选择，拾取的元素随即全都被删除，如图 3-31 所示。

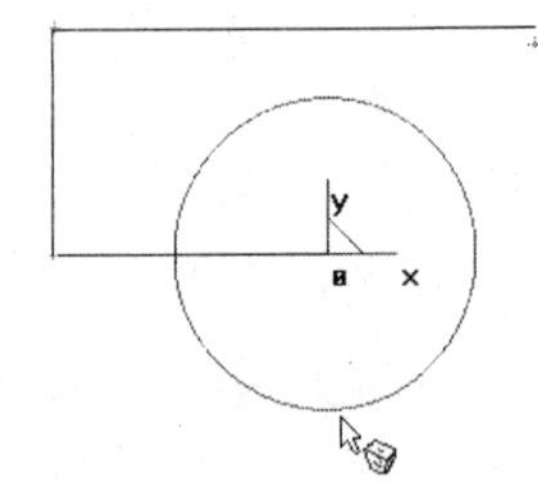
图 3-31　点选曲线进行删除

2．曲线裁剪

曲线裁剪是指以一条给定的曲线作为剪刀线，裁掉另一曲线上不需要的部分，得到新的曲线。可通过单击按钮激活该功能。快速裁剪是指用鼠标拾取的部分被裁剪掉。曲线裁剪分为正常裁剪和投影裁剪两种。修剪是指拾取一条或多条曲线作剪刀线对一系列被裁剪曲线进行裁剪，拾取的部分被裁掉。线裁剪是指以一条曲线作剪刀线对其他曲线进行裁剪，拾取的部分留下。点裁剪是指利用点作剪刀对曲线进行裁剪，拾取的部分被留下。

【实例 6】　以绘制五角星为例介绍如何进行曲线裁剪。

01 在树管理器中单击按钮选择【零件特征】选项卡，选择【XY 平面】选项，或按 F5 键选定所在平面 *XY*。

02 单击【正多边形】按钮，在立即菜单中选择【边】选项，在【边数】文本框内输入“5”，即正五边形。

03 单击【直线】按钮，将五边形的 5 个角两两相连，画出一个五角星。

04 单击【曲线裁剪】按钮，用鼠标单击线段中要删去的部分，依次单击，线段会被删除。

05 单击【删除】按钮，用鼠标单击 5 条外边线，删除五边形，空心五角星即绘制完成。操作流程如图 3-32 所示。

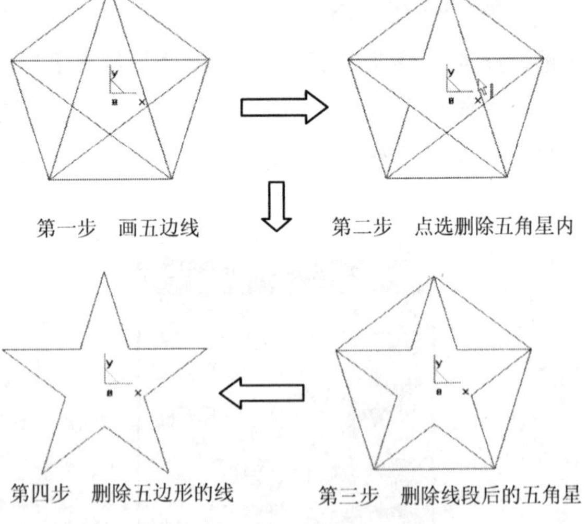

图 3-32　制作五角星

3．曲线过渡

曲线过渡是对指定的两条曲线进行

圆弧过渡、倒角或尖角过渡，以生成新曲线或尖点。可通过单击按钮来激活曲线过渡功能。圆弧过渡是指在两条曲线之间用给定半径的圆弧进行光滑过渡。倒角是指对给定的两条直线进行倒角过渡。尖角过渡是指在给定的两条曲线之间进行呈尖角形状的过渡。作尖角过渡的两条曲线可以直接相交，过渡后两条曲线相互裁剪；也可以不直接相交，但必须有交点存在，再通过查询操作可快速求出两个不直接相交曲线的交点坐标。如图 3-33 所示为把五角星的 5 个角过渡成圆弧。

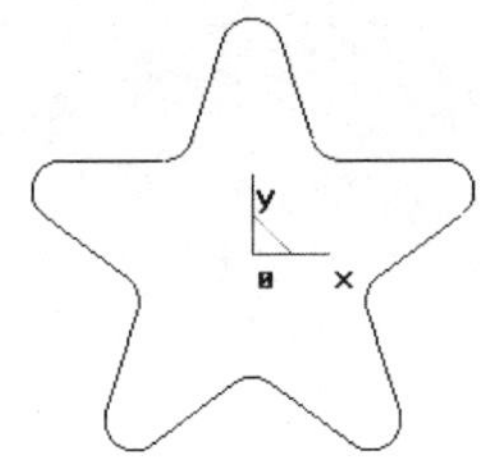

图 3-33　五角星的 5 个角过渡成圆弧

> **提示**
>
> 对一条曲线裁剪和对两条曲线都不裁剪的圆弧过渡，其操作步骤与对两条曲线都裁剪一样，只是在立即菜单中的选择稍有不同。

4．曲线打断

曲线打断是指在一条曲线上用指定点对曲线打断，形成两条曲线。可通过单击按钮激活曲线打断功能。

5．曲线组合

曲线组合是指把拾取到的多条相连接的曲线组合成一条样条线，分为保留原曲线和删除原曲线两种。可通过单击按钮激活曲线组合功能。

> **提示**
>
> 在操作中，拉伸与移动的功能是不相同的。拉伸是要改变原图的尺寸的，移动则不会改变原图的大小。

6．曲线拉伸

曲线拉伸是指将指定的曲线用拖动法（按住鼠标左键移动光标）拉伸到指定点，可通过单击按钮激活该功能。下面以拉伸任意曲线为例进行讲解，具体操作方法为：单击按钮，选择要拉伸的曲线，显示曲线插值点，选择要修改的插值点进行拖动，拖动过程中曲线随之发生变化，拖至合适位置即可，如图 3-34 所示。

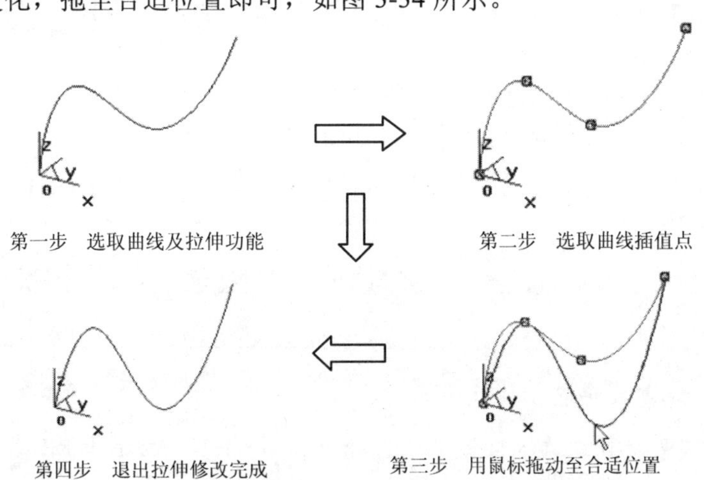

图 3-34　曲线拉伸过程

7．曲线优化

曲线优化是对控制顶点太密的样条曲线在给定的精度范围内进行优处理，减少其控制顶点。可以通过单击按钮激活曲线优化功能，曲线删除有删除原曲线和保留原曲线两种方式，其立即菜单如图 3-35 所示。

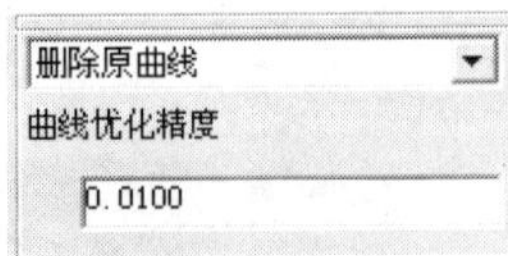

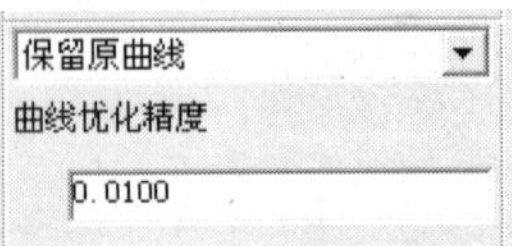

图 3-35　曲线优化立即菜单

3.2.3　几何变换

几何变换是指对线、面进行变换，对造型实体无效，而且几何变换前后线、面的颜色和图层属性不发生变化。几何变换对于编辑图形和曲面有着很重要的作用，可以很大程度地方便用户。几何变换共有平移、平面旋转、旋转、平面镜像、镜像、阵列和缩放 7 种功能。

> **注意**
>
> 在实际操作中掌握快捷键的使用可以方便快捷地进行绘图，大大节省时间和精力。

1．平移

平移是指对拾取的图素相对于原位置进行移动或拷贝。可通过单击按钮激活该功能。该功能有偏移量和两点两种方式。“偏移量”方式是指给出在 X、Y、Z 3 个坐标轴上的相对移动量，实现图素的移动或拷贝；“两点”方式是指给定要平移的元素的基点和目标点，实现图素的移动或拷贝。下面以“偏移量”方式为例介绍如何进行平移。

首先在工具栏中单击按钮，或选择主菜单中的【显示】/【视向定向】命令，弹出【视向定位】对话框，如图 3-36 所示。在【系统视向】列表框中选择【机床轴侧】选项，单击【关闭】按钮，关闭【视向定位】对话框，完成视向定位。

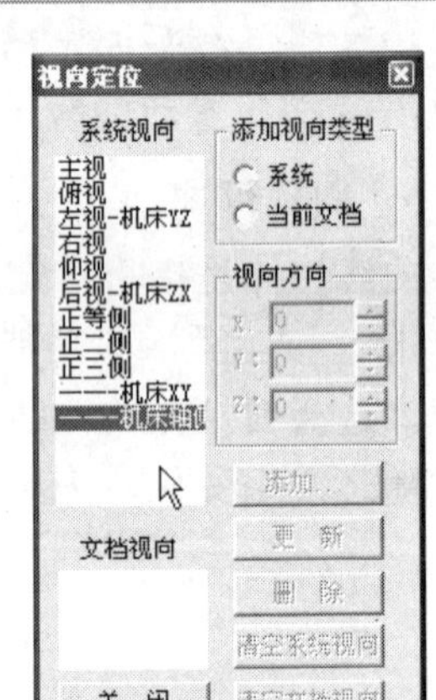

图 3-36 【视向定位】对话框

视向定位也可以使用快捷键 F8。F5 是选择平面 XY 快捷键；F6 是选择平面 YZ 快捷键；F7 是选择平面 ZX 快捷键；F9 是循环切换平面快捷键。按 F9 键可以使有效平面在 *XY*、*YZ*、*ZX* 3 个平面内切换。

【实例 7】　绘制一个圆心在原点、半径为 10 的圆，把这个圆复制到圆心偏移（10，10，10）的位置上。

01　按 F9 键，把有效平面切换至平面 *XY*。

02　单击【整圆】按钮，在立即菜单中选择“圆心_半径”方式画圆。

03　此时，状态栏出现输入圆心点的提示，在原点 *o* 位置单击鼠标左键，确定圆心位置。

状态栏出现输入圆上一点或半径的提示：按Enter键，出现数值输入框，输入“10”，按Enter键，一个半径为10mm的圆绘制在平面*XY*中。

04 单击鼠标右键或按Esc键结束画圆命令。

05 单击【平移】按钮，在立即菜单中选择【偏移量】选项并设置“偏移”方式为“拷贝”，输入*DX*=10、*DY*=10、*DZ*=10，按Enter键。

06 状态栏出现拾取元素的提示，选择圆，单击鼠标左键，确定拾取圆完毕。

07 此时，圆的右上角又出现一个圆，如图3-37所示。

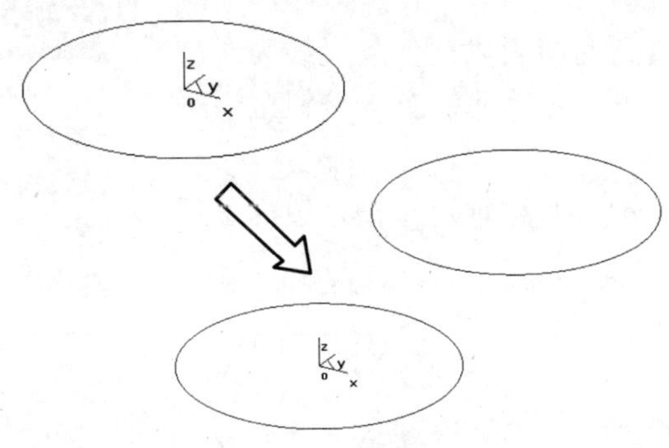

图3-37 拷贝平移操作

2．平面旋转

平面旋转是指对拾取到的图素围绕某点作当前平面内的旋转或旋转拷贝。可通过单击按钮激活平面旋转功能。

“拷贝”方式与“移动”方式的不同之处在于：除了可以指定旋转角度外，还可以指定拷贝份数。

> **提示**
>
> 图素作平面旋转后，仍保持最初与旋转点间的距离不变，但有可能脱离原来的作图平面。

如图3-38所示为把XY平面内的曲线进行3份拷贝并旋转60°角。

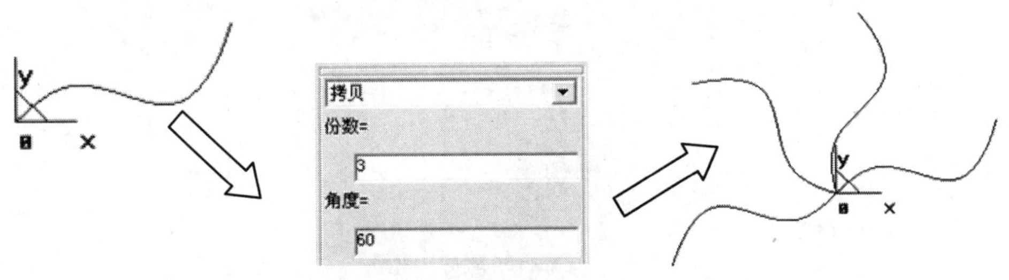

图3-38 平面旋转操作

3．旋转

旋转是指对拾取到的图素围绕空间线为对称轴作旋转移动或旋转拷贝。可通过单击按钮激活旋转功能。

以一条线段为旋转轴，进行角度为18°、10份拷贝的旋转，操作如图3-39所示。

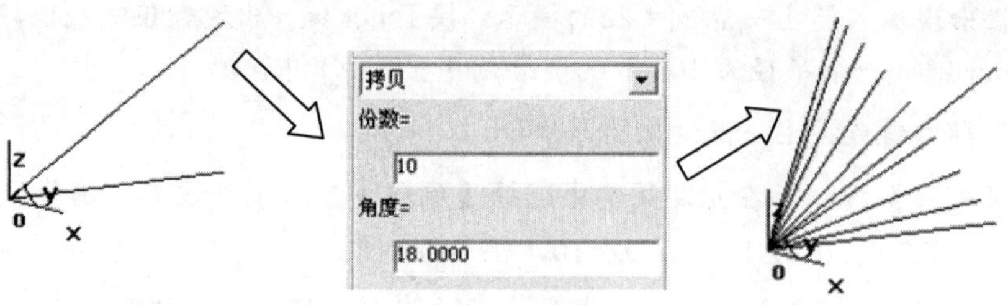

图 3-39　旋转操作

4. 平面镜像

平面镜像是指对拾取到的图素以某一条直线为对称轴进行对称镜像或对称拷贝。可通过单击按钮激活平面镜像功能。

如图 3-40 所示为以 Y 轴为对称轴对一正六边形进行平面镜像。

> **提示**
>
> 可以把对称面想象成一面镜子，如果镜子在空间的位置发生改变，图像也自然位于以镜子为参照面的空间对称位置上。

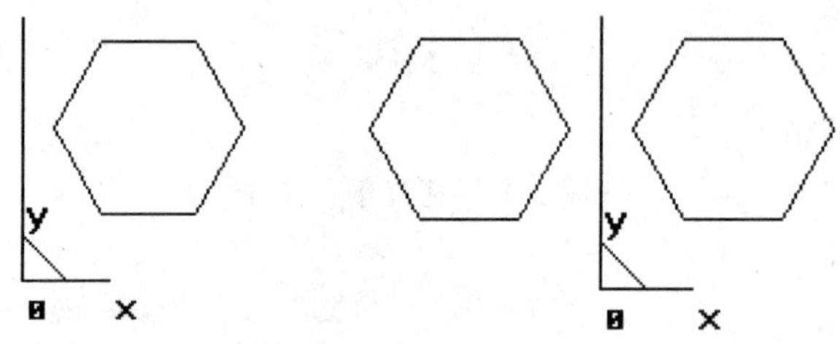

图 3-40　平面镜像操作

5. 镜像

镜像是指对拾取到的图素以空间平面为对称面进行镜像或镜像拷贝。可通过单击按钮激活镜像功能。镜像功能有移动和拷贝两种方式。镜像是通过 3 个点确定一个平面，再用这个平面进行对称画图的。镜像操作如图 3-41 所示。

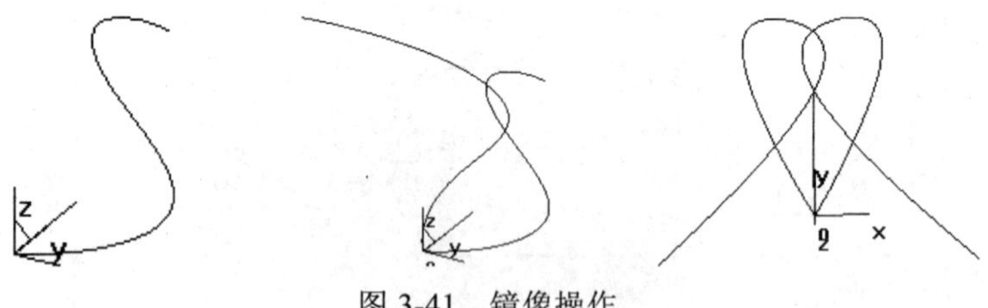

图 3-41　镜像操作

6. 阵列

阵列是指对拾取的图素按“圆形”或“矩形”方式进行阵列拷贝。可通过单击按钮激活阵列功能。“矩形”方式是指对拾取到的图素按给定的行数、行距、列数、列距及角度的阵列拷贝。

如图 3-42 所示为对一圆形进行 5 行 5 列、行列距为 20 的矩形阵列。

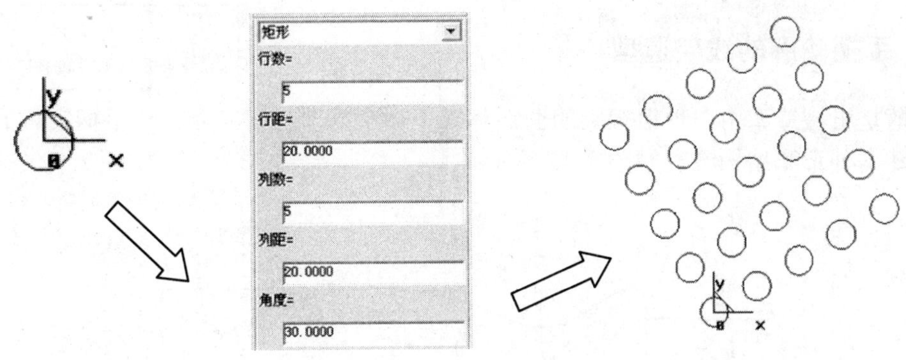

图 3-42　矩形阵列操作

可以以坐标原点为圆形阵列旋转点，对一椭圆进行角度为 30° 的 360° 填充阵列，如图 3-43 所示。

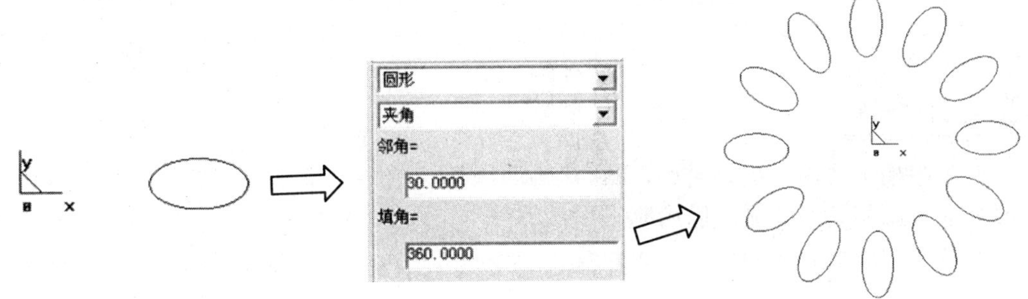

图 3-43　圆形阵列操作

7．缩放

缩放是指对拾取到的图素进行按比例放大或缩小的操作。可通过单击按钮激活缩放功能。圆形缩放操作如图 3-44 所示。

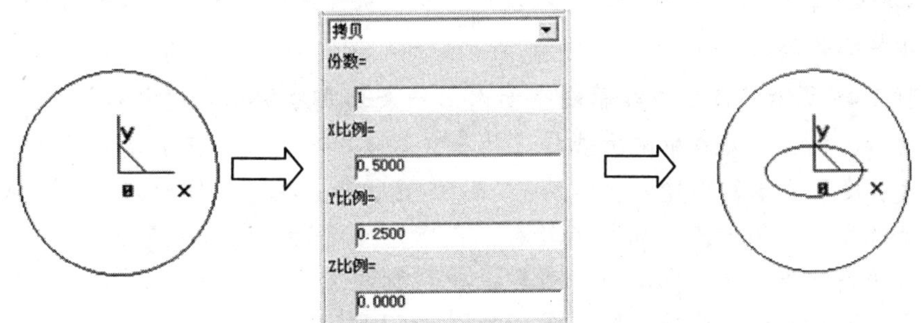

图 3-44　圆形缩放操作

3.3　线架造型实例分析

下面通过两个简单的例子介绍线架架构的绘制。第一个实例是手柄轮廓图的线架造型，通过手柄的线架造型熟悉线、圆、圆弧的互联等；第二个实例是托盘底座的线架造型，通过三维空间的线架造型操作熟悉曲线空间设计及曲线空间编辑功能。

实例文件	实例\03\例 3-1.mxe
操作录像	视频\03\例 3-1.avi

3.3.1 手柄轮廓的线架造型

手柄是机械造型中一种很规则的曲面体。下面来练习如何绘制一个手柄实体的平面线架，其基本外形和结构参数如图 3-45 所示。

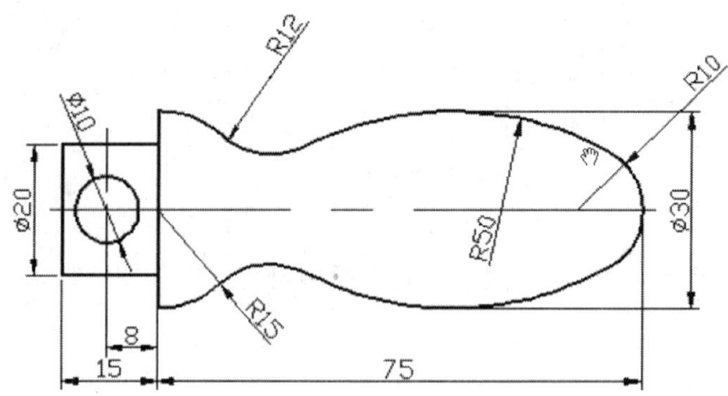

图 3-45　手柄外形尺寸

设计分析

（1）本手柄主要由直线、矩形、圆和圆弧组成。

（2）通过画相切的圆弧可以绘制出手柄的外形。

（3）通过过渡线、线的裁剪、等距线、平移和对称等曲线编辑进行绘制。

操作步骤

01 打开软件。选择【开始】/【程序】/【CAXA】/【CAXA 制造工程师】/【CAXA 制造工程师 2008】命令，或直接双击【CAXA 制造工程师 2008】桌面快捷方式图标，打开 CAXA 制造工程师软件，进入设计界面。软件默认状态下，当前坐标为 *XOY* 平面，非草图状态。

02 参照图 3-45 所示的尺寸在非草图平面内画一条长度为 90mm 的中心线段。单击【直线】按钮，在立即菜单中依次选择【两点线】、【单个】、【正交】、【长度方式】选项，并在【长度】文本框内输入 “90”，如图 3-46 所示。状态栏提示输入第一点位置时，捕捉坐标原点为第一点，向原点处移动鼠标，确定鼠标变成当前选择点时单击鼠标左键；状态栏提示输入第二点位置时，把鼠标向原点右方移动，单击鼠标左键，则一条长度为 90mm 的线段绘制完成，如图 3-47 所示。

两点线
单个
正交
长度方式
长度=
90

图 3-46　直线立即菜单

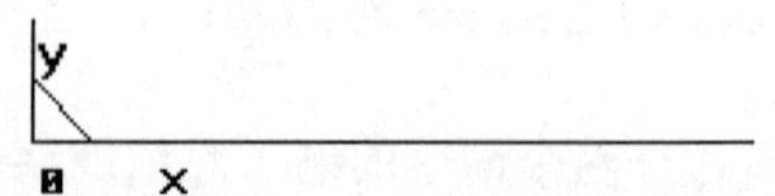

图 3-47　一条长度为 90mm 的线段

03 再画一条左边线。在直线状态下，在立即菜单的【长度】文本框内把直线长度值改为 10，单击鼠标右键或按 Enter 键确定输入的长度值。状态栏提示输入第一点时，将鼠标向原点处移动，将第一点放在原点 *O* 处，将鼠标向 *Y* 方向移动，单击鼠标左键确定方向，则左边线绘制完成。单击鼠标右键或按 Enter 键退出绘制直线状态。绘制第二条线，单击【直线】按钮或不退出绘制直线状态，状态栏提示输入第一点时，按 Enter 键，在屏幕中间出现数值输入框，输入第一点坐标值（15，0，0），按 Enter 键，第一点确定完成。状态栏提示输入第二点时，按 Enter 键，在屏幕中间出现数值输入框，输入第二点坐标值（15，15，0），按 Enter 键，第二点确定完成，如图 3-48 所示。

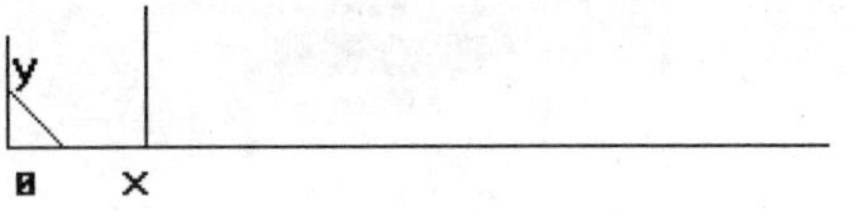

图 3-48　绘制两条边线

04 画已知圆。已确定 R15 圆弧和 R10 圆弧的圆心坐标，通过“圆心_半径”方式画圆，以方便进行圆弧连接和裁剪等操作。首先画半径为 15mm 的圆，圆心坐标在本坐标系中为（15，0，0）。单击【整圆】按钮，在立即菜单中选择“圆心_半径”方式，状态栏提示输入圆心点时，按 Enter 键，在屏幕中间出现数值输入框，输入圆心坐标值（15，0，0），按 Enter 键，圆心确定。状态栏提示输入圆上的一点或半径时按 Enter 键，在屏幕中间出现数值输入框，输入半径值“15”，按 Enter 键，一个半径为 15mm 的圆绘制完成。按 Enter 键或单击鼠标右键退出绘制圆状态。以同样的方式画半径为 10mm 的圆，其圆心坐标为（80，0，0），半径值为 10。绘制完成后如图 3-49 所示。

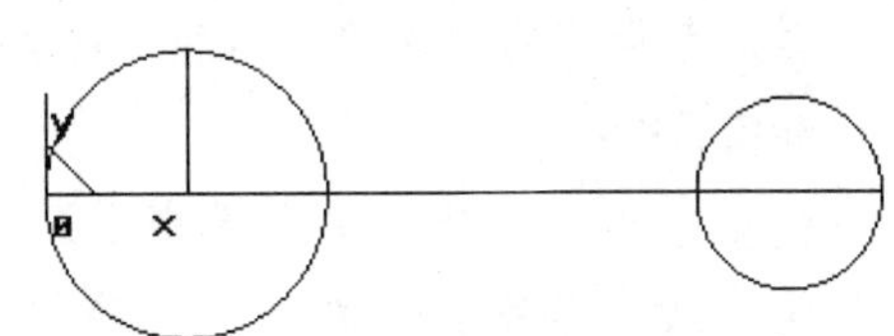

图 3-49　绘制两圆

05 绘制中间圆弧。已知中间大圆弧的半径为 50mm，R50 圆弧与 R10 圆弧内切，且 R50 圆弧与平行中心线距离为 15mm 的线相切。可以通过“两点_半径”方式绘制出整个圆。首先绘制一条平等与中心线的线段，单击【等距线】按钮，在立即菜单中选择【单根曲线】、【等距】选项，在【距离】文本框内输入“15”，单击鼠标右键。状态栏提示“拾取曲线”，选择中心线，如图 3-50 所示。此时，状态栏提示“选择等距方向”，向上移动鼠标，单击鼠标左键，确定输入方向，如图 3-51 所示。

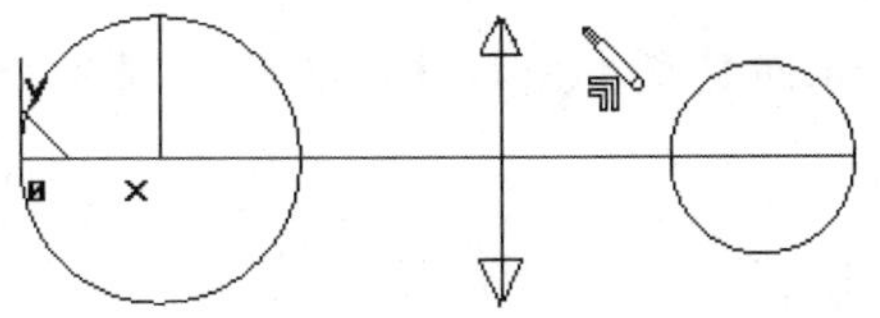

图 3-50　等距线的方向

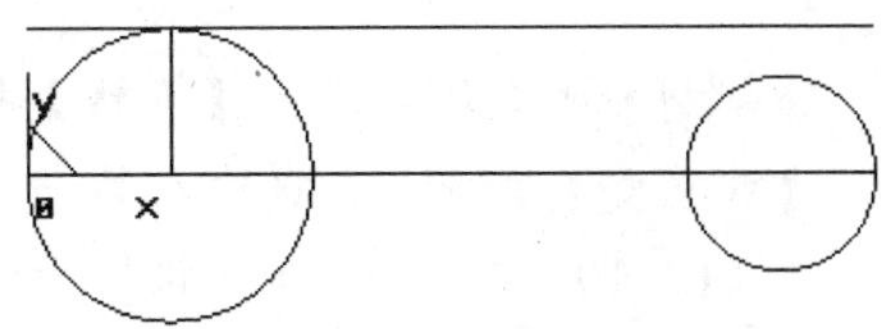

图 3-51　绘制完成一条等距线

06 绘制半径为 50mm 的圆。单击【整圆】按钮，在立即菜单中选择“两点_半径”方式画圆。状态栏提示输入第一点时，按 Space 键，弹出【工具点】菜单，选择【切点】

命令，如图 3-52 所示。状态栏提示输入第一点时，选择半径为 10mm 的圆；状态栏提示输入第二点时，选择等距线，完成后，就可以看到一个变化的圆了，状态栏提示“第三点：当前半径=10”时，按 Enter 键，在屏幕中间出现数值输入框，输入圆的半径值“50”，按 Enter 键，圆绘制完成，如图 3-53 所示。

图 3-52 【工具点】菜单

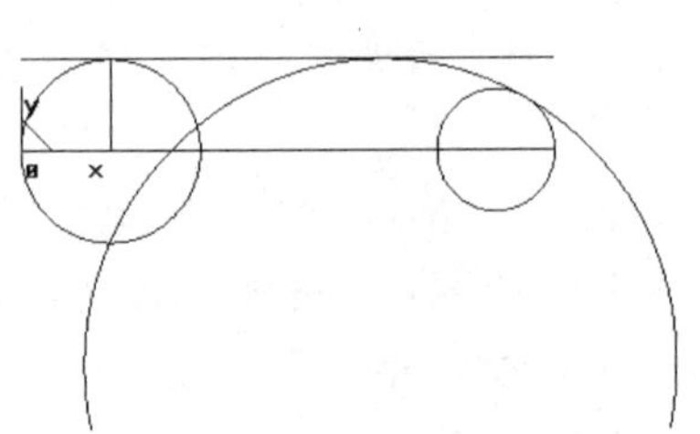

图 3-53 相切圆绘制

07 绘制 R12 的圆弧。绘制一个半径为 12mm 的圆，此圆与半径为 15mm 的圆和半径为 50mm 的圆都外切。单击【整圆】按钮，在立即菜单中选择“两点_半径”方式画圆。状态栏提示输入第一点时，按 Space 键，弹出【工具点】菜单，选择【切点】命令，选择半径为 15mm 的圆；状态栏提示输入第二点时，选择半径为 50mm 的圆，完成后，即可看到一个变化的圆；状态栏提示“第三点：当前半径=10”时，按 Enter 键，在屏幕中间出现数值输入框，输入圆的半径值“12”，按 Enter 键，相切圆绘制完成，如图 3-54 所示。

08 删掉不用的曲线。单击【删除】按钮，状态栏提示“请拾取要删除的元素”，选择等距线，单击鼠标右键，直线删除完成。单击【曲线裁剪】按钮，在立即菜单中选择【快速裁剪】和【正常裁剪】选项，按图形形状用鼠标拾取要删除的曲线。最后单击【删除】按钮，删除一些剩余的曲线。曲线编辑后的图形如图 3-55 所示。

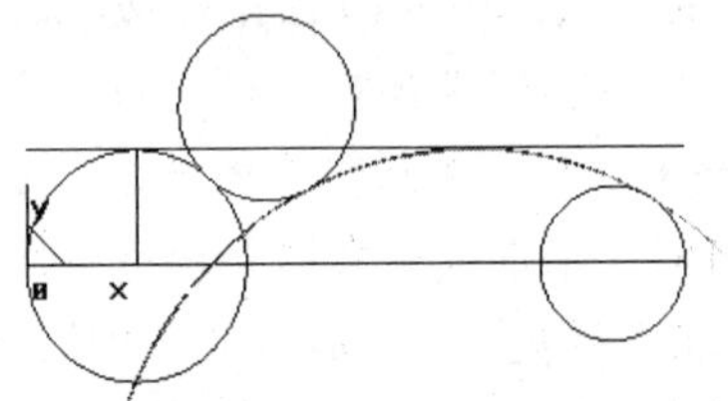

图 3-54 绘制与两圆相切的圆

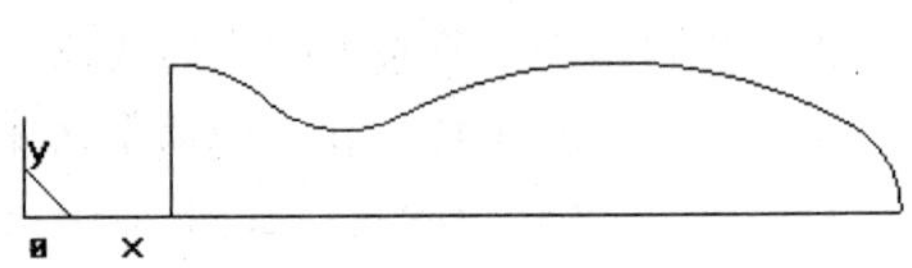

图 3-55 曲线编辑后的图形

09 绘制剩余的直线。单击【直线】按钮，在立即菜单中选择【两点线】、【单个】和【非正交】选项，直接输入第一点坐标值（0，10，0），按 Enter 键，第一点绘制完成；输入第二点坐标值（15，10，0），按 Enter 键，第二点完成。这样，一条线段绘制完成，则半个手柄图就绘制完成了，如图 3-56 所示。

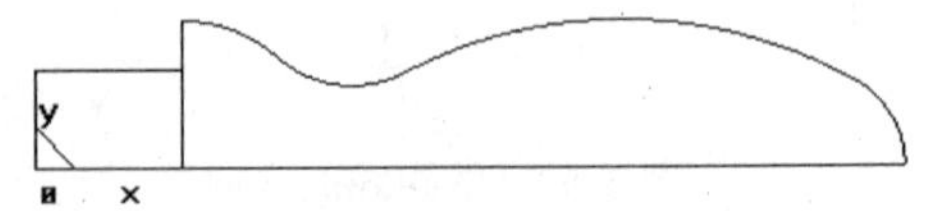

图 3-56 半个手柄图

10 绘制手柄的另一半。单击【平面镜像】按钮，在立即菜单中选择【拷贝】选项，状态栏提示“镜像轴起点”，选择中心轴的左端点；状态栏提示“镜像轴末点”，选择中心轴的右端点；状态栏提示“拾取元素”，选择中心轴上部分的曲线，如图 3-57 所示。单击鼠标右键，完成拾取元素和镜像操作，图形拷贝完成，如图 3-58 所示。

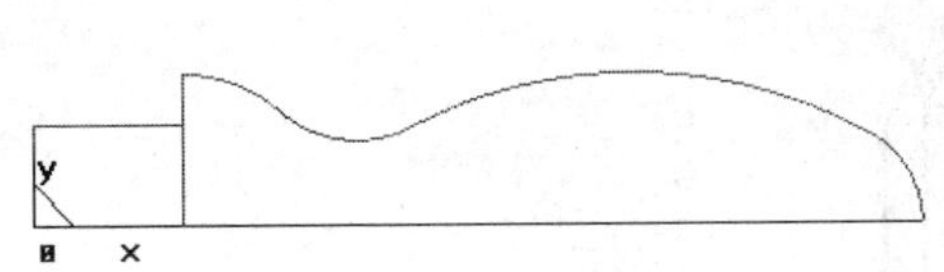

图 3-57　拾取镜像的元素

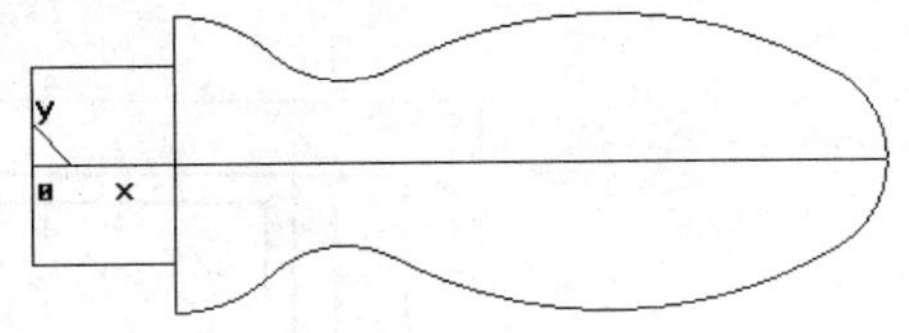

图 3-58　镜像完成的手柄

11 绘制直径为 10mm 的整圆。单击【整圆】按钮，在立即菜单中选择“圆心_半径”方式进行画圆，状态栏提示输入圆心点，按 Enter 键，在屏幕中间出现数值输入框，输入圆心坐标值（7，0，0），按 Enter 键。状态栏提示“输入圆上一点或半径”，按 Enter 键，在屏幕中间出现数值输入框，输入圆的半径值“5”，按 Enter 键，整圆绘制完成。绘制圆的中心线，单击【直线】按钮，在立即菜单中选择【两点线】选项，输入第一点坐标值（7，12，0），按 Enter 键；再输入第二点坐标值（7，−12，0），按 Enter 键，一条直线段绘制完成，如图 3-59 所示。

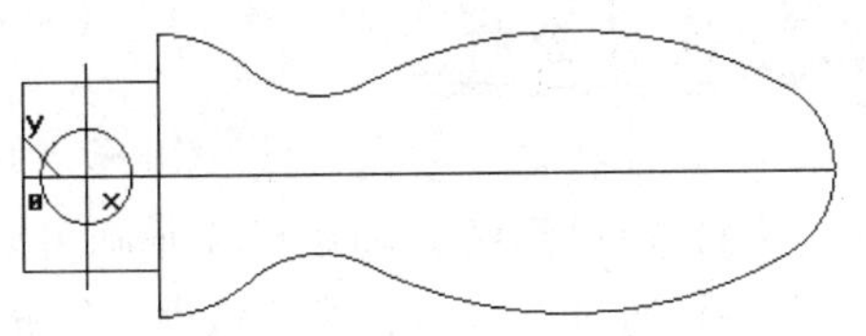

图 3-59　完成的手柄

12 图形绘制完成后，进行图形保存。选择主菜单中的【文件】/【保存】命令，弹出【存储文件】对话框，如图 3-60 所示。选择保存目录，输入保存文件名“手柄”，单击【保存】按钮，完成图形保存。

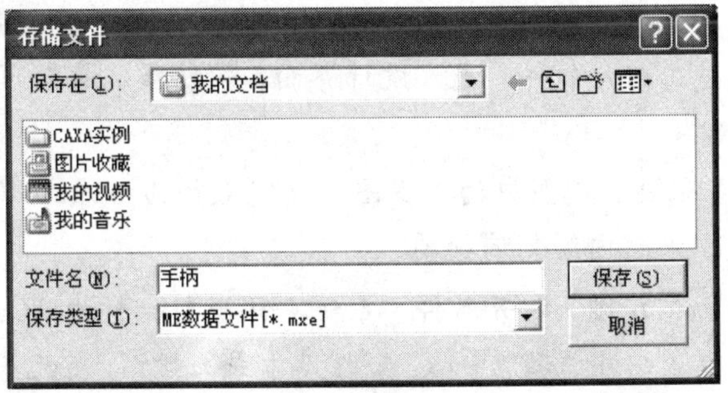

图 3-60　保存图形文件

3.3.2　托盘底座的线架造型

实例文件	实例\03\例 3-2.mxe
操作录像	视频\03\例 3-2.avi

本例中的托盘底座的线架结构是三维的造型，通过本例可以学习绘制三维线架的方法及图形的编辑方法。托盘尺寸如图 3-61 所示。

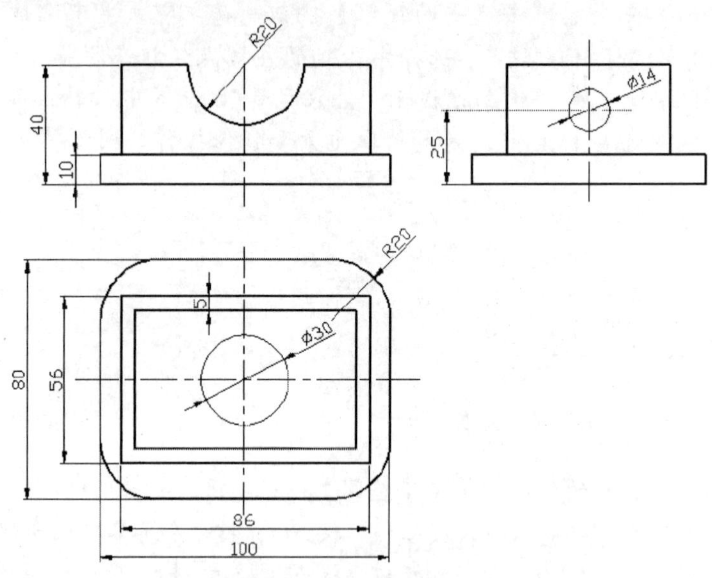

图 3-61　托盘底座三视图

设计分析

（1）本托盘主要由直线、矩形、圆和圆弧组成。

（2）通过画线、画矩形和画圆可以绘制平面几何形状。

（3）通过过渡线、线的裁剪、等距线和平移等曲线编辑可以完成本托盘线架的绘制。

操作步骤

01 打开软件。选择【开始】/【程序】/【CAXA】/【CAXA 制造工程师】/【CAXA 制造工程师 2008】命令，或直接双击【CAXA 制造工程师 2008】桌面快捷方式图标，打开 CAXA 制造工程师软件，进入设计界面。软件默认状态下，当前坐标为 *XOY* 平面，非草图状态。

02 分析三视图，首先画三视图中的俯视图。选定直径为 30mm 圆孔的圆心为坐标系的原点 *O*，在 *XOY* 平面内绘制俯视图。

03 在 *XOY* 平面内画俯视图。打开软件，系统默认当前坐标为 *XOY* 平面有效。单击【矩形】按钮，在立即菜单中选择“中心_长_宽”方式画矩形。首先画一个长度为 100 mm、宽度为 80 mm 的矩形，在立即菜单中的【长度】文本框内输入“100”，按 Enter 键，或单击鼠标右键，在【宽度】文本框内输入“80”，按 Enter 键。状态栏提示“输入矩形中心”，移动鼠标在 *XOY* 平面内选择原点，单击鼠标左键，第一个矩形绘制完成。以同样方法绘制第二个长度为 86mm、宽度为 56 mm 的矩形和第三个长度为 76mm、宽度为 46 mm 的矩形，单击鼠标右键或按 Enter 键退出矩形绘制。绘制完成的图形如图 3-62 所示。

04 给第一个矩形倒R20的圆角。单击【曲线过渡】按钮，在立即菜单中的【半径】文本框内输入“20”，精度设置为0.01，选择【曲线裁剪1】和【曲线裁剪2】选项。状态栏提示“拾取第一条曲线”，选取矩形的左边线；状态栏提示“拾取第二条曲线”，选取矩形的底边线，则左下角被过渡。依次对各边进行过渡，最终绘制完成的图形如图3-63所示。

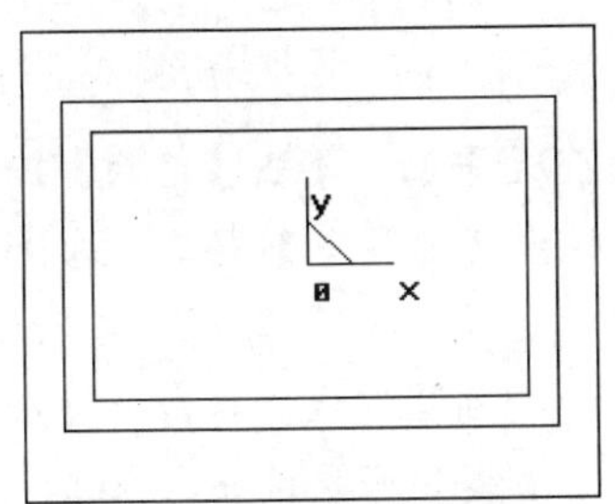

图3-62　矩形的绘制

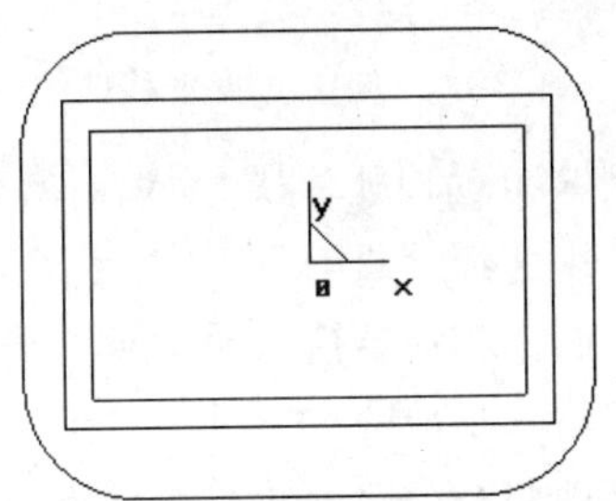

图3-63　矩形倒角的绘制

05 绘制 *XOY* 平面内的圆。单击【整圆】按钮，选择“圆心_半径”方式绘制圆，状态栏提示输入圆心点时，移动鼠标至坐标原点，单击鼠标左键；状态栏提示输入圆上一点或半径时，按Enter键，弹出数值输入框，输入半径值“15”，按Enter键，确定绘制圆完成，单击鼠标右键退出绘制整圆功能，如图3-64所示。

06 外矩形和圆向下偏移。按F8键，把“视向定位”调整到“机床轴侧图”。单击【平移】按钮，在立即菜单中选择【偏移量】和【拷贝】选项，设置 DX=0、DY=0、DZ=−10，状态栏提示“拾取元素”，用鼠标拾取4条边线、4条圆弧线和一个圆。单击鼠标右键结束拾取元素。拷贝平移完成，如图3-65所示。

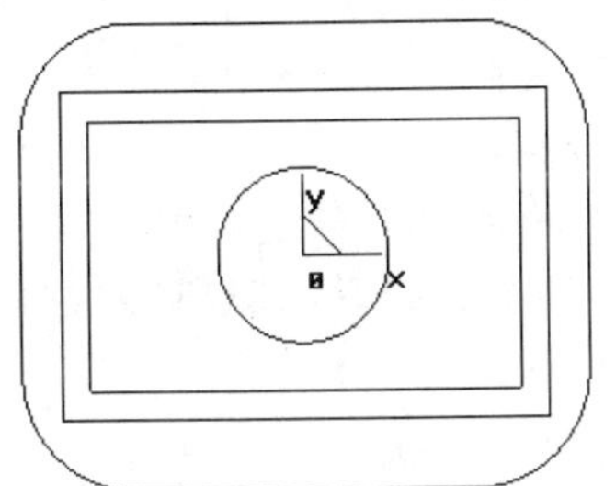

图3-64　矩形倒角的绘制

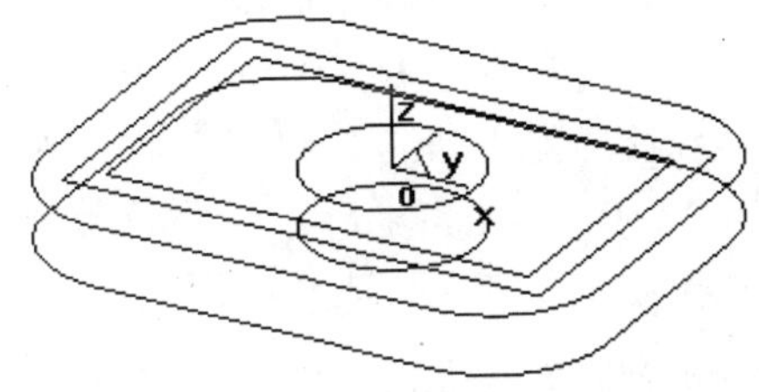

图3-65　向下拷贝平移曲线

07 两个内矩形向上平移。单击【平移】按钮，在立即菜单中选择【偏移量】和【拷贝】选项，设置 DX=0、DY=0、DZ=30，状态栏提示“拾取元素”，拾取两个矩形的8条线，单击鼠标右键结束拾取元素。拷贝平移完成，如图3-66所示。

08 连接平移后的矩形线。单击【直线】按钮，在立即菜单中选择【两点线】、【单个】和【非正交】选项，按Space键，弹出【工具点】菜单，选择“缺省点”方式，一一对应连接两点，如图3-67所示。

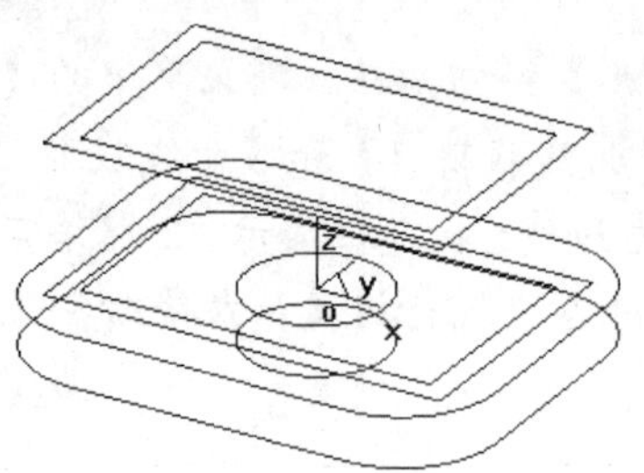
图 3-66 向上拷贝平移曲线

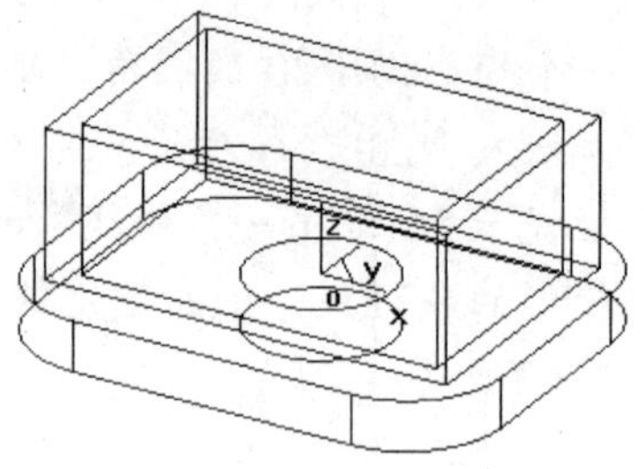
图 3-67 连接矩形成框

09 绘制 R20 的圆弧。按 F9 键，把有效平面切换到 *ZOX* 平面，单击【整圆】按钮，在立即菜单中选择“圆心_半径”方式，按 Space 键，弹出【工具点】菜单，选择“中点”方式，状态栏提示输入圆心点，单击上矩形的长边线，则圆心点确定。按 Enter 键，弹出数值输入框，输入半径值“20”，按 Enter 键，确定绘制圆完成。单击鼠标右键，退出绘制整圆状态，此时的图形如图 3-68 所示。单击【曲线裁剪】按钮，在立即菜单中选择“快速裁剪”方式，状态栏提示“拾取被裁剪线”，单击圆的上半部分，则上半部分圆被删除，单击鼠标右键退出“曲线裁剪”方式。切除上部分圆的图形如图 3-69 所示。

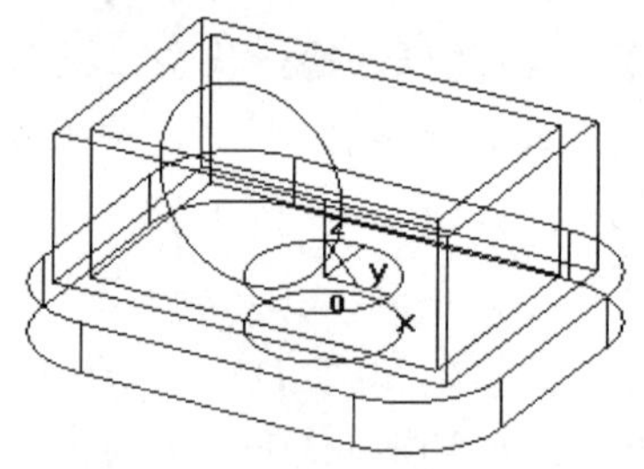
图 3-68 画圆

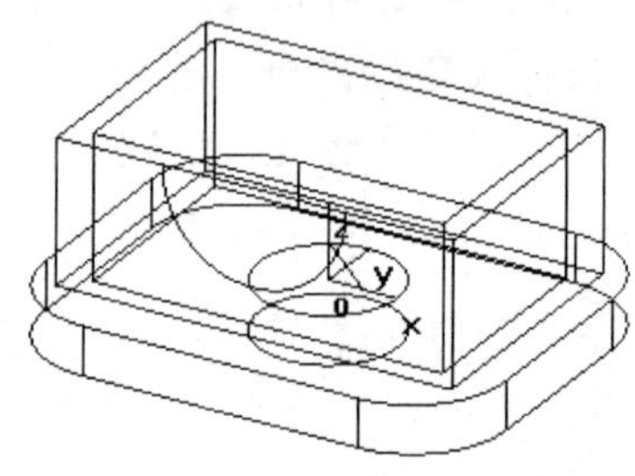
图 3-69 切除上部分圆

10 平移拷贝半圆弧。单击【平移】按钮，在立即菜单中选择【偏移量】和【拷贝】选项，设置 *DX*=0、*DY*=5、*DZ*=0，状态栏提示“拾取元素”，拾取半圆弧线，单击鼠标右键确定平移拷贝曲线完成。再将立即菜单中的偏移数据修改为 *DX*=0、*DY*=51、DZ=0，状态栏提示“拾取元素”，拾取两个半圆弧线，单击鼠标右键确定两条平移拷贝曲线完成。此时的图形如图 3-70 所示。

11 删除圆弧线上的直线。单击【曲线裁剪】按钮，在立即菜单中选择【快速裁剪】和【正常裁剪】选项，状态栏提示“拾取被裁剪线（选取被裁掉的线段）:”，单击半圆弧上边线，线即被删除。依次单击半圆弧上的线，删除后的效果如图 3-71 所示。

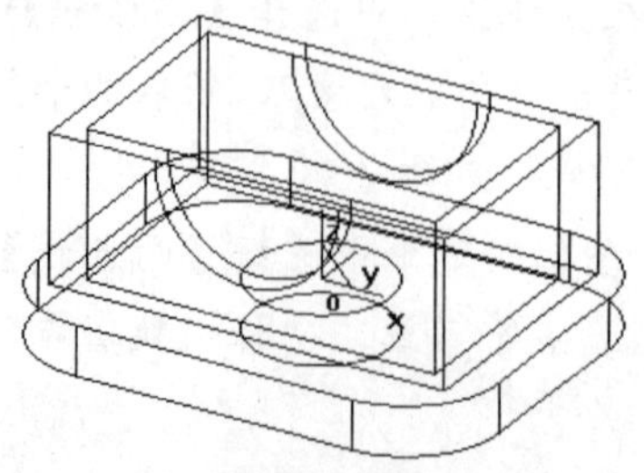
图 3-70 平移拷贝圆弧线

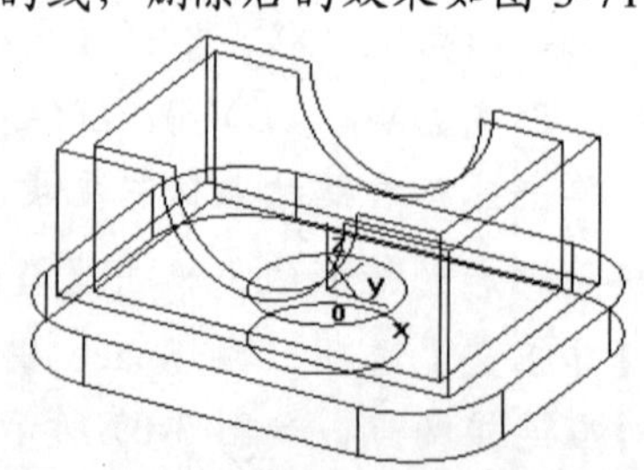
图 3-71 删除圆弧上的直线

12 绘制直径为 14 的圆。按 F9 键，把有效平面切换到 *YOZ* 平面，按 F6 键，视图定向到 *YOZ* 平面正视，单击【直线】按钮，在立即菜单中选择【两点线】、【单个】和【非正交】选项，按 Space 键，弹出【工具点】菜单，选择【中点】选项，状态栏提示输入第一点时，单击上矩形的长边线；状态栏提示输入第二点时，单击上矩形的下边线。单击【等距线】按钮，在立即菜单中选择【单根曲线】和【等距】，选项【距离】设置为 15，按 Enter 键。单击下边线，如图 3-72 所示。

13 向上移动鼠标，单击鼠标左键选择等距线偏移方向。单击【整圆】按钮，在立即菜单中选择【圆心_半径】选项，按 Space 键，弹出【工具点】菜单，选择【交点】选项，状态栏提示输入圆心点时，单击绘制的两线的交点，则圆心点确定；按 Enter 键，弹出数值输入框，输入半径值“7”；按 Enter 键，确定绘制圆完成。单击鼠标右键退出绘制，如图 3-73 所示。

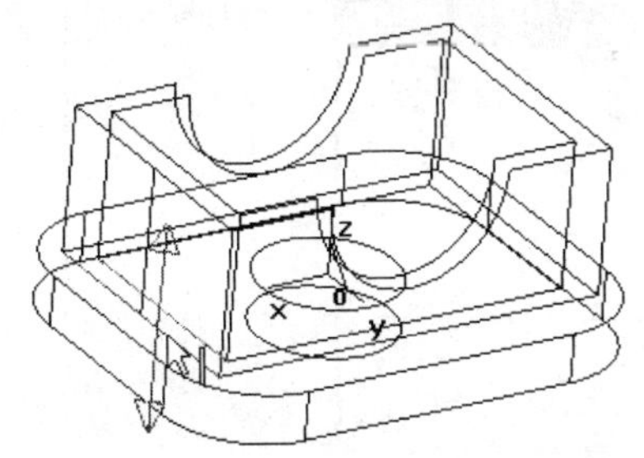

图 3-72　绘制直径为 14 的圆（一）

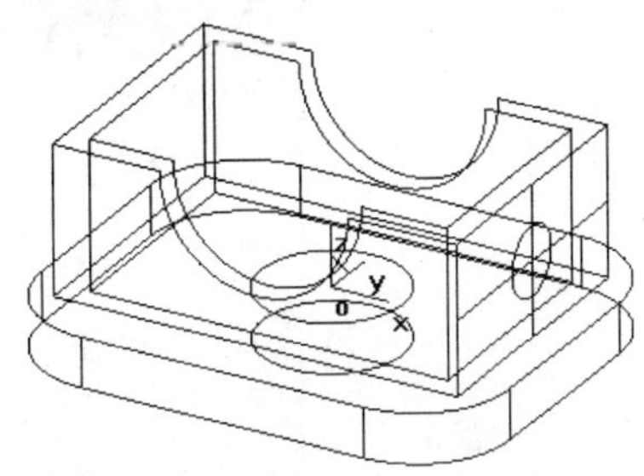

图 3-73　绘制直径为 14 的圆（二）

14 平移拷贝圆。单击【平移】按钮，在立即菜单中选择【偏移量】和【拷贝】选项，设置 *DX*=－5、*DY*=0、*DZ*=0，状态栏提示“拾取元素”，拾取圆，单击鼠标右键确定平移拷贝曲线完成。再将立即菜单中的偏移数据修改为 *DX*=－81、*DY*=0、*DZ*=0，状态栏提示“拾取元素”，拾取两个圆，单击鼠标右键确定两条平移拷贝曲线完成，如图 3-74 所示。

15 删除多余线，单击【删除】按钮，拾取用到的两条十字线，单击鼠标右键，拾取的线被删除。最终形成的线架图如图 3-75 所示。

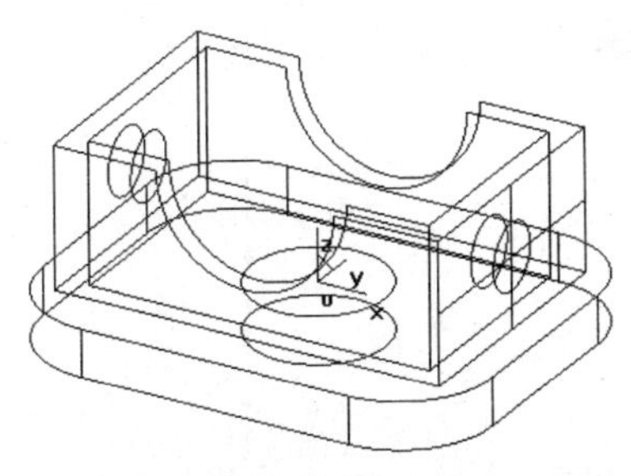

图 3-74　平移拷贝圆

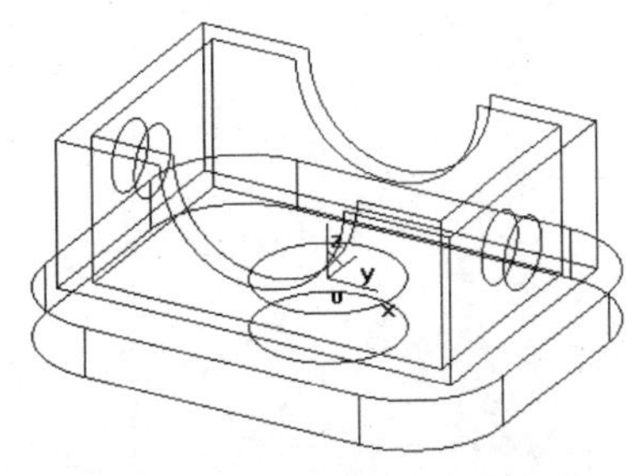

图 3-75　完整的线架结构图

16 观察线架结构图的三视图。按 F5 键，切换到平面 *XOY*；按 F6 键，切换到平面 *YOZ*；按 F7 键，切换到平面 *ZOX*，如图 3-76 所示。

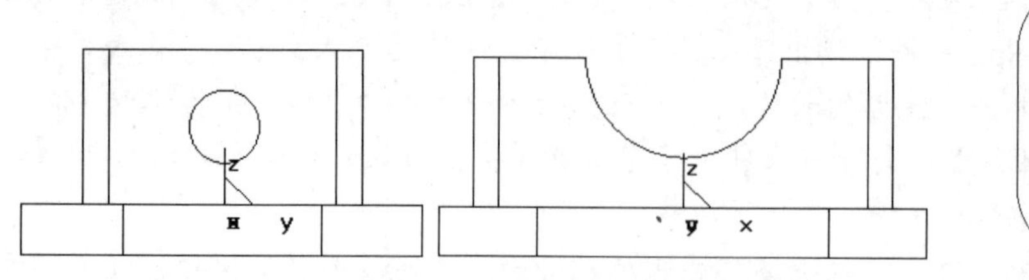

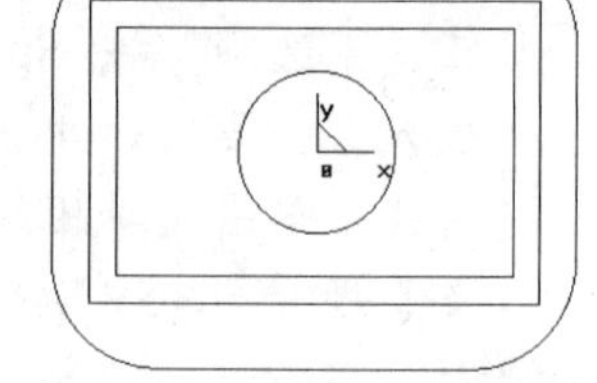

图 3-76　完整的线架结构图

17 图形绘制完成后，进行图形保存。选择主菜单中的【文件】/【保存】命令，弹出【存储文件】对话框，如图 3-77 所示。选择保存目录，输入保存文件名“底座”，单击【保存】按钮，完成图形保存。

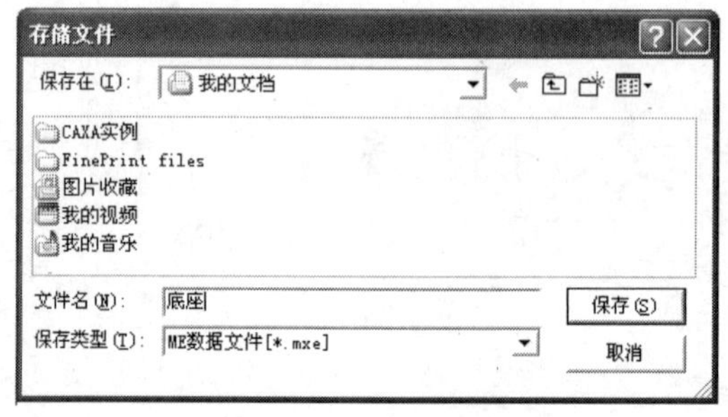

图 3-77 【存储文件】对话框

3.4　项目实现：连杆零件设计之二——线架造型

本章以连杆零件为例，讲述连杆零件的线架结构造型方法。通过本例的操作，可以再次熟悉线架造型的操作及编辑方法。连杆零件的平面尺寸如图 3-78 所示。

实例文件	实例\03\例 3-3.mxe
操作录像	视频\03\例 3-3.avi

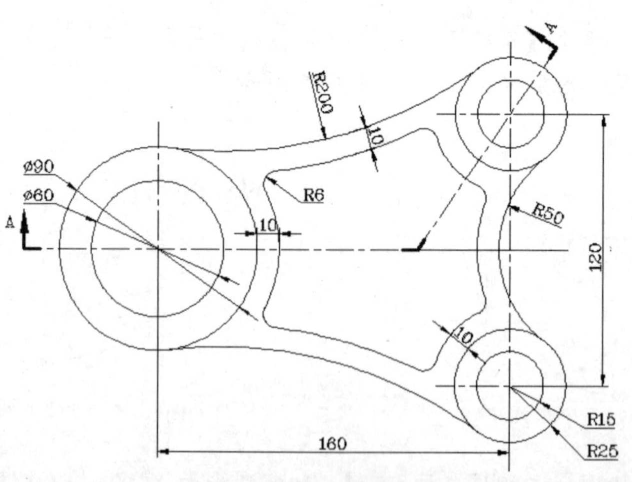

图 3-78　连杆的平面尺寸图

连杆的 A-A 视图如图 3-79 所示。

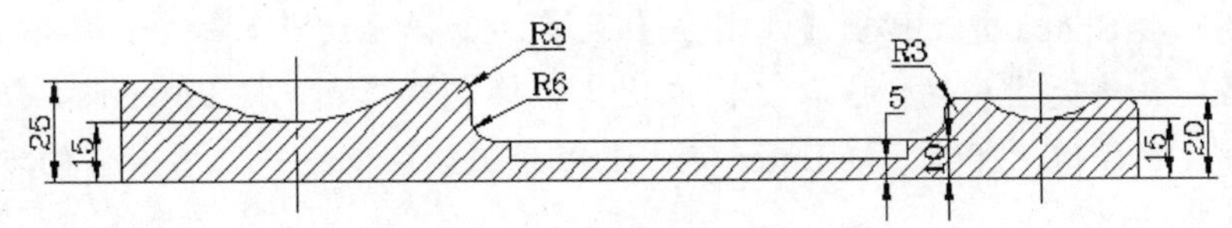

图 3-79　连杆的 A-A 视图

设计分析

（1）本连杆主要由板、槽、圆柱体和圆面组成。

（2）通过画线、画矩形和画圆可以绘制平面几何形状。

（3）通过过渡线、线的裁剪、等距线和平移等曲线编辑可以完成连杆线架结构的绘制。

操作步骤

01 打开软件。选择【开始】/【程序】/【CAXA】/【CAXA 制造工程师】/【CAXA 制造工程师 2008】命令，或直接双击【CAXA 制造工程师 2008】桌面快捷方式图标，打开 CAXA 制造工程师软件，进入设计界面。软件默认状态下，当前坐标为 *XOY* 平面，非草图状态。

02 画左大圆十字中心线，沿原点处作两条中心线，形成十字交叉。单击【直线】按钮，在立即菜单中选择“水平/铅垂线”、“水平+铅垂”方式画十字线，在【长度】文本框中输入“400”，拾取坐标原点，绘制十字交叉线，单击鼠标右键结束画线操作。

03 画右边两小圆中心线。单击【等距线】按钮，在立即菜单中选择【单根曲线】选项，按“等距”方式画线，在【距离】文本框中输入“160”，拾取铅垂线，在铅垂线右侧单击，等距线绘制完成；将距离修改为 60，拾取水平线，在水平线的上侧单击，生成一条水平线距离 60 的等距线；再次拾取水平线，在水平线的下侧单击，生成一条距离水平线 60 的等距线，如图 3-80 所示。

04 绘制 3 个圆。单击【圆】按钮，在立即菜单中选择“圆心_半径”方式绘制圆，拾取点 *O*（0，0，0）为大圆的圆心，按 Enter 键，弹出数值输入框，输入半径值“45”，按 Enter 键，单击鼠标右键，大圆绘制完成；拾取点 *A*（160，60，0）为小圆的圆心，按 Enter 键，弹出数值输入框，输入半径值“25”，按 Enter 键，单击鼠标右键，第一个小圆绘制完成；同样拾取点 *B*（160，－60，0）绘制第二个小圆，如图 3-81 所示。

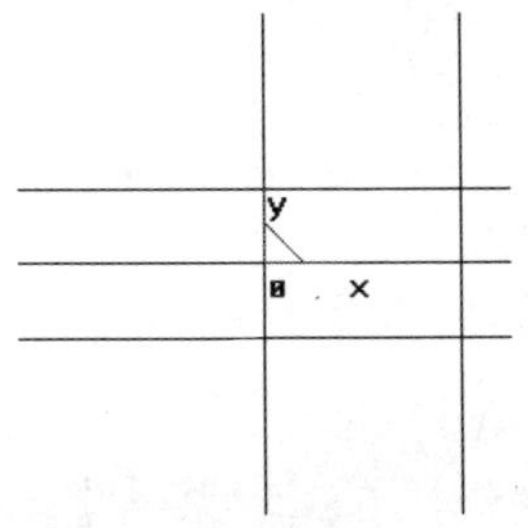

图 3-80　连杆中心线

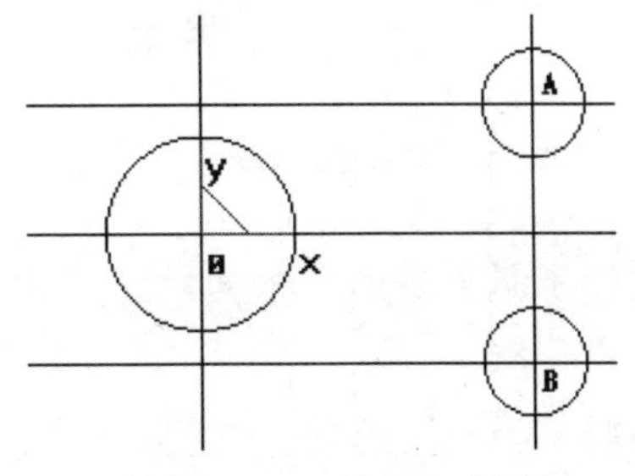

图 3-81　绘制 3 个圆

05 绘制半径为 200 的圆弧。单击【圆弧】按钮，在立即菜单中选择“两点_半径”方式画圆弧，按 Space 键，弹出【工具点】菜单，选择【切点】命令，拾取大圆右上角，确定第一点与大圆相切；拾取 *A* 圆左上角，确定第二点，按 Enter 键，弹出数值输入框，输入半径值“200”，按 Enter 键，上部分圆弧绘制完成。用同样的方法绘制下部分圆弧。

06 绘制半径为 50 的圆弧。单击【圆弧】按钮，在立即菜单中选择“两点_半径”方式画圆弧，按 Space 键，弹出【工具点】菜单，选择【切点】命令，拾取 *A* 圆右下角，拾取 *B* 圆右上角，确定两点，按 Enter 键，弹出数值输入框，输入半径值“50”，按 Enter 键，右侧圆弧绘制完成。绘制完成后的图形如图 3-82 所示。

07 绘制内槽轮廓等距线。单击【等距线】按钮，在立即菜单中选择【单根曲线】选项，以“等距”方式画线，在【距离】文本框中输入“10”，拾取大圆线，选择向外等距，依次等距两个圆及 3 个圆弧，如图 3-83 所示。

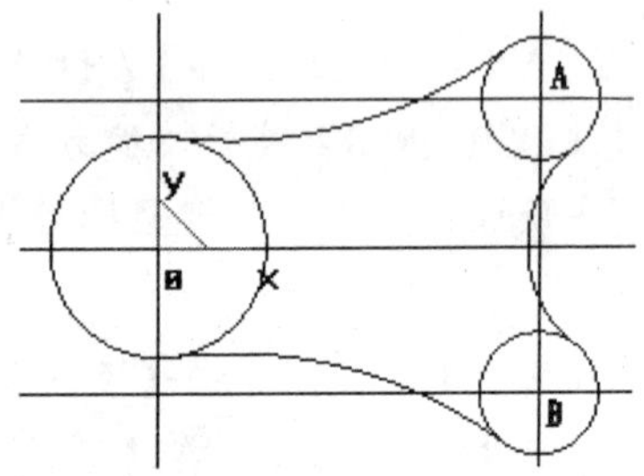

图 3-82 绘制 3 个圆弧

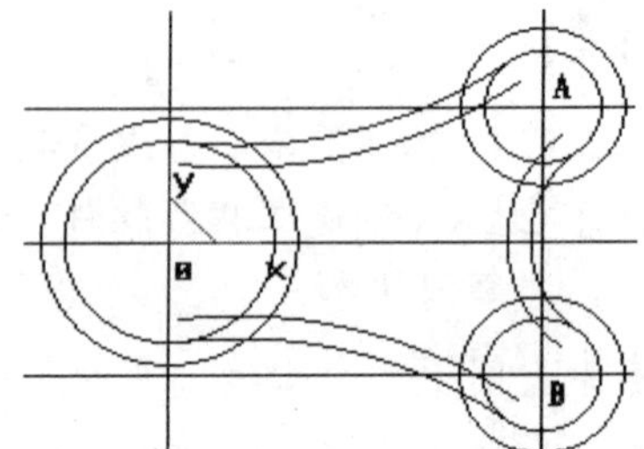

图 3-83 绘制内槽轮廓等距线

08 倒角轮廓线。单击【曲线过渡】按钮，在立即菜单中选择【圆弧过渡】选项，在【半径】文本框中输入“6”，选择“不裁剪曲线 1”和“不裁剪曲线 2”方式，依次拾取各角的两边线，倒角如图 3-84 所示。

09 修剪轮廓等距线。单击【曲线裁剪】按钮，在立即菜单中选择“快速裁剪”和“正常裁剪”方式进行裁剪，拾取倒角不需要的外边曲线进行裁剪，如图 3-85 所示。

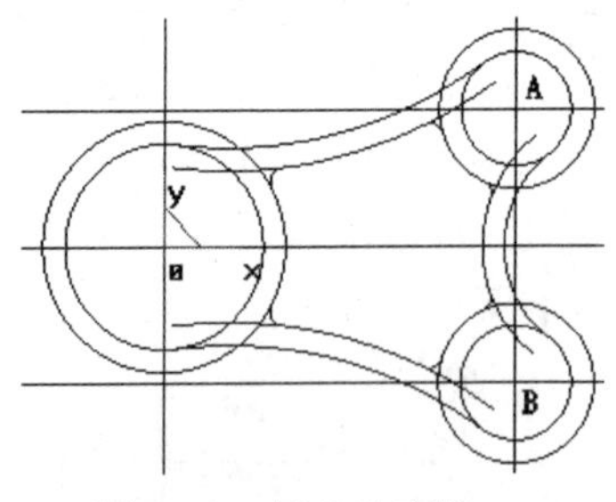

图 3-84 倒角轮廓线

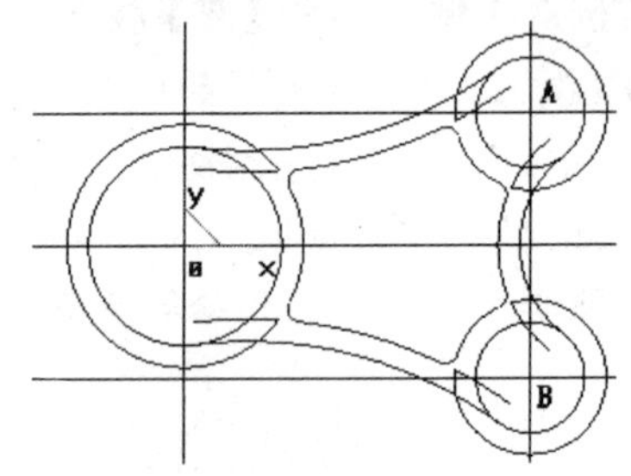

图 3-85 修剪轮廓等距线

10 删除不裁剪后的多余曲线。单击【删除】按钮，拾取倒角后多余的曲线进行删除，如图 3-86 所示。

11 绘制同心圆。绘制 3 个圆内的同心圆，单击【圆】按钮，在立即菜单中选择“圆心_

半径”方式绘制圆，拾取点 O（0，0，0），按 Enter 键，弹出数值输入对话框，输入半径值“30”，按 Enter 键，单击鼠标右键，大圆同心绘制完成；拾取点 A（160，60，0），按 Enter 键，弹出数值输入对话框，输入半径值“15”，按 Enter 键，单击鼠标右键，小圆同心圆绘制完成；同样拾取点 B（160，－60，0）绘制第二个小圆的同心圆，如图 3-87 所示。

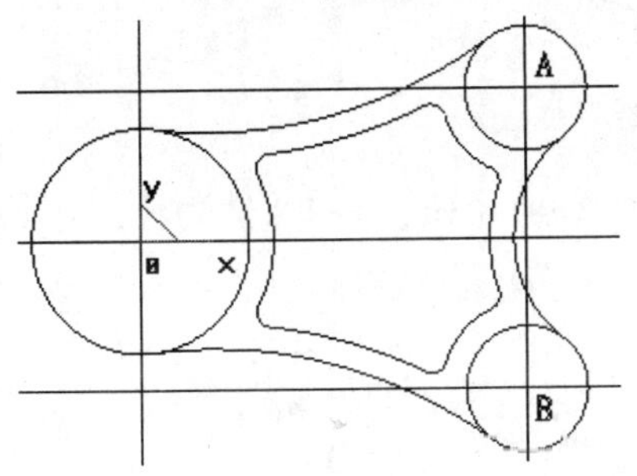

图 3-86　删除多余线

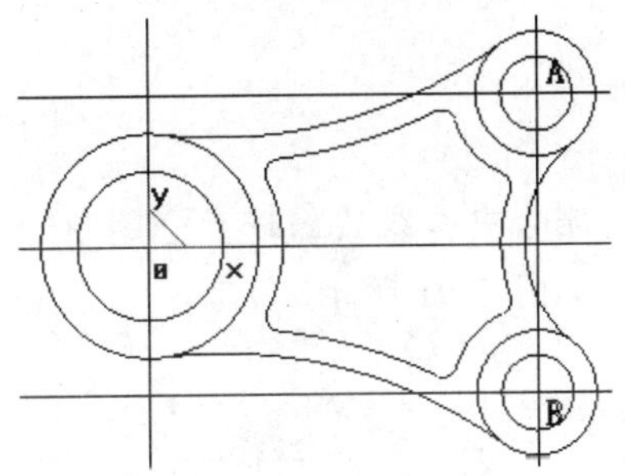

图 3-87　绘制 3 个同心圆

12 绘制底板外形。将底板外边线及槽线进行平移，单击【平移】按钮，在立即菜单中选择【偏移量】和【拷贝】选项，设置 DX=0、DY=0、DZ=10，拾取外轮廓及槽形线，单击鼠标右键；裁剪内侧圆弧线，单击【曲线裁剪】按钮，在立即菜单中选择“快速裁剪”和“正常裁剪”方式进行裁剪，拾取内侧圆弧线进行裁剪。

13 将底平面上的槽线进行平移。单击【平移】按钮，在立即菜单中选择【偏移量】和【拷贝】选项，设置 DX=0、DY=0、DZ=5，拾取底面上的槽形线，单击鼠标右键，平衡后，按 F8 键，结果如图 3-88 所示。

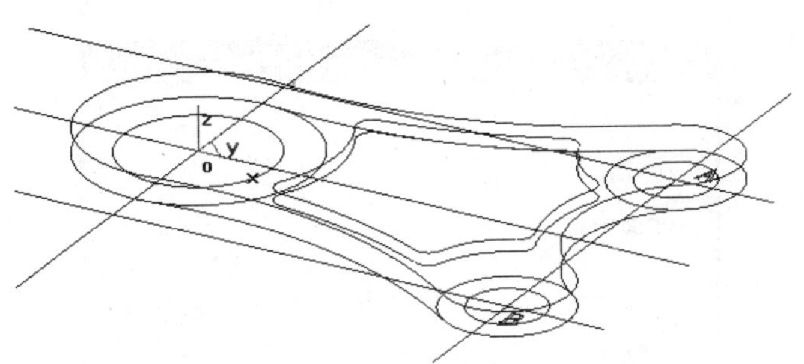

图 3-88　绘制槽上面

14 绘制 3 个圆柱线架。绘制大圆柱，单击【平移】按钮，在立即菜单中选择【偏移量】和【拷贝】选项，设置 DX=0、DY=0、DZ=25，拾取底面大圆线，单击鼠标右键；修改 DZ=20，拾取两小圆，单击鼠标右键，完成 3 个圆柱线架的绘制。

15 绘制球面边线。单击【平移】按钮，在立即菜单中选择【偏移量】和【移动】选项，设置 DX=0、DY=0、DZ=25，拾取底面大圆的同心圆线，单击鼠标右键；修改 DZ=20，拾取两小圆的同心圆，单击鼠标右键，完成 3 个圆柱球面的线架绘制，如图 3-89 所示。

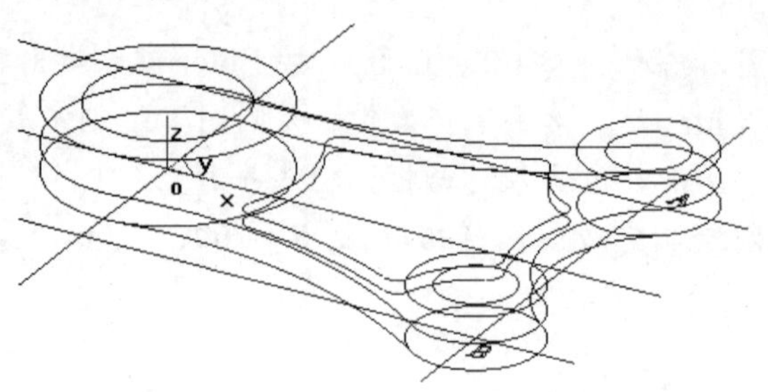

图 3-89　绘制 3 个球形外圆

16 删除中心线后，按 F5 键切换到平面 *XOY*，如图 3-90 所示；按 F8 键切换到等轴侧，如图 3-91 所示。

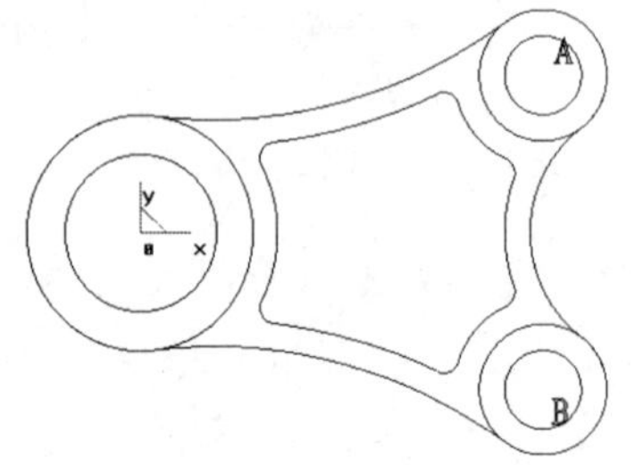

图 3-90　XOY 平面上的完整线架结构图

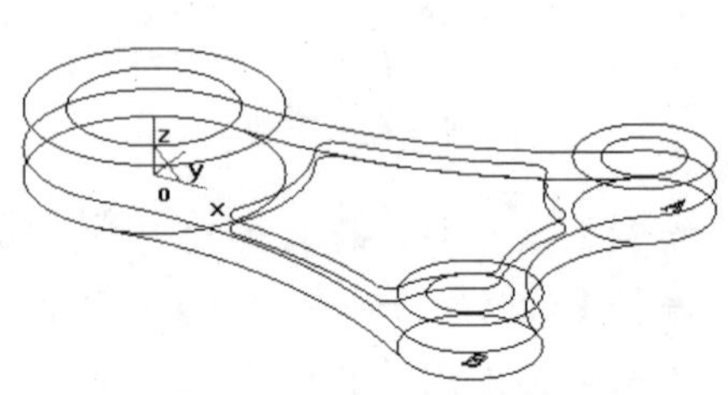

图 3-91　等轴侧的完整线架结构图

17 图形绘制完成后，进行图形保存。选择主菜单中的【文件】/【保存】命令，弹出【存储文件】对话框，如图 3-92 所示。选择保存目录，输入保存文件名“连杆零件”，单击【保存】按钮，完成图形保存。

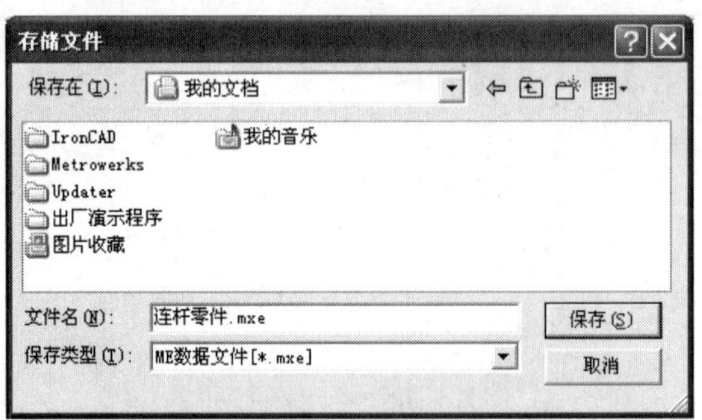

图 3-92　【存储文件】对话框

3.5　应用拓展

在三维设计中，线架造型是实体生成的基础，是三维造型技术的关键。在简单的设计中，只要简单的几个画线就可以完成平面设计及规则三维实体的线架造型。一些不规则实体的线架造型就比较复杂，但都可以通过圆弧和样条线进行绘制，并通过空间镜像、旋转和阵列来完成设计。

3.5.1　软件知识拓展

CAXA 制造工程师的曲线功能很强大。简单的线架造型是比较容易通过直线圆弧来绘制完成的。在一些复杂的实体造型中都是先绘制复杂的曲线，然后由曲线生成曲面，最后生成实体。

如可乐瓶底的造型比较复杂，它有 5 个完全相同的部分，用实体造型不能完成，可以利用 CAXA 制造工程师强大的造型功能中的网格面来实现。其实只要做出突起的两根截面线和凹进的一根截面线，然后进行圆形阵列就可以得到其他突起和凹进的截面线。

可乐瓶底最下面的平面可以使用直纹面中的“点＋曲线”方式来做，这样做的好处是在加工时两张面（直纹面和网格面）可以一同用参数线加工。

下面以可乐瓶底的线架造型为例来进行讲解。可乐瓶底由两个截面组成，如图 3-93 所示。

01 在 CAXA 中画上下两个同圆，再绘制第一个截面，如图 3-94 所示。

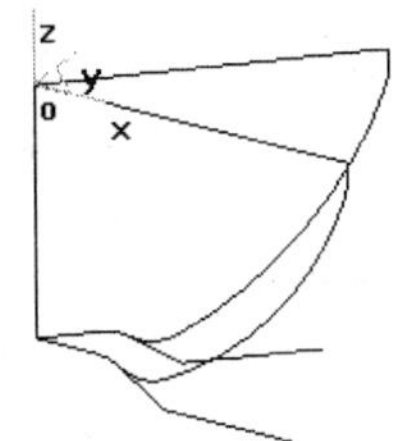

图 3-93　可乐瓶底两截面

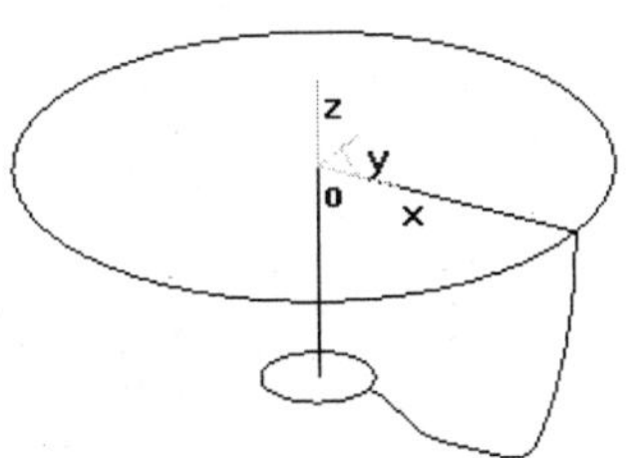

图 3-94　画两圆及截面

02 把第一个截面进行空间拷贝旋转 11.12°，再绘制第二个截面，进行空间旋转，如图 3-95 所示。

03 利用旋转阵列把 3 条曲线进行拷贝旋转阵列，最后形状如图 3-96 所示。

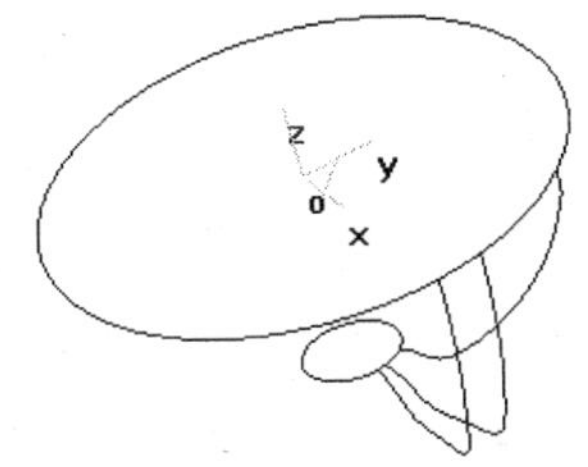

图 3-95　第一、二截面的绘制

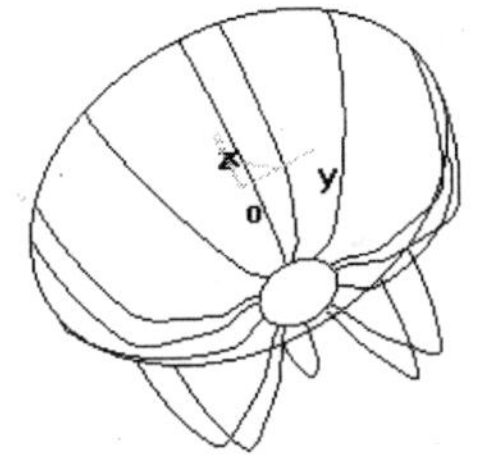
图 3-96　旋转阵列后的图形

04 旋转视图，从底视图观察如图 3-97 所示，可乐瓶最终形成的效果如图 3-98 所示。

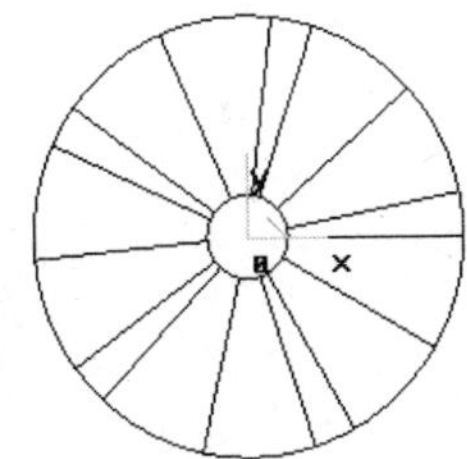
图 3-97　可乐瓶底视图

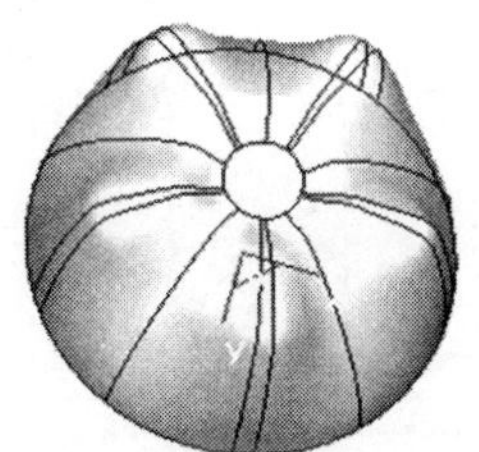
图 3-98　可乐瓶底完成的效果图

3.5.2 行业拓展

线架造型是通过定义实体的棱边来构成立体框图的，是 CAD/CAM 系统中应用最早、最为简单的造型方法。这种方法生成的几何模型由一系列点、直线、圆弧及样条线组成，用以描述物体的外形轮廓。它是曲面造型和实体造型的基础，运用灵活、可靠，但用它表达零件形状时，耗时时间长且外型不直观，所以目前空间线架造型主要用作曲面造型和实体造型的辅助工具。

三维实体的绘制基本上都是以线架结构为基础，再通过简单的二维线架图生成三维实体。CAXA 制造工程师可以通过线架造型生成实体进行三维实体的绘制。如图 3-99～图 3-101 所示的三维实体都要通过线架来完成三维设计。图 3-99 所示为鼠标的三维模型，图 3-100 所示为五角星的三维模型，图 3-101 所示为钓钩的三维模型。

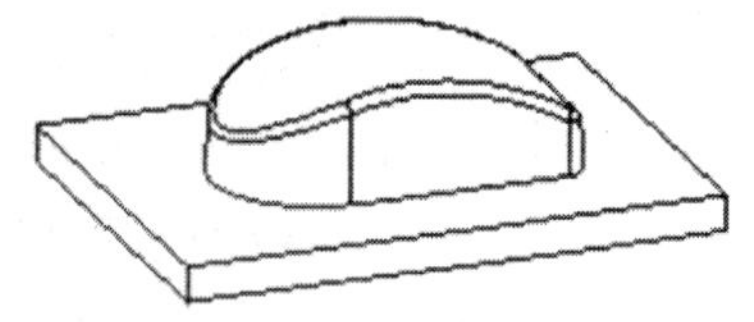

图 3-99　鼠标的三维模型

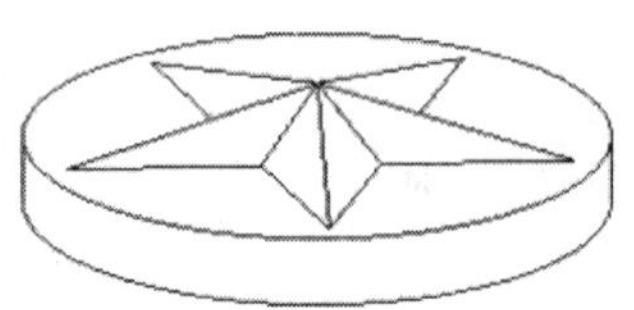

图 3-100　五角星的三维模型

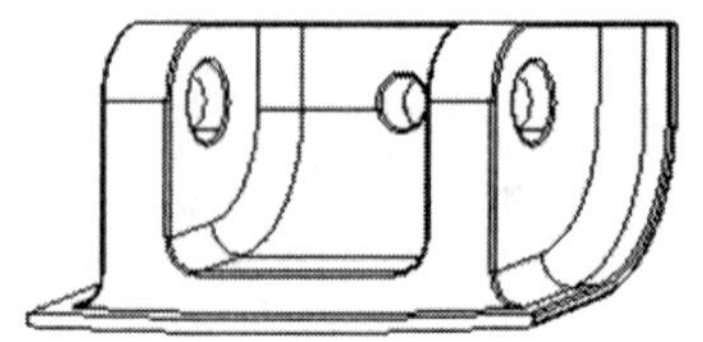

图 3-101　钓钩的三维模型

3.6 思考与练习

1．思考题

（1）线架造型有哪几种工具？

（2）曲线编辑功能有哪几种？

（3）空间点线如何定位？操作快捷键有哪些？

2．操作题

（1）利用线架造型绘制如图 3-102 所示的二维图形。

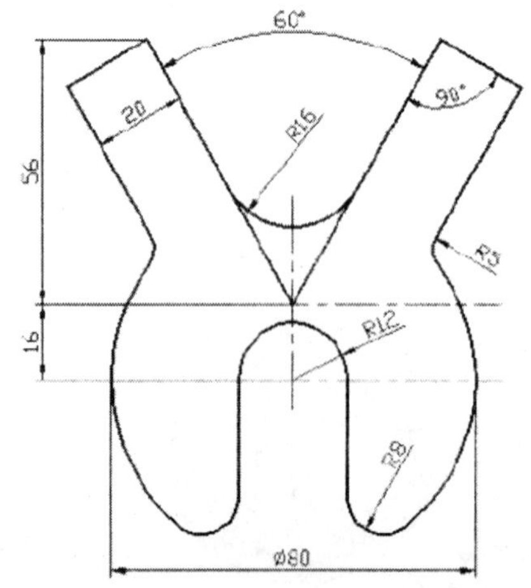

图 3-102　二维图形

【操作提示】

☆ 创建两个同心圆，利用圆心点画线进行偏移。

☆ 利用画线功能画出角度线。

☆ 利用直线偏移功能画出角度线的等距线。

☆ 利用曲线过渡功能进行 R16 圆弧过渡。

（2）利用画线功能绘制如图 3-103 所示的几何图形。

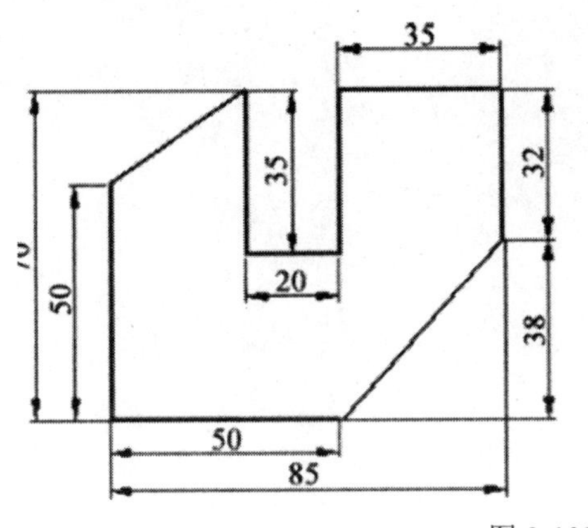

图 3-103　几何图形

【操作提示】

☆ 画直线进行偏移或等距。

☆ 可以用已知的直线进行偏移或直接利用坐标进行画线。

第4章 曲面造型

学习目标

了解曲面造型的特点

掌握曲面的构造方法

掌握曲面的编辑方法

学会用曲面构建实体外形的方法

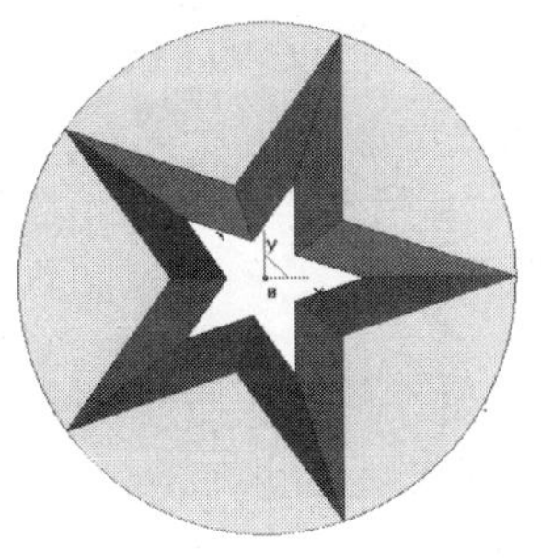

曲面造型是实体造型中描述实体外形的一种重要的方法。实物的外形一般都是由比较平滑的曲线组成的，所以在实体造型时，曲面造型是一种重要的工具。曲面造型是直接使用各种数学方式表达零件形状的造型方法。

曲面的生成有很多种方法，包括直线与直线生成面、直线旋转生成面、曲线与曲线扫描生成面、放样生成面等。根据曲面特征线的不同组合方式，可以组织不同的曲面生成方式。

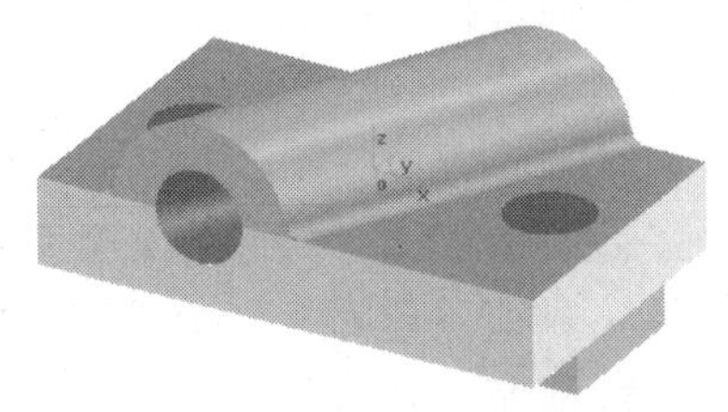

4.1 相关专业知识

曲面是一条动线（直线或曲线）在给定的条件下在空间连续运动的轨迹。产生曲面的动线称为母线，曲面上任一位置的母线称为素线，控制母线运动的线、面分别称为导线、导面。

根据形成曲面的母线形状，曲面可分为如下两种。

- ❑ 直线面：由直母线运动而形成的曲面。
- ❑ 曲线面：由曲母线运动而形成的曲面。

根据形成曲面的母线的运动方式，曲面可分为如下两种。

- ❑ 回转面：由直母线或曲母线绕一固定轴线回转而形成的曲面。
- ❑ 非回转面：由直母线或曲母线依据固定的导线、导面移动而形成的曲面。

曲面造型可以做出复杂、流线形的曲面，这是实体造型没有的特点。用曲面造型做出来的曲面，一方面可以满足一定的使用性，另一方面却是外观方面的要求。如图 4-1 所示的足球，外形比较简单，可以用曲面造型把足球绘制出来；再如图 4-2 所示的水龙头，造型比较复杂，并且外观比较光滑，流线性比较好，外表比较美观，也可以用曲面造型做出来。

图 4-1　足球

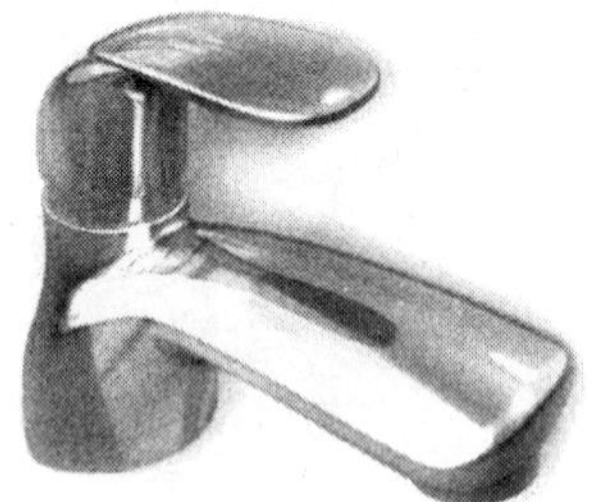

图 4-2　水龙头

CAXA 制造工程师 2008 提供了丰富的曲面造型手段，构造决定曲线开关的关键线框后，就可以在线框的基础上选用各种曲面生成和编辑方法，构造所需定义的曲面来描述零件的外表面。

曲面造型是直接使用各种数学方式表达零件形状的造型方法。曲面形状的关键线框主要取决于曲面特征线。曲面特征线是指曲面的边界线和曲面的截面线。

CAXA 制造工程师软件提供了 10 种曲面生成方式，分别为直纹面、旋转面、扫描面、边界面、放样面、网格面、导动面、等距面、平面和实体表面。

曲面编辑是曲面造型不可缺少的重要组成部分，通过曲面编辑，可以得到需要的曲面，除去不需要的多余曲面，使曲面造型更加完美。通过熟练运用曲面编辑功能可大大缩短复杂曲面造型的时间，提高设计效率。

CAXA 制造工程师软件提供了 7 种曲面编辑功能，分别为曲面裁剪、曲面过渡、曲面拼接、曲面缝合、曲面延伸、曲面优化和曲面重拟合。

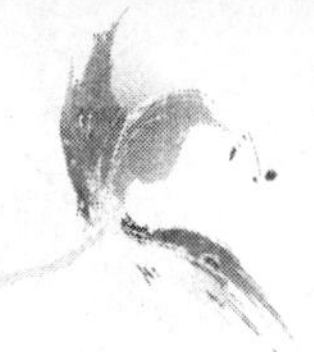

4.2　软件设计方法

曲面的生成有很多种方法。两条不在一条直线上的直线段可以生成任意面，直线段旋转可以生成曲面，曲线与曲线可以生成扫描面、放样面等。根据曲面特征线的不同组合方式可以组织不同的曲面生成方式。

本节将讲述如何在 CAXA 制造工程师 2008 软件中通过如图 4-3 所示的各种功能图标，如【直纹面】、【旋转面】、【扫描面】、【导动面】、【等距面】和【平面】等，实现面的绘制。

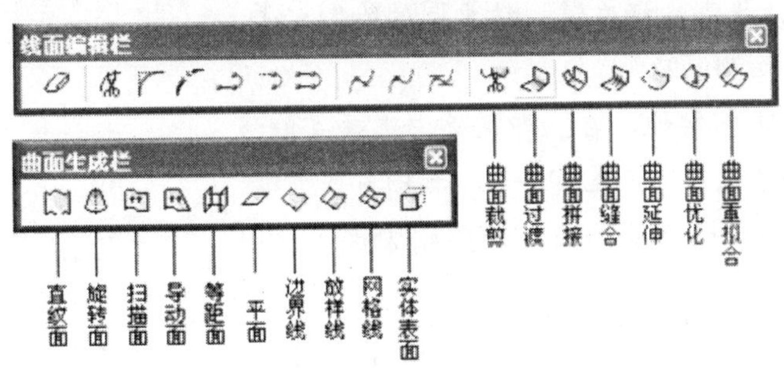

图 4-3　曲面生成栏及线面编辑栏

在 CAXA 中，图 4-3 中的各种图标的功能也可以通过选择【造型】/【曲面生成】或【曲面编辑】子菜单中的各命令来实现。绘图过程中可以通过【曲面编辑】子菜单中的命令对面进行编辑，以使图形达到实际要求。【曲面生成】和【曲面编辑】子菜单如图 4-4 所示。

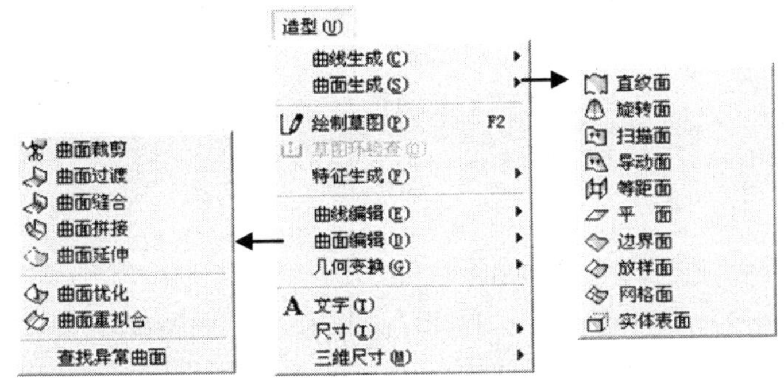

图 4-4 【曲面生成】和【曲面编辑】子菜单

4.2.1　曲面生成

1．直纹面

直纹面是指一根直线的两端点分别在两条曲线上匀速运动而形成的轨迹曲面。可通过单击按钮激活直纹面功能。直纹面生成有“曲线+曲线”、“点+曲线”和“曲线+曲面”3 种方式，如图 4-5 所示。

图 4-5　直纹面 3 种生成方式

曲线+曲线是指在两条曲线之间生成直纹面；点+曲线是指在一个点和一条曲线之间生成直纹面；曲线+曲面是指在一条曲线和一个曲面之间

生成直纹面。

【实例 1】 用圆心坐标为（0，0，0）、半径为 20 的圆和将其平移拷贝 *DZ*=50 后得到的圆生成直纹面。

01 绘制圆心坐标为（0，0，0）、半径为 20 的圆。单击按钮，选择“圆心_半径”方式，选择原点位置，按 Enter 键，弹出数值输入框，输入“20”，按 Enter 键，单击鼠标右键，结束圆的绘制。半径为 20 的圆绘制完成。

> **注意**
>
> 拾取两条曲线时一定要在同侧端点或圆和圆弧大致相同的位置，否则生成的直纹面会发生扭曲现象。

02 按 F8 键，单击按钮，在立即菜单中选择【偏移量】和【拷贝】选项，设置 *DZ*=50，如图 4-6 所示。

03 拾取圆，单击鼠标右键，两个圆绘制完成，如图 4-7 所示。

04 单击按钮，在立即菜单中选择“曲线+曲线”方式。

05 分别拾取两个圆大致相同的位置，单击鼠标右键结束选择，直纹面生成，如图 4-8 所示。

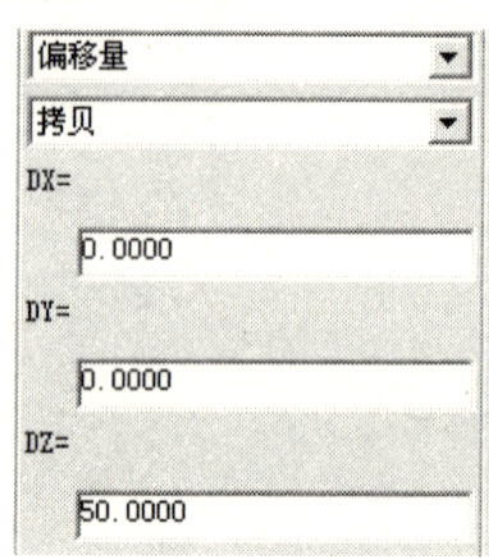

图 4-6　立即菜单

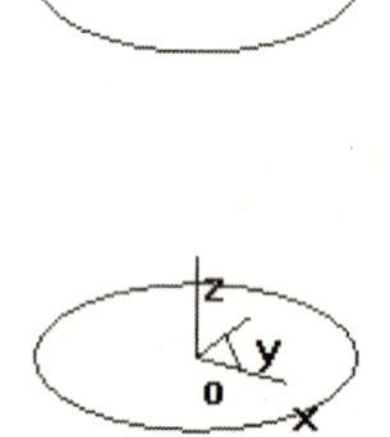

图 4-7　两个圆

图 4-8　线线直纹面

【实例 2】 用圆心坐标为（0，0，0）、半径为 20 的圆和其圆心上方 20mm 处的一点生成直纹面。

01 绘制圆心坐标为（0，0，0）、半径为 20 的圆。单击按钮，选择“圆心_半径”方式，选择原点位置，按 Enter 键，弹出数值输入框，输入“20”，按 Enter 键，单击鼠标右键结束绘圆，半径为 20 的圆绘制完成。

02 按 F8 键，单击按钮，在立即菜单中选择【单个点】和【工具点】选项，按 Enter 键，弹出数值输入框，输入“0，0，20”，按 Enter 键，单击鼠标右键完成点的绘制，如图 4-9 所示。

03 单击按钮，在立即菜单中选择“点+曲线”方式。

04 状态栏提示拾取点，选择点，再拾取圆，单击鼠标右键结束选择，直纹面生成，如图 4-10 所示。

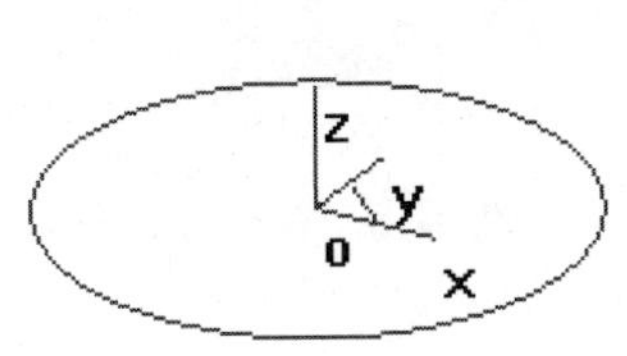

图 4-9　点与圆

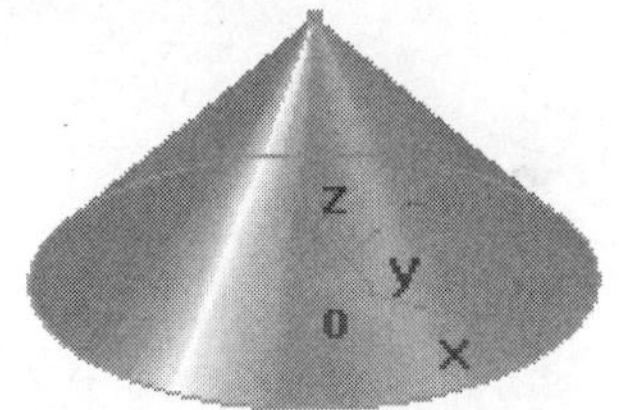

图 4-10　点线直纹面

【实例 3】　用圆心坐标为（0，0，40）、半径为 10 的圆和 *XOY* 平面上的曲面生成外夹角为 5° 的直纹面。

01 按已知条件绘制圆和样条曲面，如图 4-11 所示。

02 单击按钮，选择“曲线+曲面”方式，在【角度】文本框中输入“5”，如图 4-12 所示。

03 拾取曲面和曲线。

04 状态栏提示“输入投影方向”，此时，按 Space 键，弹出【投影方向】菜单，如图 4-13 所示，选择【Z 轴负方向】命令。

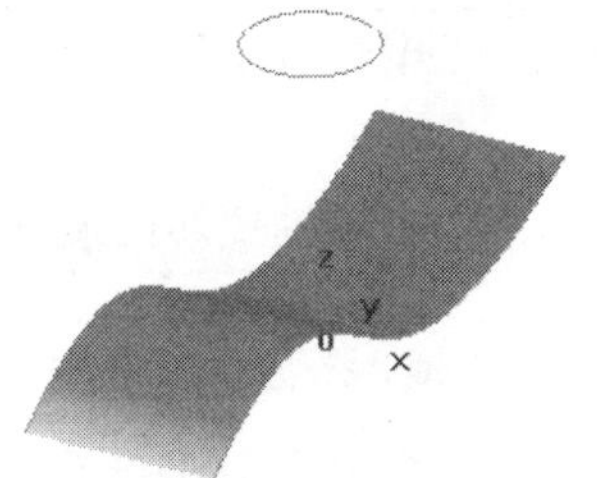

图 4-11　曲面与曲线

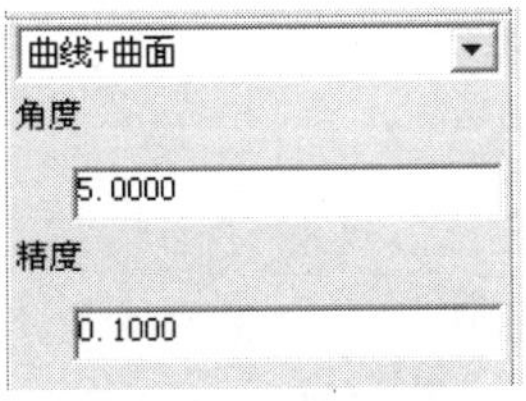

曲线+曲面
角度
5.0000
精度
0.1000

图 4-12　曲线曲面参数

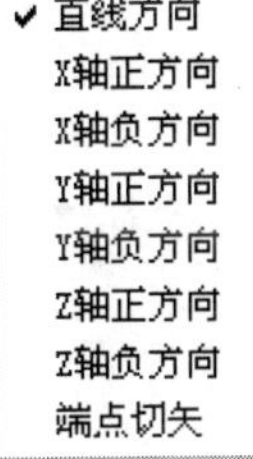

图 4-13　【投影方向】菜单

05 状态栏提示“选择锥度方向”，绘图区曲线上出现两个箭头，如图 4-14 所示。

06 选择向外的箭头，则直纹面绘制完成，结果如图 4-15 所示。

07 选择曲面，单击鼠标右键，在弹出的快捷菜单中选择【隐藏】命令；选择曲线，单击鼠标右键，在弹出的快捷菜单中选择【隐藏】命令，最终效果如图 4-16 所示。

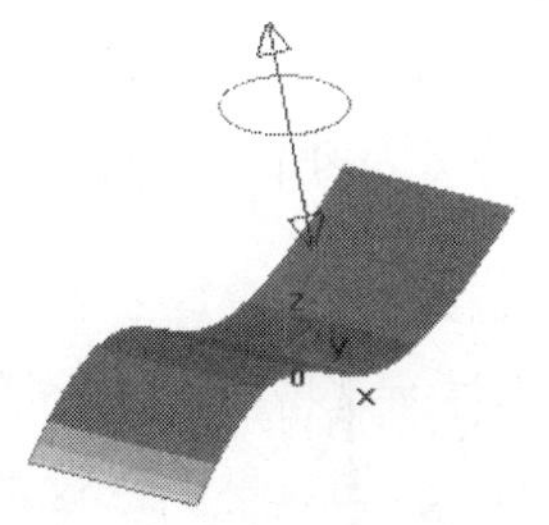

图 4-14　锥度方向选择

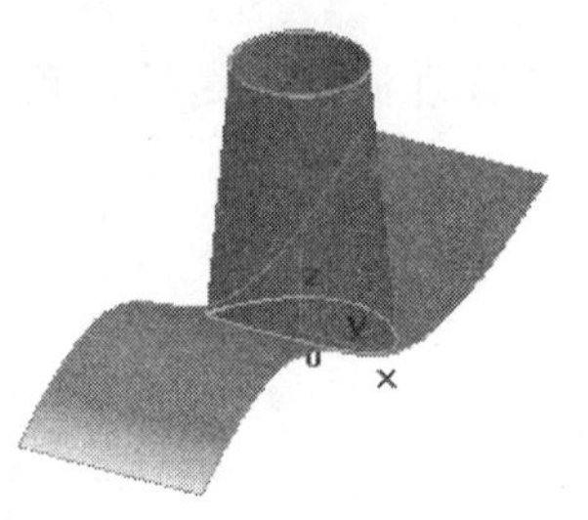
图 4-15　曲线+曲面生成的直纹面

图 4-16　直纹面效果

2．旋转面

旋转面是指按给定的起始角度和终止角度，将曲线（也称母线）绕一轴线旋转而生成的轨迹曲面。可通过单击按钮激活旋转面功能。

- 起始角：是指生成曲面的起始位置与母线和旋转轴构成平面的夹角。
- 终止角：是指生成曲面的终止位置与母线和旋转轴构成平面的夹角。

【实例 4】 用起点坐标为（10，0，0）、中间点坐标为（20，0，10）和（10，0，25）、终点坐标为（30，0，40）的样条曲线作母线，生成起始角为 0°、终止角为 300°，绕 Z 轴旋转的旋转面。

01 按 F7 键，根据已知条件绘制样条母线，如图 4-17 所示。

02 绘制一条起点为坐标系原点、终点为 Z 轴上任一点的直线作为旋转轴线，按 F8 键，如图 4-18 所示。

03 单击按钮，在立即菜单的【起始角】文本框中输入“0”，在【终止角】文本框中输入“300”。

04 拾取与 Z 轴重合的旋转轴线，拾取向上的箭头，拾取母线，单击鼠标右键结束操作，结果如图 4-19 所示。

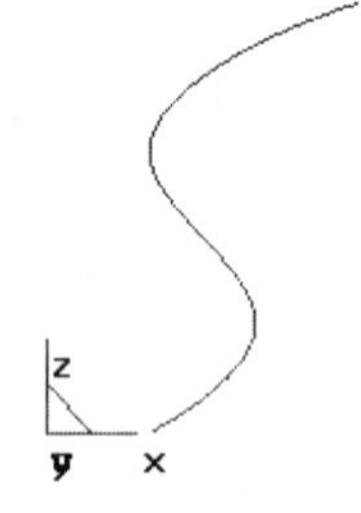
图 4-17　绘制曲线

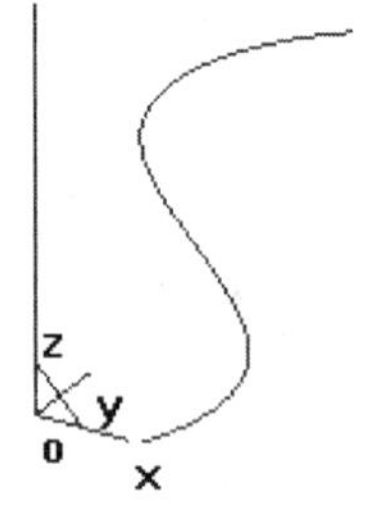
图 4-18　绘制曲线及轴

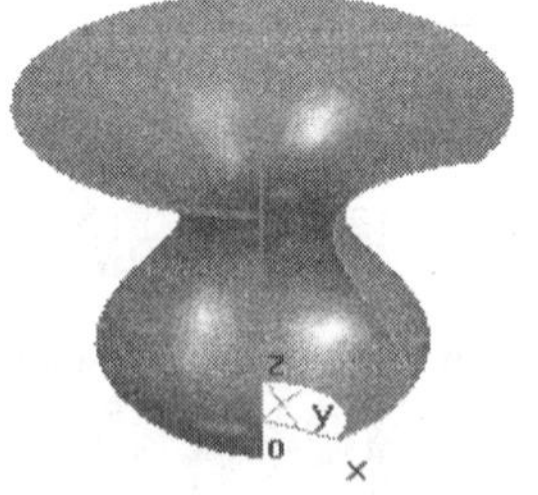
图 4-19　旋转面效果

3．扫描面

扫描面是指按给定的起始位置和扫描距离，将曲线沿指定方向以一定的锥度扫描生成的曲面。可通过单击按钮激活扫描面功能。

- 起始距离：是指生成曲面的起始位置与曲线平面沿扫描方向上的间距。
- 扫描距离：是指生成曲面的起始位置与终止位置沿扫描方向上的间距。

- 扫描角度：是指生成的曲面母线与扫描方向的夹角。

【实例 5】 用过型值点（−30，0，25）、（−5，0，40）、（20，0，15）、（40，0，15）和（65，0，−10）的样条曲线生成起始距离为−10、扫描距离为 50、扫描角度为 0° 的扫描面。

01 按 F8 键作轴测显示，重复按 F9 键，选择 *XOZ* 平面为作图平面，单击按钮，在立即菜单中选择【插值】、【缺省切矢】和【开曲线】选项，顺序输入各点的坐标值，单击鼠标右键结束操作，如图 4-20 所示。

图 4-20　曲线绘制

02 单击按钮，在立即菜单的【起始距离】文本框中输入“−10”，单击鼠标右键，在【扫描距离】文本框中输入“50”，单击鼠标右键，在【扫描角度】文本框中输入“0”，单击鼠标右键，结束数据输入，如图 4-21 所示。

03 按 Space 键，选取扫描方向为“*Y* 轴正方向”，拾取曲线，生成扫描面，右击结束绘制，最终效果如图 4-22 所示。

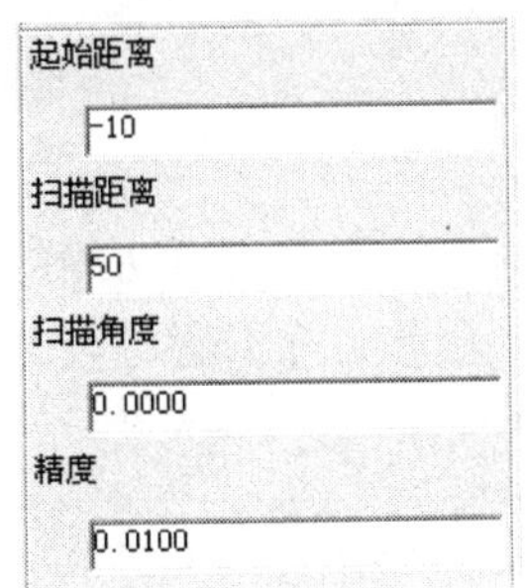

图 4-21　立即菜单参数

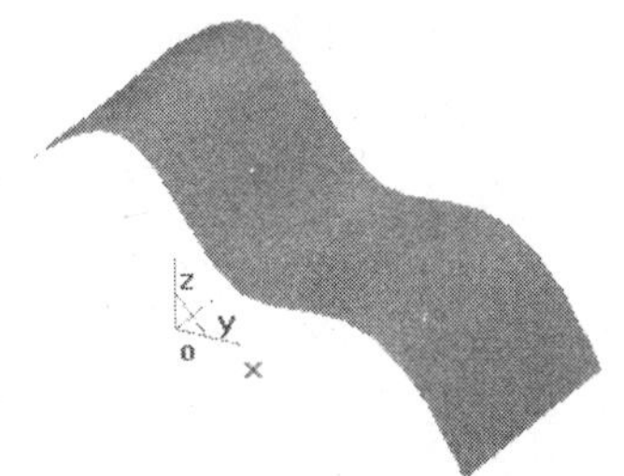

图 4-22　扫描面效果

4．导动面

导动面是指特征截面线沿着特征轨迹线的某一方向扫动生成的曲面。可通过单击按钮激活导动面功能。

导动面生成有“平行导动”、“固接导动”、“导动线&平面”、“导动线&边界线”、“双导动线”和“管道曲面”6 种方式。

生成导动曲面的基本思想为：选取截面曲线或轮廓线沿着另外一条轨迹线导动生成曲面。为了满足不同形状的要求，可以在扫动过程中对截面线和轨迹线施加不同的几何约束，让截面线和轨迹线之间保持不同的位置关系，就可以生成形状变化多样的导动曲面。如在截面线沿轨迹线运动过程中，可以让截面线绕自身旋转，也可以绕轨迹线扭转，还可以进行变形处理，这样就能产生各种方式的导动曲面。

（1）平行导动

平行导动是截面沿导动线趋势始终平行它自身地移动生成曲面，截面线在运动过程中没有任何旋转。平行导动时，素线平行于母线。导动线方向选取不同，产生的导动面的效果也不同。

【实例 6】 用 *XOY* 平面上圆心坐标为（0，0）、半径为 10 的圆作截面线，沿型值点（0，0，0）、（0，10，30）、（0，40，50）的插值样条线生成平行导动的导动面。

01 在 *YOZ* 平面上绘样条线，在 *XOY* 平面上绘制圆，如图 4-23 所示。

02 单击按钮，在立即菜单中选择【平行导动】选项。

03 状态栏提示“拾取导动线”，单击样条线（导动线）；状态栏提示“选择方向”，如图 4-24 所示。单击样条线上向上的箭头，状态栏提示“拾取截面线”，单击圆，单击鼠标右键结束操作，生成导动面，结果如图 4-25 所示。

图 4-23 圆及样条线的绘制

图 4-24 方向箭头

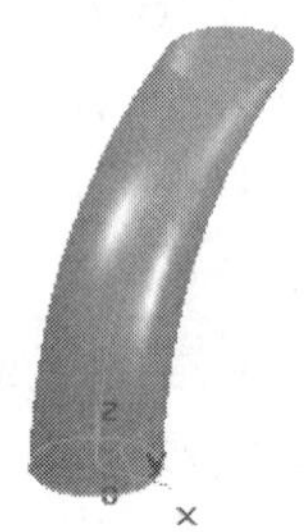

图 4-25 导动面效果

（2）**固接导动**

固接导动是在导动过程中，截面线和导动线保持固接关系，即让导动线的切矢方向保持相对角度不变，而且截面线在自身相对坐标系中的位置关系保持不变，截面线沿导动线变化的趋势导动生成曲面。固接导动有单截面和双截面两种。

【实例 7】 用 *XOY* 平面上圆心坐标为（0，0）、半径为 10 的圆作截面线，沿型值点（0，0，0）、（0，10，30）、（0，40，50）的插值样条线生成固接导动的导动面。

01 在 *YOZ* 平面上绘制样条线，在 *XOY* 平面上绘制圆，如图 4-26 所示。

02 单击按钮，在立即菜单中选择【固接导动】和【单截面线】选项。

03 状态栏提示“拾取导动线”，单击样条线（导动线），状态栏提示“选择方向”，单击样条线上向上的箭头；状态栏提示“拾取截面线”，选择圆，单击鼠标右键结束操作，生成导动面，结果如图 4-27 所示。

图 4-26 圆及样条线的绘制

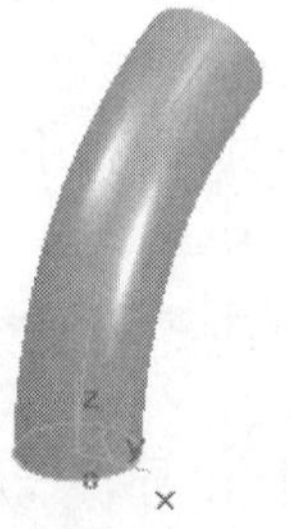

图 4-27 固接导动面效果

【实例 8】 用在 *XOY* 平面上圆心坐标为（0，0）、半径为 10 的圆作第一截面线，沿型值点（0，0，0）、（0，10，30）、（0，40，50）的插值样条线生成固接导动的导动面，在 *XOZ* 平面上，以样条线一端点（0，40，50）为圆心坐标、半径为 20 的圆作第二截面线。

01 在 *YOZ* 平面上绘制样条线，在 *XOY* 平面上绘制半径为 10 的圆，重复按 F9 键，切换至 *XOZ* 平面，绘制半径为 20 的圆，如图 4-28 所示。

02 单击按钮，在立即菜单中选择【固接导动】和【双截面线】选项。

03 状态栏提示“拾取导动线”，单击样条线（导动线）；状态栏提示“选择方向”，单击样条线上向上的箭头；状态栏提示“拾取第一条截面线”，单击半径为 10 的圆；状态栏提示“拾取第二条截面线”，选择半径为 20 的圆，单击鼠标右键结束操作，生成导动面，结果如图 4-29 所示。

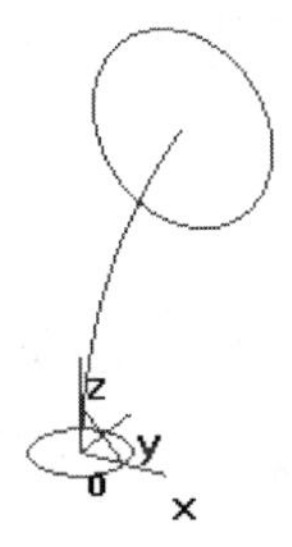

图 4-28 圆及样条线的绘制

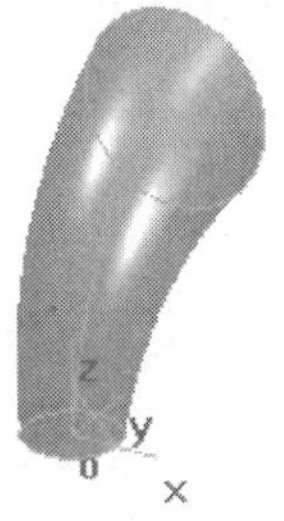

图 4-29 双截面固接导动面

（3）**导动线&平面**

导动线&平面是截面线按一定的规则沿一个平面或空间导动线扫动生成的曲面，要保证截面线沿某个平面的法向导动。这种“导动”方式尤其适用于导动线是空间曲线的情况，截面线可以是一条或两条。

【实例 9】 以 *YOZ* 平面上起点坐标为（0，0，0）、终点坐标为（0，40，40）的直线为平面法矢，用起点坐标为（5，0，0）、终点坐标为（50，20，0）的直线作截面线，沿型值点（0，0，0）、（0，10，34）、（0，23，40）、（0，37，38）、（0，47，38）和（0，114，5）的插值样条线（导动线）生成导动线&平面的导动面。

01 绘制平面法矢线、截面线和导动线，按 F8 键切换至轴测图显示，如图 4-30 所示。

02 单击按钮，在立即菜单中选择【导动线&平面】和【单截面线】选项。

03 拾取平面法矢线，拾取向上的箭头；拾取样条线，拾取向上箭头，拾取截面线，单击鼠标右键结束操作，结果如图 4-31 所示。

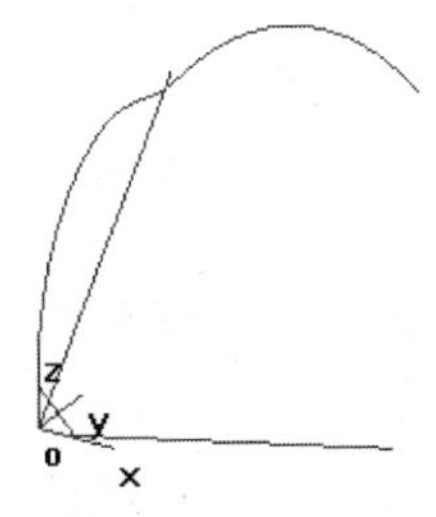

图 4-30 三线图

（4）**导动线&边界线**

导动线&边界线是截面线按以下规则沿一条导动线扫动生成曲面。

- 运动过程中截面线平面始终与导动线垂直。
- 运动过程中截面线平面与两边界线需要有两个交点。
- 对截面线进行缩放，将截面线横跨于两个交点上，截面线沿导动线运动时就与两条边界线一起扫动生成曲面。

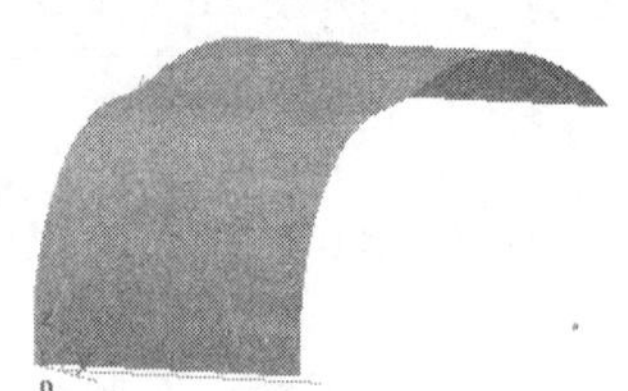

图 4-31　导动线＆平面效果

> **【实例 10】** 用 *XOY* 平面上起点坐标为（15，0，0）、终点坐标为（15，–50，0）的直线和起点坐标为（–15，0，0）、终点坐标为（–20，–55，0）的样条曲线作边界线，以 *XOZ* 平面上圆心坐标为（0，0）、起始角为 0°、终止角为 180°、半径为 15 的圆弧作截面线，将沿与 *Y* 轴负向平行的直线，起点坐标为（0，0，20），终点坐标为（0，–45，20）作为导动线，生成导动线&边界线的等高导动面。

01 绘制两条边界线、一条截面线和一条导动线，并按 F8 键切换至轴测图显示，如图 4-32 所示。

02 单击按钮，在立即菜单中选择【导动线&边界线】、【单截面线】和【等高】选项。

03 拾取导动线，拾取向左下的箭头；分别拾取两条边界线，拾取截面线，单击鼠标右键结束操作，绘制结果如图 4-33 所示。

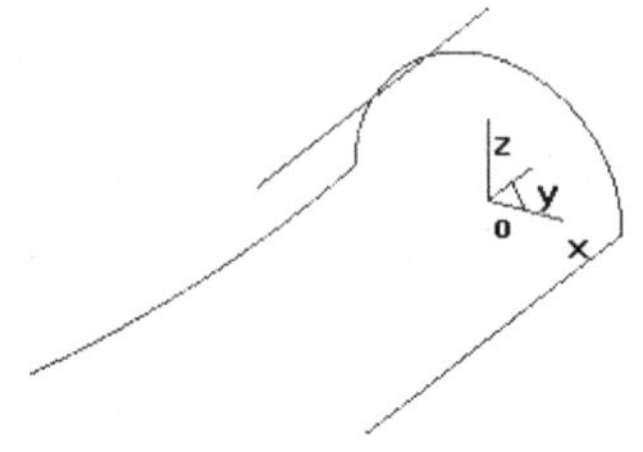

图 4-32　四线图

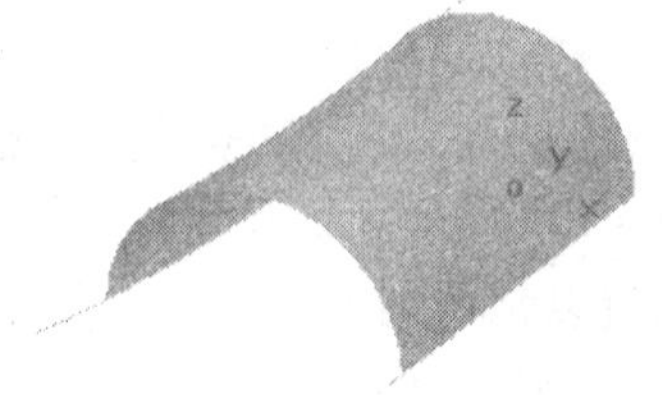

图 4-33　导动线&边界线导动面效果

（5）**双导动线**

双导动线将一条或两条截面线沿着两条导动线匀速地扫动生成曲面。

> **【实例 11】** 以 *XOZ* 面上圆心坐标为（0，0，0）、起始角为 0°、终止角为 180°、半径为 15 的圆弧作截面线，以 *XOY* 平面上起点坐标为（10，0，0）、终点坐标为（20，50，0）的直线和起点坐标为（–10，0，0）、终点坐标为（–15，55，0）的直线作导动线，生成双导动线的变高导动面。

01 绘制导动线和截面线，并按 F8 键切换至轴测图显示，如图 4-34 所示。

02 单击按钮，在立即菜单中选择【双导动线】、【单截面线】和【变高】选项。

03 拾取一条导动线，拾取向右上的箭头；拾取另一条导动线，拾取向右上的箭头；拾取截面线，单击鼠标右键结束操作，结果如图 4-35 所示。

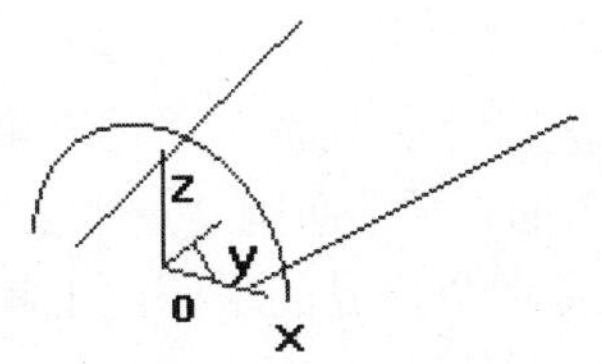

图 4-34　轴测图显示

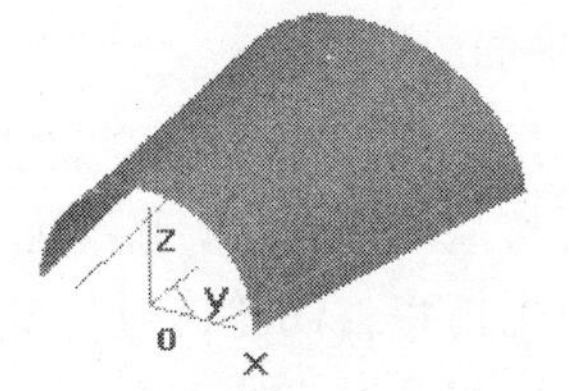

图 4-35　双导动线导动面效果

（6）管道曲面

管道曲面是指给定起始半径和终止半径的圆形截面沿指定的中心线扫动生成的曲面。

【实例 12】 用型值点（0，0，0）、（0，0，30）、（0，24，36）的插值样条线作导动线，生成起始半径为 10、终止半径为 10 的管道导动面。

01 按已知条件绘制样条线，如图 4-36 所示。

02 单击按钮，在立即菜单中选择【管道曲面】选项，在【起始半径】文本框输入“10”，【终止半径】文本框中输入“10”。

03 拾取样条线，拾取向上的箭头，单击鼠标右键结束操作，结果如图 4-37 所示。

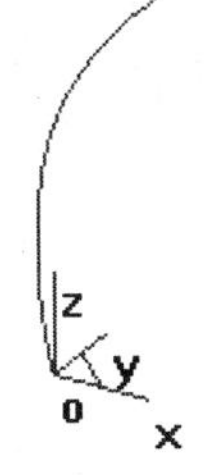

图 4-36　绘制样条线

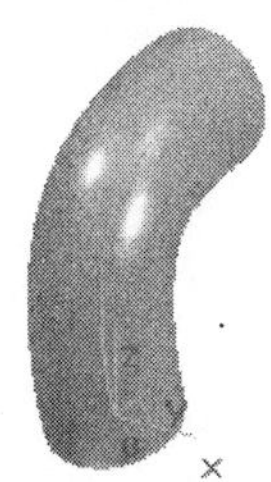

图 4-37　管道曲面导动面效果

5．等距面

等距面是指给定距离与等距方向生成与已知曲面等距的曲面。可通过单击按钮激活等距面功能。

【实例 13】 在 *XOY* 平面上作任一曲面，生成与其相距 20 的等距曲面。

01 任意生成一曲面，如图 4-38 所示。

02 单击按钮，在立即菜单中的【等距距离】文本框中输入“30”。

03 拾取曲面，拾取向上的箭头，单击鼠标右键结束操作，绘制结果如图 4-39 所示。

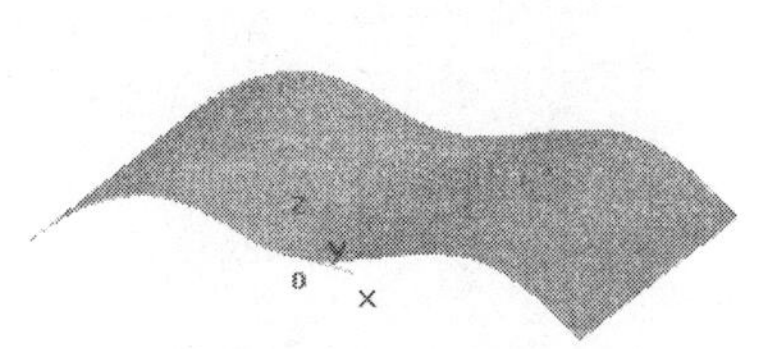

图 4-38　任一曲面

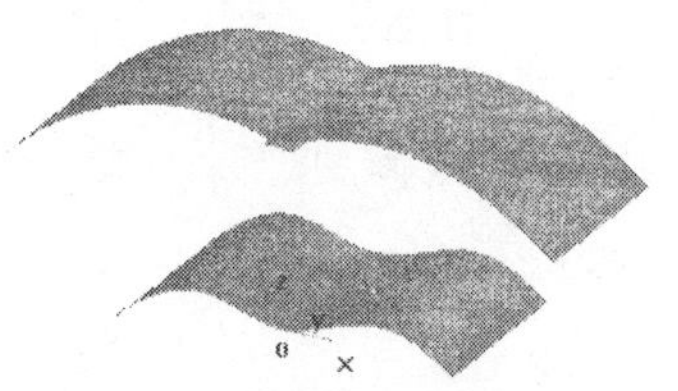

图 4-39　等距曲面效果

6．平面

平面是指利用多种方式生成所需的平面。可通过单击▱按钮激活平面功能。

平面与基准面不同，基准面是在绘制草图时的参考面，而平面则是一个实际存在的面。裁剪平面是指将封闭轮廓进行裁剪后形成的有一个或者多个边界的平面。工具平面是指用给定的长度和宽度生成的平面。

【实例 14】 在 *XOY* 平面上，用“裁剪”方式生成边界长度为 80、宽度为 80、内有圆心坐标为（0，0，0）、半径为 15 的圆的裁剪平面。

01 按要求绘制矩形和圆，如图 4-40 所示。

02 单击▱按钮，在立即菜单中选择【裁剪平面】选项。

03 拾取矩形任一边框线，拾取任一方向的箭头；拾取圆，拾取任一方向的箭头，单击鼠标右键结束操作，结果如图 4-41 所示。

> **提示**
>
> 只要是封闭的外轮廓且无内轮廓（圆、四边形、三角形、多边形等），均可直接生成平面，方法为：在拾取外轮廓线以后直接右击结束即可。

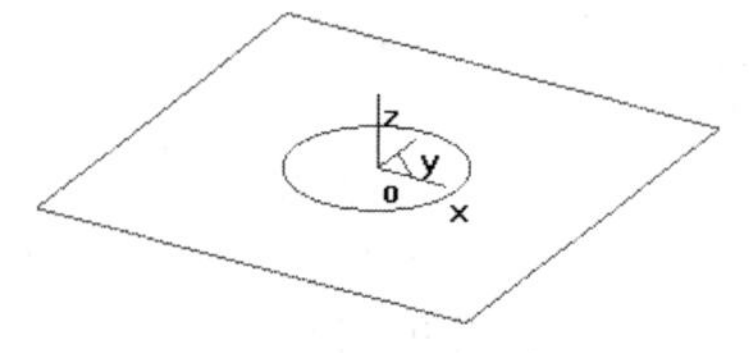

图 4-40　绘制矩形和圆

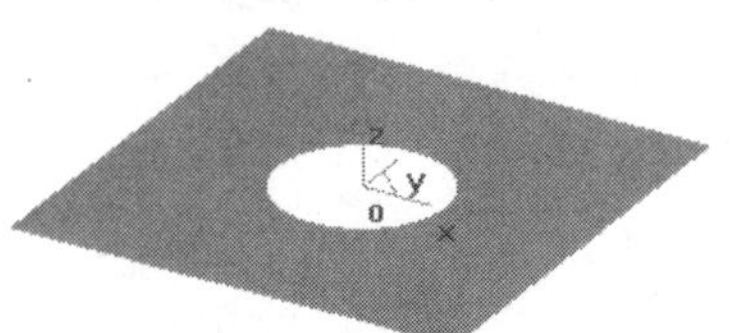

图 4-41　裁剪平面

【实例 15】 在 *XOY* 平面上生成绕 *X* 轴旋转为 35°、长度为 60、宽度为 30、中心坐标为（10，20，0）的工具平面。

01 单击▱按钮，在立即菜单中选择【工具平面】和【XOY 平面】选项，选择【绕 X 轴旋转】选项，在【角度】文本框中输入“35”，在【长度】文本框中输入“60”，在【宽度】文本框中输入“30”，如图 4-42 所示。

02 按 Enter 键，输入中心坐标（10，20，0），按 Enter 键，单击鼠标右键结束操作，结果如图 4-43 所示。

工具平面
XOY 平面
绕 X 轴旋转
角度
35.0000
长度
60.0000
宽度
30.0000

图 4-42　工具平面立即菜单

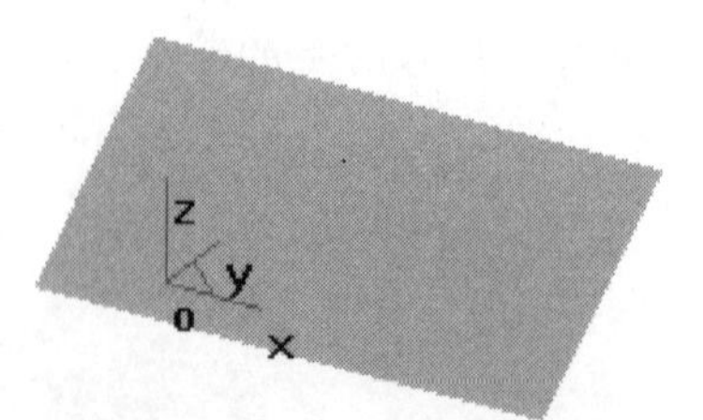

图 4-43　工具平面

7．边界面

边界面是指在由已知曲线围成的边界区域中生成的曲面。可通过单击按钮激活边界面功能。

【实例 16】　用起点坐标为（30，30，50）、终点坐标为（-30，30，30）、（-20，-20，10）、（35，-25，20）、（30，30，50）的 4 条首尾相连的直线生成四边面。

01 按要求先绘制 4 条线段，如图 4-44 所示。

02 单击按钮，在立即菜单中选择【四边面】选项。

03 分别拾取 4 条直线，单击鼠标右键结束操作，结果如图 4-45 所示。

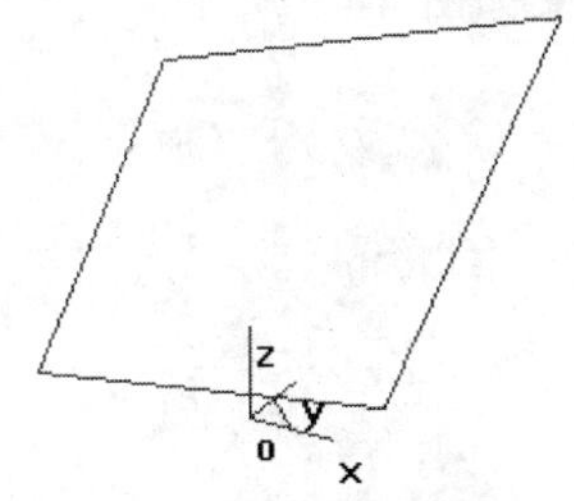

图 4-44　4 条连续直线

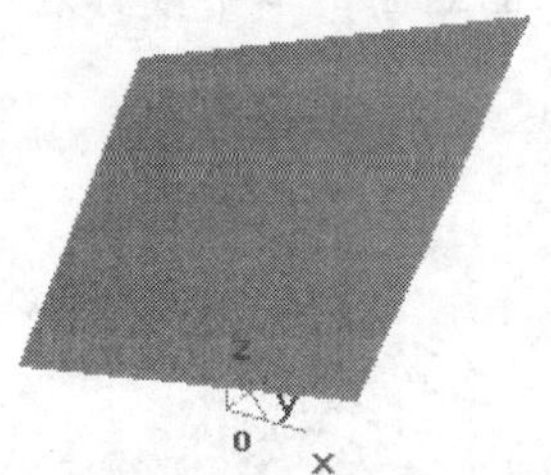

图 4-45　边界面

8．放样面

放样面是指以一组互不相交、方向相同、形状相似的截面线为骨架进行形状控制，过这些曲线蒙面生成的曲面。可通过单击按钮激活放样面功能。放样面分截面曲线和曲面边界两种。

（1）**截面曲线**

截面曲线是通过一组空间曲线作为截面来生成的封闭或者不封闭的曲面。

【实例 17】　在 *XOZ* 平面内，用起始角均为 0°、终止角均为 90°，圆心坐标分别为（0，-30，0）、（0，-10，0）、（0，15，0）、（0，35，0）、（0，50，0），半径分别为 10、20、15、12、10 的 5 个半圆生成截面不封闭的放样面。

01 按要求先绘制 5 个半圆，按 F8 键显示轴测视图，如图 4-46 所示。

02 单击按钮，在立即菜单中选择【截面曲线】和【不封闭】选项。

03 依次拾取 5 个圆弧大致相同的位置，单击鼠标右键结束操作，绘制结果如图 4-47 所示。

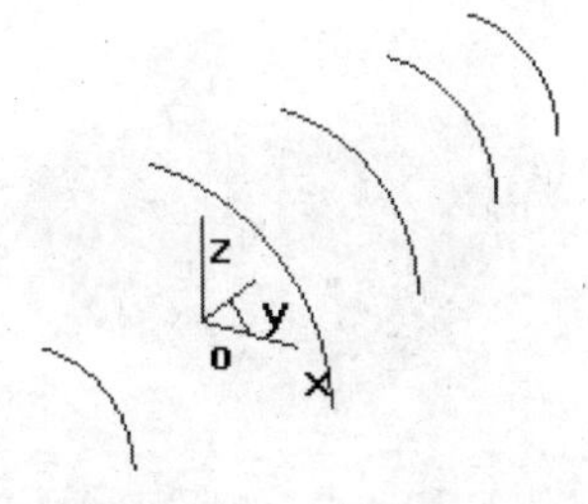

图 4-46　5 条圆弧

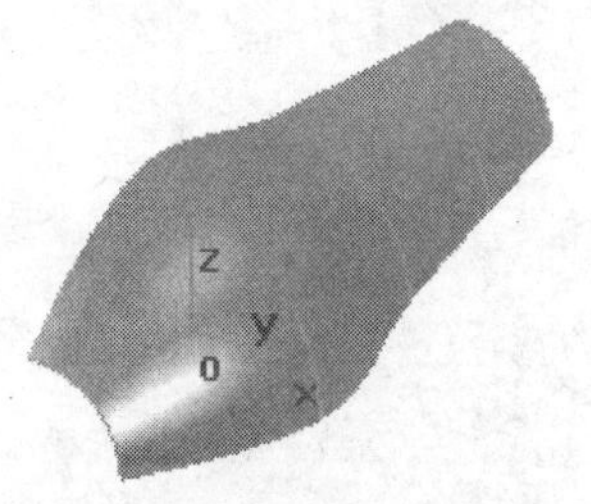

图 4-47　截面不封闭放样面

（2）曲面边界

【曲面边界】是指曲面的边界线和截面曲线与曲面相切生成曲面。

【实例 18】 用圆心坐标为（0，0，40）、半径为 22 的曲面，圆心坐标为（0，0，–20）、半径为 30 的曲面，以及圆心坐标为（0，0，15）、半径为 20 的截面曲线和圆心坐标为（0，0，–5）、半径为 24 的截面曲线生成曲面边界放样面。

01 按要求先绘制两个曲面和两条圆截面线，如图 4-48 所示。

02 单击 按钮，在立即菜单中选择【曲面边界】选项。

03 拾取最下面的曲面，向上依次拾取中间的两个圆截面线，单击鼠标右键确认；拾取最上面的曲面，单击鼠标右键结束操作，绘制结果如图 4-49 所示。

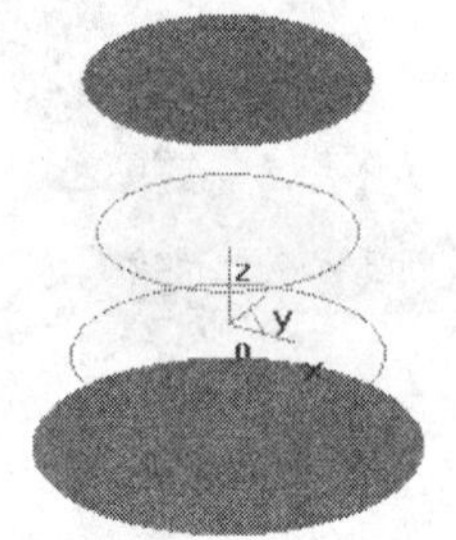

图 4-48 两曲面及两曲线

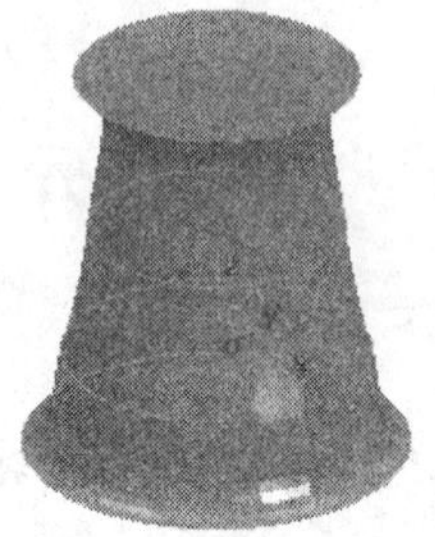

图 4-49 曲面边界放样面

9. 网格面

网格面是指以网格线为骨架，蒙上自由曲面后生成的曲面。可通过单击 按钮激活网格面功能。

【实例 19】 绘制任一网格曲面，如图 4-51 所示。

01 在空间绘制 4 条样条线，在每条样条线的中点位置画点，用 3 条样条线连接 4 条样条线的左端点、中间和右端点，如图 4-50 所示。

02 单击 按钮，在状态栏中提示拾取 U 向截面线，依次单击 4 条横向样条线，单击鼠标右键；状态栏提示拾取 V 向截面线，依次单击 3 条纵向样条线，单击鼠标右键，绘制结果如图 4-51 所示。

> **提示**
>
> 网格线是指在空间横竖相交的线，且相邻的 4 个相交点所围成的小区域必须为四边形，否则不能生成网格面。

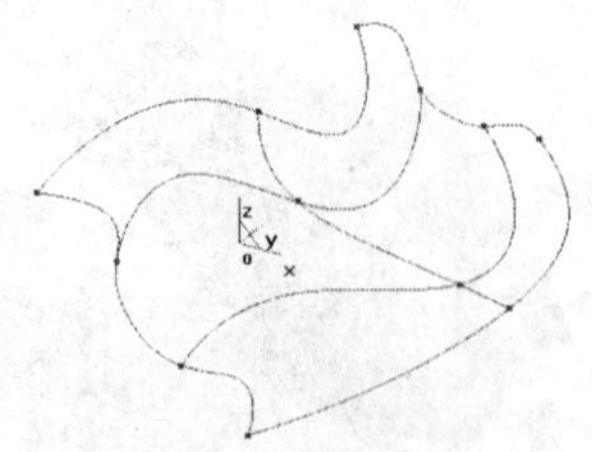

图 4-50 网格线

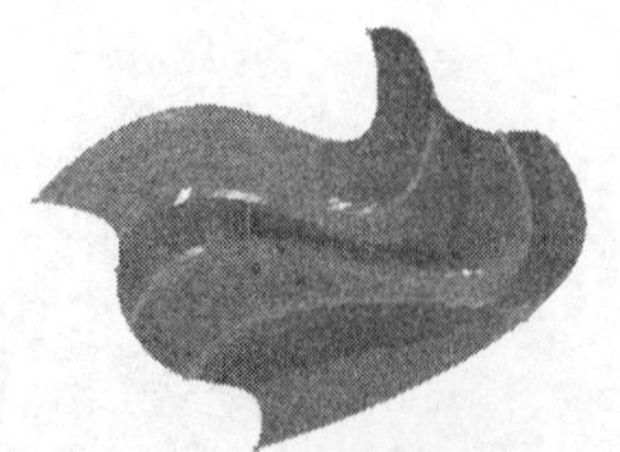

图 4-51 网格面

10．实体表面

实体表面是指通过特征生成的实体表面剥离出来而形成一个独立的面。可通过单击按钮或者选择主菜单中的【造型】/【曲面生成】/【实体表面】命令激活实体表面功能。

【实例 20】　用如图 4-52 所示的实体（线架显示）的一个表面生成实体曲面。

01 打开或绘制一实体文件，如图 4-52 所示。

02 选择主菜单中的【造型】/【曲面生成】/【实体表面】命令，或单击按钮激活实体表面功能，在立即菜单中选择【拾取表面】选项。

03 用鼠标拾取实体的一表面，单击鼠标右键结束操作，删除实体后的图形即为实体表面，如图 4-53 所示。

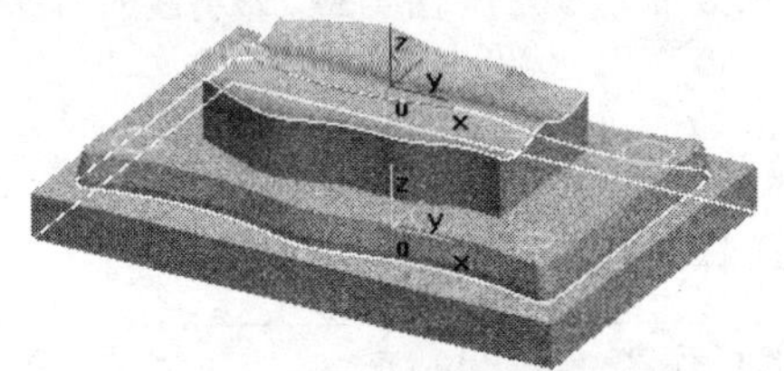

图 4-52　打开实体文件

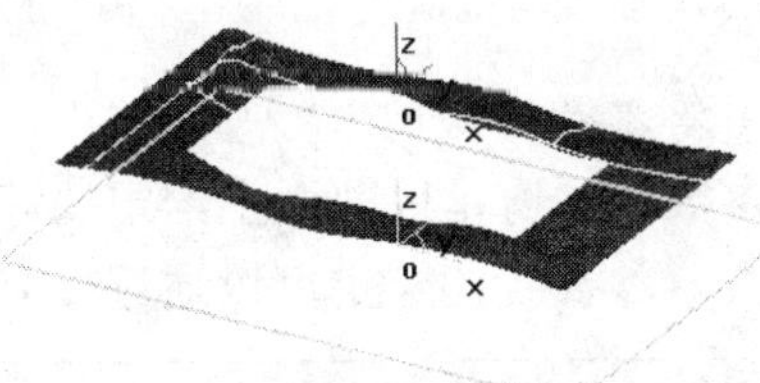

图 4-53　实体表面

4.2.2　曲面编辑

曲面编辑是曲面造型不可缺少的重要组成部分，CAXA 制造工程师工具软件提供了曲面裁剪、曲面过渡、曲面缝合、曲面拼接、曲面延伸、曲面优化和曲面重拟合 7 种功能。通过熟练运用曲面编辑功能可大大缩短复杂曲面造型的时间，提高绘图效率。

1．曲面裁剪

曲面裁剪是指对已生成的曲面进行修剪，去掉不需要的部分。可通过单击按钮激活曲面裁剪功能。在曲面裁剪中，用户可以选用各种元素，包括各种曲线和曲面来修理和剪裁曲面，获得所需要的曲面形态，也可以将被裁剪的曲面恢复到原来的样子。

曲面裁剪有“投影线裁剪”、“等参数线裁剪”、“线裁剪”、“面裁剪”和“裁剪恢复”5 种方式。

（1）投影线裁剪

投影线裁剪是指将空间曲线沿给定的固定方向投影到曲面上，然后用投影得到的影线作剪刀线来裁剪曲面。可通过单击按钮或者选择【造型】/【曲面编辑】/【曲面裁剪】命令，再在立即菜单中选择【投影线裁剪】选项来激活投影线裁剪功能。

【实例 21】　用圆心坐标为（0，0，40）、半径为 15 的圆作剪刀线，对 *XOY* 平面上的曲面作投影线裁剪。

01 按已知条件绘制圆，生成曲面，如图 4-54 所示。

02 单击按钮，在立即菜单中选择【投影线裁剪】和【裁剪】选项。

03 拾取曲面需要保留的部分，按 Space 键，在弹出的【方向选择】菜单中选取【*Z* 轴负方向】命令，拾取圆，确定搜索方向，拾取箭头，单击鼠标右键结束操作，绘制完成效果如图 4-55 所示。如果拾取曲面部分不同，可以有第二种效果，如图 4-56 所示。

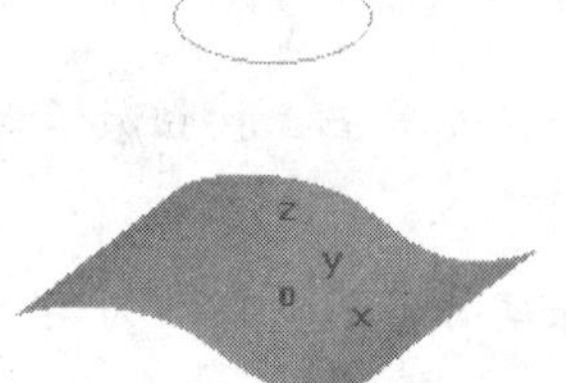

图 4-54　曲面与裁剪线

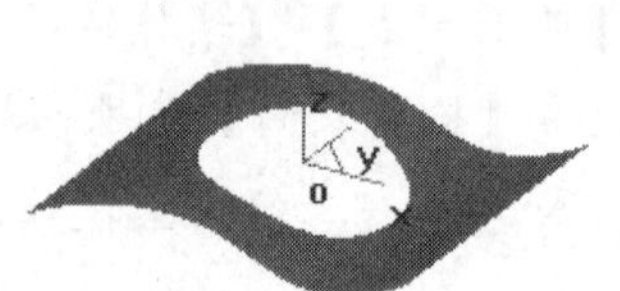

图 4-55　裁剪线内部效果

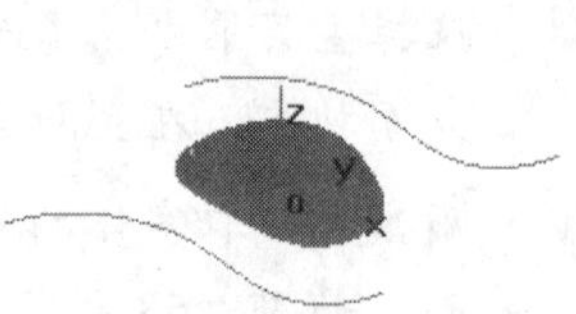

图 4-56　裁剪线外部效果

（2）**等参数线裁剪**

等参数线裁剪是以曲面上给定的等参数线为剪刀线来裁剪曲面，有“裁剪”和“分裂”两种方式。参数线的给定可以通过在立即菜单中选择过点或者指定参数来确定。

【实例 22】　用“过点”方式对 *XOY* 平面上的曲面作等参数线裁剪。

01 按已知条件绘制曲面，如图 4-57 所示。

02 单击按钮，在立即菜单中选择【等参数线裁剪】、【裁剪】和【过点】选项。

03 拾取曲面需要保留的部分，拾取曲面上的裁剪点，选择方向，确定搜索方向，拾取箭头，单击鼠标右键结束操作，裁剪后的效果如图 4-58 所示。

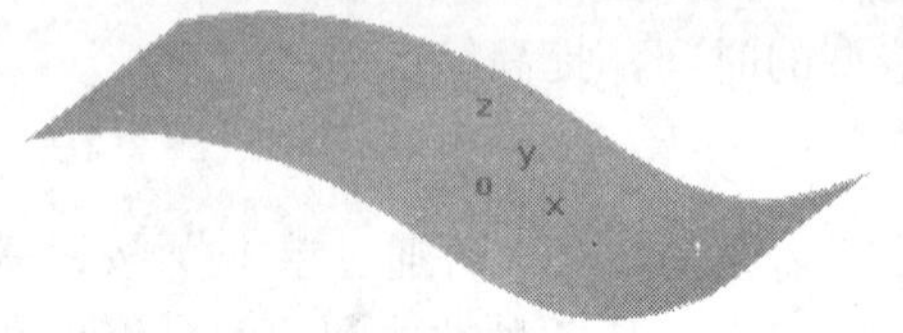

图 4-57　已知曲面

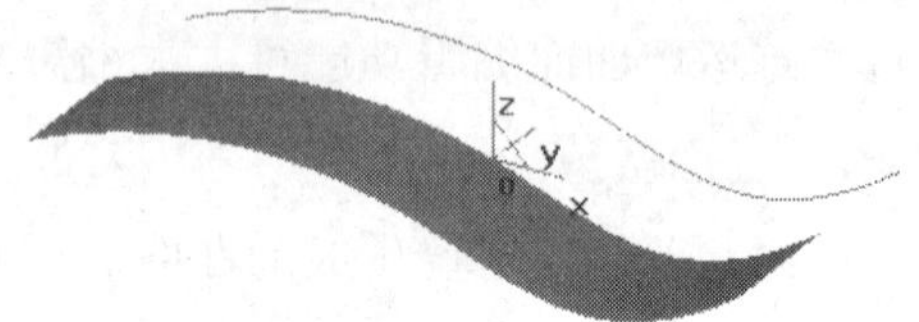

图 4-58　等参数线裁剪效果

（3）**线裁剪**

线裁剪是曲面上的曲线沿曲面法矢方向投影到曲面上，形成剪刀线来裁剪曲面。

【实例 23】　用样条线对 *XOY* 平面上的曲面作线裁剪。

01 在 *XOY* 平面内绘制曲面及过曲面的样条线，如图 4-59 所示，按 F8 键显示等轴测视图，如图 4-60 所示。

02 单击按钮，在立即菜单中选择【线裁剪】和【裁剪】选项。

03 拾取曲面需要保留的部分，拾取曲面上的样条线，

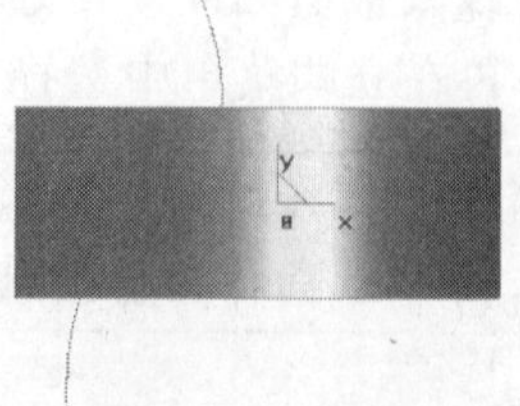

图 4-59　绘制曲面及线

选择方向，确定搜索方向，拾取箭头，单击鼠标右键结束操作，裁剪后的效果如图 4-61 所示。

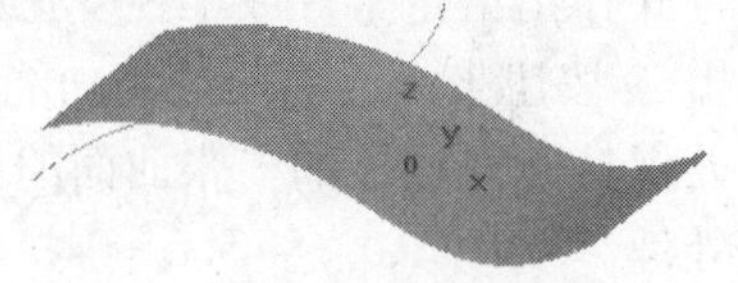

图 4-60　曲面及线的等轴测视图

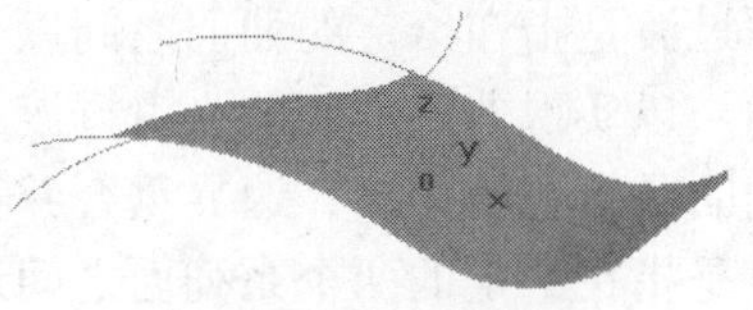

图 4-61　线裁剪效果

（4）**面裁剪**

面裁剪是指用给定的曲面作剪刀面来裁剪其他曲面。剪刀面必须与被裁曲面相交，宽度任意。

【实例 24】　用 *XOY* 平面上的曲面作为剪刀线，对圆柱曲面作面裁剪。

01 按已知条件绘制圆，生成曲面，如图 4-62 所示。

02 单击按钮，在立即菜单中选择【面裁剪】、【裁剪】和【裁剪曲面一】选项。

03 拾取曲面需要保留的部分，单击圆柱曲面下部分，拾取剪刀曲面，拾取 *XOY* 平面上的曲面，单击鼠标右键结束操作，裁剪后的效果如图 4-63 所示。

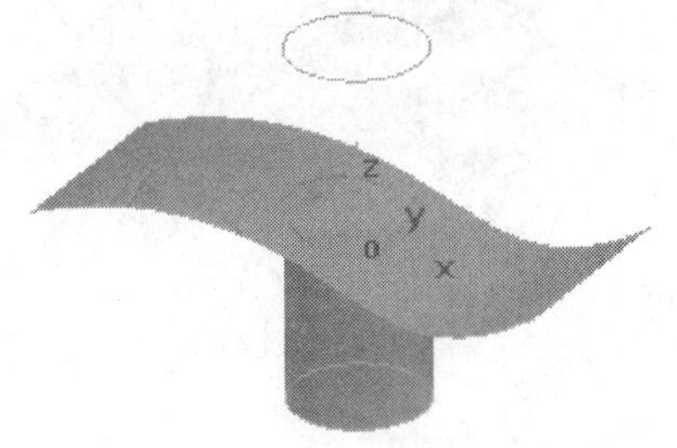

图 4-62　圆柱面及曲面

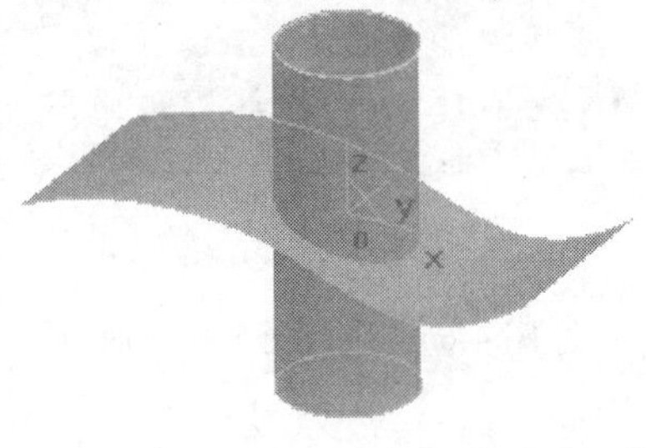

图 4-63　面裁剪效果

（5）**裁剪恢复**

裁剪恢复是将拾取到的曲面裁剪部分恢复到没有裁剪的状态。

【实例 25】　将实例 23 中线裁剪后的曲面恢复到没有裁剪的状态。

01 打开已裁剪的曲面，如图 4-64 所示。

02 单击按钮，在立即菜单中选择【裁剪恢复】和【删除原曲线】选项。

03 用鼠标拾取被裁剪过的曲面，软件自动把以前进行过的裁剪恢复，完成的效果如图 4-65 所示。

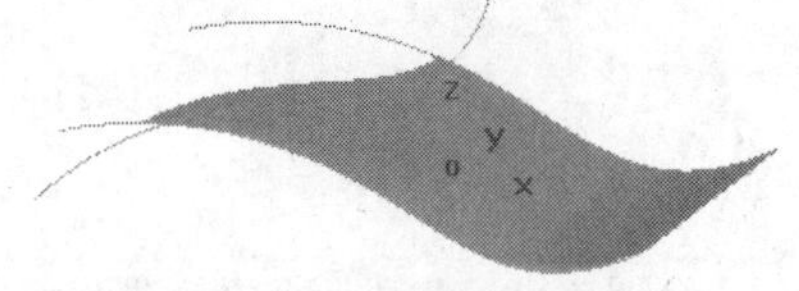

图 4-64　裁剪过的曲面

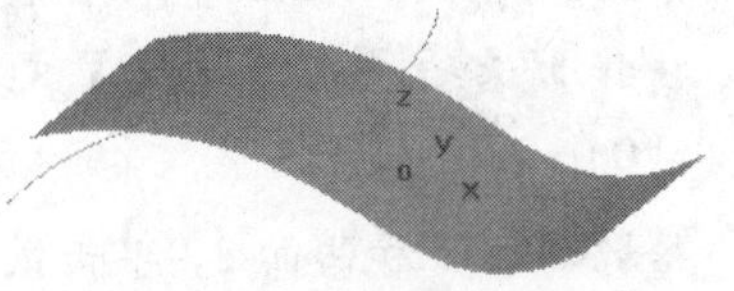

图 4-65　恢复裁剪过的曲面效果

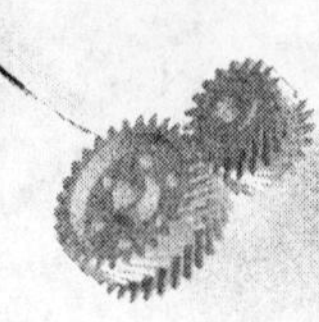

2．曲面过渡

曲面过渡是指在给定的曲面之间以“一定”的方式作出给定半径或半径变化规律的圆弧过渡面，以实现曲面之间的光滑过渡。可通过单击按钮来激活曲面过渡功能。

系列面是指首尾相接、边界重合并在重合边界处保持光滑连接的多张曲面的集合。系列面过渡是指在给定的两个系列面之间进行的过渡处理。

【实例 26】 用 *XOY* 平面上中心坐标为（0，0，0）、长度为 60、宽度为 30 的曲面 1 和 *XOZ* 平面上中心坐标为（0，0，0）、长度为 20、宽度为 50 的曲面 2 作等半径 5 的两面过渡。

01 按已知条件生成两个曲面，如图 4-66 所示。

02 单击按钮，在立即菜单中选择【两面过渡】和【等半径】选项，在【半径】文本框中输入“5”，选择【不裁剪】选项。

03 拾取第一个曲面，拾取曲面上过渡方向向上的箭头；拾取第二个曲面，拾取曲面上的过渡方向向左的箭头，平面过渡完成的效果如图 4-67 所示。

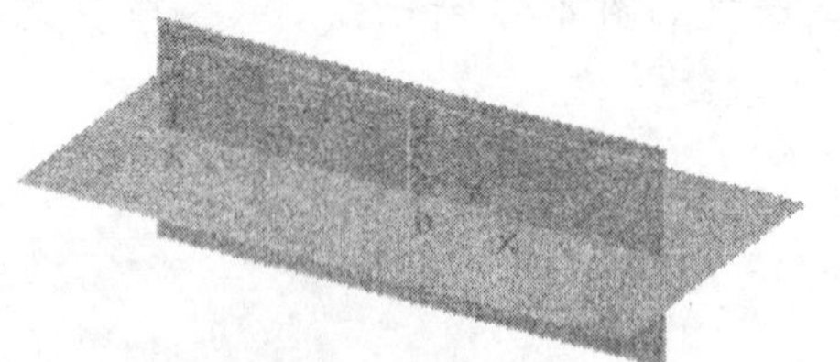

图 4-66　生成两个相交曲面

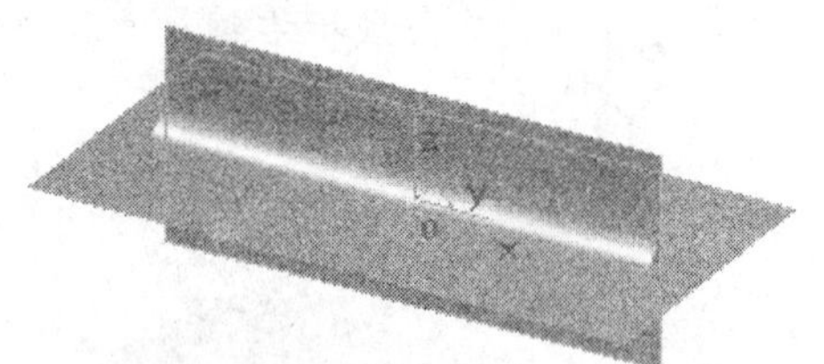

图 4-67　过渡曲面

3．曲面拼接

曲面拼接是指通过多个曲面的对应边界生成一个曲面与这些曲面光滑相接。曲面拼接有“两面拼接”、“三面拼接”和“四面拼接”3 种方式。可通过单击按钮激活曲面拼接功能。

【实例 27】 用在 *XOY* 平面上生成的曲面 1 和中心坐标为（0，0，10）、长度为 40、宽度为 20 且与 *XOZ* 平面平行的曲面 2 作两面拼接。

01 按已知条件生成两个曲面，如图 4-68 所示。

02 单击按钮，在立即菜单中选择【两面拼接】选项，在【精度】文本框中输入“0.01”。

03 拾取曲面 1 和曲面 2，单击鼠标右键结束操作，结果如图 4-69 所示。

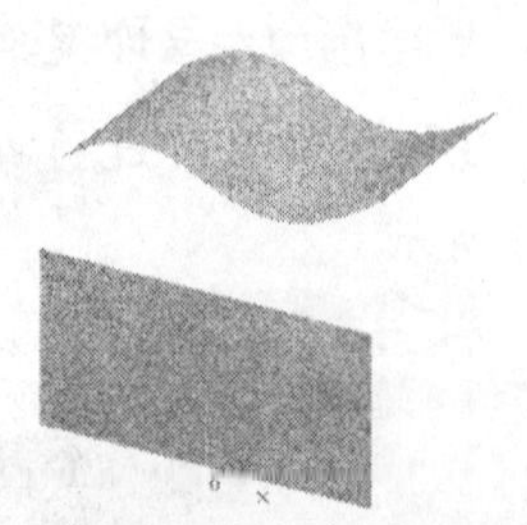

图 4-68　生成两个拼接曲面

4．曲面缝合

曲面缝合是指将两个曲面光滑连接为一个曲面。

“曲面缝合”有两种方式，分别为通过曲面 1 的切矢进行光滑过渡连接和通过两曲面的平均切矢进行光滑过渡连接。可通过单击按钮激活曲面缝合功能。

图 4-69　拼接后的曲面

【实例 28】 用在 *XOY* 平面上生成的曲面 1 和中心坐标为（0，0，10）、长度为 40、宽度为 20 且与 *XOZ* 平面平行的曲面 2 作曲面缝合。

01 按已知条件生成两个曲面，如图 4-70 所示。

02 单击按钮，在立即菜单中选择【曲面切矢 1】选项。

03 拾取曲面 1 和曲面 2，单击鼠标右键结束操作，结果如图 4-71 所示。

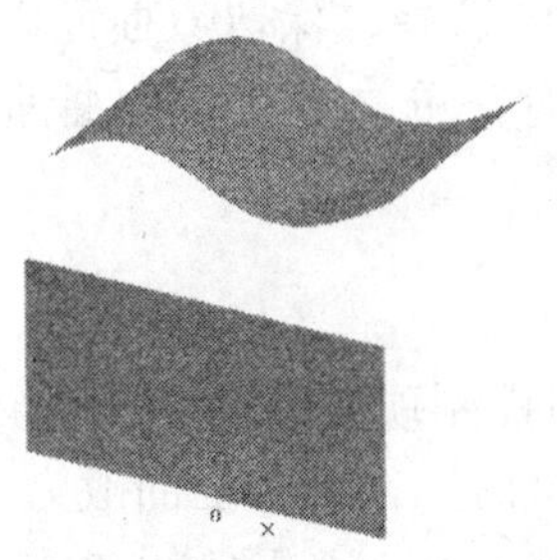

图 4-70　生成两个要缝合曲面

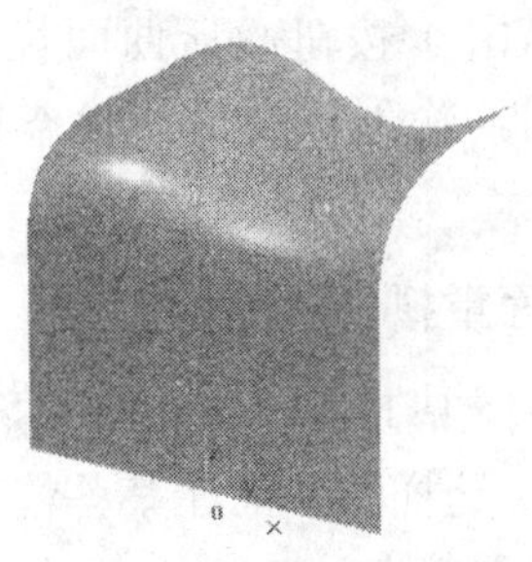

图 4-71　一个缝合后的曲面

5．曲面延伸

在应用中会遇到所做的曲面短了或窄了而无法进行一些操作的情况，这时就需要把一个曲面从某条边延伸出去。曲面延伸就是针对这种情况，把原曲面按所给长度沿相切的方向延伸出去，扩大曲面，以帮助用户进行后面的操作。可通过单击按钮激活曲面延伸功能。

> **注意**
>
> 曲面缝合的例子与曲面拼接的例子生成的图形看上去是一样的，但实际是不一样的，曲面缝合是把两个曲面生成了一个曲面，两曲面拼接是生成了一个拼接曲线，一共 3 个曲面。

【实例 29】 把实例 28 缝合的曲面作 *Y* 轴正向的曲面长度延伸。

01 按照已知条件生成曲面，如图 4-72 所示。

02 单击按钮，在立即菜单中选择【长度延伸】选项，在【长度】文本框中输入“30”，选择【删除原曲面】选项。

> **注意**
>
> 曲面延伸对裁剪过的面无效。拾取曲面时，拾取点离哪条边线近，就会延伸哪条边线。

03 选择要延伸的曲面，拾取时单击要延伸曲面侧，单击鼠标右键结束操作，绘制结果

如图 4-73 所示。

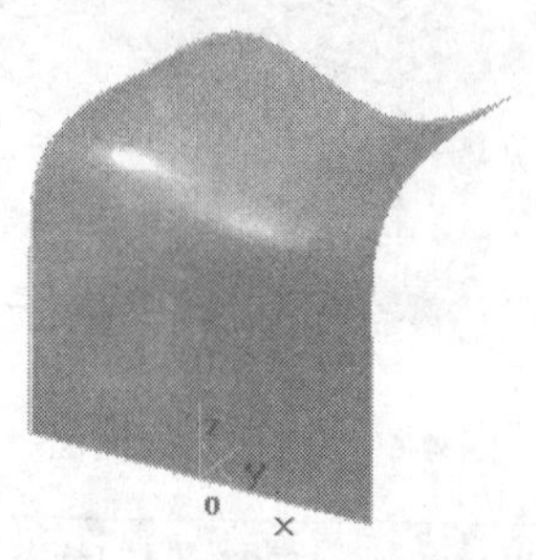

图 4-72　延伸前的曲面

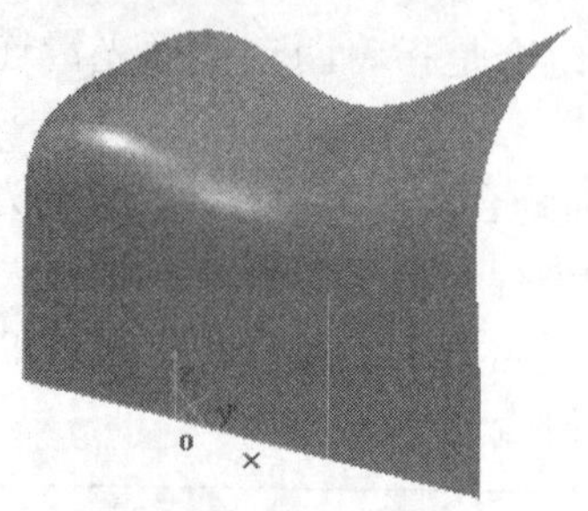

图 4-73　延伸后的曲面

6．曲面优化

在实际应用中，有时生成的曲面的控制顶点很密、很多，会导致处理起来很慢，甚至会出现问题。曲面优化功能就是在给定的精度范围之内，尽量去掉多余的控制顶点，使曲面的运算效率大大提高。曲面优化功能不支持裁剪曲面。

可以单击按钮激活曲面优化功能。在立即菜单中选择“保留原曲面”或“删除原曲线”方式，输入精度值。状态栏提示“拾取曲面”时，单击要优化的曲面，即可完成优化。

7．曲面重拟合

在很多情况下，生成的曲面是 NURBS 表达的（即控制顶点的权因子不全为 1、或者有重节点），这样的曲面在某些情况下不能完成运算。这时，需要把曲面改为 B 样条表达形式（没有重节点，控制顶点权因子全是 1），曲面重拟合功能就是把 NURBS 曲面在给定的精度条件下拟合为 B 样条曲面。

可以单击按钮激活曲面重拟合功能。在立即菜单中选择“保留原曲面”或“删除原曲线”方式，输入“曲面重拟合精度值”，拾取曲面，曲面重拟合即可完成。

曲面重拟合功能不支持裁剪曲面。

4.3　曲面造型实例分析

下面通过两个简单的例子介绍曲面造型操作。第一个实例通过五角星的曲面造型来熟悉点与曲线、曲线与曲线的面生成功能。第二个实例是连接块的曲面造型，通过曲面造型操作熟悉导动曲面及直纹面等曲面的生成方法以及曲面的编辑方法。

4.3.1　五角星的曲面造型

实例文件	实例\04\例 4-1.mxe
操作录像	视频\04\例 4-1.avi

五角星实体基本是由平面组成的，造型比较简单，造型过程比较灵活。五角星的曲面造型如图 4-74 所示，其基本外形尺寸如图 4-75 所示。

图 4-74　五角星的线曲面效果图

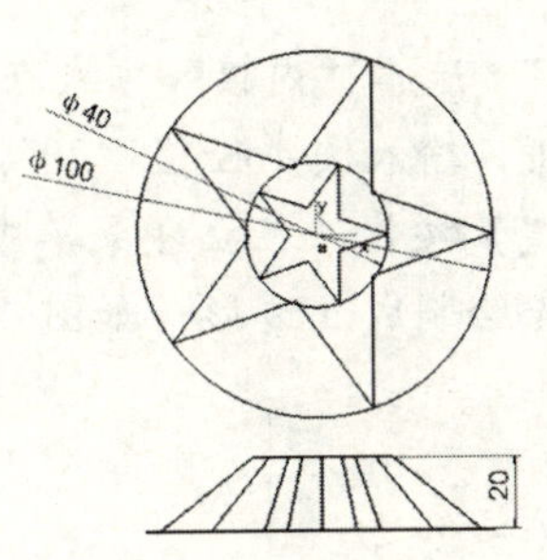

图 4-75　五角星的尺寸

操作步骤

01 打开软件。选择【开始】/【程序】/【CAXA】/【CAXA 制造工程师】/【CAXA 制造工程师 2008】命令，或直接双击【CAXA 制造工程师 2008】桌面快捷方式图标，打开 CAXA 制造工程师软件，进入设计界面。软件默认状态下当前坐标为 *XOY* 平面，非草图状态。

02 绘制直径为 100 的圆。在 *XOY* 平面内，单击【整圆】按钮，在立即菜单中选择“圆心_半径”方式，拾取原点为圆心，按 Enter 键，在屏幕中间出现坐标值输入框，输入圆半径值“50”，按 Enter 键，圆绘制完成，单击鼠标右键，退出圆的绘制。

03 绘制外五角星。单击【多边形】按钮，在立即菜单中选择“中心”方式，在【边数】文本框中输入“5”，选择“内接”方式，拾取原点为中心点；按 Enter 键，出现数值输入框，输入圆半径值“50”，按 Enter 键，五边形绘制完成，如图 4-76 所示；单击【直线】按钮，在立即菜单中选择“两个点”、“连续”和“非正交”方式，依次拾取各点绘制成五边形，如图 4-77 所示。

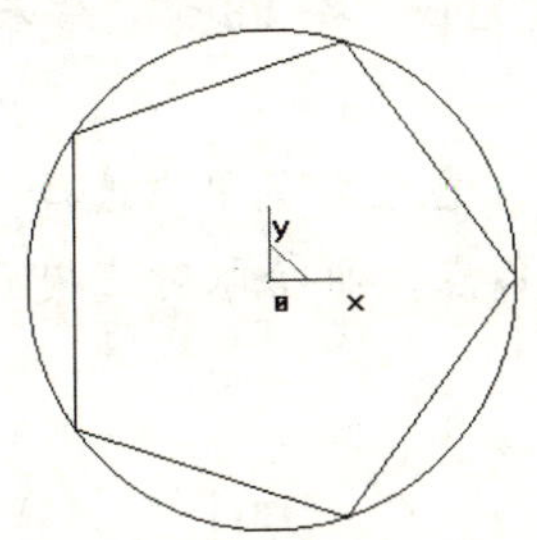

图 4-76　绘制圆及五边形

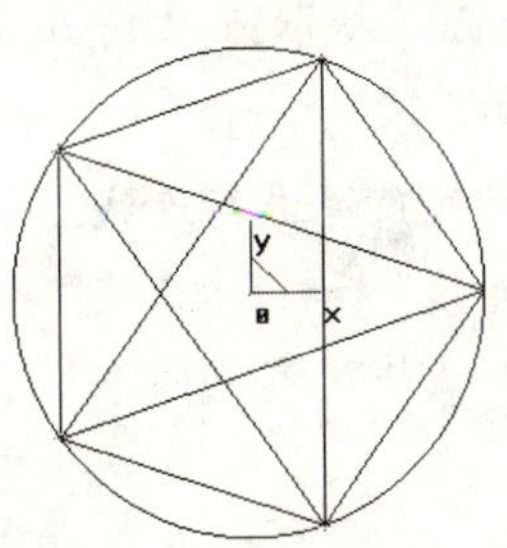

图 4-77　绘制外五角星

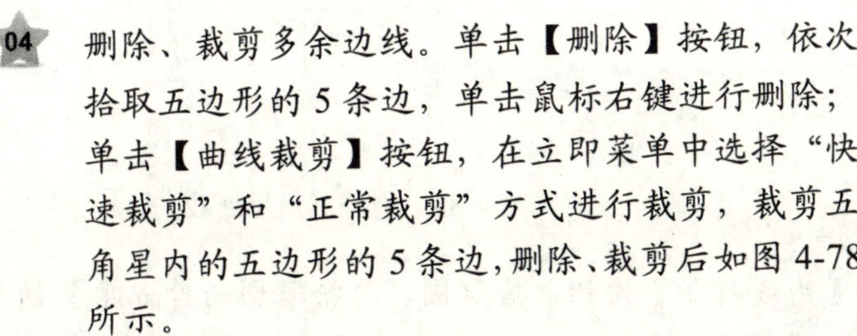

04 删除、裁剪多余边线。单击【删除】按钮，依次拾取五边形的 5 条边，单击鼠标右键进行删除；单击【曲线裁剪】按钮，在立即菜单中选择“快速裁剪”和“正常裁剪”方式进行裁剪，裁剪五角星内的五边形的 5 条边，删除、裁剪后如图 4-78 所示。

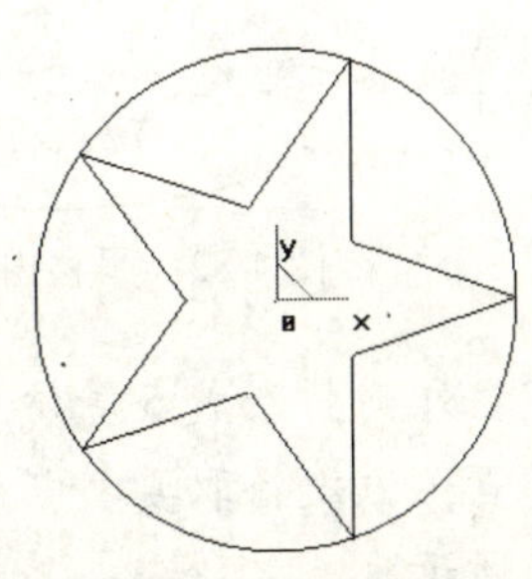

图 4-78　外五角星效果

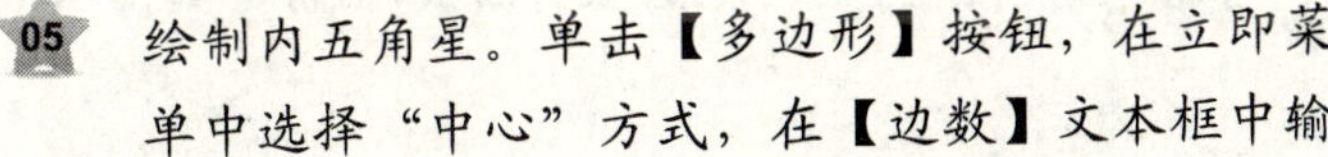

05 绘制内五角星。单击【多边形】按钮，在立即菜单中选择“中心”方式，在【边数】文本框中输

入“5”，选择“内接”方式在拾取原点为中心点；按 Enter 键，在屏幕中间出现数值输入框，输入圆半径值“20”，按 Enter 键，五边形绘制完成，如图 4-79 所示；单击【直线】按钮，在立即菜单中选择“两个点”、“连续”和“非正交”方式，依次拾取各点绘制成五边形，如图 4-80 所示。

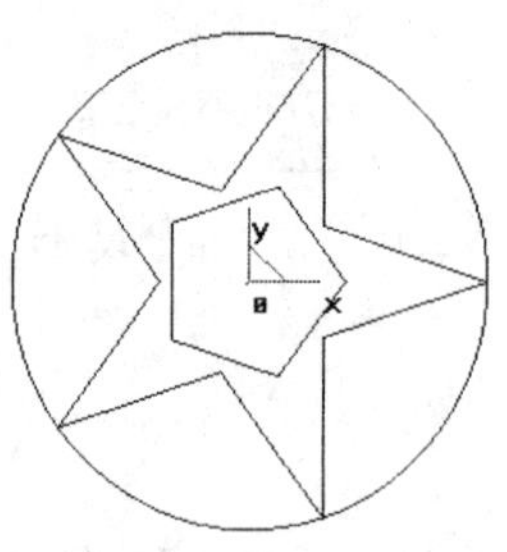

图 4-79 绘制内五边形

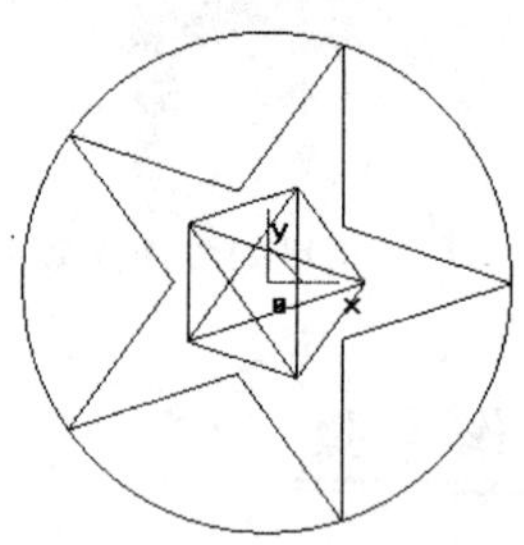

图 4-80 绘制内五角星

06 删除、裁剪多余边线。单击【删除】按钮，依次拾取内五边形的 5 条边，单击鼠标右键，进行删除；单击【曲线裁剪】按钮，在立即菜单中选择“快速裁剪”和“正常裁剪”方式进行裁剪，裁剪内五角星的五边形的 5 条边，删除、裁剪后如图 4-81 所示。

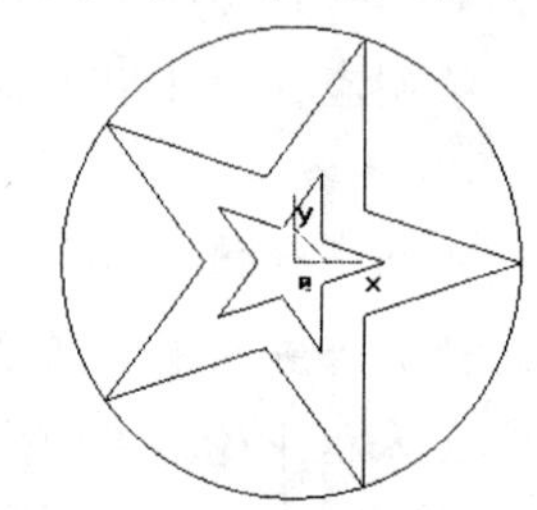

图 4-81 内五角星效果

07 在原点处加一点，把点和内五角星向 Z 轴上方向移动 20 厘米。单击【点】按钮，在立即菜单中选择“单个点”和“工具点”方式，拾取原点绘制一点；单击【平移】按钮，在立即菜单中选择【偏移量】和【移动】选项，设置 DX=0、DY=0、DZ=20，拾取点及内五角星的 10 条边，右击，偏移完成；按 F8 键，结果如图 4-82 所示。

08 内外五角星进行连线。按 F5 键，单击【直线】按钮，在立即菜单中选择“两个点”、“连续”和“非正交”方式，依次拾取外五角星的各点，再拾取对应内五角星的各点，连线结果如图 4-83 所示。

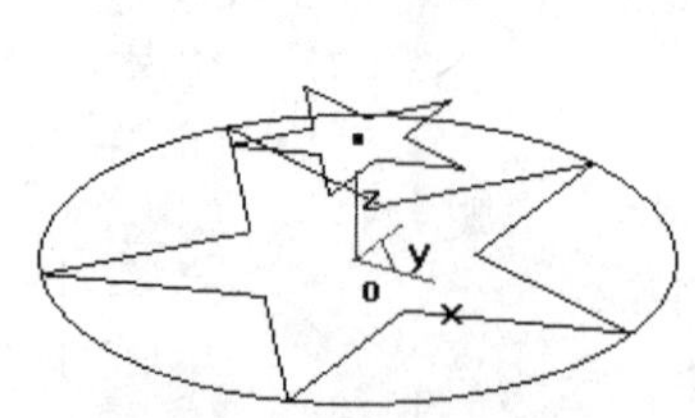

图 4-82 平移内五角星及点

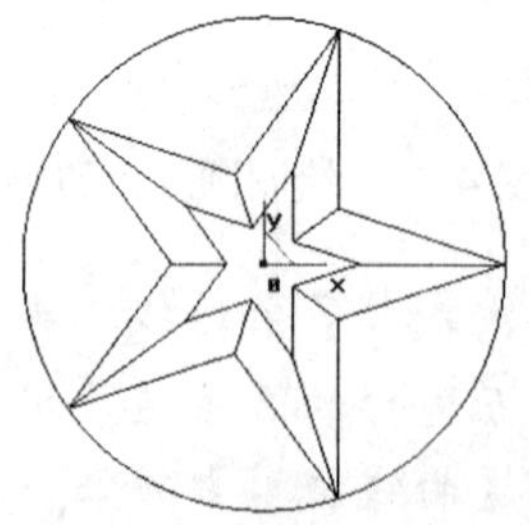

图 4-83 内外五角星连线

09 把外圆打断成 5 等份。单击【曲线打断】按钮，拾取圆，再拾取圆与外五角星的交点；依次拾取要打断的圆弧，再拾取要打断的点，把圆弧打断成 5 份，如图 4-84 所示。

10 绘制底平面。选择【设置】/【当前颜色】命令，弹出【颜色管理】对话框，选择绿色；单击【边界面】按钮，在立即菜单中选择“三边面”方式，拾取打断后的圆弧线及相邻的两条外五角星的边线，生成平面，如图 4-85 所示；其他 4 个平面也可以通过此方式进行绘制。还可以通过阵列来完成操作，单击【阵列】按钮，在立即菜单中选择“圆形”和“均布”方式，在【份数=】文本框中输入“5”，拾取生成的平面，单击鼠标右键，状态栏提示“输入中心点”，拾取原点，生成阵列平面，如图 4-86 所示。

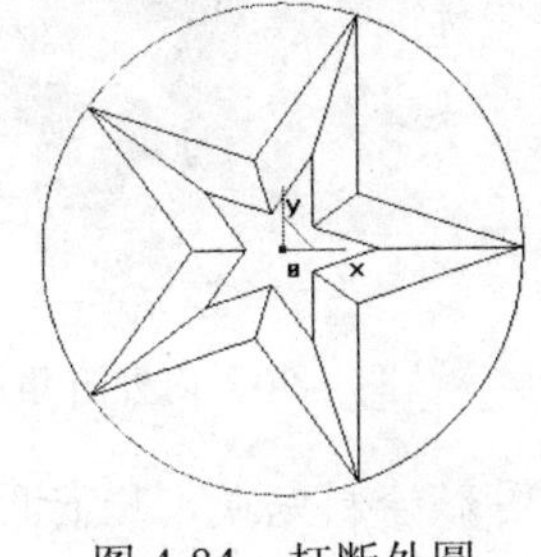

图 4-84　打断外圆

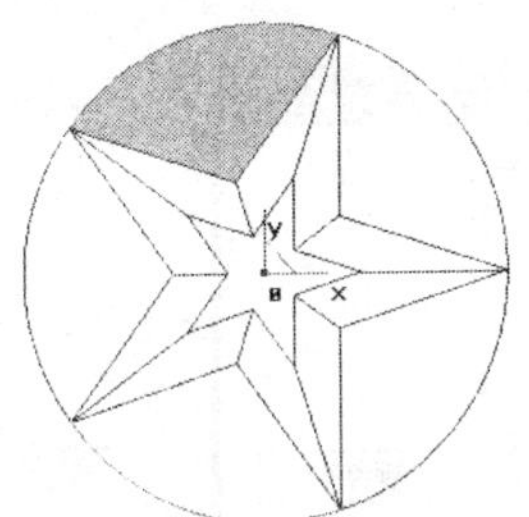

图 4-85　绘制三边面

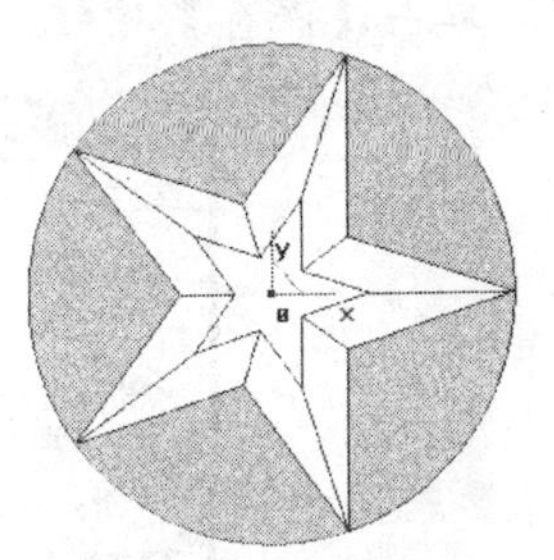

图 4-86　阵列底面

11 绘制角平面。选择【设置】/【当前颜色】命令，弹出【颜色管理】对话框，选择红色；单击【边界面】按钮，在立即菜单中选择“四边面”方式，拾取五角星的斜平面上的 4 条边线，生成平面，如图 4-87 所示；同样拾取相邻边上的 4 条边线，生成五角星一个角的两个平面，如图 4-88 所示；使用圆形阵列功能完成其他角平面的绘制，如图 4-89 所示。

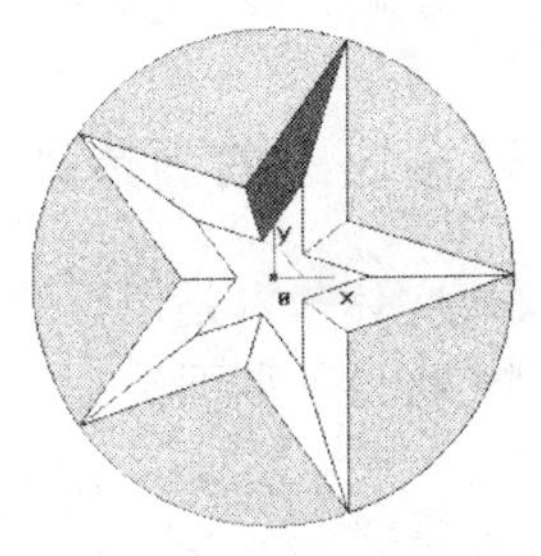

图 4-87　五角角平面的绘制

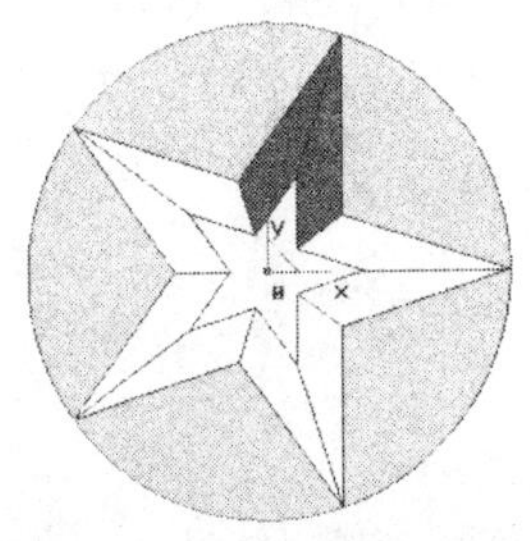

图 4-88　一个角的两平面的绘制

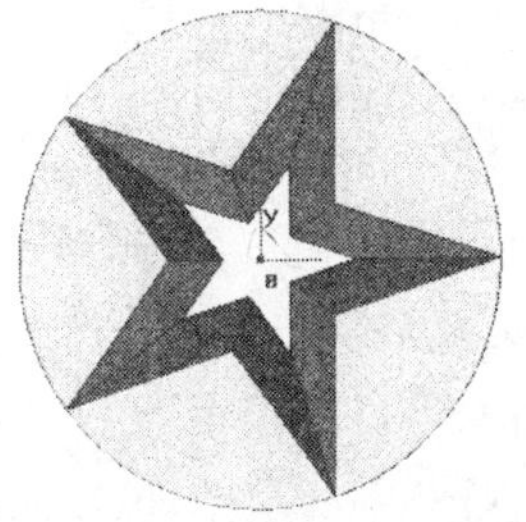

图 4-89　角平面的阵列

12 内五角平面的绘制。绘制内平面时，要用“点+曲线”方式生成曲面。选择【设置】/【当前颜色】命令，弹出【颜色管理】对话框，选择黄色；单击【直纹面】按钮，在立即菜单中选择“点+曲线”方式，拾取点，再拾取内五角星的一条边线，生成平面，如图 4-90 所示；再依次拾取点及各边线，生成内五角星平面，如图 4-91 所示。

图 4-90　内外五角星连线

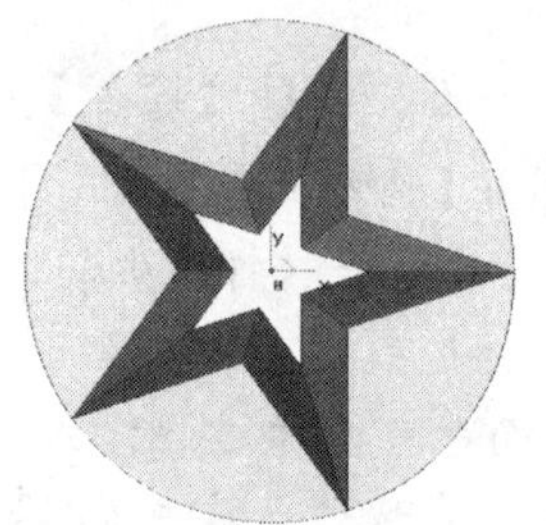

图 4-91　内外五角星连线

13 图形绘制完成，进行图形保存。选择主菜单中的【文件】/【保存】命令，弹出【存储文件】对话框，如图 4-92 所示。选择保存目录，输入保存文件名“五角星曲面造型”，单击【保存】按钮，完成图形保存。

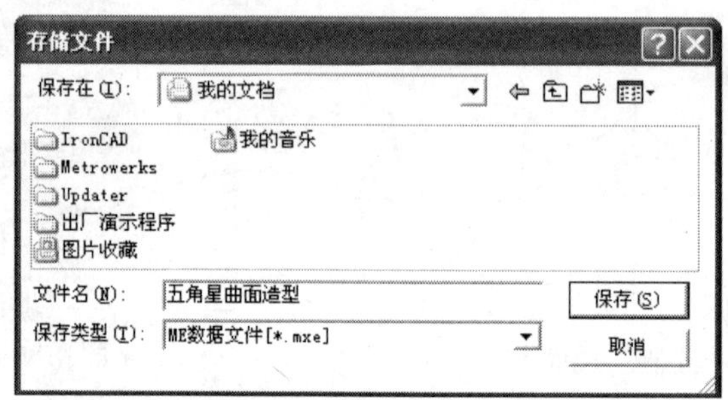

图 4-92　保存图形文件

4.3.2　连接块的曲面造型

实例文件　实例\04\例 4-2.mxe
操作录像　视频\04\例 4-2.avi

连接块实体基本是由平面组成的，但造型过程比较复杂。曲面造型有多种方法，下面练习绘制连接块的曲面造型，其实体外形及基本尺寸如图 4-93 所示。

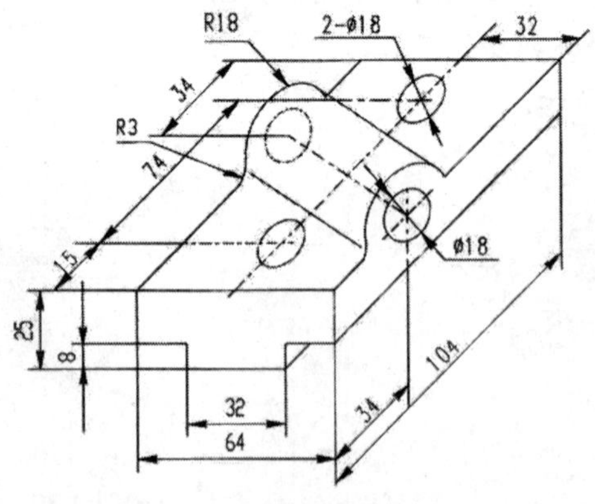

图 4-93　连接块的外形尺寸

操作步骤

01 打开软件。选择【开始】/【程序】/【CAXA】/【CAXA 制造工程师】/【CAXA 制造工程师 2008】命令，或直接双击【CAXA 制造工程师 2008】桌面快捷方式图标，打开 CAXA 制造工程师软件，进入设计界面。软件默认状态下当前坐标为 *XOY* 平面，非草图状态。

02 在 *XOY* 平面内画外框和中心线。系统默认当前坐标 *XOY* 平面有效。单击【矩形】按钮，在立即菜单中选择“中心_长_宽”方式画矩形，在【长度=】文本框中输入“104”，按 Enter 键或单击鼠标右键，在【宽度=】文本框中输入“64”，按 Enter 键；状态栏提示“输入矩形中心”，移动鼠标在 *XOY* 平面内选择原点，单击鼠标右键，矩形绘制完成。单击【直线】按钮，在立即菜单中选择【水平/铅垂线】选项，以“水平+铅垂”方式画十字线，在【长度】文本框中输入“120”，拾取坐标原点，绘制十字交叉线，单击鼠标右键结束画线操作，如图 4-94 所示；单击【等距线】按钮，在立即菜单中选择“单根曲线”和“等距”方式，在【距离】文本框输入“15”，拾取线段 *AD*，选择方向向右的箭头，拾取线段 *BC*，选择方向向左的箭头，结果如图 4-95 所示。

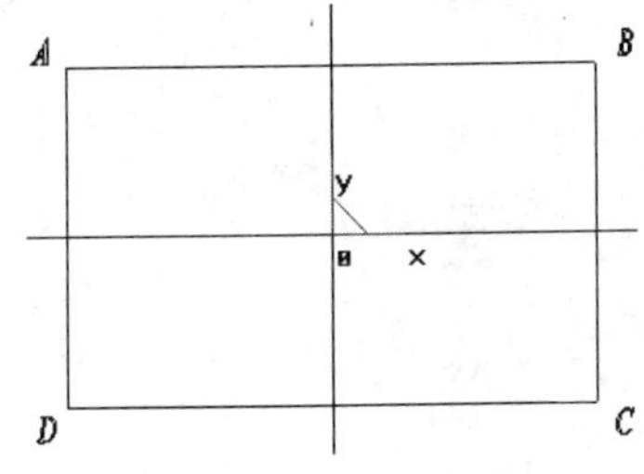

图 4-94　画外框和中心线

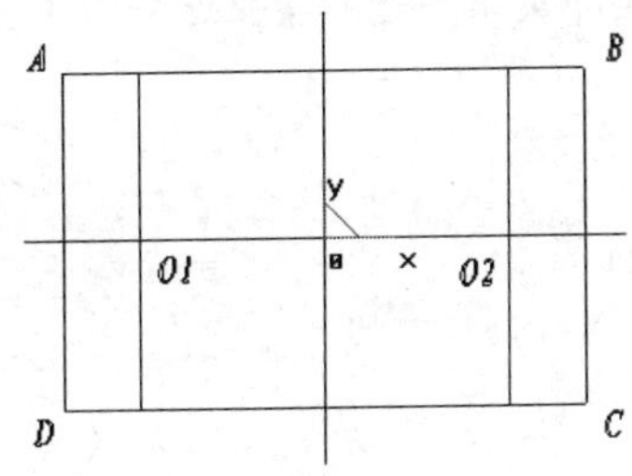

图 4-95　画等距线

03 绘制两个直径为 18 的圆。单击【整圆】按钮，在立即菜单中选择“圆心_半径”方式，拾取 *O*1 点为圆心，按 Enter 键，在屏幕中间出现坐标值输入对话框，输入圆半径值“9”，按 Enter 键，单击鼠标右键，圆 *O*1 绘制完成；拾取 *O*2 点为圆心，按 Enter 键，输入圆半径值“9”，按 Enter 键，圆 *O*2 绘制完成，单击鼠标右键，退出圆的绘制，如图 4-96 所示。

04 绘制凸台等距线。单击【等距线】按钮，在立即菜单中选择“单根曲线”和“等距”方式，在【距离】文本框输入“16”，拾取线段 *AB*，选择方向向下的箭头，拾取线段 *CD*，选择方向向上的箭头，绘制结果如图 4-97 所示。

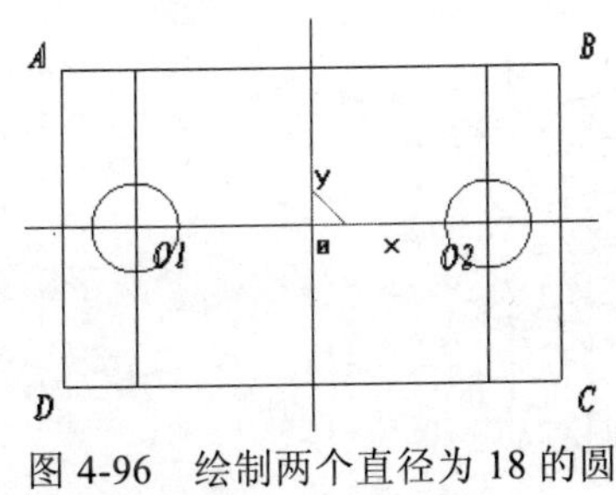

图 4-96　绘制两个直径为 18 的圆

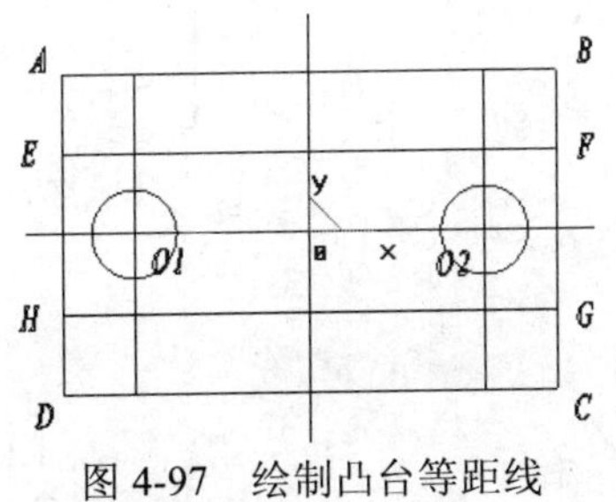

图 4-97　绘制凸台等距线

05 平移生成底板。单击【平移】按钮，在立即菜单中选择【偏移量】和【拷贝】选项，设置 DX=0、DY=0、DZ=−17，拾取线段 AB、BC、CD、DA、EF 和 GH，单击鼠标右键，平移拷贝完成，结果如图 4-98 所示。

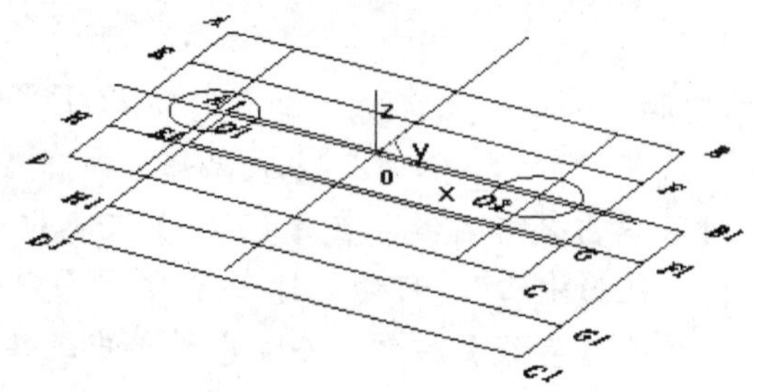

图 4-98 平移生成底板

06 平移生成凸台。单击【平移】按钮，在立即菜单中选择【偏移量】和【拷贝】选项，设置 DX=0、DY=0、DZ=−25，拾取线段 BC、DA、EF、GH、圆 O1、圆 O2，单击鼠标右键，平移拷贝完成，如图 4-99 所示；裁剪平移后多余的线头，单击【曲线裁剪】按钮，在立即菜单中选择【快速裁剪】和【正常裁剪】选项，拾取绘制 F2G2、E2H2 线的两头。

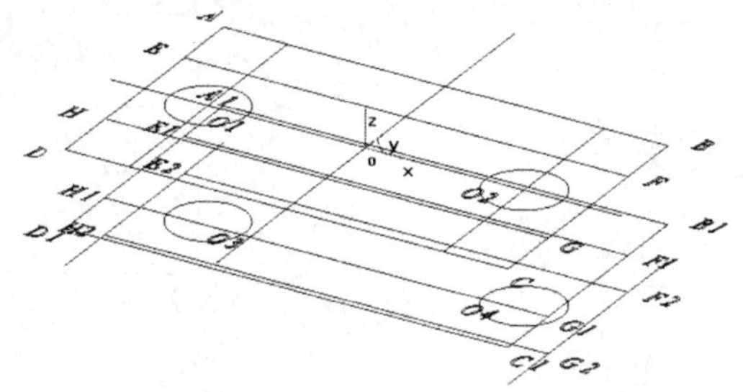

图 4-99 平移生成凸台

07 绘制两侧面圆心点。单击【直线】按钮，在立即菜单中选择【两点线】、【单个】和【非正交】选项，拾取 D 点和 D1 点，拾取 B 点和 B1 点，单击鼠标右键。按 F9 键，切换至平面 XOZ；单击【等距线】按钮，在立即菜单中选择“单根曲线”和“等距”方式，在【距离】文本框中输入“34”，拾取线段 DD1，选择方向向右的箭头，生成线段 II1，拾取线段 BB1，选择方向向左的箭头，生成线段 JJ1，绘制完成的效果如图 4-100 所示。

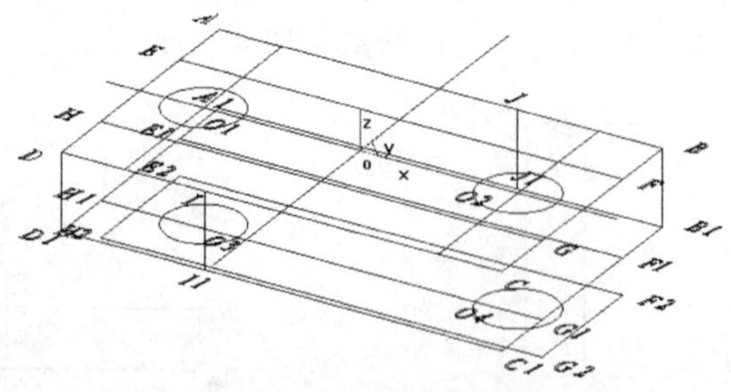

图 4-100 绘制两侧面圆心点

08 绘制两侧圆。单击【整圆】按钮，在立即菜单中选择“圆心_半径”方式，拾取

I 点圆心，按 Enter 键，在屏幕中间出现数值输入框，输入圆半径值“18”，按 Enter 键，生成圆 *O*5；按 Enter 键，在屏幕中间出现数值输入对话框，输入圆的半径值“9”，按 Enter 键，生成圆 *O*6；拾取 *J* 点圆心，按 Enter 键，在屏幕中间出现数值输入框，输入圆半径值“18”，按 Enter 键，生成圆 *O*7；按 Enter 键，在屏幕中间出现数值输入框，输入圆半径值“9”，按 Enter 键，生成圆 *O*8，如图 4-101 所示。

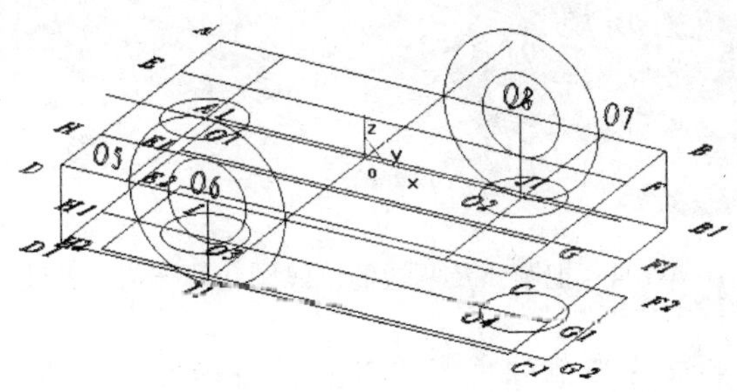

图 4-101　绘制两侧圆

09 裁剪圆。按 F7 键，单击【曲线裁剪】按钮，在立即菜单中选择“快速裁剪”方式，拾取圆 *O*5、圆 *O*7 下半圆弧线，裁剪下半圆；单击【删除】按钮，删除多余的曲线，如图 4-102 所示。

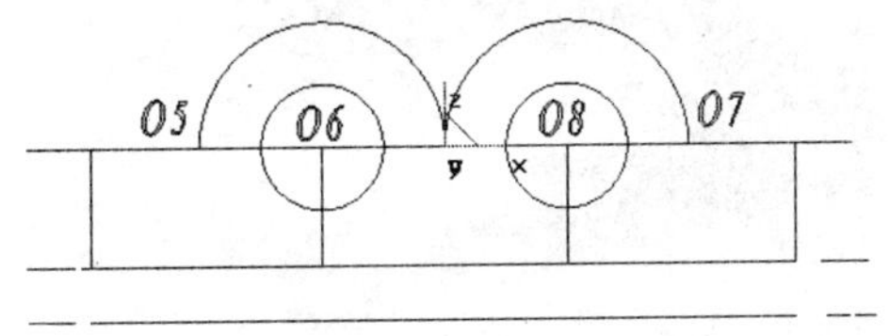

图 4-102　裁剪圆

10 过渡半径为 3 的圆角。单击【曲线过渡】按钮，在立即菜单中选择“圆弧过渡”方式，在【半径】文本框中输入“3”，选择【裁剪曲线 1】和【不裁剪曲线 2】选项，拾取圆弧 *O*5 左侧，再拾取线段 *CD* 左侧；拾取圆弧 *O*5 右侧，再拾取线段 *CD* 右侧；同样，过渡后侧面圆弧，效果如图 4-103 所示。

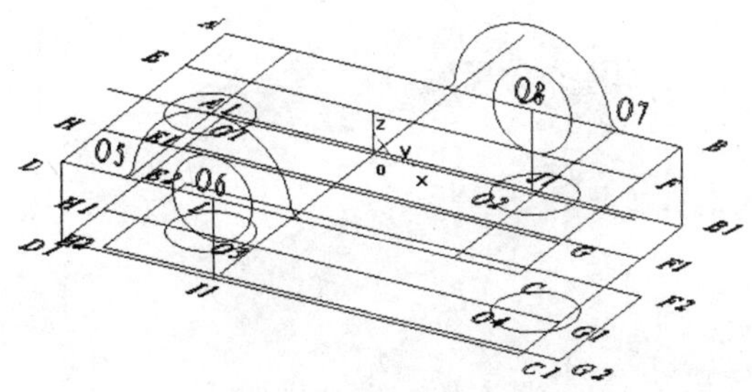

图 4-103　过渡圆角

11 把圆弧及两边的过渡圆角边连成一条线，以便于生成面。单击【曲线组合】按钮，在立即菜单中选择“删除原曲线”方式，拾取圆弧 *O*5 右侧过渡圆角边线，选择向上

的方向箭头，拾取大圆弧，再拾取左侧过渡圆角边线，单击鼠标右键，组合成一条新圆弧曲线，称为 *O*51*O*52；同样组合 *O*7 圆弧，生成新圆弧曲线 *O*71*O*72；单击【直线】按钮，在立即菜单中选择“两点线”、“单个”、“非正交”方式组合圆弧的边角连线，如图 4-104 所示。

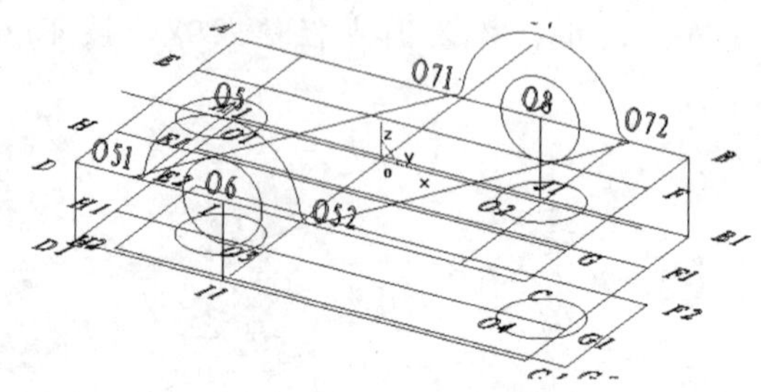

图 4-104　把圆弧及两边的过渡圆角边连成一条线

12 生成底板平面。单击【当前颜色】按钮，选择灰色。单击【直纹面】按钮，在立即菜单中选择“曲线+曲线”方式，拾取线段 *AB* 和线段 *A*1*B*1，拾取线段 *BC* 和线段 *B*1*C*1，拾取线段 *CD* 和线段 *C*1*D*1，拾取线段 *DA* 和线段 *D*1*A*1，如图 4-105 所示。

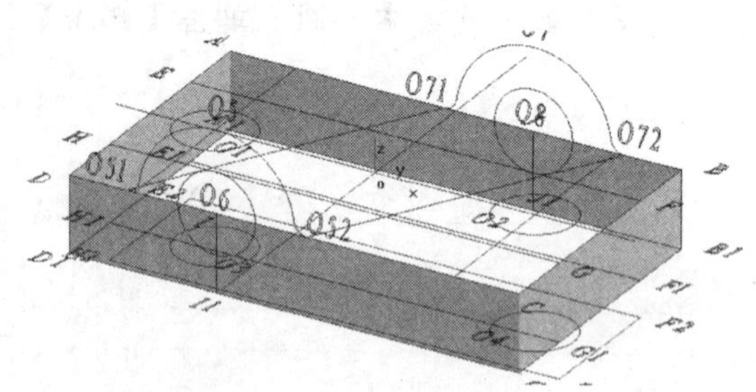

图 4-105　生成底板平面

13 生成底平面。单击【当前颜色】按钮，选择黄色。单击【直纹面】按钮，在立即菜单中选择“曲线+曲线”方式，拾取线段 *A*1*B*1 和线段 *E*1*F*1，拾取线段 *C*1*D*1 和线段 *H*1*G*1，如图 4-106 所示。

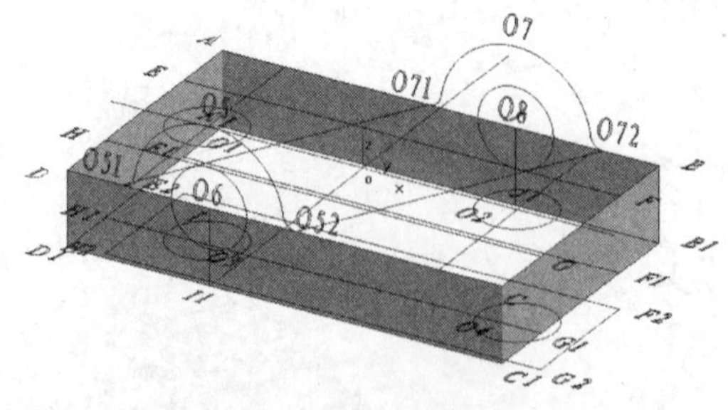

图 4-106　生成底平面

14 生成凸台平面。单击【当前颜色】按钮，选择深灰色。单击【扫描面】按钮，在立即菜单中的【起始距离】文本框中输入“0”，在【扫描距离】文本框中输入“8”，

按 Space 键，选择【*Z* 轴正方向】选项，拾取线段 *E2F2*、线段 *F2G2*、线段 *G2H2* 和线段 *H2E2*，生成曲面；单击【当前颜色】按钮，选择绿色。单击【直纹面】按钮，在立即菜单中选择“曲线+曲线”方式，拾取线段 *E2F2* 和线段 *G2H2*，生成的凸台平面如图 4-107 所示。

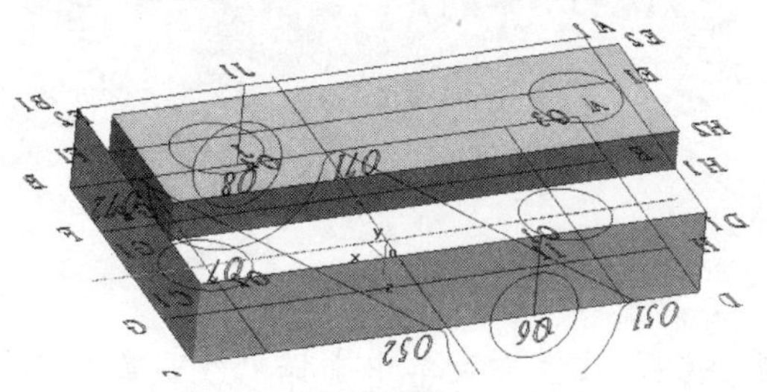

图 4-107　生成凸台平面

15 裁剪底面两圆孔。单击【曲面裁剪】按钮，在立即菜单中选择“线裁剪”和“裁剪”方式，拾取底平面，拾取圆 *O*3 线，拾取任一方向箭头；拾取底平面，拾取圆 *O*4 线，拾取任一方向的箭头，裁剪完成如图 4-108 所示。

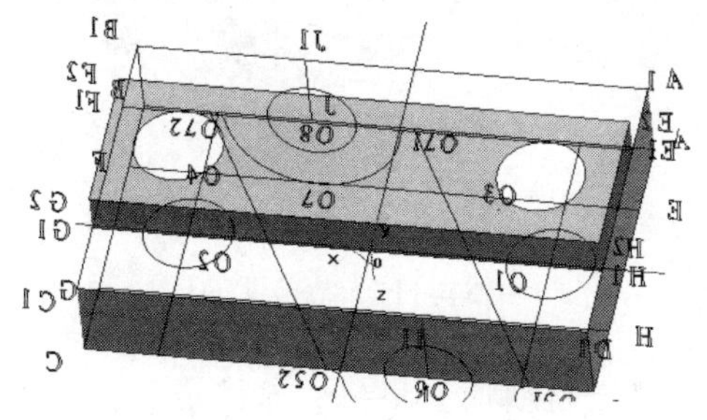

图 4-108　裁剪底面两圆孔

16 裁剪两侧面圆孔。单击【曲面裁剪】按钮，在立即菜单中选择“线裁剪”和“裁剪”方式，拾取侧平面，拾取圆 *O*6 线，拾取任一方向箭头；拾取底平面，拾取圆 *O*8 线，拾取任一方向的箭头，裁剪完成如图 4-109 所示。

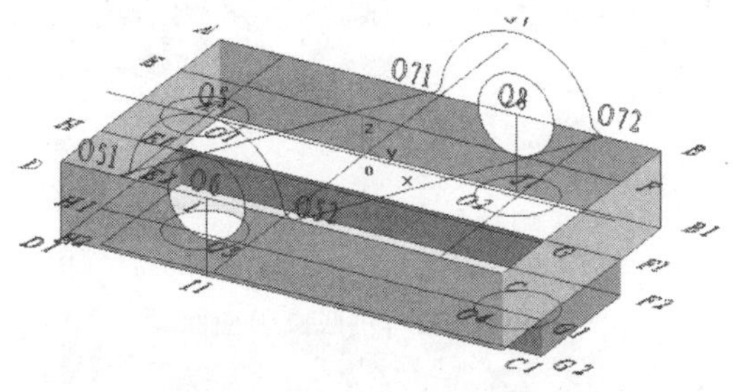

图 4-109　裁剪两侧面圆孔

17 生成底板上平面线。单击【当前颜色】按钮，选择红色。单击【直纹面】按钮，在立即菜单中选择“曲线+曲线”方式，拾取线段 *AD* 和线段为 *O*51*O*71，拾取线段 *BC*

和线段 *O52O72*，生成上底板上平面，如图 4-110 所示。

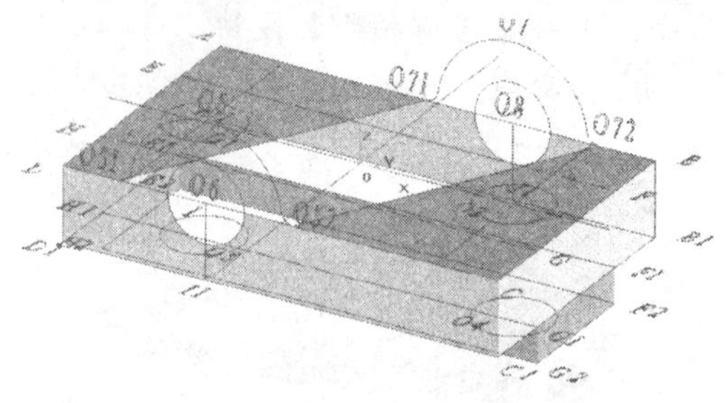

图 4-110　生成底板上平面线

18 单击【曲面裁剪】按钮，在立即菜单中选择“线裁剪”和“裁剪”方式，拾取左侧上平面，拾取圆 *O1* 线，拾取任一方向的箭头；拾取右侧上平面，拾取圆 *O2* 线，拾取任一方向箭头，曲面如图 4-111 所示。

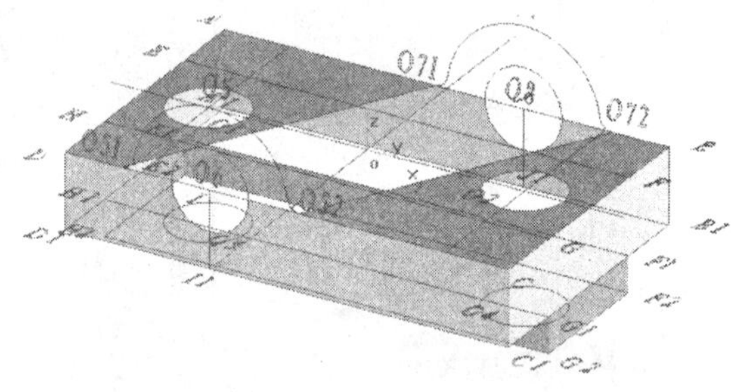

图 4-111　裁剪曲面

19 生成圆弧曲面。单击【当前颜色】按钮，选择紫色。单击【直纹面】按钮，在立即菜单中选择“曲线+曲线”方式，拾取圆弧曲线 *O51O52* 和圆弧曲线 *O71O72*，生成圆弧曲面，如图 4-112 所示。

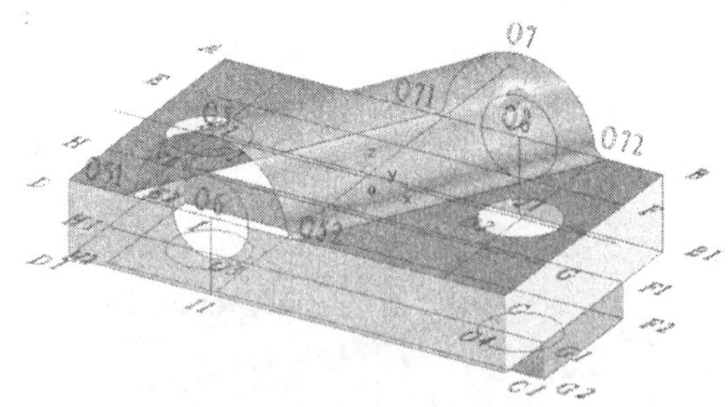

图 4-112　生成圆弧曲面

20 生成圆柱曲面。单击【当前颜色】按钮，选择蓝色。单击【直纹面】按钮，在立即菜单中选择“曲线+曲线”方式，拾取圆 *O1* 线和圆 *O3* 线，生成圆柱曲面；拾取圆 *O2* 线和圆 *O4* 线，生成圆柱曲面；拾取圆 *O6* 线和圆 *O8* 线，生成圆柱曲面。绘制结果如图 4-113 所示。

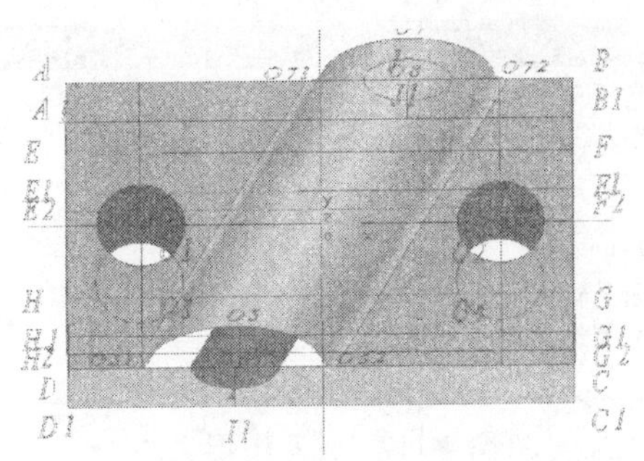

图 4-113　生成圆柱曲面

21 生成两侧圆弧扇面。单击【当前颜色】按钮，选择深灰色。单击【删除】按钮，拾取线段 CD，删除线段 CD；单击【直线】按钮，在立即菜单中选择“两点线”和“单个”方式，拾取 O51 点和 O51 点，生成线段 O51O52；单击【曲线裁剪】按钮，在立即菜单中选择“快速裁剪”和“正常裁剪”方式，裁剪掉圆 O6 内的线段，生成线段 O51O61 和线段 O62O52；单击【边界面】按钮，在立即菜单中选择“四边面”方式，拾取圆弧 O51O52、线段 O52O62、圆弧 O62O61、线段 O61O51，生成四边面。按同样方法生成后侧圆弧扇面，绘制结果如图 4-114 所示。

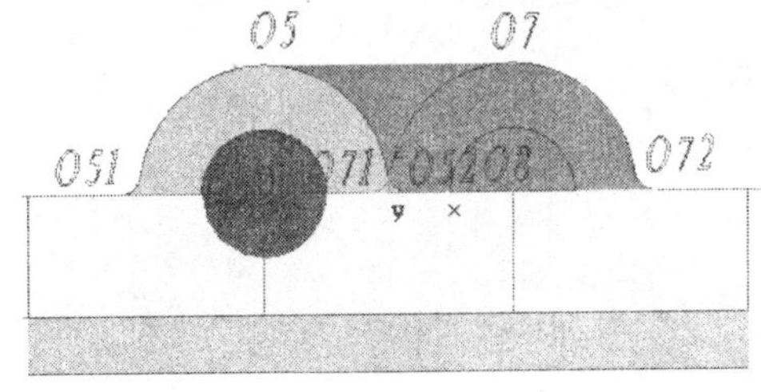

图 4-114　生成两侧圆弧扇面

22 隐藏或删除图中的标注及曲线，生成曲面造型如图 4-115 所示。

23 按鼠标中键并移动鼠标进行旋转，底板向上显示，如图 4-116 所示。

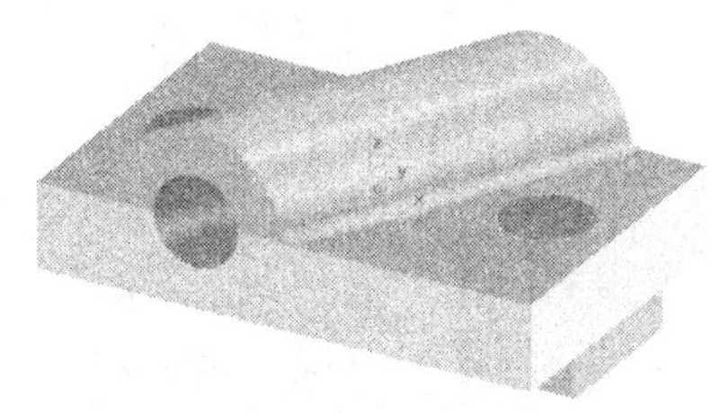

图 4-115　隐藏标注及曲线

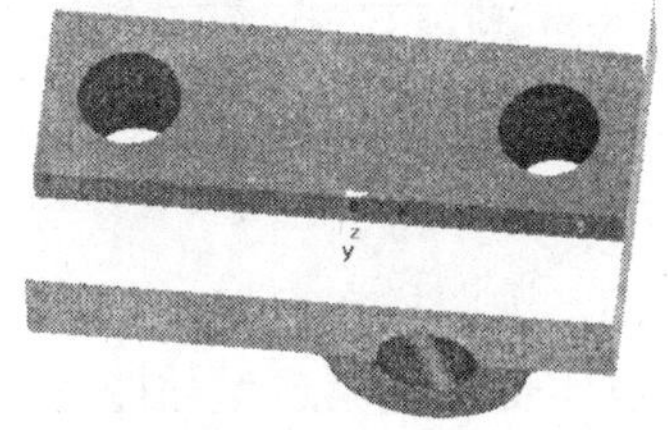

图 4-116　底板向上显示效果

24 图形绘制完成，进行图形保存。选择主菜单中的【文件】/【保存】命令，弹出【存储文件】对话框，如图 4-117 所示。选择保存目录，输入保存文件名“连接块曲面造型”，单击【保存】按钮，完成图形保存。

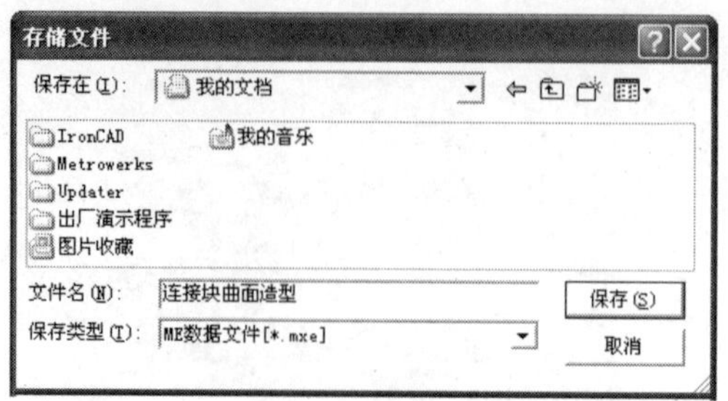

图 4-117　保存图形文件

4.4　项目实现：连杆零件设计之三——曲面造型

实例文件	实例\04\例 4-3.mxe
操作录像	视频\04\例 4-3.avi

本节还以连杆零件为例，用曲面造型方法来绘制零件。本节为第 3 章中生成的连杆零件的线架造型进行曲面造型。连杆零件的俯视图如图 4-118 所示。

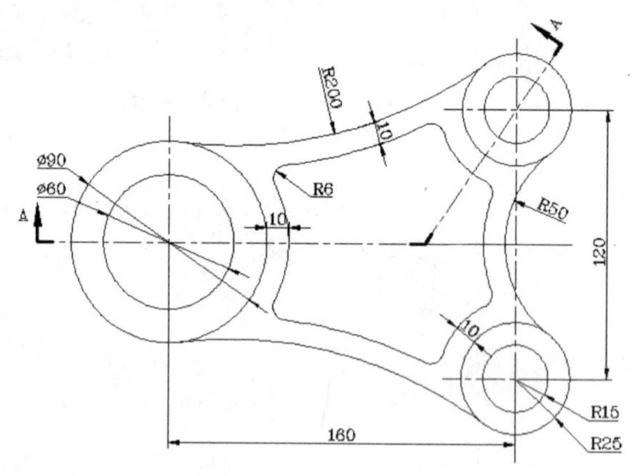

图 4-118　连杆俯视图

连杆零件的 A-A 视图如图 4-119 所示。

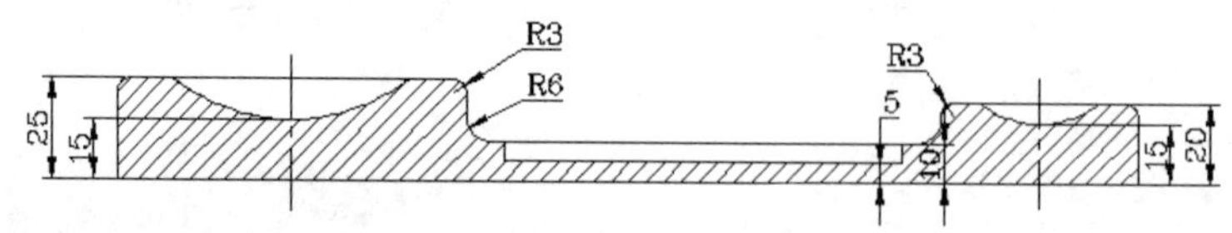

图 4-119　连杆的 A-A 视图

连杆的二维图样在 CAXA 制造工程师 2008 中进行三维实体造型后，效果图如图 4-120 所示；连杆零件的线架造型如图 4-121 所示。

图 4-120　连杆的三维实体造型效果图

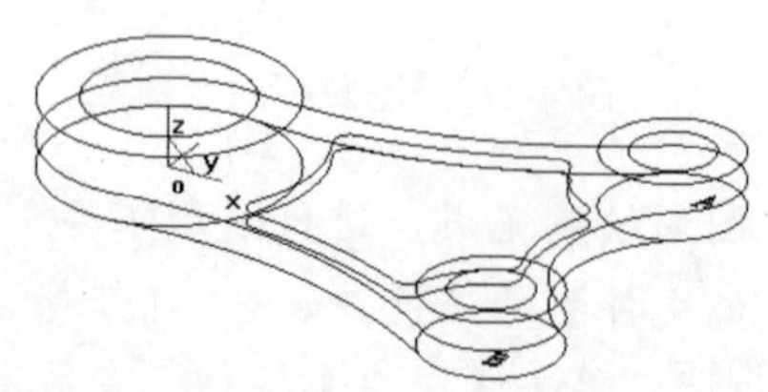

图 4-121　连杆的线架造型效果图

设计分析

（1）可以通过第 3 章已绘制完成的线架造型进行曲面造型。

（2）通过直纹面、四边面和导动面等多种曲面生成方式可实现连杆的曲面造型。

（3）通过旋转面可以生成球面。

（4）通过曲面裁剪和过渡等进行曲线编辑，完成曲面造型。

操作步骤

01 打开软件。选择【开始】/【程序】/【CAXA】/【CAXA 制造工程师】/【CAXA 制造工程师 2008】命令，或直接双击【CAXA 制造工程师 2008】桌面快捷方式图标，打开 CAXA 制造工程师软件，进入设计界面。软件默认状态下当前坐标为 *XOY* 平面，非草图状态。

02 打开第 3 章中的连杆线架图，在水平中心线两侧绘制两条线段，如图 4-122 所示。

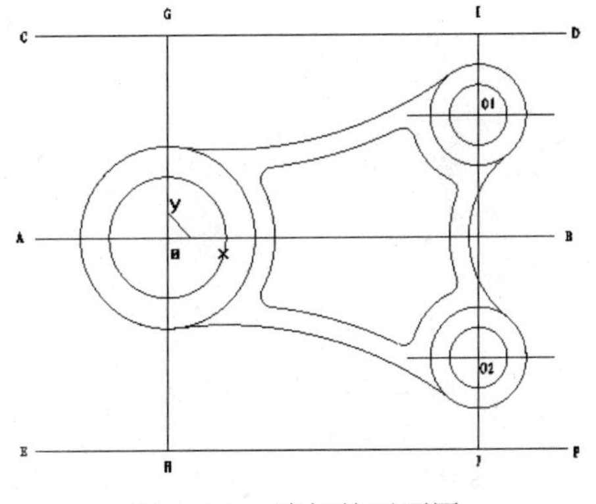

图 4-122　连杆的平面图

03 绘制 *O*、*O*1、*O*2 3 个圆柱体的外曲面。单击【当前颜色】按钮，选择灰色。单击【直纹面】按钮，在立即菜单中选择“曲线+曲线”方式，拾取在 *O* 点处最上和最下两条圆线，生成曲面。按同样方法生成 *O*1 及 *O*2 两处小圆柱曲面，如图 4-123 所示。

04 隐藏生成的 3 个圆柱曲面。拾取圆柱面，单击鼠标右键，在弹出的快捷菜单中选择【隐藏】命令，如图 4-124 所示，则圆柱面被隐藏。通过选择主菜单中的【编辑】/【显示】命令可以随时显示出来。隐藏不需要的面可以方便绘制其他面。

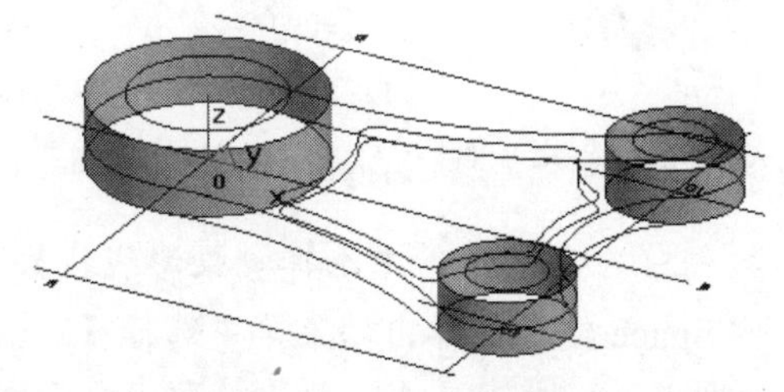

图 4-123　圆柱的外形面

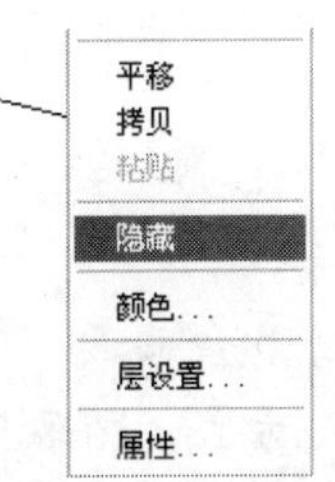

图 4-124　隐藏选项

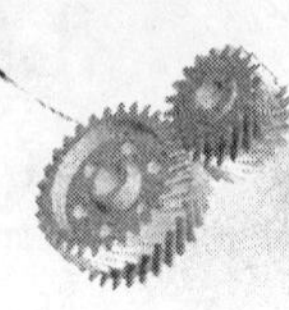

05 生成底平面。单击【曲线裁剪】按钮，在立即菜单中选择“快速裁剪”和“正常裁剪”方式，裁剪掉在圆内侧的圆弧段及两小圆的内侧圆弧段；单击【直纹面】按钮，在“立即菜单”中选择“曲线+曲线”方式，拾取线段 *CD* 和线段 *EF*，生成平面，如图 4-125 所示。

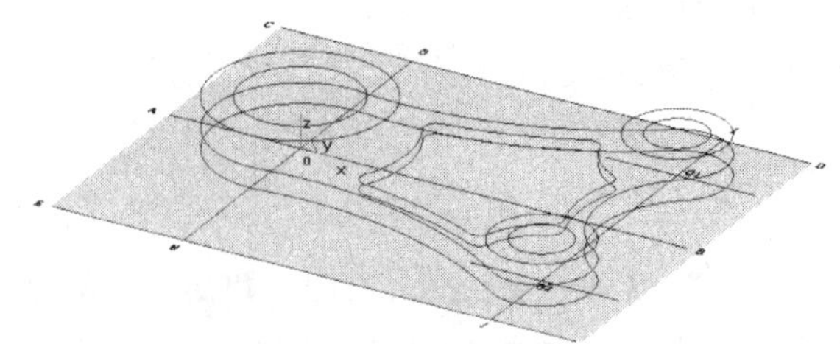

图 4-125 连杆的底面直纹面

06 单击【曲面裁剪】按钮，在立即菜单中选择“线裁剪”和“裁剪”方式，拾取外形内侧一点，拾取半径为 200 的圆弧，选择任一方向的箭头，自动搜索曲线，完成裁剪，如图 4-126 所示。

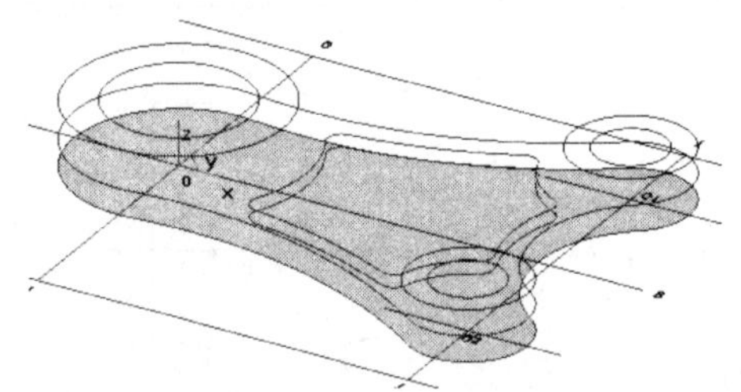

图 4-126 裁剪后的底面

07 生成连杆上平面。用“平移拷贝”的方式把底平面拷贝到上平面。单击【平移】按钮，在立即菜单中选择【偏移量】和【拷贝】选项，设置 *DX*=0、*DY*=0、*DZ*=10，拾取底平面，单击鼠标右键，生成一复制曲面；拾取复制的平面，单击鼠标右键，在弹出的快捷菜单中选择【颜色】命令，在弹出的【颜色管理】对话框中选择“红色”，单击【确定】按钮，效果如图 4-127 所示。

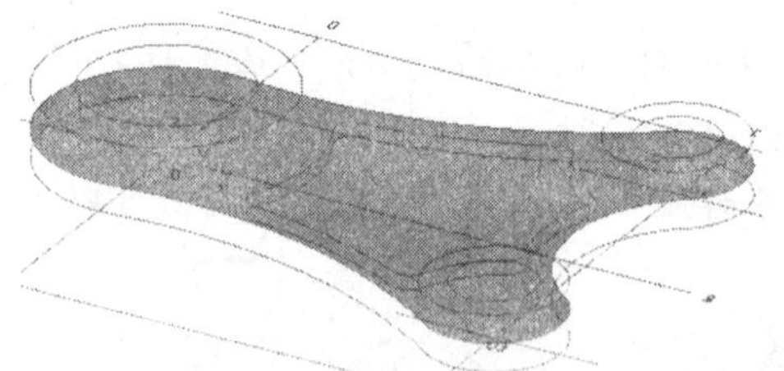

图 4-127 连杆的底板上平面

08 裁剪多余曲面。单击【曲面裁剪】按钮，在立即菜单中选择“投影线裁剪”和“裁剪”方式，拾取上平面保留部分，按 Space 键，在弹出的菜单中选择【Z 轴负方向】命令，拾取大圆上边线，拾取任一方向箭头，裁剪完成；再次拾取上平面保留部分，

按 Space 键，在弹出的菜单中选择【Z 轴负方向】命令，拾取小圆上边线，拾取任一方向箭头，裁剪完成。效果如图 4-128 所示。

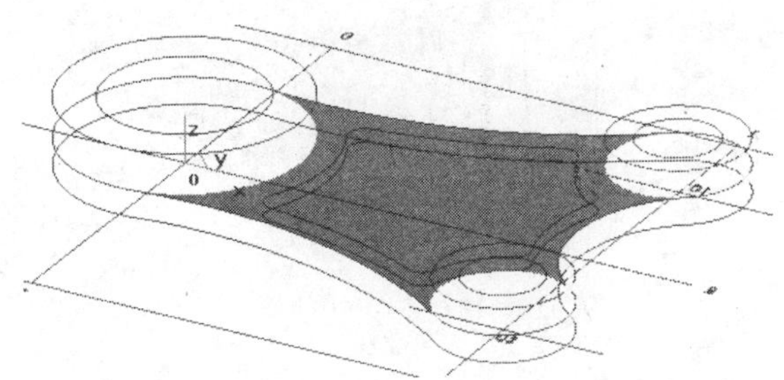

图 4-128　裁剪后的上平面

09 裁剪中间凹槽。单击【曲面裁剪】按钮，在立即菜单中选择“线裁剪”和“分裂”方式，拾取上平面凹槽外侧部分，拾取凹槽边线的一条边，拾取任一方向的箭头，自动搜索曲线，单击鼠标右键，完成分裂；改变凹槽内平面的颜色，拾取凹槽内平面，单击鼠标右键，在弹出的立即菜单中选择【颜色】命令，在弹出的【颜色管理】对话框中选择“深红色”，单击【确定】按钮，效果如图 4-129 所示。

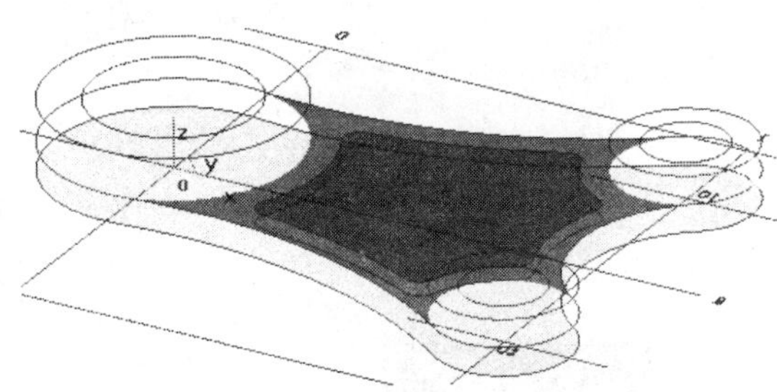

图 4-129　分裂上平面

10 平移凹槽内平面成为凹槽底面平面。单击【平移】按钮，在立即菜单中选择【偏移量】和【移动】选项，设置 *DX*=0、*DY*=0、*DZ*=−5，拾取凹槽内平面，单击鼠标右键，平面移动完成，如图 4-130 所示。

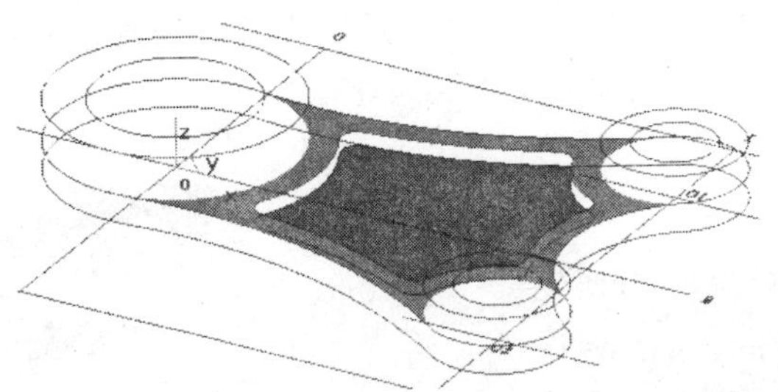

图 4-130　下移分裂后的平面

11 绘制侧边面。单击【当前颜色】按钮，选择蓝色。单击【直纹面】按钮，在立即菜单中选择“曲线+曲线”方式，拾取连杆外侧上下侧边线；拾取凹槽内侧边线，生成侧壁曲面，效果如图 4-31 所示。

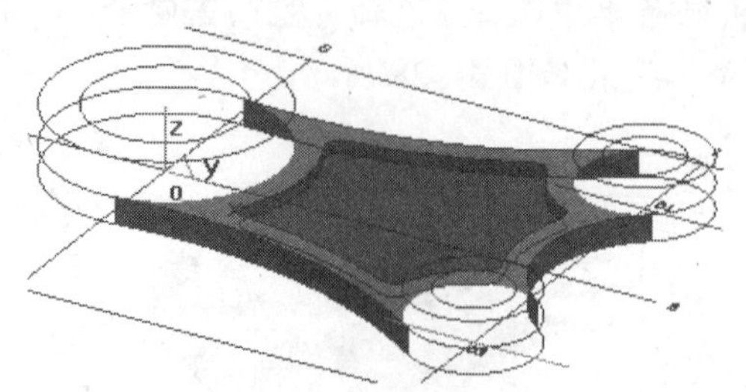

图 4-131 生成侧边面

12 绘制大圆柱上的球面圆弧线。把线段 *AB* 和线段 *GH* 向 *Z* 轴正方向复制 15，两条线的交点为圆弧球面的最低点；把线段 *AB* 向 *Z* 轴正方向复制 25，与球圆边线生成两个交点；单击【圆弧】按钮，在立即菜单中选择“三点圆弧”方式，拾取刚才生成的 3 个交点生成圆弧线，如图 4-132 所示。

13 绘制大圆柱上的球面。在 *Z* 轴线上绘制一条线段，单击【旋转面】按钮，在立即菜单中的【起始角】文本框中输入“0”，在【终止角】文本框中输入“180”，拾取刚生成的 *Z* 轴线上的线为旋转轴，拾取任一方向的箭头，拾取圆弧线，生成的球面如图 4-133 所示。

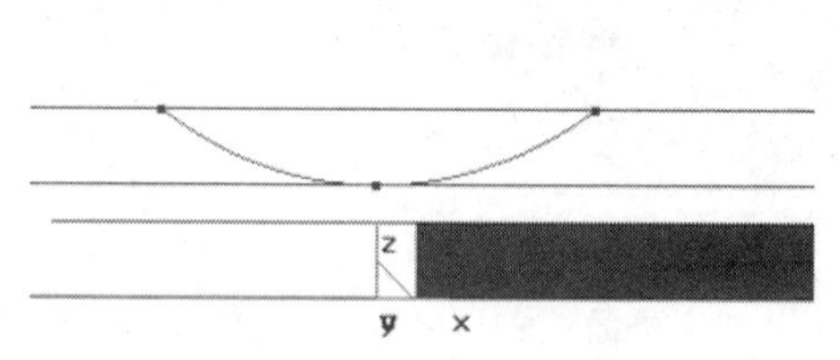

图 4-132 生成球面圆弧线

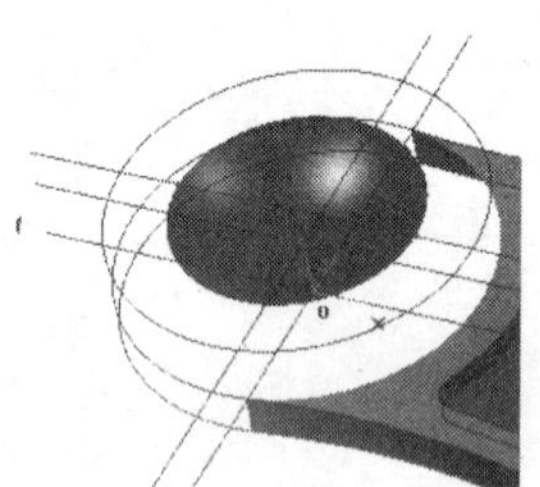

图 4-133 生成的球面

14 按步骤 13 的方法绘制两个小圆上的球弧面，如图 4-134 所示。

15 单击【当前颜色】按钮，选择红色。单击【直纹面】按钮，在立即菜单中选择“曲线+曲线”方式，拾取大圆上平面外侧圆弧及球面边线圆弧，生成直纹面，拾取小圆外侧圆及球边圆；生成的直纹面如图 4-135 所示。

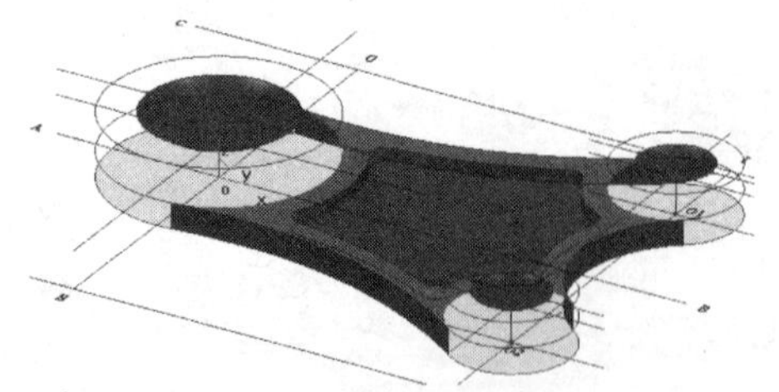

图 4-134 生成 3 个球面

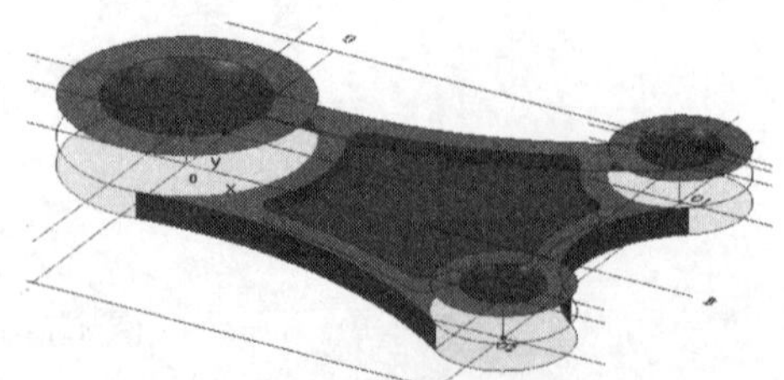

图 4-135 生成圆柱上平面

16 选择主菜单中的【编辑】/【显示】命令显示全部曲面，如图 4-136 所示。

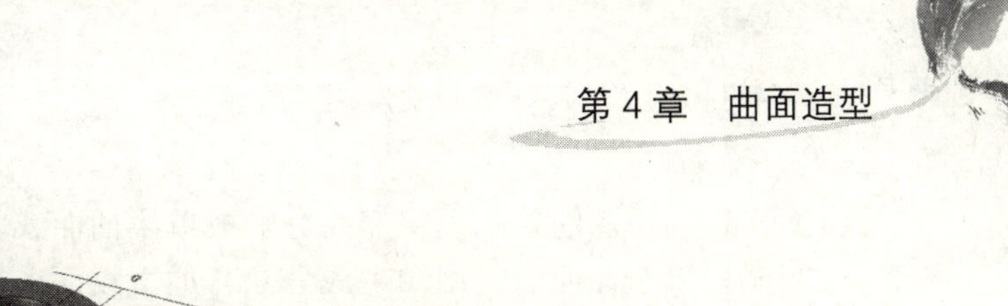

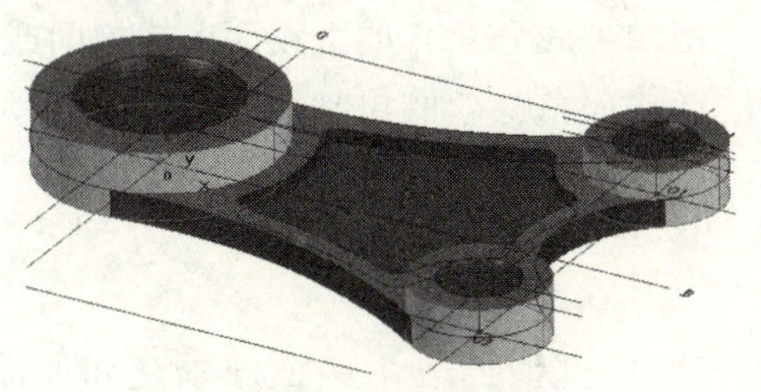

图 4-136　显示全部曲面

17　删除或隐藏操作图线及边界线后，生成的连杆曲面造型如图 4-137 所示。

图 4-137　连杆的曲面造型模型效果

18　图形绘制完成，进行图形保存。选择主菜单中的【文件】/【保存】命令，弹出【存储文件】对话框，如图 4-138 所示。选择保存目录，输入保存文件名“连杆曲面造型”，单击【保存】按钮，完成图形保存。

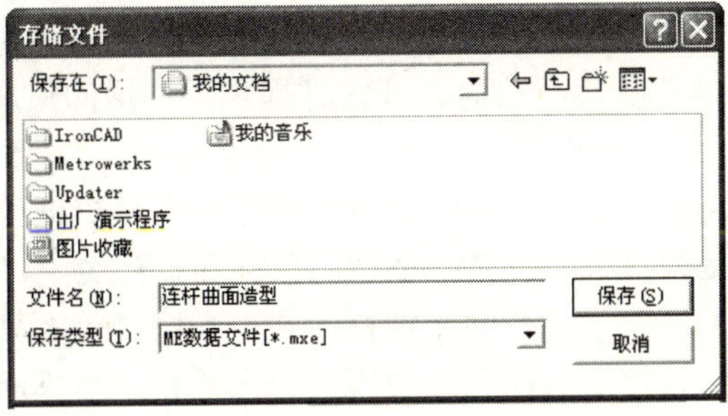

图 4-138　保存图形文件

4.5　应用拓展

在三维设计中，曲面造型是一种重要的方法，也是三维造型技术的关键。曲面造型在三维设计中为曲面设计提供了重要的方法，通过曲面造型可以制作出各种各样的规则和不规则的曲面。

曲面造型有 3 种应用类型，一是原创产品设计，由草图建立曲面模型；二是根据二维图样进行曲面造型，即所谓的图样造型；三是逆向工程，即点测绘造型。

图纸造型的一般实现步骤如下。

（1）在正确识图的基础上将产品分解成单个曲面或面组。

（2）确定每个曲面的类型和生成方法，如直纹面、拔模面或扫略面等。

（3）确定各曲面之间的连接关系（如倒角、裁剪等）和连接次序。

4.5.1 软件知识拓展

曲面造型技术已从传统的研究曲面表示、曲面求交和曲面拼接，扩充到曲面变形（Deformation or Shape Blending）、曲面重建、曲面简化、曲面转换和曲面等距性。传统的 NURBS 曲面模型仅允许通过调整控制顶点或权因子来局部改变曲面形状，至多利用层次细化模型在曲面特定点进行直接操作。

美国 Unigraphics Solutions 公司的 UG 源于航空业和汽车业，以 Parasolid 几何造型核心为基础，采用基于约束的特征建模和传统的几何建模为一体的复合建模技术。其曲面功能包含于 Freeform Modeling 模块之中，采用了 NURBS、B 样条、Bezier 数学基础，同时保留解析几何实体造型方法，造型能力较强。

美国 PTC 公司的 Pro/Engineer 以其参数化、基于特征、全相关等新概念闻名于 CAD 界，其曲面造型集中在 Pro/SURFACE 模块。其曲面的生成、编辑能力覆盖了曲面造型中的主要问题，主要用于构造表面模型和实体模型，并且可以在实体上生成任意凹下或凸起物等。尤其是可以将特殊的曲面造型实例作为一种特征加入特征库中。

美国 IBM 公司的 CATIA/CADAM 是一个广泛的 CAD/CAM/CAE/PDM 应用系统。该系统有关曲面的模块包括曲面设计（Surface design）、高级曲面设计（Advanced surface design）、自由外形设计（Free form design）、整体外形修形（Global shape deformation）、创成式外形修形（Generative shape modeling）和白车身设计（Body-in-white templates）等。CATIA 外形设计和风格设计解决方案对设计零件提供了广泛的集成化工具。该系统具有很强的曲面造型功能。

法国 Matra-DataVision 公司的 Euclid 集成系统是一个集机械设计与工厂设计于一身的企业级并行工程解决方案，其曲面功能在 ASD 高级曲面设计之中。曲面由 NURBS 和 Bezier 数学形式表达，通过强大的蒙皮、扭曲、放样、裁剪和联合等运算，系统能够形成复杂的外形。其实体造型功能可直接用于曲面，表现出突出的拓扑运算能力。

Matra 公司的另一专业应用系统 Strim 专门针对复杂曲面 CAD/CAE/CAM，其曲面设计和模具制造能力优于 Euclid 系统，主要表现在曲面模型质量检查器、曲面重建、逆向工程与工业造型设计等专业模块上。尤其是其数字化点加工能力，即可以根据坐标测量机测得的数据点直接进行加工程序的编制，而不必构造曲面模型。

随着 Windows/NT 这样的 32 位操作系统的流行和微机性能的提高，使得在这些环境下实现高级曲面造型已经成为可能。现在主要有两种形式的软件，一种是从 UNIX 平台移植到 NT 平台的，如 EDS 开始将 UG 向微机移植；另一种是从 Windows 环境向上发展的系统，如 MDT（Autodesk 公司）、SolidWorks、Solid Edge。Solid Edge 采用 Parasolid 造型内核，零件设计应用全参数化及基于特征造型的技术，提供了如扫描、提拉、筋板、螺旋、切割和薄壁等功能，钣金设计可自动折弯工艺孔，还可自动展开和回折。

4.5.2　行业拓展

曲面造型（Surface Modeling）是计算机辅助几何设计（Computer Aided Geometric Design，CAGD）和计算机图形学（Computer Graphics）的一项重要内容，主要研究在计算机图像系统的环境下对曲面的表示、设计、显示和分析。它起源于汽车、飞机、船舶和叶轮等的外形放样工艺，由 Coons、Bezier 等大师于 20 世纪 60 年代奠定其理论基础。如今经过40多年的发展，曲面造型现在已形成了以有理B样条曲面（Rational B-spline Surface）参数化特征设计和隐式代数曲面（Implicit Algebraic Surface）表示这两类方法为主体，以插值（Interpolation）、拟合（Fitting）和逼近（Approximation）3 种手段为骨架的几何理论体系。

曲面造型应用广泛，所有物体都有表面。CAXA 制造工程师的曲面造型也比较非富。曲面的绘制基本上是以线架结构为基础，通过简单的二维线架图生成轮廓曲面。如图 4-139 中所示的小汽车曲面模型及图 4-140 所示的飞机模型，它们的外形都是由曲面生成的。

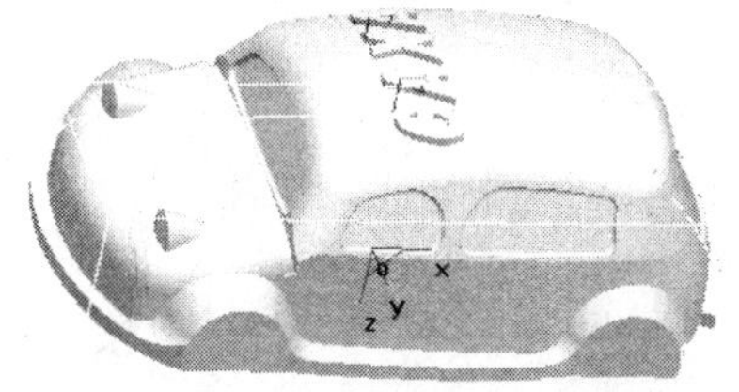

图 4-139　小汽车的曲面模型

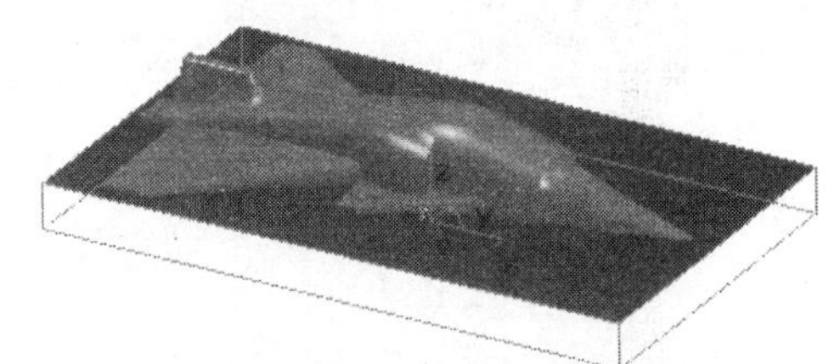

图 4-140　飞机模型的曲面造型

4.6　思考与练习

1．思考题

（1）曲面造型有哪几种方式？

（2）曲面编辑功能有哪几种？

（3）如何改变曲面的颜色？如何隐藏曲面？

2．操作题

（1）利用曲面造型画出如图 4-141 所示的板孔实体。

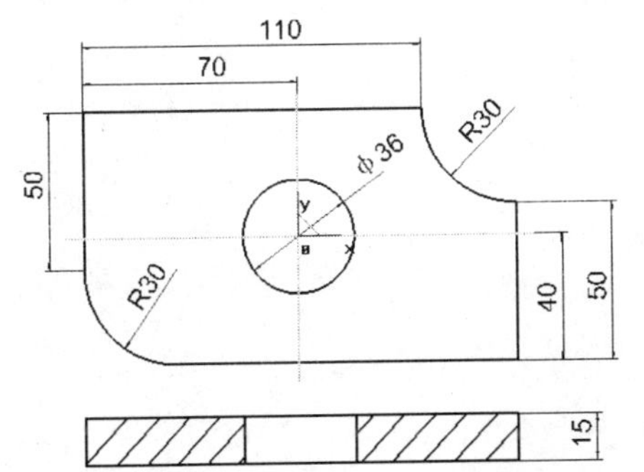

【操作提示】

☆ 画一个矩形，进行过渡、画圆。

☆ 利用裁剪功能进行裁剪。

☆ 利用直纹面生成面。

☆ 也可以利用扫描面进行扫描生成曲面。

图 4-141　板孔实体

（2）利用曲面造型功能按如图 4-142 所示的尺寸绘制输出轮的曲面。

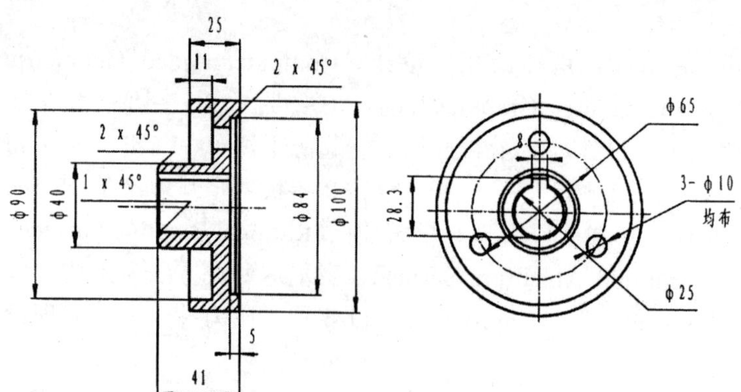

【操作提示】

☆ 画圆形边线。

☆ 进行边线平移。

☆ 用直纹面或旋转面来绘制外形。

☆ 用曲面裁剪进行曲面的修改。

图 4-142　输出轮

第 5 章　特征实体造型

学习目标

了解特征实体造型

掌握草图的绘制及编辑

掌握实体造型的几种方法

掌握编辑实体造型的方法

草图和平面在实体造型当中起到非常重要的作用，实体特征的生成都是由二维草图通过各种实体操作方法生成三维实体的。实体造型通常包括孔、槽、型腔、点、凸台、圆柱体、块、圆锥体、球体和管子等。

特征实体造型可以通过拉伸增料、拉伸除料、旋转增料、旋转除料、放样增料、放样除料、导动增料、导动除料、曲面加厚增料、曲面加厚除料、曲面裁剪、过渡、倒角、孔、拔模、抽壳、筋板、线性阵列、环形阵列、基准面、缩放、型腔、分模和实体布尔运算等生成实体。

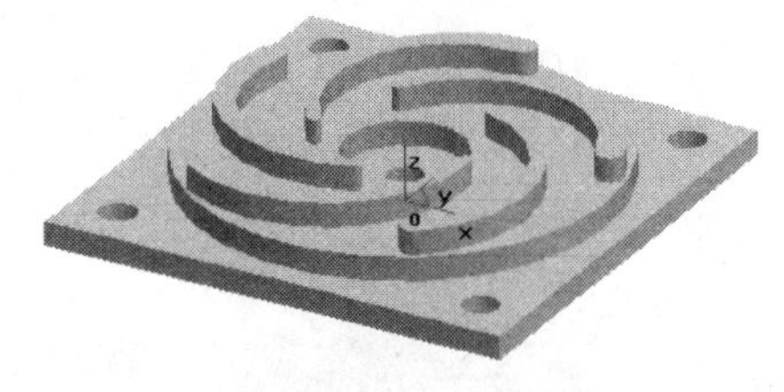

5.1 相关专业知识

早在20世纪60年代初，就提出了实体造型的概念，但由于当时理论研究和实践都不够成熟，所以实体造型技术发展缓慢。20世纪70年代初出现了简单的具有一定实用性的基于实体造型的CAD/CAM系统，实体造型在理论研究方面也取得了相应的发展。如1973年，英国剑桥大学的布雷德（I.C. Braid）曾提出采用6种体素作为构造机械零件的积木块方法，但仍然不能满足实体造型技术发展的需要。在实践中人们认识到，实体造型只用几何信息表示是不充分的，还需要表示形体之间的相互关系和拓扑信息。到20世纪70年代后期，实体造型技术在理论、算法和应用方面逐渐成熟，进入80年代后，国内外不断推出实用的实体造型系统，在实体建模、实体机械零件设计、物性计算和三维形体的有限元分析、运动学分析、建筑物设计、空间布置、计算机辅助制造中NC程序的生成和检验、部件装配、机器人、电影制片技术中的动画和电影特技镜头、景物模拟及医疗工程中的立体断面检查等方面得到广泛的应用。

实体造型以立方体、圆柱体、球体、锥体和环状体等多种基本体素为单位元素，通过集合运算（拼合或布尔运算）生成所需要的几何形体。这些形体具有完整的几何信息，表示且唯一的三维物体。所以，实体造型包括两部分内容，即体素定义和描述以及体素之间的布尔运算（并、交、差）。布尔运算是构造复杂实体的有效工具。

实体造型通常包括孔、槽、形腔、点、凸台、圆柱体、块、圆锥体、球体和管子等。同时，特征实体造型是CAXA制造工程师2008的重要组成部分。CAXA制造工程师2008采用精确的特征实体造型技术，完全抛弃了传统的体系合并和交并差的繁琐方式，将设计信息用特征术语描述，使整个设计过程直观、简单、准确。

草图和平面在实体造型当中起到非常重要的作用，实体特征的生成都是由二维草图通过各种实体操作方法生成三维实体的。

通过学习特征实体造型可以掌握拉伸增料、拉伸除料、旋转增料、旋转除料、放样增料、放样除料、导动增料、导动除料、曲面加厚增料、曲面加厚除料、曲面裁剪、过渡、倒角、孔、拔模、抽壳、筋板、线性阵列、环形阵列、基准面、缩放、型腔、分模和实体布尔运算等实体生成方法和编辑方法，建立绘制三维图形的空间思维方法，使三维实体建模更加简单、方便。

5.2 软件设计方法

三维实体的生成是建立在二维草图及平面的基础上的。通过建立基准面，在基准面上绘制二维草图，利用特征实体造型生成功能创建三维实体。本节将讲述如何在CAXA制造工程师软件中通过特征生成、增料和除料等功能实现特征实体生成，特征生成栏中的图标如图5-1所示。

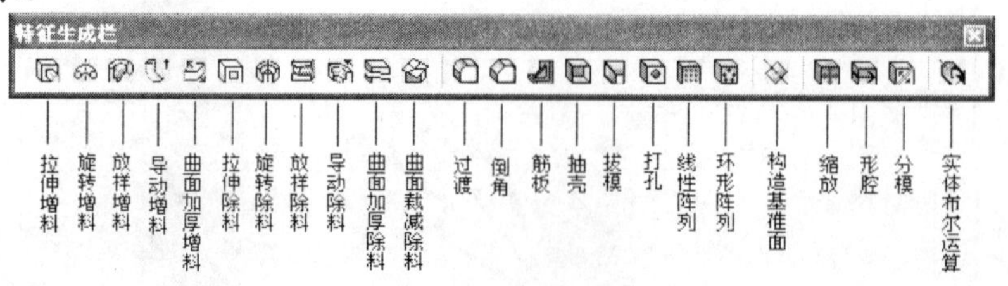

图 5-1 特征生成栏

在 CAXA 中，各种图标的功能也可以通过选择【造型】/【特征生成】/【增料】和【除料】子菜单中的各种命令来实现，如图 5-2 所示。绘图过程中通过【特征生成】子菜单中的命令对实体进行编辑，以使实际图形达到要求。

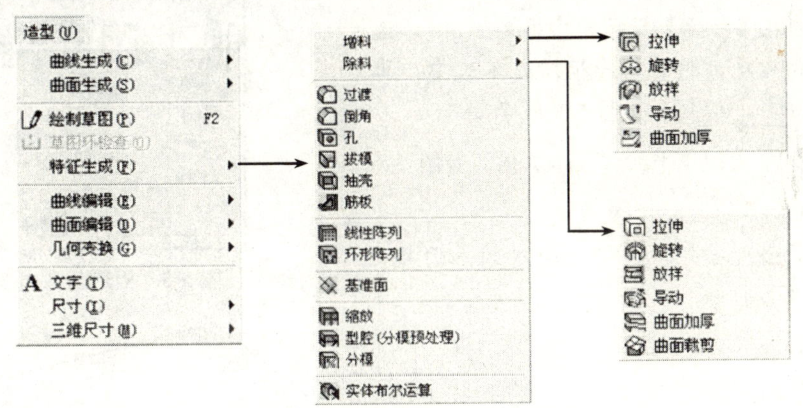

图 5-2 【增料】和【除料】子菜单

5.2.1　草图

草图是指在“草图状态”下绘制的、用于实体造型的二维平面图形。草图绘制是特征实体造型的关键步骤。

1．基准平面

开始绘制一个新草图前必须选择一个基准面。基准面可以是特征树中已有的坐标平面（如 *XY* 平面、*XZ* 平面和 *YZ* 平面），如图 5-3 所示，也可以是实体表面的某一个平面，也可以是构造出的平面。

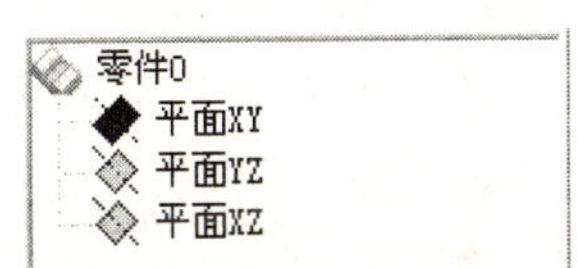

图 5-3　系统基准面

2．构造基准面

基准平面是草图及实体赖以生存的平面。在 CAXA 制造工程师 2008 软件中提供了 8 种构造平面的方法，分别为等距平面确定基准面、过直线与平面成夹角确定基准面、生成曲面上某点的切平面、过点且垂直于曲线确定基准面、过点且平行平面确定基准面、过点和直线确定基准面、三点确定基准面和根据当前坐标系构造基准面。可以通过选择【造型】/【特征生成】/【基准面】命令，或直接单击按钮打开【构造基准面】对话框，如图 5-4 所示。

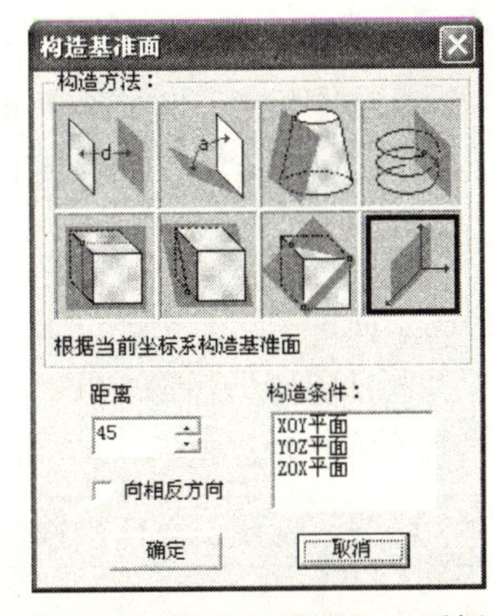

图 5-4 【构造基准面】对话框

【实例 1】　构造一个距 *XOY* 平面 50mm 的平面。

01　按 F8 键，使绘图区处于三坐标显示方式。

02 单击按钮，弹出【构造基准面】对话框。

03 选择“根据当前坐标系构造基准面”方式，在【构造条件】列表框中选择【*XOY* 平面】选项，在【距离】数值框中输入“50”，选中【向相反方向】复选框，或不选中，单击 确定 按钮，如图 5-5 所示。

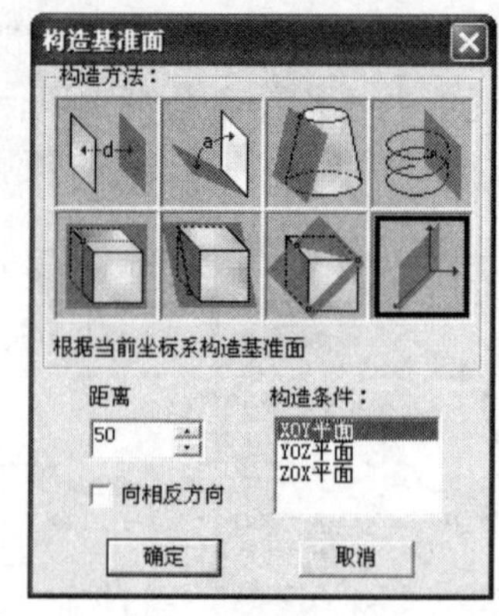

图 5-5　构造基准面参数

04 特征树中出现“平面 4”标识项，如图 5-6 所示。

05 绘图区出现一矩形，即为新建的平面 4，如图 5-7 所示。

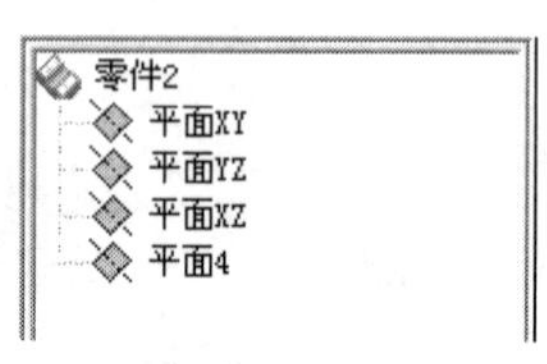

图 5-6　特征树

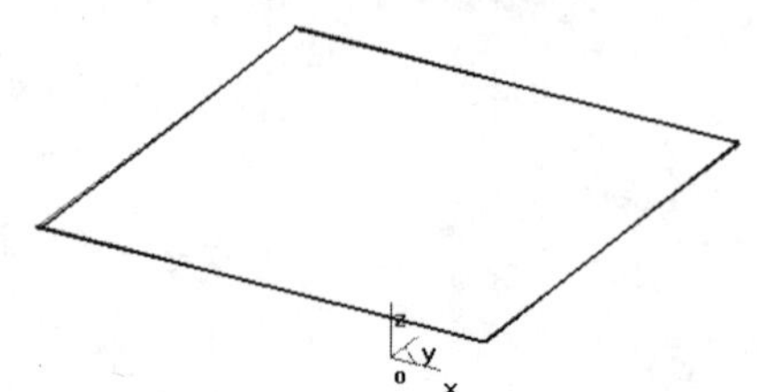
图 5-7　构造的新平面

3．创建草图

选择一个基准平面后，单击按钮，即在特征树中添加了一个草图分支，表示已经处于草图状态，开始了一个新草图。

【实例 2】　生成基于系统平面的草图。

01 选取基准面，如平面 *XY*。

02 按 F2 键或者单击按钮进入草图状态。

03 在特征树中将出现“草图 0”标识项，如图 5-8 所示。

04 使用各种曲线绘制功能和曲线编辑功能绘制草图。

05 按 F2 键或者单击按钮退出草图状态。

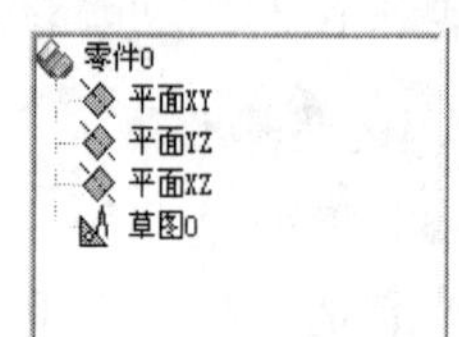

图 5-8　草图标识

创建草图的另一种方式是在实体平面上直接生成。选择实体的一个平面后，单击按钮或右击，在弹出的快捷菜单中选择【创建草图】命令，如图 5-4 所示，即在特征树中添加了一个草图分支，开始了一个新草图。单击按钮或按 F2 键可退出草图。

【实例 3】　生成基于实体平面的草图。

01 选取实体平面，如图 5-9 所示。

02 按 F2 键或单击按钮，或者单击鼠标右键，在弹出的快捷菜单中选择【创建草图】命令，如图 5-10 所示，进入草图状态。

图 5-9　选择实体表面

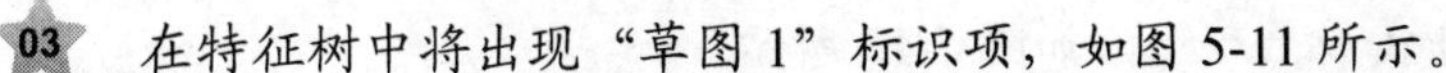

03 在特征树中将出现“草图 1”标识项，如图 5-11 所示。

图 5-10　快捷菜单

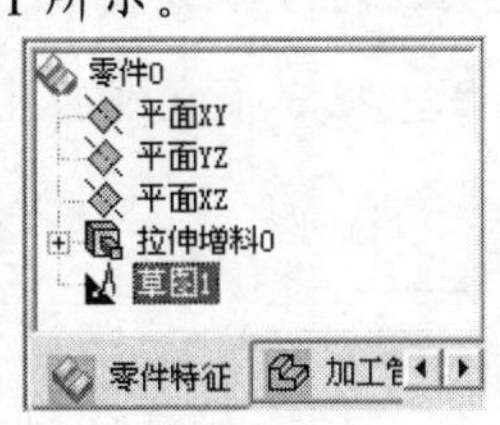

图 5-11　新建草图标识

04 使用各种曲线绘制功能和曲线编辑功能绘制草图。

05 按 F2 键或者单击按钮退出草图状态。

4．草图绘制

进入草图状态后，利用【曲线生成】命令绘制需要的草图即可。在草图编辑过程中，可以利用相关线和投影线命令将实体边界和空间曲线等转变为草图上的线。

5．编辑草图

在草图状态下绘制的草图一般要进行编辑和修改。在草图状态下进行的编辑操作只与该草图相关，不能编辑其他草图曲线或空间曲线。

如果退出草图状态后还想修改某基准平面上已有的草图，则只需在树管理器中选取这一草图，再单击按钮，或将鼠标移到树管理器的草图上，单击鼠标右键，在弹出的快捷菜单中选择【编辑草图】命令进入草图状态进行编辑和修改即可。

6．草图参数化修改

在草图环境下，首先可以任意绘制曲线，而不考虑坐标和尺寸的约束；然后对绘制的草图进行尺寸标注；接下来只需改变尺寸的数值，二维草图就会随着给定的尺寸值而变化，达到要求的精确尺寸，这就是草图参数化功能，也就是尺寸驱动功能。CAXA 制造工程师还可以直接读取非参数化的 EXB、DW、DWG 等格式的图形文件，并在草图中对其进行参数化重建。草图参数化修改适用于图形的几何关系保持不变、只对某一尺寸进行修改的情况。

在尺寸驱动模块中共有尺寸标注、尺寸编辑和尺寸驱动 3 个功能。

- 尺寸标注：是在草图状态下，对所绘制的图形标注尺寸，此功能可以通过选择【造型】/【尺寸】/【尺寸标注】命令，或单击按钮激活。
- 尺寸编辑：是在草图状态下，对标注的尺寸进行标注位置的修改，此功能可以通过选择【造型】/【尺寸】/【尺寸编辑】命令，或单击按钮激活。
- 尺寸驱动：是用于修改某一尺寸，而图形的几何关系保持不变，此功能可以通过选择【造型】/【尺寸】/【尺寸驱动】命令，或单击按钮激活。

【实例 4】　在 *XY* 平面草图内画如图 5-12 所示的草图。

01 选取树管理器中的 *XY* 平面，单击按钮，按 F5 键，切换到 *XOY* 平面。

02 单击按钮，在草图中任意绘制 3 条首尾相接的正交直线。

03 单击按钮，在开口处画圆弧，如图 5-12 所示。

04 单击按钮，把 3 条直线加上尺寸，如图 5-13 所示。

05 单击按钮，把 3 条直线的尺寸改为原图值，如图 5-14 所示。

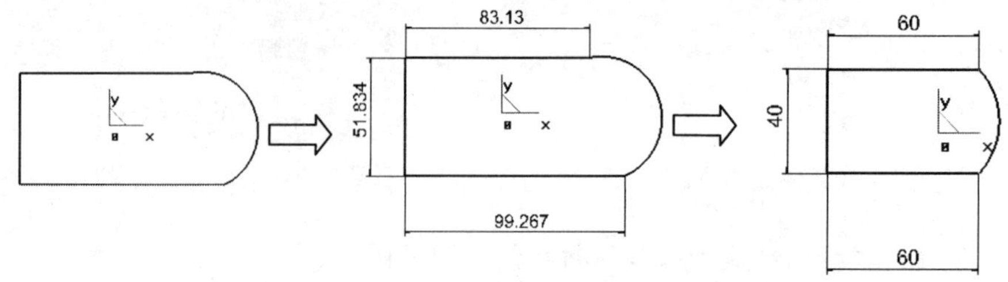

图 5-12　在开口处画圆弧　　图 5-13　添加直线尺寸　　图 5-14　修改直线尺寸

06 单击按钮，把圆弧加上尺寸，如图 5-15 所示。

07 单击按钮，把圆弧加上尺寸改为原图值，如图 5-16 所示。

08 单击按钮，把各尺寸调整好位置，如图 5-17 所示。

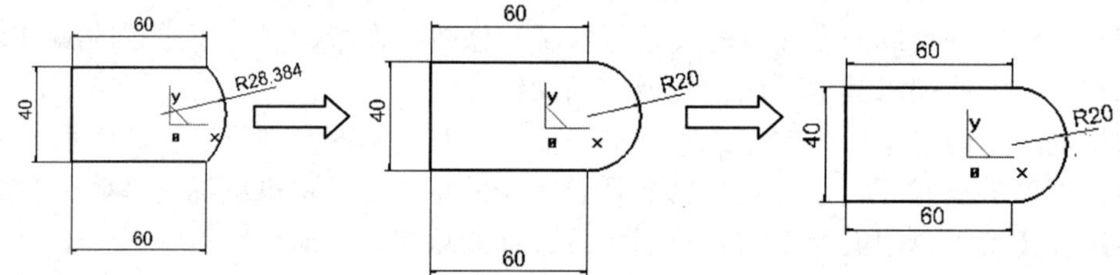

图 5-15　添加圆弧尺寸　　图 5-16　修改圆弧尺寸　　图 5-17　尺寸驱动草图

7．草图环检查

草图环检查是用来检查草图环是否封闭的。当草图环封闭时，系统会提示“草图不存在开口环”；当草图环不封闭时，系统会提示“草图在标记处开口或重合”，如图 5-18 所示，并在草图中用红色的点标记出来。可以通过选择【造型】/【草图环检查】命令，或单击按钮激活草图环检查功能。

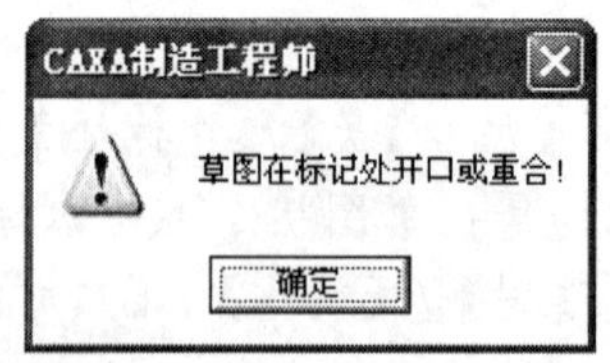

图 5-18　草图环检查提示框

5.2.2　特征实体造型

CAXA 制造工程师 2008 提供了功能强大、操作方便灵活的多种由草图生成特征实体的方法。特征造型有拉伸增料和拉伸除料、旋转增料和旋转除料、放样增料和放样除料、导动增料和导动除料、曲面加厚增料和曲面加厚除料及曲面裁剪。

1．拉伸增料和拉伸除料

拉伸增料和拉伸除料是指对草图用给定的距离、沿某个指定的直线方向生成实体或去除已有实体某些部分的操作。用户可以通过选择【造型】/【特征生成】/【增料】/【拉伸】命令，或者单击按钮激活拉伸增料功能，弹出【拉伸增料】对话框，如图5-19所示。可以选择【造型】/【特征生成】/【除料】/【拉伸】命令，或者单击按钮激活拉伸除料功能，弹出【拉伸除料】对话框，如图5-20所示。

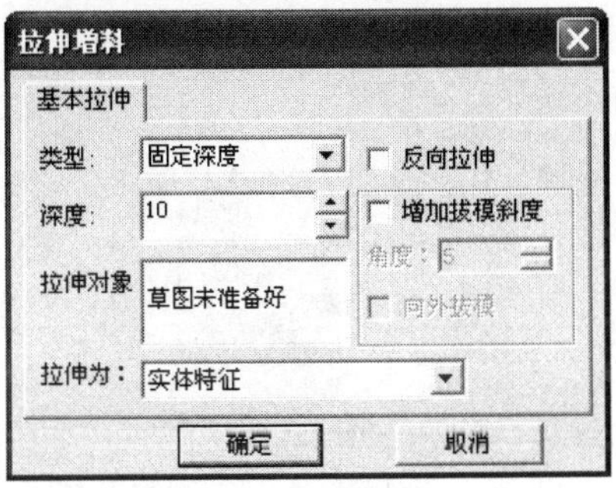

图5-19 【拉伸增料】对话框

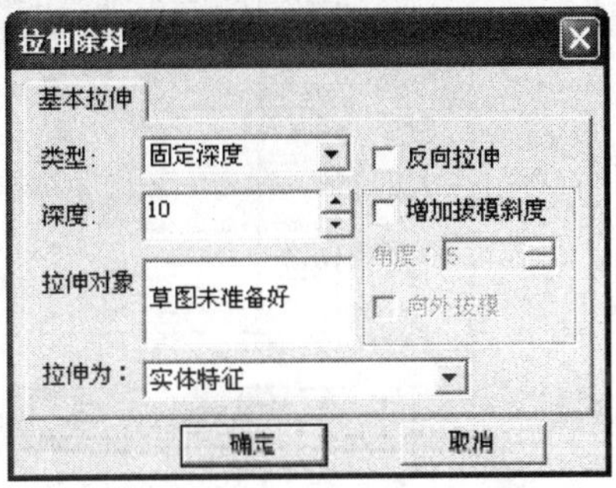

图5-20 【拉伸除料】对话框

拉伸类型包括固定深度、双向拉伸、拉伸到面和贯穿。

- 固定深度：是指按照给定的深度数值，按草图进行单向的拉伸。
- 深度：是指拉伸的尺寸值，可以直接输入所需要的数值，也可以单击右侧的上下箭头按钮来调节数值的大小。
- 拉伸对象：是指将要拉伸的草图。
- 反向拉伸：是指在与默认方向相反的方向进行拉伸。
- 增加拔模斜度：是指使拉伸的实体带有锥度。
- 角度：是指拔模时母线与中心线的夹角。
- 向外拔模：是指在与默认方向相反的方向进行拔模操作。
- 双向拉伸：是指以草图为中心，同时向相反的两个方向进行拉伸，深度值以草图为中心平分。
- 拉伸到面：指拉伸位置以曲面为结束位置进行拉伸，需要选择要拉伸的草图和要拉伸到的曲面。
- 贯穿：是拉伸除料所特有的，是指草图拉伸后，将被操作的实体整个的贯穿除料。

【实例5】 作外圆半径为20、内圆半径为10、拉伸高度为30的圆柱筒形增料操作，在生成的圆柱中间打个深度为10、半径为15的沉孔。

01 在特征树上选择【平面 *XY*】作为基准面。

02 按F2键进入草图，按F5键切换到 *XOY* 平面。

03 单击按钮，选择“圆心_半径”方式绘制两个圆，圆心选择在原点坐标上，绘制一个半径为20的圆和一个半径为10的圆，如图5-21所示。

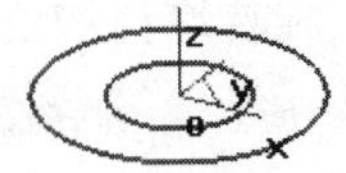

图5-21 草图0中的圆

04 按 F2 键退出草图，特征树上生成草图 0。

05 按 F8 键，单击按钮，在【类型】下拉列表框中选择为“固定深度”，在【深度】数值框中输入“30”，如图 5-22 所示。

06 在特征树上选择【草图 0】选项，单击 确定 按钮，生成一个圆柱体，按 F8 键，显示结果如图 5-23 所示。

拉伸增料
基本拉伸
类型：固定深度
反向拉伸
深度：30
增加拔模斜度
角度：5
拉伸对象 草图0
向外拔模
拉伸为：实体特征
确定 取消

图 5-22 【拉伸增料】对话框

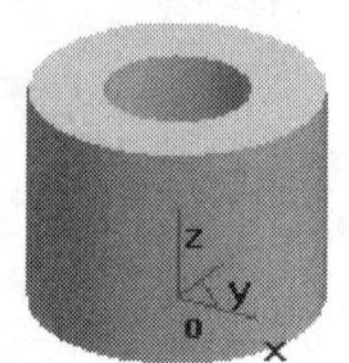

图 5-23 拉伸增料实体

07 拾取圆柱体的上表面作为基准面，单击按钮，在特征树上生成“草图 1”。

08 按 F5 键，单击按钮，绘制一个圆心在此平面坐标原点、半径为 15 的圆，按 F2 键退出“草图 1”，如图 5-24 所示。

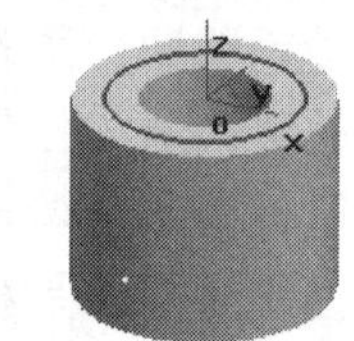

图 5-24 实体上的草图

09 按 F8 键，单击按钮，在【类型】下拉列表框中选择为“固定深度”，在【深度】数值框中输入“10”，如图 5-25 所示。

10 拉伸对象中没草图时，在特征树上选择【草图 1】选项，单击 确定 按钮，生成一个切除后的圆柱体，按 F8 键，显示结果如图 5-26 所示。

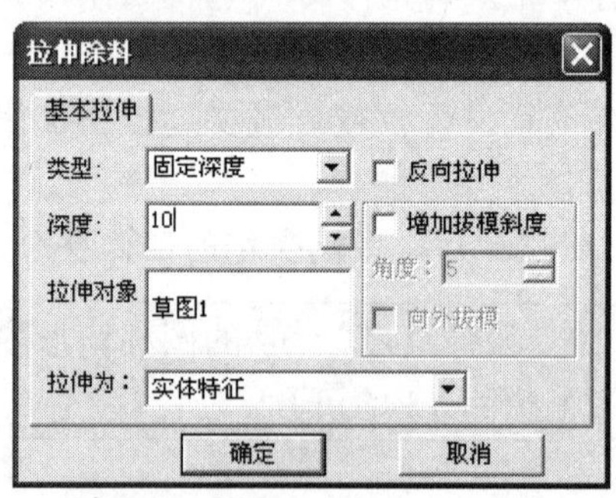

图 5-25 【拉伸除料】对话框

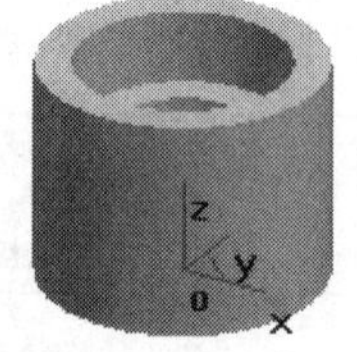

图 5-26 拉伸除料结果

2．旋转增料和旋转除料

旋转增料和旋转除料是指草图围绕一条空间直线（即“回转轴线”）沿指定的方向进行旋转，生成实体或去除已有实体某些部分的操作。用户可以通过选择【造型】/【特征生成】/【增料】/【旋转】命令，或者单击按钮激活旋转增料功能；可以选择【造型】/【特征生成】/

【除料】/【旋转】命令，或者单击按钮激活旋转除料功能。

【实例 6】　以 Z 轴为旋转轴，在平面 XZ 生成草图 0，在草图内绘制一封闭轮廓，用旋转增料方法生成如图 5-27 所示的实体。

01 在特征树上选择【平面 XZ】作为基准面，按 F2 键，生成“草图 0”。

02 按 F5 键，在草图内绘制如图 5-28 所示的草图。

03 按 F2 键，退出草图，按 F8 键，显示等轴测视图，绘制一条起点为（0，0，0）、终点为（0，0，120）的直线作为旋转轴线，如图 5-29 所示。

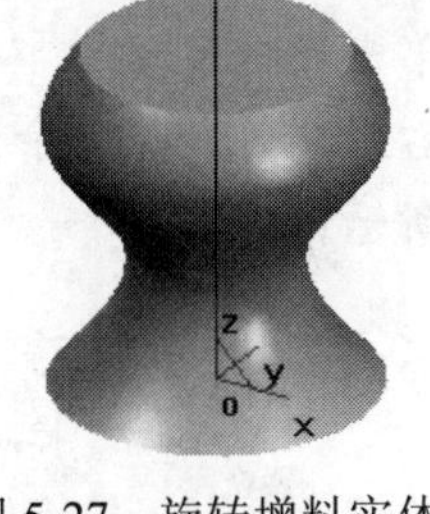

图 5-27　旋转增料实体

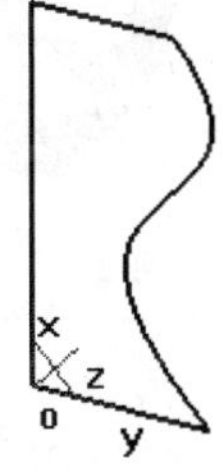

图 5-28　绘制草图

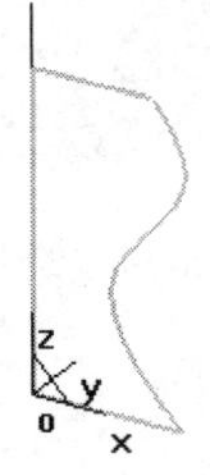

图 5-29　绘制旋转轴

04 单击按钮，在弹出【旋转】对话框中选择类型为“单向旋转”，输入角度值为“360°”，如图 5-30 所示。拾取“草图 0”及“旋转轴线”，如图 5-31 所示。

05 单击 确定 按钮，实体生成，同时特征树中出现“旋转增料 0”特征项，如图 5-32 所示。

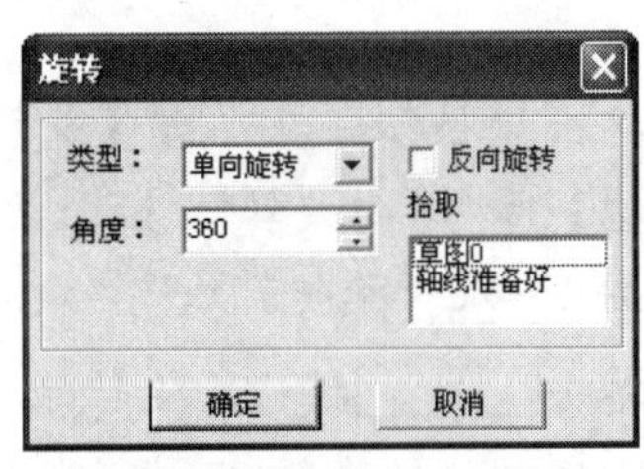

图 5-30　旋转对话框

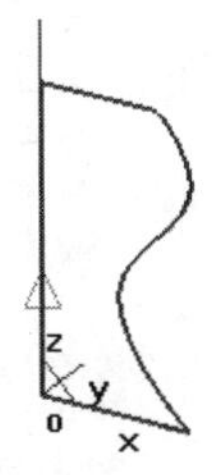

图 5-31　拾取旋转元素

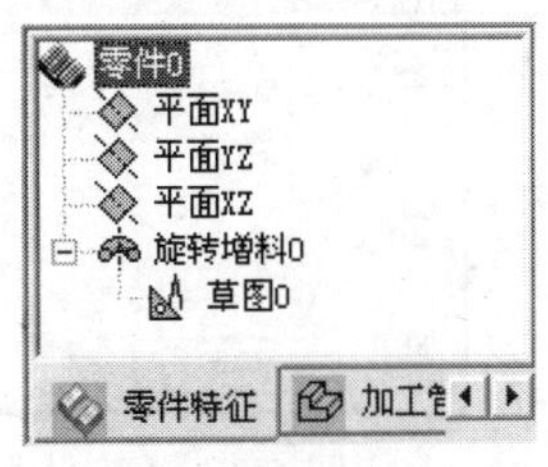

图 5-32　旋转特征项

【实例 7】　在操作实例 6 的实体基础上，用旋转除料方法在实体上平面以起点为（−60，0，100）、终点为（60，0，100）的直线为旋转轴，进行半径为 25 的半圆旋转除料，生成如图 5-33 所示的实体。

01 打开实例 6 的实体，按 F8 键，选取实体上表面，按 F2 键，新建“草图 1”。

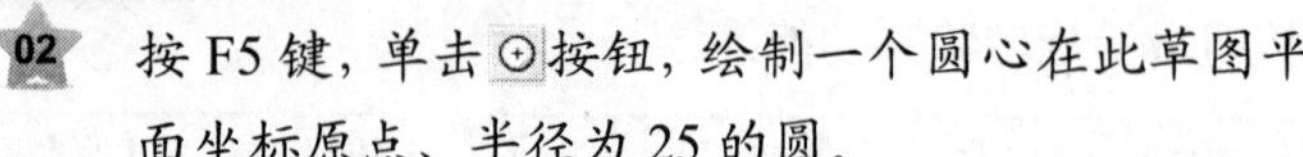

02 按 F5 键，单击按钮，绘制一个圆心在此草图平面坐标原点、半径为 25 的圆。

03 单击按钮，绘制一条起点为（－30，0，0）、终点为（30，0，0）的一直线段，如图 5-34 所示。

04 单击按钮，拾取圆的下边线，拾取直线段的左右末端，删除多余线，形成一封闭环，如图 5-35 所示。

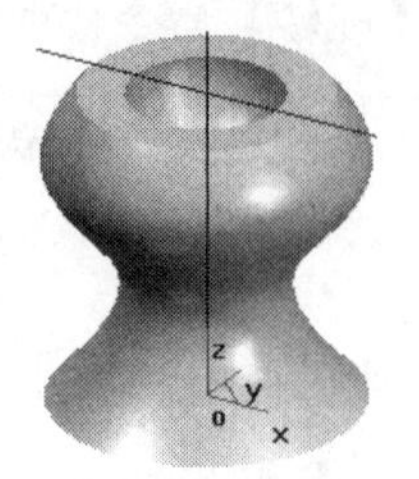

图 5-33　旋转除料实体

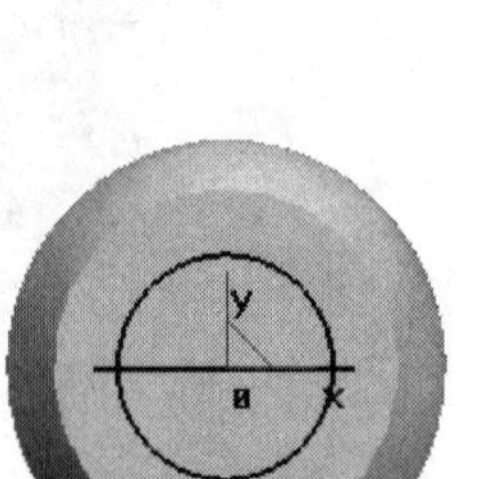

图 5-34　绘制草图

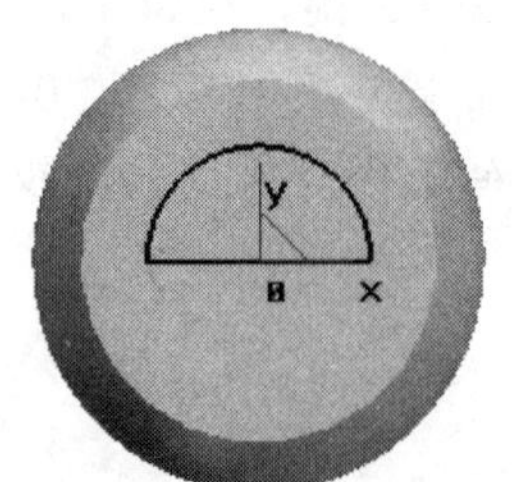

图 5-35　裁剪草图

05 按 F2 键退出草图，按 F8 键，单击按钮，在空间绘制一旋转轴，旋转轴起点坐标为（-60，0，100）、终点坐标为（60，0，100），如图 5-36 所示。

06 单击按钮，在弹出【旋转】对话框中选择【类型】为“单向旋转”，输入角度值“360”，拾取“草图 1”及“旋转轴线”，如图 5-37 所示。

07 单击 确定 按钮，旋转除料完成，同时特征树中出现“旋转除料 0”特征项，如图 5-38 所示。

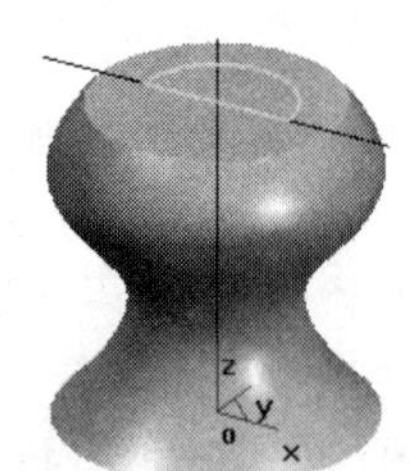

图 5-36　绘制旋转轴

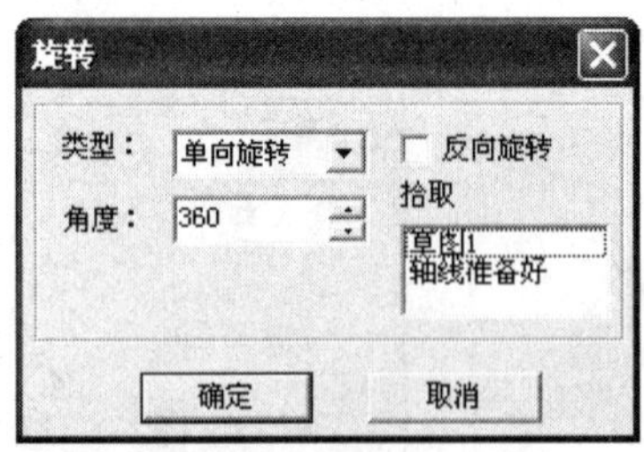

图 5-37 【旋转】对话框

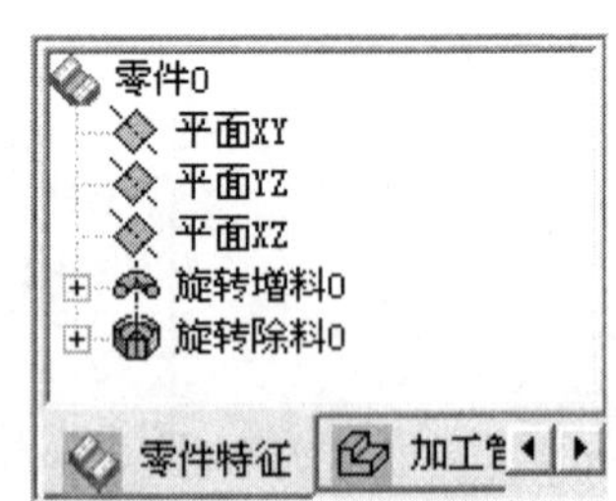

图 5-38　旋转除料项

3．放样增料和放样除料

放样增料和放样除料是指用多个草图生成一个实体或去掉已有实体中的某些部分的操作。

可以通过选择【造型】/【特征生成】/【增料】/【放样】命令，或者单击按钮激活放样增料功能；可以通过选择【造型】/【特征生成】/【除料】/【放样】命令，或单击按钮激活放样除料功能。

单击按钮或单击按钮弹出【放样】对话框，如图 5-39 所示，拾取轮廓线。

轮廓是指需要放样的草图，上和下是指调节拾取草图的顺序。

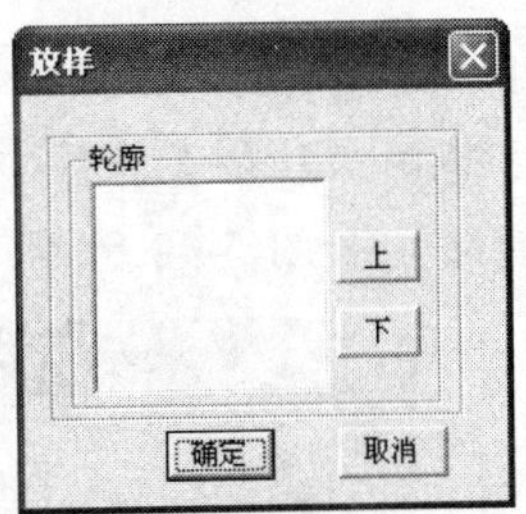

图 5-39 【放样】对话框

【实例 8】 在 *XOY* 平面上绘制中心在原点、长度为 60、宽度为 50 的矩形，在平行于 *XOY* 平面、高度为 40 的平面内绘制一个圆心在 *Z* 轴上、半径为 20 的圆。用放样增料方法生成如图 5-40 所示的实体。

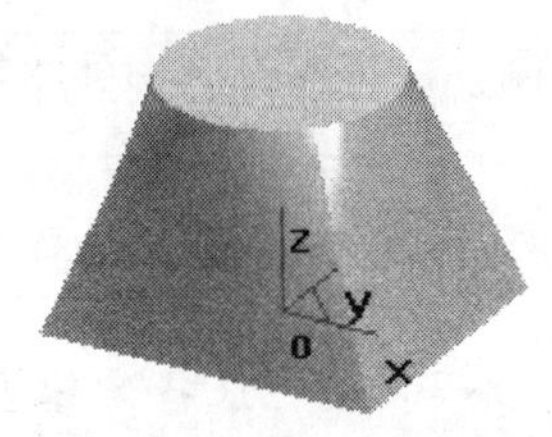

图 5-40　放样增料实体

01 按 F8 键，单击按钮，创建新平面，在【构造基准面】对话框中选择【根据当前坐标系构造基准面】选项，在【距离】数值框输入“40”，在【构造条件】下拉列表框中选择【*XOY* 平面】选项，单击 确定 按钮，完成“平面 0”的构建。

02 选择【平面 *XY*】选项，单击按钮，按 F5 键，单击按钮，选择“中心_长_宽”方式绘制一个矩形，在立即菜单中的【长度】文本框中输入“60”，在【宽度】文本框中输入“50”，中心点选择（0，0，0），单击鼠标右键结束画矩形操作，按 F2 键退出草图绘制。

03 选择【平面 0】选项，单击按钮，按 F5 键，单击按钮，选择“圆心_半径”方式绘制一个圆，圆心点为（0，0，0），输入半径“20”，单击鼠标右键，结束画圆操作，如图 5-41 所示。

04 单击按钮，在立即菜单中选择【批量点】和【等分点】选项，在【段数】文本框中输入“4”，选择绘制的圆，如图 5-42 所示。

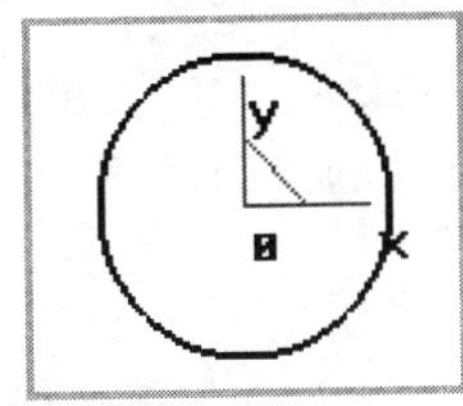

图 5-41　绘制两草图

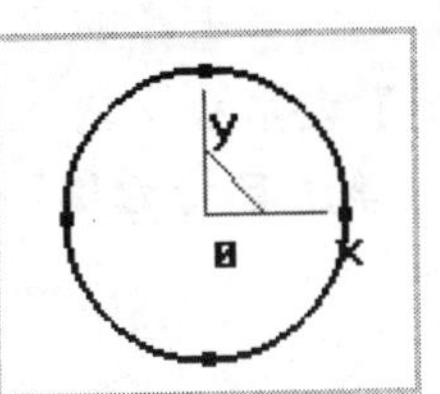

图 5-42　四等分圆

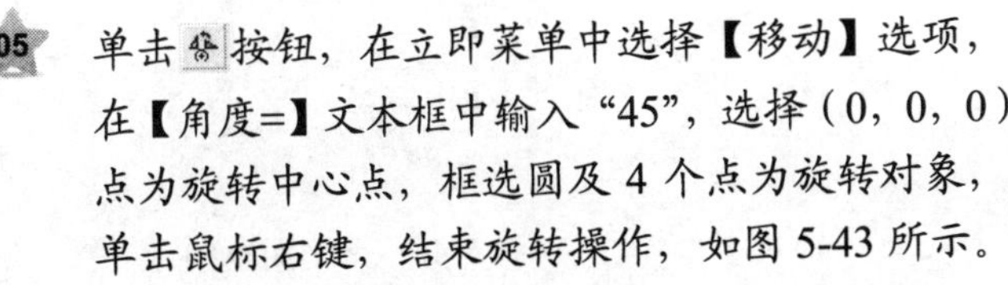

05 单击按钮，在立即菜单中选择【移动】选项，在【角度=】文本框中输入“45”，选择（0，0，0）点为旋转中心点，框选圆及 4 个点为旋转对象，单击鼠标右键，结束旋转操作，如图 5-43 所示。

06 单击按钮，以 4 个点为基准，将整圆打断成 4 等份，单击按钮退出草图。

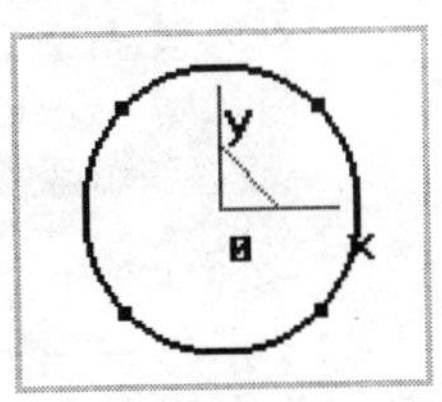

图 5-43　旋转圆及点

07 按 F8 键，单击按钮，弹出【放样】对话框，如图 5-44 所示，在【轮廓】栏中选择【草图 0】和【草图 1】选项，如图 5-45 所示，单击 确定 按钮，生成放样增料实体，如图 5-40 所示。

图 5-44 【放样】对话框

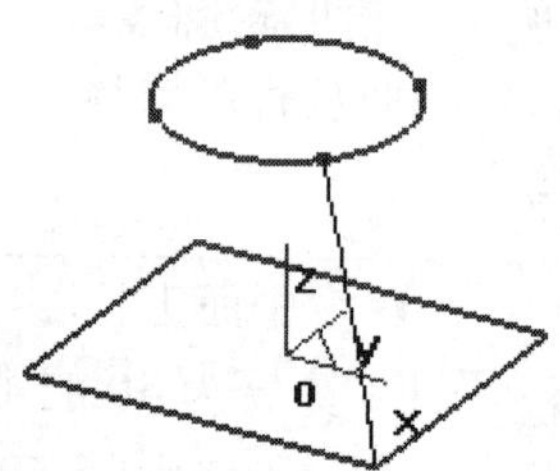

图 5-45 拾取草图效果

【实例 9】 利用实例 8 生成的实体，在实体上平面上绘制中心在圆心、长度为 25、宽度为 15 的矩形，在实体下平面绘制中心在坐标原点、长度为 40、宽度为 30 的矩形，用放样除料方法生成如图 5-46 所示的实体。

01 按 F8 键，选择实体上平面，单击按钮，进入草图绘制。

02 按 F5 键，单击按钮，选择“中心_长_宽”方式绘制一个矩形，在立即菜单的【长度】文本框中输入“25”，在【宽度】文本框中输入“15”，中心点选择（0，0，0），单击鼠标右键，结束绘制矩形操作。单击按钮退出草图绘制，如图 5-47 所示。

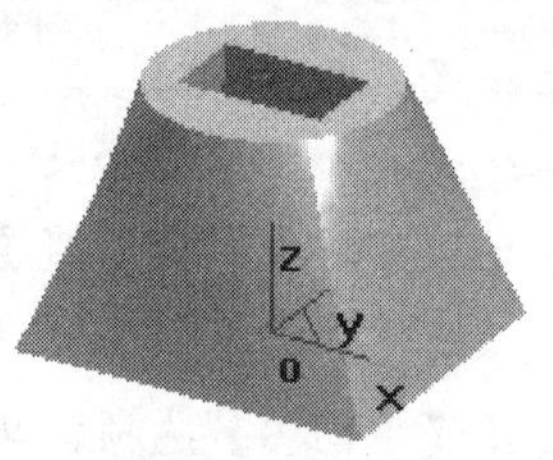

图 5-46 放样除料实体

03 单击按钮，旋转实体，把实体底面向上，选择实体下平面，单击按钮，进入草图绘制。

04 按 F5 键，单击按钮，选择“中心_长_宽”方式绘制一个矩形，在立即菜单的【长度】文本框中输入“40”，在【宽度】文本框中输入“30”，中心点选择（0，0，0），单击鼠标右键，结束绘制矩形操作。单击按钮退出草图绘制，如图 5-48 所示。

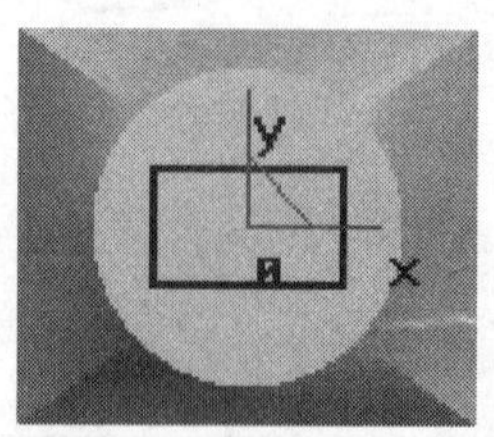

图 5-47 上平面草图

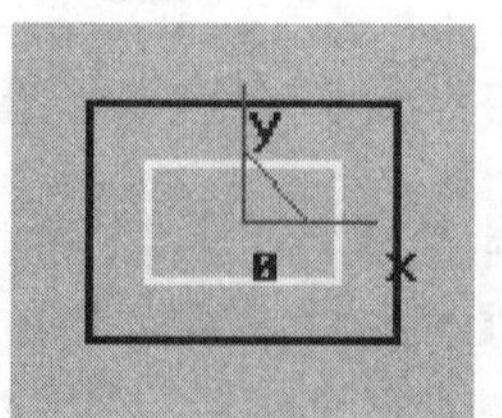

图 5-48 下平面草图

05 按 F8 键，单击按钮，弹出【放样】对话框，在【轮廓】栏中选择【草图 2】和【草

图 3】选项，单击 确定 按钮，生成放样除料实体，如图 5-46 所示。

06 单击按钮，旋转实体，如图 5-49 所示。

07 单击按钮，实体如图 5-50 所示。

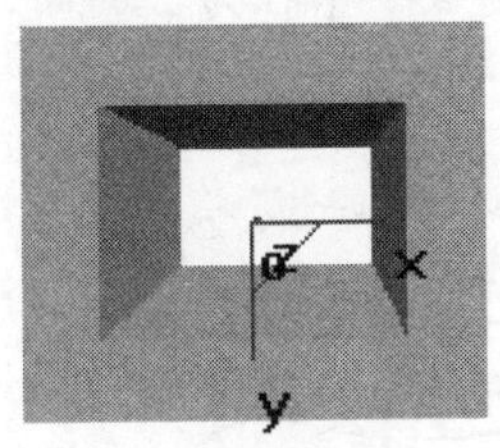

图 5-49　实体旋转后效果

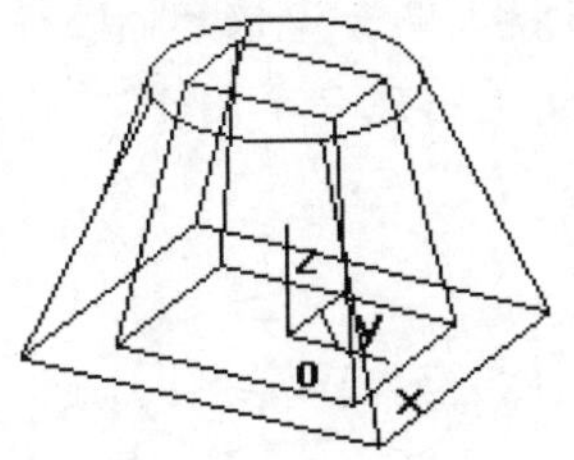

图 5-50　实体线架效果

4．导动增料和导动除料

导动增料和导动除料是指草图沿着一条三维曲线（即导动线）在指定的方向上运动生成实体或去除实体某些部分的操作。用户可以通过选择【造型】/【特征生成】/【增料】/【导动增料】命令，或者单击按钮激活导动增料功能；可以选择【造型】/【特征生成】/【除料】/【导动除料】命令，或者单击按钮激活导动除料功能。

【实例 10】　在 *XOY* 平面上生成回转 5 圈、半径为 20、螺距为 10、截面半径为 2 的弹簧。

01 按 F8 键，单击按钮，在弹出的【公式曲线】对话框中选中【直角坐标系】单选按钮，在【参变量名】文本框中输入“t”，选中【弧度】单选按钮，在【起始值】文本框中输入“0”，在【终止值】文本框中输入“31.4”，设置 X(*t*)＝20*cos(*t*)、Y(*t*)＝20*sin(*t*)、Z(*t*)＝10*t/6.28，如图 5-51 所示。

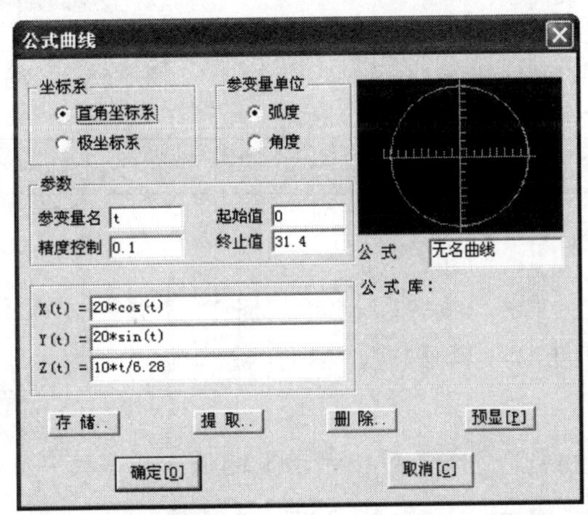

图 5-51　设置【公式曲线】对话框中的参数

02 选择坐标原点，生成如图 5-52 所示的三维螺旋曲线。

03 单击按钮，在【构造基准面】对话框中选择“过点且垂直于曲线确定基准面”选项。

04 构造条件选择【螺旋曲线】，选择螺旋曲线一个端点，单击确定按钮，特征树上出现“平面 3”。

05 在特征树中选择【平面 3】选项，按 F2 键进入草图绘制。

06 按 F5 键，单击按钮，选择“圆心_半径”方式，绘制一个半径为 2 的圆，按 F2 键，特征树上出现“草图 1”，按 F8 键，如图 5-53 所示。

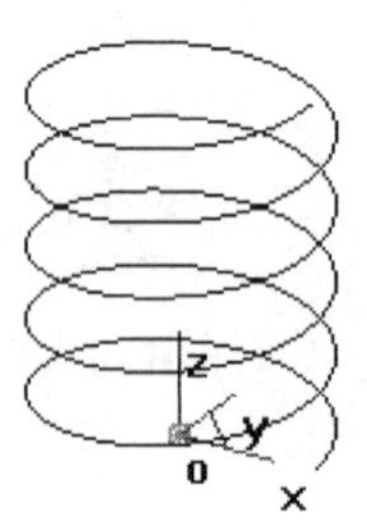

图 5-52　螺纹线

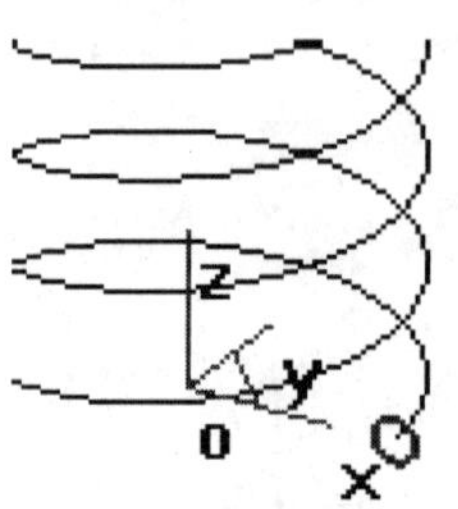

图 5-53　螺纹线及圆

07 单击按钮，选择【固接导动】选项，在特征树中选择【草图 1】选项，拾取轨迹线，选择搜索方向，如图 5-54 所示。

08 单击鼠标右键，完成拾取，单击确定按钮，结果如图 5-55 所示。

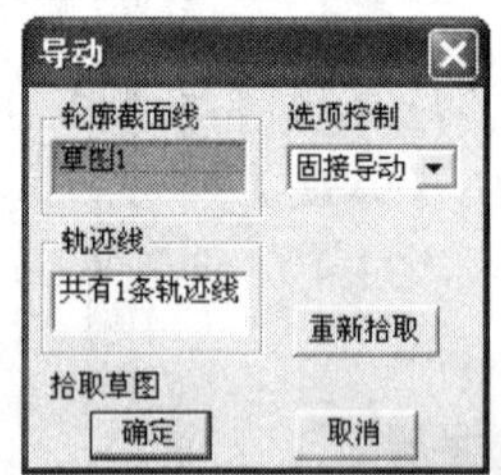

图 5-54 【导动】对话框

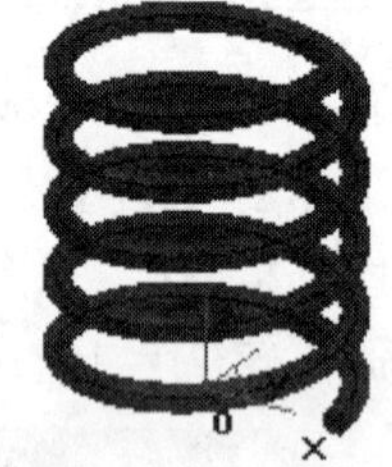

图 5-55　导动实体效果

【实例 11】　用导动除料方法在实例 10 生成的实体截面中间打一个半径为 1 的通孔。

01 在特征树上选择【平面 3】选项。

02 按 F2 键，按 F5 键，单击按钮，选择“圆心_半径”方式绘制一个半径为 1 的圆，按 F2 键，特征树中出现“草图 2”，按 F8 键，如图 5-56 所示。

图 5-56　绘制草图

03 按 F8 键，单击按钮，选择【固接导动】选项。

04 在特征树中选择“草图 2”，拾取轨迹线，选择搜索方向，单击鼠标右键，完成拾取，单击确定按钮，结果如图 5-57 所示。

05 单击按钮，结果如图 5-58 所示。

图 5-57　导动除料效果

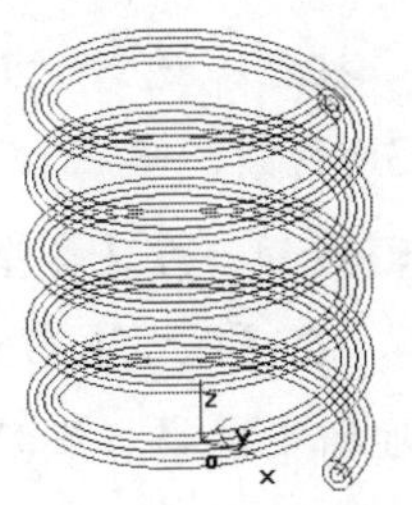

图 5-58　实体线架效果

5．曲面加厚增料和曲面加厚除料

曲面加厚增料和曲面加厚除料是对指定的曲面按照给定的厚度和方向生成实体或去除已有实体某些部分的操作。用户可以通过选择【造型】/【特征生成】/【增料】/【曲面加厚】命令，或者单击按钮激活曲面加厚增料功能；可以选择【造型】/【特征生成】/【除料】/【曲面加厚】命令，或者单击按钮激活曲面加厚除料功能。

【实例 12】　对 *XOZ* 平面上样条曲线所生成的曲面进行曲面加厚增料。

01 按 F7 键，选 *XOZ* 平面为视图平面和作图平面。

02 单击按钮，选取【插值】、【缺省切矢】和【开曲线】选项，拾取一系列点，绘制样条曲线。

03 按 F8 键，单击按钮，在【起始距离】文本框中输入“-20”、在【扫描距离】文本框中输入“40”，按 Space 键，选择【*Y* 轴正方向】命令，拾取曲线，单击鼠标右键，如图 5-59 所示。

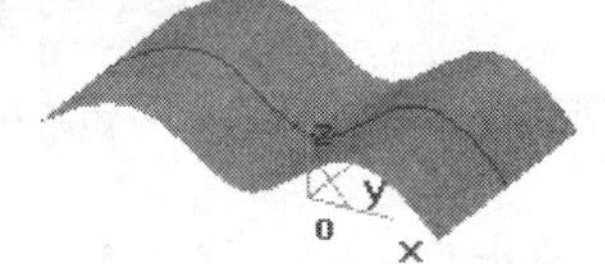

图 5-59　曲线扫面成面

04 按 F8 键，单击按钮，输入厚度 10，选中【加厚方向 1】单选按钮，如图 5-60 所示。

05 拾取曲面，单击 确定 按钮，结果如图 5-61 所示。

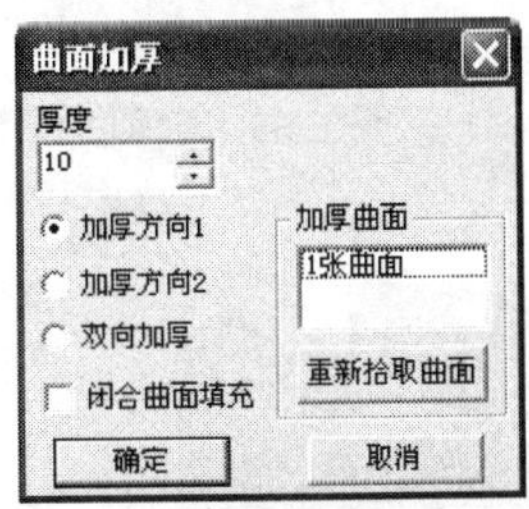

图 5-60　【曲面加厚】对话框

图 5-61　曲面加厚增料实体

【实例 13】　先在 *XOY* 平面上生成半径为 30、高度为 40 的圆柱实体，然后在圆柱体上表面生成长度为 100、宽度为 20 的长方形曲面，对此曲面作【厚度 1】为 10 的曲面加厚除料。

01 按 F8 键，在特征树中选择【平面 *XY*】选项，单击按钮，进入草图绘制。

02 单击按钮，选择“圆心_半径”方式绘制一个半径为 30 的圆；单击按钮，按 F8 键。

03 单击按钮，在【类型】下拉列表框中选择“固定深度”，在【深度】数值框中输入“40”。

04 在特征树中选择“草图 0”，单击 确定 按钮，生成一个圆柱体，按 F8 键，结果如图 5-62 所示。

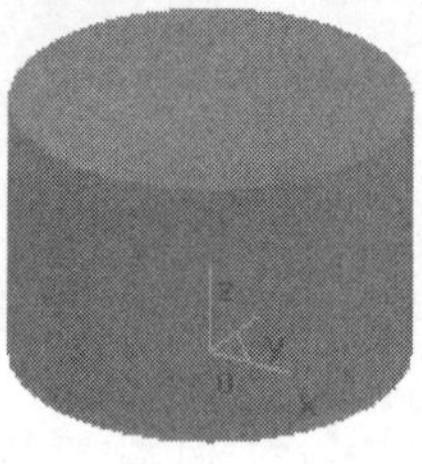

图 5-62 圆柱实体

05 按 F5 键，单击按钮，选择“中心_长_宽”方式绘制一个矩形，在立即菜单的【长度】文本框中输入“100”，在【宽度】文本框中输入“20”，中心点选择（0，0，40），单击鼠标右键，结束画矩形操作，如图 5-63 所示。

06 单击按钮，在立即菜单中选择“曲线+曲线”方式，选择矩形两条相等的边形成曲面，如图 5-64 所示。

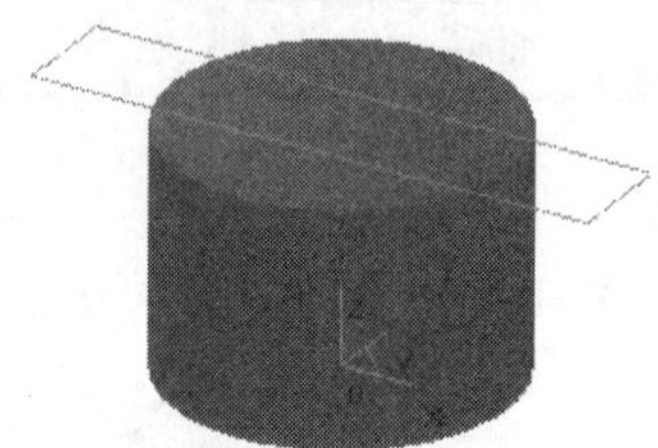

图 5-63 矩形线框

图 5-64 曲面与实体

07 单击按钮，弹出【曲面加厚】对话框，在【厚度】数值框输入“12”，拾取曲面，选中【加厚方向 1】单选按钮，单击 确定 按钮，结果如图 5-65 所示。

图 5-65 曲面加厚除料

08 选择曲面，单击鼠标右键，在弹出的快捷菜单中选择【隐藏】命令，如图 5-56 所示，曲面被隐藏，如图 5-67 所示。

图 5-66 快捷菜单

图 5-67 隐藏曲面后的实体

6．曲面裁减实体

曲面裁剪实体是指用曲面对实体进行修剪，去掉不需要的部分。用户可以通过选择【造型】/【特征生成】/【除料】/【曲面裁剪】命令，或者单击按钮激活曲面裁减实体功能。

【实例 14】　对长 50、宽 30、高 40 的长方体作曲面裁剪除料。

01 按要求生成长方体，如图 5-68 所示。

02 按 F7 键，选择 *XOZ* 平面为视图平面和作图平面。

03 单击按钮，选取【插值】、【缺省切矢】和【开曲线】选项，选择一系列点，绘制样条曲线，如图 5-69 所示。

图 5-68　长方形实体

04 按 F8 键，单击按钮，输入起始距离−20、扫描距离 40，按 Space 键，选取【*Y* 轴正方向】命令，拾取曲线，单击鼠标右键确认，如图 5-70 所示。

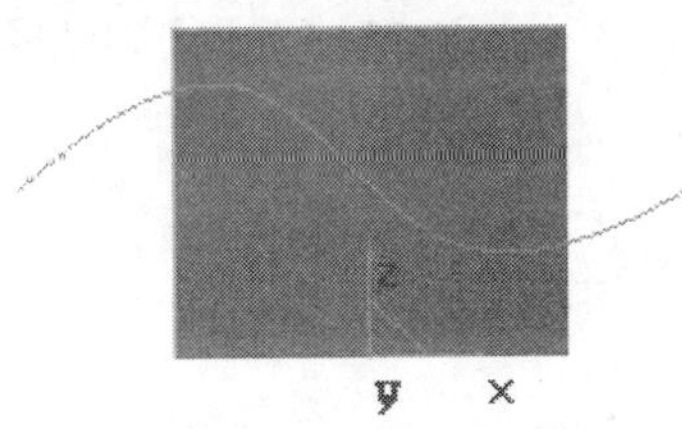

图 5-69　绘制样条曲线

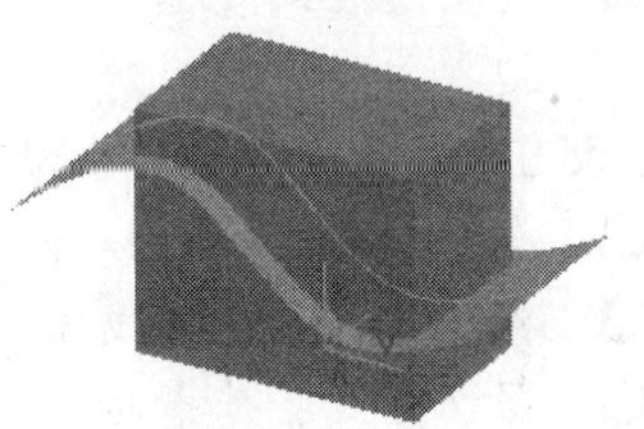

图 5-70　曲线生成曲面

05 按 F8 键，单击按钮，拾取曲面，选择除料方向，如图 5-71 所示，使箭头方向向上，单击确定按钮，结果如图 5-72 所示。

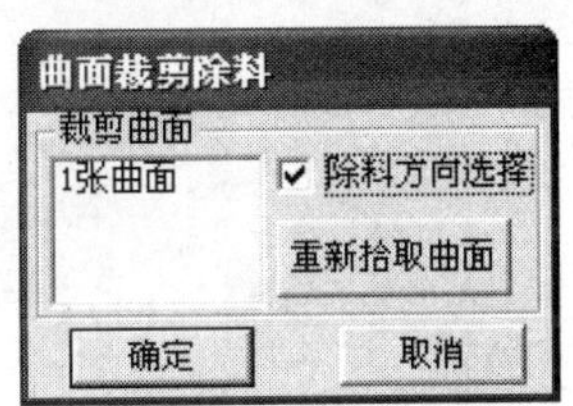

图 5-71 【曲面裁剪除料】对话框

图 5-72　除料后的实体

06 选择曲面，单击鼠标右键，在弹出的快捷菜单中选择【隐藏】命令，曲面被隐藏后如图 5-73 所示。

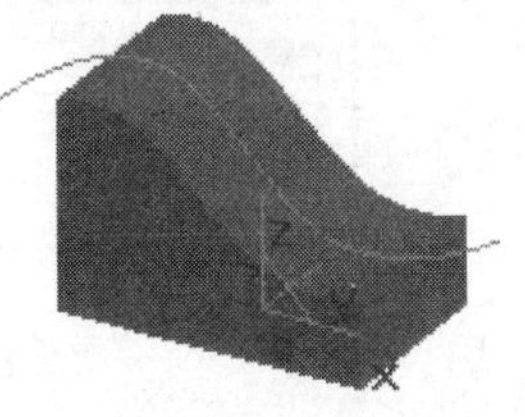

图 5-73　隐藏曲面后的实体

5.2.3　特征实体编辑

像曲线和曲面都有相应的编辑功能一样，CAXA 制造工程师也为实体提供了包括过渡、倒角、筋板、抽壳、拔模、打孔、线性阵列和环形阵列等编辑功能，以进一步提高实体特征造型的速度。具有实体编辑功能的图标都位于特征生成栏内，如图 5-74 所示。

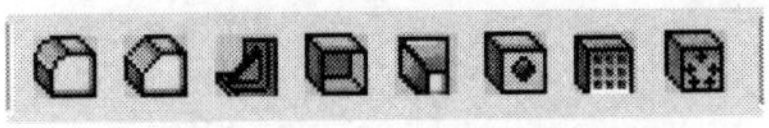

图 5-74　特征实体编辑图标

1．过渡

过渡是指用给定的半径或半径变化规律在实体表面间作光滑过渡。可通过单击按钮激活过渡功能，弹出【过渡】对话框，如图 5-75 所示。拾取实体的表面时，将对该面上所有的棱边作过渡。

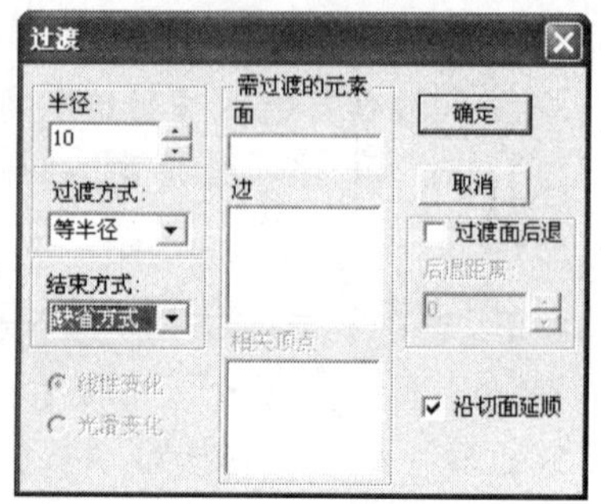

图 5-75 【过渡】对话框

过渡有线性变化和光滑变化两种方式。

- ❑ 线性变化：是指在变半径过渡时过渡边界为直线。
- ❑ 光滑变化：是指在变半径过渡时过渡边界为光滑的曲线。

结束方式有缺省方式、保边方式和保面方式 3 种。

- ❑ 缺省方式：是指以系统默认的“保边”或“保面”方式进行过渡。
- ❑ 保边方式：是指线面过渡。
- ❑ 保面方式：是指面面过渡。

【实例 15】 对长度为 60、宽度为 50、高度为 30 的长方体的 4 条侧棱边作等半径 5 的边过渡。

01 用拉伸增料方法生成 60×50×30 的长方体，如图 5-76 所示。

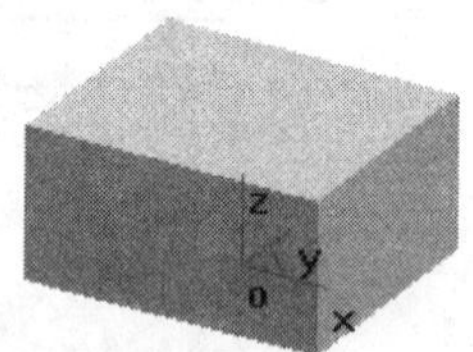

图 5-76 生成长方体

02 按 F8 键，单击按钮，在【半径】数值框中输入“5”，选择【等半径】和【缺省方式】选项。

03 拾取上表面 4 条棱边，如图 5-77 所示，单击 确定 按钮，结果如图 5-78 所示。

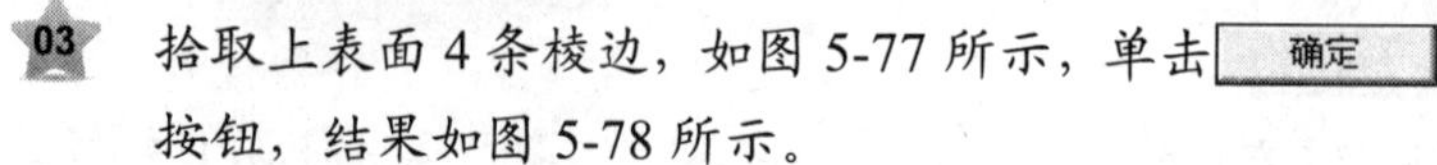

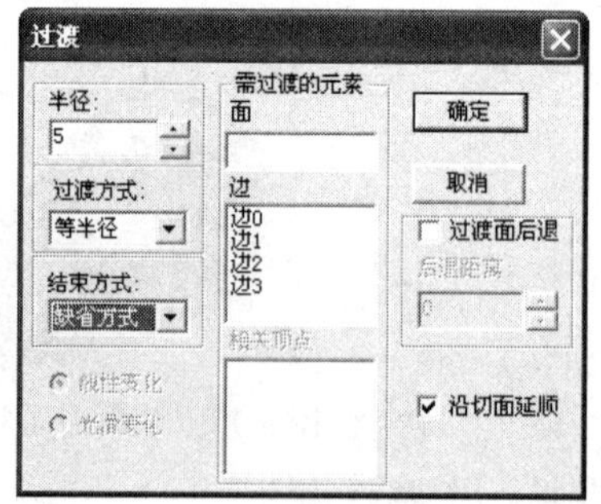

图 5-77 设置【过渡】对话框参数

图 5-78 过渡长方体

2．倒角

倒角是指对实体的棱边进行光滑过渡。可通过单击按钮激活倒角功能。

【实例 16】 对长度为 60、宽度为 50、高度为 30 的长方体的 4 条侧棱边作距离为 8、角度为 45° 的倒角。

01 用拉伸增料方法生成 60×50×30 的长方体，如图 5-79 所示。

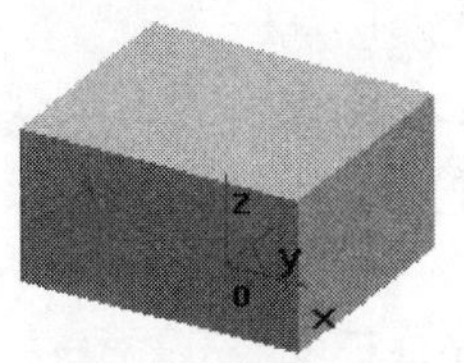

图 5-79　生成长方体

02 按 F8 键，单击按钮，在【距离】数值框中输入“8”，在【角度】输入“45”。

03 拾取上表面 4 条棱边，如图 5-80 所示，单击 确定 按钮，结果如图 5-81 所示。

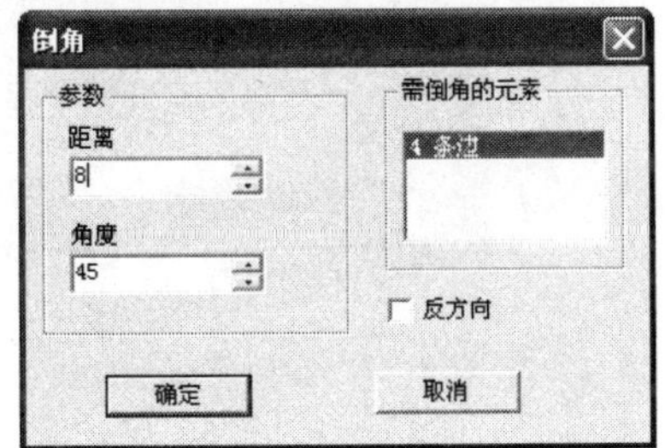

图 5-80　设置【倒角】对话框参数

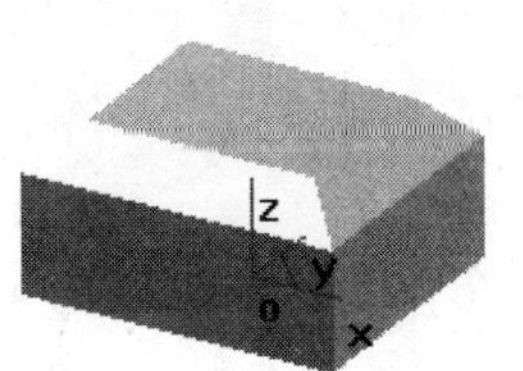

图 5-81　倒角长方体

3．筋板

筋板是指在实体的指定位置增加加强筋。可通过单击按钮激活筋板功能。

筋板是实体造型中唯一一个草图可以不封闭的功能，但草图轮廓线的两个端点必须位于实体中。

【实例 17】 在如图 5-82 所示的实体中间增加一个厚度等于 10 的加强筋。

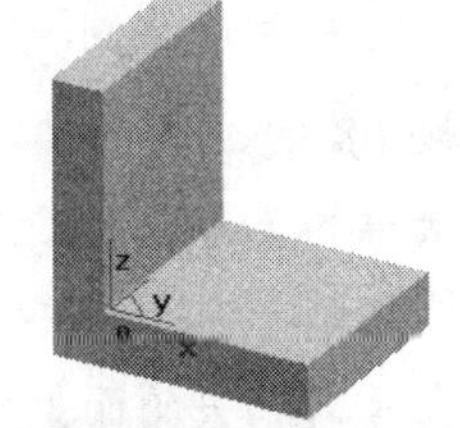

图 5-82　加强实体

01 在特征树上选择【平面 *XZ*】选项。

02 按 F2 键，按 F5 键，按照图 5-83 所示绘制草图，按 F2 键生成“草图 1”，按 F8 键，结果如图 5-84 所示。

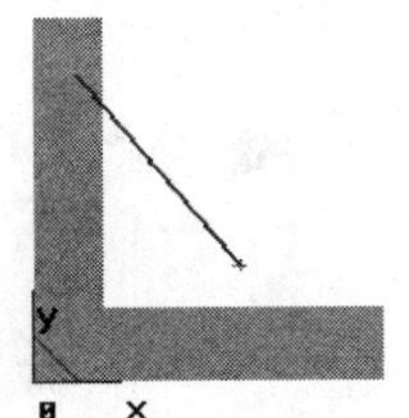

图 5-83　绘制筋板草图

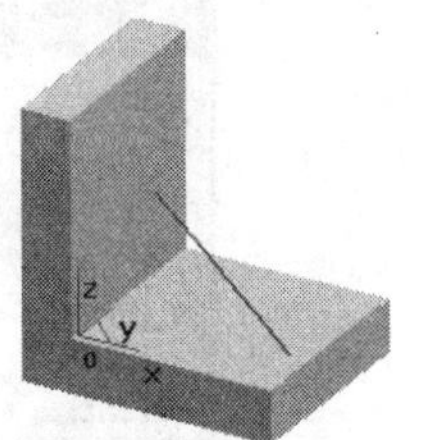

图 5-84　草图位置

03 单击按钮，弹出【筋板特征】对话框，如图 5-85 所示。选择【双向加厚】单选按钮，在【厚度】数值框中输入“10”，选中【加固方向反向】复选框，草图显示如图 5-86 所示。

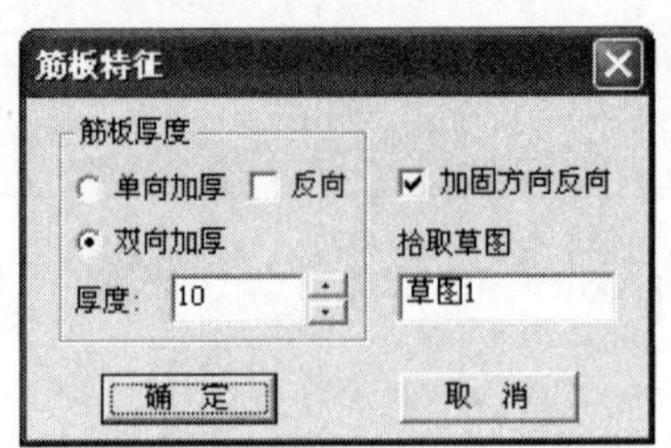

图 5-85 设置【筋板特征】对话框参数

04 单击 确定 按钮，生成的筋板如图 5-87 所示。

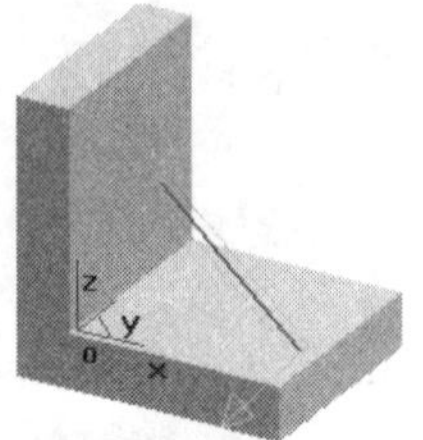

图 5-86 筋板方向

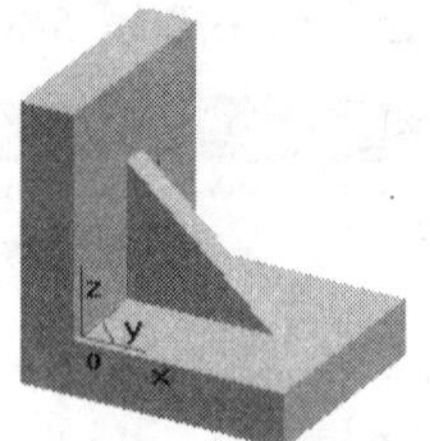

图 5-87 筋板效果

4．抽壳

抽壳是指用给定的厚度将实心体抽成厚度均匀内空的薄壳体。可通过单击按钮激活抽壳功能。

【实例 18】 对长度为 80、宽度为 70、高度为 50 的长方体前表面作厚度等于 10 的抽壳操作。

01 按已知条件绘制长方体，如图 5-88 所示。

02 按 F8 键，单击按钮，在弹出的【抽壳】对话框的【厚度】数值框中输入“10”，如图 5-89 所示。

03 在【需抽去的面】列表框中拾取前表面，单击 确定 按钮，结果如图 5-90 所示。

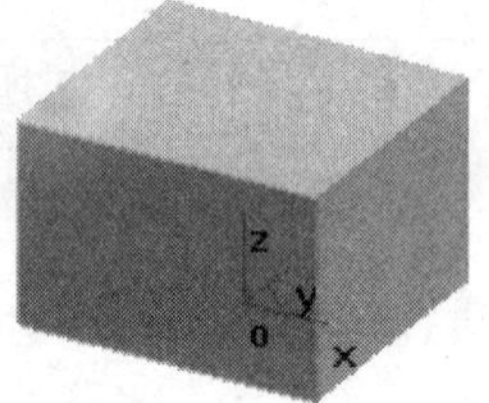

图 5-88 长方体

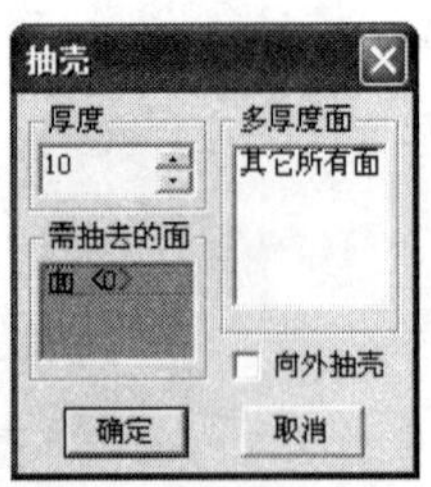

图 5-89 抽壳对话框

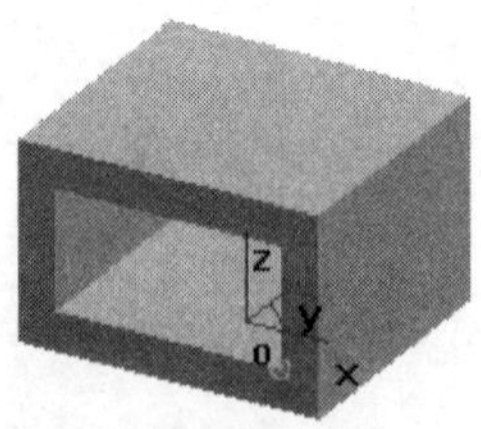

图 5-90 抽壳效果

5．拔模

拔模是指保持中立面与拔模面的交线位置不变，实体的形状随拔模面位置的变化而变化。可通过单击按钮激活拔模功能。

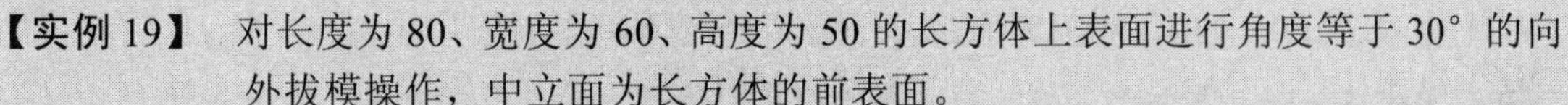

【实例 19】　对长度为 80、宽度为 60、高度为 50 的长方体上表面进行角度等于 30° 的向外拔模操作，中立面为长方体的前表面。

01 按已知条件绘制长方体，如图 5-91 所示。

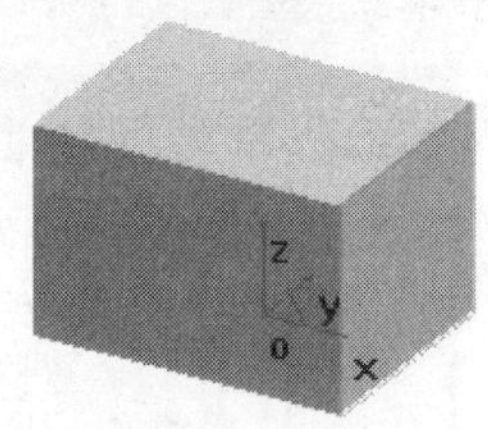

图 5-91　绘制长方形

02 按 F8 键，单击按钮，在弹出的【拔模】对话框中选择“中立面”方式，在【拔模角度】数值框中输入“30”，如图 5-92 所示。

03 在【中性面】栏中拾取前表面，在【拔模面】栏中拾取上表面，单击 确定 按钮，结果如图 5-93 所示。

图 5-92　设置【拔模】对话框参数

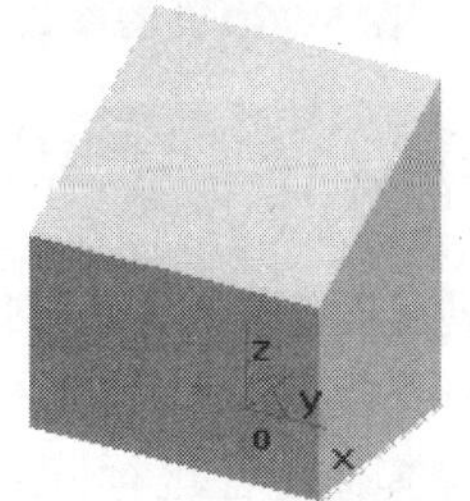

图 5-93　拔模效果

6．打孔

打孔是指在实体表面上用设定参数的方法生成各种类型孔。可通过单击按钮激活打孔功能。

【实例 20】　在长度为 80、宽度为 60、高度为 50 的长方体上表面，用如图 5-95 所示的参数打一个中心坐标为（0，-30，50）的孔。

01 绘制长度为 80、宽度为 60、高度为 50 的长方体，在 *XOY* 平面上绘制坐标为（0，-30，50）点，如图 5-94 所示。

02 按 F8 键，单击按钮，弹出【孔的类型】对话框，如图 5-95 所示。

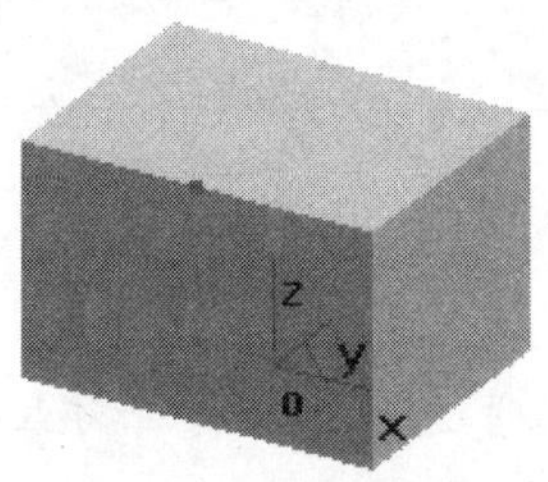

图 5-94　绘制长方体及点

图 5-95　【孔的类型】对话框

03 状态栏提示“拾取打孔平面”，拾取长方体上表面。

04 在【孔的类型】对话框中拾取右下角的孔型，状态栏提示“指定孔的定位点”，拾取

坐标为（0，-30，50）的点。

05 单击【下一步】按钮，弹出【孔的参数】对话框，输入孔的参数，如图 5-96 所示。

06 单击 完成 按钮，结果如图 5-97 所示。

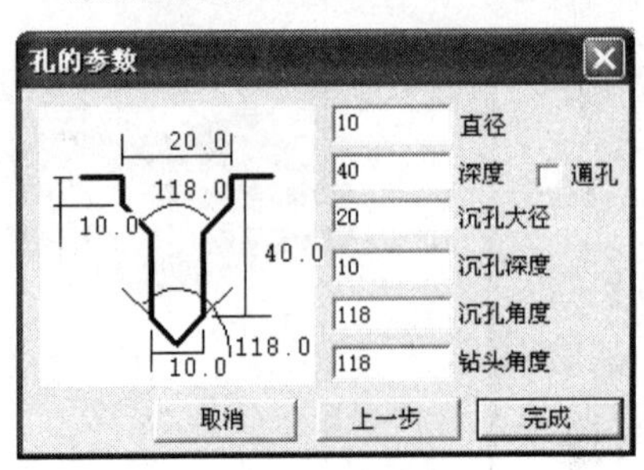

图 5-96 孔的参数

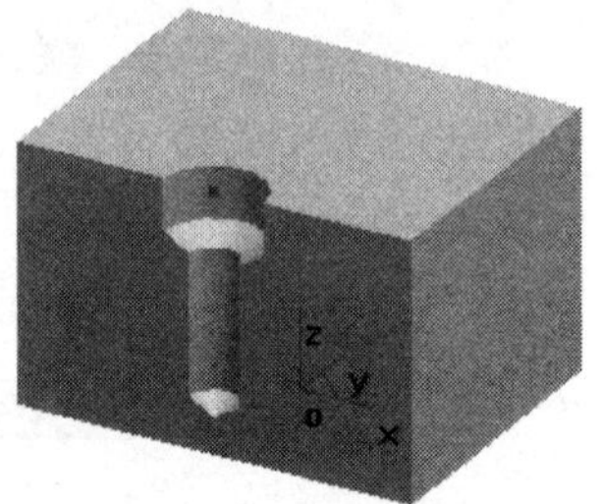

图 5-97 打孔的效果

7. 线性阵列

线性阵列是指沿两个方向对指定的实体作复制。可通过单击按钮激活线性阵列功能。

线性阵列只能对实体进行孔、槽、凸台等操作，不能对基准特征（面、线、点、轴）、倒角和圆角等其他特征进行阵列操作。边/基准轴可以是实体直边、直线、曲面直线和草图直线。如果特征上还有特征，阵列底层的特征时要小心。

在拾取要阵列的图形（特别是孔）时，有时不易选中，这时可以单击按钮使实体旋转或单击按钮放大后再拾取。

“第一方向”和“第二方向”表示行方向或列方向，即要阵列的特征向哪个方向阵列。可以与【反转方向】复选框配合进行选择，需要输入该方向上的参数（方向参数、间距和个数等）。在输入“第一方向”参数（方向参数、距离、数目等）后，再选择【第二方向】选项，进行参数的输入，然后在两个方向上将特征阵列。如果在某方向上输入数目为 1，则在这个方向上不进行阵列。两个方向不能相互平行。

【实例 21】 在长度为 80、宽度为 70、高度为 10 的长方体上有一轴线坐标为（−30，−20）、半径为 6、高度为 10 的圆柱孔，对此圆柱孔作“第一方向”为 *X* 轴正向、距离为 20、数目为 4，“第二方向”为 *Y* 轴正向、距离为 40、数目为 2 的线性阵列。

01 按已知条件创建长方体及圆柱孔，如图 5-98 所示。

02 按 F8 键，单击按钮，弹出【线性阵列】对话框。

03 在【阵列对象】栏中选择孔，选择【选择阵列对象】选项，在特征树上选择【拉伸除料 1】选项。

04 在【线性阵列】对话框中选择“第一方向”选项，在【距离】数值框中输入“20”，在【数目】数值框中输入“4”，在【边/基准轴】栏中拾取长棱边；如果箭头不指向“*X* 轴正向”，则选中【反转方向】复选框，如图 5-99 所示。

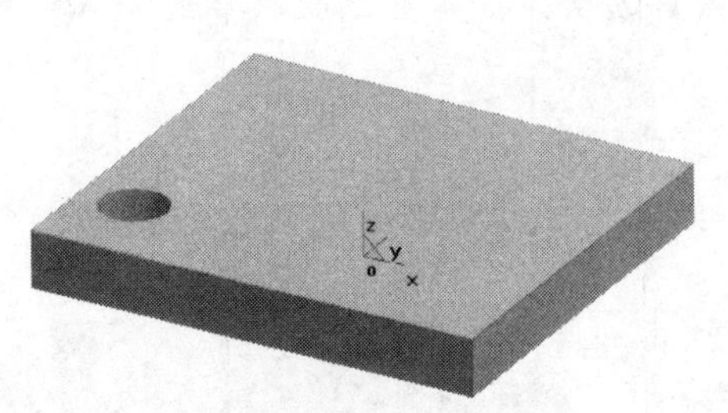

图 5-98　绘制实体及孔

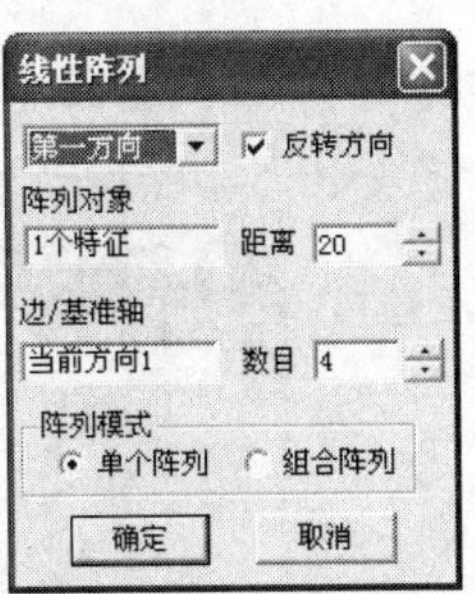

图 5-99　设置第一方向参数

05　在【线性阵列】对话框中选择【第二方向】，在【距离】数值框中输入“40”，在【数目】数值框中输入“2”，在【边/基准轴】栏中拾取宽棱边；如果箭头不指向“*Y* 轴正向”，则选中【反转方向】复选框，如图 5-100 所示。

06　单击 完成 按钮，结果如图 5-101 所示。

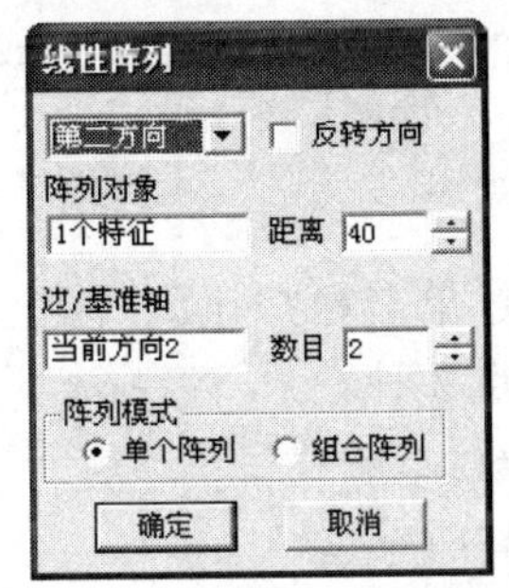

图 5-100　设置第二方向参数

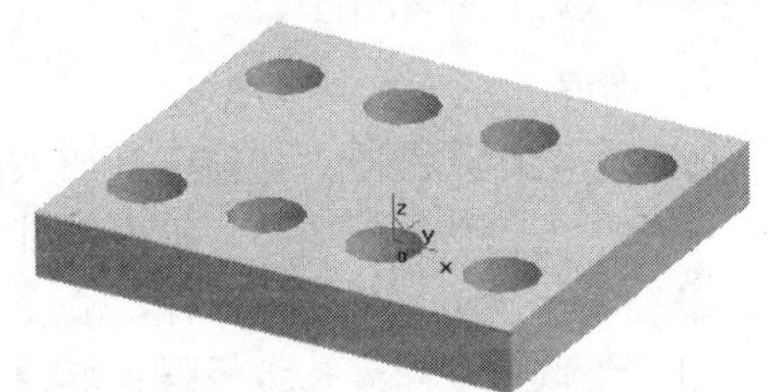

图 5-101　阵列效果

8．环形阵列

环形阵列是指对指定的特征实体围绕轴线作圆形阵列复制。可通过单击按钮激活环形阵列功能。

【实例 22】　在半径为 50、高度为 10 的圆柱体上有一轴线坐标为（40，0）、半径为 5、高度为 10 的圆柱孔，对此圆柱孔进行围绕坐标原点、角度为 45°、数目为 8 的环形阵列。

01　根据已知条件分别绘制大圆柱体和小圆柱孔实体造型，在沿 *Z* 轴方向上绘制一条起点坐标为（0，0，0）、终点坐标为（0，0，30）的直线段为旋转轴，如图 5-102 所示。

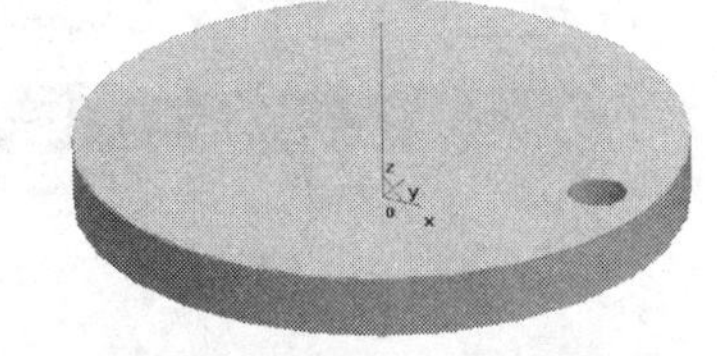

图 5-102　绘制圆柱、圆孔旋转及轴

02　按 F8 键，单击按钮，在弹出的【环形阵列】对话框中的【阵列对象】栏中选择【选择阵列对象】选项，在特征树上选择【拉伸除料 1】选项。

03　在【角度】数值框中输入“45”，在【数目】数值框中输入“8”，选中【自身旋转】复选框，选中【单个阵列】单选按钮，如图 5-103 所示。

04 在【边/基准轴】栏中选择【选择基准轴】选项，拾取直线段，单击 完成 按钮，结果如图 5-104 所示。

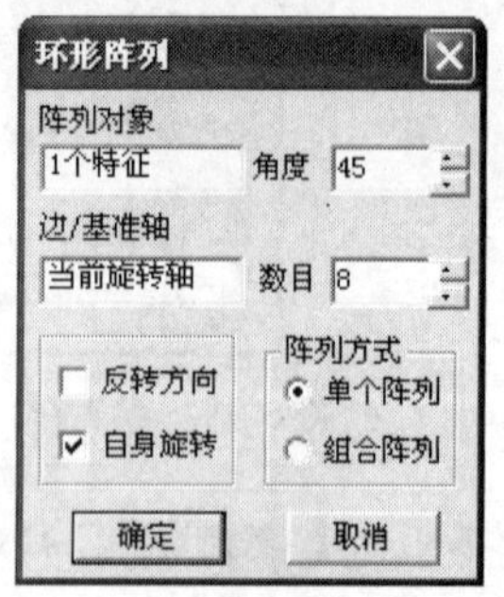

图 5-103 【环形阵列】对话框

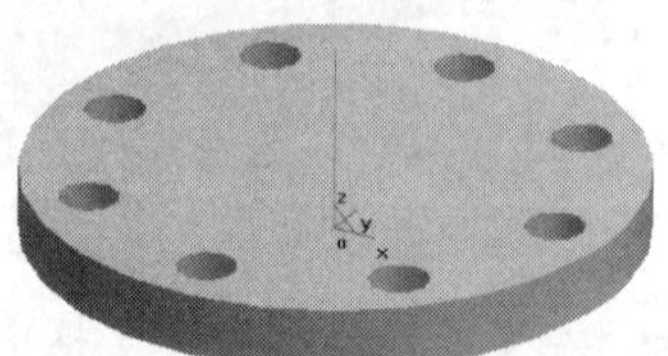

图 5-104 环形阵列效果

5.2.4 模具的生成

CAXA 制造工程师 2008 提供了操作方便、灵活的多种由特征实体生成模具的方法，分别为缩放、形腔和分模。

1. 缩放

缩放是给定基准点对零件进行放大或缩小。可通过单击按钮激活缩放功能。

缩放基点包括零件质心、拾取基准点和给定数据点 3 种。

- 零件质心：是指以零件的质心为基点进行缩放。
- 拾取基准点：是指根据拾取的工具点为基点进行缩放。
- 给定数据点：是指以输入的具体数值为基点进行缩放。

收缩率是指放大或缩小的比率。此时零件的缩放基点为零件模型的质心。

【实例 23】 对实例 22 的实体以零件质心为基点、收缩率为−10%进行缩放。

01 打开实例 22 的实体沿 Z 轴正方向绘制一长度为 30 的线段，如图 5-105 所示。

02 单击按钮，弹出【缩放】对话框，选择【零件质心】选项，在【收缩率】数值框中输入“−10”，如图 5-106 所示。

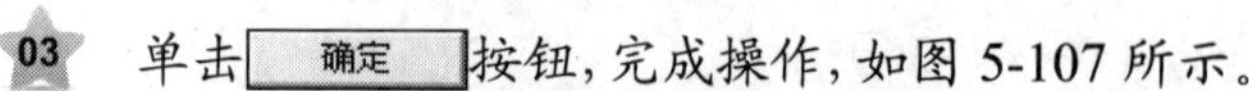

03 单击 确定 按钮，完成操作，如图 5-107 所示。

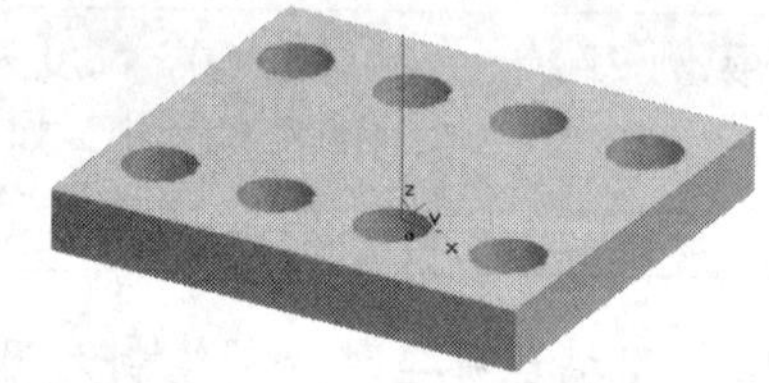

图 5-105 实体及参照线

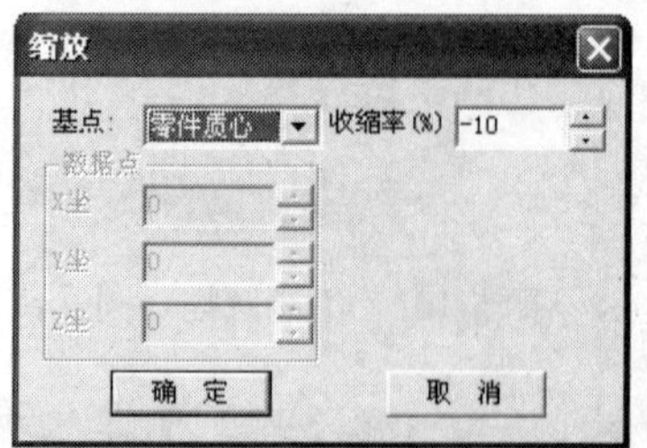

图 5-106 【缩放】对话框

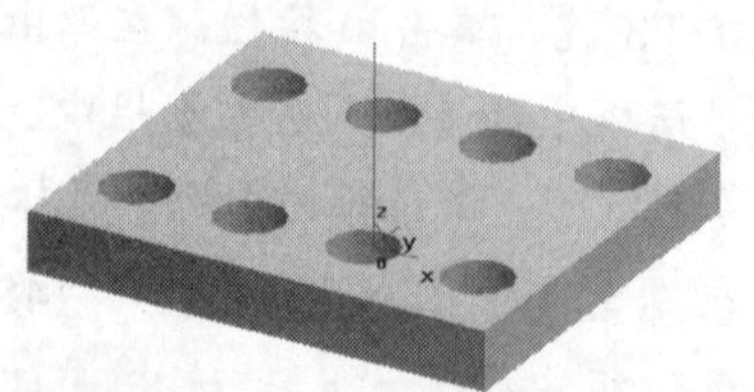

图 5-107 缩放后的效果

2．型腔

以零件为型腔生成包围此零件的模具。可通过单击按钮激活型腔功能，该功能的参数如下。

- ❑ 收缩率：是指放大或缩小的比率。
- ❑ 毛坯放大尺寸：可以直接输入所需数值，也可以通过单击按钮来调节。

【实例 24】　对图 5-108 所示的物体做收缩率为 0%的零件模具。

01 按照图 5-108 所示外形生成实体。

02 单击按钮，弹出【型腔】对话框，在【收缩率】数值框中输入“0”，按照图 5-109 所示输入【毛坯放大尺寸】栏中的值。

03 单击 确定 按钮，完成该操作，如图 5-110 所示。

04 单击按钮，以“线架”方式显示，如图 5-111 所示。

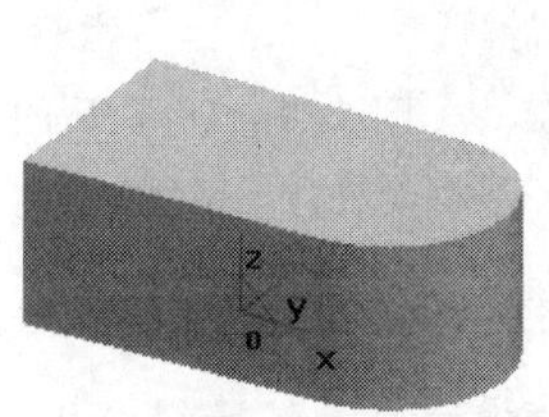

图 5-108　型腔实体

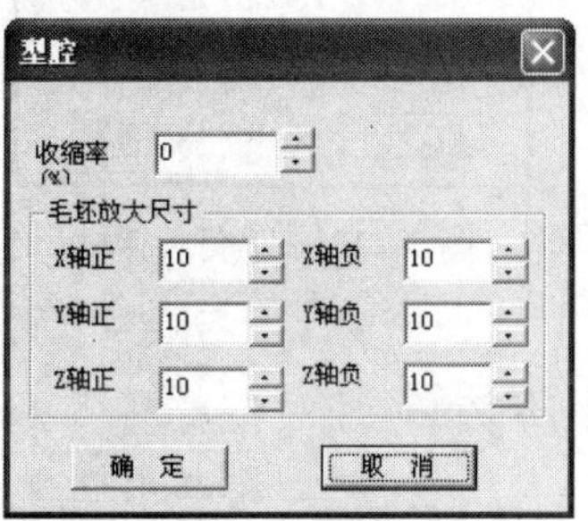

图 5-109　【型腔】对话框

图 5-110　型腔后的效果

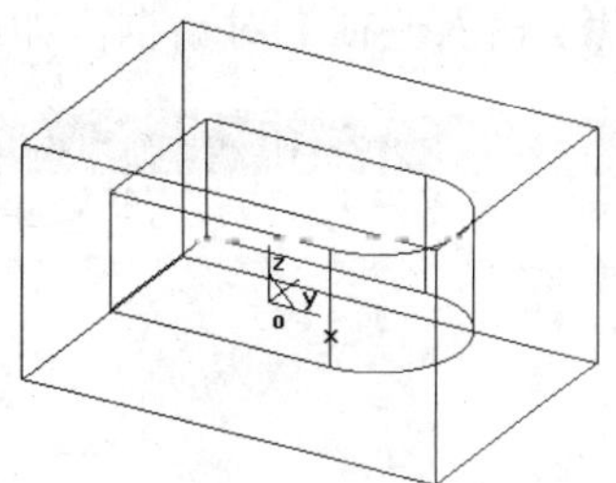

图 5-111　型腔的线架图

3．分模

型腔生成后，通过分模使模具按照给定的方式分成几个部分。可通过单击按钮激活分模功能。

分模包括“草图分模”和“曲面分模”两种。

- ❑ 草图分模：是指通过所绘制的草图进行分模。
- ❑ 曲面分模：是指通过曲面进行分模，参与分模的曲面可以是多个边界相连的曲面。

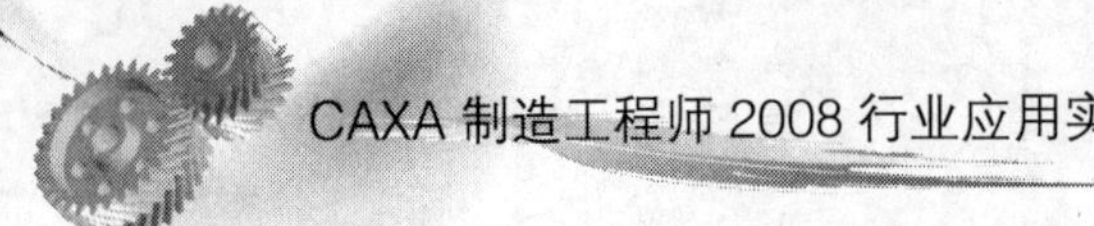

【除料方向选择】复选框是指除去哪一部分实体的选择，分别按照不同方向生成实体。

【实例 25】 对实例 24 生成的型腔进行曲面分模。

01 按实例 24 生成型腔实体，在实体水平面等分处生成一平面，如图 5-112 所示。

02 单击按钮，弹出【分模】对话框，选择曲面分模形式和除料方向，拾取曲面，如图 5-113 所示。

03 单击 确定 按钮，然后隐藏分模曲面，完成操作，如图 5-114 所示。

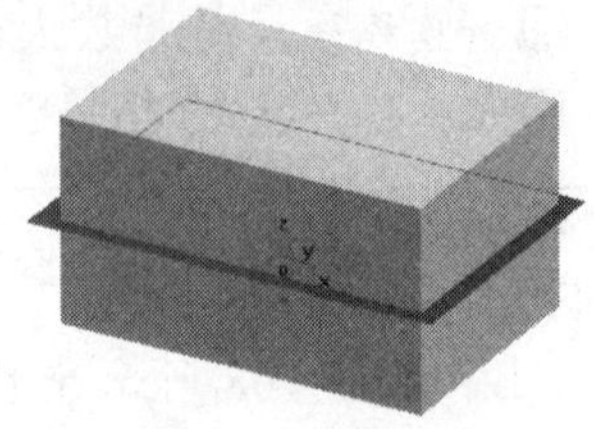

图 5-112　型腔及曲面

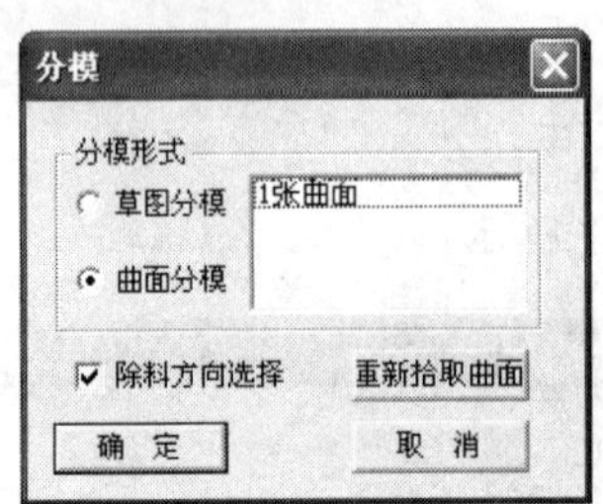

图 5-113　分模对话框

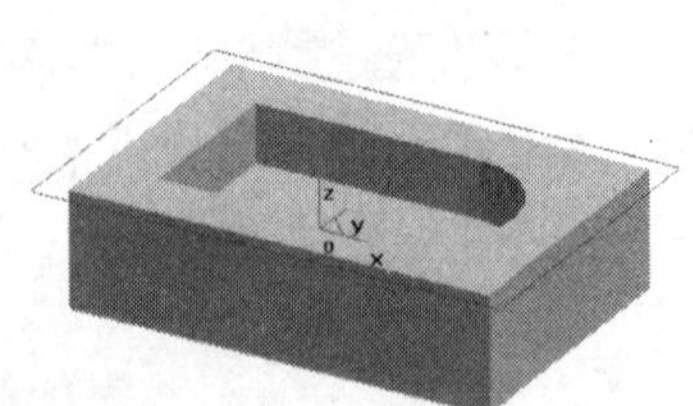

图 5-114　分模后的效果

5.2.5　布尔运算

实体布尔运算是将另一个实体并入，与当前零件实现交、并、差的运算。可通过单击按钮激活布尔运算功能，弹出【打开】对话框，如图 5-115 所示。选择文件，单击【打开】按钮，弹出【输入特征】对话框，如图 5-116 所示。

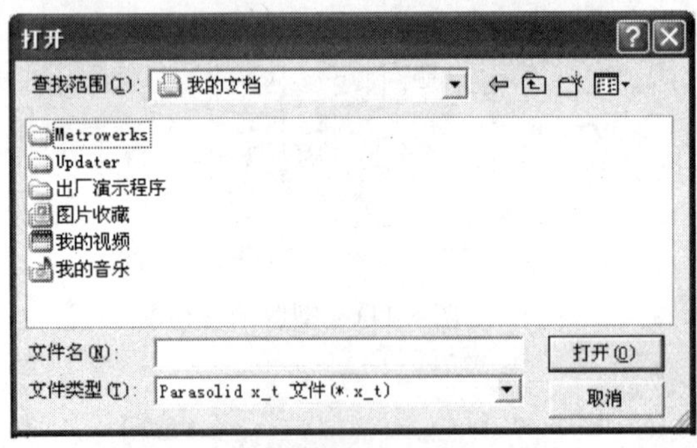

图 5-115　【打开】对话框

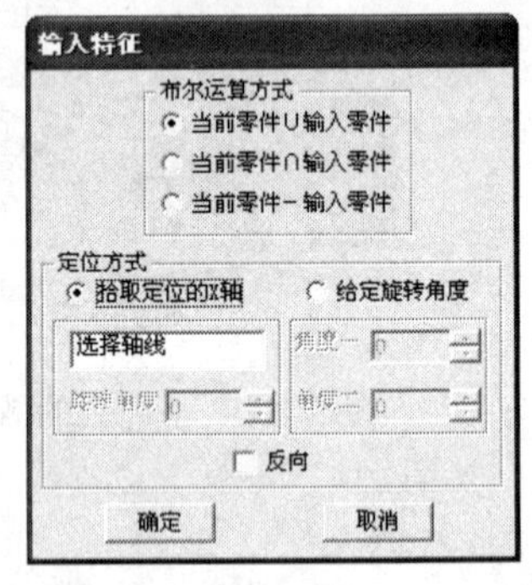

图 5-116　【输入特征】对话框

选择文件时，注意文件的类型，不能直接输入文件*.epb 文件，应首先将零件存成*.x-t 文件，然后进行布尔运算。进行布尔运算时，基体尺寸应比输入的零件稍大。

【输入特征】对话框中的参数说明如下。

- 布尔运算方式是指当前零件与输入零件的交集、并集、差，包括如下 3 种。
  - 当前零件∪输入零件：是指当前零件与输入零件的交集。

- ❍ 当前零件∩输入零件：是指当前零件与输入零件的并集。
- ❍ 当前零件－输入零件：是指当前零件与输入零件的差。

❑ 定位方式：用来确定输入零件的具体位置，包括以下两种方式。

- ❍ 拾取定位的 X 轴：是指以空间直线作为输入零件自身坐标架的 X 轴（坐标原点为拾取的定位点），【旋转角度】数值框用来对 X 轴进行旋转以确定 X 轴的具体位置。
- ❍ 给定旋转角度：是指以拾取的定位点为坐标原点，用给定的两角度来确定输入零件自身坐标架的 X 轴，包括【角度一】和【角度二】两个数值框需设置。
  - ➢ 角度一：值为 X 轴与当前世界坐标系的 X 轴的夹角。
  - ➢ 角度二：值为 X 轴与当前世界坐标系的 Z 轴的夹角。

❑ 反向：是指将输入零件自身坐标架的 X 轴的方向反向，然后重新构造坐标架进行布尔运算。

5.3　特征实体造型实例分析

下面通过 3 个简单的例子来说明实体造型的绘制过程。第一个实例是端盖的实体造型，通过该实例来熟悉由二维草图生成实体的造型过程；第二个实例是叶轮的实体造型，通过该实例来熟悉实体阵列等实体编辑功能；第三个实例是曲线连杆的实体造型，通过曲线连杆的设计熟悉复杂实体的绘制过程。

实例文件	实例\05\例 5-1.mxe
操作录像	视频\05\例 5-1.avi

5.3.1　端盖的实体造型

端盖的实体造型比较简单。下面练习绘制一个端盖实体，其基本外形尺寸如图 5-117 所示。

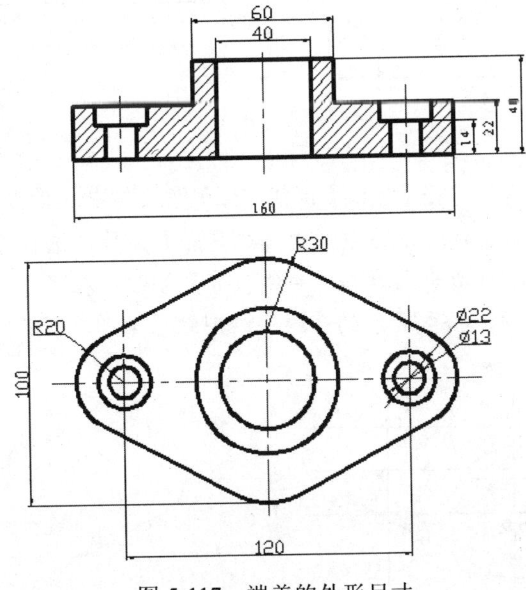

图 5-117　端盖的外形尺寸

操作步骤

01 打开软件。选择【开始】/【程序】/【CAXA】/【CAXA 制造工程师】/【CAXA 制造工程师 2008】命令，或直接双击【CAXA 制造工程师 2008】桌面快捷方式图标，打开 CAXA 制造工程师软件，进入设计界面。软件默认状态下当前坐标为 *XOY* 平面，非草图状态。

02 在 *XOY* 平面建立草图，绘制底面。按 F2 键，以 *XOY* 平面为基准绘制草图。单击【直线】按钮，在立即菜单中选择【水平/铅垂线】选项，用“水平+铅垂”方式共画十字线，在【长度】文本框中输入“200”，拾取坐标原点，绘制十字交叉线，右击结束画线操作。单击【等距线】按钮，在立即菜单中选择【单根曲线】选项，以“等距”方式画线，在【距离】文本框中输入“60”，拾取铅垂线，在铅垂线右侧单击；拾取铅垂线，在铅垂线左侧单击；将【距离】修改为 20，拾取水平线，在水平线的上方单击；拾取水平线，在水平线的下方单击，4 条等距线绘制完成，如图 5-118 所示。

03 绘制实体底板外形。在 *A* 点、*B* 点绘制半径为 20 的圆，在 *C* 点、*D* 点两点绘制半径为 30 的圆。单击【圆】按钮，在立即菜单中选择“圆心_半径”方式绘制圆，拾取 *A* 点，按 Enter 键，弹出数值输入框，输入半径值“20”，按 Enter 键，单击鼠标右键；拾取 *B* 点，按 Enter 键，弹出数值输入框，输入半径值“20”，按 Enter 键，单击鼠标右键；拾取 *C* 点，按 Enter 键，弹出数值输入框，输入半径值“30”，按 Enter 键，单击鼠标右键；拾取 *D* 点，按 Enter 键，弹出数值输入框，输入半径值“30”，按 Enter 单击鼠标右键。4 个圆绘制完成，如图 5-119 所示。

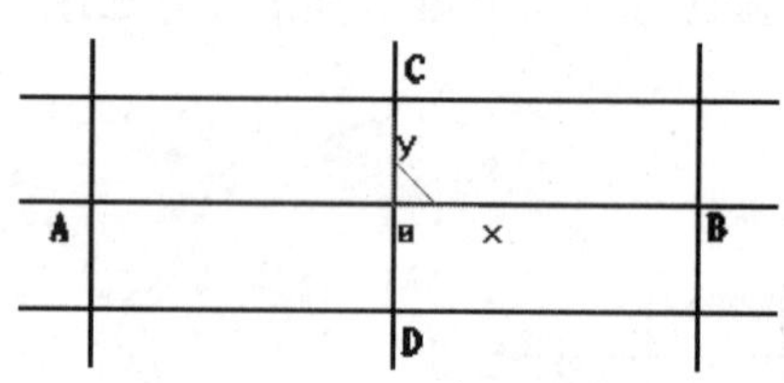

图 5-118　绘制十字线及等距线

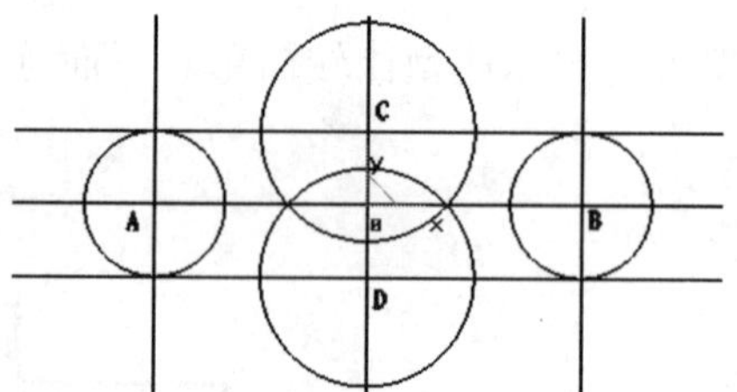

图 5-119　绘制 4 个圆

04 绘制直线并进行裁剪。单击【直线】按钮，在立即菜单中选择“两点线”、“单个”和【非正交】选项，按 Space 键，屏幕中弹出【工具点】菜单，选择【切点】命令，依次拾取相邻的圆，如图 5-120 所示。单击【曲线裁剪】按钮，在立即菜单中选择【快速裁剪】和【正常裁剪】选项，拾取多余的曲线，绘图结果如图 5-121 所示。

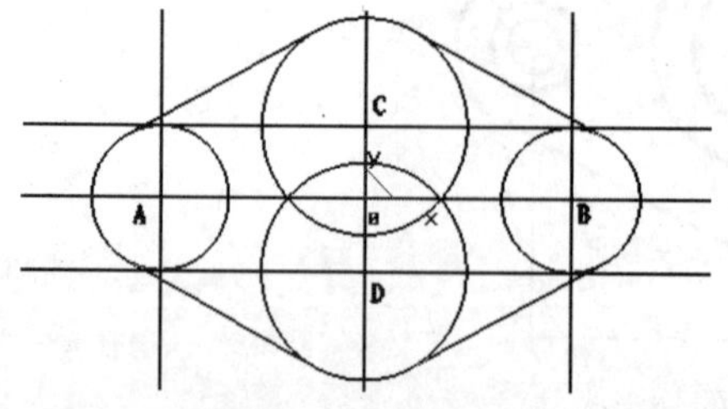

图 5-120　绘制相切线

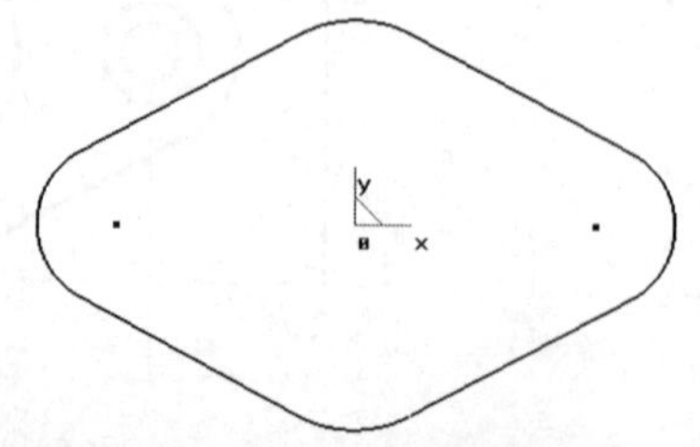

图 5-121　裁剪后的边线

05 生成底板实体。按 F2 键，退出草图。单击【拉伸增料】按钮，在【拉伸增料】对话框中选择【固定深度】选项，在【深度】数值框中输入“22”，【拉伸对象】选择“草图 1”，单击 确定 按钮，生成如图 5-122 所示的实体。

06 绘制凸台圆柱。拾取实体上表面，单击鼠标右键，在弹出的快捷菜单中选择【创建草图】命令；单击【圆】按钮，在立即菜单中选择“圆心_半径”方式绘制圆，拾取 *O* 点，按 Enter 键，弹出数值输入对话框，输入半径值“30”，按 Enter 键，单击鼠标右键；单击【拉伸增料】按钮，在弹出的【拉伸增料】对话框中选择【固定深度】选项，在【深度】数值框中输入“22”，【拉伸对象】选择“草图 2”。单击 确定 按钮，生成如图 5-123 所示的实体。

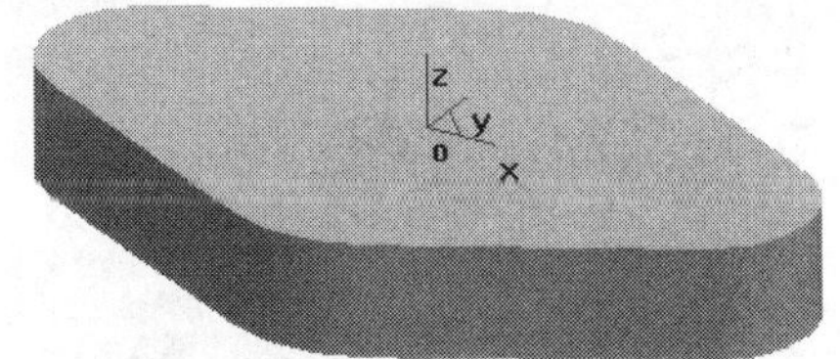

图 5-122　生成底板实体

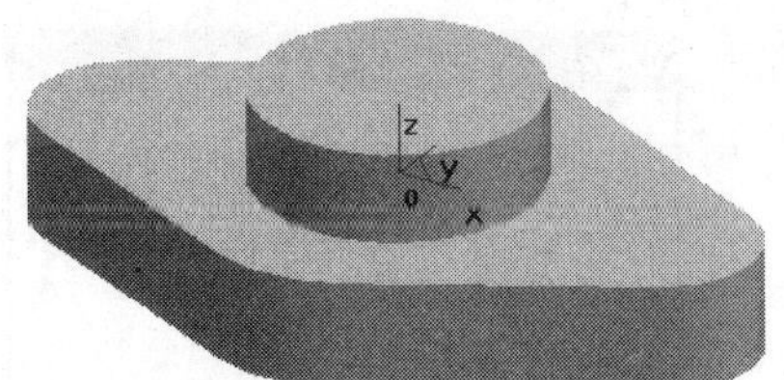

图 5-123　绘制凸台圆柱

07 绘制 3 个圆心点。单击【点】按钮，在立即菜单中选择【单个点】选项，按 Enter 键，弹出数值输入框，输入 *A* 点坐标值（−60，0，22），按 Enter 键，第一个点生成；按 Enter 键，弹出数值输入框，输入 *B* 点坐标值（60，0，22），按 Enter 键，第二个点生成；按 Enter 键，弹出数值输入框，输入 *C* 点坐标值（0，0，40），按 Enter 键，第三个点生成。

08 单击【打孔】按钮，弹出的【孔的类型】对话框，拾取圆柱上平面为打孔平面，选择孔类型，如图 5-124 所示。拾取 *C* 点，单击【下一步】按钮，直径设置为 40，选中【通孔】复选框，如图 5-125 所示。

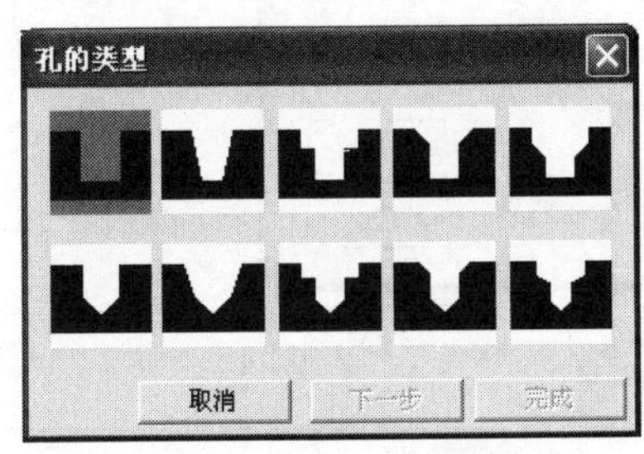

图 5-124　设置孔的类型（一）

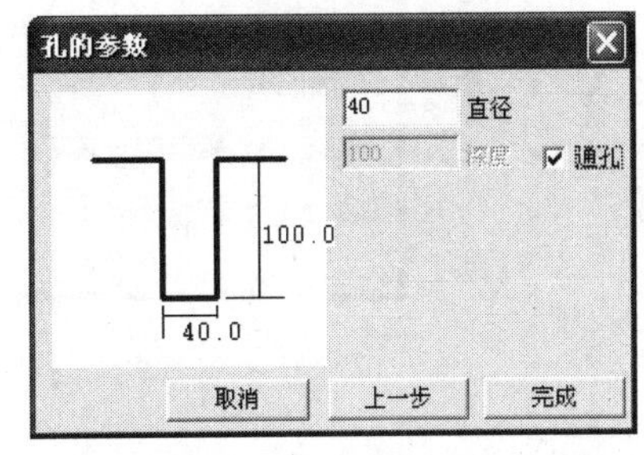

图 5-125　设置孔的参数（一）

09 单击 完成 按钮，绘制完成的实体如图 5-126 所示。

10 单击【打孔】按钮，弹出【孔的类型】对话框，拾取底板上平面为上打孔平面，选择孔类型，如图 5-127 所示。拾取 *A* 点，单击【下一步】按钮，直径设置为 13，选中【通孔】复选框，沉孔大径设置为 22，沉孔深度设置为 8，如图 5-128 所示。

11 单击 完成 按钮，按前面方法生成 *B* 点孔，绘制完成后，实体造型如图 5-129 所示。

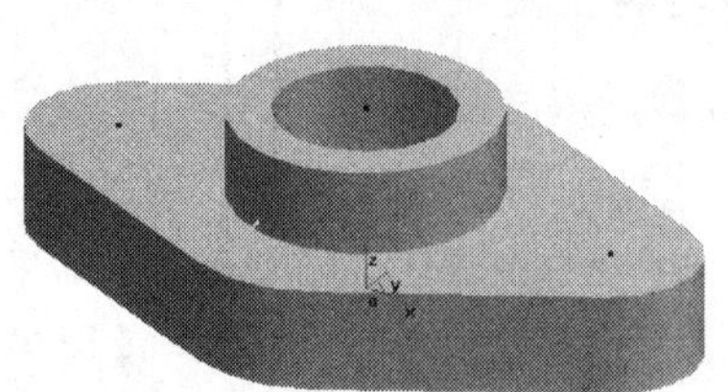
图 5-126 打孔后的实体

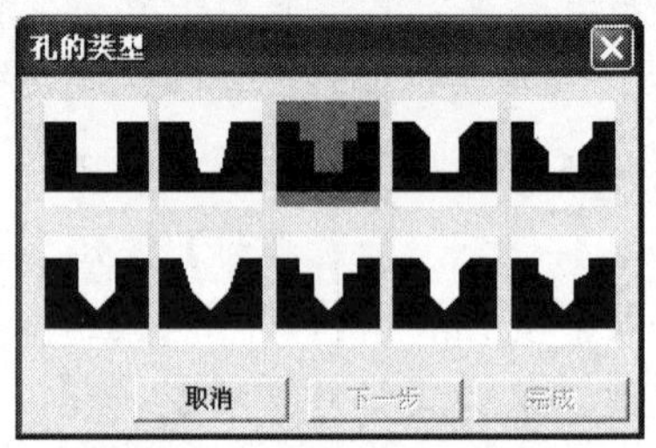

图 5-127 设置孔的类型（二）

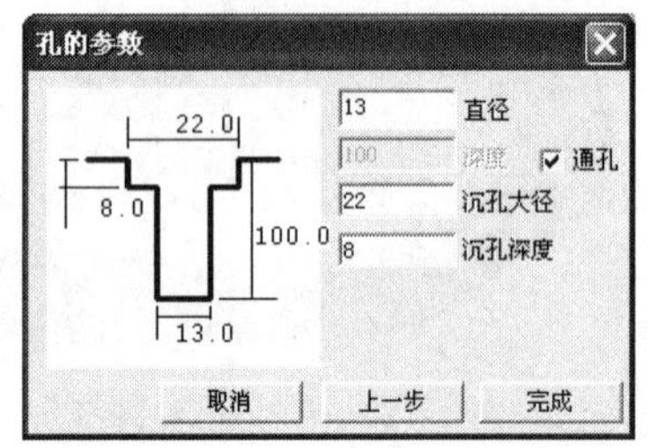

图 5-128 设置孔的参数（二）

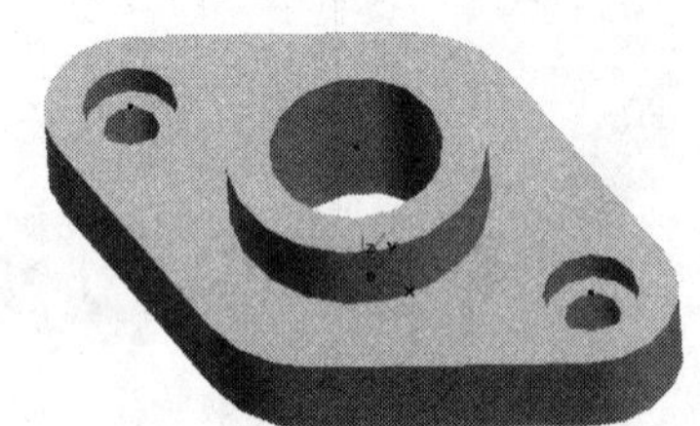
图 5-129 端盖实体造型

12 实体绘制完成后，进行保存。选择主菜单中的【文件】/【保存】命令，弹出【存储文件】对话框，如图 5-130 所示。选择保存目录，输入保存文件名“端盖实体造型”，单击 保存(S) 按钮，完成图形保存。

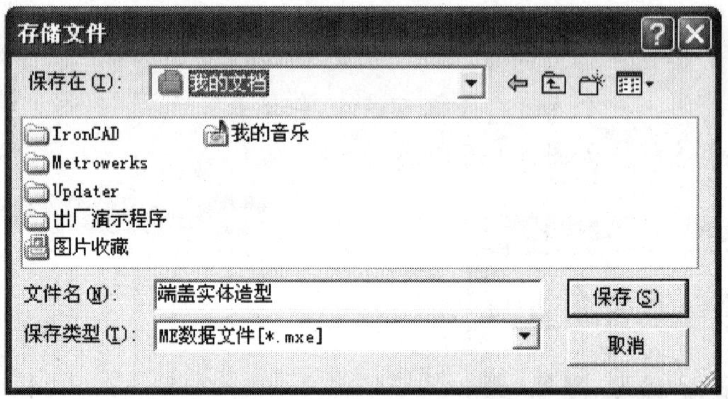

图 5-130 存储文件

实例文件	实例\05\例 5-2.mxe
操作录像	视频\05\例 5-2.avi

5.3.2 叶轮的实体造型

叶轮是由圆弧曲面生成的实体。下面练习绘制一个叶轮的实体造型，其基本外形尺寸如图 5-131 所示。

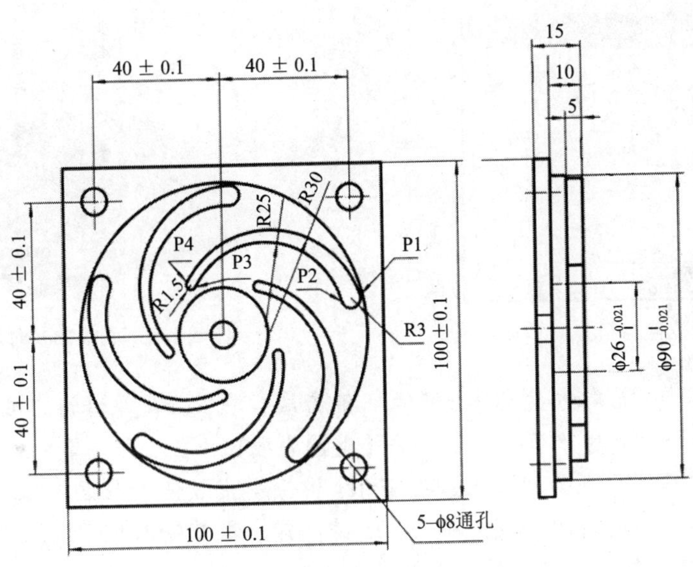

图 5-131　叶轮的外形尺寸

操作步骤

01 打开软件。选择【开始】/【程序】/【CAXA】/【CAXA 制造工程师】/【CAXA 制造工程师 2008】命令，或直接双击【CAXA 制造工程师 2008】桌面快捷方式图标，打开 CAXA 制造工程师软件，进入设计界面。软件默认状态下当前坐标为 *XOY* 平面，非草图状态。

02 在 *XOY* 平面建立“草图 0”，绘制方盘草图。按 F2 键，以 *XOY* 平面为基准生成“草图 0”。单击【矩形】按钮，在立即菜单中选择“中心_长_宽”方式，在【长度=】文本框内输入“100”，按 Enter 键，【宽度=】文本框内输入“80”，按 Enter 键，拾取原点，正方形绘制完成。单击【整圆】按钮，在立即菜单中选择“圆心_半径”方式，按 Enter 键，弹出数值输入框，输入圆心点坐标值（－40，40，0），按 Enter 键，确定圆心；按 Enter 键，弹出数值对话框，输入半径值“4”，按 Enter 键，单击鼠标右键，半径为 8 的圆绘制完成；依次绘制圆心坐标点为（－40，－40，0）、（40，－40，0）、（40，40，0）、（0，0，0）的 4 个圆，结果如图 5-132 所示。

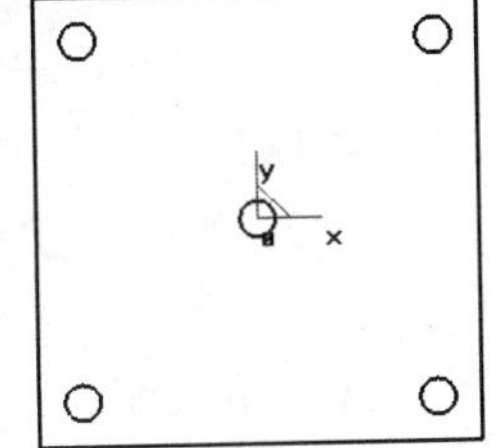

图 5-132　叶轮底板的外形草图

03 绘制底板实体。按 F2 键退出“草图 0”。单击【拉伸增料】按钮，在弹出的【拉伸增料】对话框中选择【固定深度】选项，在【深度】数值框中输入“5”，拉伸对象选择“草图 0”，如图 5-133 所示，单击 确定 按钮，生成如图 5-134 所示的实体。

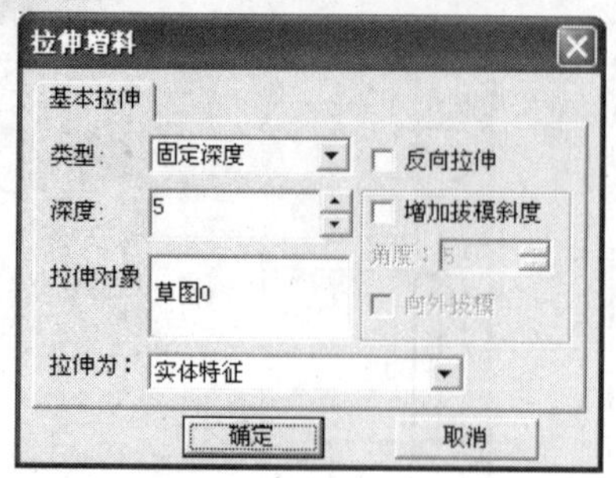

图 5-133 【拉伸增料】对话框

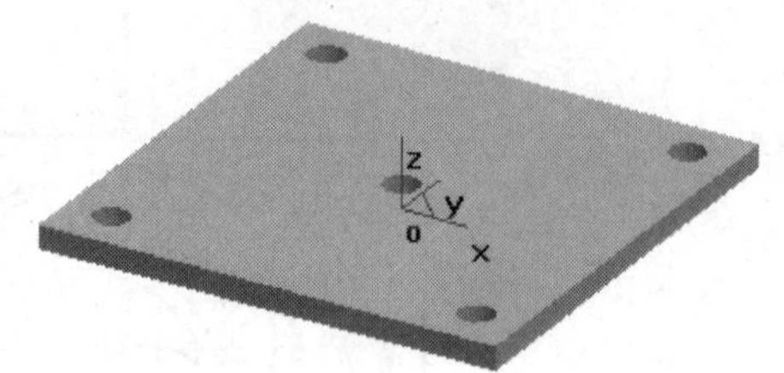

图 5-134 底板的实体造型

04 生成圆盘草图。拾取方盘实体上表面，单击鼠标右键，在弹出的快捷菜单中选择【创建草图】命令，创建“草图 1”。单击【整圆】按钮，在立即菜单中选择“圆心_半径”方式，拾取草图原点为圆心点，按 Enter 键，弹出数值输入框，输入半径值“13”，按 Enter 键，绘制内圆完成；按 Enter 键，弹出数值输入框，输入半径值“45”，按 Enter 键，绘制外圆完成，结果如图 5-135 所示。

05 生成圆盘。按 F2 键退出“草图 1”。单击【拉伸增料】按钮，在弹出的【拉伸增料】对话框中选择【固定深度】选项，在【深度】数值框中输入“5”，拉伸对象选择“草图 1”，单击 确定 按钮，生成如图 5-136 所示的实体。

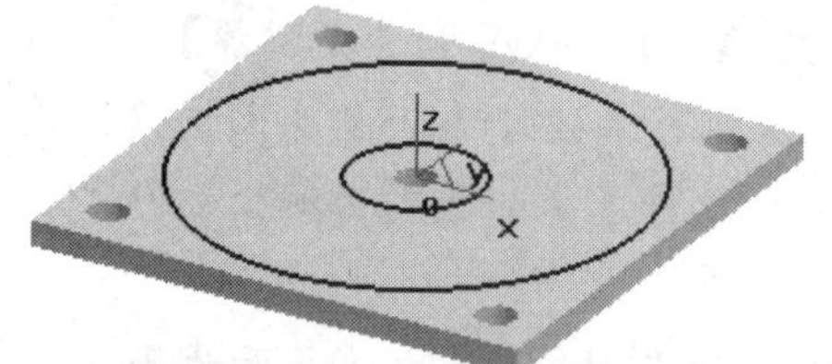

图 5-135 圆盘的外形草图

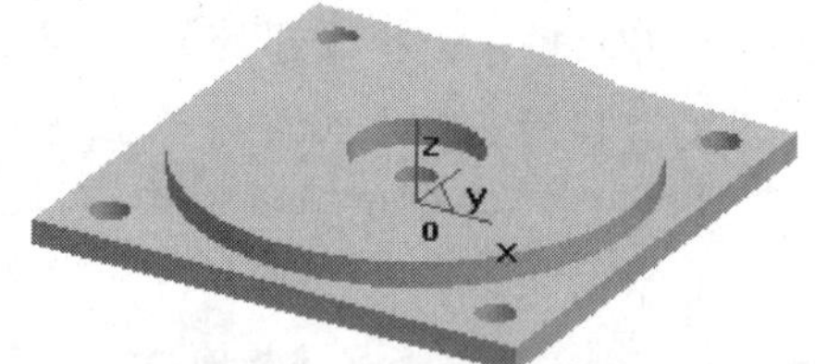

图 5-136 圆盘的实体造型

06 创建叶轮草图。拾取圆盘实体上表面，单击鼠标右键，在弹出的快捷菜单中选择【创建草图】命令，创建“草图 2”。单击【点】按钮，在立即菜单中选择“单个点”和“工具点”方式，按 Enter 键，弹出数值输入框，输入 *P*1 点坐标值（42.816，11.033，0），按 Enter 键，*P*1 点绘制完成；按 Enter 键，弹出数值输入框，输入 *P*2 点坐标值（37.122，9.152，0），按 Enter 键，*P*2 点绘制完成；按 Enter 键，弹出数值输入框，输入 *P*3 点坐标值（−8.692，14.265，0），按 Enter 键，*P*3 点绘制完成；按 Enter 键，弹出数值输入框，输入 *P*4 点坐标值（−11.303，15.743，0），按 Enter 键，*P*4 点绘制完成，结果如图 5-137 所示。

07 绘制单个叶轮草图。单击【圆弧】按钮，在立即菜单中选择“两点_半径”方式，拾取 *P*1 点，拾取 *P*2 点，按 Enter 键，弹出数值输入框，输入半径值“3”，按 Enter 键，*P*1*P*2 圆弧绘制完成；拾取 *P*3 点，拾取 *P*4 点，按 Enter 键，弹出数值输入框，输入半径值“1.5”，按 Enter 键，*P*3*P*4 圆弧绘制完成；拾取 *P*1 点，拾取 *P*3 点，按 Enter 键，弹出数值输入框，输入半径值“30”，按 Enter 键，*P*1*P*3 圆弧绘制完成；拾取 *P*2 点，拾取 *P*4 点，按 Enter 键，弹出数值输入框，输入半径值“25”，按 Enter 键，

*P*2*P*4 圆弧绘制完成，结果如图 5-138 所示。

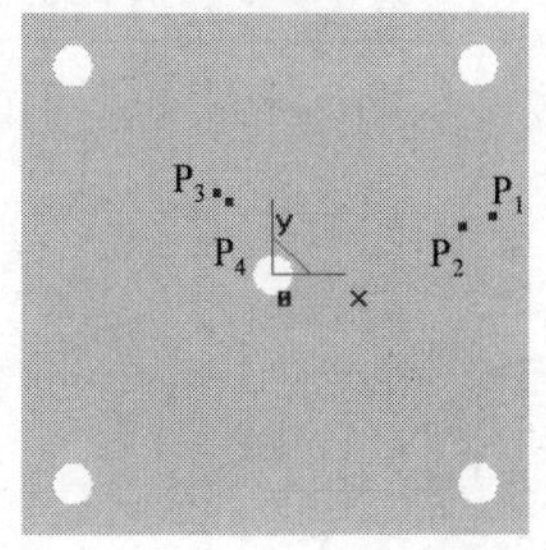

图 5-137　叶轮的 4 个点位置

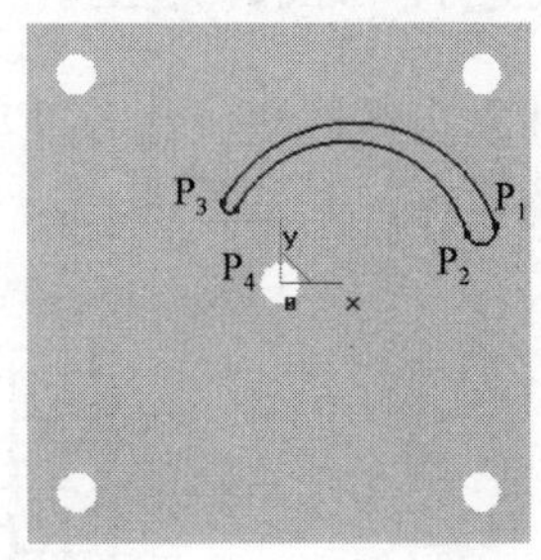

图 5-138　单个叶轮的外形草图

08 阵列叶轮草图。单击【阵列】按钮，在立即菜单中选择“圆形”和“均布”方式，设置份数为“5”，拾取 *P*1 点，拾取生成的 4 条圆弧线，单击鼠标右键，拾取草图原点为旋转点，阵列完成，如图 5-139 所示。

09 生成叶轮实体。按 F2 键退出“草图 2”。单击【拉伸增料】按钮，在弹出的【拉伸增料】对话框中选择【固定深度】选项，在【深度】数值框中输入“5”，拉伸对象选择“草图 2”，单击 确定 按钮，生成如图 5-140 所示实体。

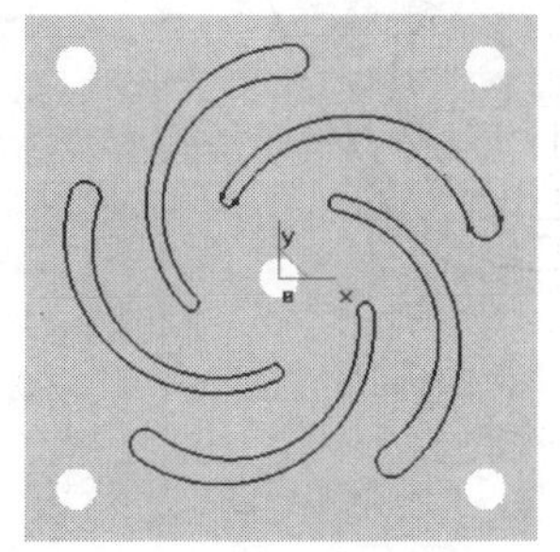

图 5-139　全部叶轮的外形草图

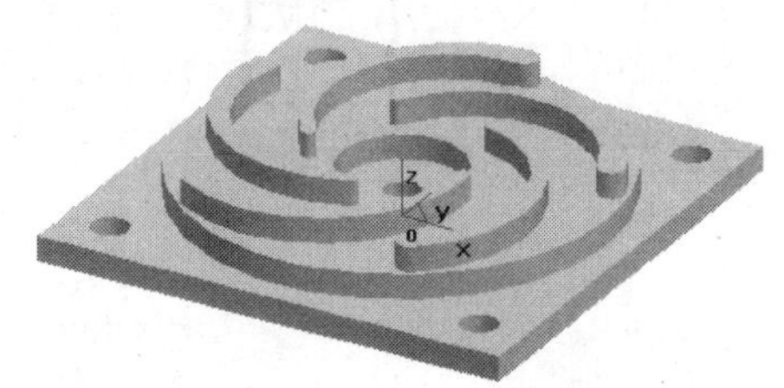

图 5-140　叶轮的实体造型

10 实体绘制完成后，进行保存。选择主菜单中的【文件】/【保存】命令，弹出【存储文件】对话框，如图 5-141 所示。选择保存目录，输入保存文件名“叶轮实体造型”，单击 保存(S) 按钮，完成图形保存。

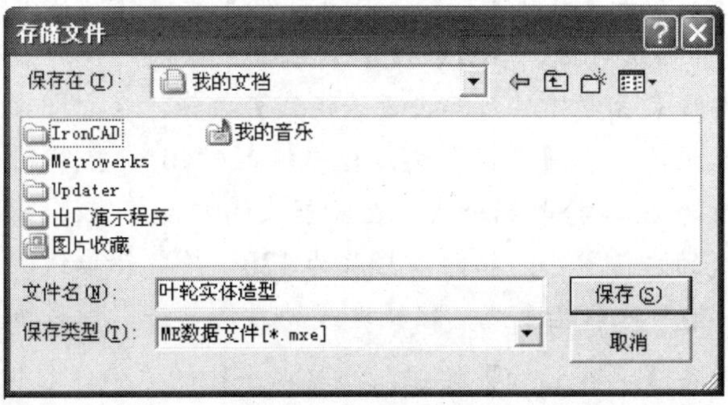

图 5-141　存储图形

5.3.3 曲线连杆的实体造型

实例文件	实例\05\例 5-3.mxe
操作录像	视频\05\例 5-3.avi

曲线连杆的实体造型也比较简单，特殊之处是连接杆是曲线形式的。下面练习绘制一个曲线连杆的实体，其基本外形尺寸如图 5-142 所示。

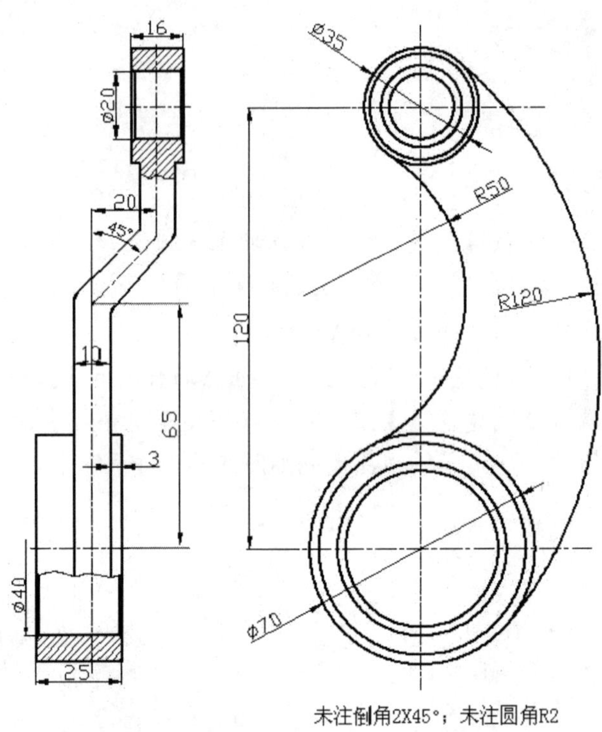

图 5-142 曲线连杆的外形尺寸

操作步骤

1. 建立草图，绘制曲线草图

01 打开软件，生成垂直线架。拾取平面 *XZ*，按 F2 键建立“草图 0”，按 F5 键切换到 *XOY* 平面，绘制曲线。单击【直线】按钮，在立即菜单中选择【水平/铅垂线】选项，以“水平+铅垂”方式共画十字线，在【长度】文本框中输入“100”，拾取坐标原点，绘制十字交叉线，右击结束画线操作。单击【等距线】按钮，在立即菜单中选择“单根曲线”，以“等距”方式画线，在【距离】文本框中输入“40”，拾取铅垂线，在铅垂线左侧单击；将距离修改为 65，拾取铅垂线，在铅垂线的右侧单击；将距离修改为 85，拾取铅垂线，在铅垂线的右侧单击；将距离修改为 120，拾取铅垂线，在铅垂线的右侧单击；将距离修改为 140，拾取铅垂线，在铅垂线的右侧单击，结果如图 5-143 所示。

02 绘制水平线。单击【曲线拉伸】按钮，拾取水平线的右侧，拉伸到最右侧的等距线外。单击【等距线】按钮，在立即菜单中选择【单根曲线】选项，以“等距”方式画线，在

【距离】文本框中输入“20”，拾取水平线，在水平线下侧单击，结果如图5-144所示。

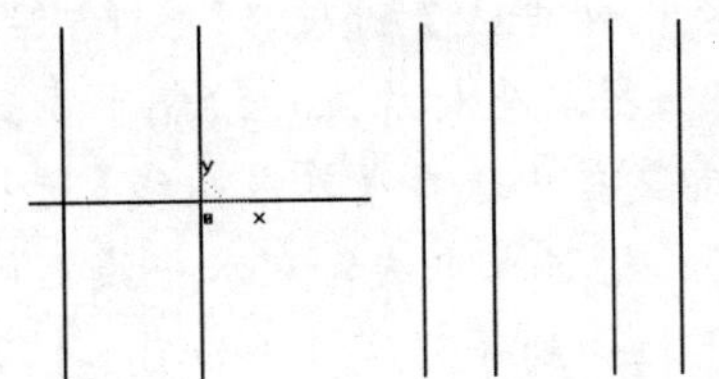

图5-143　绘制辅助线

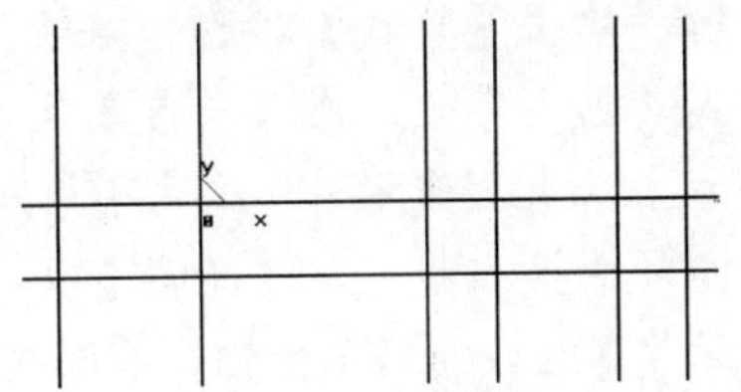

图5-144　绘制水平辅助线

03 绘制45º线再进行修剪。单击【直线】按钮，在立即菜单中选择“两点线”、“单个”、“非正交”方式，拾取两交点绘制45º线。单击【曲线裁剪】按钮，在立即菜单中选择“快速裁剪”和“正常裁剪”方式，拾取多余的线，单击【删除】按钮，拾取剩下多余的线进行清除，生成如图5-145所示的中心线图。

04 等距生成草图线框。单击【等距线】按钮，在立即菜单中选择“单根曲线”和“等距”方式，在【距离】文本框中输入“5”，单击鼠标右键，拾取水平线及角度线，向上、向下分别等距，生成如图5-146所示。

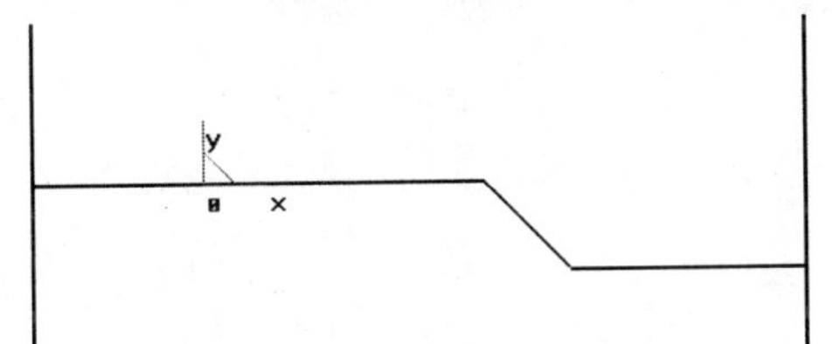

图5-145　主中心线

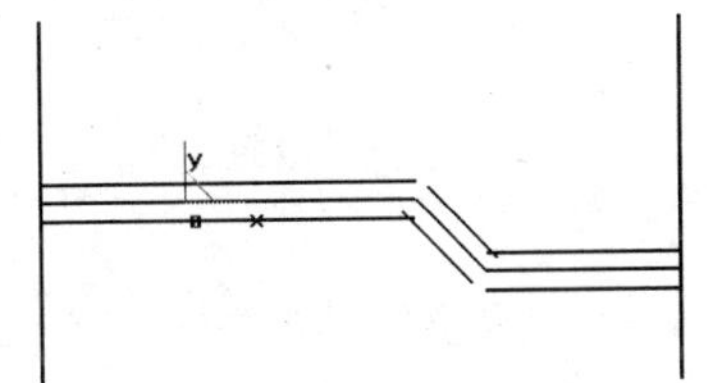

图5-146　等距线

05 延长线段，进行R2倒圆角。单击【删除】按钮，删除中间原始曲线。单击【曲线拉伸】按钮，拾取水平线及角度线使其相交。单击【曲线过渡】按钮，选择【裁剪曲线1】和【裁剪曲线2】选项，在【半径】文本框中输入“2”，拾取相交线，生成过渡圆弧。单击【曲线裁剪】按钮裁剪多余曲线，生成的草图如图5-147所示。

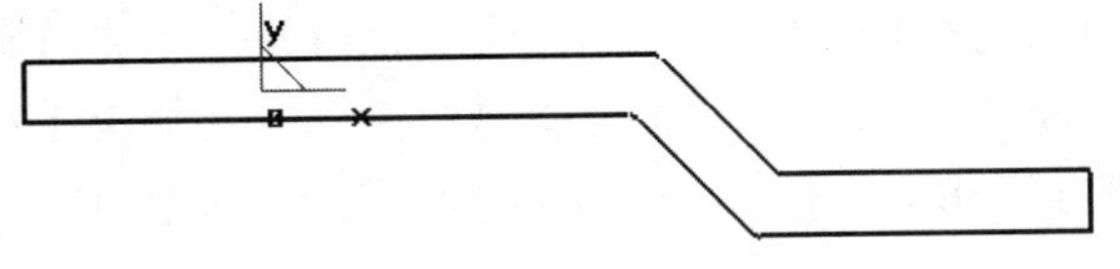

图5-147　板形草图

2. 生成实体，生成圆弧草图

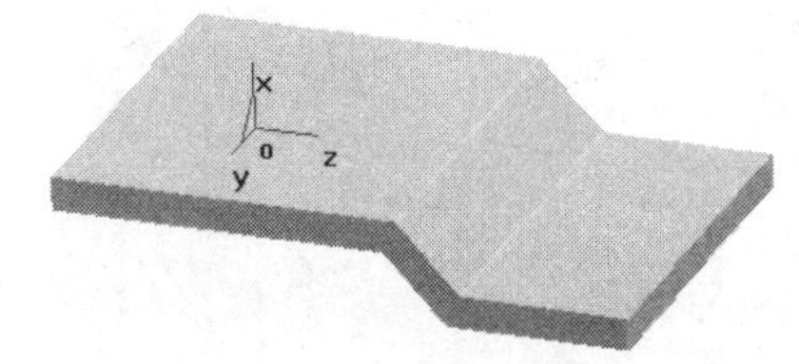

图5-148　生成板形实体

01 按F2键退出“草图0”。单击【拉伸增料】按钮，在【拉伸增料】对话框中选择【双向拉伸】选项，在【深度】数值框中输入“120”，拉伸对象选择“草图0”，单击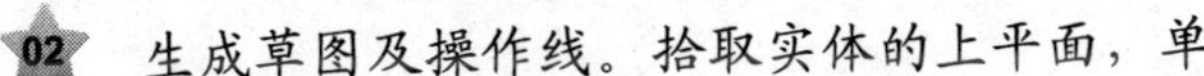确定按钮，生成如图5-148所示的实体。

02 生成草图及操作线。拾取实体的上平面，单

击鼠标右键，在弹出的快捷菜单中选择【创建草图】命令，生成“草图 1”。按 F5 键，单击【直线】按钮，在立即菜单中选择【水平/铅垂线】选项，“水平+铅垂”方式共画十字线，在【长度】文本框中输入“100”，拾取坐标原点，绘制十字交叉线，右击结束画线操作。单击【等距线】按钮，在立即菜单中选择【单根曲线】选项，“等距”方式画线，在【距离】文本框中输入“120”，拾取水平线，在水平线上侧单击；单击【曲线拉伸】按钮，拾取垂直线的上侧，向上拉伸到等距线外，如图 5-149 所示。

03 绘制两个圆。单击【圆】按钮，在立即菜单中选择“圆心_半径”方式绘制圆，拾取原点，按 Enter 键，弹出数值输入框，输入半径值“35”，按 Enter 键，单击鼠标右键；拾取另一交点，按 Enter 键，弹出数值输入框，输入半径值“17.5”，按 Enter 键，单击鼠标右键；两圆绘制完成，如图 5-150 所示。

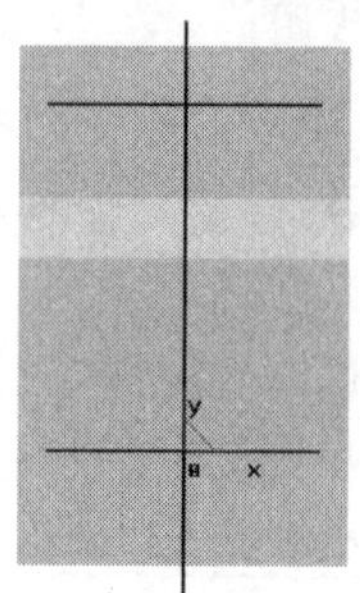

图 5-149　生成辅助中心线

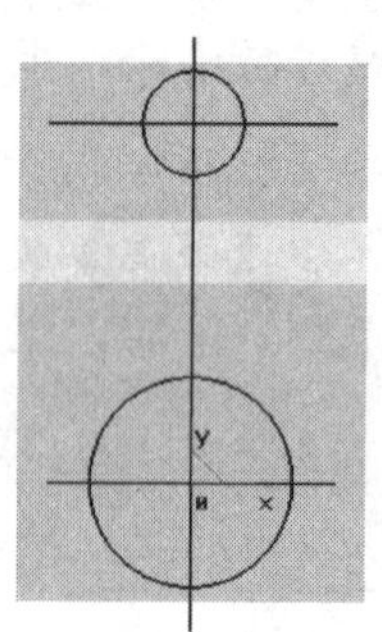

图 5-150　绘制两个圆

04 绘制两条圆弧。单击【圆弧】按钮，在立即菜单中选择“两点_半径”方式，按 Space 键，在弹出的菜单中选择【切点】命令。拾取大圆的右下边，拾取小圆弧的右上边，按 Enter 键，弹出数值输入框，输入半径值“150”，按 Enter 键，大圆弧绘制完成；拾取大圆的左上边，拾取小圆的左下边，按 Enter 键，弹出数值输入框，输入半径值“50”，按 Enter 键，小圆弧绘制完成；如图 5-151 所示。按 Space 键，在弹出的菜单中选择【缺省点】命令，以便下次拾取时使用。

05 删除多余线。单击【删除】按钮，删除十字中心线。单击【曲线裁剪】按钮，在立即菜单中选择“快速裁剪”和“正常裁剪”方式，拾取大小圆弧的内侧圆弧进行裁剪。裁剪后的效果如图 5-152 所示。按 F2 键退出“草图 1”。

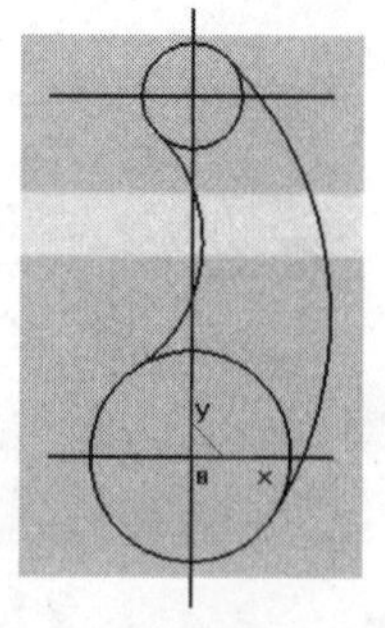

图 5-151　绘制两条圆弧

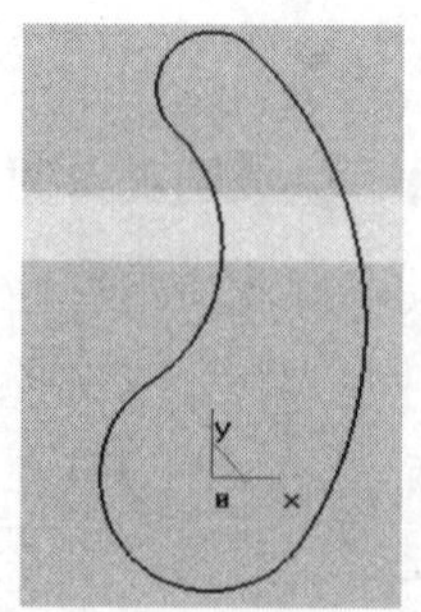

图 5-152　生成外形草图

3．生成切除草图，除料

01 生成草图。拾取上表面，右击，在弹出的快捷菜单中选择【生成草图】命令，生成“草图 2”。单击【点】按钮，在立即菜单中选择“单个点”和“工具点”方式，拾取 4 个角点。单击【直线】按钮，在立即菜单中选择“两点线”、“连续”和“非正交”方式，连接四周边线，如图 5-153 所示。

02 生成草图线。单击【曲线投影】按钮，拾取小圆弧、大圆弧及右侧圆弧线。单击【直线】按钮，在立即菜单中选择“两点”、“连续”和“非正交”方式，任意绘制一条中线，如图 5-154 所示。

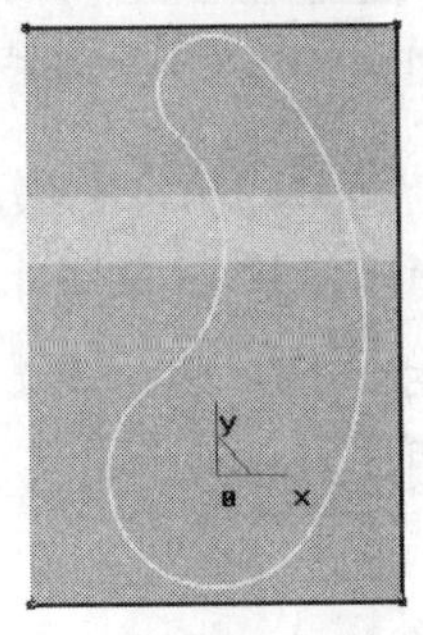

图 5-153　生成草图

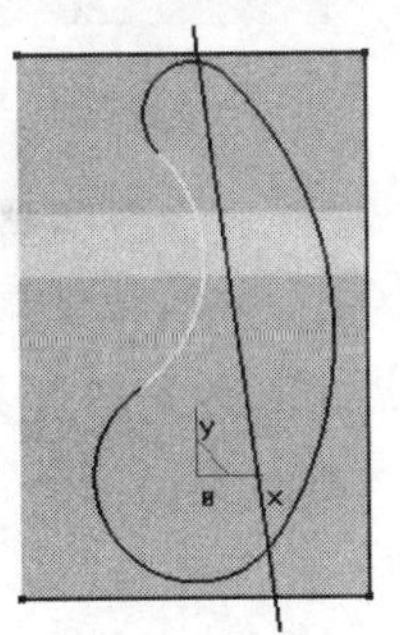

图 5-154　生成草图线

03 删除多余线。单击【曲线裁剪】按钮，在立即菜单中选择“快速裁剪”和“正常裁剪”方式，拾取多余的线进行裁剪，裁剪后如图 5-155 所示。按 F2 键退出“草图 2”。

04 除料。单击【拉伸除料】按钮，在【拉伸除料】对话框中选择【贯穿】选项，拉伸对象选择“草图 2”。单击 确定 按钮，生成如图 5-156 所示的实体。

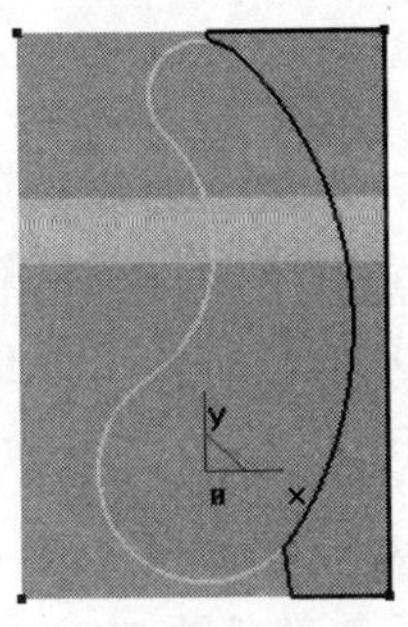

图 5-155　裁剪后的草图

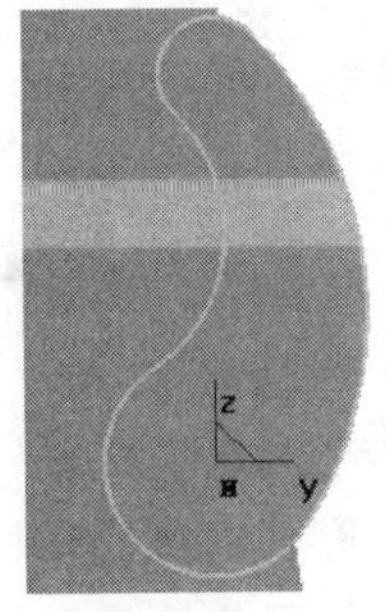

图 5-156　拉伸除料结果

4．生成另一半切除草图，进行除料

01 生成草图。拾取上表面，单击鼠标右键，在弹出的快键菜单中选择【生成草图】命令，生成“草图 3”。单击【点】按钮，在立即菜单中选择“单个点”和“工具点”方式，拾取左侧两个角点。单击【直线】按钮，在立即菜单中选择“两点线”、“连续”、“非正交”方式，连接两点，单击鼠标右键。单击【相关线】按钮，在立即菜单中选择“实体边界线”方式，拾取各边线，如图 5-157 所示。

02 生成草图线。单击【曲线投影】按钮，拾取小圆弧、大圆弧及左侧圆弧线，如图 5-158 所示。

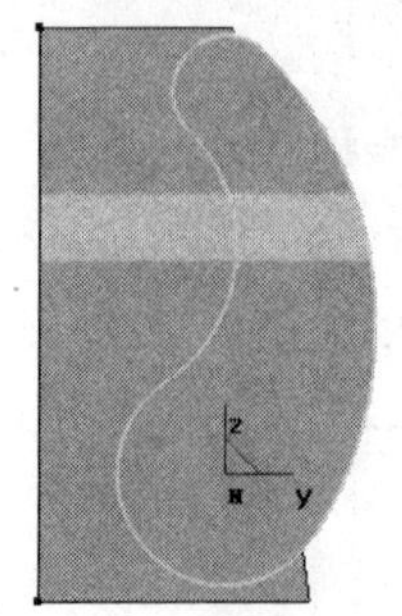
图 5-157　生成草图

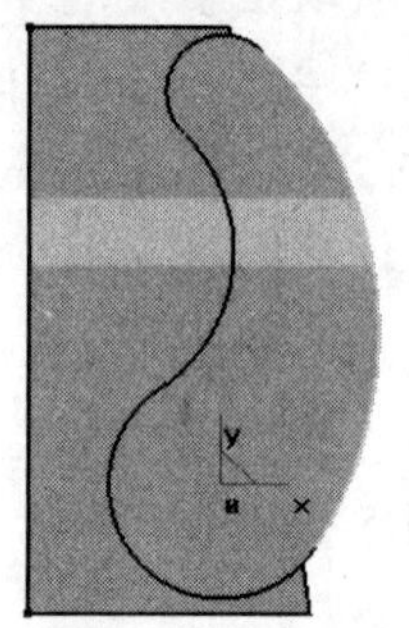
图 5-158　生成草图线

03 删除多余线。单击【曲线裁剪】按钮，在立即菜单中选择“快速裁剪”和“正常裁剪”方式，拾取多余的线进行裁剪，裁剪后如图 5-159 所示。按 F2 键退出“草图 3”。

04 除料。单击【拉伸除料】按钮，在【拉伸除料】对话框中选择【贯穿】选项，拉伸对象选择“草图 3”。单击 确定 按钮，生成如图 5-160 所示的实体。

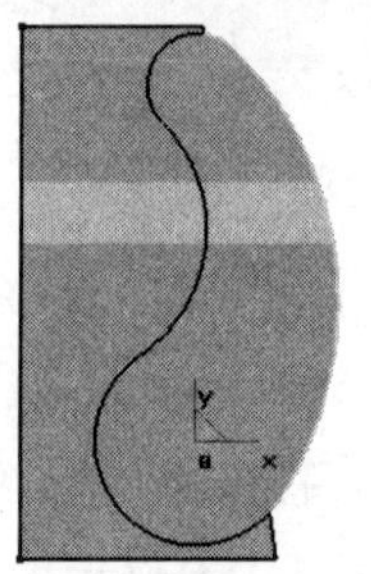
图 5-159　删除多余线

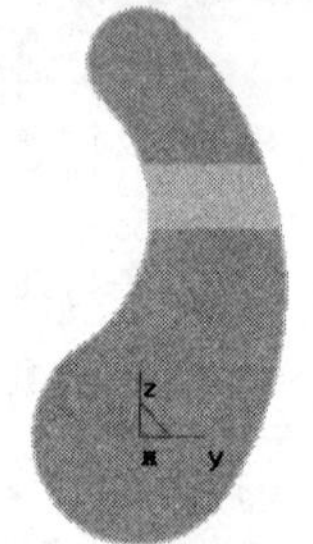
图 5-160　除料结果

5. 生成大凸台

01 生成大圆草图。拾取大圆上平面，单击鼠标右键，在弹出的快捷菜单中选择【创建草图】命令，生成“草图 4”。单击【圆】按钮，在立即菜单中选择“圆心_半径”方式绘制圆，拾取原点，按 Enter 键，弹出数值输入框，输入半径值“35”，按 Enter 键，单击鼠标右键，圆绘制完成，如图 5-161 所示。

02 生成上侧大圆台。按 F2 键退出“草图 4”。单击【拉伸增料】按钮，在弹出的【拉伸增料】对话框中选择【固定深度】选项，在【深度】数值框中输入“12”，拉伸对象选择“草图 4”，单击 确定 按钮，生成如图 5-162 所示的实体。

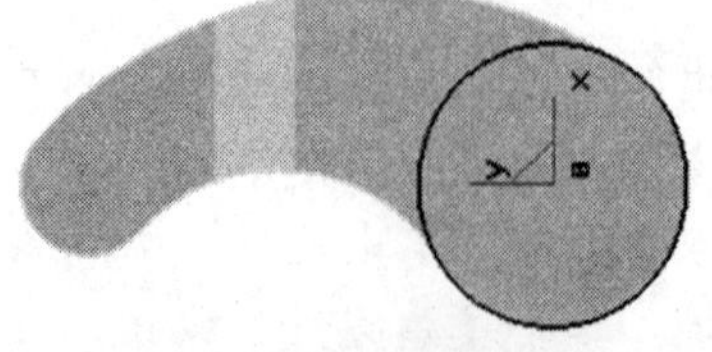
图 5-161　生成大圆草图

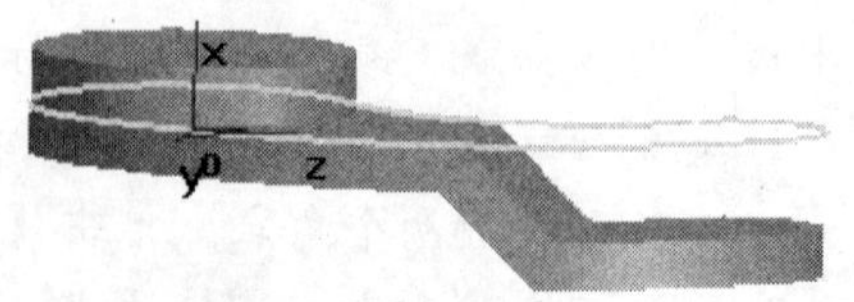
图 5-162　生成上侧大圆台

03 按鼠标中键旋转实体，使底面朝上。拾取大圆底平面，单击鼠标右键，在弹出的快捷菜单中选择【创建草图】命令，生成“草图 5”。单击【圆】按钮，在立即菜单中选择“圆心_半径”方式绘制圆，拾取原点，按 Enter 键，弹出数值输入框，输入半径值“35”，按 Enter 键，单击鼠标右键，圆绘制完成，如图 5-163 所示。

04 生成底侧大圆台。按 F2 键退出“草图 5”。单击【拉伸增料】按钮，在弹出的【拉伸增料】对话框中选择【固定深度】选项，在【深度】数值框中输入“3”，拉伸对象选择“草图 5”，单击 确定 按钮，生成如图 5-164 所示的实体。

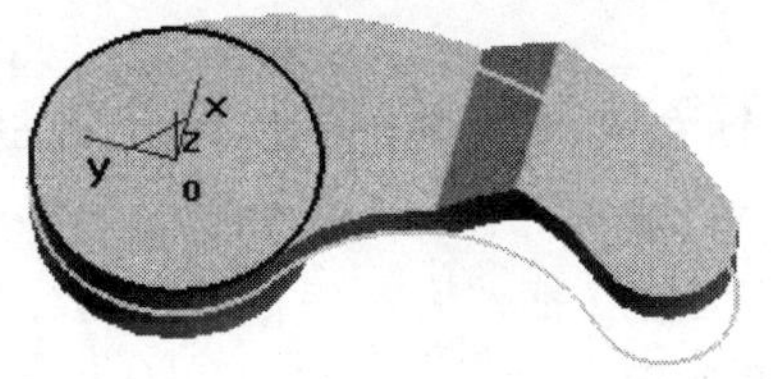

图 5-163　绘制圆

图 5-164　生成底侧大圆台

6．生成小凸台

01 生成小圆草图。拾取小圆上平面，单击鼠标右键，在弹出的快捷菜单中选择【创建草图】命令，生成“草图 6”。单击【圆】按钮，在立即菜单中选择“圆心_半径”方式绘制圆，按 Enter 键，弹出数值输入框，输入圆心坐标值（0，120，0），按 Enter 键，小圆圆心确定，按 Enter 键，弹出数值输入框，输入半径值 17.5，按 Enter 键，单击鼠标右键，小圆绘制完成，如图 5-165 所示。

02 生成上侧小圆台。按 F2 键退出“草图 6”。单击【拉伸增料】按钮，在弹出的【拉伸增料】对话框中选择【固定深度】选项，在【深度】数值框中输入“3”，拉伸对象选择“草图 6”，单击 确定 按钮，生成如图 5-166 所示实体。

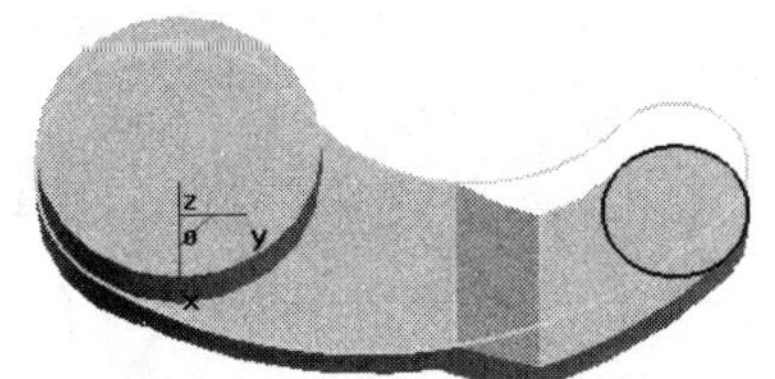

图 5-165　生成小圆草图

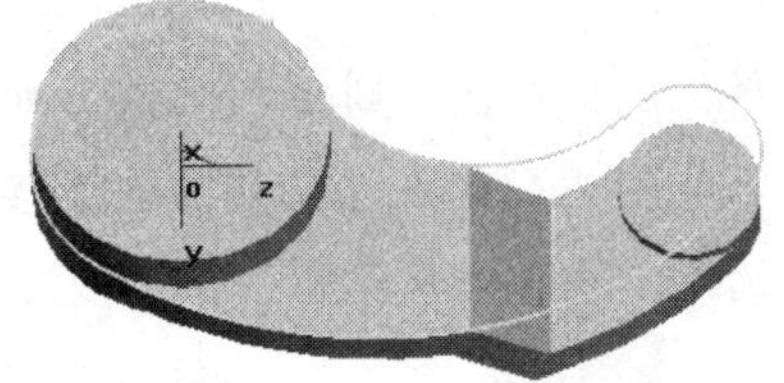

图 5-166　生成上侧小圆台

03 按鼠标中键，旋转实体，使底面朝上。拾取小圆底平面，单击鼠标右键，在弹出的快捷菜单中选择【创建草图】命令，生成“草图 7”。单击【圆】按钮，在立即菜单中选择“圆心_半径”方式绘制圆，按 Enter 键，弹出数值输入对话框，输入圆心坐标值（0，−120，0），按 Enter 键，小圆圆心确定，按 Enter 键，弹出数值输入框，输入半径值 17.5，按 Enter 键，单击鼠标右键，小圆绘制完成，如图 5-167 所示。

04 生成底侧小圆台。按 F2 键退出“草图 7”。单击【拉伸增料】按钮，在弹出的【拉伸

增料】对话框中选择【固定深度】选项，在【深度】数值框中输入“3”，拉伸对象选择“草图 7”，点击 确定 按钮，生成如图 5-168 所示的实体。

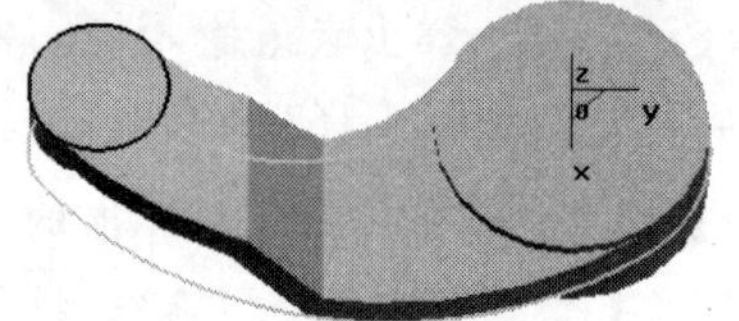

图 5-167　绘制圆

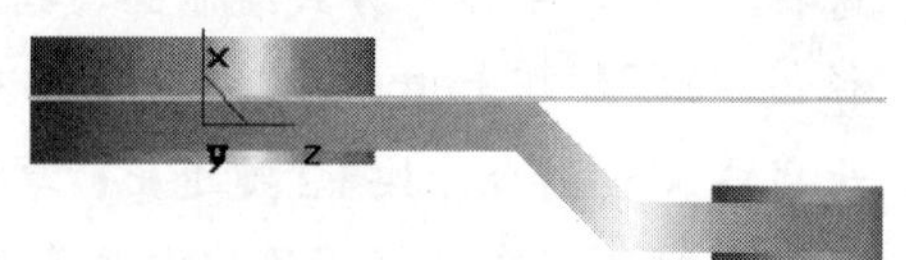

图 5-168　生成底侧小圆台

7．绘制凸台通孔

01 生成大孔草图。拾取大圆台上平面，单击鼠标右键，在弹出的快捷菜单中选择【创建草图】命令，生成“草图 8”。单击【圆】按钮，在立即菜单中选择“圆心_半径”方式绘制圆，拾取原点，按 Enter 键，弹出数值输入框，输入半径值“20”，按 Enter 键，单击鼠标右键，圆绘制完成，如图 5-169 所示。

02 拉伸除料。单击【拉伸除料】按钮，在弹出的【拉伸除料】对话框中选择【贯穿】选项，拉伸对象选择“草图 8”。单击 确定 按钮，生成如图 5-170 所示的实体。

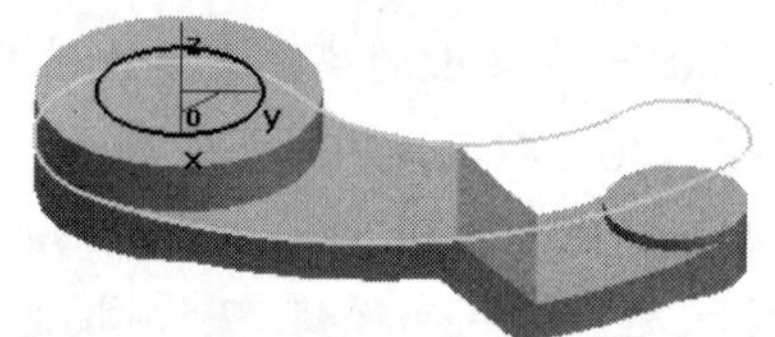

图 5-169　生成大孔草图

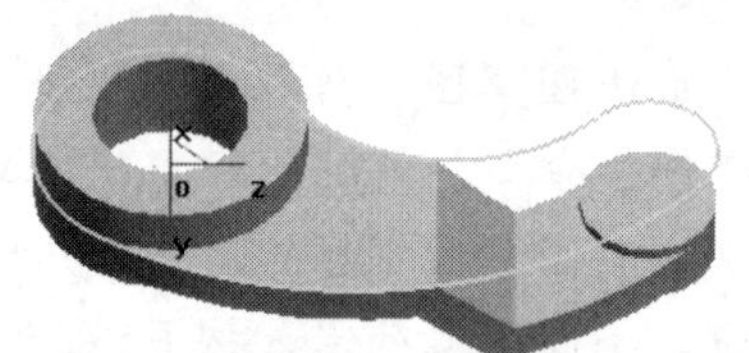

图 5-170　拉伸除料结果

03 生成小孔草图。拾取小圆台上平面，单击鼠标右键，在弹出的快捷菜单中选择【创建草图】命令，生成“草图 9”。单击【圆】按钮，在立即菜单中选择“圆心_半径”方式绘制圆，按 Enter 键，弹出数值输入框，输入圆心坐标值（0，120，0），按 Enter 键，小圆圆心确定，按 Enter 键，弹出数值输入框，输入半径值“10”，按 Enter 键，单出鼠标右键，圆绘制完成，如图 5-171 所示。

04 拉伸除料。单击【拉伸除料】按钮，在弹出的【拉伸除料】对话框中选择【贯穿】选项，拉伸对象选择“草图 9”。单击 确定 按钮，生成如图 5-172 所示的实体。

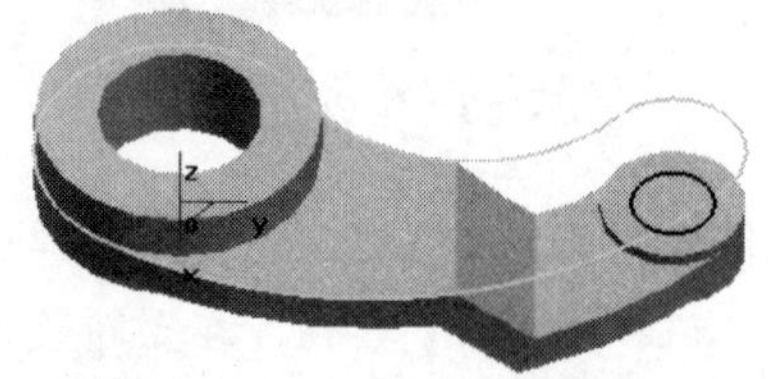

图 5-171　生成小孔草图

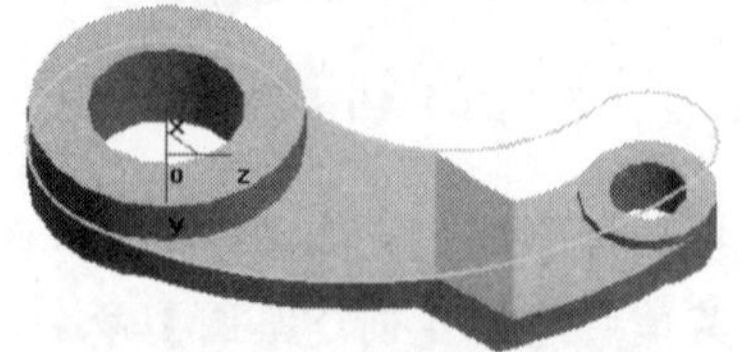

图 5-172　拉伸除料结果

8．绘制倒角

01 单击【倒角】按钮，弹出【倒角】对话框，在【距离】数值框中输入“2”，在【角度】数值框中输入“45”。拾取要倒角的边线。按下鼠标中键并移动可以旋转实体，以方便拾取。拾取 8 条边线，结果如图 5-173 所示。

02 单击 确定 按钮，生成如图 5-174 所示的实体。

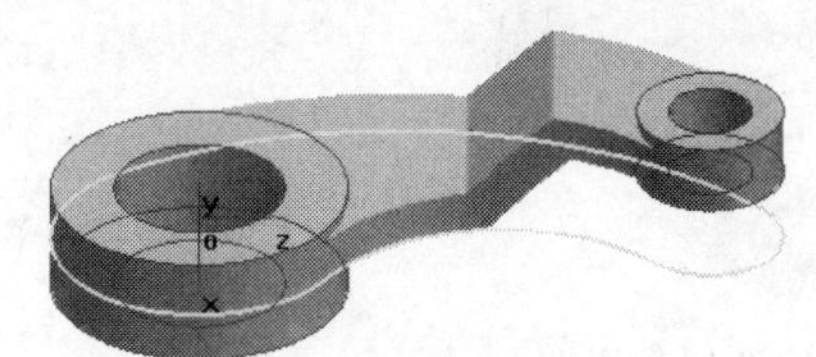

图 5-173　拾取倒角边线

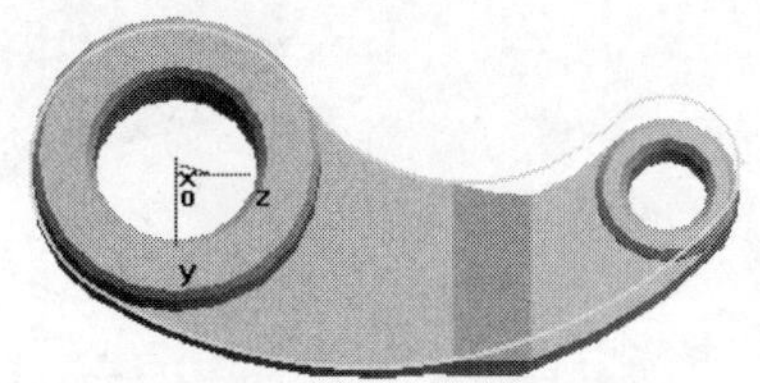

图 5-174　连杆实体

03 实体绘制完成后，进行保存。选择主菜单中的【文件】/【保存】命令，弹出【存储文件】对话框。选择保存目录，输入保存文件名“曲线连杆实体造型”，单击 保存(S) 按钮，完成图形保存。

5.4　项目实现：连杆零件设计之四—— 特征实体造型

本节以连杆零件为例，讲解用特征实体造型方法来绘制连杆零件。

实例文件	实例\05\例 5-4.mxe
操作录像	视频\05\例 5-4.avi

连杆零件的俯视图如图 5-175 所示。

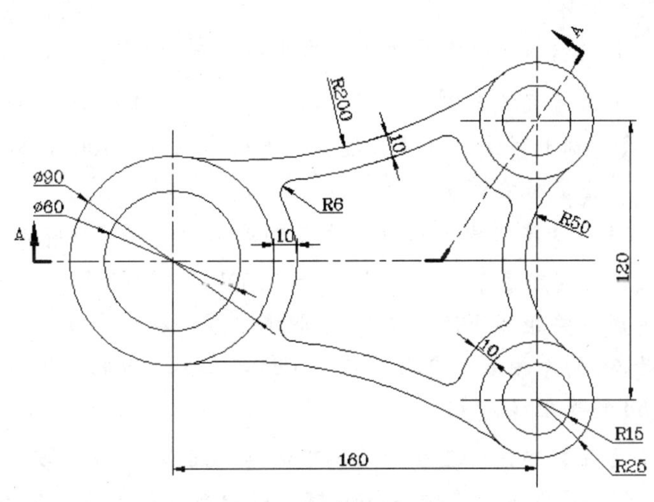

图 5-175　连杆俯视图

连杆零件的 A-A 视图如图 5-176 所示。

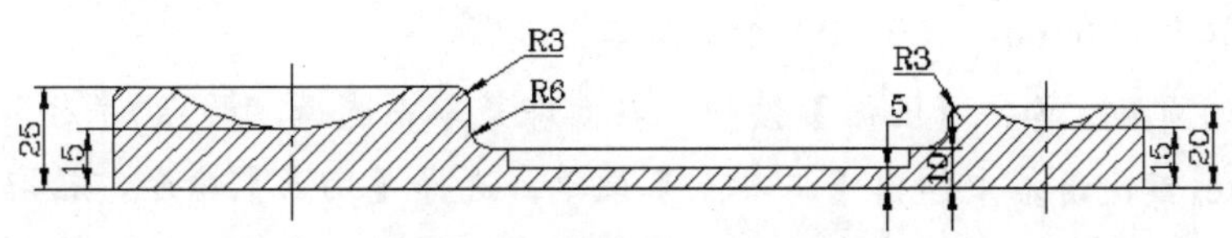

图 5-176　连杆的 A-A 视图

连杆的二维图纸在 CAXA 制造工程师 2008 中进行三维实体造型后，其效果图如图 5-177 所示。

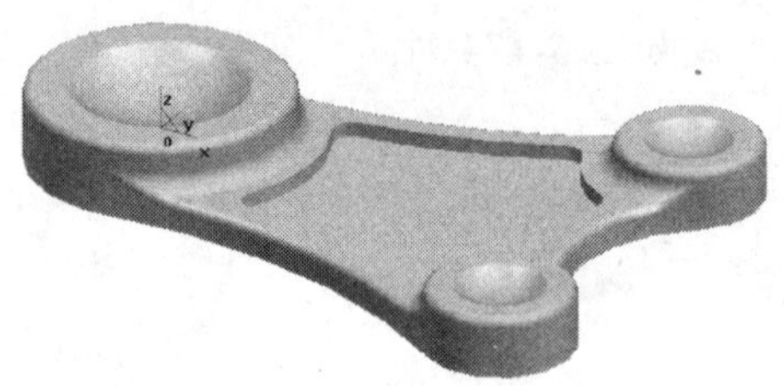

图 5-177　连杆的三维实体造型效果图

设计分析

（1）通过底面造型进行拉伸增料，设计出连杆底面，用拉伸除料进行凹槽设计。

（2）通过拉伸设计出圆柱台实体造型。

（3）通过旋转除料可以生成凹球面。

（4）通过实体例角和过渡等进行边角的倒角，完成特征实体造型。

操作步骤

1．建立草图 0，绘制连杆草图

01 打开软件，按 F2 键，以 *XOY* 平面为基准生成“草图 0”。

02 绘制中心线。单击【直线】按钮，在立即菜单中选择【水平/铅垂线】选项，以“水平+铅垂”方式绘制十字线，在【长度】文本框中输入“400”，拾取坐标原点，绘制十字交叉线，单击鼠标右键确认。

03 绘制等距线。单击【等距线】按钮，在立即菜单中选择【单根曲线】选项，以“等距”方式画线，在【距离】文本框中输入“160”，拾取铅垂线，在铅垂线右侧单击，等距线绘制完成；将距离修改为 60，拾取水平线，在水平线的上侧单击，生成一条水平线距离为 60 的等距线；再次拾取水平线，在水平线的下侧单击，生成一条距水平线距离为 60 的等距线。

04 绘制圆。单击【圆】按钮，在立即菜单中选择“圆心_半径”方式绘制圆，拾取点 *O*（0，0，0）为大圆的圆心，按 Enter 键，弹出数值输入框，输入半径值“45”，按 Enter 键，右击，大圆绘制完成；拾取点 *A*（160，60，0）为小圆的圆心，按 Enter 键，输入半径值“25”，按 Enter 键，单击鼠标右键，第一个小圆绘制完成。用同样方法拾取点 *B*（160，−60，0）绘制第二个小圆。

05 绘制相切圆弧。单击【圆弧】按钮，在立即菜单中选择“两点_半径”方式画圆弧，按 Space 键，屏幕中弹出【工具点】菜单，选择【切点】命令，拾取大圆右上角，确定第一点；拾取 *A* 圆左上角，确定第二点，按 Enter 键，输入半径值“200”，按 Enter 键，上部分圆弧绘制完成；用同样方法绘制下部分圆弧；拾取 *A* 圆右下角，拾

取 *B* 圆右上角，确定两点，按 Enter 键，弹出数值输入对话框，输入半径值“50”，按 Enter 键，右侧圆弧绘制完成。

06 裁剪曲线。单击【曲线裁剪】按钮，在立即菜单中选择“快速裁剪”和“正常裁剪”方式进行裁剪，拾取内侧圆弧边线及十字线等，最终草图如图 5-178 所示。

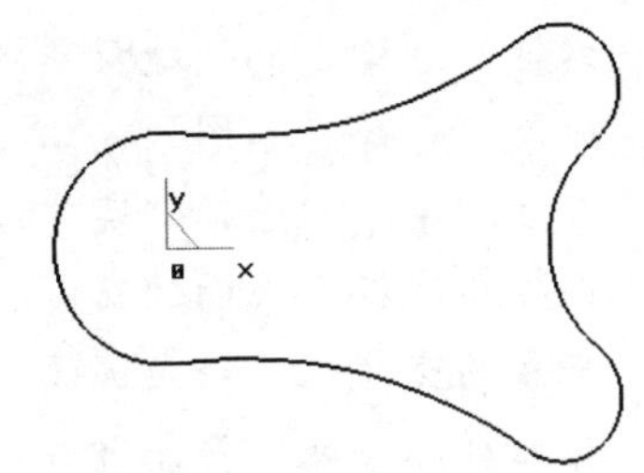

图 5-178　连杆的底板草图

2．生成连杆底板实体

01 按 F2 键退出“草图 0”。

02 拉伸增料。单击【拉伸增料】按钮，在弹出的【拉伸增料】对话框中选择【固定深度】选项，在【深度】数值框中输入“10”，拉伸对象选择“草图 0”。

03 单击 确定 按钮，生成如图 5-179 所示的实体。

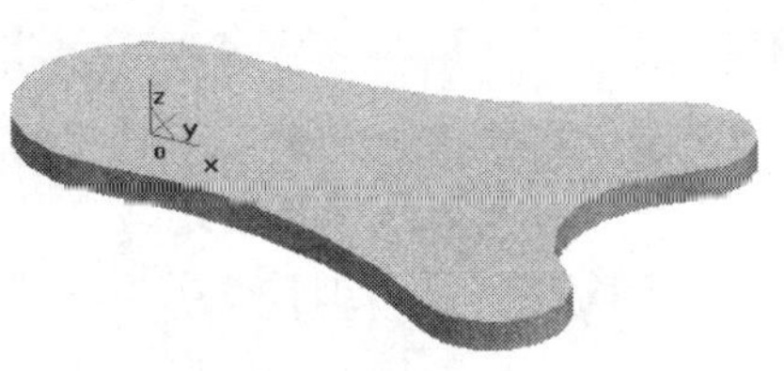

图 5-179　连杆的底板实体

3．绘制圆柱台

01 绘制大圆柱台草图。拾取实体上表面，单击鼠标右键，在弹出的快捷菜单中选择【创建草图】命令，创建“草图 1”；单击【整圆】按钮，在立即菜单中选择“圆心_半径”方式，拾取点（0，0，0），绘制半径为 90 的圆。

02 拉伸增料生成大圆柱台。按 F2 键退出“草图 1”。单击【拉伸增料】按钮，在弹出的【拉伸增料】对话框中选择【固定深度】选项，在【深度】数值框中输入“15”，拉伸对象选择“草图 1”。单击 确定 按钮，生成如图 5-180 所示的实体。

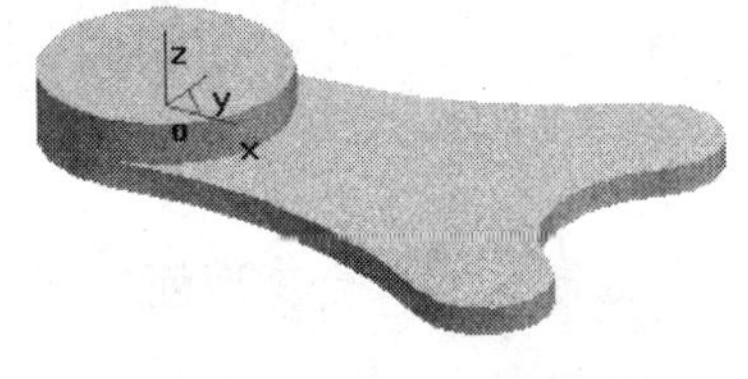

图 5-180　大圆柱台的实体

03 绘制两小圆柱台草图。拾取实体上表面，单击鼠标右键，在弹出的快捷菜单中选择【创建草图】命令，创建“草图 2”；单击【整圆】按钮，在立即菜单中选择【圆心_半径】选项，拾取点（160，60，0），绘制半径为 50 的圆；拾取点（160，－60，0），绘制半径为 50 的圆。

04 拉伸生成两小圆柱台。按 F2 键退出“草图 2”。单击【拉伸增料】按钮，在弹出的【拉伸增料】对话框中选择【固定深度】选项，在【深度】数值框中输入“10”，拉伸对象选择“草图 2”，单击 确定 按钮，生成如图 5-181 所示的实体。

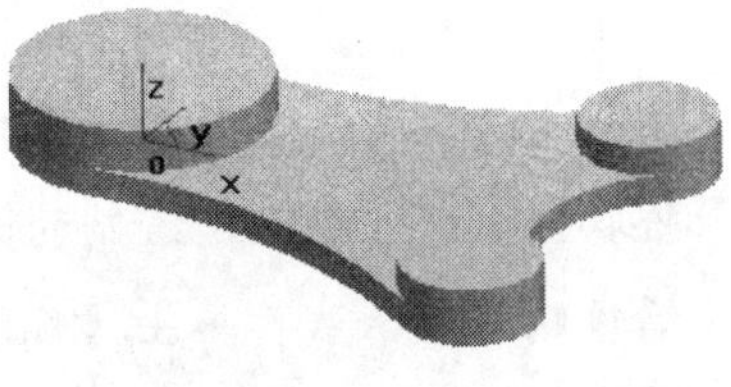

图 5-181　生成小圆柱台

4．绘制内凹槽

01 绘制外轮廓边线。拾取实体上表面，单击鼠标右键，在弹出的快捷菜单中选择【创建草图】命令，创建“草图 3”；单击【相关线】按钮，在立即菜单中选择“实体边界”方式，拾取大圆柱与底板上平面的交线、两小圆柱与底板上平面的交线及 3 条大圆弧线，如图 5-182 所示。

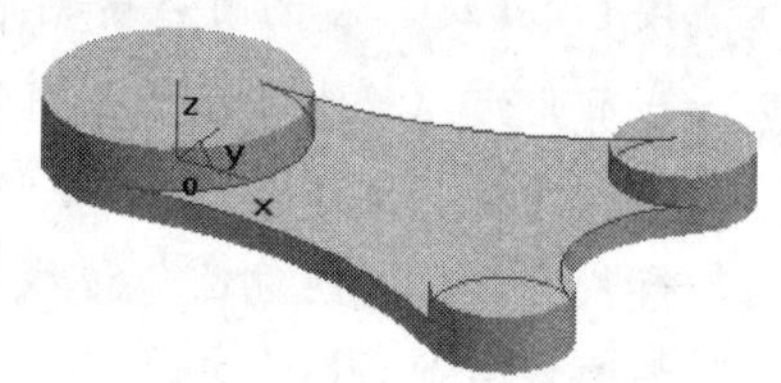

图 5-182 拾取边线

02 等距处轮廓线。单击【等距线】按钮，在立即菜单中选择“单根曲线”和“等距”方式，在【距离】文本框中输入“10”，依次拾取步骤 01 中的边界线，拾取向内的箭头。

03 进行曲线编辑生成草图。单击【曲线过渡】按钮，在立即菜单中选择【圆弧过渡】选项，在【半径】文本框中输入“6”，选择“不裁剪曲线 1”和“不裁剪曲线 2”方式，依次拾取等距后边与边的夹角；单击【曲线裁剪】按钮，在立即菜单中选择“快速裁剪”和“正常裁剪”方式进行裁剪，拾取倒角不需要的外边曲线进行裁剪；单击【删除】按钮，拾取倒角后多余的曲线，进行删除，结果如图 5-183 所示。

04 拉伸除料生成凹槽。按 F2 键退出“草图 3”。单击【拉伸除料】按钮，在弹出的【拉伸除料】对话框中选择【固定深度】选项，在【深度】数值框中输入“5”，拉伸对象选择“草图 3”，单击 确定 按钮，生成凹槽如图 5-184 所示的实体。

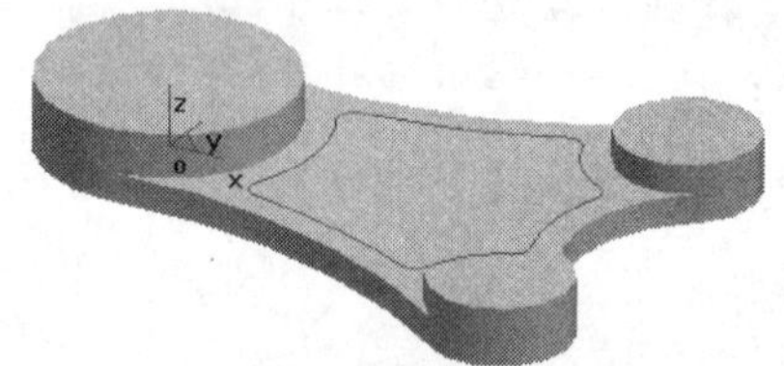

图 5-183 生成凹槽线

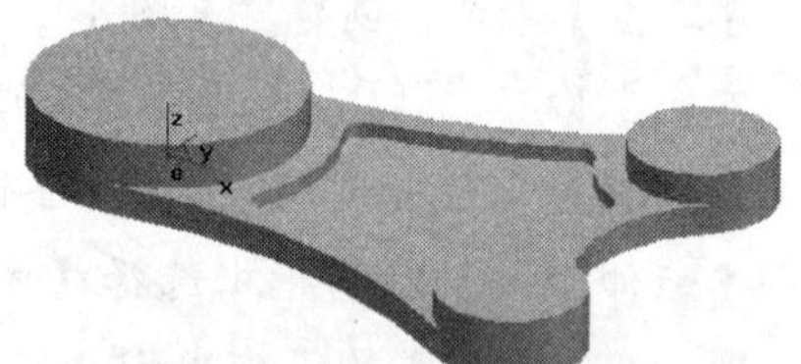

图 5-184 生成凹槽实体

5．绘制大圆柱台球形面

01 绘制大圆弧草图。拾取平面 *XZ*，按 F2 键生成“草图 4”；按 F5 键；单击【相关线】按钮，在立即菜单中选择【实体边界】选项，拾取左边线及大圆柱顶面边线；单击【直线】按钮，在立即菜单中选择“两点线”、“单个”和“正交”方式，拾取原点，绘制一条水平线；单击【等距线】按钮，在立即菜单中选择“单根曲线”和“等距”方式，在【距离】文本框中输入“30”，拾取水平线，向上等距；拾取水平线，向下等距；距离改为 15，拾取左边线，向右等距。

02 绘制三点圆弧。单击【圆弧】按钮，在立即菜单中选择“三点圆弧”方式绘制圆弧，拾取生成的 3 个点，绘制的圆弧如图 5-185 所示。

03 编辑删除多余线。单击【删除】按钮，拾取倒角后多余的曲线进行删除，编辑后如图 5-186 所示，图中有一圆弧及一条线段。

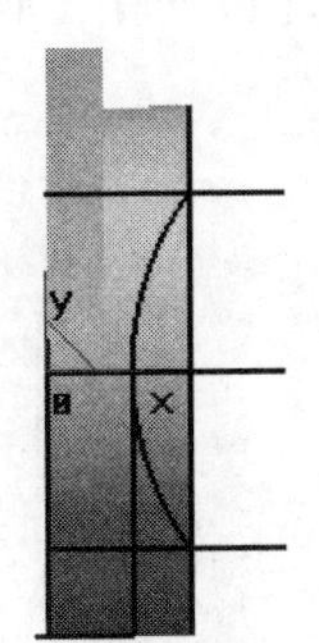

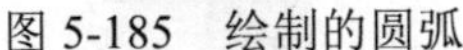

图 5-185　绘制的圆弧

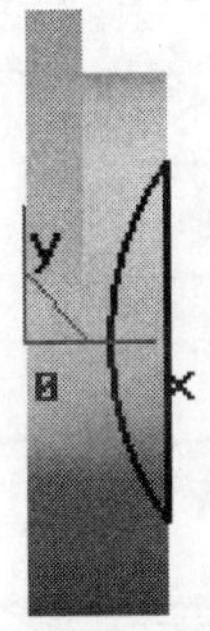

图 5-186　删除多余线后的图形

04 绘制圆球面的旋转轴线。按 F2 退出“草图 4”。按 F9 键切换到平面 *XOZ*；单击【点】按钮，在立即菜单中选择【单个点】和【工具点】选项，按 Space 键，在弹出的菜单中选择【圆心】命令，拾取圆弧线，则点绘制完成；单击【直线】按钮，在立即菜单中选择【两点线】、【单个】和【正交】选项，按 Space 键，在弹出的菜单中选择【缺省点】命令，拾取圆心点，绘制一条水平线，如图 5-187 所示。

05 旋转除料生成圆球面。单击【旋转除料】按钮，在弹出的【旋转除料】对话框中选择【单向旋转】和【360】选项，拉伸对象选择“草图 4”，选择水平线为旋转轴线，单击 确定 按钮，生成如图 5-188 所示的实体。

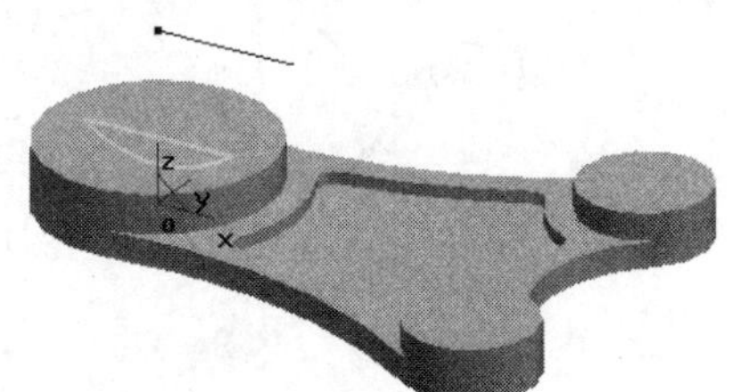

图 5-187　绘制旋转轴线

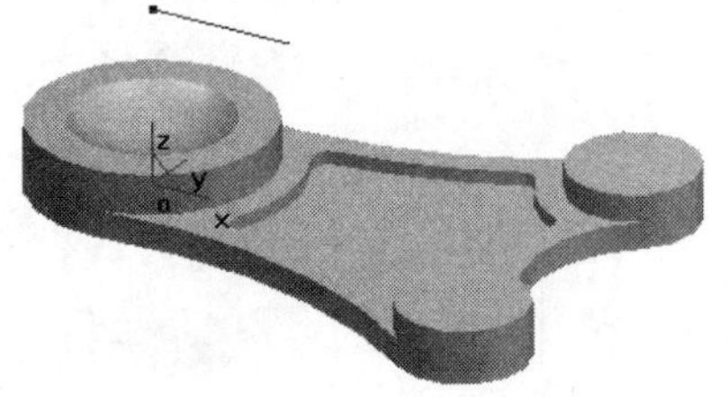

图 5-188　旋转除料生成球面

6．绘制两小圆柱台球形面

01 绘制平面，生成草图。单击【构造基准面】按钮，弹出【构造基准面】对话框，选择“等距平面确定基准面”方式，在【距离】数值框中输入“60”，构造条件选择“平面 *XZ*”，单击 确定 按钮，生成“平面 6”。

02 绘制小圆柱上的圆弧线。拾取“平面 6”，按 F2 键生成“草图 5”；按 F5 键；单击【相关线】按钮，在立即菜单中选择【实体边界】选项，拾取左边线及小圆柱顶面边线；单击【直线】按钮，在立即菜单中选择“两点线”、“单个”和“正交”方式，拾取点（0，120，0），绘制一条水平线；单击【等距线】按钮，在立即菜单中选择“单根曲”和“等距”方式，在【距离】文本框中输入“25”，拾取水平线，向上等距；拾取水平线，向下等距；距离修改为 15，拾取左边线，向右等距。

03 绘制三点圆弧，生成圆弧曲线。单击【圆弧】按钮，在立即菜单中选择“三点圆弧”

方式绘制圆弧，拾取生成的 3 个点，绘制的圆弧如图 5-189 所示。单击【删除】按钮，拾取倒角后多余的曲线进行删除，如图 5-190 所示。

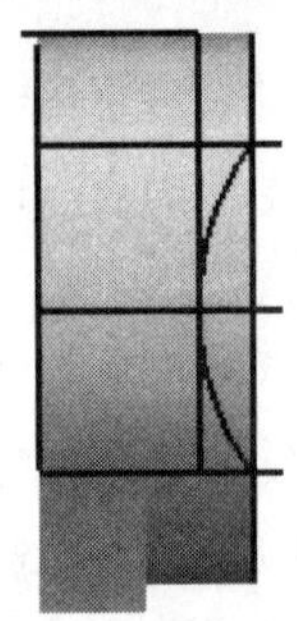
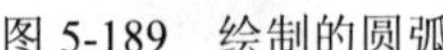

图 5-189　绘制的圆弧

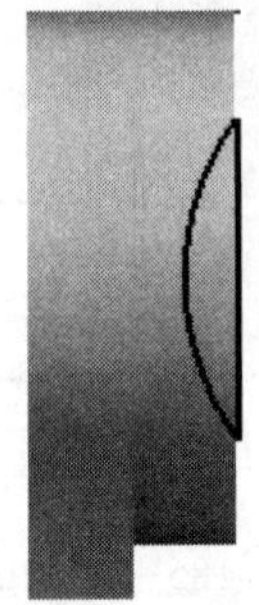

图 5-190　删除多余曲线后的圆形

04 绘制圆球面的旋转轴线。按 F2 退出“草图 5”。按 F9 键切换到平面 *XOZ*；单击【点】按钮，在立即菜单中选择【单个点】和【工具点】选项，按 Space 键，在弹出的菜单中选择【圆心】命令，拾取圆弧线，则点绘制完成；单击【直线】按钮，在立即菜单中选择【两点线】、【单个】和【正交】选项，按 Space 键，在弹出的菜单中选择【缺省点】命令，拾取圆心点，绘制一条水平线，如图 5-191 所示。

05 旋转除料生成小圆球面。单击【旋转除料】按钮，在弹出的【旋转除料】对话框中选择【单向旋转】和【360】选项，拉伸对象选择“草图 5”，选择水平线为旋转轴线，单击 确定 按钮，生成的球面如图 5-192 所示。

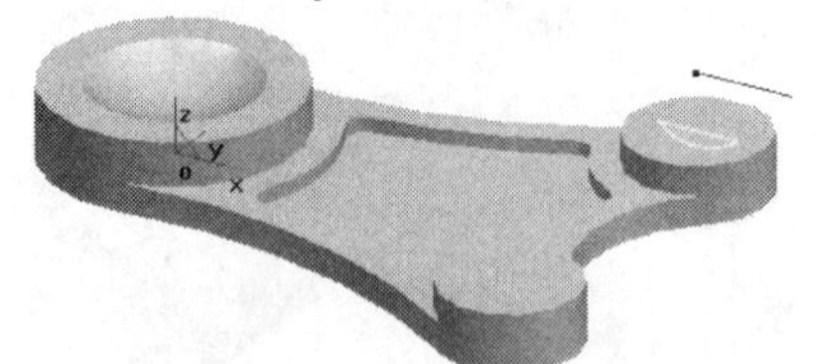

图 5-191　绘制旋转轴

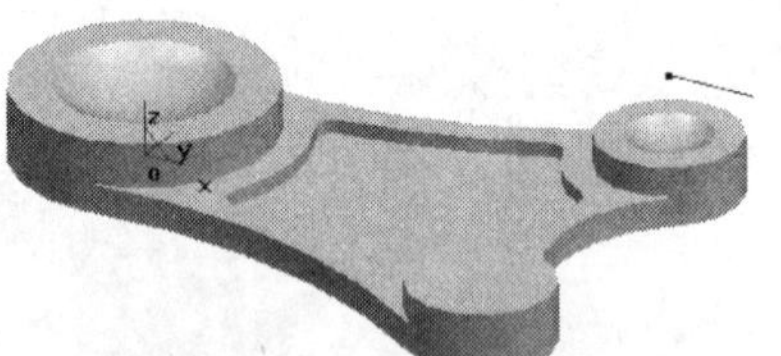

图 5-192　除料生成球面

06 以相同的方法绘制另一小圆的球面，绘制完成后如图 5-193 所示。

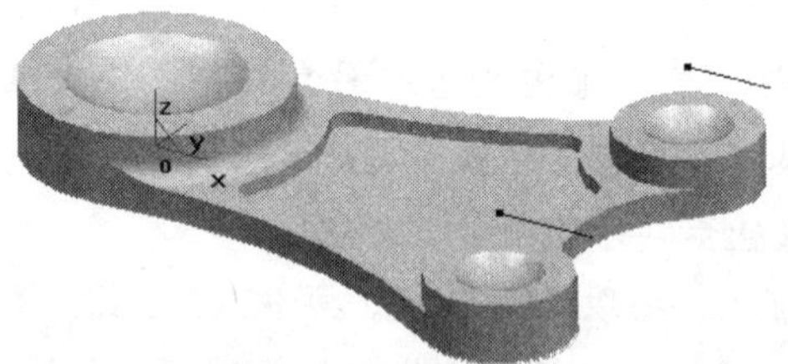

图 5-193　生成的 3 个球面

7. 边的过渡及保存文件

01 倒角 R6。单击【过渡】按钮，在弹出的【过渡】对话框中选择“等半径”方式，在【半径】数值框中输入“6”，拾取大圆柱与底板上平面的交汇处，单击 确定 按钮，生成如图 5-194 所示的实体。

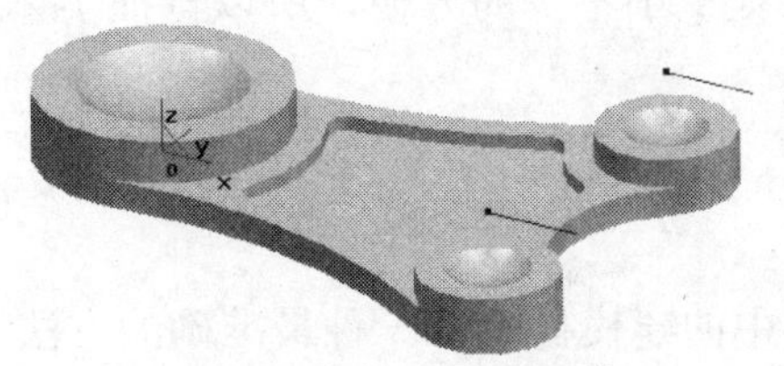

图 5-194　R6 过渡边

02 倒角 R3。单击【过渡】按钮，在【过渡】对话框中选择“等半径”方式，在【半径】数值框中输入“3”，拾取底板的 3 条圆弧边，拾取 3 个圆柱的环形平面，如图 5-195 所示。

03 完成实体。单击 确定 按钮，倒角完成；单击【删除】按钮，拾取多余的曲线及点进行删除，最终实体如图 5-196 所示。

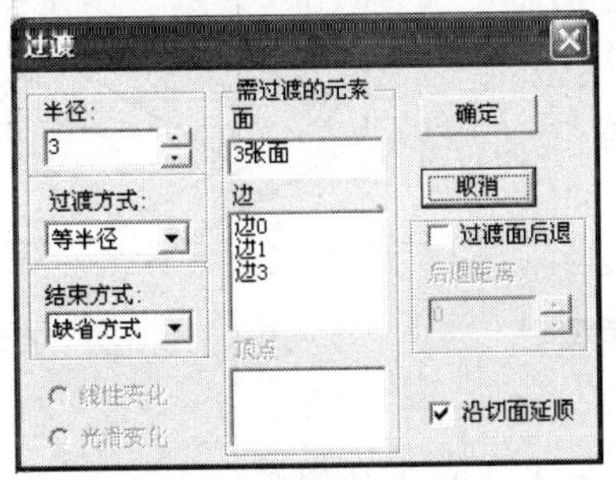

图 5-195 【过渡】对话框

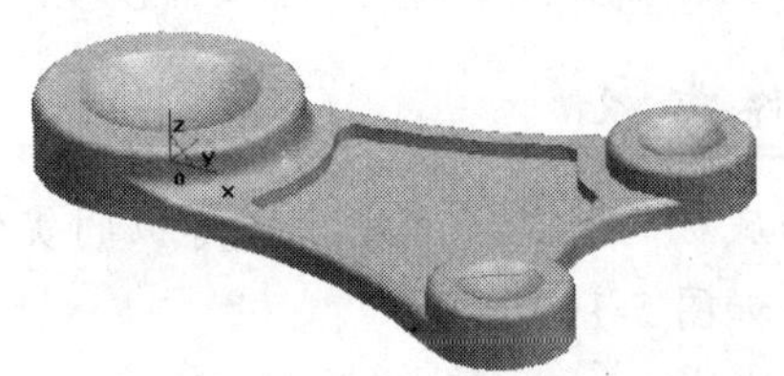

图 5-196　连杆的实体造型效果图

04 实体绘制完成后，进行保存。选择主菜单中的【文件】/【保存】命令，弹出【存储文件】对话框，如图 5-197 所示。选择保存目录，输入保存文件名“连杆实体造型”，单击 保存(S) 按钮，完成图形保存。

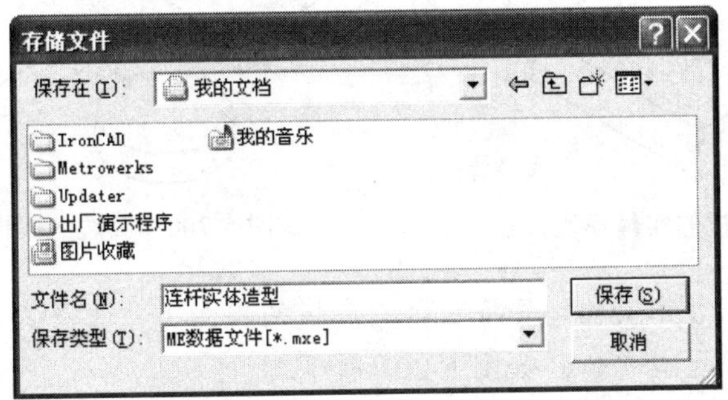

图 5-197　存储图形

5.5　应用拓展

在三维设计中，特征实体造型是三维造型中最简单、方便、快捷的一种方式，是三维造型技术的关键。实体造型中包括的孔、槽、型腔、点、凸台、圆柱体、块、圆锥体、球体和管子等特征为实体造型提供了不少的方便，所以特征实体造型是 CAXA 制造工程师 2008 的重要组成部分。

5.5.1 软件知识拓展

实体模型的建立为空间中的建模提供了一种最准确的方法，而且它能够以多种方式来表达某个实体，可以按线框模型和面模型方式来观察实体模型。通过读出距离和指定模型上的关键点可以分析线框模型和面模型。实体模型是用一个实体来表达一个真实的物体，从圆柱体到薄板，从楔块到立方体，所有用来构造实体的基本体都具有一定的体积，这些基本体通过“加”和“减”的运算合并为一个单一的实体模型。

不论是简单的还是复杂的实体，所有的实体都是由简单的几何形体或基本体组合而成。这些基本形状可以是立方体、圆柱体和圆锥体等。实体建模提供了构造基本体的方法，一旦构造好基本体，通过“并”、“交”或“差”运算构成最终的实体模型。

下面介绍生成如图 5-198 所示实体模型的步骤。

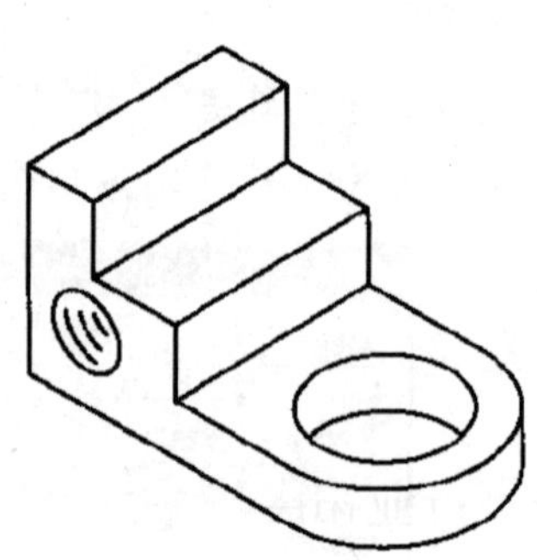

图 5-198 台阶块的实体

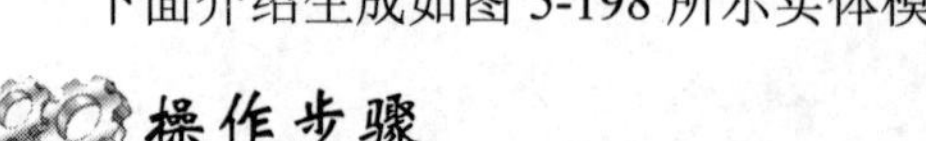

操作步骤

01 根据底板的长、宽和高生成薄板的实体模型，结果如图 5-199 所示。

02 接着生成圆柱体，这个圆柱体最终是为了生成底板上的圆弧曲面。构造实体模型的优点之一是可以将基本体合并生成一个组合的实体。将圆柱体和薄板通过“交”运算成生一个完整的底板，如图 5-200 所示。

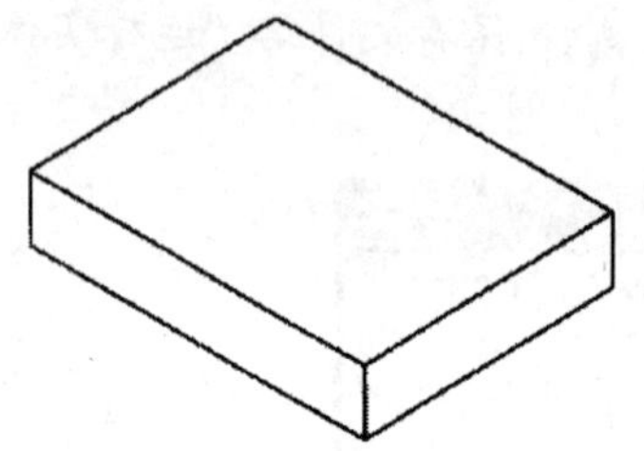

图 5-199 底板的实体模型

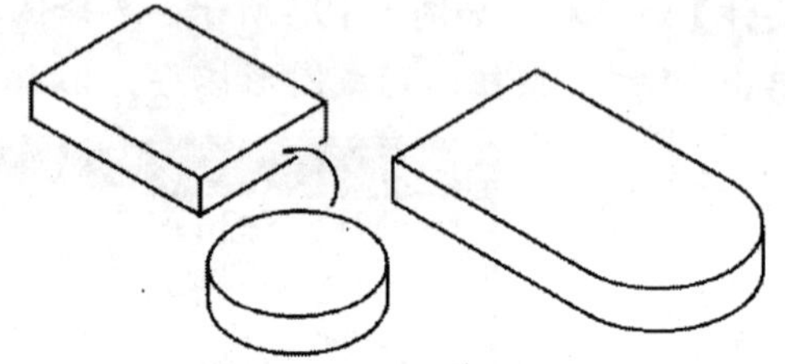

图 5-200 圆边的底板实体模型

03 再生成另一个正方体实体，并将它移到底板的顶面上，连接这个新生成的块与底板。通过“并”运算生成实体，如图 5-201 所示。

04 再生成另一个实体块并将它移到位，这一次不是将实体块合并上去，而是从原来的实体中减去这个立方体，这项操作过程叫“差”运算。“差”运算完成后生成如图 5-202 所示的阶梯形。

05 生成另一圆柱体并将它移到位，同样用“差”的运算方法生成孔。首先，生成与孔的直径和深度相同的圆柱体；接着，将圆柱体移到原有实体的内部减掉圆柱体。孔生成后的实体如图 5-203 所示。

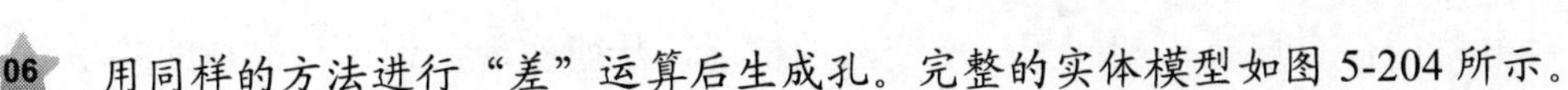

06 用同样的方法进行“差”运算后生成孔。完整的实体模型如图 5-204 所示。

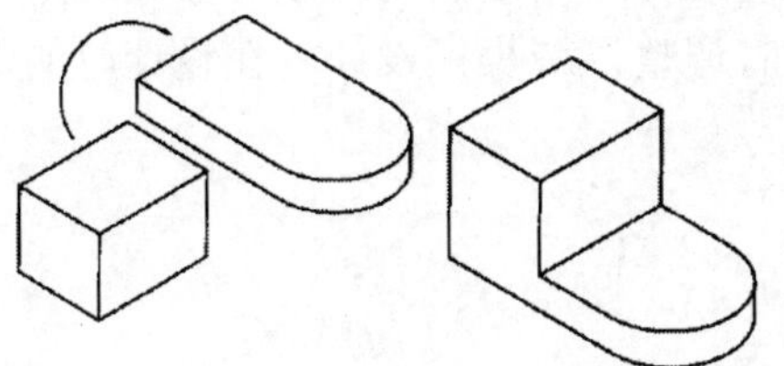

图 5-201　底板和块的实体模型

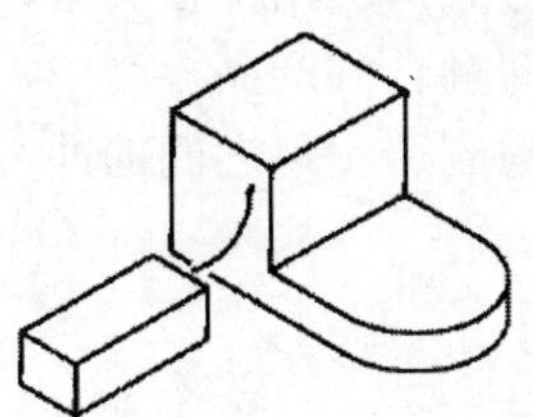

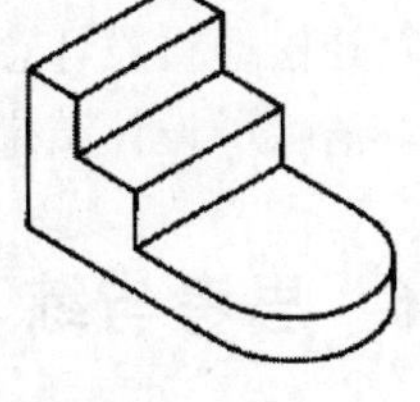

图 5-202　生成的台阶实体模型

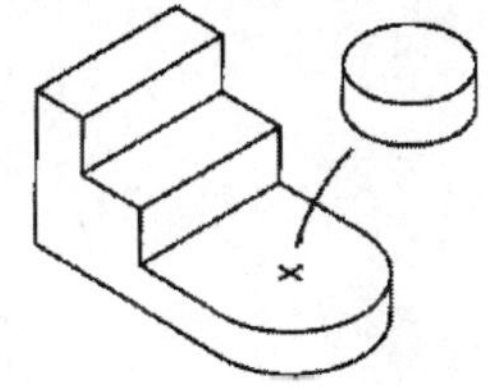

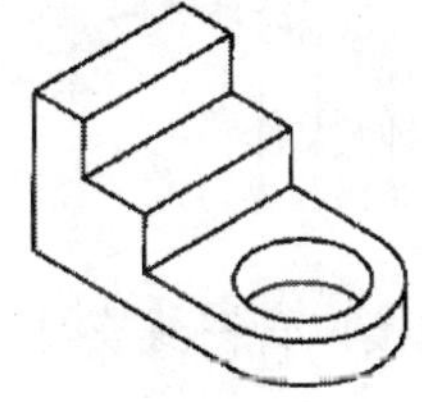

图 5-203　完整底板的实体模型

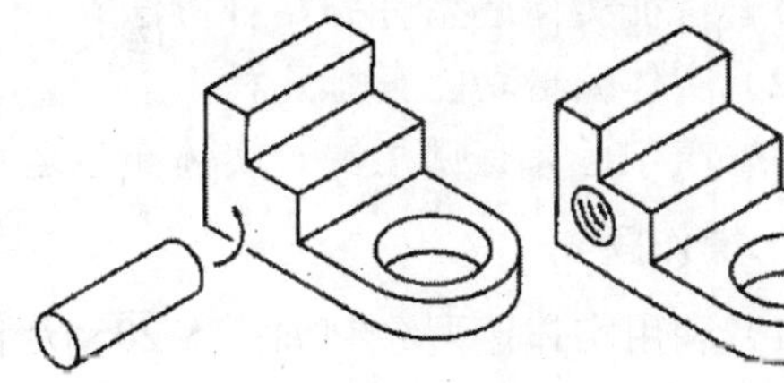

图 5-204　台阶块的实体模型

5.5.2　行业拓展

20 世纪 60 年代末，CAD 研究界提出了用计算机表示机械零件三维形体的构想，以便在一个完整的几何模型上实现零件的质量计算、有限元分析、数控加工编程以及消隐立体图的生成。经过十几年的努力探索和多种技术途径的技术验证，这一思想终于成熟起来，形成了功能强大、使用方便的软件，并且代表了当代 CAD 技术的发展主流。下面简要讲述这一技术发展过程中最有代表性的某些研究成果，这些成果从不同侧面推动了实体造型技术的成长，奠定了它的理论基础和软件实现方法。

如 1973 年，英国剑桥大学的布雷德（I.C. Braid）曾提出采用 6 种体素作为构造机械零件的积木块的方法，但仍然不能满足实体造型技术发展的需要。在实践中人们认识到，实体造型只用几何信息表示是不充分的，还需要表示形体之间的相互关系和拓扑信息。到 70 年代后期，实体造型技术在理论、算法和应用方面逐渐成熟。进入 80 年代后，国内外不断推出实用的实体造型系统，在实体建模、实体机械零件设计、物性计算、三维形体的有限元分析、运动学分析、建筑物设计、空间布置、计算机辅助制造中的 NC 程序的生成和检验、部件装配、机器人、电影制片技术中的动画、电影特技镜头、景物模拟及医疗工程中的立体断面检查等方面得到广泛的应用。

目前，在市场上广为流行的三维 CAD 软件如 SolidWorks、UG、Solidedge 和 MDT 等，不仅具有很强的造型功能，而且还提供广泛的工程应用支持。主流的三维 CAD 解决方案采用特征造型、曲面构建和生成以及参数化等技术，使得设计者可以采用不同的设计方式实现相同的设计意图。

特征作为一种模型，来源于制造工程应用，是指各种单个的加工形状。将它们结合起来就可以形成各种零件。因此，一种特征就对应一种加工方法。应用特征造型技术，使得三维模型的建立如同绘制直线、矩形等草图一样方便、快速。而且它还在设计与制造之间建立了一种共同的信息规范，架起了一座交流的桥梁，从而实现了设计与制造的共享。特征作为一种高级组合方式，应用特征类型、参数和建立时序三者共同决定产品最终形态，可以轻松地将设计意图融合到产品模型中，以供随时调整，减少了设计者在设计时的随意性，消除了设计结果与制造实现之间的冲突。

5.6 思考与练习

1．思考题

（1）特征实体造型有哪几种方法？

（2）实体编辑功能有哪几种？

（3）布尔运算有哪几种？实体布尔运算如何操作？

2．操作题

（1）利用实体造型绘制如图 5-205 所示的接口管三维实体。

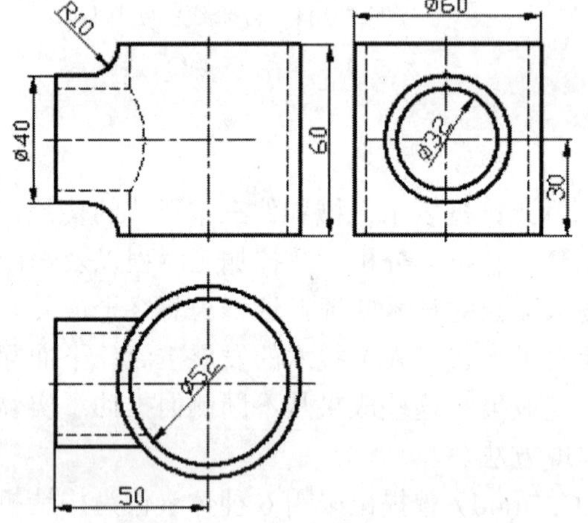

【操作提示】

☆ 创建两个同心圆，利用圆心点画线进行偏移。

☆ 利用画线功能画出角度线。

☆ 利用直线偏移功能画出角度线的等距线。

☆ 利用曲线过渡功能进行 R16 圆弧过渡。

图 5-205 接口管尺寸图

（2）利用实体造型绘制如图 5-206 所示的五星板三维实体。

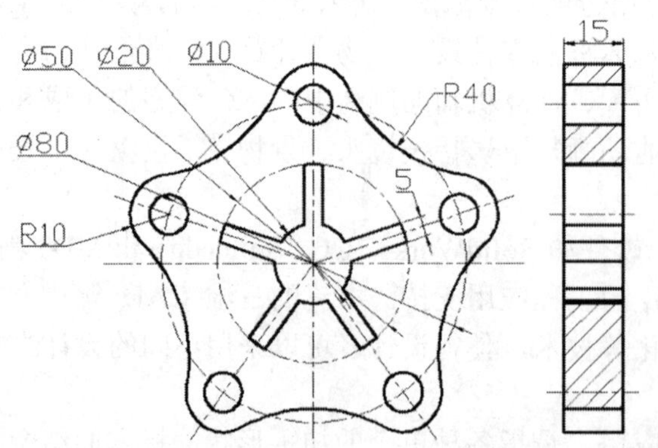

【操作提示】

☆ 画直线进行偏移或等距。

☆ 可以用已知的直线进行偏移或直接利用坐标进行画线。

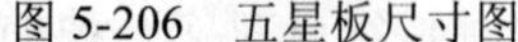

图 5-206 五星板尺寸图

第 6 章　数 控 加 工

学习目标

了解数控加工的一般步骤

掌握数控机床坐标系规定

掌握数控加工的几种操作方法

掌握粗加工和精加工的方法

数控加工就是将经过后置处理生成的加工代码通过传输介质传给数控机床，机床的控制系统对输入的信息进行运算与控制，并不断地向直接指挥机床运动的伺服机构发送脉冲信号，伺服机构对脉冲信号进行转换和放大处理，然后由传动机构驱动机床，从而加工零件。

CAXA 制造工程师 2008 将 CAD 模型与 CAM 加工技术无缝集成，可直接对曲面和实体模型进行一致的加工操作。它支持先进实用的轨迹参数化和批处理功能，明显提高了工作效率；还支持高速切削，大幅度提高了加工效率和加工质量；通用的后置处理可向任何数控系统输出加工代码。

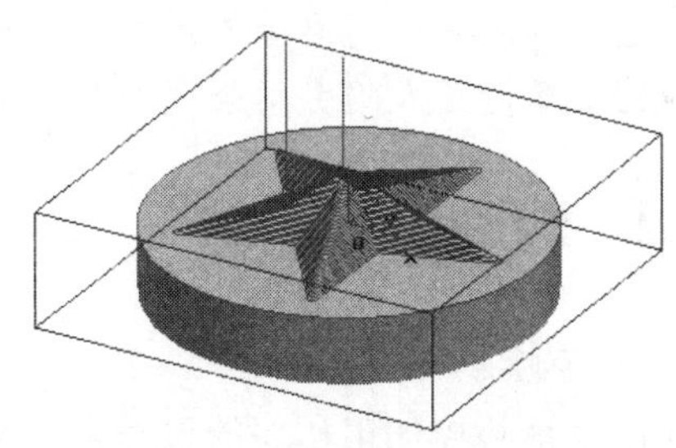

6.1 相关专业知识

数控技术是 20 世纪 40 年代后期发展起来的一种自动化加工技术，综合了计算机、自动化控制、电机、电气传动、测量、监控和机械制造等学科的内容，目前，在机械制造中已得到了广泛应用。数控加工就是用数控机床进行加工零件的方法。数控加工是伴随数控机床的产生和发展而逐渐步完善起来的一种应用技术，是人们长期从事数控加工实践的经验总结。

6.1.1 数控加工概述

数控加工就是将经过后置处理生成的加工代码通过传输介质传给数控机数据，机床的控制系统对输入的信息进行运算与控制，并不断地向直接指挥机床运动的伺服机构发送脉冲信号，伺服机构对脉冲信号进行转换与放大处理，然后由传动机构驱动机床，从而加工零件。所以是以数值与符号构成的信息来控制机床实现自动运转，实现零件加工。

数控加工的关键是加工数据和工艺参数的获取，即数控编程。数控加工一般包括以下几项内容。

- ❑ 对图纸进行分析，确定要数控加工的部分，确定粗加工、半精加工和精加工方案。
- ❑ 利用图形软件对需要数控加工的部分造型。
- ❑ 根据加工条件选择合适的加工参数，生成加工轨迹（包括粗加工、半精加工、精加工轨迹）。
- ❑ 刀具轨迹的仿真检验。
- ❑ 后置输出加工代码。
- ❑ 输出数控加工工艺技术文件。
- ❑ 传给机床实现加工。

数控加工主要有以下优点。

- ❑ 零件一致性好，质量稳定。因为数控机床的定位精度和重复定位精度都很高，很容易保证零件尺寸的一致性，而且大大减少了人为因素的影响。
- ❑ 可加工任何复杂的产品，且精度不受复杂程度的影响。
- ❑ 降低工人的劳动强度，从而节省时间从事其他工作。

6.1.2 数控加工编程基础

1．数控机床的坐标系统

在编写数控加工程序的过程中，为了确定刀具与工件的相对位置，必须通过机床参考点和坐标系描述刀具的运动轨迹。

（1）坐标系的确定原则

① 刀具相对静止而工件运动的原则

这个原则规定不论数控机床是刀具运动还是工件运动，编程时均以刀具的运动轨迹来编写程序，这样可按零件图的加工轮廓直接确定数控机床的加工过程。

② 标准坐标系的规定

标准坐标系是一个直角坐标系，如图 6-1 所示，按右手直角坐标系规定，右手的拇指、食指和中指分别代表 *X*、*Y*、*Z* 3 根直角坐标轴的方向；旋转方向按右手螺旋法则规定，四指顺着轴的旋转方向，拇指与坐标轴同方向为轴的正旋转，反之为轴的反旋转，图中 *A*、*B*、*C* 分别代表围绕 *X*、*Y*、*Z* 3 根坐标轴的旋转方向，如图 6-2 所示。

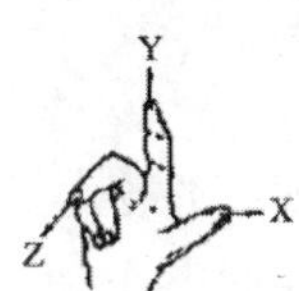

图 6-1　直角坐标系

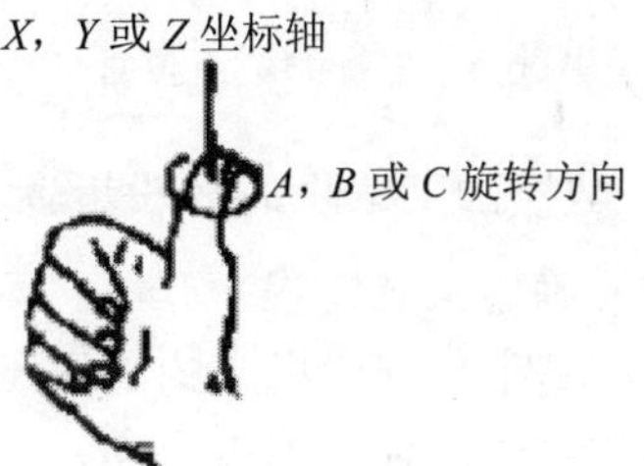

图 6-2　轴的旋转方向

③ 坐标轴正负的规定

使刀具与工件之间距离增大的方向为坐标轴的正方向，反之为坐标轴的负方向。

（2）数控铣床坐标轴方向的确定

数控铣床坐标系如图 6-3 所示，*Z* 坐标轴与立式铣床的直立主轴同轴线，面对主轴，向右为 *X* 坐标轴的正方向，根据右手笛卡儿坐标系的规定确定 *Y* 坐标轴的方向朝前。

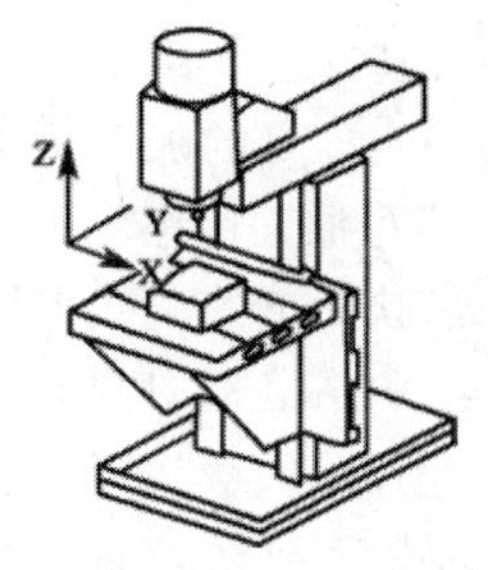

图 6-3　铣床的坐标系

根据图 6-3 所示数控立式铣床结构图试确定 *X*、*Y*、*Z* 直线坐标。

- *Z* 坐标：平行于主轴，刀具离开工件的方向为正，即向上为 *Z* 轴的正方向。
- *X* 坐标：*Z* 坐标垂直，且刀具旋转，所以面对刀具主轴向立柱方向看，向右为 *X* 轴的正方向。
- *Y* 坐标：在 *Z*、*X* 坐标确定后，用右手直角坐标系来确定。

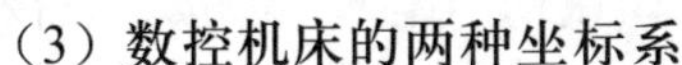

（3）数控机床的两种坐标系

数控机床坐标系有机床坐标系和工件坐标系，其中工件坐标系又称为编程坐标系。

① 机床坐标系

机床坐标系 *X*、*Y*、*Z* 轴是生产厂家在机床上设定的坐标系，其原点是机床上的一个固定点，作为数控机床运动部件的运动参考点，在一般数控立铣床中，原点为运动部件在 *X*、*Y*、*Z* 3 根坐标轴反方向运动的极限位置的交点，即在此状态下的工作台左前角上。

② 工件坐标系

设定工件坐标系 *X*p*Y*p*Z*p 的目的是为了编程方便。工件坐标系原点应尽可能选择在工件的设计基准和工艺基准上，工件坐标系的坐标轴方向与机床坐标系的坐标轴方向保持一致。在数控铣床中，如图 6-4 所示，*Z* 轴的原点一般设定在工件的上表面，对于非对称工件，*X*、*Y* 轴的原点一般设定在工件的左前角上；对于对称工件，*X*、*Y* 轴的原点一般设定在工件对称轴的交点上，如图 6-5 所示。

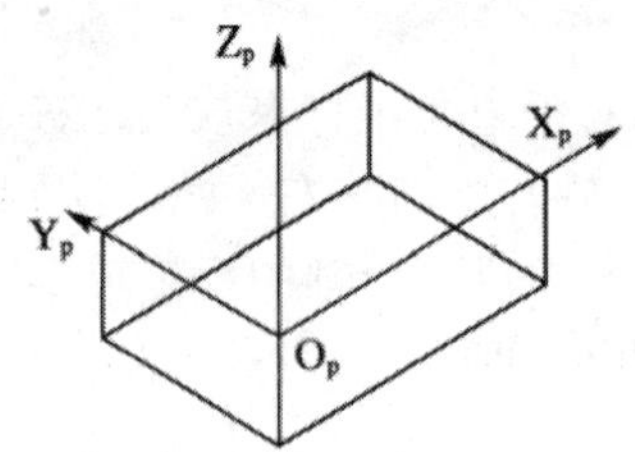

图 6-4　坐标系原点位置（一）

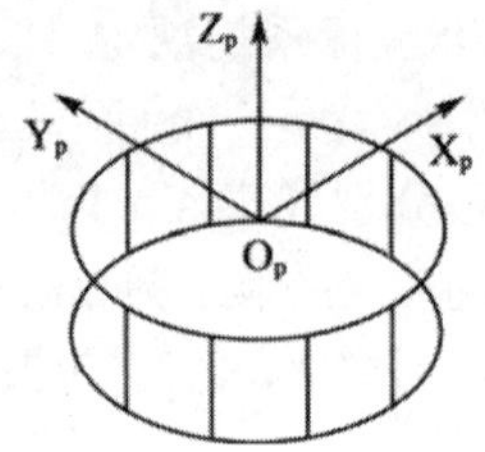

图 6-5　坐标系原点位置（二）

2．数控加工编程的一般步骤

（1）确定工艺过程

数控机床与普通机床的加工工艺有许多相似之处，如通过对工件进行工艺分析，拟定加工工艺路线，划分加工工序，选择机床、夹具和刀具，确定定位基准和切削用量。不同之处主要体现在控制方式上，前者技术人员把加工工艺过程和工艺参数等编成程序，记录在控制介质上，通过数控系统控制数控机床对工件切削加工；后者则由操作工人根据加工工艺操作机床对工件进行切削加工。

（2）计算刀具轨迹坐标值

为方便编程和计算刀具轨迹坐标值，需先设定工件坐标系，随后根据零件的形状和尺寸计算零件待加工轮廓上各几何元素的起点、终点坐标及圆和圆弧的起点、终点和圆心坐标，从而确定刀具的加工轨迹。

（3）编写加工程序

对于形状简单的工件采用手工编程，对于形状复杂的工件（如空间曲线和曲面）则需要采用 CAD/CAM 软件进行自动编程。

（4）程序输入数控系统

将程序输入到数控系统的方法有两种，一种是通过操作面板上的按钮直接把程序输入数控系统，另一种是通过计算机 RS232 接口与数控机床连接传送程序。

（5）程序检验

程序检验是通过图形模拟显示刀具轨迹或用机床空运行来检验机床运动轨迹，检查刀具运动轨迹是否符合加工要求。可采用单步执行程序的方法试切削工件，即按一次按钮执行一个程序段，以便发现问题能够及时处理。

3．数控程序编制的方法

编程方法有手工编程与自动编程两种。

（1）手工编程

直接在数控机床上进行编程的方法为手工编程，一般用于加工简单零件。

（2）自动编程

对于复杂的零件，其轮廓线不是在简单的平面上，而是由复杂的空间曲线和空间曲面组成的，用手工编程方法编程很困难，此时，就需要使用自动编程方法。使用专用软件进行编程称为自动编程。过去用 APT 软件描述加工过程称为自动编程，现代自动编程是指通过 CAD/CAM 软件处理后自动生成 NC 程序的编程方法。

6.1.3　CAXA 制造工程师铣加工的实现

CAXA 制造工程师 2008 将 CAD 模型与 CAM 加工技术无缝集成，可直接对曲面和实体模型进行一致的加工操作。它支持先进、实用的轨迹参数化和批处理功能，明显提高了工作效率；还支持高速切削，大幅度提高了加工效率和加工质量；通用的后置处理可向任何数控系统输出加工代码。

CAXA 制造工程师提供了粗加工、精加工、补加工、槽加工和孔加工 5 种加工方式。

用 CAXA 制造工程师完成零件加工的操作步骤如下。

（1）配置好机床，确定加工工艺，这是正确输出代码的关键一步。

（2）看懂图纸，用曲线、曲面和实体造型来表达加工工件。

（3）根据工件形状选择合适的加工方式，生成刀位轨迹。

（4）进行刀位轨迹加工仿真。

（5）生成 G 代码，传给数控机床加工。

6.2　软件设计方法

数控加工工艺中有粗加工和精加工，软件也根据各种加工工艺设计不同的加工方法。CAXA 制造工程师 2008 提供了粗加工方法、精加工方法、补加工工、孔加工和槽加工等多种加工方式。

6.2.1　加工参数

1．模型

模型一般表达为系统存在的实体和所有曲面的总和。在树管理器中如图 6-6 所示。

在 CAXA 制造工程师中，模型与刀路计算无关，也就是模型中所包含的实体和曲面并不参与刀路的计算。模型主要用于刀路的仿真过程。在轨迹仿真器中，模型可以用于仿真环境下的干涉检查。

模型功能提供“视图模型显示”和“模型参数显示”功能，在特征树中显示为模型。单击该选项，会在绘图区以红色线条显示零件模型；双击该选项会显示零件的【模型参数】对话框，如图 6-7 所示。在该对话框中显示了模型预览和几何精度，用户可以对几何精度进行重新定义。

图 6-6　树管理器

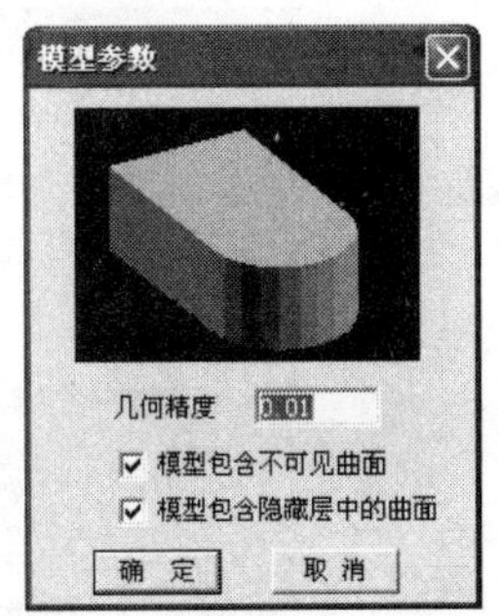

图 6-7 【模型参数】对话框

2．毛坯

当对实体进行加工时，首先需要构造零件毛坯，用户可以根据实际情况对毛坯进行定义。

一般情况下，系统的毛坯为方块形状。在特征树中显示为 毛坯，双击该选项会显示【定义毛坯】对话框，如图 6-8 所示。

单击【锁定】按钮可以使用户不能设定毛坯的基准点、大小和毛坯类型等，这是为了防止设定好的毛坯数据不小心被改变。

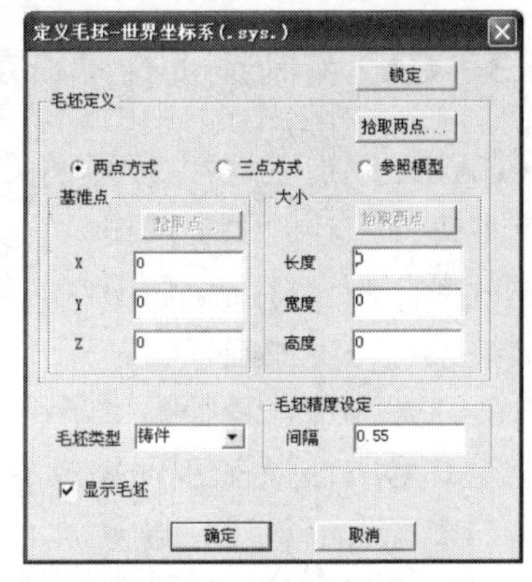

图 6-8 【定义毛坯】对话框

毛坯定义系统提供了 3 种毛坯定义的方式，分别为“两点”方式、“三点”方式和参照模型。

- “两点”方式：通过拾取毛坯的两个角点（与顺序、位置无关）定义毛坯。
- 三点方式：通过拾取基准点和定义毛坯大小的两个角点（与顺序、位置无关）定义毛坯。
- 参照模型：系统自动计算模型的包围盒，以此作为毛坯。

【定义毛坯】对话框中的参数说明如下。

- 【基准点】栏：毛坯在世界坐标系（.sys.）中的左下角点。
- 【大小】栏：长度、宽度、高度是毛坯在 X 方向、Y 方向、Z 方向的尺寸。

3．起始点

起始点功能用来设定全局刀具起始点的位置，在特征树中显示为 起始点。双击该选项会弹出【全局轨迹起始点】对话框，如图 6-9 所示。用户可以通过输入起始点坐标或者单击【拾取点】按钮来设定刀具起始点。计算轨迹时默认以全局刀具起始点作为刀具起始点，计算完毕后，用户可以对该轨迹的刀具起始点进行修改。

图 6-9 【全局轨迹起始点】对话框

4．刀具库

刀具库用来定义、确定刀具的有关数据，以方便从刀具库中调用信息和对刀具库进行维护。在特征树中显示为 刀具库，双击该选项，弹出如图 6-10 所示的【刀具库管理】对话框，刀具库有系统刀具库和机床刀具库两种类型。

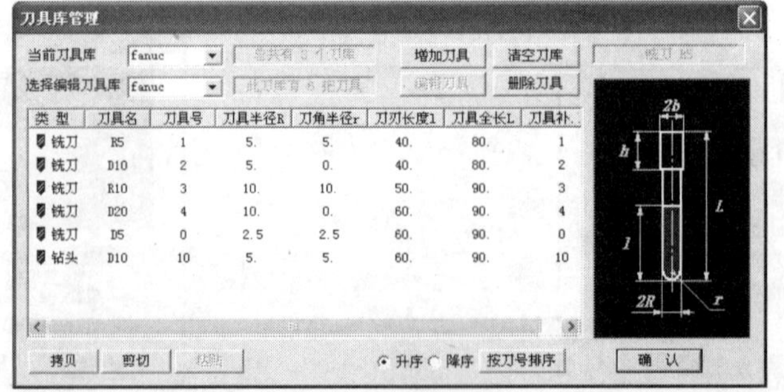

图 6-10 【刀具库管理】对话框

（1）**系统刀具库**

系统刀具库是与机床无关的刀具库。可以把所有要用到的刀具的参数都建立在系统刀具库中，然后利用这些刀具对各种机床进行编程。

（2）**机床刀具库**

机床刀具库是与不同机床控制系统相关联的刀具库。系统中每一种机床都有自己的刀具库，用户新增加的机床类型也有自己的刀具库。也可以针对每一种机床建立该机床自己的刀具库，这样，当改变机床时，相应的刀具库也会自动切换到与该机床对应的刀具库。这种刀具库可以用来同时对多个加工中心编程。

【刀具库管理】对话框中的参数说明如下。

- 【当前刀库】下拉列表框：用于设定当前使用的机床刀具库。
- 【选择编辑刀具库】下拉列表框：用于选择某机床的刀具库，然后对其进行增加刀具、清空刀库等编辑操作。
- 【增加刀具】按钮：用于增加新的刀具到编辑刀具库中。
- 【清空刀库】按钮：用于删除编辑刀具库中的所有刀具。
- 【编辑刀具】按钮：用于对编辑刀具时选中的刀具参数进行修改。
- 【删除刀具】按钮：用于删除编辑刀具库中选中的刀具。
- 刀具列表：用于显示刀具库中的所有刀具及其相关的主要参数，可对刀具库中的所有刀具进行复制、剪切、粘贴和排序等操作。
- 刀具示意：用于显示选中的刀具的各尺寸参数。

5．刀具

在数控机床加工工件时，刀具直接担负着对工件的切削加工。刀具材料的耐用度和使用寿命直接影响着工件的加工精度、表面质量和加工成本。合理选用刀具材料不仅可以提高刀具切削加工的精度和效率，而且也是对难加工材料进行切削加工的关键措施。

刀具的进退刀参数如图 6-11 所示。

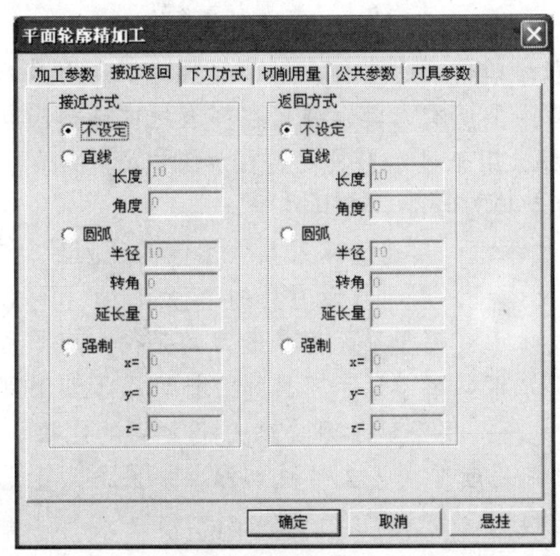

图 6-11　刀具的进退刀参数

（1）**“进刀”方式**

- ❑ 垂直刀具在工件的第一个切削点处（此点为系统根据图形形状自动予以判断）直接开始切削。
- ❑ 强制刀具从给定点向工件的第一个切削点前进。
- ❑ 圆弧刀具按给定半径以 1/4 圆弧向工件的第一个切削点前进。
- ❑ 直线刀具按给定长度以“相切”方式向工件的第一个切削点前进。

（2）**“退刀”方式**

- ❑ 垂直刀具从工件的最后一个切削点直接退刀。
- ❑ 强制刀具从工件的最后一个切削点向给定点退刀。
- ❑ 圆弧刀具从工件的最后一个切削点按给定半径以 1/4 圆弧退刀。
- ❑ 直线刀具按给定长度以“相切”方式从工件的最后一个切削点退刀。

（3）**铣刀参数说明**

铣刀刀具参数如图 6-12 所示。

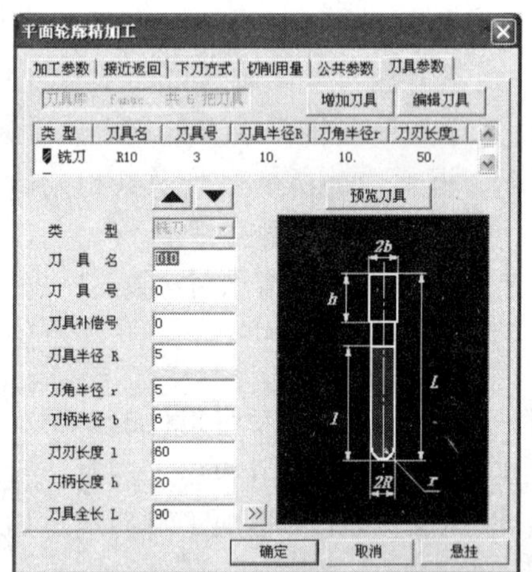

图 6-12　铣刀刀具参数

- ❑ 当前铣刀名：即当前铣刀的名称，用于刀具标识。刀具名是唯一的。通过下拉按钮可显示刀具库中的所有刀具，并可在列表框中选择当前刀具。
- ❑【刀具号】文本框：用于显示刀具安装在加工中心机床的刀具库中的刀位号。它用于后置处理的自动换刀指令。刀具号唯一。
- ❑【刀具补偿号】文本框：用于显示刀具补偿值的序列号，其值可与刀具号不一致。
- ❑【刀具半径 R】文本框：用于显示刀具的半径值。
- ❑【刀角半径 r】文本框：用于显示刀具的刀角半径，应不大于刀具半径。
- ❑【刀刃长度 l】文本框：用于显示刀具的刀杆可用于切削部分的长度。
- ❑【刀柄长度】文本框：用于显示刀尖到刀柄之间的距离。刀杆长度应大于刀刃有效长度。一般刀杆长度要大于工件总切深。如果不大于总切深，一定要检查刀柄是否会与工件相接触。
- ❑【增加刀具】按钮：用于增加刀具到软件系统的刀具库中，并非加工中心机床的刀具库。

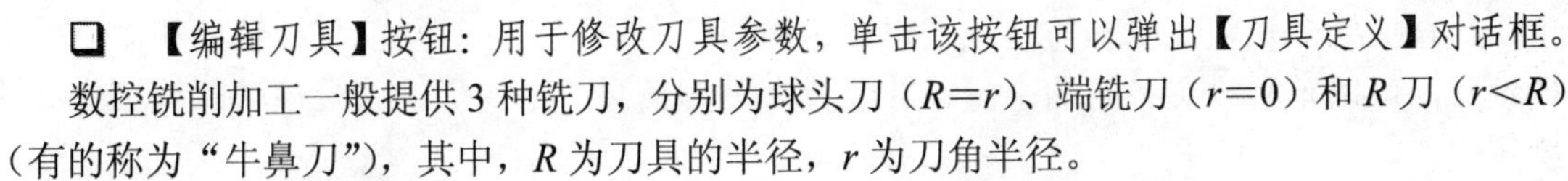

- 【编辑刀具】按钮：用于修改刀具参数，单击该按钮可以弹出【刀具定义】对话框。

数控铣削加工一般提供 3 种铣刀，分别为球头刀（$R=r$）、端铣刀（$r=0$）和 R 刀（$r<R$）（有的称为“牛鼻刀”），其中，R 为刀具的半径，r 为刀角半径。

（4）**加工刀具的选择**

数控铣床，特别是加工中心，其主轴转速比普通机床的主轴转速一般至少要高 1～2 倍。因此，在数控铣床或加工中心上进行铣加工时，选择刀具要注意以下几点。

- 平面铣削应选用可转位式硬质合金刀片铣刀。一般采用二次走刀，第一次走刀最好用端铣刀粗铣，沿工件表面连续走刀。选好每次走刀的宽度和铣刀的直径，可以使接痕不影响精铣精度。因此，加工余量大又不均匀时，铣刀直径要选小些。精加工时，铣刀直径要选大些，最好能够包容加工面的整个宽度。
- 镶硬质合金立铣刀主要用于加工凸台、凹槽和箱口面。为了提高槽宽的加工精度，减少铣刀的种类，加工时采用直径比槽宽小的铣刀，先铣槽的中间部分，然后利用刀具半径补偿功能铣槽的两边。
- 铣削平面零件的周边轮廓时一般采用立铣刀。刀具半径应小于零件内轮廓的最小曲率半径，一般取最小曲率半径的 0.8～0.9 倍。零件的加工高度（Z 方向的吃刀深度）不要超过刀具半径。
- 加工曲面和变斜角轮廓外形时，常用球头刀和 R 刀（带圆角的立铣刀）。

在数控加工中，平头立铣刀和球头刀的加工效果是明显不同的。当曲面形状复杂时，为了避免干涉，建议使用球头刀，调整好加工参数可以达到较好的加工效果。而在两轴及两轴半加工中，为提高加工效率，建议使用端铣刀。因为相同的参数，球头刀会留下较大的残留高度。在选择刀刃长度和刀杆长度时，应考虑机床的情况及零件的尺寸是否会干涉。在可能的情况下，应尽量选短一些，以提高刀具的刚度。

数控加工中，在选用刀具进行编程时，应区分刀尖和刀心，两者均是刀具对称轴上的点，其距离为一个刀角半径，如图 6-13 所示。

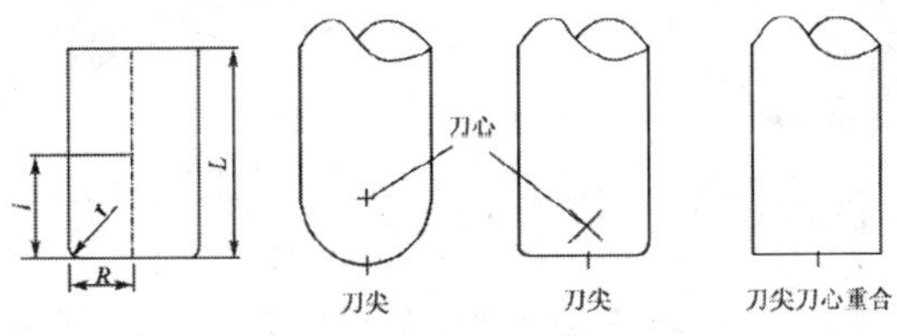

图 6-13　刀尖刀心位置

6.2.2　粗加工

CAXA 制造工程师 2008 提供了 8 种不同的“粗加工”方式，适合不同特性零件的加工。

用户可以通过选择【加工】/【粗加工】子菜单下的 8 种“粗加工”方式，如图 6-14 所示。

1．平面区域粗加工

设定平面区域粗加工的加工参数，生成平面区域粗加工轨迹。该加工方法属于两轴加工，适合 2/2.5 轴粗加工，与区域式粗加工类似，所不同的是该功能支持轮廓和岛屿的清根设置，可以单独设置各自的余量、补偿及上下刀信息。最明显的就是该功能轨迹生成速度较快。

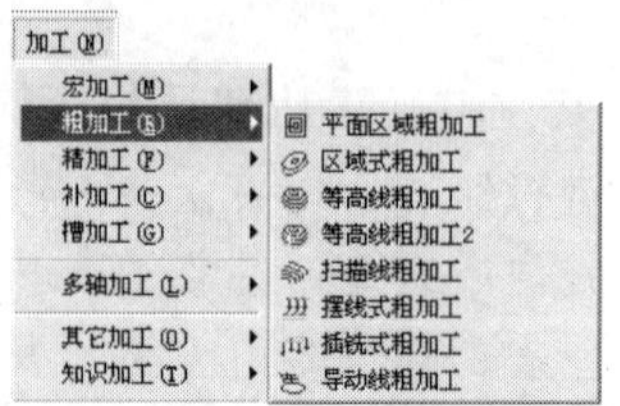

图 6-14 “粗加工”方式

【实例 1】 在长度为 100、宽度为 100、高度为 30 的料上加工如图 6-15 所示外轮廓为 80×80、圆角半径为 15、内轮廓为 40×30、圆角半径为 10、深度为 20 的型腔。

01 构建 100×100×30 的长方体造型，结果如图 6-15 所示。

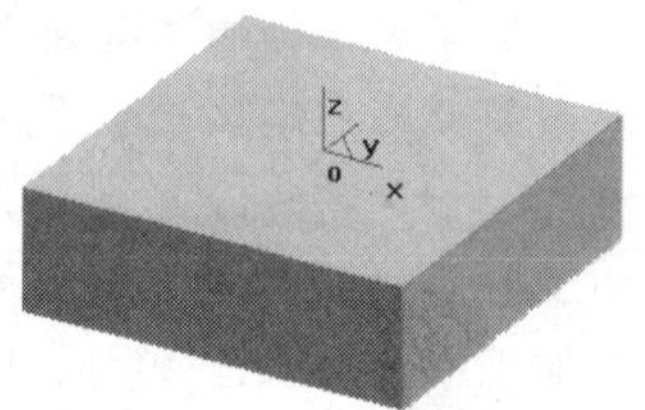

图 6-15 长方体造型

02 拾取长方体上表面，单击按钮，在草图平面内绘制两个环形槽轨迹草图，然后拉伸除料，结果如图 6-16 所示。

03 单击按钮，选择【实体边界】选项，拾取型腔侧面与上表面的相交线（即区域轮廓线），结果如图 6-17 所示。

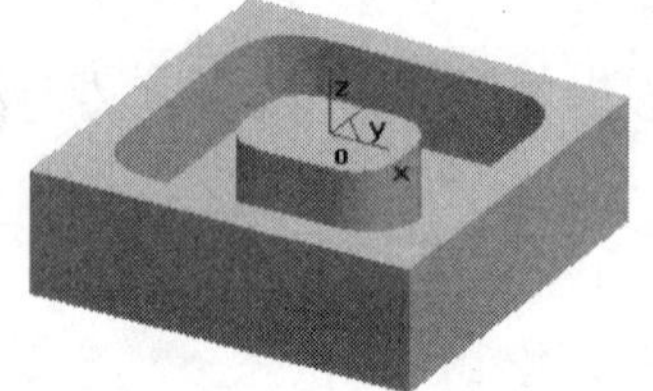

图 6-16 除料生成凹槽

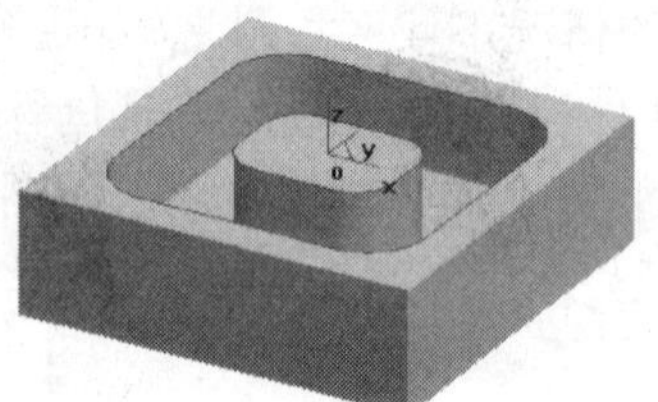

图 6-17 轮廓线及岛屿线

04 双击【加工管理】选项卡中的【加工】/【毛坯】选项，弹出【定义毛坯】对话框，采用“参照模型”方式定义的毛坯，结果如图 6-18 所示。

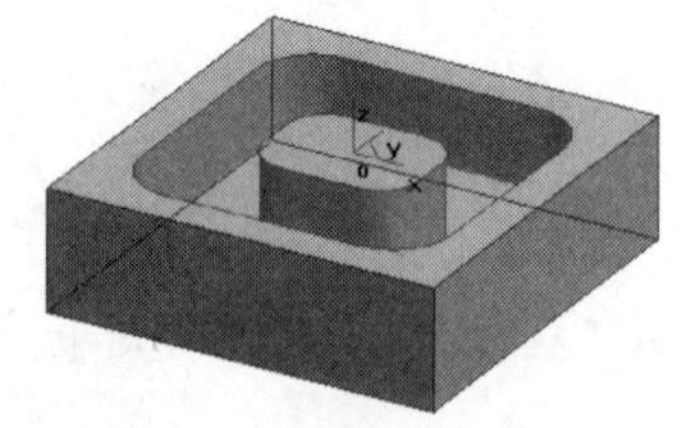

图 6-18 毛坯外形线

05 选择主菜单中的【加工】/【粗加工】/【平面区域粗加工】命令，或者单击按钮，弹出【平面区域粗加工】对话框。

06 选择【加工参数】选项卡，设置加工参数。

走刀方式为“环切加工”和“从里向外”，顶层高度为 0，底层高度为-20，每层下降高度为 1，行距为 1，加工精度为 0.1，轮廓参数和余量为 0.1，补偿方式为 TO。

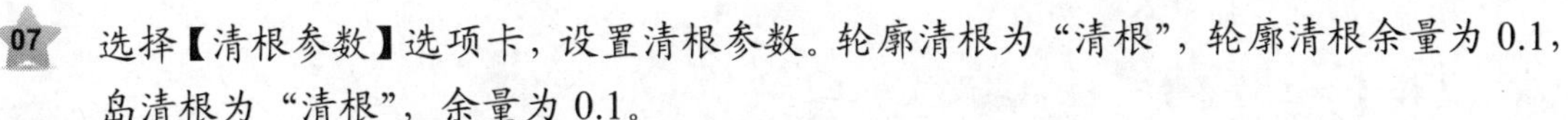

07 选择【清根参数】选项卡，设置清根参数。轮廓清根为“清根”，轮廓清根余量为 0.1，岛清根为“清根”，余量为 0.1。

08 选择【接近返回】选项卡，设置接近返回。

09 选择【下刀方式】选项卡，设置下刀方式。

10 选择【切削用量】选项卡，设置切削用量。

11 选择【公共参数】选项卡，设置公共参数。选中【使用起始点】单击按钮，起始点坐标 X 为 0、Y 为 0、Z 为 100。

12 选择【刀具参数】选项卡，设置铣刀参数。选择“铣刀 D10”。

13 单击 确定 按钮，拾取区域轮廓线，即外环线，拾取走刀方向箭头；拾取岛屿轮廓线，即内环线，拾取走刀方向箭头，单击鼠标右键，生成的刀具轨迹如图 6-19 所示，轨迹仿真结果如图 6-20 所示。

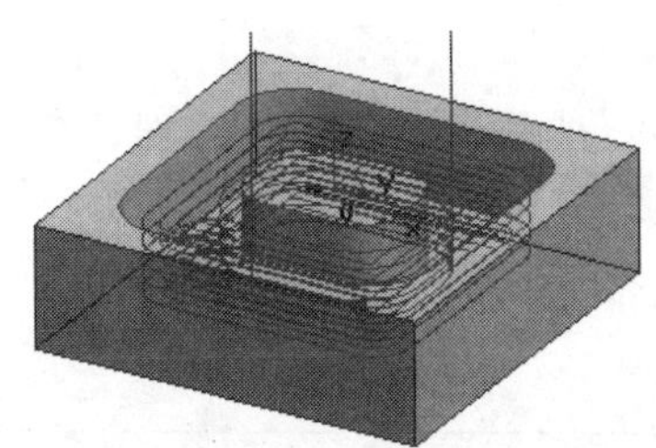

图 6-19　平行区域粗加工轨迹

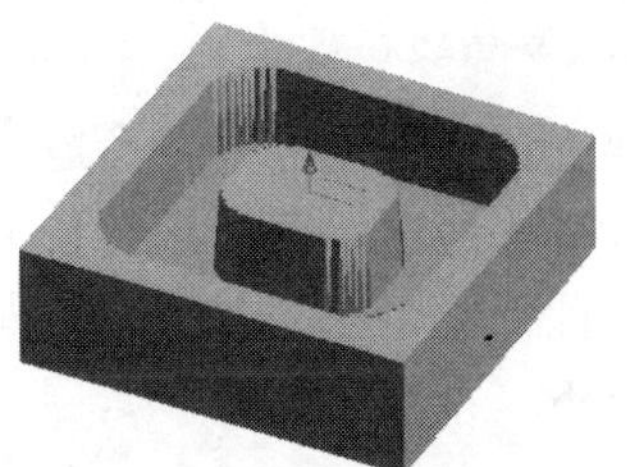

图 6-20　加工仿真结果

2．区域式粗加工

设置区域粗加工参数，生成区域式粗加工轨迹。该加工方法属于两轴加工，其优点是不必有三维模型，只要给出零件的外轮廓和岛屿，就可以生成加工轨迹，并且可以在轨迹尖角处自动增加圆弧，保证轨迹光滑，以符合高速加工的要求。该加工方法实质上是一种特殊的等高线加工方法，只是在造型中需要将零件平面进行造型即可完成加工，且具有较高的效率。

【实例 2】 在 XOY 平面上绘制长度为 100、宽度为 80 的长方形，生成区域式粗加工轨迹线。

01 构建 100×80 的长方形。

02 双击【加工管理】选项卡中的【加工】/【毛坯】选项，弹出【定义毛坯】对话框，采用【两点方式】定义毛坯，填写坐标参数，基准点 X 值为−50、Y 值为−40、Z 值为 0、长度为 100、宽度为 80、高度为 10，生成毛坏外形。

03 选择主菜单中的【加工】/【粗加工】/【区域式粗加工】命令，或者单击按钮，弹出【区域式粗加工】对话框。

04 选择【加工参数】选项卡，设置加工参数。加工方向选择“顺铣”，XY 切入选择“行距”，行距值为 5，切削模式选择“环切”，Z 切入选择“层高”，层高值为 0，加工精度为 0.1，加工余量为 0.1。

05 选择【加工边界】选项卡，设置加工边界。

06 单击 确定 按钮，拾取区域轮廓线，拾取走刀方向箭头，拾取岛屿轮廓线，拾取走刀方向箭头，如果没有岛屿则右击，单击鼠标右键完成操作，生成的刀具轨迹如图 6-21 所示，轨迹仿真如图 6-22 所示。

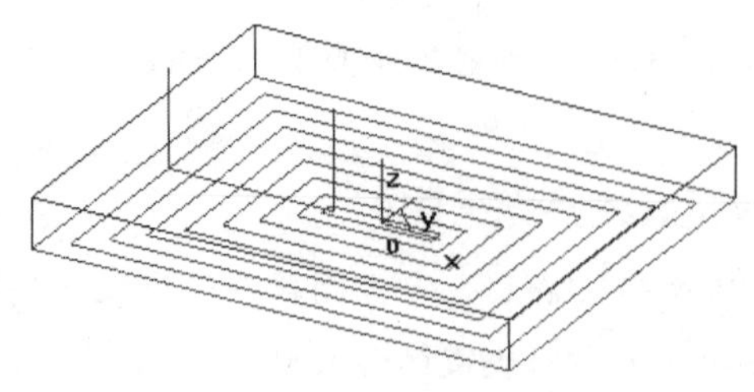

图 6-21　区域式粗加工刀具轨迹

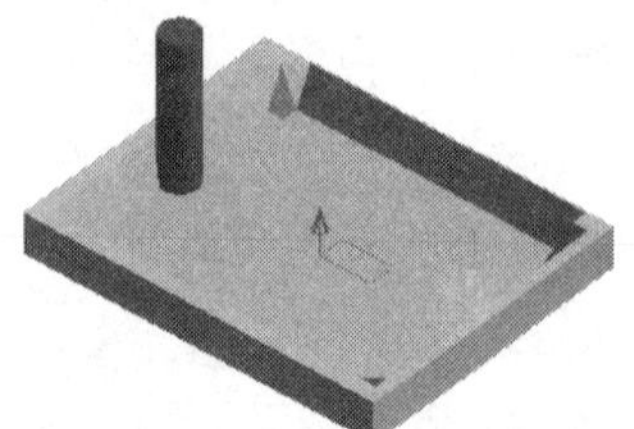

图 6-22　加工仿真结果

3．等高线粗加工

等高线“粗加工”方式是生成等高线粗加工轨迹。它把整个型腔根据编程者给定的参数自动分成多层，而每一层又相当于一个平面区域加工。它适用于平刀、球刀和带 R 的平刀。因此，它可以高效可靠地去除型腔内的余量，并可根据精加工的要求留出余量，为精加工打下一个好的基础。

【实例 3】 绘制上底为ϕ30、拔模斜度为 15°、深度为 60 的圆台柱，采用等高线“粗加工”方式，生成的圆台外表面粗加工轨迹。

01 生成上底为ϕ30、拔模斜度为 15°、高度为 60 的圆台柱实体，并在 *XOY* 面上以原点为圆心点，绘制ϕ60 的圆，如图 6-23 所示。

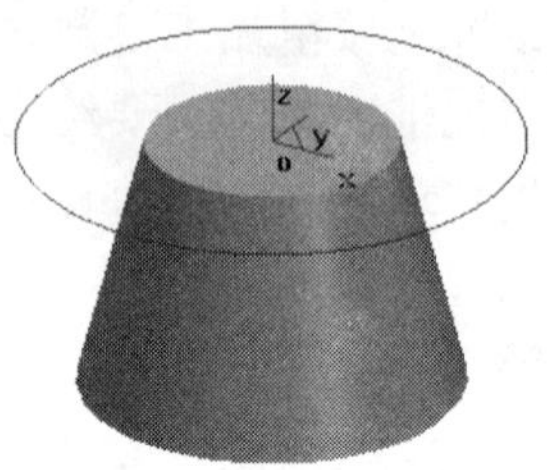

图 6-23　圆台柱实体

02 双击【加工管理】选项卡中的【加工】/【毛坯】选项，弹出【定义毛坯】对话框，采用“两点方式”定义毛坯，输入坐标参数，基准点 *X* 值为−60、*Y* 值为−60、*Z* 值为−60、长度为 120、宽度为 120、高度为 60。

03 选择主菜单中的【加工】/【粗加工】/【等高线粗加工】命令，或者直接单击按钮，弹出【等高线粗加工】对话框。

04 选择【加工参数 1】选项卡，设置加工参数 1。加工方向选择“顺铣”，*XY* 切入选择“行距”，行距值为 5，切削模式选择“环切”，加工精度为 0.1，加工余量为 0。

05 选择【刀具参数】选项卡，设置刀具参数。选择“铣刀 D10r5”。

06 设置其他相关参数。

07 单击 确定 按钮，拾取圆台体，单击鼠标右键确认拾取完成。拾取轮廓线，拾取轮廓搜索方向箭头，单击鼠标右键，生成的刀具轨迹如图 6-24 所示，加工仿真结果如图 6-25

所示。

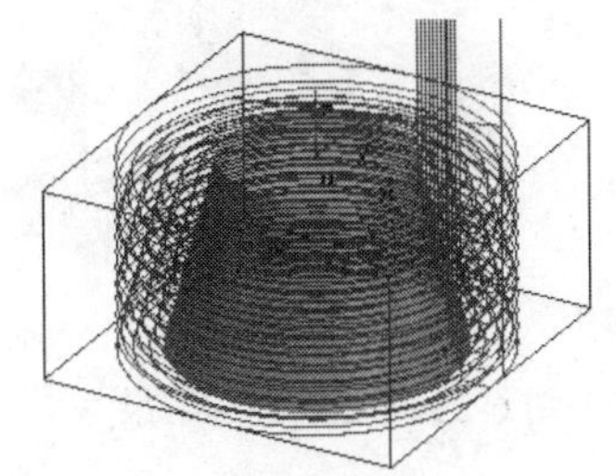

图 6-24　等高线粗加工刀具轨迹

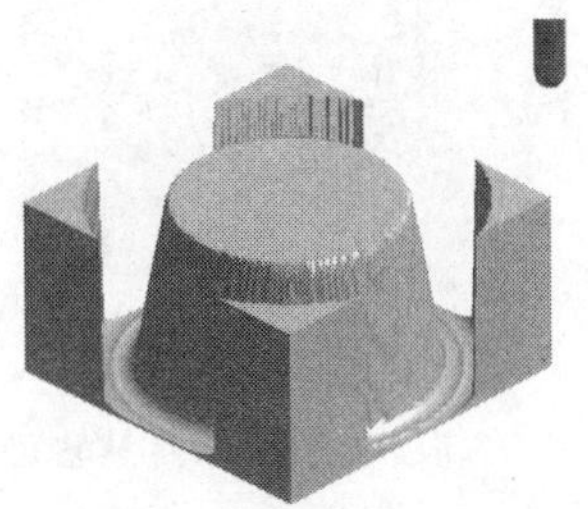

图 6-25　加工仿真结果

4．等高线粗加工 2

等高线粗加工 2 适合高速加工，生成轨迹可以参考等高线精加工，支持二次开发和抬刀自动化。

【实例 4】　采用等高线粗加工方式 2，生成实例 3 中生成的圆台柱的外表面粗加工轨迹。

01 绘制圆柱 B 实体及圆，如图 6-26 所示。

02 双击【加工管理】选项卡中的【加工】/【毛坯】选项，弹出【定义毛坯】对话框，采用“两点方式”定义毛坯，输入坐标参数，基准点 *X* 值为−60、*Y* 值为−60、*Z* 值为−60、长度为 120、宽度为 120、高度为 60，毛坯显示如图 6-27 所示。

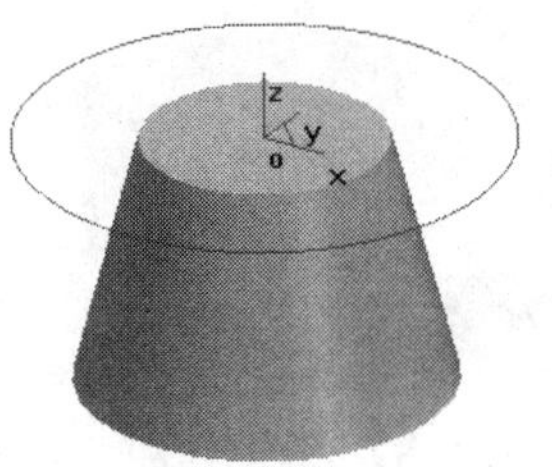

图 6-26　绘制圆台柱实体及圆

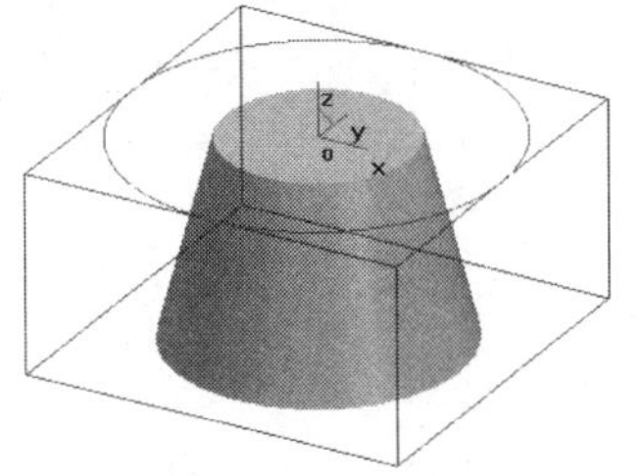

图 6-27　毛坯显示

03 选择主菜单中的【加工】/【粗加工】/【等高线粗加工 2】命令，或者直接单击按钮，弹出【等高线粗加工 2】对话框。

04 打开【加工参数】选项卡，设置加工参数。加工方向选择“顺铣”；设置【*XY* 切入】选项中的最小行间距值为 5，最大行间距值为 10，*Z* 向切入选择“层高”，层高值为 3，加工顺序选择“Z 轴优先”，切削方向为“从里到外”，加工精度为 0.1，加工余量为 0。

05 打开【刀具参数】选项卡，设置刀具参数。选择“铣刀 D10r5”。

06 设置其他相关参数。

07 单击 确定 按钮，拾取圆台体，单击鼠标右键确认拾取完成。拾取轮廓线，拾取轮廓搜索方向箭头，单击鼠标右键，生成的刀具轨迹如图 6-28 所示，加工仿真如图 6-29 所示。

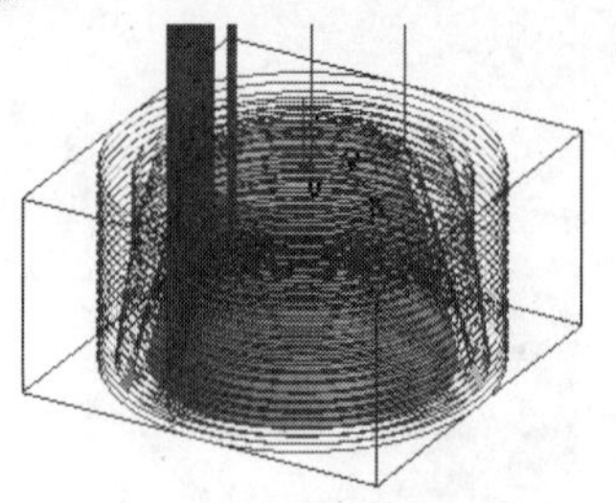

图 6-28　等高线粗加工 2 刀具轨迹

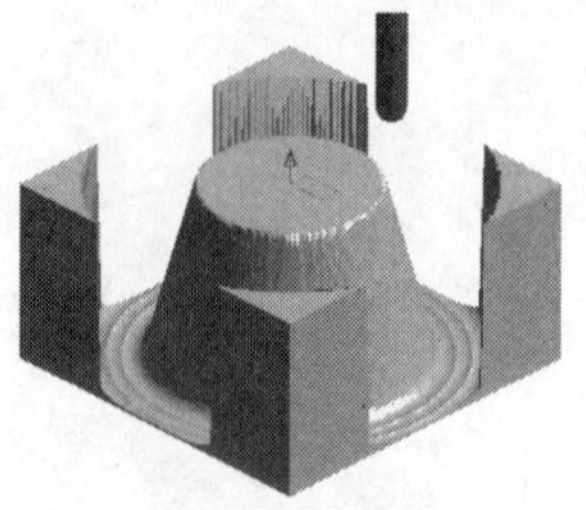

图 6-29　加工仿真结果

5．扫描线粗加工

扫描线“粗加工”方式生成扫描线粗加工轨迹。它用平行层切的方法进行粗加工，保证在未切削区域不向下走刀。对毛坯形状与零件形状相似的情况，如铸造与锻造毛坯，适合使用端铣刀进行对称凸模粗加工。

【实例 5】　将如图 6-30 所示的草图拉深深度 50 生成的实体，采用扫描线粗加工方式生成表面粗加工轨迹。

01　绘制草图，并拉伸成实体，如图 6-31 所示。

02　双击【加工管理】选项卡中的【加工】/【毛坯】命令，弹出【定义毛坯】对话框，采用“参照模型”方式定义毛坯。

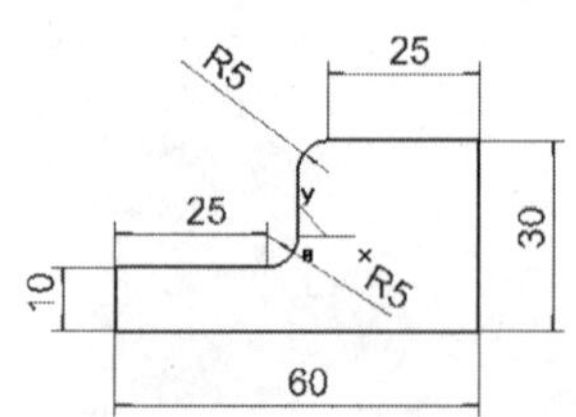

图 6-30　实体草图

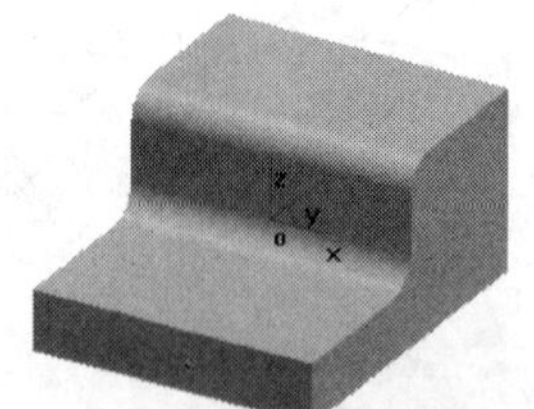

图 6-31　草图拉伸

03　选择主菜单中的【加工】/【粗加工】/【扫描线粗加工】命令，或者直接单击按钮，弹出【扫描线粗加工】对话框。

04　选择【加工参数】选项卡，设置加工参数。加工方向选择“顺铣”，加工方法为“精加工”；*Z* 向为“层高”，层高为 1，*XY* 向为“行距”，行距为 1；加工精度为 0.1，加工余量为 0.1。

05　选择【下刀方式】选项卡，设置下刀方式。安全高度为 50，慢速下刀距离为 10，退刀距离为 10；切入方式选择“垂直”，距离为 0。

06　设置其他相关参数。

07　单击 确定 按钮，拾取加工实体，单击鼠标右键确认拾取完成。拾取轮廓线，拾取轮廓搜索方向箭头，单击鼠标右键，生成的刀具轨迹如图 6-32 所示，加工仿真如图 6-33 所示。

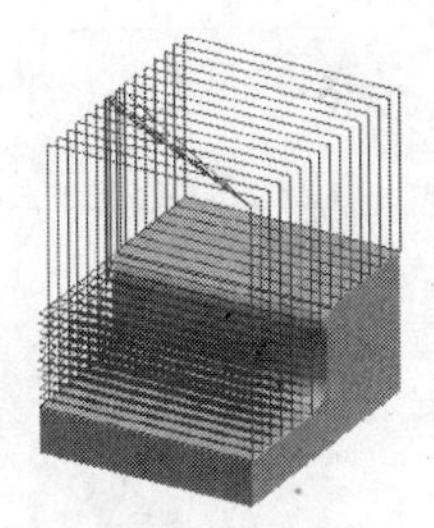

图 6-32 扫描线粗加工刀具轨迹

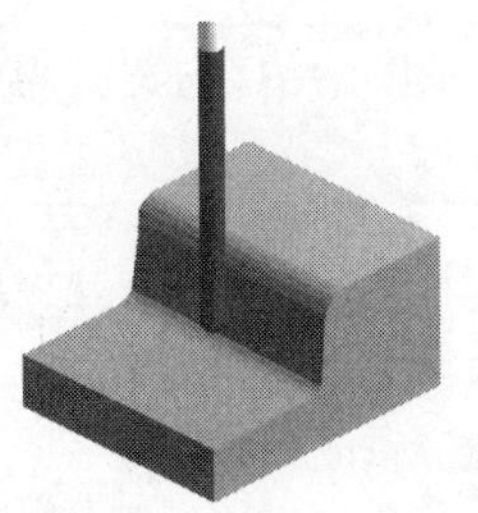

图 6-33 加工仿真结果

6．摆线式粗加工

摆线式"粗加工"方式生成摆线式粗加工轨迹，这是一种专门针对高速加工的刀位轨迹策略。摆线式加工描述了这样的曲线加工：圆上一固定点随着圆沿曲线滚动时生成的轨迹，由于切削的过程中总是沿一条具有固定曲率的曲线运动，使得刀具运动总能保持一致的进给率，所以对高速铣削比较适合。

【实例 6】 将实例 5 中的实体采用"摆线粗加工"方式生成摆线粗加工轨迹。

01 按草图绘制实体，并定义毛坯。

02 选择主菜单中的【加工】/【粗加工】/【摆线粗加工】命令，或者直接单击按钮，弹出【摆线粗加工】对话框。

03 选择【加工参数】选项卡，设置加工参数。切削圆弧半径为 5，加工方向为"*X*+*Y* 方向"；*Z* 向切入为"层高"，层高为 2；*XY* 切入为"行距"，行距为 2；加工精度为 0.01，加工余量为 0.1。

04 打开【刀具参数】选项卡，设置刀具参数。选择"铣刀 D5"。

05 设置其他相关参数。

06 单击 确定 按钮，拾取加工实体，单击鼠标右键确认拾取完成。拾取轮廓线，拾取轮廓搜索方向箭头，单击鼠标右键，生成的刀具轨迹如图 6-34 所示，加工仿真如图 6-35 所示。

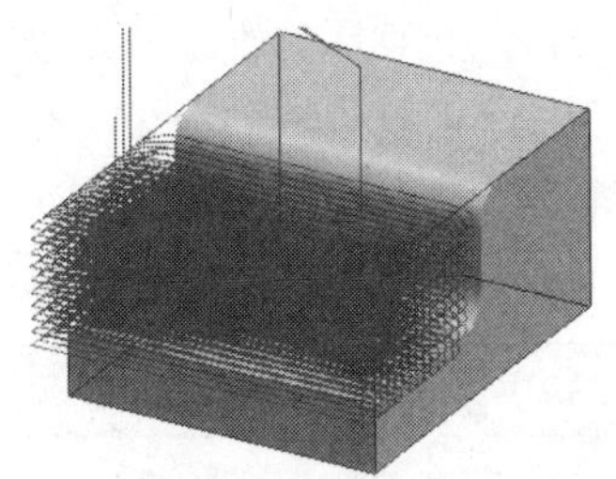

图 6-34 摆线式粗加工刀具轨迹

图 6-35 加工仿真结果

7．插铣式粗加工

"插铣式粗加工"方式生成插铣式粗加工轨迹。采用端铣刀的直捣式加工，即钻削式刀具路径沿加工中心的 *Z* 轴方向从深腔去除材料。

【实例 7】 在长度为 100、宽度为 80、高度为 30 的长方体上表面加工长度为 80、宽度为 60、深度为 20 的长方体型腔。

01 根据已知条件绘制长 100、宽 80、高 30 的长方体造型，拉伸除料形成长 80、宽 60、深 20 的凹槽实体，如图 6-36 所示。

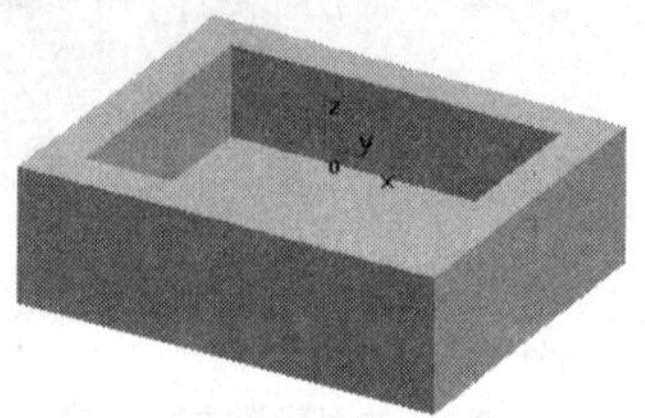

图 6-36 凹槽实体

02 双击【加工管理】选项卡中的【加工】/【毛坯】选项，弹出【定义毛坯】对话框，采用“参照模型”定义毛坯。

03 选择主菜单中的【加工】/【粗加工】/【插铣式粗加工】命令，或者直接单击按钮，弹出【插铣式粗加工】对话框。

04 选择【加工参数】选项卡，设置加工参数。钻孔模式选择“4 方向”，钻孔间隔为 2；加工精度为 0.1，加工余量为 0.1。

05 选择【刀具参数】选项卡，设置刀具参数。选择“铣刀 D5”。

06 设置其他相关参数。

07 单击 确定 按钮，拾取加工实体，单击鼠标右键确认拾取完成。拾取轮廓线，拾取轮廓搜索方向箭头，单击鼠标右键，生成的刀具轨迹如图 6-37 所示，加工仿真如图 6-38 所示。

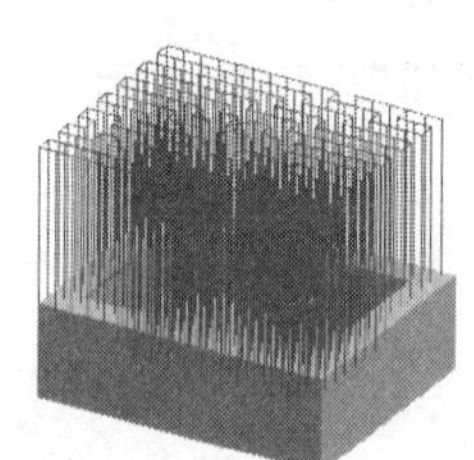

图 6-37 插铣式粗加工刀具轨迹

图 6-38 加工仿真结果

8．导动线粗加工

“导动线粗加工”方式生成导动线粗加工轨迹。导动加工是二维加工的扩展，也可以理解为平面轮廓的等截面加工，是用轮廓线沿导动线平行运动生成轨迹的方法。它相当于平行导动曲面的算法，只不过生成的不是曲面而是轨迹。其截面轮廓可以是开放的也可以是封闭的，但导动线必须是开放的。

【实例 8】 用“导动线粗加工”方式进行作如图 6-39 所示的外表面加工。

01 按已知条件生成半径为 50 的圆及与圆相交的一条曲线。

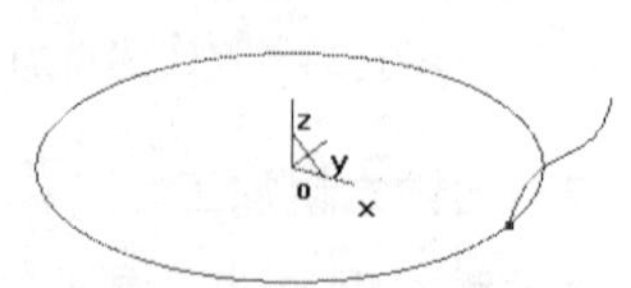

图 6-39 圆及曲线

02 双击【加工管理】选项卡中的【加工】/【毛坯】选项，弹出【定义毛坯】对话框，采用“两点方式”定义毛坯，输入坐标参数，基准点 X 值为−80、Y

值为-80、Z 值为 0、长度为 160、宽度为 160、高度为 30。

03 选择主菜单中的【加工】/【粗加工】/【导动线粗加工】命令，弹出【导动线粗加工】对话框。

04 选择【加工参数】选项卡，设置加工参数。加工方向选择“顺铣”；XY 切入选择“行距”，行距值为 2；Z 切入选择“残留高度”，残留高度值为 1；加工精度为 0.01，加工余量为 0。

05 选择【公共参数】选项卡，设置公共参数。选中【使用起始点】单选按钮，起始坐标 X 为 0、Y 为 0、Z 为 50。

06 设置其他相关参数。

07 单击 确定 按钮，状态栏提示“拾取轮廓和加工方向”，拾取圆，在出现的箭头任选一方向拾取；状态栏提示“继续拾取轮廓，按右键进行下一步，按 ESC 取消”，单击鼠标右键；状态栏提示“拾取截面线”，拾取曲线；状态栏提示“确定链搜索方向”，单击向下的箭头；状态栏提示“拾取曲线”，单击鼠标右键，生成的刀具轨迹线如图 6-40 所示，加工仿真结果如图 6-41 所示。

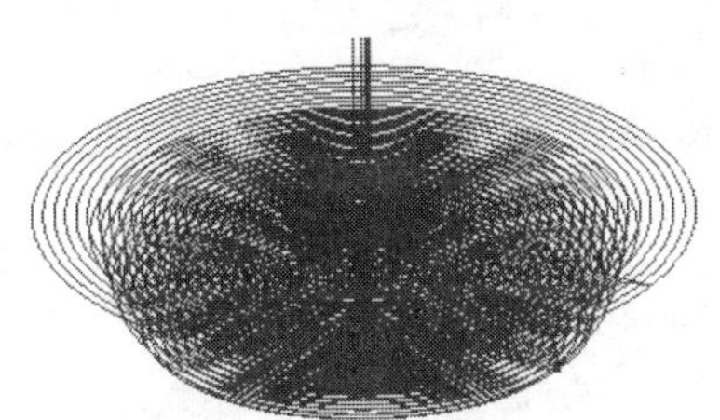
图 6-40　导动线粗加工刀具轨迹

图 6-41　加工仿真结果

6.2.3　精加工

CAXA 制造工程师 2008 提供了 15 种不同的“精加工”方式，适合不同特性零件的加工。可以通过选择【加工】/【精加工】子菜单下的“加工”方式进行精加工，如图 6-42 所示。

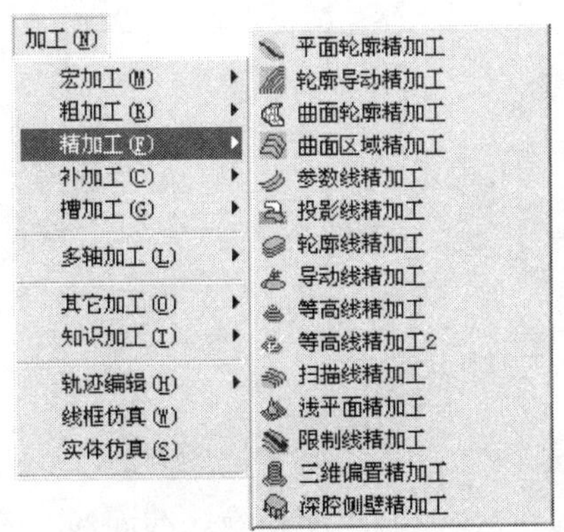

图 6-42 【精加工】子菜单

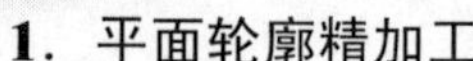

1．平面轮廓精加工

平面轮廓精加工用于生成平面轮廓精加工轨迹。平面轮廓加工是生成沿轮廓线切削的两轴刀具轨迹，主要用于加工外形和铣槽，属于“两轴”或“两轴半加工”方式。

【实例 9】 加工高度为 30、轮廓半径为 60 的圆柱形零件。

01 按已知条件生成半径为 60、深度为 30 的圆柱形实体。

02 在 *XOY* 作图平面上绘制半径为 60 的整圆，如图 6-43 所示。

03 双击【加工管理】选项卡中的【加工】/【毛坯】选项，弹出【定义毛坯】对话框，采用“参照模型”方式定义毛坯，如图 6-44 所示。

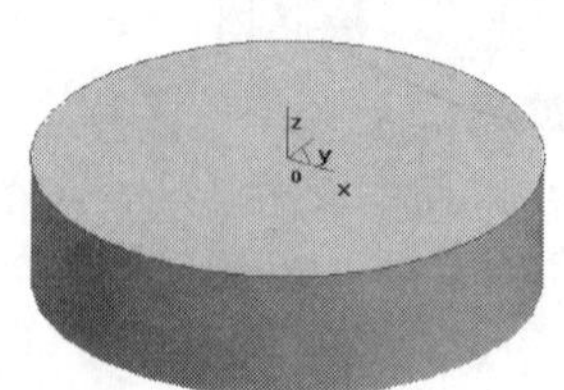

图 6-43 圆柱实体

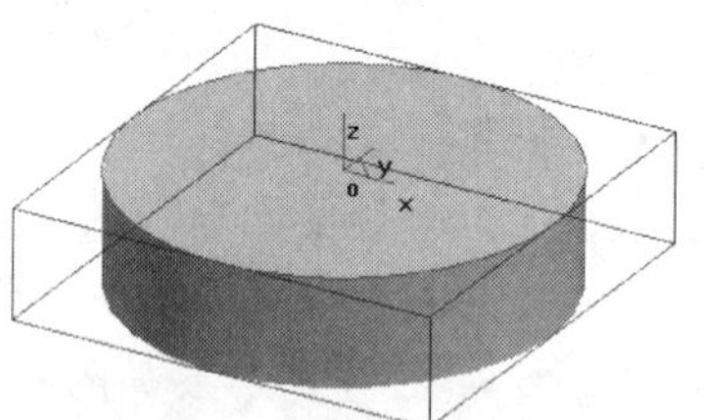

图 6-44 定义毛坯

04 选择主菜单中的【加工】/【精加工】/【平面轮廓精加工】，弹出【平面轮廓精加工】对话框。

05 选择【加工参数】选项卡，设置加工参数。加工精度为 0.1，拔模斜度为 0，刀次为 1，顶层高度为 0，底层高度为-30，每次下降高度为 1；拐角过渡方式选择“圆弧”；走刀方式选择“往复”；轮廓补偿选择 PAST；行距定义方法选择“行距方式”，行距为 5，加工余量为 0.1；抬刀选择“否”。

06 选择【刀具参数】选项卡，设置刀具参数。选择“铣刀 D5”。

07 设置其他相关参数。

08 单击 确定 按钮，拾取加工轮廓，拾取轮廓搜索方向箭头，拾取箭头方向，拾取进刀点，拾取退刀点，生成的刀具轨迹如图 6-45 所示，加工仿真结果如图 6-46 所示。

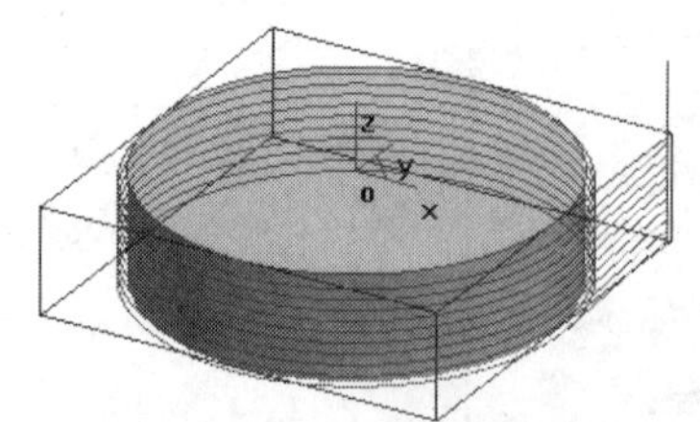

图 6-45 平面轮廓精加工刀具轨迹

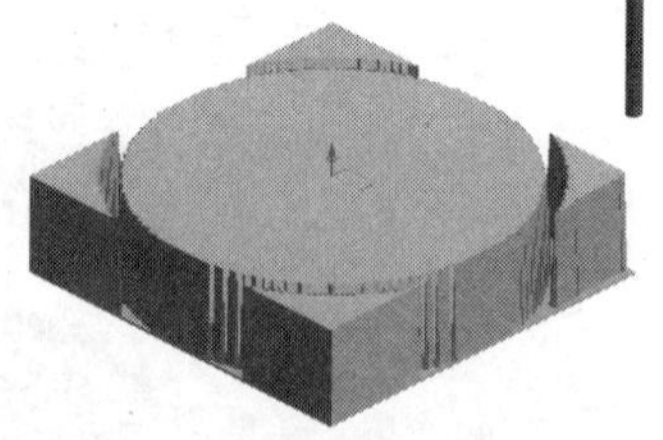

图 6-46 加工仿真结果

2．轮廓导动精加工

轮廓导动粗加工造型时，只需绘制平面轮廓和截面线，不用绘制曲面，简化了造型。生成加工轨迹时，因为它的每层轨迹都是用二维的方法来处理的，所以，如果拐角处

是圆弧，那么它生成的 G 代码应是 G02 或 G03，充分利用了机床的圆弧插补功能。因此它生成的代码最短，但加工效果最好。

【实例 10】 试用轮廓导动线精加工半径为 50 的圆，同心且与 *Y* 轴相距 30、半径为 25 的圆，及一条半径为 30 的圆弧轮廓线，如图 6-47 所示。

01 按实例要求进行线框造型。

02 双击【加工管理】选项卡中的【加工】/【毛坯】选项，弹出【定义毛坯】对话框，采用【两点方式】定义毛坯，输入坐标参数，基准点 *X* 值为−60、*Y* 值为−60、*Z* 值为 0、长度为 120、宽度为 120、高度为 30。

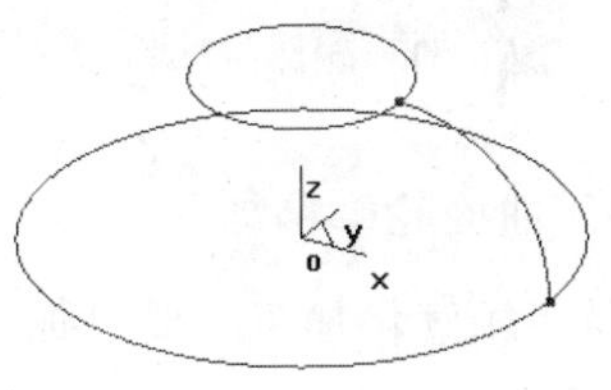

图 6-47　加工轮廓

03 选择主菜单中的【加工】/【精加工】/【轮廓导动线精加工】命令，弹出【轮廓导动精加工】对话框。

04 选择【加工参数】选项卡，设置加工参数。加工参数选择“截距”，截距为 1，轮廓精度为 0.01，加工余量为 0.01；走刀方式选择“单向”；拐角过渡方式选择“圆弧”。

05 选择【公共参数】选项卡，设置公共参数。选中【使用起始点】单选按钮，起始坐标 *X* 为 0，*Y* 为 0，*Z* 为 50。

06 设置其他相关参数。

07 单击 确定 按钮，状态栏提示“拾取轮廓和加工方向”，拾取圆；状态栏提示“拾取轮廓搜索方向箭头”，拾取箭头右方向，如图 6-48 所示。

08 状态栏提示“拾取截面线”，单击截面线，状态栏提示“确定链搜索方向”，拾取向下的箭头，如图 6-49 所示。

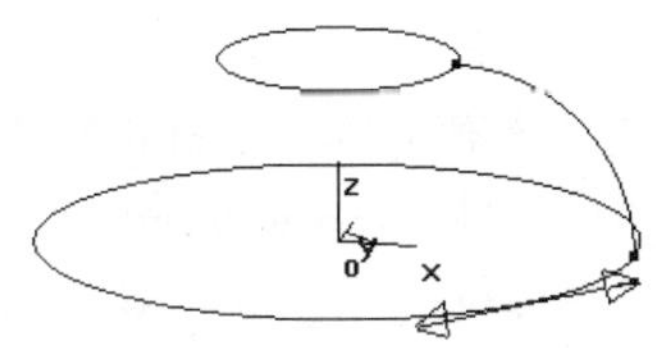

图 6-48　轮廓线及方向

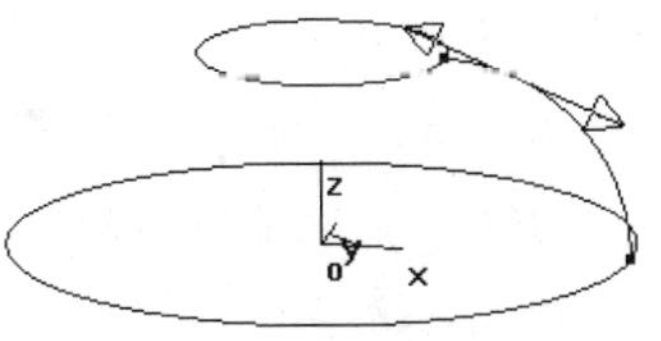

图 6-49　截面线及方向

09 状态栏提示“拾取曲线”，单击鼠标右键确认；状态栏提示“选取加工侧边”，拾取外侧箭头，如图 6-50 所示。

10 生成的刀具轨迹如图 6-51 所示，加工仿真结果如图 6-52 所示。

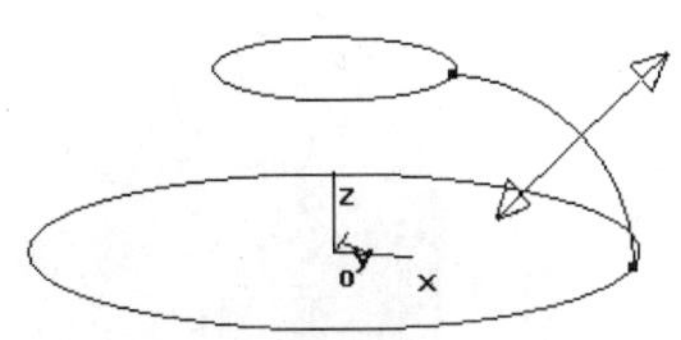

图 6-50　拾取加工侧

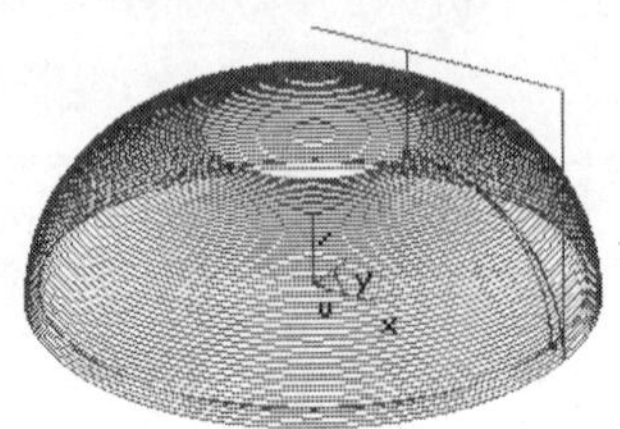
图 6-51　轮廓导动精加工刀具轨迹

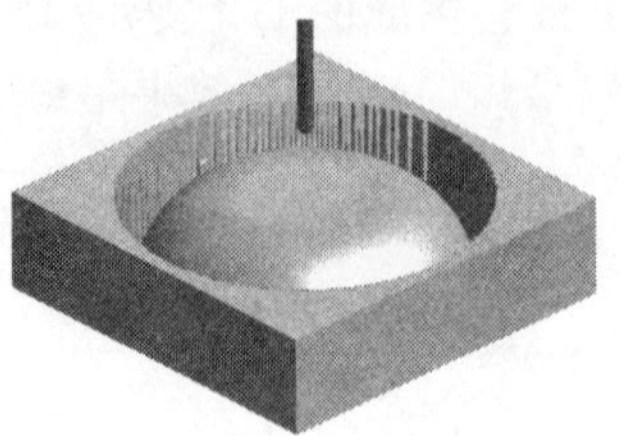
图 6-52　加工仿真结果

3. 曲面轮廓精加工

曲面轮廓精加工主要以加工曲面边线轮廓为主，可以进行曲面边线的精加工。

【实例 11】 用“曲面轮廓精加工”方式加工实体的上曲面边线。

01 按要求生成如图 6-53 所示实体。

02 单击按钮，拾取上曲面边界线。

03 双击【加工管理】选项卡中的【加工】/【毛坯】选项，弹出【定义毛坯】对话框，采用“参照模型”方式定义毛坯。

04 选择主菜单中的【加工】/【精加工】/【曲面轮廓精加工】命令，弹出【曲面轮廓精加工】对话框。

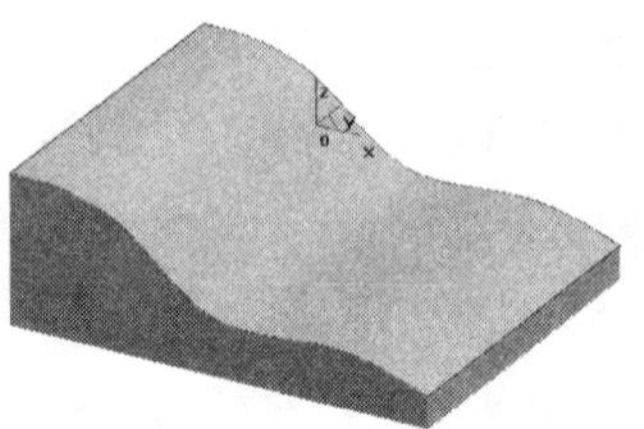
图 6-53　曲面实体

05 选择【加工参数】选项卡，设置加工参数。走刀方式选择“往复”，拐角过渡方式选择“圆弧”，加工余量为 0，轮廓余量为 0，干涉余量为 0，轮廓精度为 0.01，加工精度为 0.01，刀次为 2，行距为 1，轮廓补偿选择 ON，曲面边界处选择“保护”。

06 设置其他相关参数。

07 单击 确定 按钮，状态栏提示“拾取加工对象”，拾取实体，单击鼠标右键；状态栏提示“拾取干涉曲面”，单击鼠标右键；状态栏提示“拾取轮廓和加工方向”，单击边线，选择任一箭头，结果如图 6-54 所示。

08 生成的刀具轨迹如图 6-55 所示。

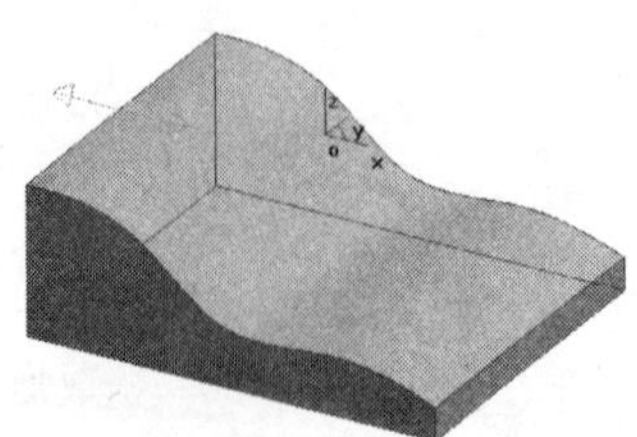
图 6-54　加工方向

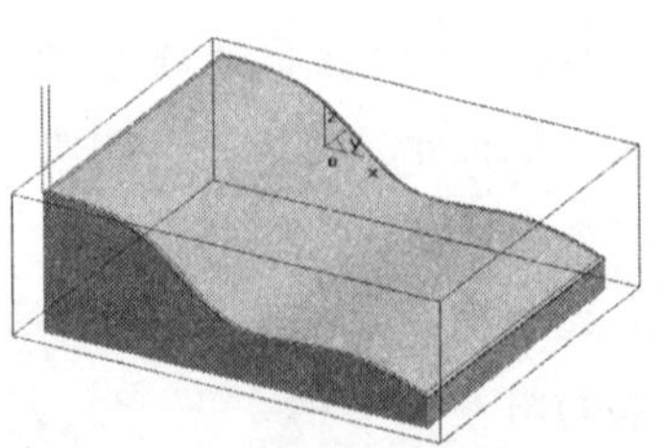
图 6-55　曲面轮廓精加工刀具轨迹

4．曲面区域精加工

【实例12】 用“曲面区域精加工”方式加工实例11实体的上曲面。

01 按实例11要求进行实体造型。

02 单击按钮，拾取上曲面边界线。

03 双击【加工管理】选项卡中的【加工】/【毛坯】选项，弹出【定义毛坯】对话框，采用“参照模型”方式定义毛坯。

04 选择主菜单中的【加工】/【精加工】/【曲面区域精加工】命令，弹出【曲面区域精加工】对话框。

05 选择【加工参数】选项卡，设置加工参数。走刀方式选择“环切加工”、“从外向里”，加工余量为0.1，轮廓余量为0，岛余量为0.01，加工精度为0.01，轮廓精度为0.01，干涉余量为0.01，拐角过渡方式选择“圆弧”，行距为1，轮廓补偿选择ON，岛补偿选择ON，行间连接方式选择“传统”，轮廓清根选择“清根”，岛清根选择“清根”，曲面边界选择“保护”。

06 设置其他相关参数。

07 单击 确定 按钮，状态栏提示“拾取加工对象”，拾取实体，单击鼠标右键。

08 状态栏提示“拾取轮廓”，点击边线；状态栏提示“确定链搜索方向”，拾取向右的箭头。

09 状态栏提示“拾取岛屿”，单击鼠标右键。

10 状态栏提示“拾取干涉曲面”，单击鼠标右键。

11 生成的刀具轨迹如图6-56所示。

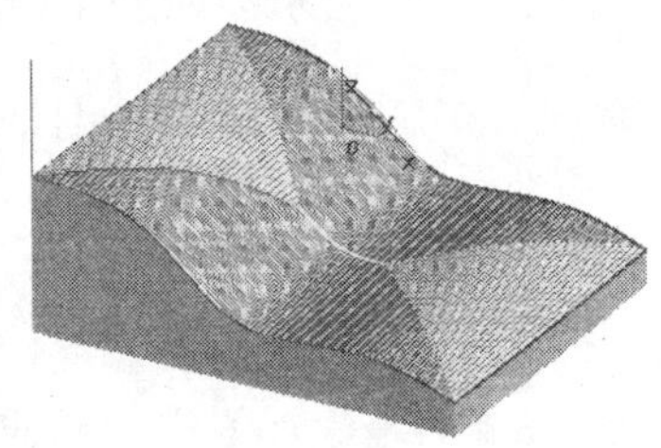

图6-56　曲面区域精加工刀具轨迹

5．参数线精加工

“参数线精加工”方式生成沿多个曲面的参数线精加工轨迹，是按曲面的参数线走刀行进的“三轴加工”方式。对于自由曲面一般采用“参数曲面”方式来表达，因此，按参数变化分别生成加工刀位轨迹不仅方便而且适合。

【实例13】 加工60×50×30长方体上过渡半径为20的过渡曲面。

01 按实例要求进行实体造型，如图6-57所示。

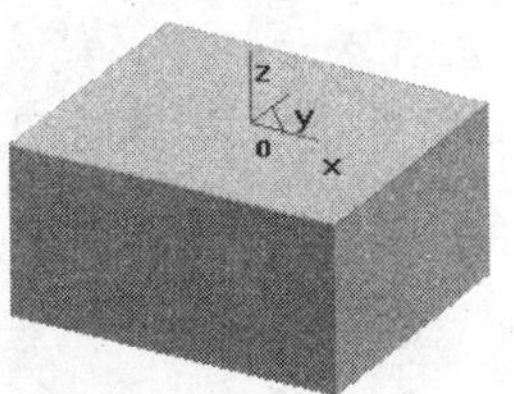

图6-57　加工实体

02 单击按钮，弹出【过渡】对话框，【半径】为20，拾取上平面左边长线，单击 确定 按钮，完成过渡操作，如图6-58所示。

03 双击【加工管理】选项卡中的【加工】选项/【毛坯】选项，弹出【定义毛坯】对话框，采用“参照模型”方式定义毛坯。

04 选择主菜单中的【加工】/【精加工】/【参数线精加工】命令，弹出【参数线精加工】对话框。

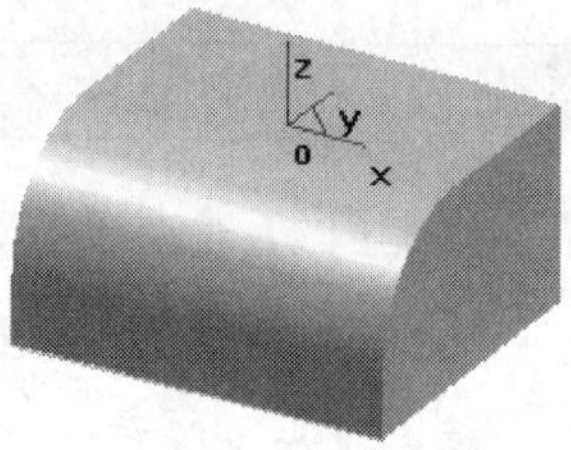

05 选择【加工参数】选项卡，设置加工参数。切入方式选择“不设定”，切出方式选择“不设定”，行距定义方式选择“行距”，行距为 1，遇干涉面选择“抬刀”，走刀方式选择“往复”，干涉检查选择“否”，加工精度为 0.01，加工余量为 0.01，干涉余量为 0.01。

图 6-58 过渡实体

06 设置其他相关参数。

07 单击  按钮，拾取加工对象，单击鼠标右键；拾取进刀点，单击鼠标右键；右击确定曲面方向，单击鼠标右键取消干涉曲面，生成的刀具轨迹如图 6-59 所示。

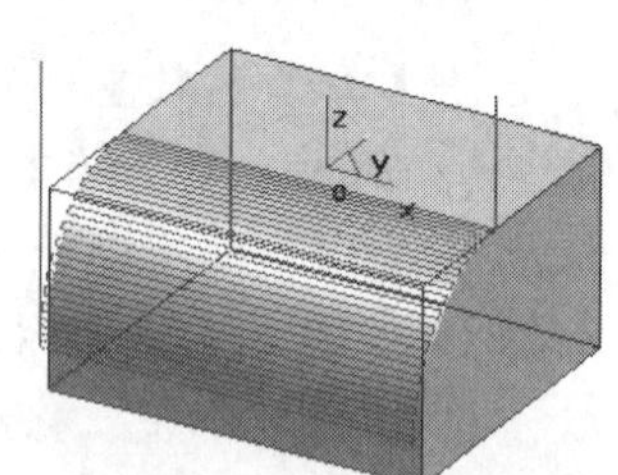

图 6-59 参数线精加工刀具轨迹

6．投影线精加工

投影线精加工是把已有的加工轨迹沿某一方向投影到待加工曲面上生成新的加工轨迹的加工方法。使用投影线精加工的前提条件是有已知的加工轨迹线。

【实例 14】 在实例 12 的实体上画一圆心在原点、半径为 40 的圆，产生平面区域粗加工轨迹线，用“投影线精加工”方式加工圆形投影曲面。

01 按要求生成如图 6-60 所示实体及半径为 40 的圆。

02 双击【加工管理】选项卡中的【加工】/【毛坯】选项，弹出【定义毛坯】对话框，采用“参照模型”方式定义毛坯。

03 选择主菜单中的【加工】/【粗加工】/【平面区域粗加工】命令，弹出【平面区域粗加工】对话框。

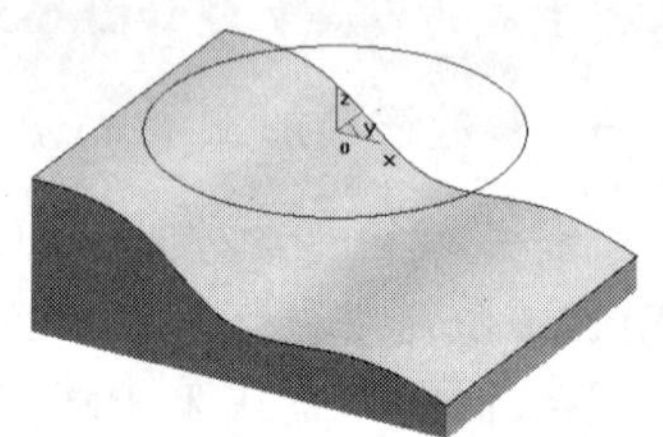

图 6-60 生成实体及圆

04 选择【加工参数】选项卡，设置加工参数。走刀方式选择“环切加工”、“从里向外”；顶层高度为 0，底层高度为 0，每层下降高度为 1，行距为 1，加工精度为 0.1；轮廓参数余量为 0.1，斜度为 0，补偿为 ON；岛参数余量为 0.1，斜度为 0，补偿为 TO。

05 设置其他相关参数。

06 单击 确定 按钮，状态栏提示“拾取轮廓”，拾取圆，生成如图 6-61 所示的轨迹线。

07 选择主菜单中的【加工】/【精加工】/【投影线精加工】命令，弹出【投影线精加工】对话框。

08 选择【加工参数】选项卡，设置加工参数。加工余量为 0，干涉余量为 0，加工精度为 0.1，曲面边界处选择“抬刀”。

09 设置其他相关参数。

10 单击 确定 按钮，状态栏提示“拾取刀具轨迹线”，拾取刀具轨迹线；状态栏提示“拾取加工对象”，拾取实体，单击鼠标右键；状态栏提示“拾取干涉曲面”，单击鼠标右键。

11 生成的刀具轨迹如图 6-62 所示。

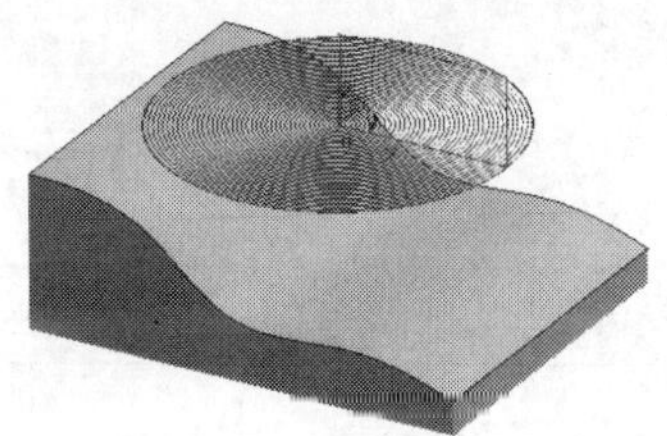

图 6-61　平面区域粗加工轨迹

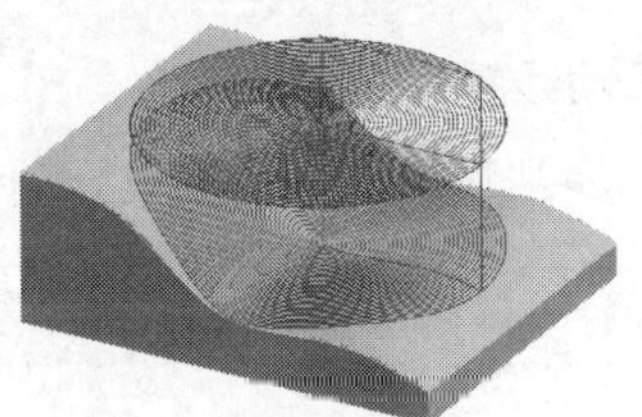

图 6-62　投影线精加工刀具轨迹

7．轮廓线精加工

“轮廓线精加工”方式生成轮廓线精加工轨迹。要注意的是，这种加工方式在毛坯和零件形状几乎一致时最能体现优势；当毛坯形状和零件形状不一致时，使用这种加工方式将出现很多空行程，反而影响加工效率，因此还需要使用别的加工方法。

为了达到更好的加工效果，可以先用等高线或其他加工方法加工出轮廓，然后用“轮廓线精加工”方式继续加工，达到高效、高速的效果。这也表明，在使用 CAXA 制造工程师 2008 时，很多时候不能仅拘泥于一种加工方法，要充分利用该软件提供的强大加工功能来提高加工质量。

【实例 15】　试用轮廓线精加工 100×100×10 长方体，过渡半径为 15。

01 按已知条件进行造型，如图 6-63 所示。

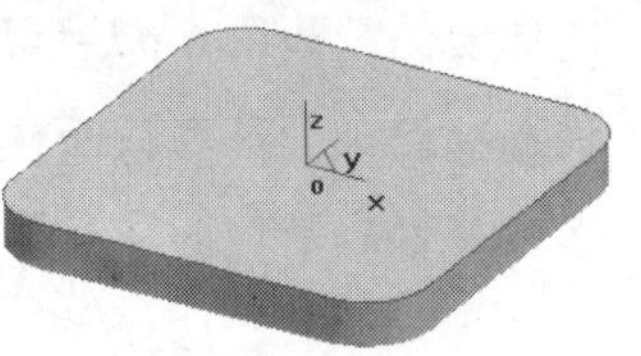

图 6-63　加工实体

02 单击按钮，拾取上表面边线。

03 双击【加工管理】选项卡中的【加工】/【毛坯】选项，弹出【定义毛坯】对话框，采用“参照模型”方式定义毛坯。

04 选择主菜单中的【加工】/【精加工】/【轮廓线精加工】命令，弹出【轮廓线精加工】对话框。

05 选择【加工参数】选项卡，设置加工参数。偏移类型选择“偏移”，偏移方向选择“右”，*XY* 切入选择“行距”，行距值为 1，刀次为 1，加工顺序选择“Z 优先”；*Z* 切入选择“层高”，层高值为 1；加工精度为 0.01，*XY* 向余量为 0，*Z* 向余量为 0。

06 设置其他相关参数。

07 单击 确定 按钮，拾取加工轮廓边界，单击鼠标右键，生成的刀具轨迹如图 6-64 所示，加工仿真结果如图 6-65 所示。

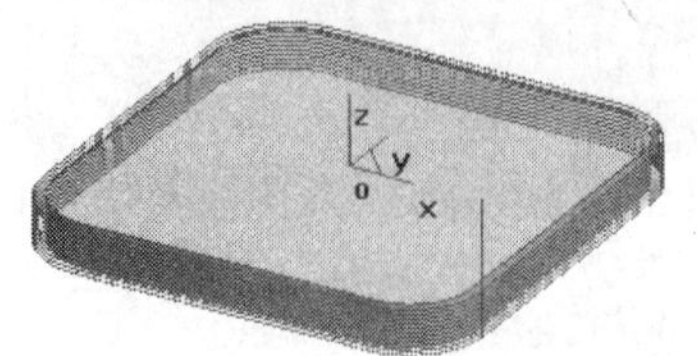

图 6-64　轮廓线精加工刀具轨迹

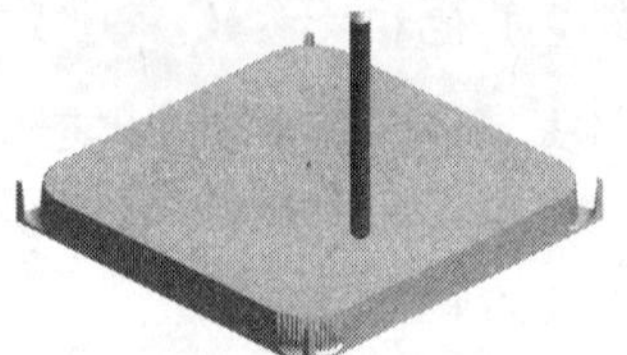

图 6-65　加工仿真结果

8．导动线精加工

“导动线精加工”方式生成导动线精加工轨迹。

【实例 16】　试用导动线精加工半径为 50 的圆盘上表面。

01 按实例要求进行线框造型，如图 6-66 所示。

02 双击【加工管理】选项卡中的【加工】/【毛坯】选项，弹出【定义毛坯】对话框，采用“两点方式”定义毛坯。

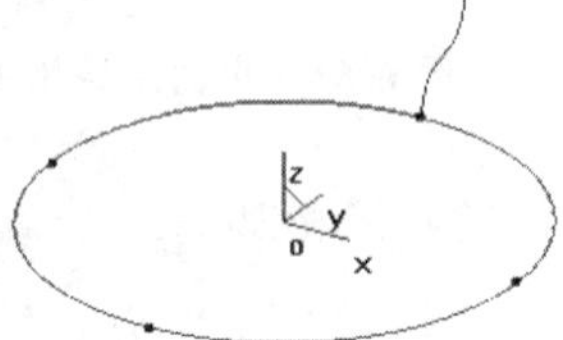

图 6-66　线框造型

03 选择主菜单中的【加工】/【精加工】/【导动线精加工】命令，弹出【导动线精加工】对话框。

04 选择【加工参数】选项卡，设置加工参数。加工方法选择“单向”；*XY* 切入选择“行距”，行距为 2，刀次为 1，加工顺序选择“*Z* 优先”；*Z* 切入选择“层高”，层高值为 2；加工精度为 0.01，加工余量为 0。

05 设置其他相关参数。

06 单击 确定 按钮，状态栏提示“拾取轮廓及加工方向”，拾取圆及任一箭头，单击鼠标右键，如图 6-67 所示。

07 状态栏提示“拾取截面线”，拾取曲线；状态栏提示“确定链搜索方向”，拾取任一方向箭头，单击鼠标右键，如图 6-68 所示。

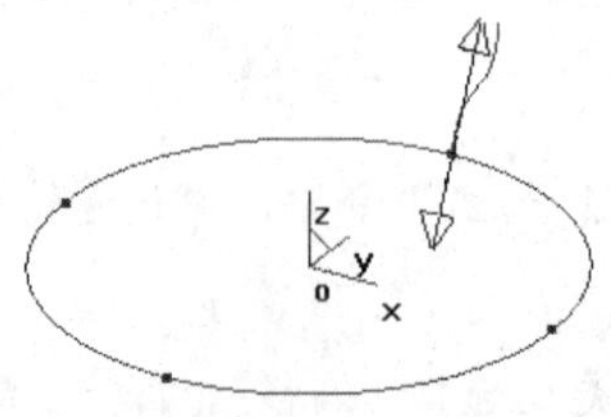

图 6-67　拾取轮廓线

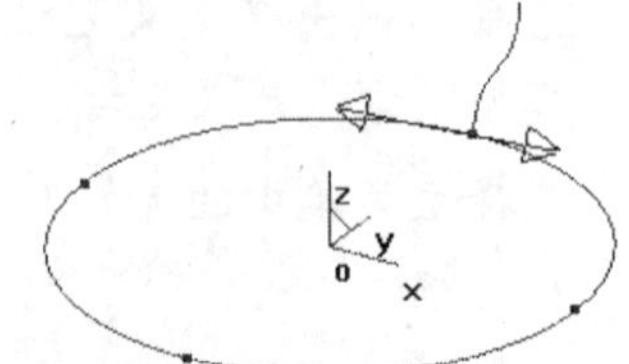

图 6-68　拾取截面线

08 生成的刀具轨迹如图 6-69 所示，加工仿真结果如图 6-70 所示。

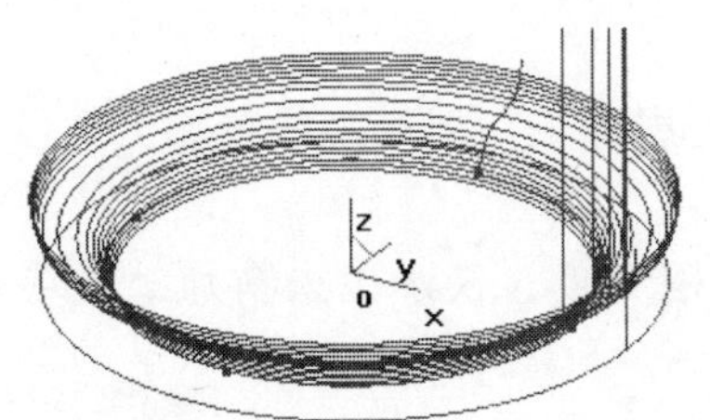

图 6-69　导动线精加工刀具轨迹

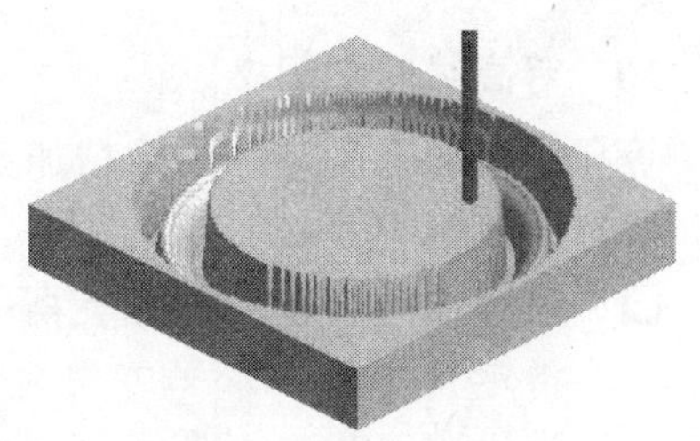

图 6-70　加工仿真结果

9．等高线精加工

等高线精加工功能生成等高线精加工轨迹。等高线精加工可以完成对曲面和实体的加工，轨迹类型为 2.5 轴。特点是按等高距离下降，一层一层地加工，适用于较陡面的加工。

【实例 17】　用"等高线精加工"方式加工半径为 80 的球体上表面。

01 按实例要求进行实体造型，如图 6-71 所示。

02 双击【加工管理】选项卡中的【加工】/【毛坯】选项，弹出【定义毛坯】对话框，采用"两点方式"定义毛坯，输入坐标参数，基准点 *X* 值为−70、Y 值为−70、Z 值为 0、长度为 140、宽度为 140、高度为 70。

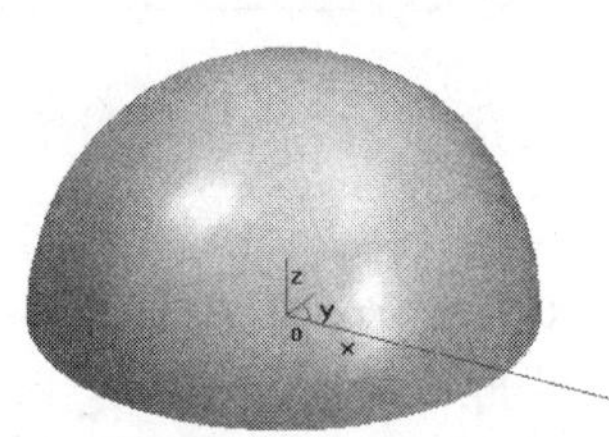

图 6-71　半圆球实体

03 选择主菜单中的【加工】/【精加工】/【等高线精加工】命令，弹出【等高线精加工】对话框。

04 选择【加工参数 1】选项卡，设置加工参数 1。加工方向选择"顺铣"；*Z* 向选择"层高"，层高为 1；加工顺序选择"*Z* 优先"；加工精度为 0.01，加工余量为 0.1。

05 选择【下刀方式】选项卡，设置下刀方式。安全高度为 100，慢速下刀距离为 80，退刀距离为 80；切入方式选择"垂直"，距离为 80。

06 设置其他相关参数。

07 单击 确定 按钮，拾取加工曲面，拾取加工边界，单击鼠标右键，生成的刀具轨迹如图 6-72 所示，加工仿真结果如图 6-73 所示。

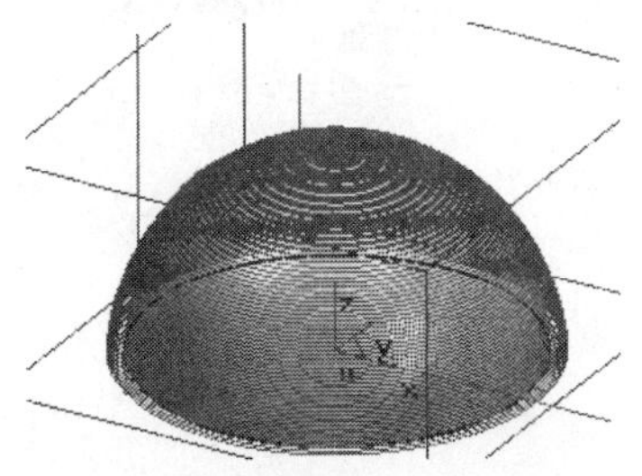

图 6-72　等高精加工刀具轨迹

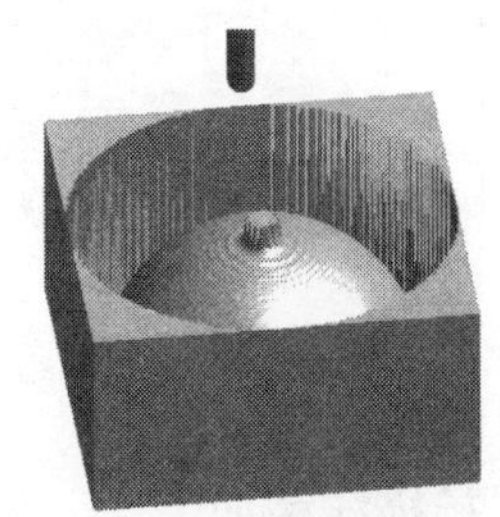

图 6-73　加工仿真结果

10．等高线精加工 2

等高线精加工 2 同等高线精加工一样，是一层一层加工，但等高线精加工 2 可以输入等高线角度范围。

- ❑ 等高线角度范围：指定等高线路径输出范围角度。仅加工未精加工区域是不能指定角度的。水平方向为 0°，可输入只为 0°～90°，最小倾斜角为 0°、最大倾斜角为 90°，在模型全体上做成等高线路径。
- ❑ 最小倾斜角度：输入未精加工区域加工路径做成角度范围的最小值。
- ❑ 最大倾斜角度：输入未精加工区域加工路径做成角度范围的最大值，如图 6-74 所示。

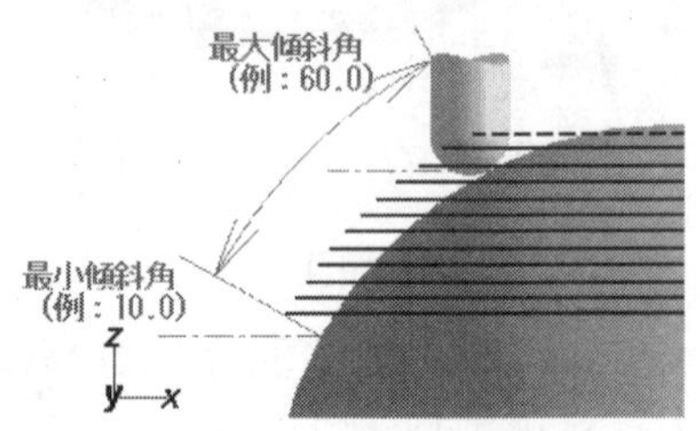

图 6-74　倾斜角度

【实例 18】　用"等高线精加工 2"方式加工实例 17 中的球体上表面。

01 按实例要求进行实体造型。

02 单击按钮，拾取下表面边线，如图 6-75 所示。

03 双击【加工管理】选项卡中的【加工】/【毛坯】选项，弹出【定义毛坯】对话框，采用"两点方式"定义毛坯。

04 选择主菜单中的【加工】/【精加工】/【等高线精加工 2】命令，弹出【等高线精加工 2】对话框。

05 选择【加工参数 1】选项卡，设置加工参数 1。加工方向选择"顺铣"；Z 向为"层高"，层高为 1；等高线角度范围的最小倾斜角度为 45°，最大倾斜角度为 90°；路径做成模式选择"不加工未精加工区域"。

06 设置其他相关参数。

07 单击 确定 按钮，状态栏提示"拾取加工对象"，拾取半圆球体，单击鼠标右键；状态栏提示"拾取加工边界"，拾取实体圆边线；状态栏提示"确定链搜索方向"，单击任一箭头，单击鼠标右键，生成的刀具轨迹如图 6-76 所示。

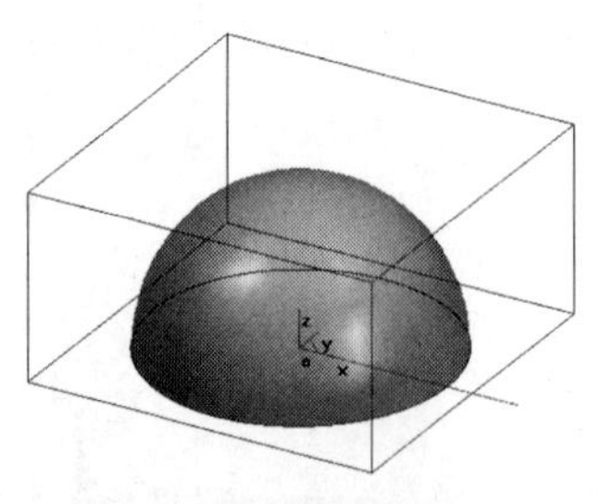
图 6-75　加工参数

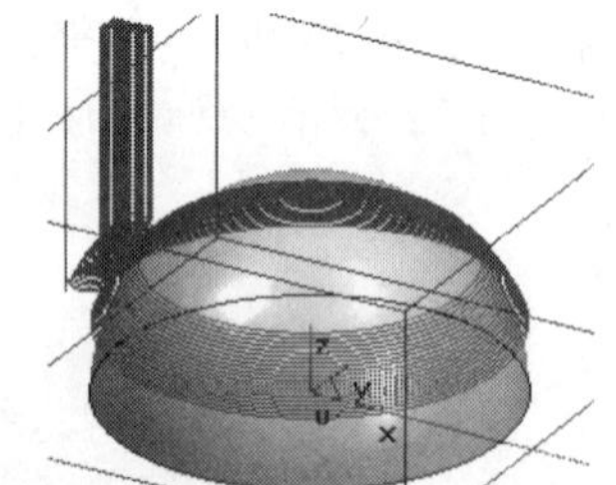
图 6-76　等高线精加工 2 刀具轨迹

11．扫描线精加工

"扫描线精加工"方式生成扫描线精加工轨迹，它能自动识别竖直面并进行补加工，

提高了该功能的加工效果和效率；同时，可以在轨迹尖角处增加圆弧过渡，保证生成的轨迹光滑，适用于高速加工机床。

【实例 19】 在 100×100×30 长方体上表面有 60×60×6 和 30×30×6 的凸台，过渡半径均为 5，试用扫描线精加工加工上表面。

01 按已知要求进行实体造型，如图 6-77 所示。

02 单击按钮，进行上平面半径为 5 的圆弧过渡，如图 6-78 所示。

03 双击【加工管理】选项中的【加工】/【毛坯】选项，弹出【定义毛坯】对话框，采用“参照实体”方式定义毛坯。

04 选择主菜单中的【加工】/【精加工】/【扫描线精加工】命令，弹出【扫描线精加工】对话框。

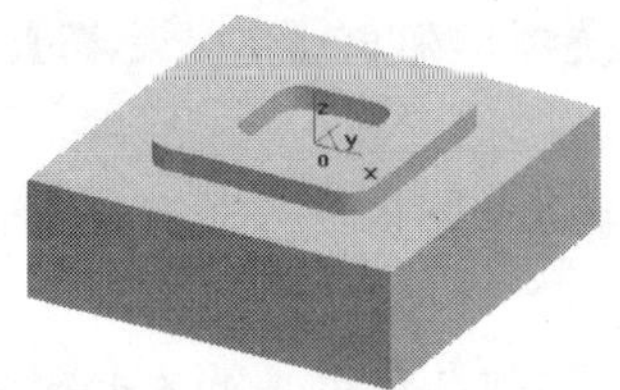

图 6-77　加工实体

图 6-78　过渡实体

05 选择【加工参数】选项卡，设置加工参数。加工方向选择“顺铣”；加工方法选择“通常”； *XY* 向选择“行距”，行距值为 1；加工顺序选择“区域优先”；行间连接方式选择“抬刀”；未加工区域选择“不加工未精加工区”；加工精度为 0.1，加工余量为 0.1；干涉面的加工余量为 0，干涉轨迹处理选择“裁剪”。

06 设置其他相关参数。

07 单击 确定 按钮，拾取加工曲面，单击鼠标右键；拾取加工边界，单击鼠标右键，生成的刀具轨迹如图 6-79 所示，加工仿真结果如图 6-80 所示。

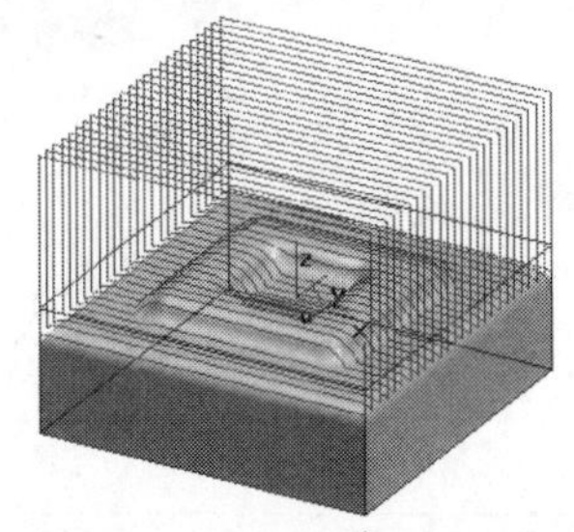

图 6-79　扫描线精加工刀具轨迹

图 6-80　加工仿真结果

12．浅平面精加工

“浅平面精加工”方式生成浅平面精加工轨迹，能自动识别零件模则中平坦的区域，针对这些区域生成精加工刀具轨迹，大大提高了零件平坦部分的精加工效率。

【实例 20】 试用浅平面精加工加工 110×50×10 长方体模型上表面，过渡半径均为 2。

01 按实例要求进行实体造型，如图所 6-81 示。

02 单击按钮，进行上平面的半径为 2 的圆弧过渡，如图 6-82 所示。

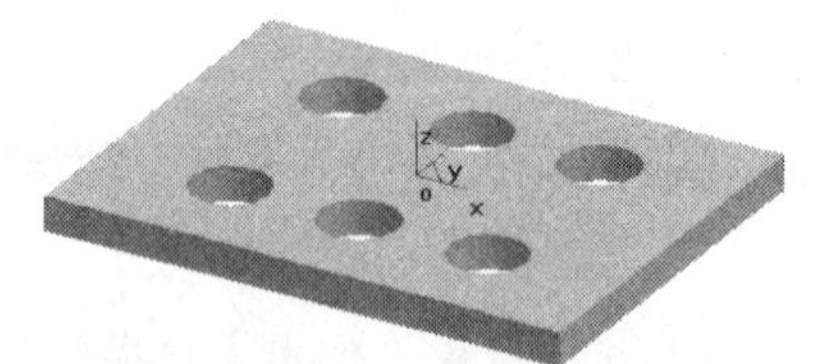

图 6-81 加工实体

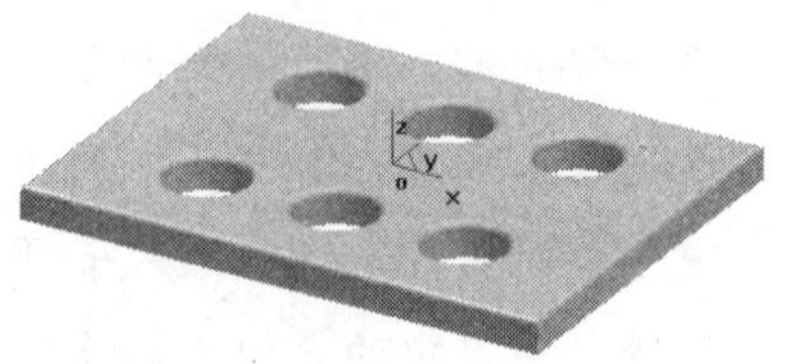

图 6-82 过渡实体

03 双击【加工管理】选项卡中的【加工】/【毛坯】选项，弹出【定义毛坯】对话框，采用“参照实体”方式定义毛坯。

04 选择主菜单中的【加工】/【精加工】/【浅平面精加工】命令，弹出【浅平面精加工】对话框。

05 打开【加工参数】选项卡，设置加工参数。加工方向选择“顺铣”； *XY* 向选择“行距”，行距值为 1，角度值为 30°；加工顺序选择“区域优先”；行间连接方式选择“抬刀”；【加工精度】为 0.1，【加工余量】为 0.1；【平坦区域识别的最小角度为 0°，最大角度为 15°，延伸量为 0；切削模式选择“环切”；加工方向选择“从外向里”；干涉面的加工余量为 0.1，干涉轨迹处理选择“裁剪”。

06 设置其他相关参数。

07 单击 确定 按钮，拾取加工曲面，单击鼠标右键。拾取加工边界，单击鼠标右键，生成的刀具轨迹如图 6-83 所示。

图 6-83 浅平面精加工刀具轨迹

13．限制线精加工

“限制线精加工”方式生成限制线精加工轨迹，能生成多个曲面的三轴刀具轨迹，刀具轨迹限制在两个系列的限制线内，适用于多曲面的整体加工和局部加工。在大刀完成加工后，要用小刀加工局部区域残留量过多的部分时，用限制线加工就很方便。

【实例 21】 试用限制线精加工加工 100×100×30 长方体上表面凹槽，如图 6-84 所示。

01 按实例进行实体造型。

02 单击按钮，拾取上表面凹槽的两条边线。

03 双击【加工管理】选项卡中的【加工】/【毛坯】选项，弹出【定义毛坯】对话框，采用“参照实体”方式定义毛坯。

04 选择主菜单中的【加工】/【精加工】/【限制线精加工】命令，弹出【限制线精加工】对话框。

05 选择【加工参数】选项卡，设置加工参数。加工方向选择“顺铣”； XY 切入选择“2D 方式”，行距值为 1；加工精度为 0.1，加工余量为 0.1；路径类型选择“平行方向”；加工顺序选择“区域优先”；行间连接方式选择“抬刀”。

06 设置其他相关参数。

07 单击 确定 按钮，状态栏提示“拾取加工对象”，拾取实体，单击鼠标右键；状态栏提示“拾取第一条限制线”，拾取凹槽的左边线，选择一方箭头，单击鼠标右键；状态栏提示“拾取第二条限制线”，拾取凹槽的右边线，选择同前一线方向的箭头，单击鼠标右键；状态栏提示“拾取加工边界”，单击鼠标右键，生成的刀具轨迹如图 6-85 所示。

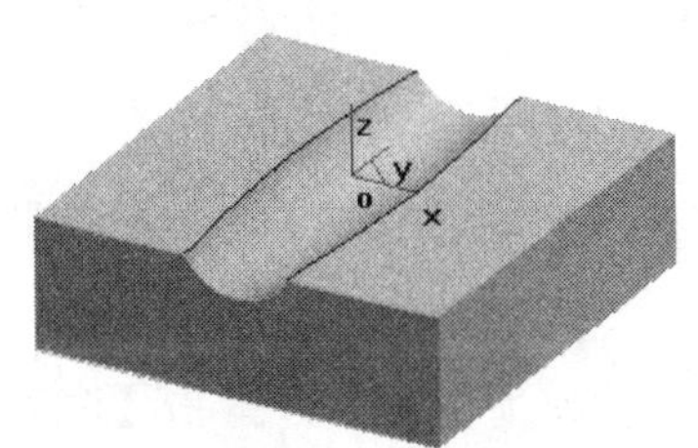

图 6-84　实体模型

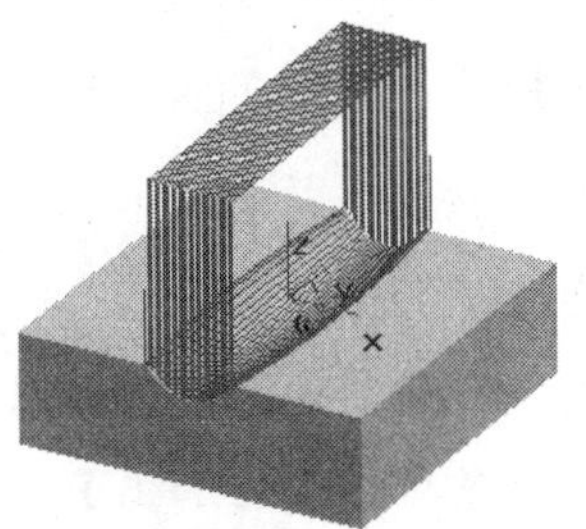

图 6-85　限制线精加工刀具轨迹

14．三维偏置精加工

“三维偏置精加工”方式生成三维偏置精加工轨迹，能够由里向外或由外向里生成三维等间距加工轨迹，可以保证加工结果有相同的残留高度，提高了加工质量和效果；同时，也使刀具在切削过程中保持载荷恒定，特别适用于高速机床精加工。

【实例 22】　试用三维偏置精加工如图 6-86 所示的曲面。

01 按实例要求进行曲面造型。

02 双击【加工管理】选项卡中的【加工】/【毛坯】选项，弹出【定义毛坯】对话框，采用“两点方式”定义毛坯，输入坐标参数，基准点 *X* 值为−30、*Y* 值为−25、Z 值为−30、长度为 60、宽度为 50、高度为 30。

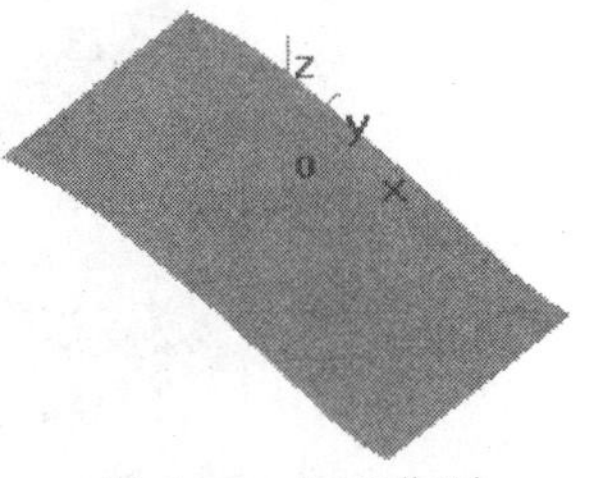

图 6-86　加工曲面

03 选择主菜单中【加工】/【精加工】/【三维偏置加工】命令，弹出【三维偏置精加工】对话框。

04 选择【加工参数】选项卡，设置加工参数。【加工方向】选择“顺铣”；【进行方向】

选择“边界→内侧”；切入的行距值为 1；行间连接方式选择“投影”，最小抬刀高度为 20；加工精度为 0.01，加工余量为 0.1。

05 设置其他相关参数。

06 单击 确定 按钮，状态栏提示“拾取加工对象”，拾取加工对象，单击鼠标右键；拾取轮廓边界，单击鼠标右键，生成的刀具轨迹如图 6-87 所示。

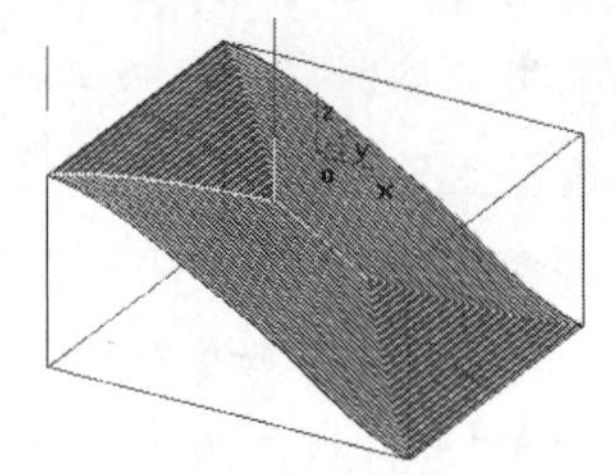

图 6-87 三维偏置精加工刀具轨迹

15. 深腔侧壁精加工

“深腔侧壁加工”方式生成深腔侧壁加工轨迹。这种加工方式在模具中有一定的用武之地，它需要使用特定的刀具，因而需根据具体加工条件来考虑。

【实例 23】 试用深腔侧壁精加工加工 100×100×40 长方体上的半径为 40 的圆内壁，生成深腔侧壁精加工轨迹。

01 按实例要求进行实体造型。

02 单击按钮，拾取上表面凹槽的圆边线，如图 6-88 所示。

03 双击【加工管理】选项卡中的【加工】/【毛坯】命令，弹出【定义毛坯】对话框，采用“参照实体”定义毛坯。

04 选择主菜单中的【加工】/【精加工】/【深腔侧壁加工】命令，弹出【深腔侧壁精加工】对话框。

05 选择【加工参数】选项卡，设置加工参数。*XY* 切入选择“行距”，行距值为 2；偏移方向选择“左”；加工模式选择“绝对”，*Z* 最大值为 1，*Z* 最小值为-30；加工精度为 0.1。

06 设置其他相关参数。

07 单击 确定 按钮，拾取加工对象，单击鼠标右键。拾取轮廓边界，单击鼠标右键，生成的刀具轨迹如图 6-89 所示。

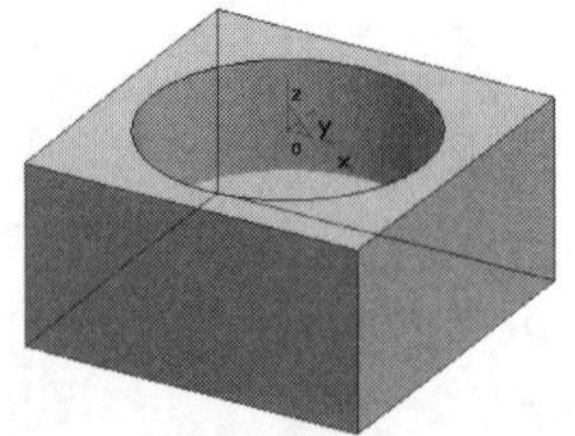

图 6-88 实体及边线

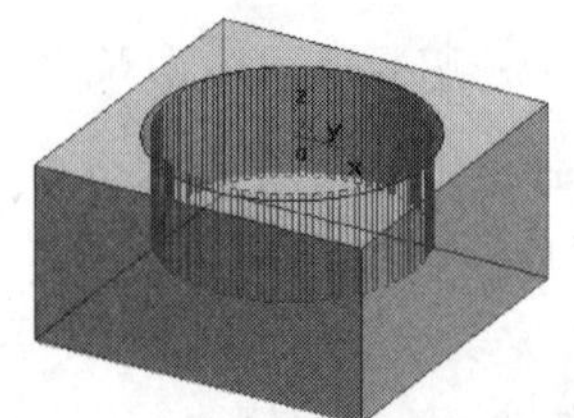

图 6-89 深腔侧壁精加工刀具轨迹

6.2.4 补加工

CAXA 制造工程师 2008 提供 5 种“补加工”方式，适合不同特性的零件加工。该加工方式在常规加工中主要用于精加工后的清根加工，在高速加工中主要用于半精加工。但这种加工方式容易出现刀痕，如果零件对表面质量要求较高，则需要将其应用于半精加工，最后再用精加工来完成加工。补加工功能可以通过选择【加工】/【补加工】子菜单下的命令来激活，如图 6-90 所示。

加工(N)
宏加工(M)
粗加工(R)
精加工(F)
补加工(C)
槽加工(G)
多轴加工(L)
其它加工(O)
知识加工(T)
等高线补加工
笔式清根加工
笔式清根加工2
区域式补加工
区域式补加工2

图 6-90 【补加工】子菜单

1. 等高线补加工

"等高线补加工"方式生成等高线补加工轨迹，自动识别零件粗加工后的残余部分，生成针对残余部分的中间加工轨迹；可以避免已加工部分的空走刀，有效提高加工效率；是一种最常用的"补加工"方式，适合高速加工。

【实例 24】　试用"等高线补加工"方式加工如图 6-91 所示的上表面。

01 按实例要求进行实体造型。

02 双击【加工管理】选项卡中的【加工】/【毛坯】选项，弹出【定义毛坯】对话框，采用"参照实体"定义毛坯。

03 选择主菜单中的【加工】/【补加工】/【等高线补加工】命令，弹出【等高线补加工】对话框。

04 选择【加工参数】选项卡，设置加工参数。Z 向选择"层高"，层高为 1；XY 向选择"行距"，行距为 1，选中【开放周回】单选按钮；加工顺序选择"Z 向优先"；加工精度为 0.1，加工余量为 0.1。

05 设置其他相关参数。

06 单击 确定 按钮，状态栏提示"拾取加工对象"，单击实体，单击鼠标右键；状态栏提示"拾取加工轮廓"，单击鼠标右键，生成的刀具轨迹如图 6-92 所示。

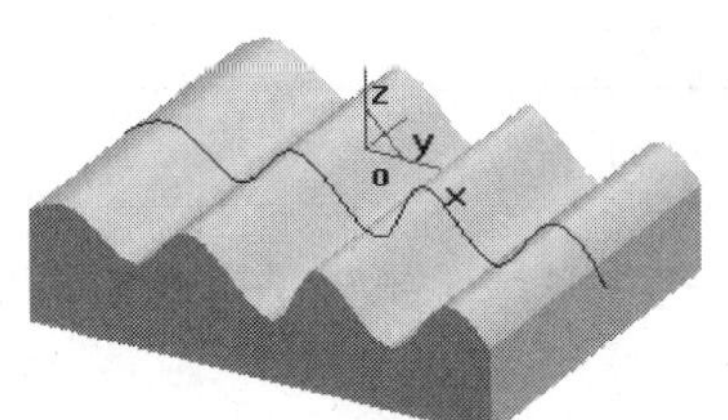

图 6-91　加工实体

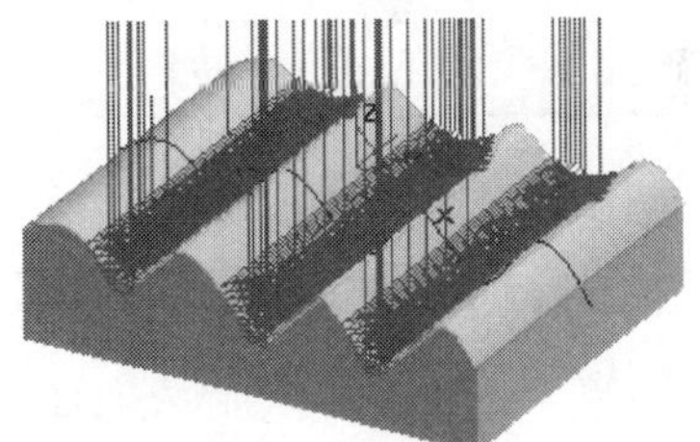

图 6-92　刀具轨迹

2. 笔式清根加工

"笔式清根加工"方式生成笔式清根加工轨迹，生成角落部分的补加工刀具轨迹。这种方式主要运用于半精加工的清根操作，通过找到前道工序大尺寸刀具加工后残留部分的所有拐角和凹槽，自动驱动刀具与两个被加工曲面双切，并沿其交线方向运动来加工这些拐角。这种加工方法能保持相对恒定的切屑去除率，减少精加工拐角时的刀具偏斜和噪声。

【实例 25】 试用“笔式清根加工”方式加工如图 6-93 所示的上表面。

01 按实例要求进行实体造型。

02 双击【加工管理】选项卡中的【加工】/【毛坯】选项，弹出【定义毛坯】对话框，采用“参照实体”定义毛坯。

03 选择主菜单中的【加工】/【补加工】/【笔式清根加工】命令，弹出【笔式清根加工】对话框。

04 选择【加工参数】选项卡，设置加工参数。加工方法选择“顺铣”；的刀次为 0；沿面方向的切削速度为 1，行距为 1，加工方向选择“由外到里的两侧”；计算类型选择“深模型”；【选项】的曲面夹角为 170°，凹棱形状分界角为 90°，近似系数为 1，删除长度系数为 1；加工精度为 0.01，加工余量为 0.1。

05 设置其他相关参数。

06 单击 确定 按钮，状态栏提示“拾取加工对象”，单击加工实体，单击鼠标右键；状态栏提示“拾取轮廓边界”，单击鼠标右键，生成的刀具轨迹如图 6-94 所示。

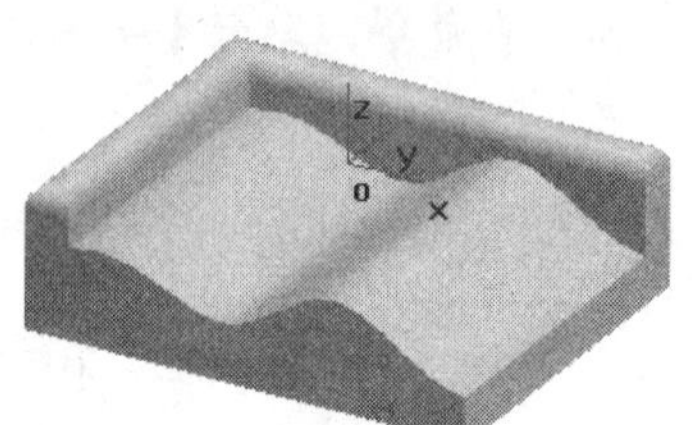

图 6-93　加工实体

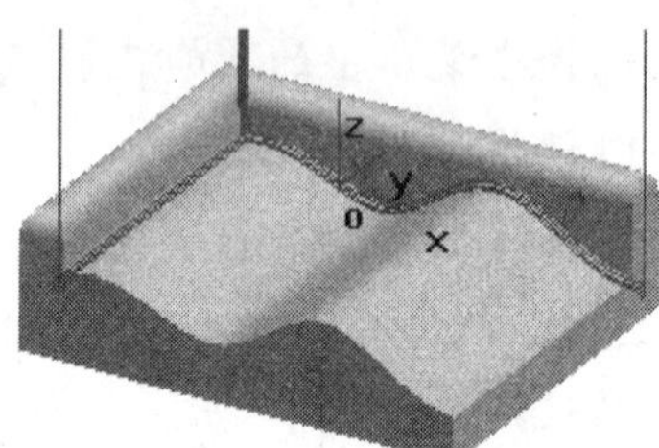

图 6-94　笔式清根加工刀具轨迹

3. 笔式清根加工 2

【实例 26】 用笔式清根加工 2 来加工实例 25 的实体上表面。

01 按实例要求进行实体造型。

02 双击【加工管理】选项卡中的【加工】/【毛坯】选项，弹出【定义毛坯】对话框，采用“参照实体”定义毛坯。

03 选择主菜单中的【加工】/【补加工】/【笔式清根加工 2】命令，弹出【笔式清根加工 2】对话框。

04 选择【加工参数】选项卡，设置加工参数。加工方向选择“顺铣”；加工方法选择“通常”；【选项】的曲面夹角为 160°，删除长度系数为 1；多刀次选择“沿面方向”，层高为 1，行距为 1，刀次为 1，加工顺序选择“单侧从外向里”；偏移量为 0.01；角度范围的最小倾斜角度为 0°，最大倾斜角度为 90°；加工精度为 0.01，加工余量为 0，Z 向加工余量为 0。

05 设置其他相关参数。加工方向选择“顺铣”，单击 确定 按钮，状态栏提示“拾取加工对象”，单击加工实体，单击鼠标右键；状态栏提示“拾取轮廓边界”，单击鼠标右键，生成的刀具轨迹如图 6-95 所示。

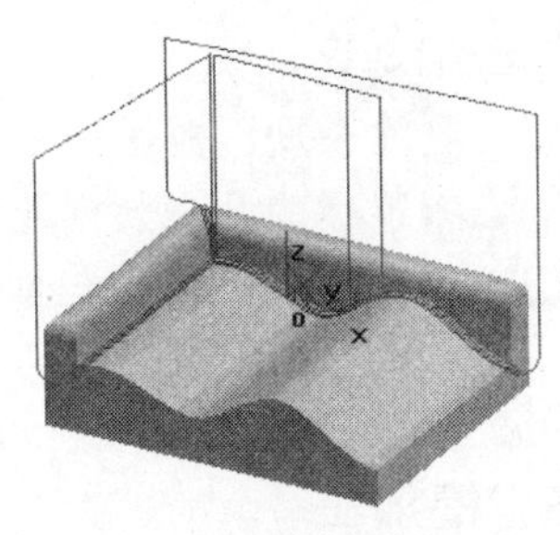

图 6-95　笔式清根加工 2 刀具轨迹

4．区域式补加工

区域式补加工生成区域式补加工轨迹，它针对前一道工序加工后的残余量区域进行补加工。

【实例 27】　试用“区域式补加工”方式加工如图 6-96 所示的槽表面。

01 按实例要求进行实体造型。

02 双击【加工管理】选项卡中的【加工】/【毛坯】选项，弹出【定义毛坯】对话框，采用“参照实体”定义毛坯。

03 选择主菜单中的【加工】/【补加工】/【区域式补加工】命令，弹出【区域式补加工】对话框。

04 选择【加工参数】选项卡，设置加工参数。加工方向选择“顺铣”；切削方向选择“由外到里”；*XY* 向的等距为 1；计算类型选择“深模型”；【参考】的前刀具半径为 10，偏移量为 0.1；【选项】的倾斜判定选择“倾斜角”，曲面夹角为 170°，凹棱形状分界角为 60°，近似系数为 1，删除长度系数为 1；加工精度为 0.01，加工余量为 0.1。

05 设置其他相关参数。

06 单击 确定 按钮，状态栏提示“拾取加工对象”，点击加工实体，单击鼠标右键；状态栏提示“拾取轮廓边界”，单击鼠标右键，生成的刀具轨迹如图 6-97 所示。

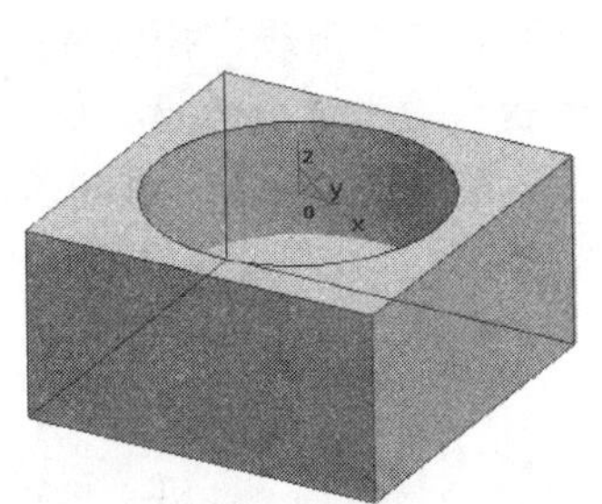

图 6-96　加工实体

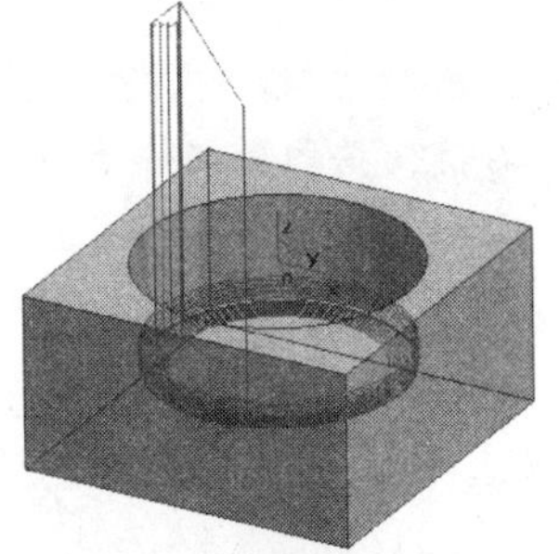

图 6-97　区域式补加工刀具轨迹

5．区域式补加工 2

区域式补加工 2 同区域式补加工，支持高速加工及抬刀优化，但参数设置上有所不同。

- 加工最小幅度：用于设定残余区域的加工最小幅度，如果希望加工得尽可能细致，则设一个小值。为了避免生成的轨迹被当成冗余，则设一个大值。一般地，对于端刀，设为（刀具半径×0.03）；对于球刀，设为（刀具刀角半径×0.03+0.06），不要设为 0。

- ❑ 删除长度：根据刀路的长度来判断“是否要删除这一段刀路”，此处的一段刀路是指连续的几个切削要素。
- ❑ 删除宽度：以残余量领域的幅度来判断“是否需要在这个领域内做残余量刀路”，残余量领域的幅度小于“删除宽度”时这个领域将不进行计算。

6.2.5 槽加工

CAXA 制造工程师 2008 提供两种“槽加工”方式，适合不同特性的零件加工，可根据具体情况选用。可以通过选择【槽加工】子菜单中的命令选择不同的“槽加工”方式，如图 6-98 所示。

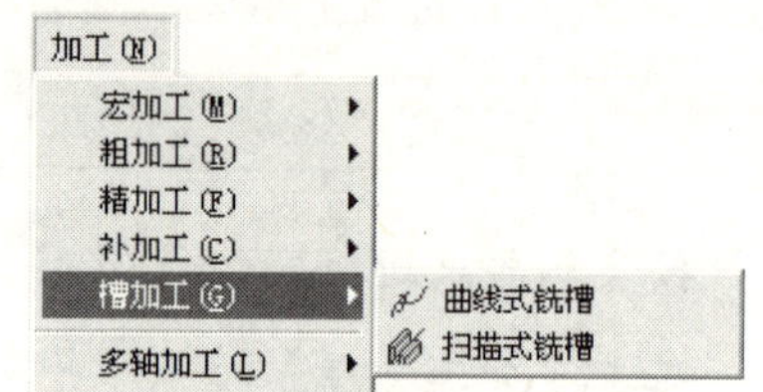

图 6-98 【槽加工】子菜单

1．曲线式铣槽加工

曲线式铣槽加工生成曲线式铣槽加工轨迹。

【实例 28】 试用“曲线式铣槽加工”方式加工如图 6-99 所示的 3 个凹槽。

01 按实例要求进行实体造型，采用双向拉伸除料方法。

02 双击【加工管理】选项卡中的【加工】/【毛坯】选项，弹出【定义毛坯】对话框，采用“参照实体”定义毛坯。

03 选择菜单中的【加工】/【槽加工】/【曲线式槽铣】命令，弹出【曲线式槽铣】对话框。

04 选择【加工参数】选项卡，设置加工参数。加工精度为 0.1，等距连接方式选择“距离顺序”。

05 设置其他相关参数。

06 单击 确定 按钮，状态栏提示“拾取曲线路径”，拾取第一条曲线，拾取箭头，单击鼠标右键；状态栏提示“拾取曲线路径”，拾取第二条曲线，拾取箭头，单击鼠标右键；拾取第三条曲线，拾取箭头，单击鼠标右键；单击鼠标右键，状态栏提示“拾取加工对象”，拾取实体，单击鼠标右键，生成的刀具轨迹如图 6-100 所示。

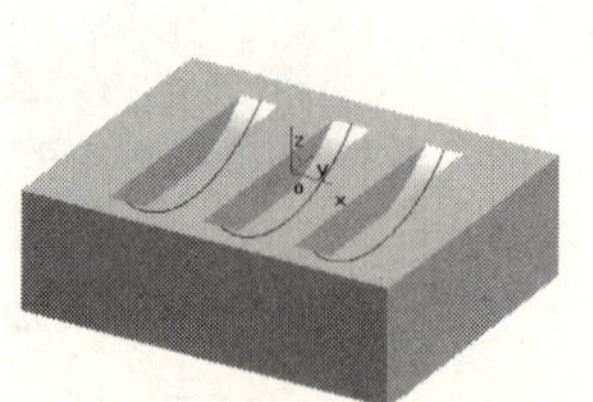

图 6-99 槽加工实体

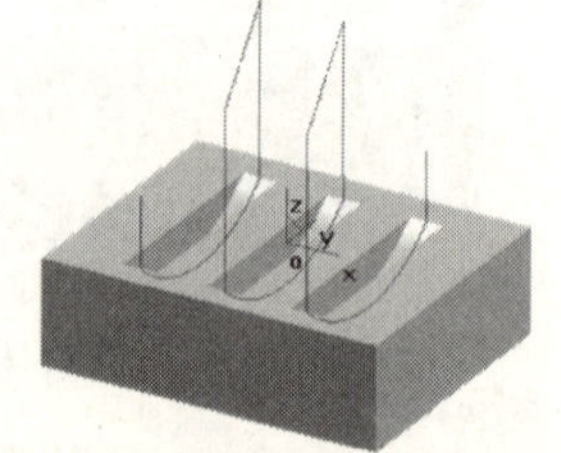

图 6-100 曲线式铣槽加工刀具轨迹

2．扫描式铣槽加工

“扫描式铣槽加工”方式生成扫描式铣槽加工轨迹，与扫描线加工类似。

【实例 29】　试用“扫描式槽铣加工”方式加工实例 28 中实体中的的 3 个凹槽。

01 按实例要求进行实体造型。

02 双击【加工管理】选项卡中的【加工】/【毛坯】选项，弹出【定义毛坯】对话框，采用“参照实体”定义毛坯。

03 选择主菜单中的【加工】/【槽加工】/【曲线式槽铣】命令，弹出【曲线式槽铣】对话框。

04 选择【加工参数】选项卡，设置加工参数。开放形状的加工方向选择“从外侧进入”，封闭形状的加工方向选择“铣孔加单向扫描”，精加工方法选择“通常”，精加工次数为 1， Z 切入的层高为 2，加工精度为 0.1，加工余量为 0.1，导向线类型选择“自由曲线”。

05 设置其他相关参数。

06 单击 确定 按钮，状态栏提示“拾取曲线路径”，拾取第一条曲线，拾取箭头，单击鼠标右键；状态栏提示“拾取曲线路径”，拾取第二条曲线，拾取箭头，单击鼠标右键；拾取第三条曲线，拾取箭头，单击鼠标右键；单击鼠标右键，状态栏提示“拾取加工对象”，拾取实体，单击鼠标右键，生成的刀具轨迹如图 6-101 所示。

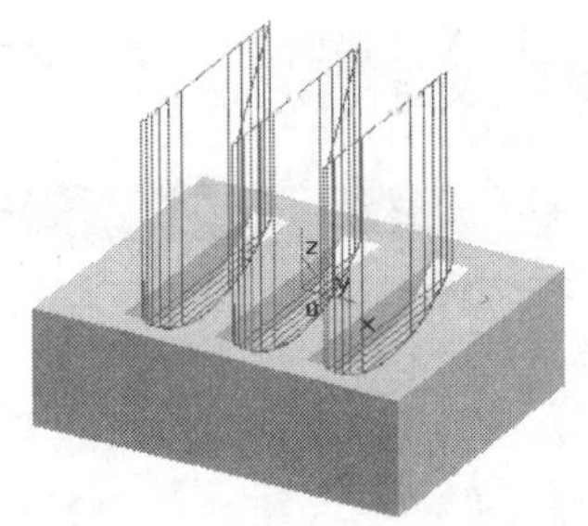

图 6-101　扫描式铣槽加工刀具轨迹

6.2.6 “其他加工”方式

“其他加工”方式主要是对孔的各种操作，包括工艺钻孔设置、工艺钻孔加工、孔加工及 G01 钻孔功能，这些功能可以通过选择【加工】/【其他加工】子菜单中的命令打开，如图 6-102 所示。

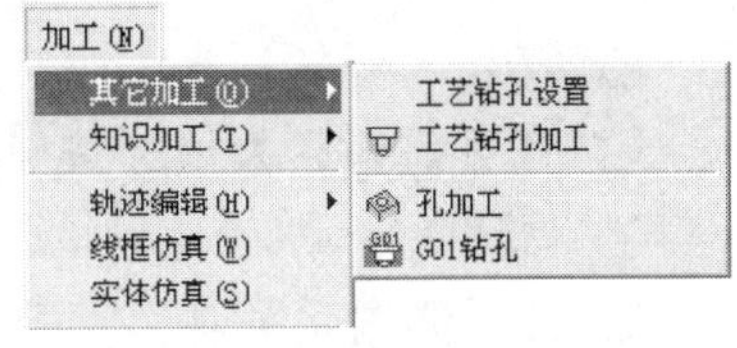

图 6-102 【其他加工】子菜单

1. 工艺钻孔设置

工艺钻孔设置功能生成工艺钻孔设置文件，其对话框如图 6-103 所示。

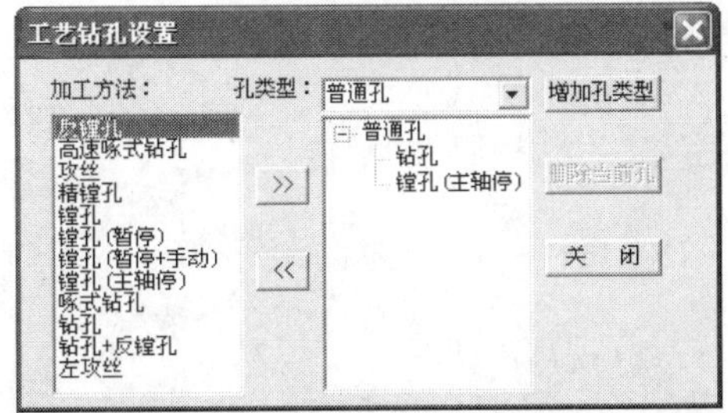

图 6-103 【工艺钻孔设置】对话框

- 加工方法：工艺孔设置提供了 12 种“工艺孔加工”方式，分别是反镗孔 G87、高速啄式孔钻 G73、攻丝 G84、精镗孔 G76、镗孔 G85、镗孔（暂停）G89、镗孔

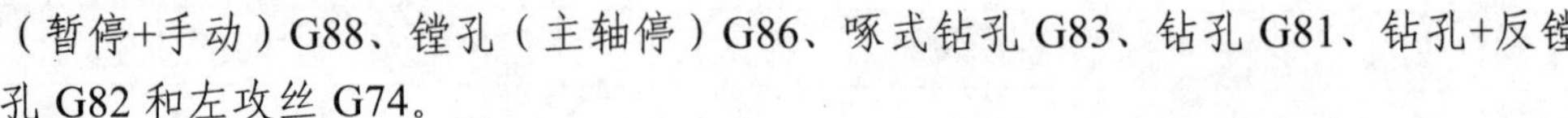

（暂停+手动）G88、镗孔（主轴停）G86、啄式钻孔 G83、钻孔 G81、钻孔+反镗孔 G82 和左攻丝 G74。

- [ ] 按钮：将选中的“孔加工”方式添加到工艺孔加工设置文件中。
- 《 按钮：将选中的“孔加工”方式从工艺孔加工设置文件中删除。
- 【增加孔类型】按钮：设置新工艺孔加工设置文件文件名。
- 【删除当前孔】按钮：删除当前工艺孔加工设置文件。

2．工艺钻孔加工

工艺钻孔加工功能生成工艺孔加工轨迹。其生成步骤如下。

（1）设置“定位”方式，其设置对话框如图 6-104 所示。

“孔定位方式”提供了如下 3 种选项：

- 【输入点】按钮：可以根据需要输入点的坐标，确定孔的位置。
- 【拾取点】按钮：通过拾取屏幕上的存在点确定孔的位置。
- 【拾取圆】按钮：通过拾取屏幕上的圆确定孔的位置。

（2）设置路径优化，其设置对话框如图 6-105 所示。

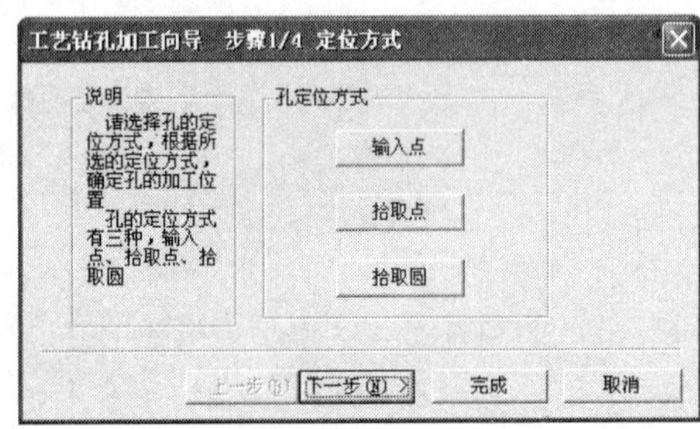

图 6-104　设置“定位”方式

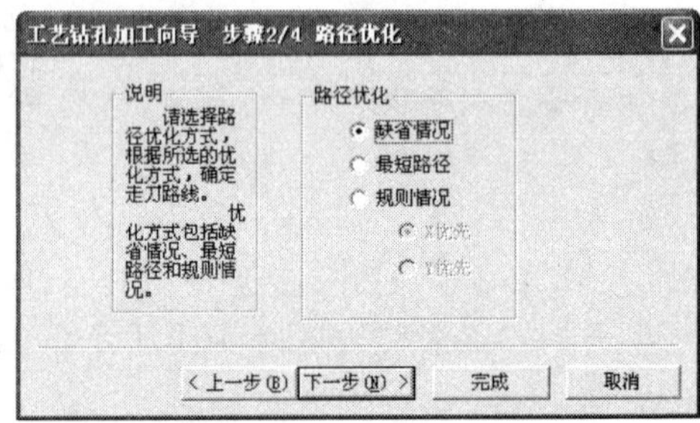

图 6-105　设置路径优化

- 【缺省情况】单选按钮：选中该单选按扭表示不进行路径优化。
- 【最短路径】单选按钮：选中该单选项按钮表示依据拾取点间距离和最小值进行优化。
- 【规则情况】单选按钮：该方式主要用于矩形阵列情况，有如下两种方式。
  - 【*X* 优先】单选按钮：选中该单选项按钮表示依据各点 *X* 坐标值的大小进行排列，如图 6-106 所示。
  - 【*Y* 优先】单选按钮：选中该单选项按钮表示依据各点 *Y* 坐标值的大小进行排列，如图 6-107 所示。

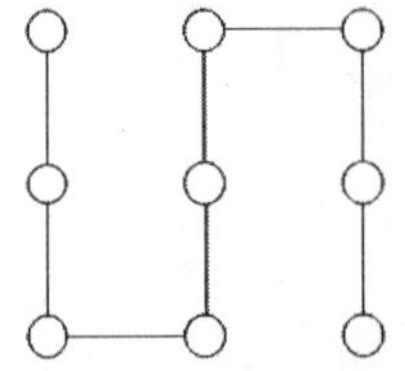

图 6-106　*X* 优先

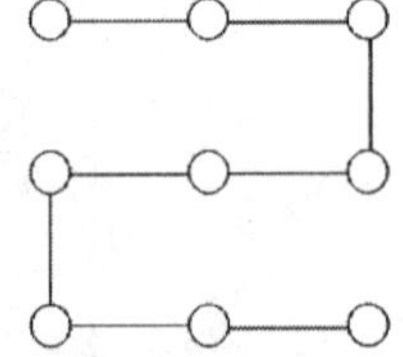

图 6-107　*Y* 优先

（3）选择孔类型，其设置对话框如图 6-108 所示。

其中，“工艺文件位置”表示选择已经设计好的工艺加工文件。工艺加工文件在工艺孔

设置功能中设置，具体方法参照工艺孔设置。

（4）设定参数，其设置对话框如图 6-109 所示。

其中，“工艺流程”表示展开工艺文件选择对话框内选择的工艺加工文件，用户可以设置每个钻孔子项的参数。钻孔子项参数的设置请参考孔加工。

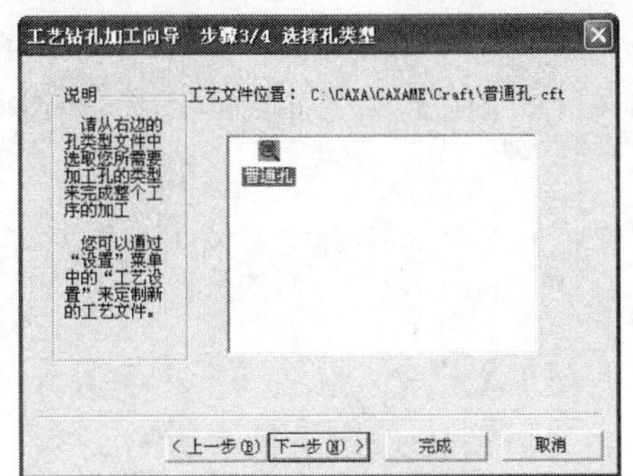

图 6-108 选择孔类型

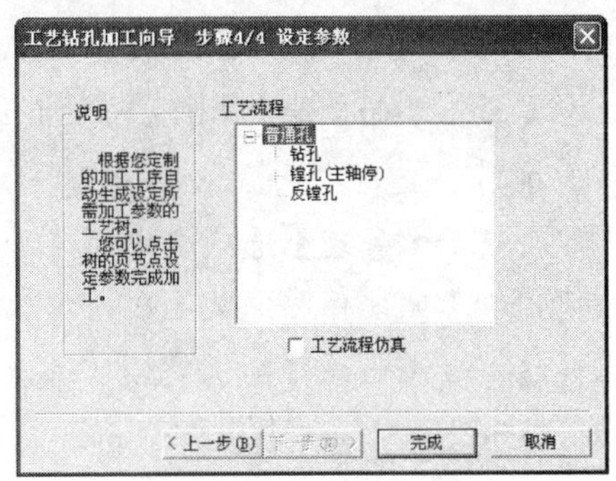

图 6-109 设定参数

3．孔加工

孔加工生成钻孔加工轨迹，是在加工中心使用钻头对零件进行加工的方式。

孔加工提供了 12 种钻孔模式，选择【加工】/【其他加工】/【孔加工】命令，弹出如图 6-110 所示的【孔加工】对话框。加工方式及其对应的代码如下，用户可以参照相关资料了解使用。

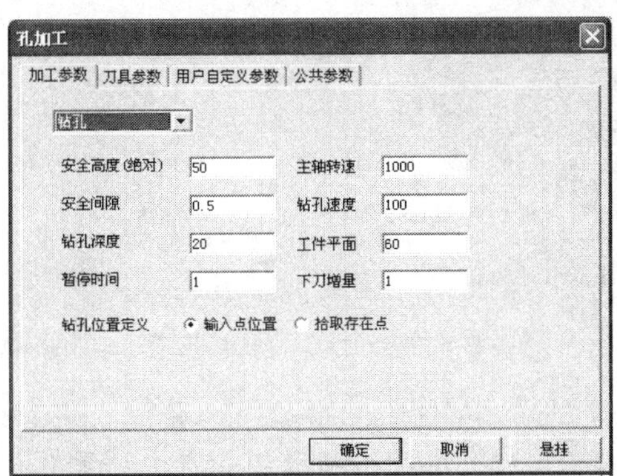

图 6-110 【孔加工】对话框

- ❑ 高速啄式孔钻：G73。
- ❑ 左攻丝：G74。
- ❑ 精镗孔：G76。
- ❑ 钻孔：G81。
- ❑ 钻孔+反镗孔：G82。
- ❑ 啄式钻孔：G83。
- ❑ 攻丝：G84。
- ❑ 镗孔：G85。
- ❑ 镗孔（主轴停）：G86。
- ❑ 反镗孔：G87。

- 镗孔（暂停+手动）：G88。
- 镗孔（暂停）：G89。

【实例 30】 在 100×100×30 长方体上加工 6 个 ϕ10 的圆孔和 1 个 ϕ12 的工艺孔。

01 按实例要求进行实体造型。

02 在实体上表面上绘制 6 个 ϕ10 的孔圆心位置及 1 个 ϕ12 的工艺孔圆心位置，如图 6-111 所示。

03 双击【加工管理】选项卡中的【加工】/【毛坯】选项，弹出【定义毛坯】对话框，采用“参照实体”定义毛坯。

04 选择主菜单中的【加工】/【其他加工】/【孔加工】命令，弹出【孔加工】对话框。

05 选择【加工参数】选项卡，设置加工参数。选择“钻孔”，安全高度为 50，安全间隙为 0.5，钻孔深度为 20；暂停时间为 1，主轴转速为 1000，钻孔速度为 100，工件平面为 0，下刀增量为 1，钻孔位置定义选择“输入点位置”。

06 设置其他相关参数。

07 单击 确定 按钮，依次拾取 6 个点，单击鼠标右键，生成的刀具轨迹如图 6-112 所示。

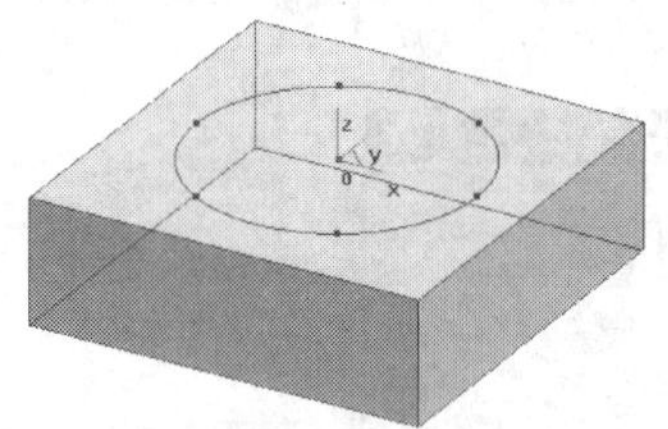

图 6-111 实体及点位置

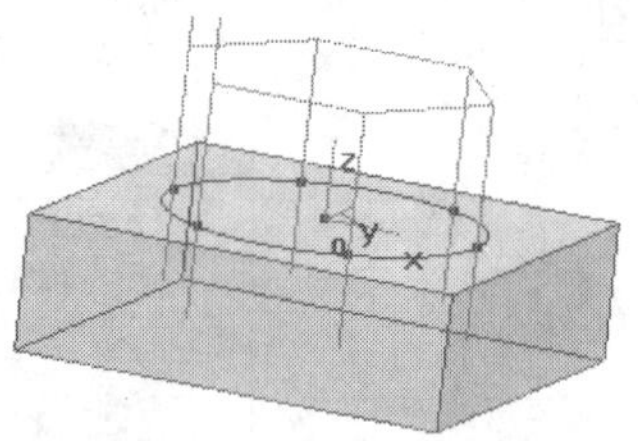

图 6-112 刀具轨迹

08 选择主菜单中的【加工】/【其他加工】/【工艺孔加工】命令，弹出【工艺钻孔加工向导】对话框。

09 设置【孔定位方式】为“拾取点”，拾取圆心点；设置孔类型，选择“普通孔”。

10 单击 确定 按钮，拾取工艺孔圆心点，单击鼠标右键，生成的刀具轨迹如图 6-113 所示。

11 生成的加工轨迹仿真如图 6-114 所示。

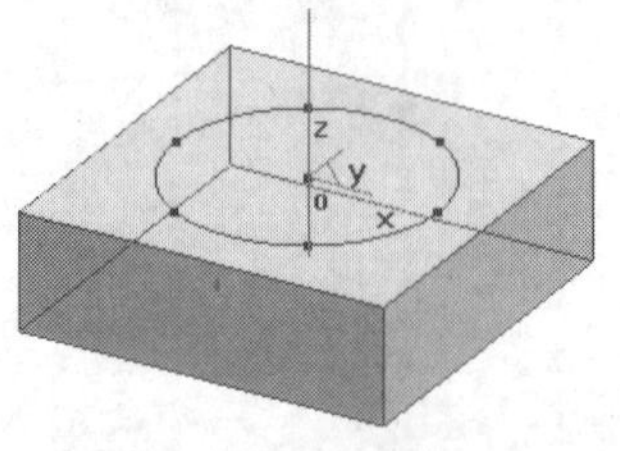

图 6-113 刀具轨迹

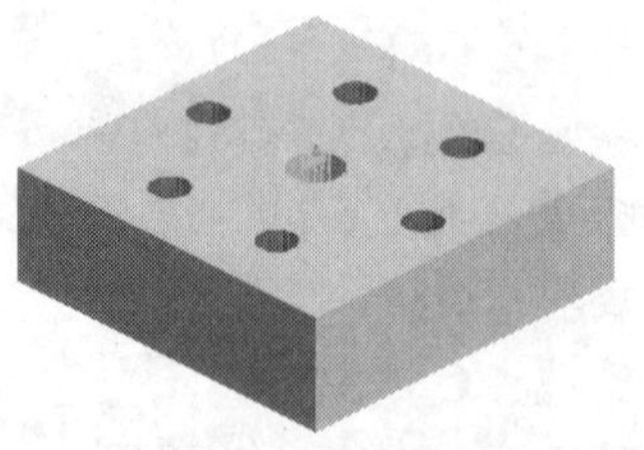

图 6-114 加工仿真

6.2.7　知识加工

知识加工包括生成模板和应用模板两部分，用于记录用户已经成熟或定型的加工流程，及加工流程各个工步的加工参数。其功能可以通过选择【加工】/【知识加工】子菜单中的命令激活，如图 6-115 所示。

- 生成模板：将选中的若干轨迹生成*.cpt.模板文件，只保存轨迹的加工参数和刀具参数，几何参数不保存。
- 应用模板：打开一个模板文件，系统读取文件数据并在轨迹树中生成相应的轨迹项，如图 6-116 所示。

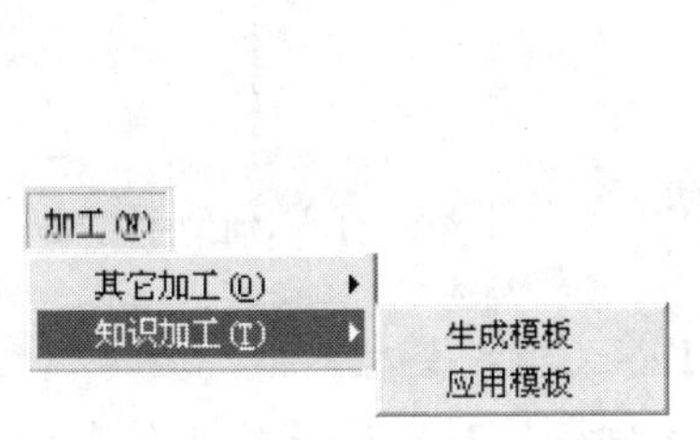

图 6-115 【知识加工】子菜单

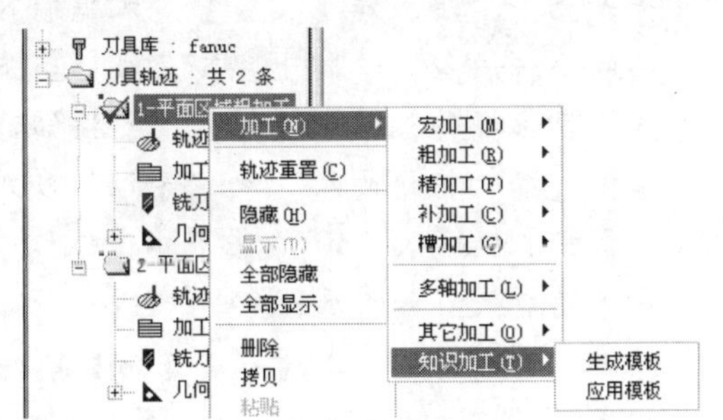

图 6-116　轨迹树中的【知识加工】菜单

应用模板后，系统新生成轨迹项的几何要素默认为当前 MXE 文件的加工模型。系统新生成的轨迹项没有“轨迹数据”，说明轨迹需要重新生成。

6.3　数控加工实例分析

下面通过两个简单的数控加工实例来说明数控加工的一般方法。第一个实例是凸轮的数控加工，用区域加工方法实现加工。第二个实例是五角星的数控加工，通过五角星的数控加工操作过程熟悉等高粗加工、等高精加工、等高补加工等加工方法。

6.3.1　凸轮的数控加工

实例文件	实例\06\例 6-1.mxe
操作录像	视频\06\例 6-1.avi

凸轮主要由曲面组成，结构比较简单，所以通过区域加工就可以完成任务。下面练习绘制一个凸轮及加工准备等工作，凸轮的基本外形尺寸如图 6-117 所示。

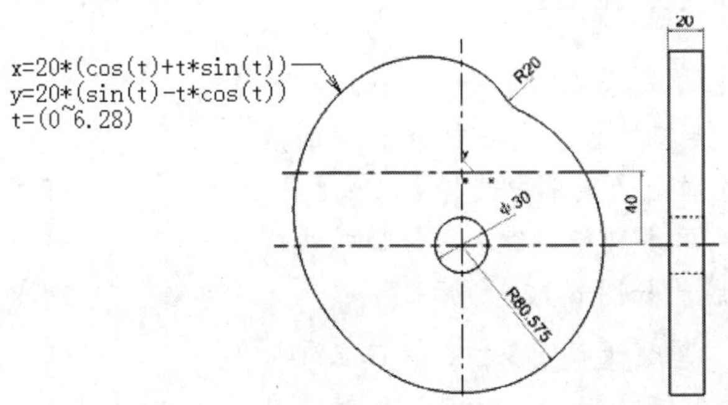

图 6-117　凸轮的外形尺寸

操作步骤

01 打开软件。选择【开始】/【程序】/【CAXA】/【CAXA 制造工程师】/【CAXA 制造工程师 2008】命令，或直接双击【CAXA 制造工程师 2008】桌面快捷方式图标，打开 CAXA 制造工程师软件，进入设计界面。软件默认状态下当前坐标为 *XOY* 平面，非草图状态。

02 绘制中心线。系统默认当前坐标 *XOY* 平面有效。

按 F2 键创建“草图 0”；单击【直线】按钮，在立即菜单中选择“水平/铅垂线”，以“水平+铅垂”方式画十字线，在【长度】文本框输入“300”，拾取坐标原点，绘制十字交叉线，单击鼠标右键结束画线操作；单击【等距线】按钮，在立即菜单中选择“单根曲线”和“等距”方式，在【距离】文本框输入“40”，拾取水平线段，选择方向向下的箭头，如图 6-118 所示。

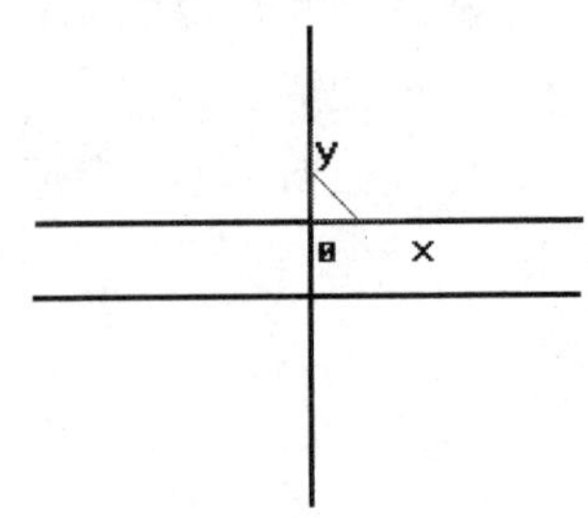

图 6-118　辅助中心线

03 绘制工式曲线。单击【公式曲线】按钮，弹出【公式曲线】对话框，选中“直角坐标系”和“弧度”单选按扭，【参变量名】为 *t*，【起始值】为 0，【终止值】为 6.28，【X（*t*）为 20*（cos（*t*）+t*sin（*t*)），【Y（*t*)】为 20*（sin（*t*）－t*cos（*t*))”，【Z（*t*)】为 0，如图 6-119 所示。单击 确定 按钮，拾取原点，绘制公式曲线完成，如图 6-120 所示。

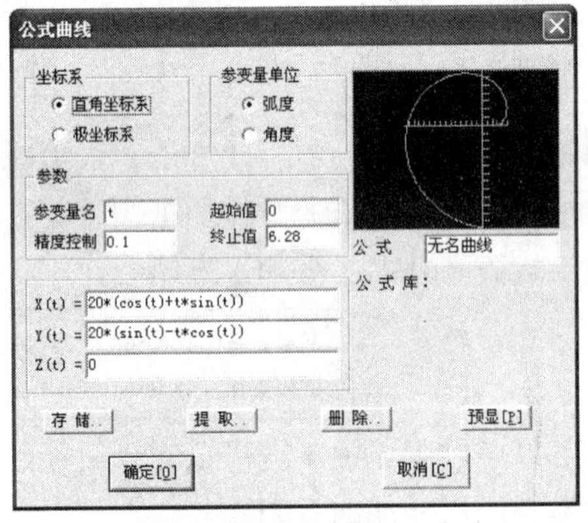

图 6-119 【公式曲线】对话框

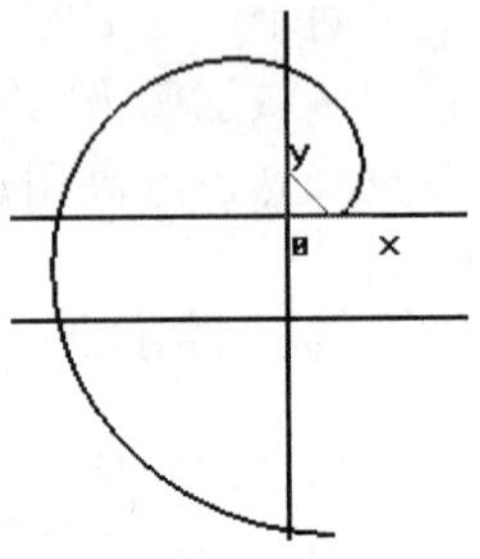

图 6-120　公式曲线

04 绘制 R80 的圆。单击【整圆】按钮，在立即菜单中选择“圆心_半径”方式，拾取 *A* 点为圆心，按 Space 键，在弹出的菜单中选择【切点】命令，拾取公式曲线，单击鼠标右键，则与公式曲线相切的圆绘制完成，如图 6-121 所示。

05 绘制 R20 的圆。单击【整圆】按钮，在立即菜单中选择“两点_半径”方式，按 Space 键，在弹

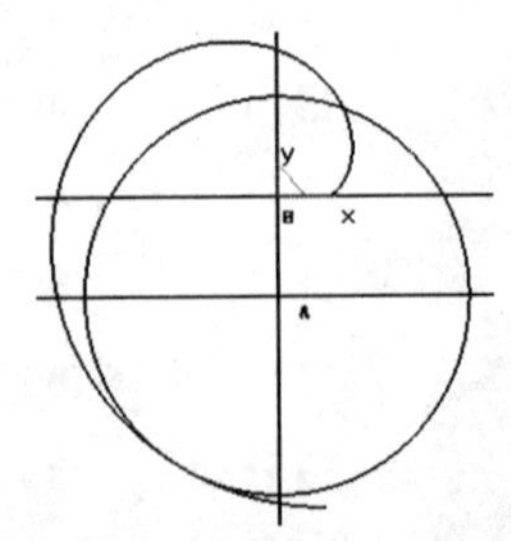

图 6-121　绘制 R80 的圆

出的菜单中选择【切点】命令，拾取公式曲线确定第一点，拾取R80的圆确定第二点，按Enter键，在屏幕中间出现坐标值输入对话框，输入圆半径值“20”，按Enter键，单击鼠标右键，圆绘制完成，如图6-122所示。

06 绘制直径为30的圆。单击【整圆】按钮，在立即菜单中选择“圆心_半径”方式，按Space键，在弹出的菜单中选择【缺省点】命令，拾取*A*点，按Enter键，在屏幕中间出现坐标值输入框，输入圆半径值“15”，按Enter键，单击鼠标右键，圆绘制完成，如图6-123所示。

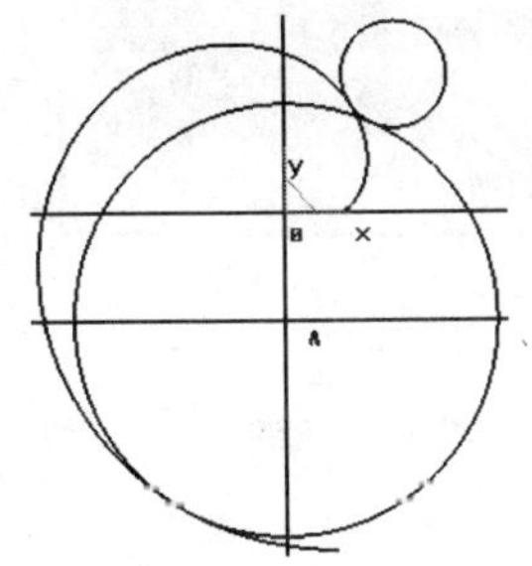

图6-122　绘制R20的圆

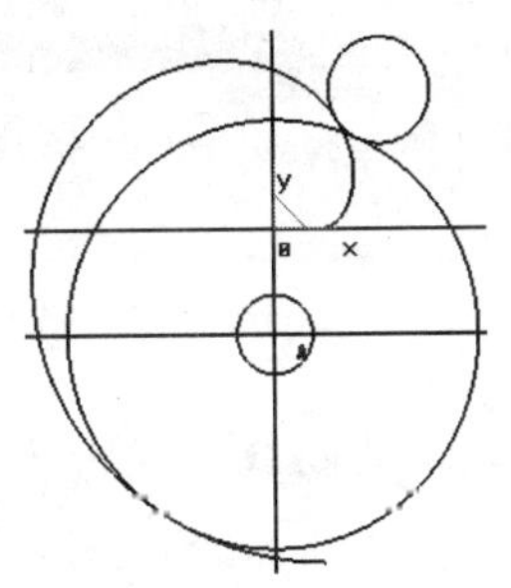

图6-123　绘制中心小圆

07 修剪曲线。单击【曲线裁剪】按钮，在立即菜单中选择“快速裁剪”和“正常裁剪”方式，拾取多余的曲线，凸轮的外形轮廓，如图6-124所示。

08 生成凸轮实体一。按F2键退出“草图0”。单击【拉伸增料】按钮，在【拉伸增料】对话框中选择【固定深度】选项，在【深度】数值框中输入“20”，拉伸对象选择“草图0”，单击 确定 按钮，生成如图6-125所示的实体。

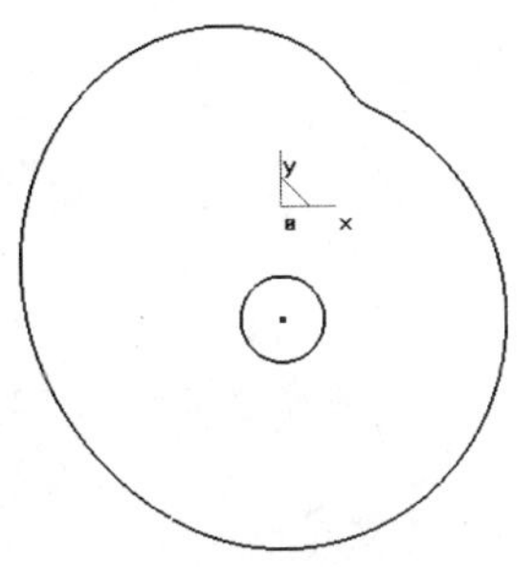

图6-124　凸轮的外形轮廓

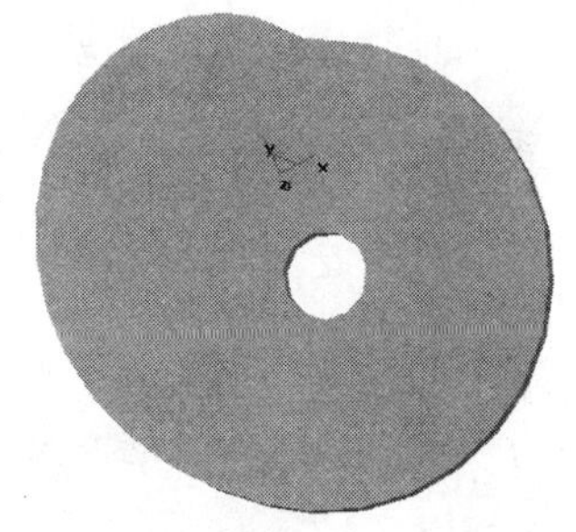

图6-125　凸轮实体造型

09 后置设置。用户可以增加当前使用的机床，给出机床名，定义适合自己机床的后置格式，系统默认的格式为FANUC系统的格式，本例使用默认的FANUC系统。

10 定义刀具。单击树管理器，选择【加工管理】选项卡，双击【刀具库】选项，弹出【刀具库管理】对话框；单击【增加刀具】按钮，在对话框中输入铣刀名称“D20，r2”，增加一个粗加工铣刀；在对话框中输入铣刀名称“D20，r0”，增加一个精加工铣刀，如图6-126所示，单击 确 认 按钮，退出刀具库管理。

11 建立毛坯。单击树管理器，选择【加工管理】选项卡，双击【毛坯】选项，弹出【定义毛坯】对话框，选择“两点”方式，输入坐标参数，基准点*X*值为−120、*Y*值为

-150、Z 值为 0、长度为 230、宽度为 240、高度为 20，单击 确定 按钮生成毛坯。

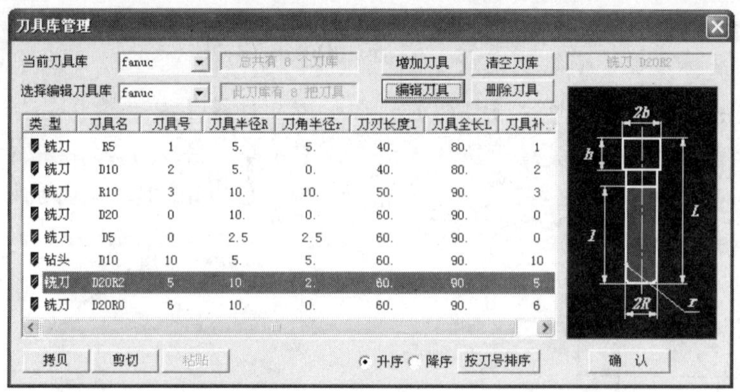

图 6-126 【刀具库管理】对话框

12 生成区域及岛屿线。单击【矩形】按钮，在立即菜单中选择“两点矩形”方式，在毛坯的两个对角单击，生成同毛坯相同大小的矩形线，为区域线；单击【相关线】按钮，在立即菜单中选择“实体边界”方式，拾取凸轮的 3 条边线，3 条边线为岛屿线，如图 6-127 所示。

13 用粗加工方法加工外形。选择【加工】/【粗加工】/【平面区域粗加工】命令，弹出【平面区域粗加工】对话框，走刀方式选择“从里向外”；加工参数中，顶层高度设为 20，底行高度设为 0，行距设为 5，每层下降高度设为 4；轮廓参数中，余量为 0.1，斜度为 0，补偿为 TO；岛参数中，余量为 0.1，斜度为 0，补偿为 TO。【刀具参数】选项卡中刀具设为“铣刀 D20R2”，设置其他相关参数。

14 单击 确定 按钮，拾取轮廓线，选择任一方向为自动搜索方向，拾取岛屿线，选择任一方向为自动搜索方向，单击鼠标右键，生成加工轨迹，如图 6-128 所示。

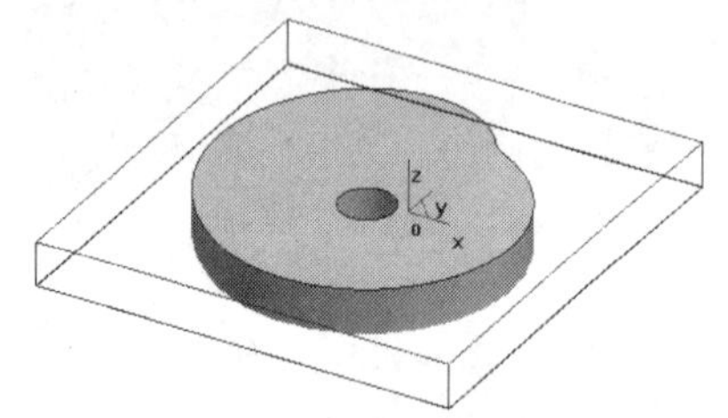

图 6-127 生成轮廓线及边界线

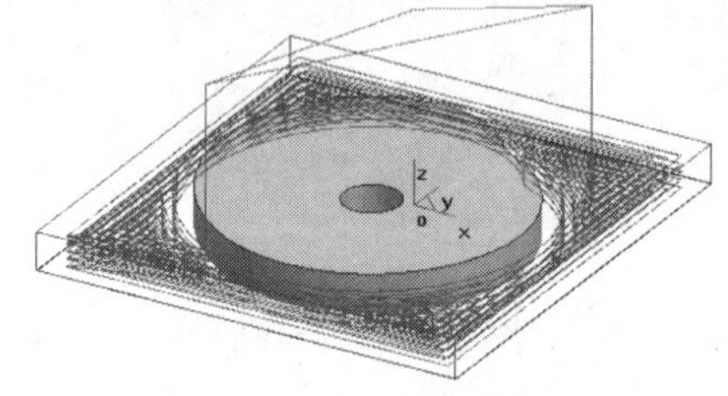

图 6-128 粗加工轨迹线

15 同时，在树管理器中生成“1-平面区域粗加工”文件夹，如图 6-129 所示，选择此文件夹，单击鼠标右键，在弹出的快捷菜单中选择【隐藏】命令以隐藏轨迹线，方便生成其他加工轨迹线。

16 用精加工方法加工外形。选择【加工】/【精加工】/【轮廓线精加工】命令，弹出【轮廓线精加工】对话框，偏移类型设置为“偏移”；偏移方向设置为“右”；行距为 1，刀次为 1，加工顺序为“Z 优先”；层高设置为 1。【刀具参数】选项卡中刀具设为“铣刀 D20R0”，设置其他相关参数。

17 单击 确定 按钮，拾取凸轮外边轮廓线，选择任一方向为自动搜索方向，单击鼠标右键，生成加工轨迹，如图 6-130 所示。

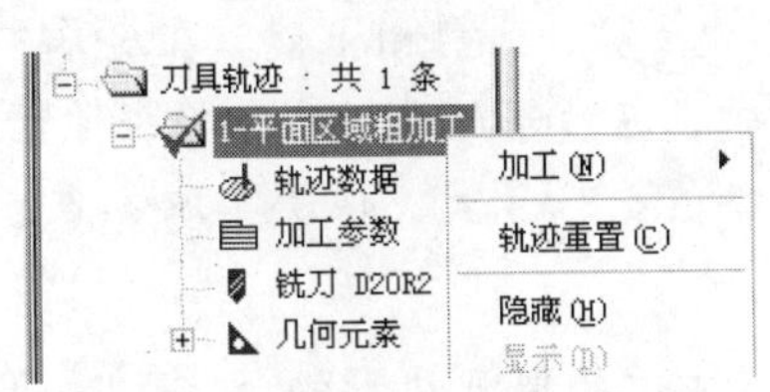

图 6-129　选择【隐藏】命令

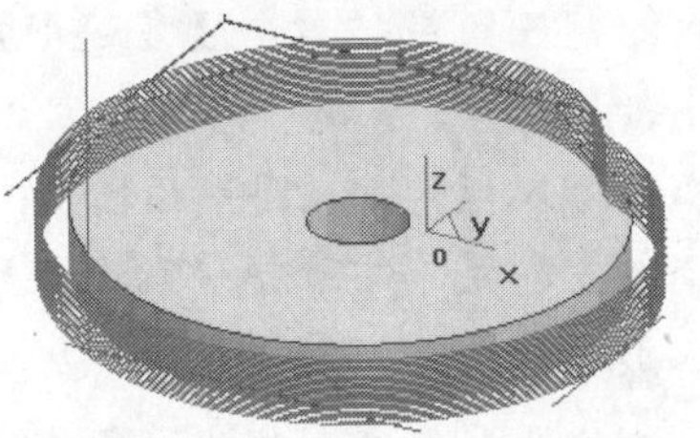

图 6-130　精加工刀具轨迹线

18 轨迹生成完成后，进行保存。选择菜单中的【文件】/【保存】命令，弹出【存储文件】对话框。选择保存目录，输入保存文件名“凸轮加工轨迹”，单击 保存(S) 按钮，完成图形存档。

实例文件	实例\06\例 6-2.mxe
操作录像	视频\06\例 6-2.avi

6.3.2　五角星的数控加工

前面章节中讲解了五角星的线架造型和曲面造型。本节将讲述用曲面造型进行实体裁剪生成五角星实体。其基本外形尺寸如图 6-131 所示。五角星的整体形状是较为平坦的，因此整体加工时应该选择等高粗加工，精加工时应采用等高精加工和等高补加工。

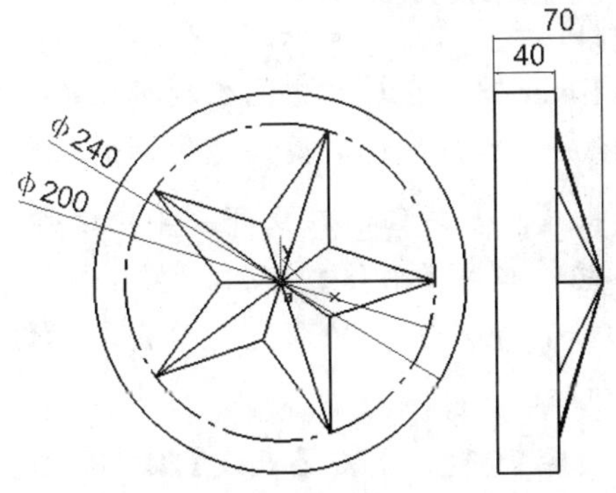

图 6-131　五角星实体的外形尺寸

设计分析

（1）首先按尺寸生成五角星线架，生成曲面。

（2）通过拉伸生成圆柱实体。

（3）通过曲面裁剪生成五角星实体，完成实体设计。

（4）进行后置设置，选择加工方式，生成刀具轨迹。

操作步骤

01 打开软件。选择【开始】/【程序】/【CAXA】/【CAXA 制造工程师】/【CAXA 制

造工程师 2008】命令，或直接双击【CAXA 制造工程师 2008】桌面快捷方式图标，打开 CAXA 制造工程师软件，进入设计界面。软件默认状态下当前坐标为 *XOY* 平面，非草图状态。

02 绘制五角星。单击【多边形】按钮，在立即菜单中选择“中心”方式，将【边数】设置为 5，选择“内接”方式，拾取原点为中心点；按 Enter 键，在屏幕中间出现数值输入框，输入圆半径值“100”，按 Enter 键，五边形绘制完成；单击【直线】按钮，在立即菜单中选择“两个点”、“连续”、“非正交”方式，依次拾取各点绘制成五边形，如图 6-132 所示。

03 删除、裁剪多余边线。单击【删除】按钮，依次拾取五边形的 5 条边，单击鼠标右键，进行删除；单击【曲线裁剪】按钮，在立即菜单中选择“快速裁剪”和“正常裁剪”方式进行裁剪，裁剪五角星内的五边形的 5 条边，删除后如图 6-133 所示。

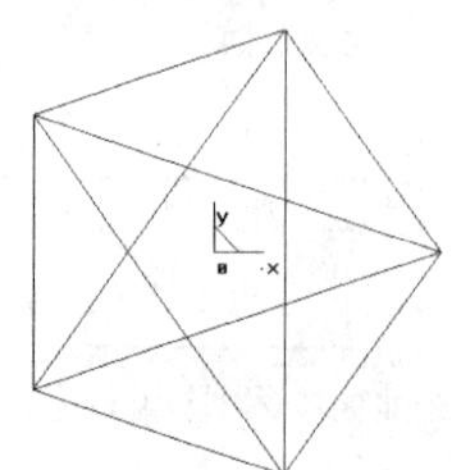

图 6-132　五边线及直线

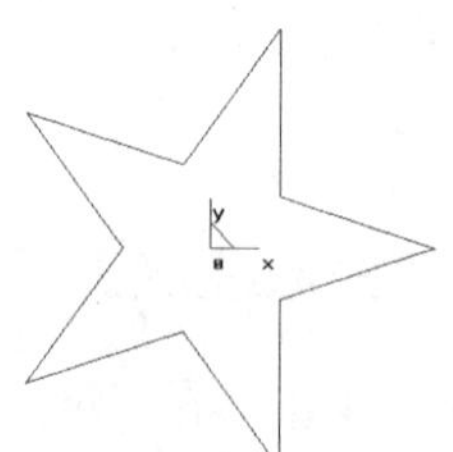

图 6-133　五角星的外形

04 绘制大于实体边界的圆。单击【整圆】按钮，在立即菜单中选择“圆心_半径”方式，拾取原点为圆心，按 Enter 键，在屏幕中间出现数值输入框，输入圆半径值“130”，按 Enter 键，圆绘制完成，单击鼠标右键，退出圆的绘制。

05 绘制五角星顶点。单击【点】按钮，在立即菜单中选择“单个点”和“工具点”方式，拾取原点绘制一点；单击【平移】按钮，在立即菜单中选择【偏移量】和【移动】选项，*DX*=0、*DY*=0、*DZ*=30，拾取点，单击鼠标右键，顶点偏移完成；按 F8 键，圆形如图 6-134 所示。

06 五角星与顶点的连线。按 F5 键，单击【直线】按钮，在立即菜单中选择“两个点”、“连续”、“非正交”方式，依次拾外五角星的各点，再拾取顶点，绘制完成如图 6-135 所示。

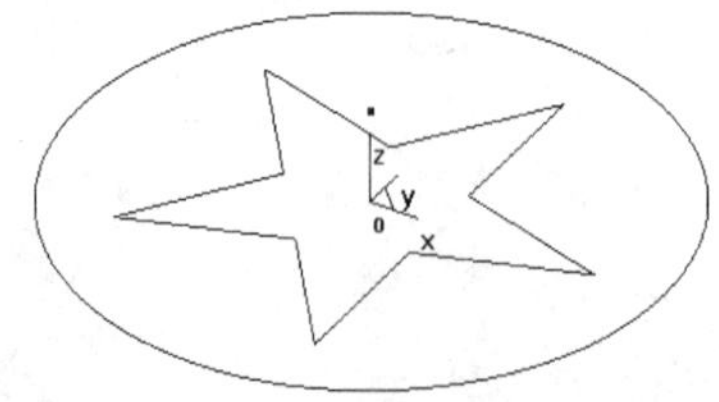

图 6-134　五角星的顶点及外圆

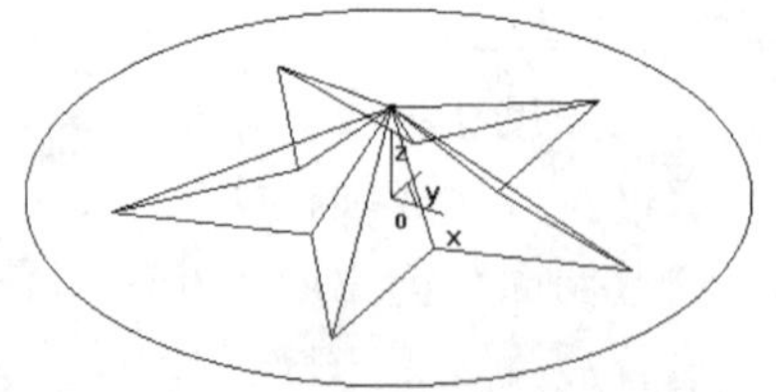

图 6-135　生成立体的五角星外形

07 生成底平面。选择【设置】/【当前颜色】命令，弹出【颜色管理】对话框，选择蓝色，设置当前颜色为蓝色；单击【平面】按钮，在立即菜单中选择“裁剪平面”方式，拾取处圆，单击任一方向搜索箭头进行搜索，拾取五角星的每条边并确定搜索方向，拾取完成后单击鼠标右键，生成平面，如图6-136所示。

08 绘制角平面。选择【设置】/【当前颜色】命令，弹出【颜色管理】对话框，选择红色，设置当前颜色为红色；单击【直纹面】按钮，在立即菜单中选择“曲线+曲线”方式，拾取五角星的斜平面上的两条相交边线，生成平面；同样，拾取相邻边上的两条边线，生成五角星的一个角的两个平面，如图6-137所示。

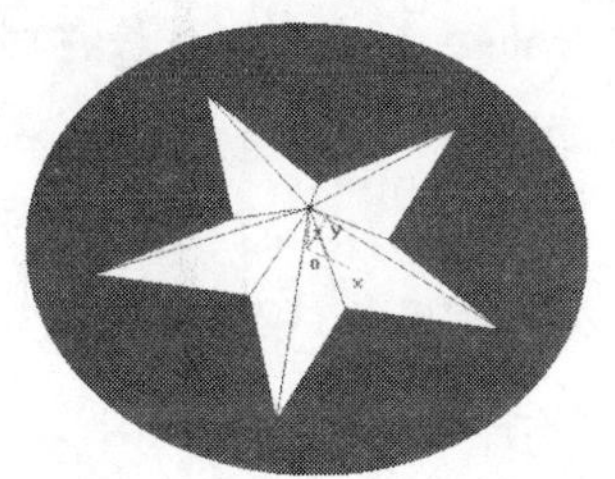

图6-136　生成五角星底平面

图6-137　生成五角星一角平面

09 生成五角平面。使用圆形阵列功能完成其他角的平面绘制，单击【阵列】按钮，在立即菜单中选择“圆形”、“均布”方式，设置份数为5，拾取生成的两平面，拾取原点为旋转点，阵列生成平面，如图6-138所示。

10 绘制圆柱实体草图。在树管理器的【零件特征】选项卡中，选择“平面*XY*”，按F2键生成“草图0”；单击【整圆】按钮，在立即菜单中选择“圆心_半径”方式，拾取原点为圆心，按Enter键，在屏幕中间出现数值输入对话框，输入圆半径值“120”，按Enter键，圆绘制完成，单击鼠标右键，退出圆的绘制，如图6-139所示。

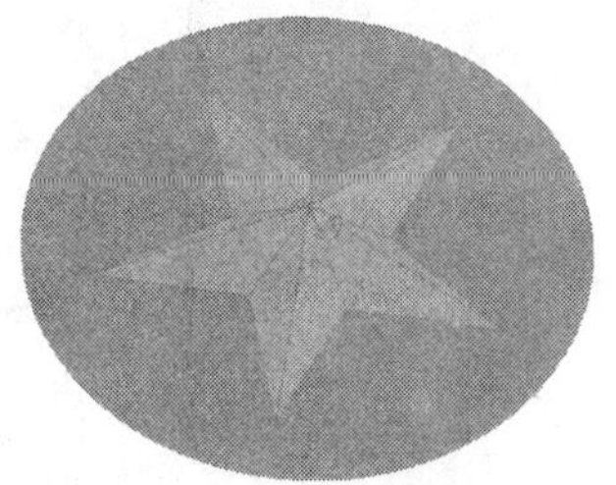

图6-138　生成五角星外平面

图6-139　绘制圆柱实体草图

11 按F2键退出“草图0”。单击【拉伸增料】按钮，在【拉伸增料】对话框中选择【双向拉伸】选项，在【深度】数值框中输入“80”，拉伸对象选择“草图0”，单击 确定 按钮，生成如图6-140所示的实体。

12 进行曲面裁剪。单击【曲面裁剪除料】按钮，弹出【曲面裁剪除料】对话框，拾取五角星的10个平面和底平面；单击 确定 按钮，生成如图6-141所示的实体：如果裁剪不成功，可以把五角星的平面生成方法由“直纹面”改为“三边面”，再进行裁剪。

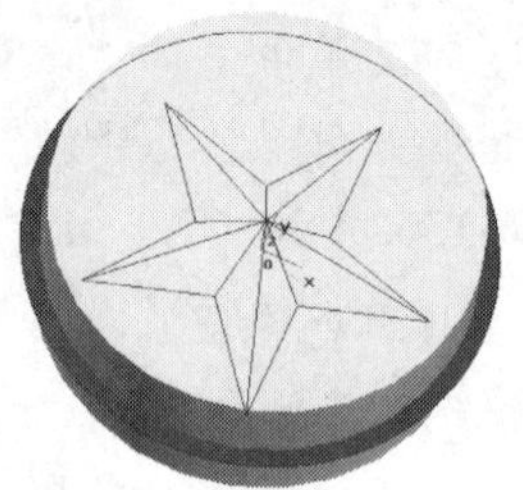

图 6-140　生成圆柱实体

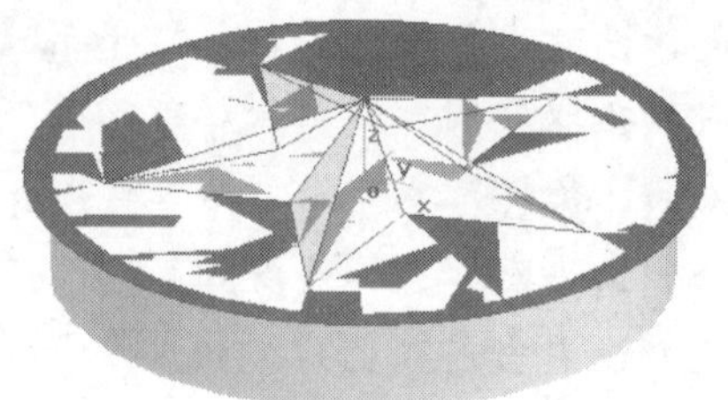

图 6-141　用曲面裁剪生成五角星

13 隐藏或删除面。拾取平面，单击鼠标右键，在弹出的快捷菜单中选择【隐藏】命令；拾取平面及线条进行隐藏，显现出的五角星实体如图 6-142 所示。

14 后置设置。用户可以增加当前使用的机床，给出机床名，定义适合自己机床的后置格式，系统默认的格式为 FANUC 系统的格式，本例使用默认的 FANUC 系统。

15 定义刀具。单击树管理器，选择【加工管理】选项卡，双击【刀具库】选项，弹出【刀具库管理】对话框；单击【增加刀具】按钮，在对话框中输入铣刀名称“D10，r2”，增加一个粗加工铣刀；在对话框中输入铣刀名称“D10，r0”，增加一个精加工铣刀，单击 确定 按钮，退出刀具库管理。

16 建立毛坯。单击树管理器，选择【加工管理】选项卡，双击【毛坯】选项，弹出【定义毛坯】对话框，选择“参照模型”方式，单击【参照模型】按钮，单击 确定 按钮，生成毛坯。

17 生成外界线。单击【相关线】按钮，在立即菜单中选择“实体边界”方式，拾取圆柱外形圆弧线，如图 6-143 所示。

图 6-142　生成五角星实体

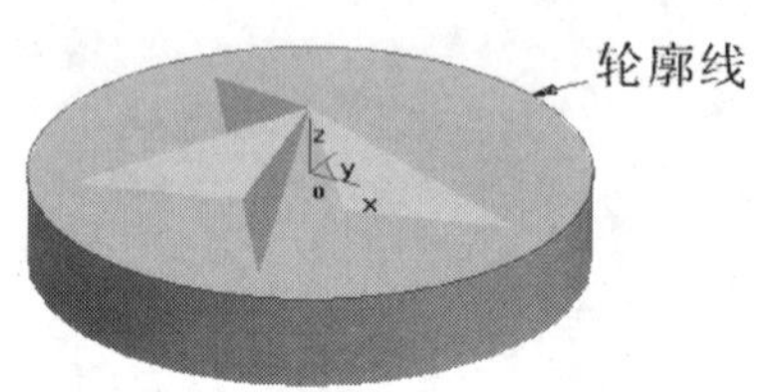

图 6-143　生成五角星实体连线

18 用粗加工方法加工外形。选择【加工】/【粗加工】/【等高线粗加工】命令，弹出【等高线粗加工】对话框，【加工参数 1】选项中，加工方向选择“顺铣”；Z 切入选择“层高”，层高为 5；*XY* 切入选择“行距”，行距为 5；行间连接方式选择“直线”；加工顺序选择“Z 优先”。【刀具参数】选项卡中刀具设为“铣刀 D10r0”，设置其他相关参数。

19 单击 确定 按钮，拾取实体，拾取轮廓线，选择任一方向为自动搜索方向，单击鼠标右键，生成等高线粗加工轨迹，如图 6-144 所示。

20 同时，在树管理器中生成“1-等高线粗加工”文件夹，选择此文件夹，单击鼠标右键，在弹出的快捷菜单中选择【隐藏】命令以隐藏轨迹线，方便生成其他加工轨迹线。

21 用精加工方法加工外形。选择【加工】/【精加工】/【等高线精加工】命令，弹出【等高线精加工】对话框，【加工参数 1】选项中，加工方向选择“顺铣”；Z 向选择“层高”，层高为 1；加工顺序选择“Z 优先”。【刀具参数】选项卡中刀具设为“铣刀 D10r3”，设置其他相关参数。

22 单击 确定 按钮，拾取实体，拾取轮廓线，选择任一方向为自动搜索方向，单击鼠标右键，生成等高线粗加工轨迹，如图 6-145 所示。

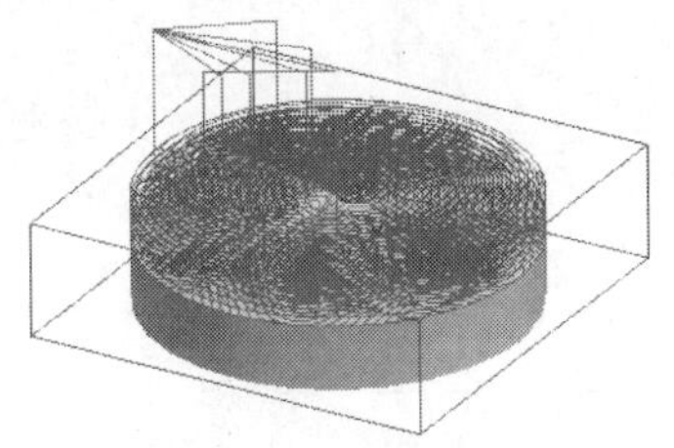
图 6-144　五角星粗加工轨迹

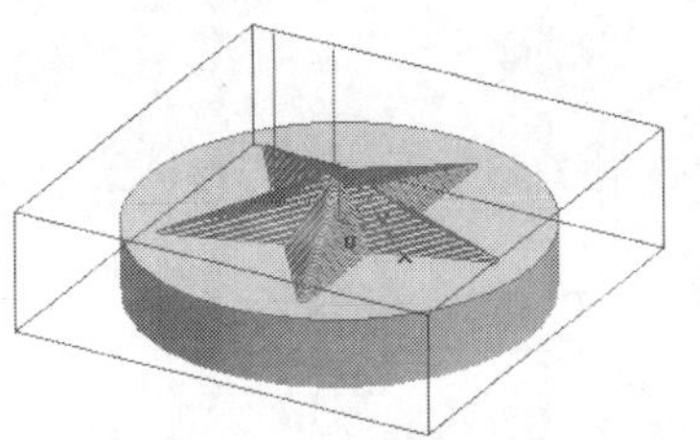
图 6-145　五角星精加工轨迹

23 同时，在树管理器中生成“2-等高线精加”工文件夹，选择此文件夹，单击鼠标右键，在弹出的快捷菜单中选择【隐藏】命令以隐藏轨迹线，方便生成其他加工轨迹线。

24 用补加工方法加工外形。选择【加工】/【补加工】/【等高线补加工】命令，弹出【等高线补加工】对话框，【加工参数】选项中，Z 向选择“层高”，层高为 1，ZY 向选择“行距”，行距为 1，如图 6-146 所示。【刀具参数】选项卡中刀具设为“铣刀 D10r5”，设置其他相关参数。

25 单击 确定 按钮，拾取实体，拾取轮廓线，选择任一方向为自动搜索方向，单击鼠标右键，生成等高线补加工轨迹，如图 6-147 所示。

图 6-146　补加工参数

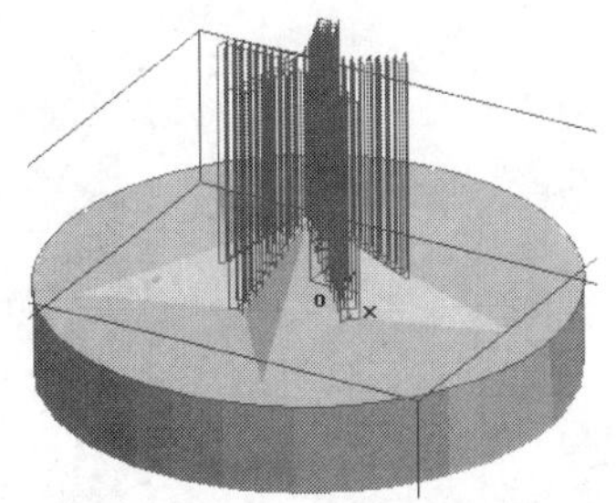
图 6-147　五角星补加工轨迹

26 轨迹生成完成后，进行保存。选择主菜单中的【文件】/【保存】命令，弹出【存储文件】对话框。选择保存目录，输入保存文件名“五角星加工轨迹”，单击 保存(S) 按钮，完成图形保存。

6.4 项目实现：连杆零件设计之五——数控加工参数及工艺

实例文件	实例\06\例 6-3.mxe
操作录像	视频\06\例 6-3.avi

本节以连杆为例进行数控加工生成刀具轨迹讲解，在生成轨迹时需要设置相关的刀具参数、工艺参数和加工参数等。

连杆零件的俯视图如图 6-148 所示。

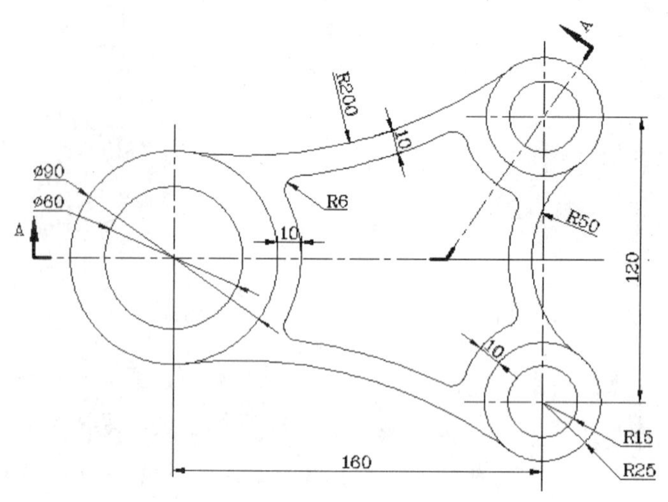

图 6-148　连杆零件的俯视图

连杆零件的 A-A 视图如图 6-149 所示。

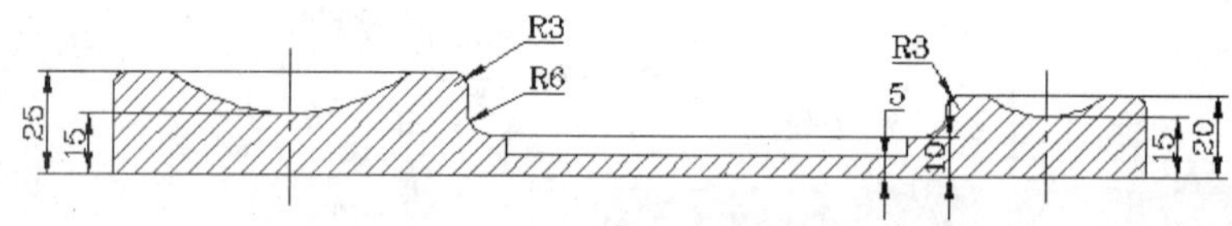

图 6-149　连杆零件 A-A 视图

连杆的二维图纸在 CAXA 制造工程师 2008 中进行三维实体造型后，其效果如图 6-150 所示。

图 6-150　连杆的三维实体造型效果图

设计分析

（1）定义毛坯，生成毛坯，设置后置处理和刀具库。

（2）进行粗加工设置，进行外形等高线粗加工，生成粗加工轨迹。
（3）进行精加工设置，进行表面扫描线精加工，生成精加工轨迹。
（4）进行加工仿真。

操作步骤

01 打开软件。选择【开始】/【程序】/【CAXA】/【CAXA 制造工程师】/【CAXA 制造工程师 2008】命令，或直接双击【CAXA 制造工程师 2008】桌面快捷方式图标，打开 CAXA 制造工程师软件，进入设计界面。软件默认状态下当前坐标为 *XOY* 平面，非草图状态。

02 打开原连杆实体造型文件。选择【文件】/【打开】命令，弹出【打开文体】对话框，寻找已完成的“连杆实体造型.mxe”文件，单击 打开(O) 按钮打开文件。

03 后置设置。用户可以增加当前使用的机床，给出机床名，定义适合自己机床的后置格式，系统默认的格式为 FANUC 系统的格式，本例使用默认的 FANUC 系统。

04 定义刀具。单击树管理器，选择【加工管理】选项卡，双击【刀具库】选项，弹出【刀具库管理】对话框；单击【增加刀具】按钮，在对话框中输入铣刀名称“D10，r2”，增加一个粗加工铣刀；在对话框中输入铣刀名称“D5，r2.5”，增加一个精加工铣刀，单击 确定 按钮，退出刀具库管理。

05 建立毛坯。单击树管理器，选择【加工管理】选项卡，双击【毛坯】选项，弹出【定义毛坯】对话框，选择“两点”方式，输入坐标参数，基准点 *X* 值为−65、*Y* 值为−105、*Z* 值为−10、长度为 270、宽度为 210、高度为 30，单击 确定 按钮，生成毛坯。

06 生成轮廓线。单击【点】按钮，在立即菜单中选择“单个点”方式，按 Enter 键，在屏幕中间出现数值输入框，输入第一点坐标值（−65，−105，−10），按 Enter 键，第一点绘制完成；再按 Enter 键，在屏幕中间出现数值输入对话框，输入第二点坐标值（205，105，−10），按 Enter 键，第二点绘制完成；单击【矩形】按钮，在立即菜单中选择“两点矩形”方式，拾取绘制的两个点，生成与毛坯相同大小的矩形线，如图 6-151 所示

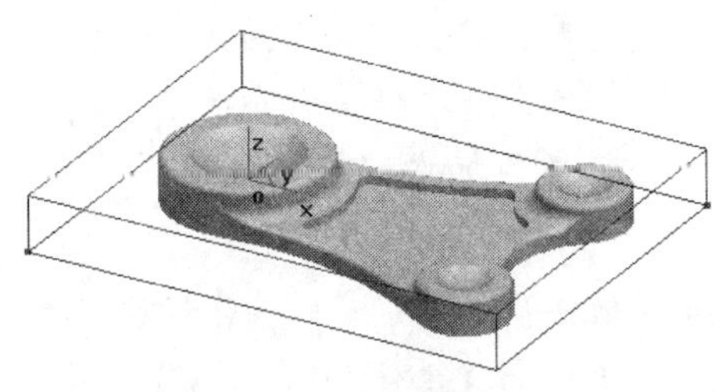

图 6-151　绘制加工边界

07 用粗加工方法加工外形。选择【加工】/【粗加工】/【等高线粗加工】命令，弹出【等高线粗加工】对话框，【加工参数 1】选项中，加工方向选择“顺铣”；*Z* 切入选择“层高”，层高为 2；*XY* 切入选择“行距”，行距为 5，切削模式选择“环切”；行间连接方式选择“直线”；加工顺序选择“*Z* 优先”。【刀具参数】选项卡中刀具设为“铣刀 D10r2”，设置其他相关参数。

08 单击 确定 按钮，拾取实体，单击鼠标右键；拾取矩形轮廓线为加工边界线，选择

任一方向为自动搜索方向，单击鼠标右键；再拾取未拾取完的矩形轮廓线为加工边界线，选择任一方向为自动搜索方向，单击鼠标右键，生成等高线粗加工轨迹，如图 6-152 所示。

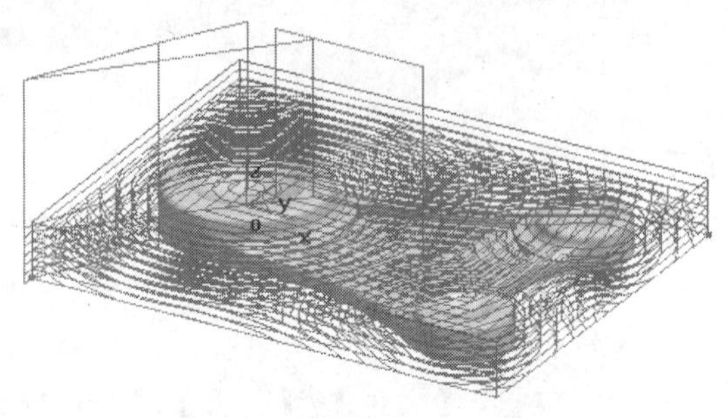

图 6-152　等高线粗加工轨迹线

09 同时，在树管理器中生成“1-等高线粗加工”文件夹，选择此文件夹，单击鼠标右键，在弹出的快捷菜单中选择【隐藏】命令，以隐藏轨迹线，方便生成其他加工轨迹线。

10 用精加工方法加工外形。选择【加工】/【精加工】/【扫描线精加工】命令，弹出【扫描线精加工】对话框，在【加工参数】选项中，加工方向选择“顺铣”；*XY* 向选择“行距”，行距设置为 5，角度设置为 0°；加工方法选择“通常”；加工顺序选择“区域优先”；行间连接方式选择“抬刀”；未加工区域选择“不加工未精加工区”；加工精度为 0.1，加工余量为 0.1；【干涉面】的干涉面加工余量为 0，干涉轨迹处理选择“裁剪”。【刀具参数】选项卡中刀具设为“铣刀 D5r2.5”，设置其他相关参数。

11 单击 确定 按钮，拾取实体，单击鼠标右键，单击鼠标右键取消干涉面检查，拾取矩形轮廓线为加工边界线，选择任一方向为自动搜索方向，单击鼠标右键；再拾取未拾取完的矩形轮廓线为加工边界线，选择任一方向为自动搜索方向，单击鼠标右键，生成扫描线精加工轨迹，如图 6-153 所示。

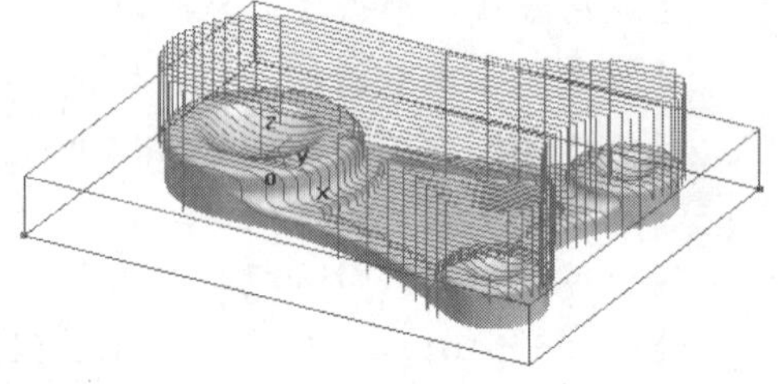

图 6-153　扫描线精加工轨迹

12 轨迹生成完成后，进行保存。选择主菜单中的【文件】/【保存】命令，弹出【存储文件】对话框。选择保存目录，输入保存文件名“连杆的加工轨迹”，单击 保存(S) 按钮，完成图形保存。

6.5　应用拓展

数控技术起源于航空工业的需要，20 世纪 40 年代后期，美国一家直升机公司提出了数控机床的初始设想，1952 年美国麻省理工学院研制出三坐标数控铣床，50 年代中期这种数控铣床已用于加工飞机零件。60 年代，数控系统和程序编制工作日益成熟和完善，数控机床已被用于各个工业部门，航空航天工业始终是数控机床的最大用户。一些大的航空工厂配有数百台数控机床，其中以切削机床为主的。数控加工的零件有飞机和火箭的整体壁板、大梁、蒙皮、隔框、螺旋桨以及航空发动机的机匣、轴、盘、叶片的模具型腔和液体火箭发动机燃烧室的特型腔面等。数控机床发展的初期是以连续轨迹的数控机床为主的，连续轨迹控制又称轮廓控制，要求刀具相对于零件按规定轨迹运动。以后又大力发展点位控制数控机床。点位控制是指刀具从某一点向另一点移动，只要最后能准确地到达目标而不管移动路线如何。

6.5.1　软件知识拓展

CAXA 制造工程师 2008 可以实现多轴加工。多轴加工用途广泛，可以加工复杂曲面，可以在一次装夹定位的情况下加工多个曲面，即能保证精度，又可以节省加工时间，释放人工劳动力。

CAXA 制造工程师 2008 中提供了四轴曲线加工、四轴平切面加工、叶轮粗加工、叶轮精加工、五轴 G01 钻孔、五轴侧铣、五轴等参数线、五轴曲线加工、五轴曲面区域加工和五轴轴四轴轨迹等功能。各功能可以通过选择【加工】/【多轴加工】子菜单中的各命令来激活，如图 6-154 所示。

四轴曲线加工
四轴平切面加工
叶轮粗加工
叶轮精加工
五轴G01钻孔
五轴侧铣
五轴等参数线
五轴曲线加工
五轴曲面区域加工
五轴转四轴轨迹

图 6-154　多轴加工菜单项

下面以四轴曲线加工为例说明如例进行四轴加工。

01 打开 CAXA 软件，按 F7 键，绘制一条曲线，如图 6-155 所示。

02 选择【加工】/【多轴加工】/【四轴曲线加工】命令，弹出【四轴曲线加工】对话框，设置加工参数。旋转轴选择为“*Y* 轴”，加工方向选择为“逆时针”，走刀方向选择为“往复”，偏置距离设置为 2，刀次设置为 40，如图 6-156 所示。再设置刀具和其他参数。

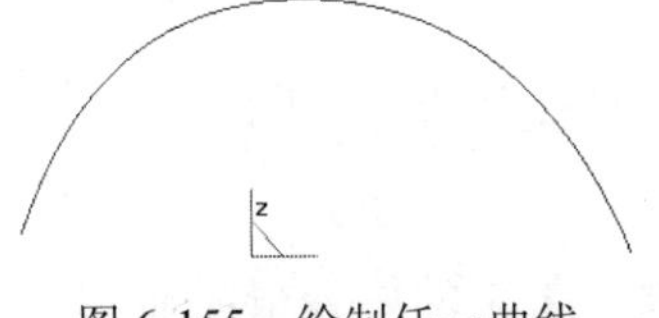

图 6-155　绘制任一曲线

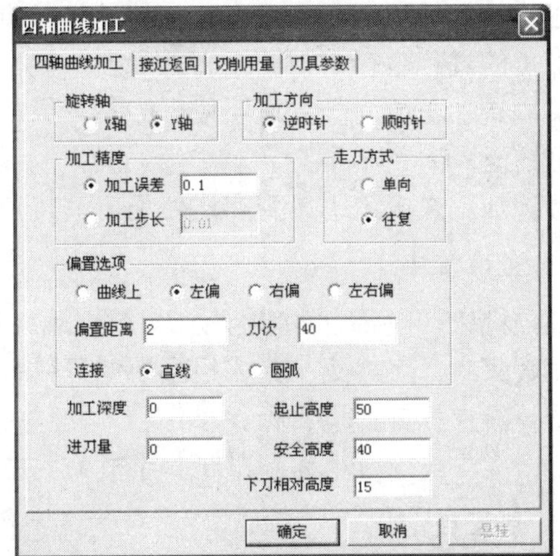

图 6-156 【四轴曲线加工】对话框

03 单击 确定 按钮，拾取曲线，选择任一搜索方向，单击鼠标右键，拾取加工侧即向上的箭头，生成加工轨迹，如图 6-157 所示。

04 单击加工线框仿真，进行线框仿真，仿真过程如图 6-158 所示。

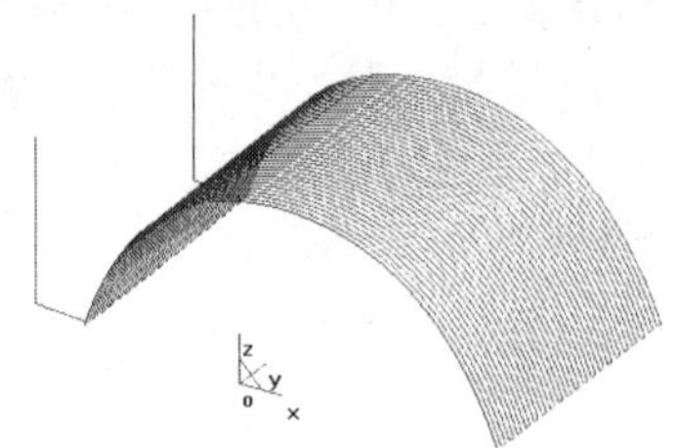

图 6-157　四轴曲线加工轨迹

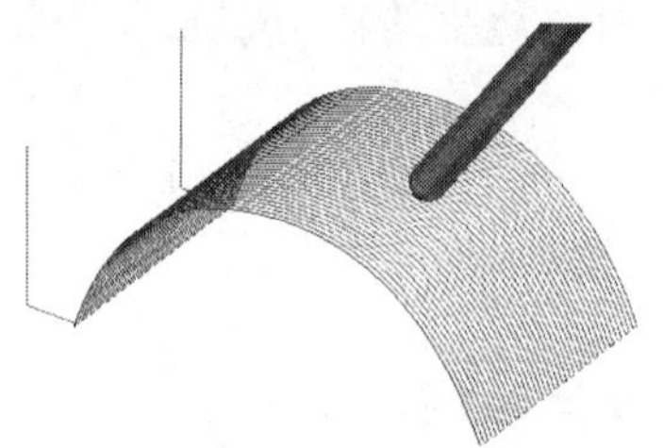

图 6-158　四轴曲线加工轨迹仿真

6.5.2　行业拓展

在数控加工中，为了提高生产自动化程度，缩短编程时间和降低数控加工成本，在航空航天工业中还发展和使用了一系列先进的数控加工技术。如计算机数控，即用小型或微型计算机代替数控系统中的控制器，并用存储在计算机中的软件执行计算和控制功能，这种软连接的计算机数控系统正在逐步取代初始态的数控系统。直接数控是用一台计算机直接控制多台数控机床，很适合于飞行器的小批量短周期生产。理想的控制系统是可连续改变加工参数的自适应控制系统，虽然系统本身很复杂，造价昂贵，但可以提高加工效率和质量。数控的发展除在硬件方面对数控系统和机床进行改善外，还有另一个重要方面就是软件的发展。计算机辅助编程（也叫自动编程）就是由程序员用数控语言写出程序后，将它输入到计算机中进行翻译，最后由计算机自动输出穿孔带或磁带。用得比较广泛的数控语言是 APT 语言，它大体上分为主处理程序和后置处理程序，前者对程序员书写的程序加以翻译，算出刀具轨迹；后者把刀具轨迹编成数控机床的零件加工程序。数控加工是在对工件进行加工前事先在计算机上编写好程序，再将这些程序输入到使用计算机程序控制的机床进行指令性加工，或者直接在这种计算机程序控制的机床控制面板上编写指令进行加工。加工的过程包括走刀、换刀、变速、变向和停车等，都是自动完成的。数控加工是现代模具制造加工的一种先进手段。当然，数控加工手段也不止用于模具零件加工，它的用途十分广泛。

数控加工在应用中得到广泛使用，其特点如下。

1．工序集中

数控机床一般带有可以自动换刀的刀架和刀库，换刀过程由程序控制自动进行，因此，工序比较集中。工序集中带来巨大的经济效益。

- 减少机床占地面积，节约厂房。
- 减少或没有中间环节（如半成品的中间检测、暂存搬运等），既省时间又省人力。

2．加工自动化

数控机床加工时，不需人工控制刀具，自动化程度高。带来的好处很明显。

- 对操作工人的要求降低。

一个普通机床的高级工不是短时间内可以培养的，而一个不需编程的数控工培养时间极短（如数控车工需要一周即可，还会编写简单的加工程序）。并且，数控工在数控机床上加工出的零件比普通工在传统机床上加工的零件精度要高，时间要省。

- ❑ 降低了工人的劳动强度。数控工人在加工过程中，大部分时间被排斥在加工过程之外，非常省力。
- ❑ 产品质量稳定。数控机床的加工自动化，免除了普通机床上工人的疲劳、粗心、估计等人为误差，提高了产品的一致性。
- ❑ 加工效率高。数控机床的自动换刀等使加工过程紧凑，提高了劳动生产率。

3．柔性化高

传统的通用机床，虽然柔性好，但效率低下；而传统的专机，虽然效率很高，但对零件的适应性很差，刚性大，柔性差，很难适应市场经济下的激烈竞争带来的产品频繁改型。只要改变程序，就可以在数控机床上加工新的零件，且又能自动化操作，柔性好，效率高，因此数控机床能很好地适应市场竞争。

4．加工能力强

机床能精确加工各种轮廓，而有些轮廓在普通机床上无法加工。数控机床特别适合加工不许报废的零件、进行新产品研制以及进行急需件的加工。

6.6　思考与练习

1．思考题

（1）机床坐标系有哪几种？如何判断各轴方向？

（2）如何进行刀具库管理？如何增加删除刀具？

（3）数控加工有哪几种方式？各种方式有哪几种方法？

2．操作题

（1）利用实体造型绘制出如图6-159所示的三维实体，再进行加工轨迹的生成。

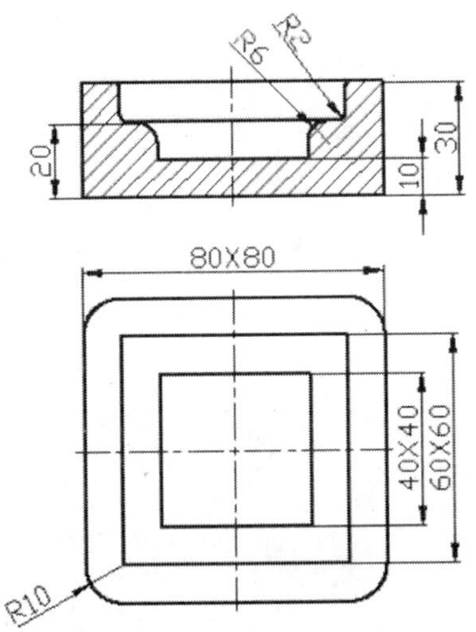

【操作提示】

☆ 创建一个矩形，生成一正方形实体。

☆ 利用实体表面绘制草图，进行二次除料生成台阶凹槽。

☆ 定义毛坯，设置参数，进行粗加工。

☆ 设置参数进行精加工，生成刀具轨迹。

图6-159　凹槽实体

（2）利用实体造型绘制如图 6-160 所示的三维实体，再进行实体粗、精加工。

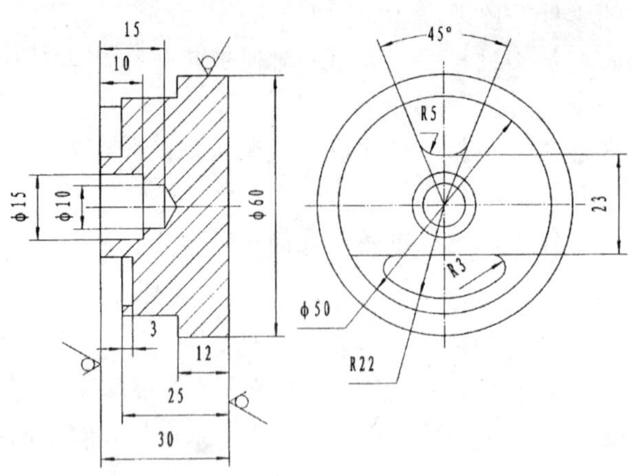

【操作提示】

☆ 绘制圆草图，生成台阶圆柱。

☆ 在上表面进行打孔。

☆ 在上表面进行一个凹槽的除料和一块圆弧的除料。

☆ 在除料圆弧上平面进行一个凹槽的除料。

☆ 设置参数，进行粗加工及孔加工轨迹生成。

图 6-160 圆盘实体

第 7 章 刀具轨迹

学习目标

了解轨迹的仿真意义

掌握轨迹的仿真方法及操作

掌握刀具轨迹编辑方法

掌握 G 代码的生成及校核

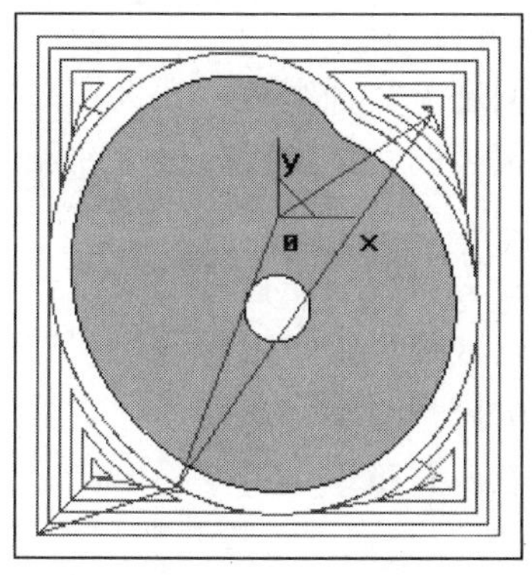

轨迹仿真是对 2 轴或 3 轴刀具轨迹进行真实感的仿真加工，实现对毛坯切削的动态图像显示过程，通过模拟实际切削过程和切削结果来判断生成刀具轨迹的正确性。通过轨迹仿真可以方便、快捷地修改加工工艺。

G 代码就是按照当前机床类型的配置要求，把已经生成的刀具轨迹转化生成 G 代码数据文件，即 CNC 数控程序，后置生成的数控程序是三维造型的最终结果。有了数控程序，即 G 代码，就可以直接输入机床进行数控加工。

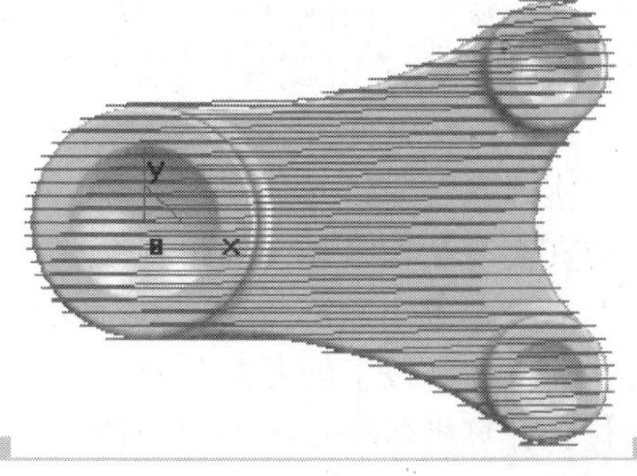

7.1 相关专业知识

数控编程的核心工作是生成刀具轨迹，然后将其离散成刀位点，经后置处理产生数控加工程序。

刀具轨迹可基于点、线、面和体的 NC 刀轨生成。CAD 技术从二维绘图起步，经历了三维线框、曲面和实体造型发展阶段，一直到现在的参数化特征造型。在二维绘图与三维线框阶段，数控加工主要以点、线为驱动对象，如孔加工、轮廓加工和平面区域加工等，这种加工要求操作人员的水平较高，交互复杂。在曲面和实体造型发展阶段，出现了基于实体的加工。实体加工的加工对象是一个实体，它由一些基本体素经集合运算（并、交、差运算）获得。实体加工不仅可用于零件的粗加工和半精加工，大面积切削掉余量，提高加工效率，而且可用于基于特征的数控编程系统的研究与开发，是特征加工的基础。

实体加工一般有实体轮廓加工和实体区域加工两种。实体加工的实现方法为层切法（SLICE），即用一组水平面去切被加工实体，然后对得到的交线产生等距线作为走刀轨迹。本章从系统需要角度出发，在 ACIS 几何造型平台上实现了这种基于点、线、面和实体的数控加工。

参数化特征造型已有了一定的发展时期，但基于特征的刀具轨迹生成方法的研究才刚刚开始。特征加工使数控编程人员不再对那些低层次的几何信息（如点、线、面、实体）进行操作，而转变为直接对符合工程技术人员习惯的特征进行数控编程，大大提高了编程效率。特征加工的基础是实体加工，当然也可认为是更高级的实体加工。但特征加工不同于实体加工，实体加工有它自身的局限性。

从工程的角度来看，仿真就是通过对系统模型的实验去研究一个已有的或设计中的系统。分析复杂的动态对像，仿真是一种有效的方法，可以减少风险，缩短设计和制造的周期，并节约投资。计算机仿真就是借助计算机，利用系统模型对实际系统进行实验研究的过程，它随着计算机技术的发展而迅速地发展，在仿真中占有越来越重要的地位。

建模活动是通过对实际系统的观测或检测，在忽略次要因素及不可检测变量的基础上，用物理或数学的方法进行描述，从而获得实际系统的简化近似模型。这里的模型同实际系统的功能与参数之间应具有相似性和对应性。

仿真模型是对系统的数学模型（简化模型）进行一定的算法处理，使其具有合适的形式（如将数值积分变为迭代运算模型）之后，成为能被计算机接受的“可计算模型”。仿真模型对实际系统来讲是一个二次简化的模型。

仿真实验是指将系统的仿真模型在计算机上运行的过程。仿真是通过实验来研究实际系统的一种技术，通过仿真技术可以弄清系统内在结构变量和环境条件的影响。

计算机仿真技术的发展趋势主要表现在两个方面，即应用领域的扩大和仿真计算机的智能化。计算机仿真技术不仅在传统的工程技术领域（航空、航天、化工等方面）继续发展，而且扩大到社会经济、生物等许多非工程领域，此外，并行处理、人工智能、知识库和专家系统等技术的发展正影响着仿真计算机的发展。

数控加工仿真利用计算机来模拟实际的加工过程，是验证数控加工程序的可靠性和预测切削过程的有力工具，可以减少工件的试切，提高生产效率。

7.2　软件设计方法

数控机床通过零件程序对其加工过程进行控制。零件程序的正确与否直接决定加工质量和效率，不正确的加工程序会导致发生生产事故。因此，在零件程序生成后，需要对其正确性进行检验，并针对其存在的问题进行修改，直到形成合格的零件程序。

轨迹仿真是对 2 轴或 3 轴刀具轨迹进行真实感的仿真加工，实现对毛坯切削的动态图像显示过程，通过模拟实际切削过程和切削结果来判断生成刀具轨迹的正确性。

CAXA 制造工程师 2008 模拟刀具沿轨迹走刀，毛坯切削的动态图像显示过程可以通过轨迹仿真功能实现。通过该功能可直观、精确地对加工过程进行模拟仿真，对代码进行反读校验。仿真过程中可以随意放大、缩小和旋转，便于观察细节；也可以调节仿真速度；可以显示多道加工轨迹的加工结果；可以检查刀柄干涉、快速移动过程（G00）中的干涉和刀具无切削刃部分的干涉情况；可以将切削残余量用不同颜色区分表示，并把切削仿真结果与零件理论形状进行比较等。

CAXA 制造工程师 2008 的轨迹仿真可以通过选择【加工】/【实体仿真】命令激活，如图 7-1 所示，拾取轨迹线后，即可转入 CAXA 轨迹仿真软件中，进行轨迹仿真，如图 7-2 所示。

加工(M)
轨迹编辑(H)
线框仿真(W)
实体仿真(S)

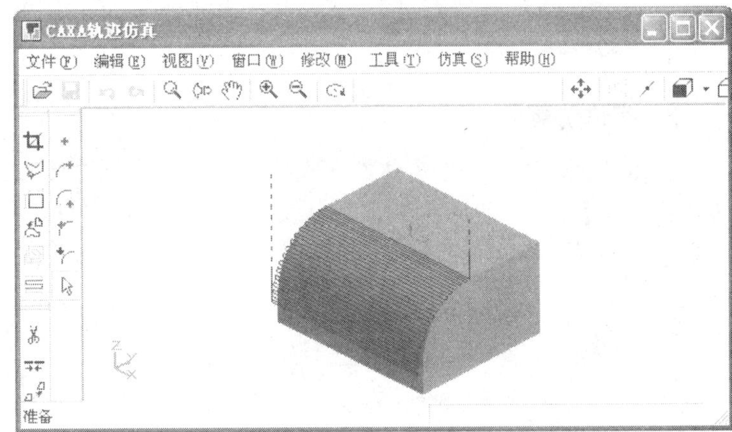

图 7-1　选择【实体仿真】命令　　　图 7-2　轨迹仿真软件

7.2.1　轨迹仿真

CAXA 制造工程师 2008 中提供了两种加工仿真方式，一种是线框仿真，可以通过选择主菜单中的【加工】/【线架仿真】命令激活；另一种是实体仿真，可以通过选择主菜单中的【加工】/【轨迹仿真】命令激活。

1．线框仿真

线框仿真只是以仿真加工轨迹线的一种功能。仿真轨迹中可以有轨迹显示、刀具显示、刀柄显示和实体显示。选择【加工】/【线架仿真】命令后的立即菜单如图 7-3 所示。

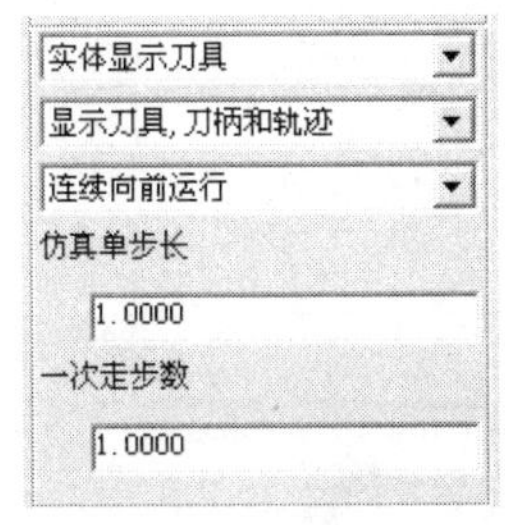

图 7-3　线架仿真立即菜单

【实例 1】 用“线架仿真”方式仿真如图 7-4 所示的轨迹线。

01 选择主菜单中的【加工】/【线架仿真】命令。

02 选择【实体显示刀具】、【显示刀具】、【刀柄和轨迹】、【连续向前运行】选项，在【仿真单步长】文本框中输入“1”，在【一次走步数】文本框中输入“1”。

03 拾取要仿真的刀具轨迹线。

04 单击鼠标右键，线架仿真开始，如图 7-5 所示。

05 在仿真过程中按 Esc 键，仿真退出；按 Space 键，仿真暂停；单击鼠标左键，继续仿真。

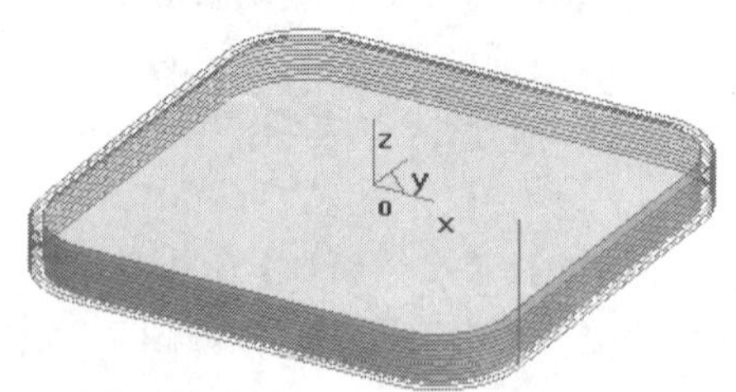

图 7-4　仿真轨迹线

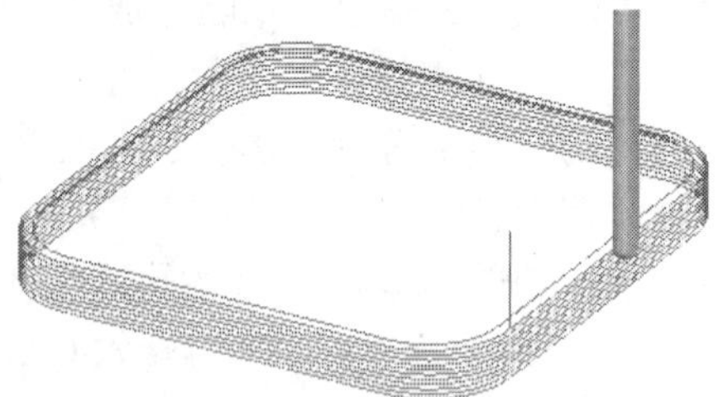

图 7-5　仿真加工中

2．实体仿真

实体仿真是以“三维实体”方式按加工轨迹进行毛坯的仿真加工显示。选择【加工】/【轨迹仿真】命令，然后在工作区中或加工管理窗口中拾取需要进行仿真操作的若干轨迹，单击鼠标右键，即可调入轨迹仿真。轨迹仿真主窗口如图 7-6 所示。

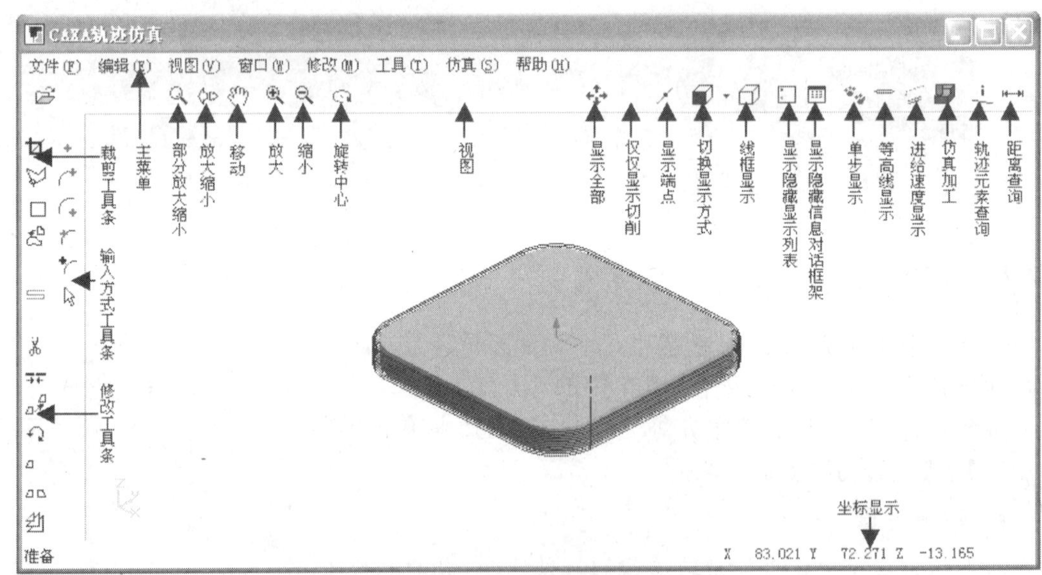

图 7-6　CAXA 轨迹仿真主窗口

3．仿真

在 CAXA 轨迹仿真软件中选择【工具】/【仿真】命令，或者单击按钮，弹出【仿真加工】对话框，如图 7-7 所示。仿真过程实现了从零件毛坯开始，对加工过程中选定的刀具运动轨迹和切削状态进行仿真，可以直观地观察是否有过切，还可以判断所选用的“刀具”和“走刀”方式是否合理。

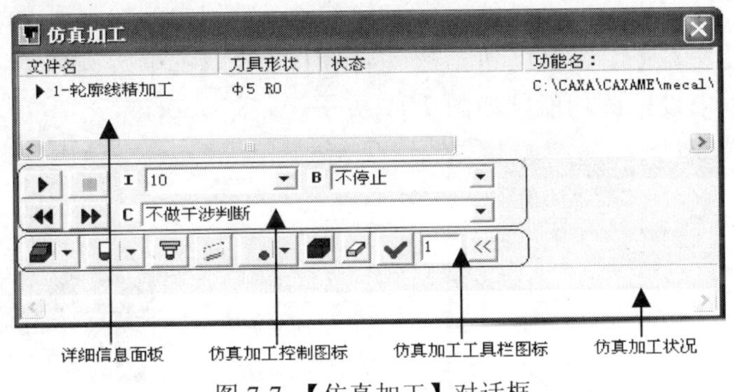

图 7-7　【仿真加工】对话框

单击按钮后，在主菜单中的【仿真】菜单中各功能亮显，如图 7-8 所示，该菜单中的大部分功能也可通过单击仿真加工界面上相应的按钮来实现。

图 7-8　仿真菜单项

4．单步显示

用户可以通过单步显示功能观察走刀路径，在主界面上直接显示零件制品形状，可根据用户需求对刀具轨迹分步显示。可以选择【工具】/【单步显示】命令或者单击按钮，在弹出的【单步显示】对话框中设置该功能，如图 7-9 所示。

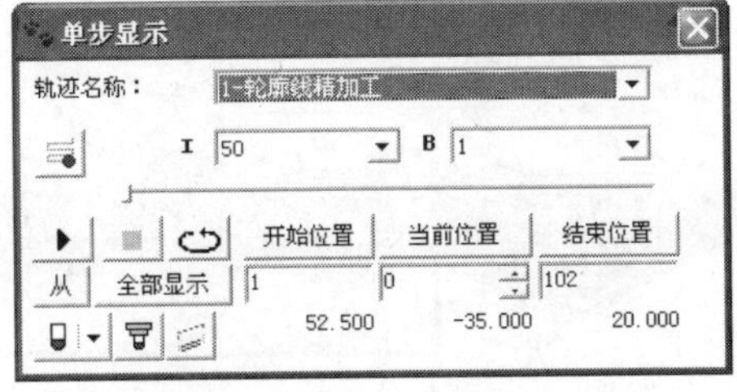

图 7-9　【单步显示】对话框

5．等高线显示

用户可以通过等高线显示功能观察刀具每一层的路径，在主界面上直接显示零件加工界面深度，可根据刀具深度显示刀具轨迹。可以选择【工具】/【等高线显示】命令或者单击按钮，在弹出的【等高线显示】对话框中设置该功能，如图 7-10 所示。

6．显示进给速度

用户可以通过显示进给速度功能观察刀具在加工过程中的切削速度，不同的颜色代表不同的速度。可以选择【工具】/【进给速度显示】命令或者单击按钮，在弹出的【显示进给速度】对话框中设置该功能，如图 7-11 所示。

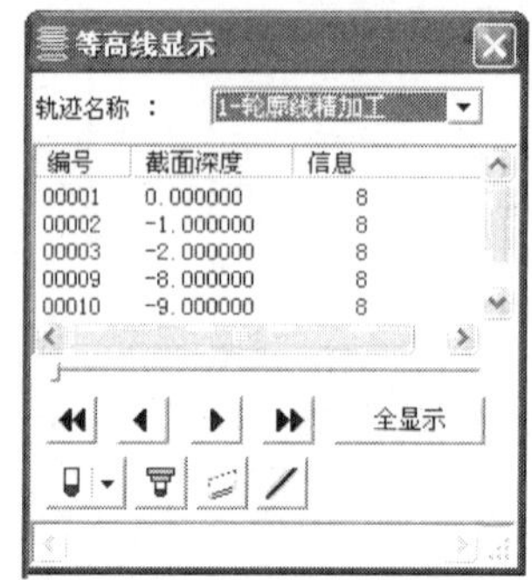

图 7-10 【等高线显示】对话框

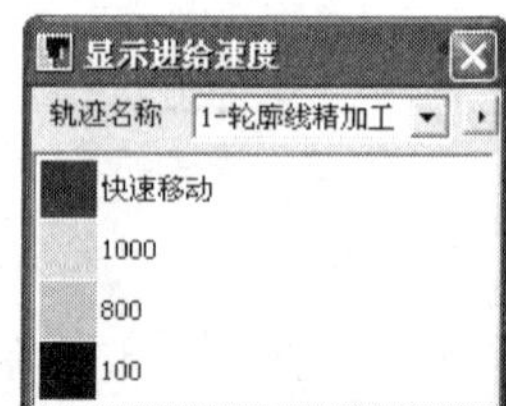

图 7-11 【显示进给速度】对话框

【实例 2】 用“实体仿真”方式仿真如图 7-12 所示的轨迹线。

01 选择主菜单中的【加工】/【实体仿真】命令。

02 拾取要仿真的加工轨迹，单击鼠标右键，转换到【CAXA 轨迹仿真】窗口中。

03 单击按钮，弹出【仿真加工】对话框。

04 单击按钮，实体仿真开始，如图 7-13 所示。

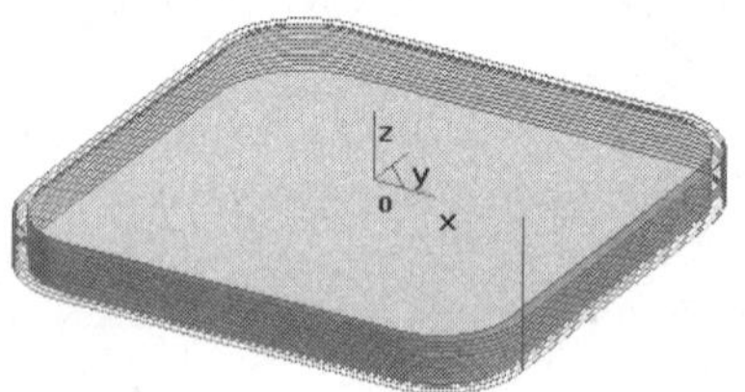

图 7-12 刀具轨迹线

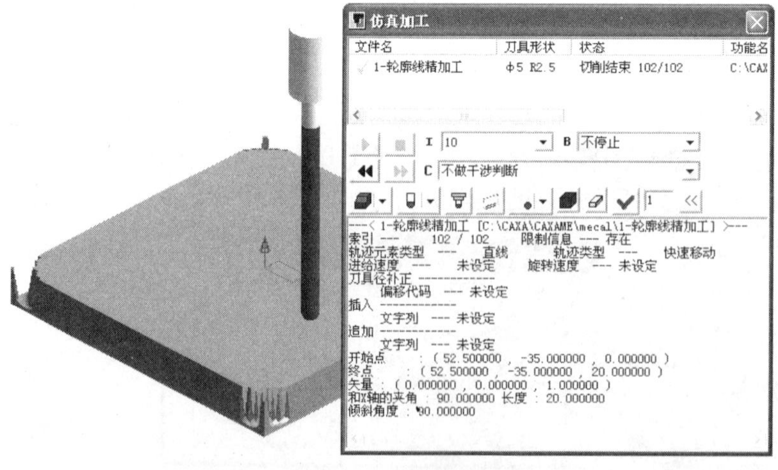

图 7-13 仿真加工

05 在仿真过程前可以选择不同的仿真间隔进行仿真，如图 7-14 所示。

06 单击按钮进行等高线仿真，如图 7-15 所示。

图 7-14　仿真间隔选择　　　图 7-15　等高线仿真

07 单击按钮进行等高线仿真，如图 7-16 所示。

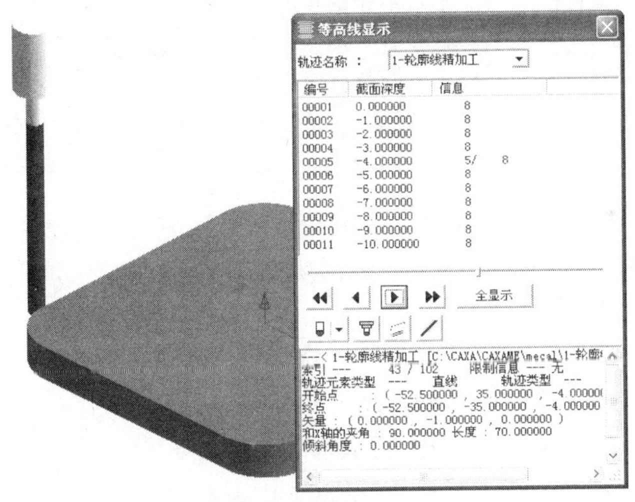

图 7-16　等高线仿真加工

08 单击按钮显示进行速度，如图 7-17 所示。

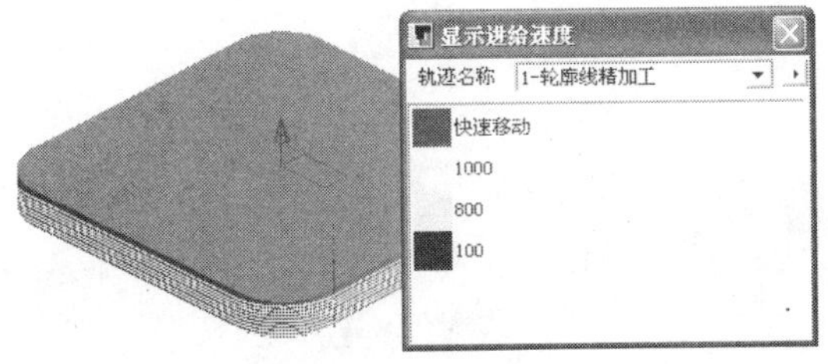

图 7-17　速度显示

7.2.2 轨迹编辑

轨迹编辑是对已经生成的刀具轨迹和刀具轨迹中的刀位行或刀位点进行增加、删减等操作。其中有轨迹裁剪、轨迹反向、插入刀位点、删除刀位点、两刀位点间抬刀、清除抬刀、轨迹打断和轨迹连接 8 项功能。在 CAXA 制造工程师 2008 中通过选择【加工】/【轨迹编辑】子菜单中的命令激活该功能，如图 7-18 所示。

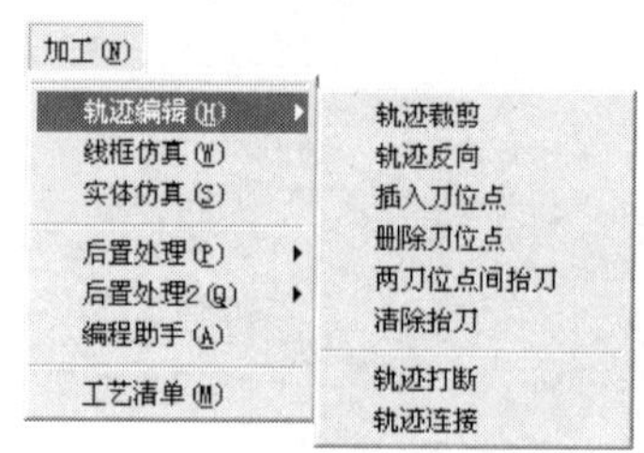

图 7-18 【轨迹编辑】子菜单

1. 刀位裁剪

刀位裁剪是用曲线作为剪刀线对刀具轨迹进行裁剪，截取其中一部分轨迹。刀位裁剪共有 3 个选项，即裁剪边界、裁剪平面和裁剪精度。

裁剪边界有 3 种形式，即在曲线上、不过曲线和超过曲线。

- 在曲线上：是轨迹裁剪后，临界刀位点在剪刀曲线上。
- 不过曲线：是轨迹裁剪后，临界刀位点未到剪刀曲线，投影距离为一个刀具半径。
- 超过曲线：是轨迹裁剪后，临界刀位点超过剪刀曲线，投影距离为一个刀具半径。

【实例 3】 在长度为 100、宽度为 80 的矩形表面上生成平面轮廓精加工轨迹线，以原点为原心，任意半径画圆作为剪刀线，采用不同的“裁剪”方式进行裁剪边界。

01 按已知条件绘制如图 7-19 所示的轨迹线及剪刀线。

02 选择主菜单中的【加工】/【轨迹编辑】/【轨迹裁剪】命令。

03 在立即菜单中选择“在曲线上”方式和 *XY* 平面。

04 拾取刀具轨迹线，拾取剪刀线，单击确定搜索方向，单击选择要保留的轨迹线方向，轨迹线裁剪完成，如图 7-20 所示。

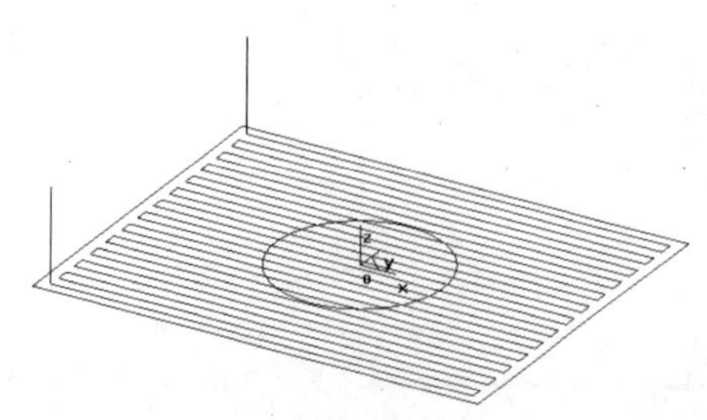

图 7-19 绘制轨迹线及剪刀线

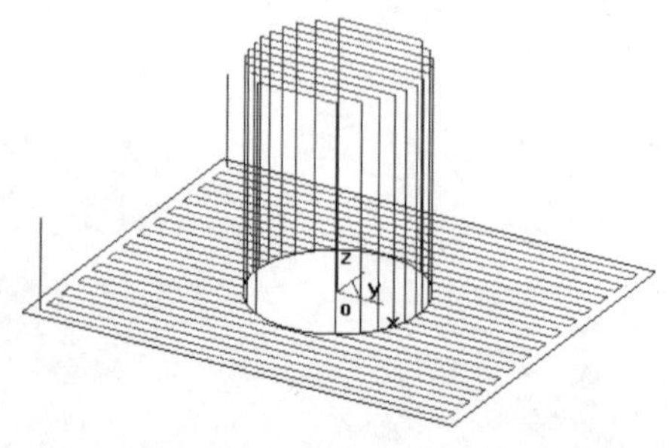

图 7-20 “在曲线上”方式

05 在立即菜单中选择“不过曲线”方式，裁剪效果如图 7-21 所示。

06 在立即菜单中选择“超过曲线”方式，裁剪效果如图 7-22 所示。

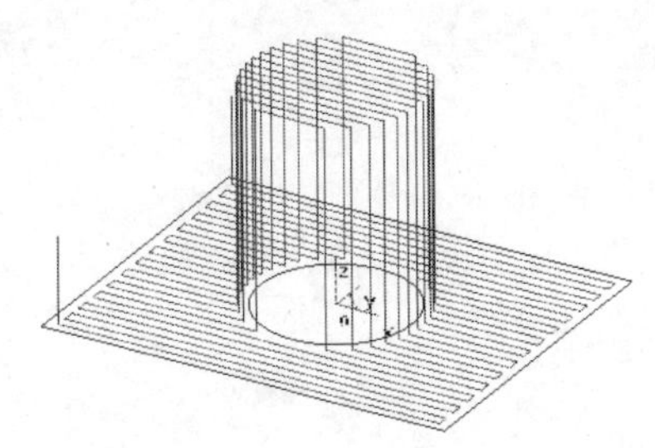
图 7-21 “不过曲线”方式

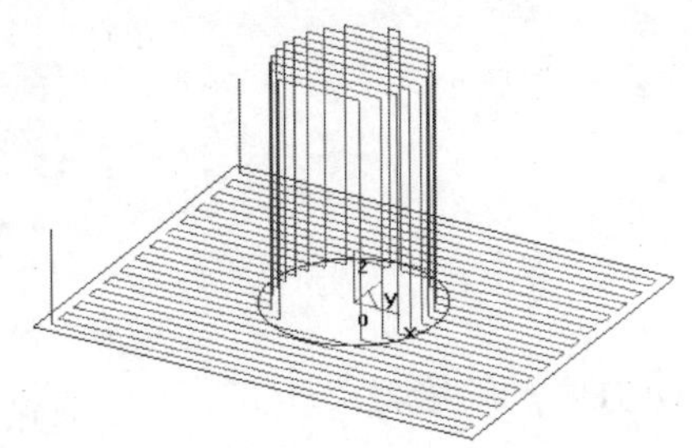
图 7-22 “超过曲线”方式

2．轨迹反向

轨迹反向是对刀具轨迹进行反向处理，以实现加工中顺、逆铣的互换。选择【加工】/【轨迹编辑】/【轨迹反向】命令，拾取要反向的刀具轨迹即可。轨迹反向前如图 7-23 所示，轨迹反向后的效果如图 7-24 所示。

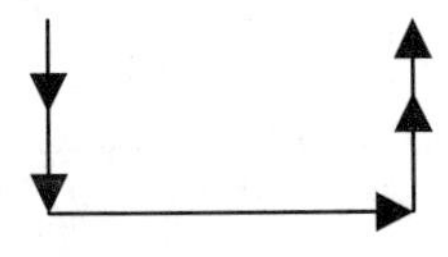
图 7-23　刀具轨迹

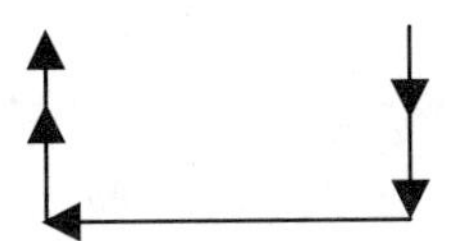
图 7-24　刀具轨迹反向

3．插入刀位点

插入刀位点是在刀具轨迹中某刀位点处插入刀位点，使轨迹发生变化。

【实例 4】　修改如图 7-25 所示的刀具轨迹线，使其发生变化。

01 选择主菜单中的【加工】/【轨迹编辑】/【插入刀位点】命令。

02 拾取已知刀位点，拾取插入刀位点，结果如图 7-26 所示。

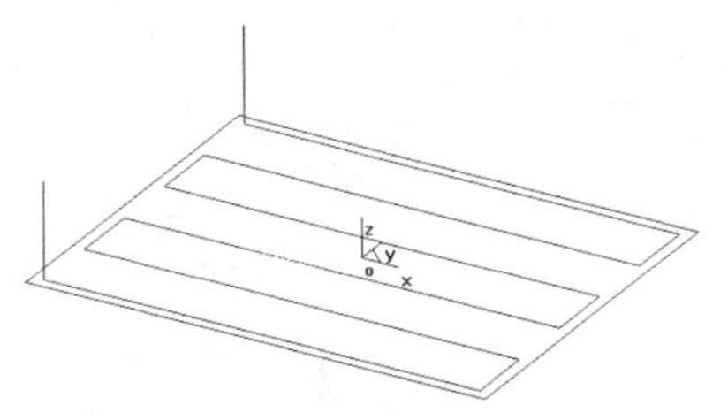
图 7-25　原刀具轨迹

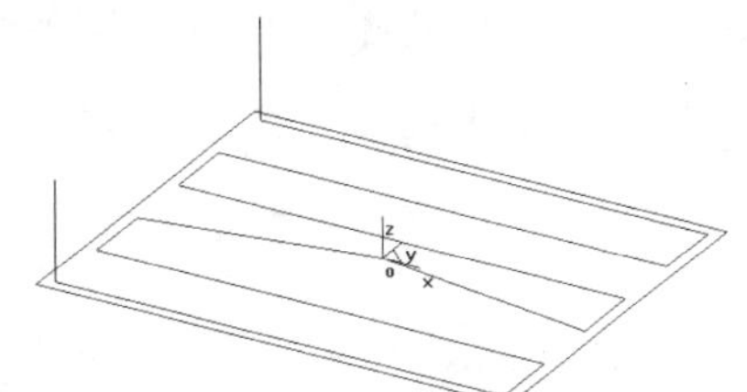
图 7-26　插入刀位点轨迹

4．删除刀位点

删除刀位点与插入刀位点的操作相同。要注意的是，不能删除只有两个刀位点的刀位行，且要保证删除刀位点或行之后不要产生过切现象。

把如图 7-27 所示的平面区域刀具轨迹，删除刀位后的结果如图 7-28 所示。

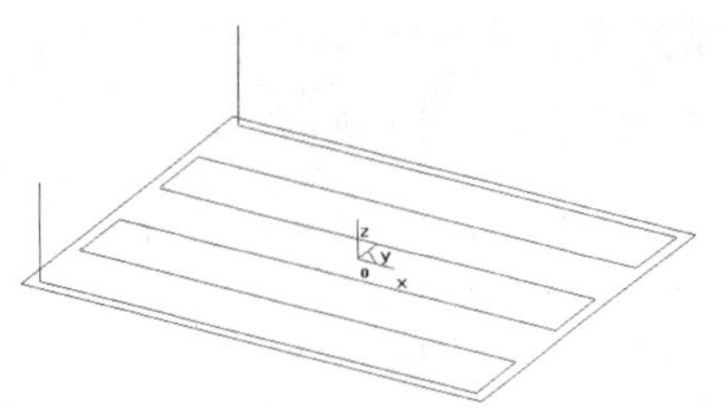

图 7-27　原刀具轨迹

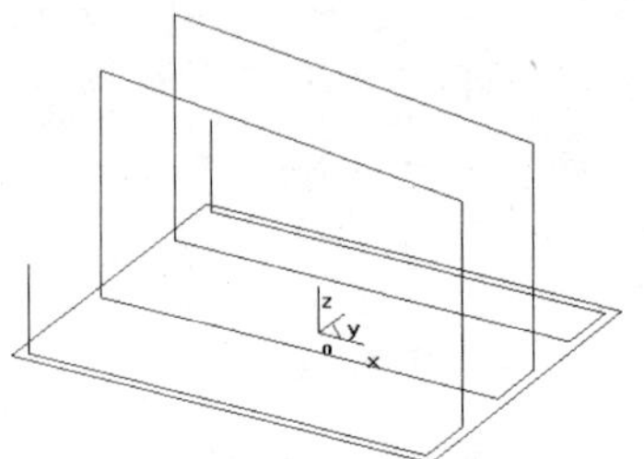

图 7-28　删除刀位点轨迹

5．两刀位点间抬刀

两刀位点间抬刀是刀具轨迹在指定点处产生抬刀轨迹。

【实例 5】　在如图 7-29 所示的曲面区域加工轨迹上产生两点间抬刀轨迹线。

01 选择主菜单中的【加工】/【轨迹编辑】/【两刀位点间抬刀】命令。

02 拾取刀具轨迹，拾取抬刀点，拾取抬刀点，结果如图 7-30 所示。

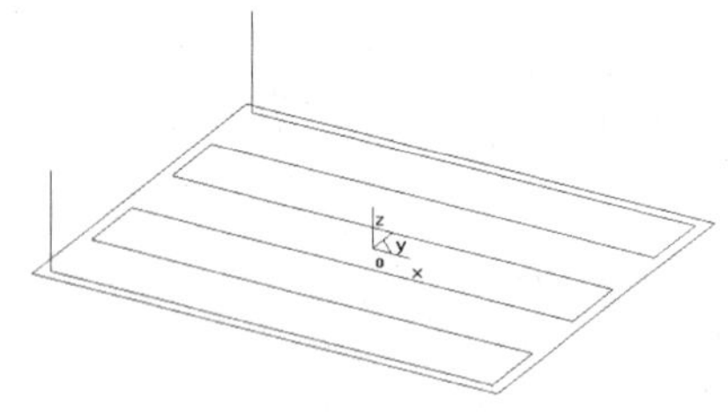

图 7-29　原刀具轨迹

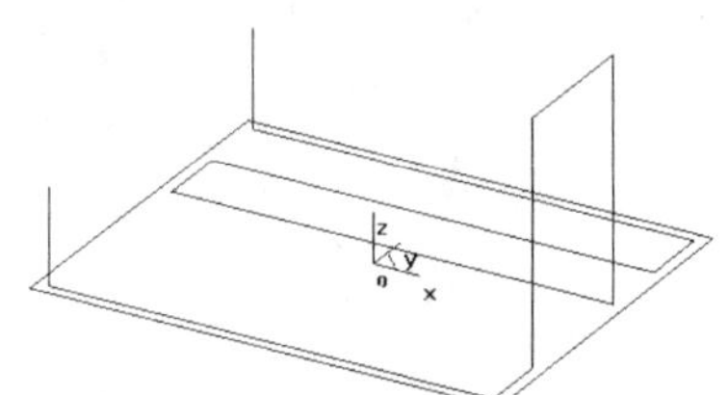

图 7-30　抬刀后轨迹

6．清除抬刀

清除抬刀即清除抬刀部分的轨迹。清除抬刀分为全部删除和指定删除两种。

【实例 6】　实例 5 中的刀具轨迹如图 7-31 所示，用“指定删除”方式清除抬刀轨迹。

01 选择主菜单中的【加工】/【轨迹编辑】/【清除抬刀】命令。

02 在立即菜单中选择“指定删除”方式。

03 拾取刀具轨迹线，拾取轨迹线的刀位点，结果如图 7-32 所示。

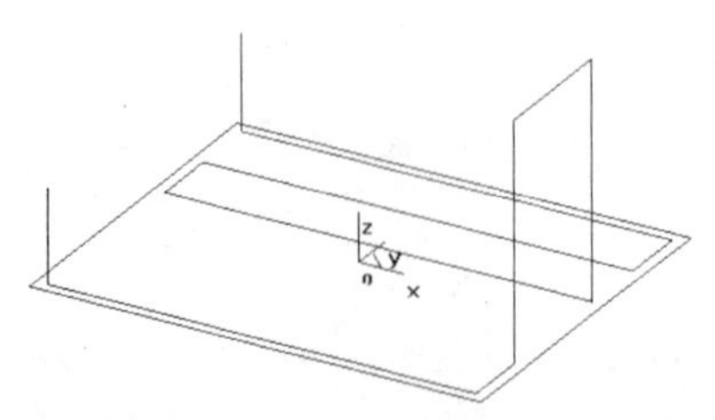

图 7-31　抬刀后的轨迹

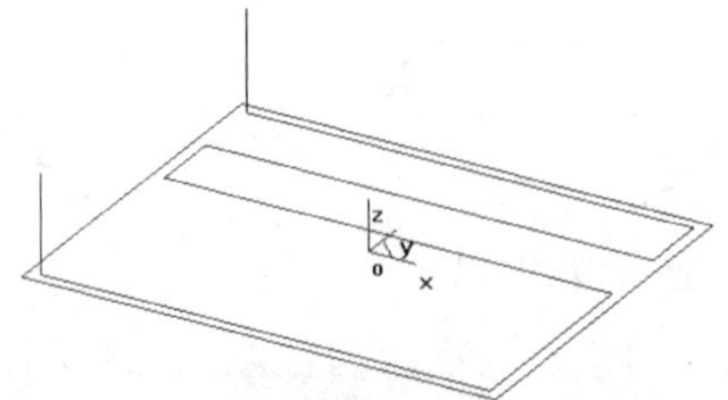

图 7-32　删除抬刀轨迹

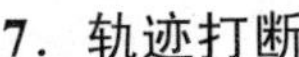

7．轨迹打断

轨迹打断是在被拾取的刀位点处把刀具轨迹分为两独立的刀具轨迹。

【实例 7】　把如图 7-33 所示的刀具轨迹线采用“轨迹打断”方式打断成两段。

01　选择主菜单中的【加工】/【轨迹编辑】/【轨迹打断】命令。

02　拾取刀具轨迹，在刀具轨迹需要打断处单击，结果如图 7-34 所示。

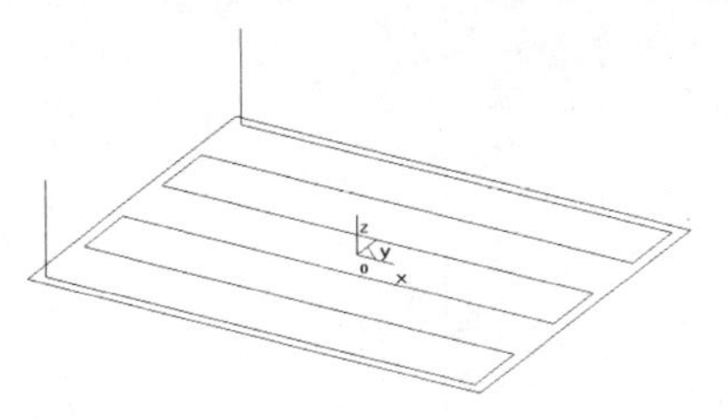

图 7-33　原刀具轨迹

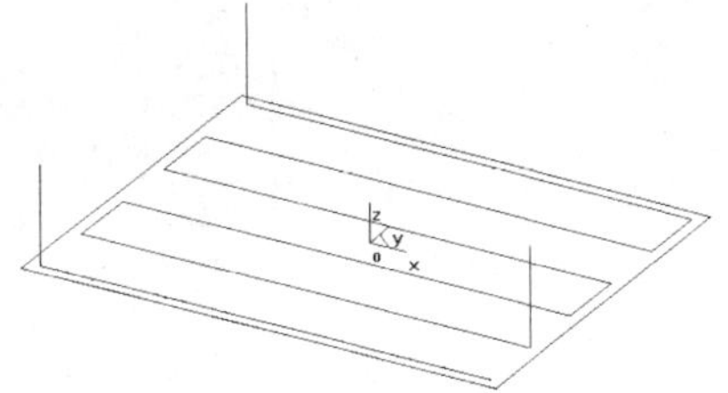

图 7-34　打断后的轨迹

8．轨迹连接

轨迹连接是将多段独立刀具轨迹连接成一个刀具轨迹。

【实例 8】　把如图 7-35 所示的刀具轨迹线采用“轨迹连接”方式连接成一段。

01　实例 7 打断后的两条轨迹线如图 7-35 所示。

02　选择主菜单中的【工具】/【轨迹编辑】/【轨迹连接】命令。

03　拾取第一段刀具轨迹线，拾取第二段刀具轨迹线，或者拾取更多刀具轨迹线，单击鼠标右键结束操作，多段独立刀具轨迹变成一个刀具轨迹，结果如图 7-36 所示。

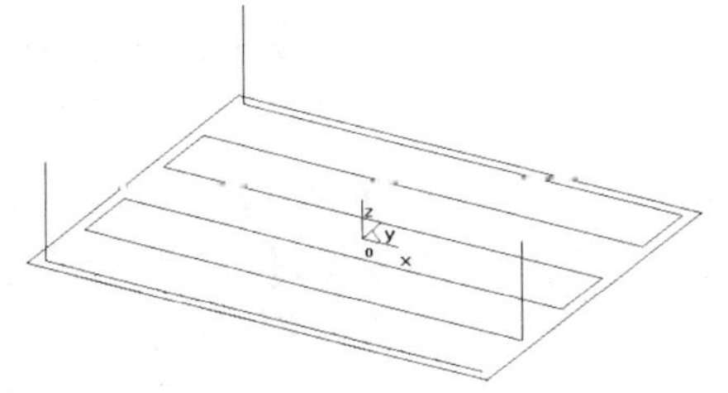

图 7-35　两条轨迹线

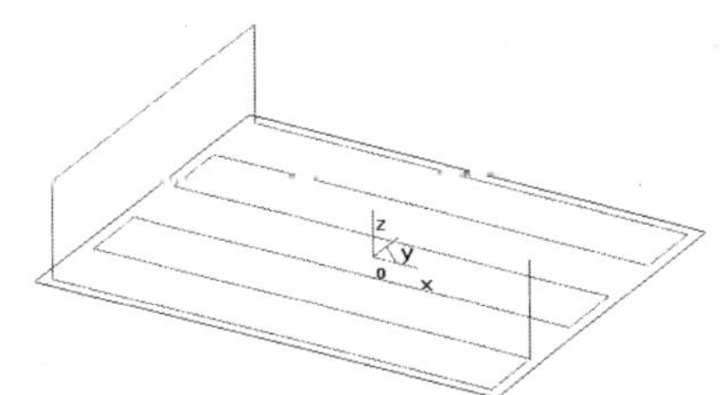

图 7-36　连接后的轨迹线

7.2.3　后置处理及 G 代码生成

后置处理就是结合特定的机床把系统生成的刀具轨迹转化成机床能够识别的 G 代码指令，生成的 G 指令可以直接输入数控机床用于加工。考虑到生成程序的通用性，CAXA 制造工程师软件针对不同的机床可以设置不同的机床参数和特定的数控代码程序格式，同时，还可以对生成的机床代码的正确性进行校验，生成工艺清单。后置处理分成 4 个部分，分别是机床信息、后置设置、生成 G 代码和校核 G 代码。

CAXA 2008 提供了“后置处理”和“后置处理 2”两种后置处理方式。

1．机床后置

机床后置功能包括机床信息和后置设置两部分。选择【加工】/【后置处理】/【机床后置】命令，可弹出【机床后置】对话框，如图 7-37 所示。

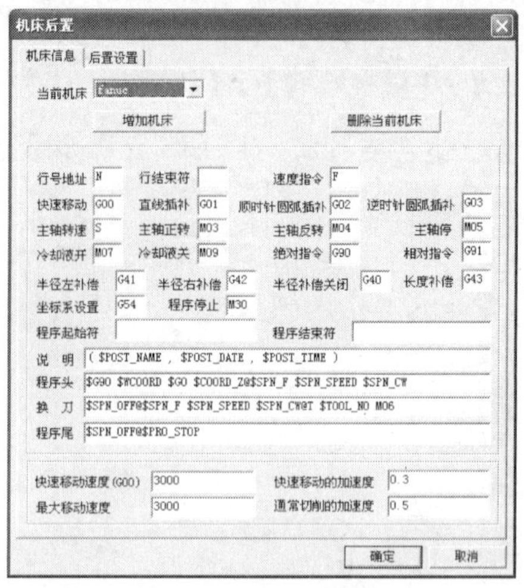

图 7-37 【机床后置】对话框

在【机床信息】选项卡中相关参数如下。

- 【当前机床】下拉列表框：其中有系统当前使用的机床类型，可以选择已经加好的机床类型。
- 【增加机床】按钮：用于针对不同的机床、不同的数控系统设置特定的数控代码、数控程序格式及参数，并生成配置文件。可以单击【增加机床】按钮，输入新的机床名称，进行信息配置。
- 【删除当前机床】按钮：用于删除当前使用的机床参数配置。
- 机床参数设置：用于设置相应机床的各种指令地址及数控程序代码的规格设置，还可以设置要生成的 G 代码程序格式。
  - 行号地址：N ××××一个完整的数控程序由许多程序段组成，每一个程序段前有一个程序段号，即行号地址。系统可以根据行号识别程序段。
  - 行结束符：在数控程序中，一行数控代码就是一个程序段。数控程序一般是以特定的符号而不是以回车键作为程序段结束标志的，它是一段程序段不可缺少的组成部分。FANUC 系统以分号符“;”作为程序段结束符。系统不同，程序段结束符一般不同，有的是“*”，有的是“#”。一个完整的程序段应包括行号、数控代码和程序段结束符。
  - 速度指令：F××指令表示速度进给。例如，F200 表示进给速度为 200mm/min。在数控程序中，数值一般都直接放在控制代码后，数控系统根据控制代码就能识别其后的数值意义。控制代码之间可以用空格符把代码隔开，也可以没有。
  - 快速移动：<G00>在数控控制中，G00 是快速移动指令，快速移动的速度由系统控制参数控制。
  - “插补”方式控制：一般来说，插补就是把空间曲线分解为 X、Y、Z 各个方向很小的曲线段，然后以微元化的直线段去逼近空间曲线。数控系统都提供直线插补 G01 和圆弧插补，其中，圆弧插补又可分为顺圆插补 G02 和逆圆插补 G03。

- 主轴控制指令：主轴控制包括主轴的停止 M05、主轴正转 M03、主轴反转 M04 和主轴转速 S×××。例如，M03S200 表示主轴正转，转速为 200r/min。
- 冷却液开关控制指令：冷却液开为 M07；冷却液关为 M09。
- 坐标设定：用户可以根据需要设定坐标系，系统根据用户设定的参照系确定坐标值是绝对的还是相对的。坐标系设置为 G54，绝对指令为 G90，相对指令为 G91。
- 刀具补偿：包括刀具半径和刀具长度补偿。其中，半径补偿又分为左补偿 G41、右补偿 G42 及补偿关闭 G40。有了刀具半径补偿后，编程时可以不考虑刀具的半径，直接根据曲线轮廓编程。如果没有刀具半径补偿，编程时必须沿曲线轮廓让出一个刀具半径的刀位偏移量。
- 程序停止：M30。

程序格式设置指对 G 代码 6 个程序段格式进行设置。程序段含义见 G 代码程序示例，可以对程序起始符、程序结束符、说明、程序头、换刀及程序尾格式进行设置。在各文本框中要求输入的格式有具体要求。设置方式为：字符串、宏指令@字符串或宏指令，其中，宏指令为“$+宏指令串”；@号为换行标志，若是字符串，则输出它本身，$号表示输出空格。

系统提供的宏指令串如表 7-1 所示。

表 7-1　系统宏指令

系统宏意义	系统宏指令串
当前后置文件名	POST_NAME
当前日期	POST_DATA
当前时间	POST_TIME
系统规定的刀具号	TOOL_NO
主轴速度	SPN_SPEED
当前 *X* 坐标值	COORD_X
当前 *Y* 坐标值	COORD_Y
当前 *Z* 坐标值	COORD_Z
当前程序号	POST_CODE
当前刀具信息	TOOL_MSG
当前加工参数信息	PARA_MSG

加工宏指令内容如表 7-2 所示。

表 7-2　加工宏指令

加工宏意义	加工宏指令串
行号指令	LINE_NO_ADD
行结束符	BLOCK_END
速度指令	FEED
快速移动	G00
直线插补	G01
顺圆插补	G02
逆圆插补	G03

（续）

加工宏意义	加工宏指令串
XY 平面定义	G17
XZ 平面定义	G18
YZ 平面定义	G19
绝对指令	G90
相对指令	G91
刀具半径补偿取消	DCMP_OFF（G40）
刀具半径左补偿	DCMP_LFT（G41）
刀具半径右补偿	DCMP_RGH（G42）
刀具长度补偿	LCMP_LEN（G43）
刀具长度补偿	LCMP_SHT（G44）
刀具长度补偿	LCMP_OFF（G49）
坐标设置	WCOORD（G92，G54～G59）
主轴正转	SPN_CW（M03）
主轴反转	SPN_CCW（M04）
主轴停止	SPN_OFF（M05）
主轴转速	SPN_F（S）
冷却液开	COOL_ON（M07M08）
冷却液关	COOL_UFF（M09）
程序停止	PRO_STOP（M30）

- 程序起始符和程序结束符：设置程序起始和结束符号，一般设置为%。
- 说明：用于记录程序的名称、与此程序对应的零件名称编号、编制日期和时间等有关信息。程序说明部分是为了管理的需要而设置的。有了这个选项，用户可以很方便地管理程序。如要加工某个零件时，只需要从管理程序中找到对应的程序编号即可，而不需要从复杂的程序中去逐个寻找需要的程序。
- 程序头：针对特定的数控机床来说，其数控程序开头部分都是相对固定的，程序头包括一些机床信息，如机床回零、工件零点设置、主轴启动及冷却液开启等。例如，前面快速移动指令内容为 G00，那么，$G0 的输出结果为 G00。同样，$COOL_ON 的输出结果为 M07，$PRO_STOP 为 M30，依次类推。
- 换刀：提示系统换刀。换刀指令可以由用户根据机床设定。换刀后系统要提取一些有关刀具的信息，以便必要时进行刀具补偿。
- 程序尾：针对特定的数控机床来说，其数控程序结尾部分都是相对固定的，包括一些机床信息，如机床回零、主轴停止及冷却液关闭等。

□ 机床速度设置：此项设置的速度及加速度值主要用于输出工艺清单上的加工时间，包括快速移动速度、最大移动速度、快速进刀时的加速度和切削进刀加速度。

- 快速移动速度：即 *X*、*Y*、*Z* 轴快进速度，单位为 mm/min。它必须符合具体的机床规格，不确定时参照切削进刀的最大速度。
- 最大移动速度：即 *X*、*Y*、*Z* 轴可指定的最大切削速度，单位为 mm/min。它必须符合具体的机床规格。
- 快速移动的加速度：G，即 *X*、*Y*、*Z* 轴快速进刀时的加速度。设定快速进刀的加速度一般为一个比较合理的相对切削进刀加速度低的值，必须符合具体的机床规格。

- 通常切削的加速度：G，即 *X*、*Y*、*Z* 轴切削进刀时的最大加速度。它必须符合具体的机床规格。

下面列出几种现行的加工机床切削进刀加速度，请用户参照选定。如果机床说明书上有要求，请务必按要求设定。

- 小型超高速机床：1G。
- 小型普通机床：0.3～0.4G。
- 大型机床：0.1～0.3G。

2．后置设置

后置设置就是针对特定的机床，结合已经设置好的机床配置，对后置输出的数控程序的格式，如程序段行号、程序大小、数据格式、编程方式、圆弧控制方式等进行设置。

CAXA 制造工程师 2008 中的后置设置有两个，一是机床后置，如图 7-38 所示；一是后置处理 2 中的后置设置，如图 7-39 所示。

图 7-38　机床后置

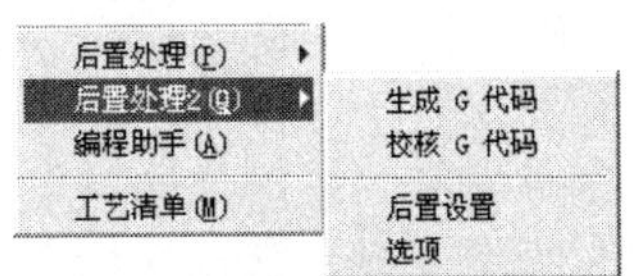

图 7-39　后置设置

选择【后置处理】/【机床后置】命令，打开【机床后置】对话框，选择【后置设置】选项卡，其中包括输出文件最大长度、行号设置、坐标输出格式设置、圆弧控制设置、后置文件扩展名和后置程序号 6 项设置，可依据具体情况进行设置，如图 7-40 所示。

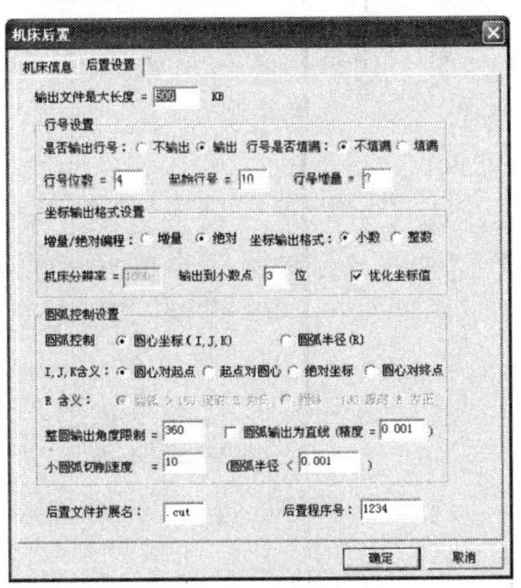

图 7-40　【后置设置】选项卡设置

（1）输出文件最大长度

通过在【输出文件最大长度】文本框中输入数据即可对数控程序的大小进行控制，文件大小控制以 KB 为单位。当输出的代码文件长度大于规定长度时，系统会自动分割文件。

（2）行号设置

【行号设置】栏中包括是否输出行号、行号是否填满、行号位数、起始行号和行号增量 5 项需要设置。

（3）坐标输出格式设置

【坐标输出格式设置】栏中包括增量/绝对编程、坐标输出格式、机床分辨率、输出到小数点和优化坐标值 5 项需要设置。

- 增量/绝对编程：有绝对编程 G90 和相对编程 G91 两种方式。
- 坐标输出格式：用于决定数控程序中数值的格式是小数输出还是整数输出。
- 机床分辨率：即为机床精度，如果机床精度为 0.00lmm，则分辨率设置为 1000，依此类推。
- 输出到小数点：可以控制机床精度，但是不能超过机床精度，否则没有实际意义。
- 优化坐标值：指在输出的 G 代码中，若坐标值的分量与上一次相同，则此分量在 G 代码中不出现。选中该复选框可以简化程序，减小程序大小，使程序更加简洁明了。

（4）圆弧控制设置

【圆弧控制设置】栏主要设置控制“圆弧的编程”方式，即是采用“圆心编程”方式还是采用“半径编程”方式。

当采用“圆心编程”方式时，圆心坐标（I，J，K）有如下 4 种含义。

- 圆心对起点：I、J、K 的含义为圆心坐标相对于圆弧起点的增量值。
- 起点对圆心：I、J、K 的含义为圆弧起点坐标相对于圆心坐标的增量值。
- 绝对坐标：采用“绝对编程”方式时有效，圆心坐标（I，J，K）的坐标值为相对工件零点绝对坐标系的绝对值。
- 圆心对终点：I、J、K 的含义为圆心坐标相对于圆弧终点坐标的增量值。按圆心坐标来编程时，圆心坐标的各种含义是针对不同的数控机床而言的。不同的机床之间，其圆心坐标编程含义是不同的，但对于特定的机床，其含义只有其中一种。

当采用半径编程时，采用半径正负区别的方法来控制圆弧是劣圆弧还是优圆弧。圆弧的半径 R 的含义如下。

- 优圆弧的圆弧大于 180°，R 为负值。
- 劣圆弧的圆弧小于 180°，R 为正值。

【圆弧控制设置】栏中的其他参数说明如下。

- 整圆输出角度限制：此选项为整圆的输出选项。有的机床对整圆不认识，此时需要将整圆打散成几段。例如，若整圆输出的角度限制为 90°，则将整圆打散成 4 段；若为 360°，则对整圆输出没有限制。绝大多数机床没有限制，所以系统默认为 360°。
- 圆弧输出为直线：此项指将圆弧按精度离散成直线段输出。这是因为有的机床不认圆弧，需要将其离散成直线段，精度由用户定义。
- 小圆弧切削速度：即在【圆弧半径<:】文本框中输入某一设定值时，执行小圆弧切削速度。

（5）后置文件扩展名

【后置文件扩展名】文本框用于控制所生成的数控程序文件名的扩展名。有些机床对数控程序要求有扩展名，有些机床没有这个要求，应视不同的机床而定。

（6）后置程序号

【后置程序号】文本框用于记录后置设置的程序号，不同的机床其后置设置也不同，所以采用程序号来记录这些设置，以便于用户日后使用。

选择【后置处理 2】/【后置设置】命令，弹出【选择后置配置文件】对话框，如图 7-41 所示。

选择后置配置文件

浏览后置配置文件所在目录　浏览...

C:\CAXA\CAXAME\post

数控系统文件	大小	修改时间
GSK990M11	12KB	2006-09-11 10:51
fagor	11KB	2006-09-11 10:56
fanuc	12KB	2007-04-02 17:21
fanuc_18i_MB5	13KB	2007-06-12 14:42
hass	12KB	2006-09-11 10:57
heidenhain-TNC426	17KB	2006-11-02 10:34
huazhong	12KB	2006-09-11 10:54
siemens802D	10KB	2006-09-11 10:53
Fanuc_M	52KB	2008-05-22 14:05
fanuc_4axis_A	13KB	2007-12-19 14:26
fanuc_4axis_B	13KB	2007-10-11 16:38

编辑　退出

图 7-41　【选择后置配置文件】对话框

双击数控系统文件，如 GSK990M11，弹出【CAXA 后置配置-GSK990M11】对话框，如图 7-42 所示，其中包括【通常】、【通常 2】、【运动】、【主轴】、【刀具】、【地址】、【关联】、【程序】和【返读设置】9 个选项卡。

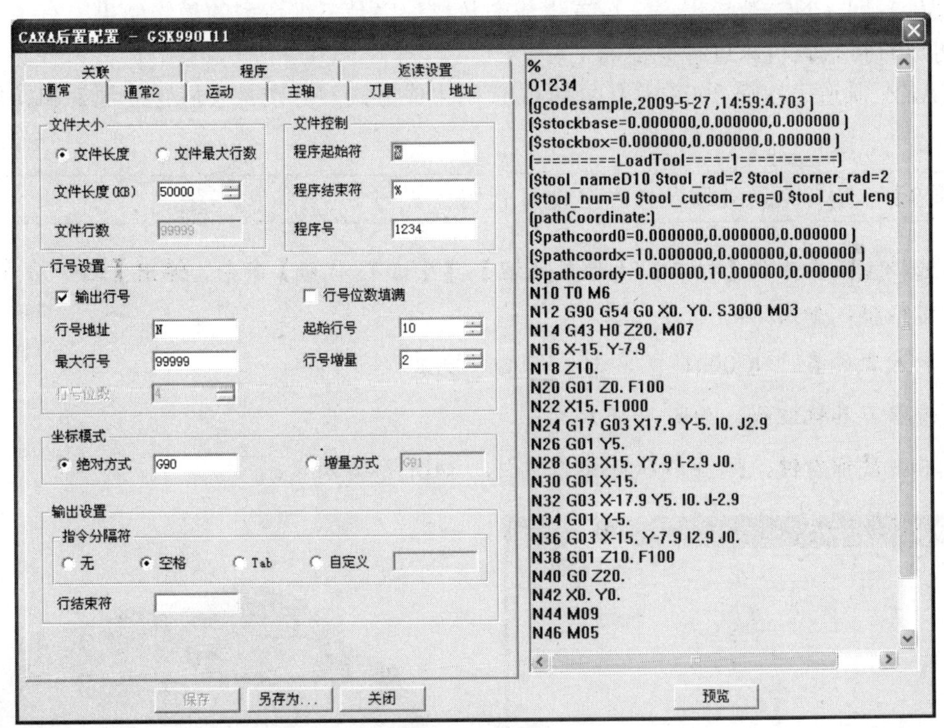

图 7-42　后置配置对话框

选择【加工】/【后置处理 2】/【选项】命令，将弹出如图 7-43 所示的【后置设置】对话框。在其中可以设置“选择自动打开 G 代码文件的程序”，系统默认为以文本文件打开加工程序，用户也可以单击右侧的 ... 按钮，在弹出【选择接收后置文件的可执行程序】

对话框中选择应用程序。

【优化处理】栏中包括优化精度、最小直线精度、最大圆弧半径和最小圆弧半径几个选项需设置。

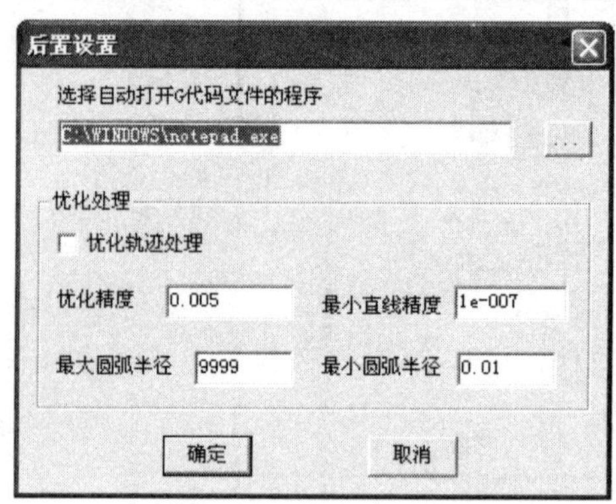

图 7-43　后置设置对话框

3．G 代码的生成

生成 G 代码就是按照当前机床类型的配置要求，把已经生成的刀具轨迹转化为 G 代码数据文件，即 CNC 数控程序，后置生成的数控程序是三维造型的最终结果。有了数控程序就可以直接输入机床进行数控加工。

CAXA 制造工程师 2008 中有两种 G 代码生成方式，分别是【后置处理】和【后置处理 2】。

【实例 9】　用“后置处理”方式生成 G 代码。

01 选择主菜单中的【加工】/【后置处理】/【生成 G 代码】命令，弹出【选择后置文件】对话框，如图 7-44 所示。

02 输入文件名“NC0001”，单击 保存(S) 按钮。

03 拾取刀具轨迹线，如图 7-45 所示。

04 单击鼠标右键，弹出 G 代码文本文件，如图 7-46 所示。

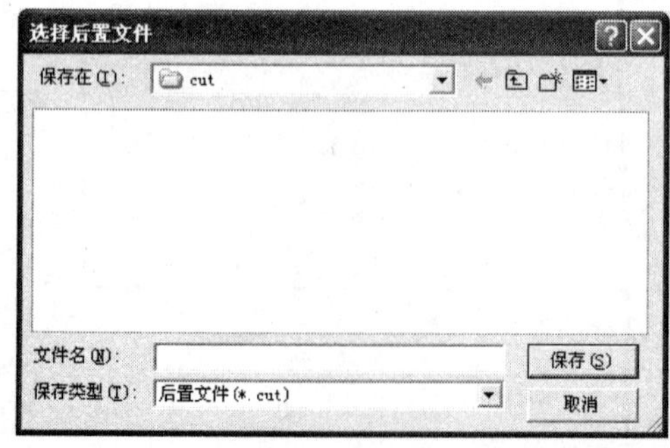

图 7-44　保存对话框

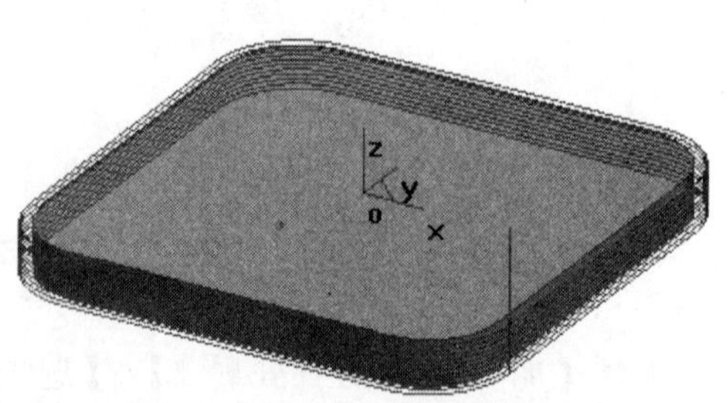

图 7-45　拾取刀具轨迹线

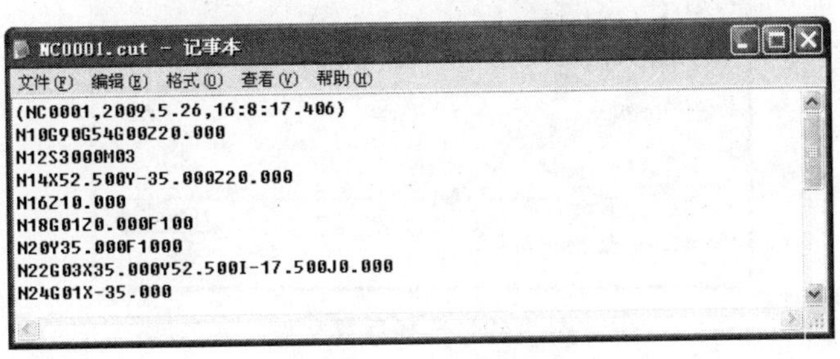

```
(NC0001,2009.5.26,16:8:17.406)
N10G90G54G00Z20.000
N12S3000M03
N14X52.500Y-35.000Z20.000
N16Z10.000
N18G01Z0.000F100
N20Y35.000F1000
N22G03X35.000Y52.500I-17.500J0.000
N24G01X-35.000
```

图 7-46　G 代码文本文件

【实例 10】　用“后置处理 2”方式生成 G 代码。

01 选择主菜单中的【加工】/【后置处理 2】/【生成 G 代码】命令，弹出【生成后置代码】对话框，如图 7-47 所示。

02 在【当前流水号】文本框内输入“1”，选择数控系统 fanuc，单击 确定 按钮。

03 拾取刀具轨迹线。

04 单击鼠标右键，弹出 G 代码文本文件，如图 7-48 所示。

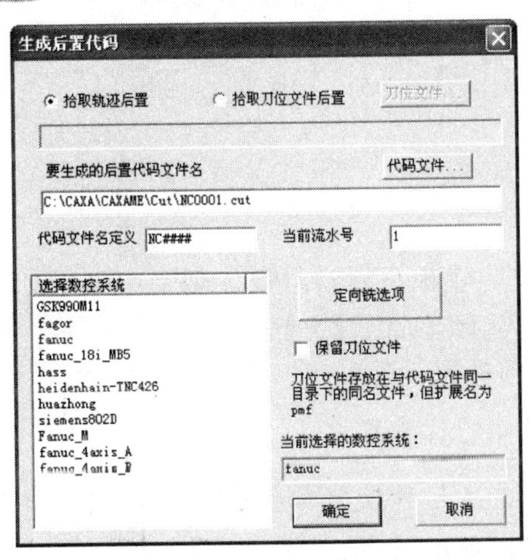

图 7-47　生成代码对话框

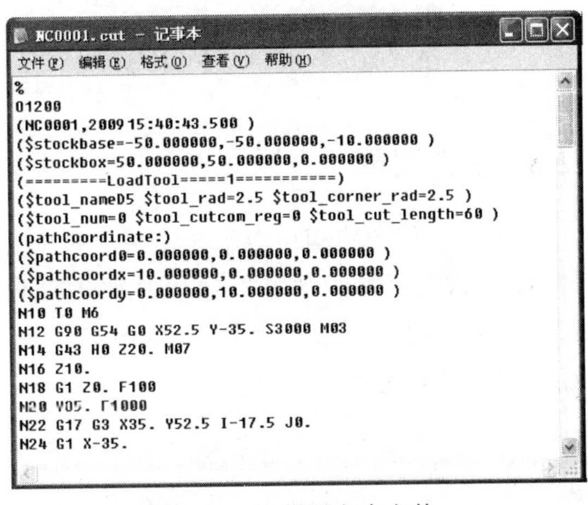

```
%
O1200
(NC0001,2009 15:40:43.500 )
($stockbase=-50.000000,-50.000000,-10.000000 )
($stockbox=50.000000,50.000000,0.000000 )
(=========LoadTool=====1===========)
($tool_nameD5 $tool_rad=2.5 $tool_corner_rad=2.5 )
($tool_num=0 $tool_cutcom_reg=0 $tool_cut_length=60 )
(pathCoordinate:)
($pathcoord0=0.000000,0.000000,0.000000 )
($pathcoordx=10.000000,0.000000,0.000000 )
($pathcoordy=0.000000,10.000000,0.000000 )
N10 T0 M6
N12 G90 G54 G0 X52.5 Y-35. S3000 M03
N14 G43 H0 Z20. M07
N16 Z10.
N18 G1 Z0. F100
N20 Y35. F1000
N22 G17 G3 X35. Y52.5 I-17.5 J0.
N24 G1 X-35.
```

图 7-48　G 代码文本文件

4．校核 G 代码

校核 G 代码就是把生成的 G 代码文件反读进来，生成刀具轨迹，以检查生成的 G 代码的正确性。如果反读的刀位文件中包含圆弧插补，则需要用户指定相应的圆弧插补格式，否则可能得到错误的结果。若后置文件中的坐标输出格式为整数，且机床分辨率不为 1 时，反读的结果是不对的，亦即系统不能读取坐标格式为整数且分辨率为非 1 的情况。

选择主菜单中的【加工】/【后置处理】/【校核 G 代码】命令，弹出【选择后置文件】对话框，如图 7-49 所示。选择要校核的后置文件，单击 打开(O) 按钮。

图 7-49　选择后置文件

选择主菜单中的【加工】/【后置处理 2】/【校核 G 代码】命令，弹出【校核 G 代码】对话框，如图 7-50 所示，拾取 G 代码文件，选择数控系统，单击 确定 按钮。在特征树上生成反读轨迹，如图 7-51 所示。

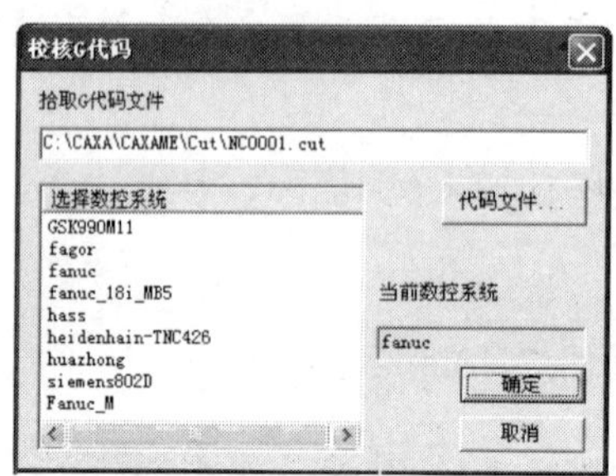

图 7-50　【校核 G 代码】对话框

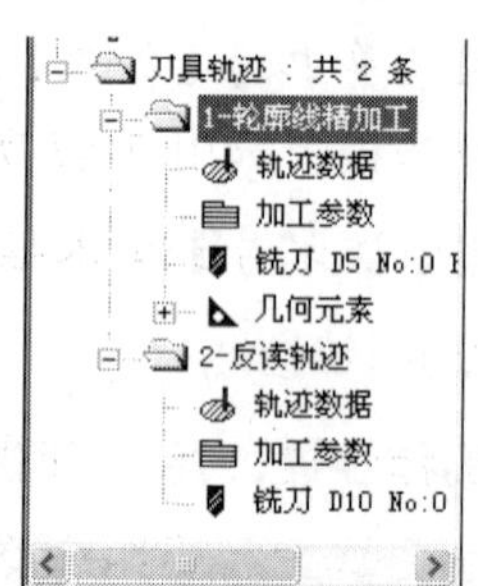

图 7-51　生成反读轨迹

7.2.4　工艺清单

根据制定好的模板可以输出多种风格的工艺清单。模板可以自行设计制定，以方便使用者对 G 代码程序的使用和对 G 代码程序的管理。选择【加工】/【工艺清单】命令，弹出【工艺清单】对话框，如图 7-52 所示。其中各选项设置方法如下。

01 指定目标文件的文件夹，设定生成工艺清单文件的位置目录。

02 填写零件名称、零件图图号、零件编号、设计、工艺和校核人名等。

03 使用模板。系统提供了如下 8 个模板供用户选择使用。

- sample01：关键字一览表，提供了几乎所有生成加工相关参数的关键字，包括明细表参数、模型、机床、刀具起始点、毛坯、加工策略参数、刀具、加工轨迹及 NC 数据等。
- sample02：NC 数据检查表，几乎与关键字一览表相同，只是少了关键字说明。
- sample03～sample08：系统默认的用户模板区，用户可以自行制定自己的模板。

04 拾取轨迹。单击【拾取轨迹】按钮可以拾取相关的若干条加工轨迹，然后单击鼠标右键确认拾取轨迹，会弹出【工艺清单】对话框。

05 生成清单。单击【生成清单】按钮后，系统会自动计算，生成所选刀具轨迹的工艺清单，如图 7-53 所示。

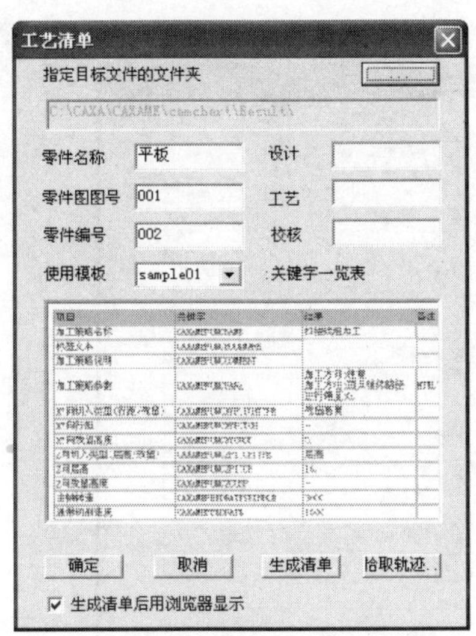

图 7-52 【工艺清单】对话框

图 7-53　工艺清单

【实例 11】　对如图 7-45 所示的加工轨迹程序生成工艺清单。

01 选择【加工】/【工艺清单】命令，弹出【工艺清单】对话框。

02 按照工艺要求输入具体参数。

03 使用模板 sample01，如图 7-54 所示。

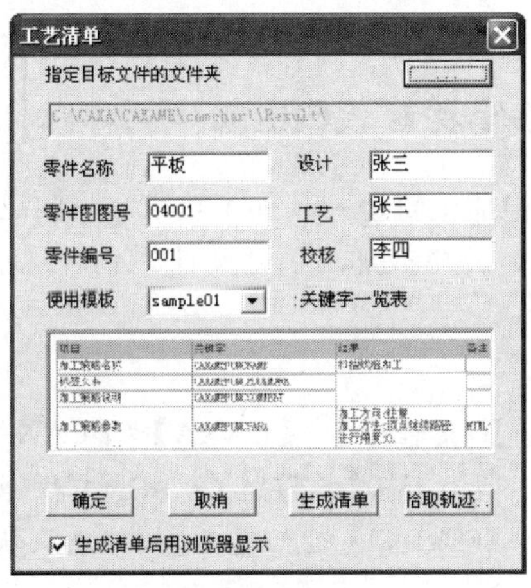

图 7-54　工艺清单参数

04 单击【拾取轨迹】按钮，进入工作区选定加工轨迹，拾取后单击鼠标右键回到【工艺清单】对话框。

05 单击【生成清单】按钮，系统按照给定模板生成工艺清单。

06 工艺清单将用网页格式显示在屏幕上。

07 单击工艺清单的 5 个超链接，可以详细查看工艺清单，单击其中的 general.html 超链

接，可以生成如图 7-55 所示的工艺清单表。

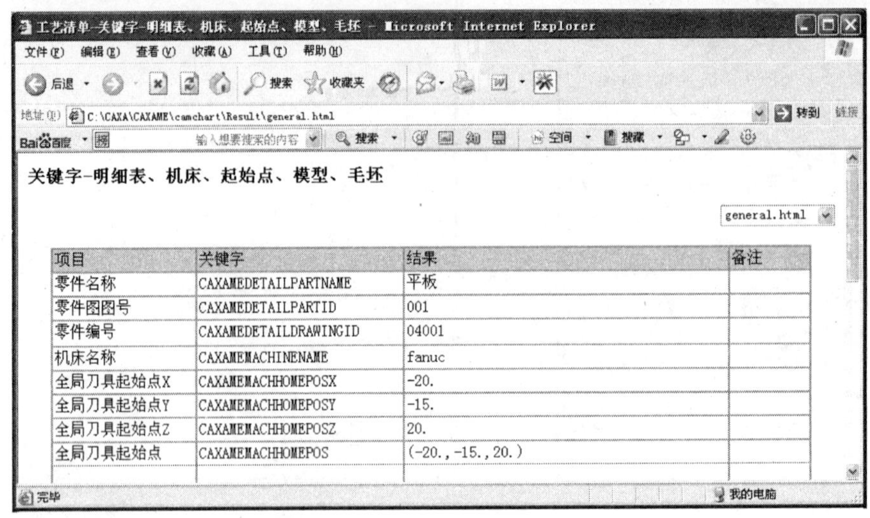

项目	关键字	结果	备注
零件名称	CAXAMEDETAILPARTNAME	平板	
零件图图号	CAXAMEDETAILPARTID	001	
零件编号	CAXAMEDETAILDRAWINGID	04001	
机床名称	CAXAMEMACHINENAME	fanuc	
全局刀具起始点X	CAXAMEMACHHOMEPOSX	-20.	
全局刀具起始点Y	CAXAMEMACHHOMEPOSY	-15.	
全局刀具起始点Z	CAXAMEMACHHOMEPOSZ	20.	
全局刀具起始点	CAXAMEMACHHOMEPOS	(-20., -15., 20.)	

图 7-55　工艺清单

7.3　刀具轨迹编辑及 G 代码生成实例分析

前面已经通过两个简单的例子来说明了如何生成刀具加工轨迹。本节将以原来生成的刀具加工轨迹为基础，进行加工轨迹编辑，生成加工 G 代码，进行加工仿真分析，生成加工工艺表。

实例文件	实例\07\例 7-1.mxe
操作录像	视频\07\例 7-1.avi

7.3.1　凸轮的加工轨迹编辑及 G 代码生成

前面已经生成了凸轮的粗加工轨迹和精加工轨迹，下面进行粗、精加工轨迹的编辑，生成数控加工的 G 代码文件，并生成加工工艺文件。

操作步骤

01 打开软件。选择【开始】/【程序】/【CAXA】/【CAXA 制造工程师】/【CAXA 制造工程师 2008】命令，或直接双击【CAXA 制造工程师 2008】桌面快捷方式图标，打开 CAXA 制造工程师软件，进入设计界面。软件默认状态下当前坐标为 *XOY* 平面，非草图状态。

02 打开“凸轮加工轨迹”文件。选择主菜单中的【文件】/【打开】命令，弹出【打开文件】对话框，寻找已完成的“凸轮加工轨迹.mxe”文件，单击 打开(O) 按钮，打开文件。

03 在树管理器的【加工管理】选项卡中，刀具轨迹文件夹下有两个刀具轨迹，如图 7-56 所示。

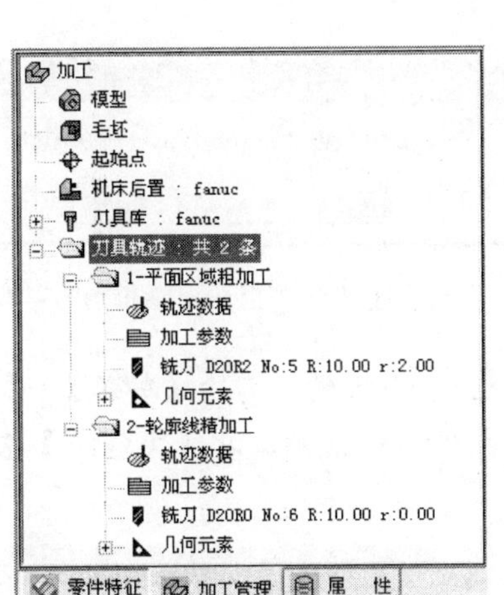

图 7-56 【加工管理】选项卡

04 选择“2-轮廓线精加工”文件夹，单击鼠标右键，在弹出的快捷菜单中选择【隐藏】命令，把精加工轨迹隐藏。只显示“1-平面区域粗加工”轨迹线，如图 7-57 所示。

05 如果对刀具轨迹不满意或想修改加工过程中的刀具和加工参数等数据时，可以双击树管理器中的【刀具轨迹】选项卡中的“1-平面区域粗加工”文件夹下的【加工参数】选项，弹出【平面区域粗加工】对话框，如图 7-58 所示，可以在【下刀方式】选项卡中修改切入点和切入方式等。

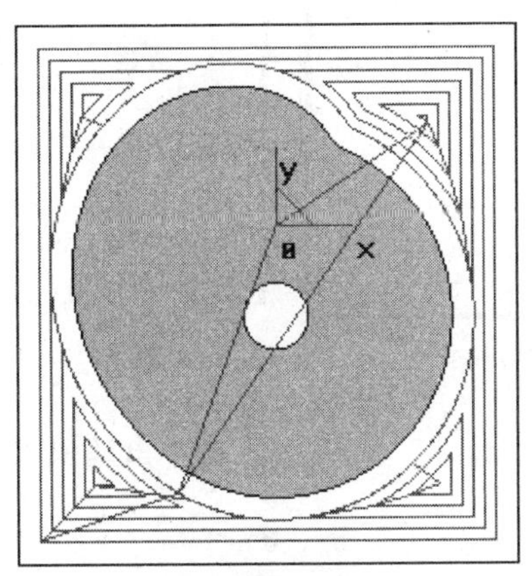

图 7-57　粗加工轨迹

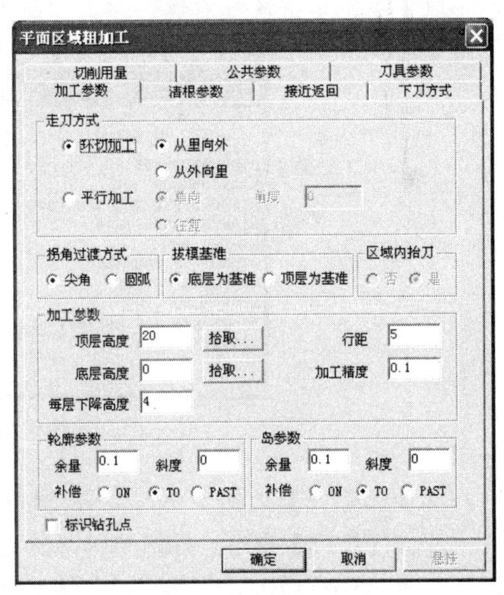

图 7-58 【平面区域粗加工】对话框

06 选择各选项进行修改，修改完成后，单击 确定 按钮，如果参数被修改，则系统会弹出提示对话框，提示“加工参数已被改变，需要立即重新生成刀具轨迹吗？”，确定要修改参数生成新刀具轨迹则单击 是(Y) 按钮；不想修改已生成的刀具轨迹，只是修改参数内容则单击 否(N) 按钮，此时的参数可能和已生成的刀具轨迹参数不相匹配；也可单击 取消 按钮取消修改。提示对话框如图 7-59 所示。

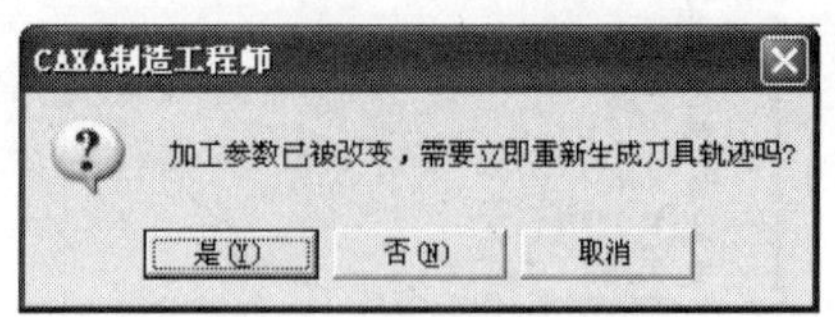

图 7-59　提示对话框

07 重新生成刀具轨迹后，生成 G 代码。选择【加工】/【后置处理】/【生成 G 代码】命令，弹出【选择后置文件】对话框，在【文件名】文本框中输入“凸轮粗加工 G 代码”，如图 7-60 所示。

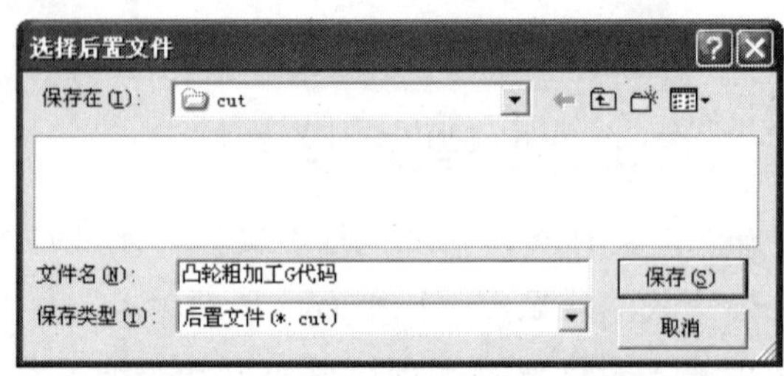

图 7-60　【选择后置文件】对话框

08 单击 保存(S) 按钮，状态栏提示“拾取刀具轨迹”，拾取“1–平面区域粗加工”轨迹线，拾取完成，单击鼠标右键，弹出“凸轮粗加工 G 代码.cut”记事本文件，如图 7-61 所示。

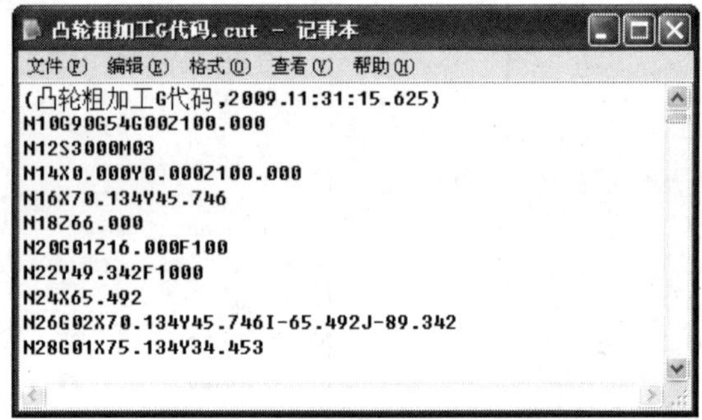


```
(凸轮粗加工G代码,2009.11:31:15.625)
N10G90G54G00Z100.000
N12S3000M03
N14X0.000Y0.000Z100.000
N16X70.134Y45.746
N18Z66.000
N20G01Z16.000F100
N22Y49.342F1000
N24X65.492
N26G02X70.134Y45.746I-65.492J-89.342
N28G01X75.134Y34.453
```

图 7-61　凸轮粗加工 G 代码文本文件

09 在【加工管理】选项卡中，右击“1–平面区域粗加工”文件夹，在弹出的快捷菜单中选择【隐藏】命令，隐藏粗加工轨迹线，右击“2–轮廓线精加工”文件夹，在弹出的快捷菜单中选择【显示】命令，则粗加工轨迹线被隐藏，精加工线被显示，如图 7-62 所示。

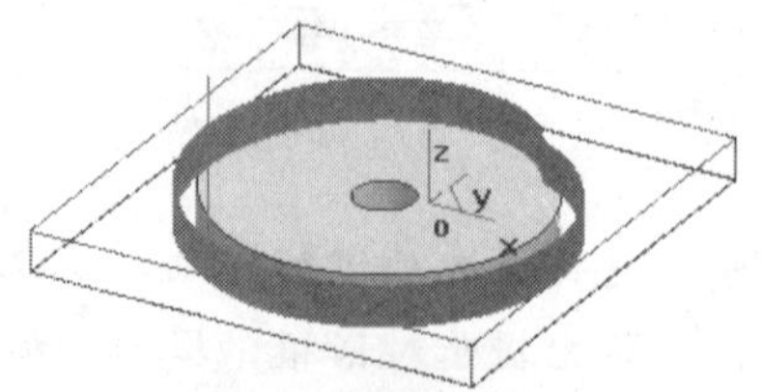

图 7-62　精加工轨迹线

10 如果对刀具轨迹不满意或想修改加工过程中的刀具和加工参数等数据时，可以通过双击树管理器中的【刀具轨迹】选项卡中的“2–轮廓线精加工”文件夹下的【加工参数】选项，弹出【轮廓线精加工】对话框，如图 7-63 所示。

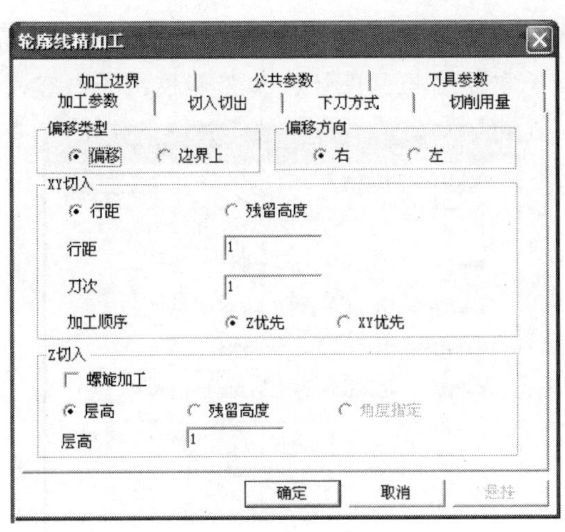

图 7-63 【轮廓线精加工】对话框

11 选择各选项进行修改，修改完成后，单击 确定 按钮，如果参数被修改，则系统弹出提示对话框，确定要修改参数生成新刀具轨迹则单击【是】按钮；不想修改已生成的刀具轨迹，只是修改参数内容则单击【否】按钮，此时的参数可能和已生成的刀具轨迹参数不相匹配；也可单击【取消】按钮取消修改。

12 生成 G 代码。选择【加工】/【后置处理】/【生成 G 代码】命令，弹出【选择后置文件】对话框，在【文件名】文本框中输入"凸轮精加工 G 代码"，如图 7-64 所示。

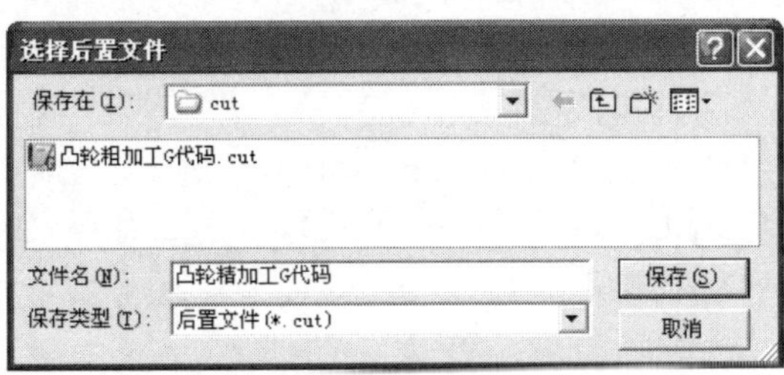

图 7-64 【选择后置文件】对话框

13 单击 保存(S) 按钮，状态栏提示"拾取刀具轨迹"，拾取"2-轮廓线精加工"轨迹线，拾取完成，单击鼠标右键，弹出"凸轮精加工 G 代码.cut"记事本文件，如图 7-65 所示。

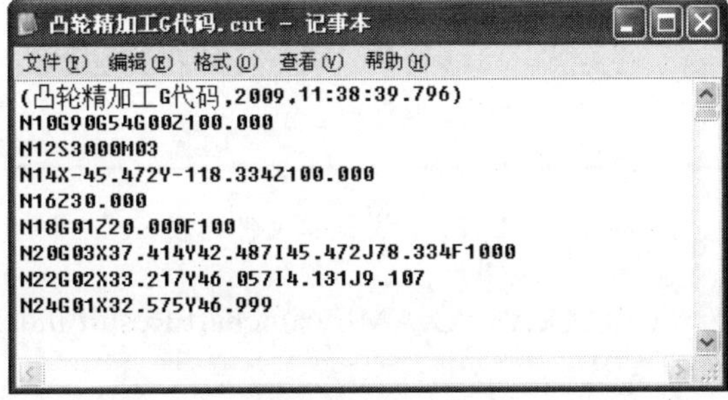

图 7-65　凸轮精加工 G 代码文本文件

14 选择主菜单中的【加工】/【工艺清单】命令，弹出【工艺清单】对话框，输入零件名称、零件图图号、零件编号、设计、工艺和校核等内容，如图 7-66 所示。

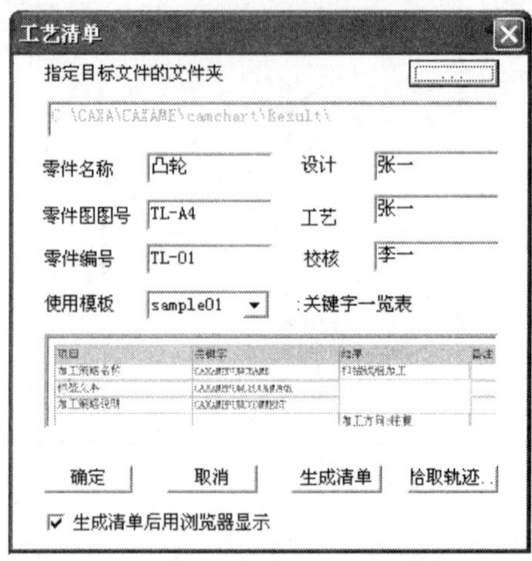

图 7-66 【工艺清单】对话框

15 单击【拾取轨迹】按钮，拾取粗加工和精加工轨迹线，单击鼠标右键；单击【生成清单】按钮，工艺清单生成，如图 7-67 所示。

图 7-67 工艺清单文件列表

16 工艺清单的目录为“C:\CAXA\CAXAME\camchart\Result\index.html”，单击相关的超链接项可以进入各项清单。

实例文件　实例\07\例 7-2.mxe
操作录像　视频\07\例 7-2.avi

7.3.2　五角星的加工轨迹编辑及 G 代码生成

前面已经生成了粗加工轨迹、精加工轨迹和补加工轨迹，下面进行粗、精、补加工轨迹的编辑，生成数控加工的 G 代码文件，并生成加工工艺文件。

操作步骤

01 打开软件。选择【开始】/【程序】/【CAXA】/【CAXA 制造工程师】/【CAXA 制造工程师 2008】命令，或直接双击【CAXA 制造工程师 2008】桌面快捷方式图标，打开 CAXA 制造工程师软件，进入设计界面。软件默认状态下当前坐标为 *XOY* 平面，非草图状态。

02 打开"五角星加工轨迹"文件。选择主菜单中的【文件】/【打开】命令，弹出【打开文件】对话框，寻找已完成的"五角星加工轨迹.mxe"文件，单击 打开(O) 按钮，打开文件。

03 在树管理器中的【加工管理】选项卡中，刀具轨迹文件夹下有 3 个刀具轨迹，如图 7-68 所示。

04 选择"2-等高线精加工"文件夹，单击鼠标右键，在弹出的快捷菜单中选择【隐藏】命令，把精加工轨迹隐藏，同样隐藏"3-等高线补加工"轨迹线，只显示"1-等高线粗加工"轨迹线，如图 7-69 所示。

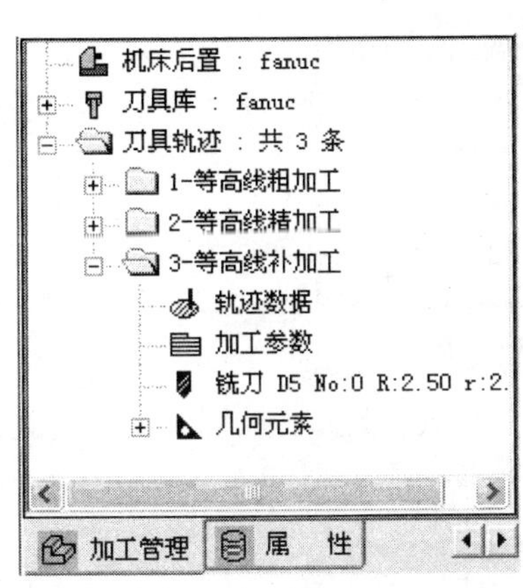

图 7-68 【加工管理】选项卡

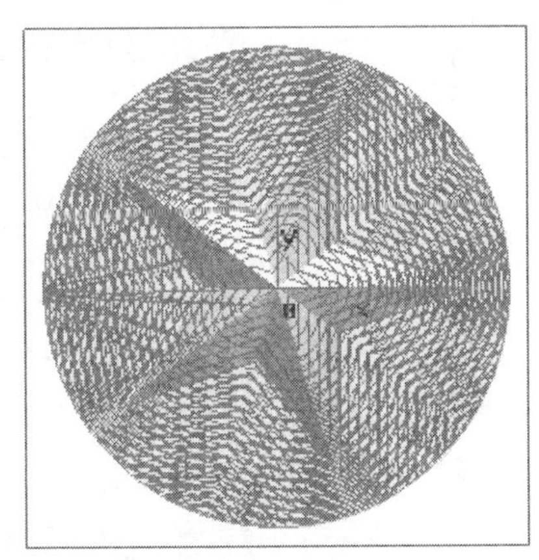

图 7-69　粗加工轨迹

05 如果对刀具轨迹不满意或想修改加工过程中的刀具和加工参数等数据时，可以通过双击树管理器中的【刀具轨迹】选项卡中的"1-等高线粗加工"文件夹下的【加工参数】选项，弹出【等高线粗加工】对话框，如图 7-70 所示；可以在【下刀方式】选项卡中修改切入点和切入方式等。

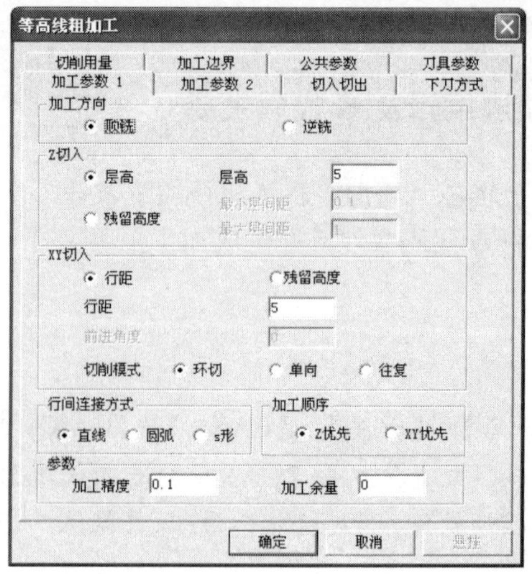

图 7-70 【等高线粗加工】对话框

06 选择各选项进行修改，修改完成后，单击 确定 按钮，如果参数被修改，则系统弹出提示对话框，提示“加工参数已被改变，需要立即重新生成刀具轨迹吗？”确定要修改参数生成新刀具轨迹则单击【是】按钮；不想修改已生成的刀具轨迹，只是修改参数内容则单击【否】按钮，此时的参数可能和已生成的刀具轨迹参数不相匹配；也可单击【取消】按钮取消修改。

07 重新生成刀具轨迹后，生成 G 代码。选择【加工】/【后置处理】/【生成 G 代码】命令，弹出【选择后置文件】对话框，在【文件名】文本框中输入“凸轮粗加工 G 代码”，如图 7-71 所示。

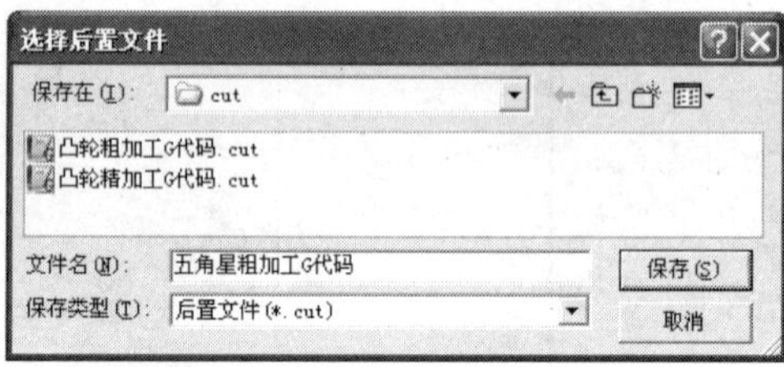

图 7-71 【选择后置文件】对话框

08 单击 保存(S) 按钮，状态栏提示“拾取刀具轨迹”，拾取“1-等高线粗加工”轨迹线，拾取完成，单击鼠标右键，弹出“五角星粗加工 G 代码.cut”记事本文件，如图 7-72 所示。

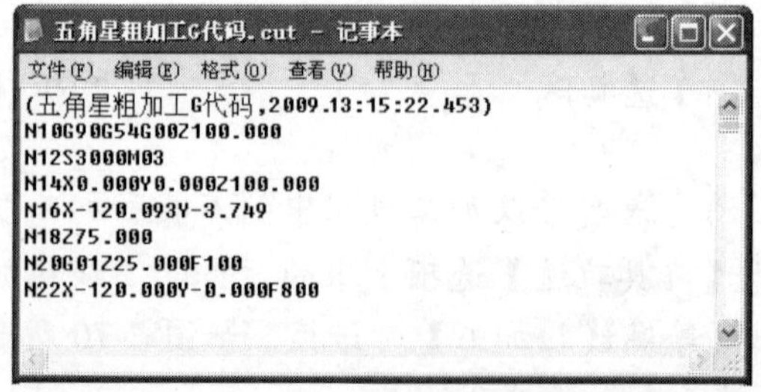


```
(五角星粗加工G代码,2009.13:15:22.453)
N10G90G54G00Z100.000
N12S3000M03
N14X0.000Y0.000Z100.000
N16X-120.093Y-3.749
N18Z75.000
N20G01Z25.000F100
N22X-120.000Y-0.000F800
```

图 7-72 五角星粗加工 G 代码文本文件

09 在【加工管理】选项卡中右击“1-等高线粗加工”文件夹，在弹出的快捷菜单中选择【隐藏】命令，隐藏粗加工轨迹线，右击“2-等高线精加工”文件夹，在弹出的快捷菜单中选择【显示】命令，则粗加工轨迹线被隐藏，精加工线被显示，如图 7-73 所示。

10 如果对刀具轨迹不满意或想修改加工过程中的刀具和加工参数等数据时，可以通过双击树管理器中的【刀具轨迹】选项卡中的“2-等高线精加工”文件夹下的【加工参数】选项，弹出【等高线精加工】对话框，如图 7-74 所示。

图 7-73　精加工轨迹线

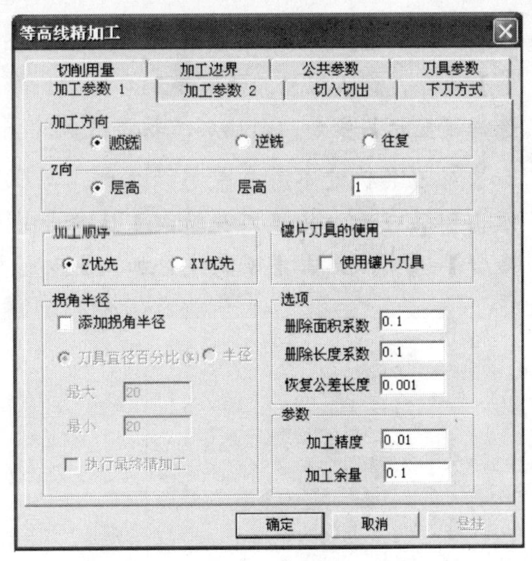

图 7-74　【等高线精加工】对话框

11 选择各项菜单进行修改，修改完成后，单击 确定 按钮，如果参数被修改，则系统弹出提示对话框，确定要修改参数生成新刀具轨迹则单击【是】按钮；不想修改已生成的刀具轨迹，只是修改参数内容则单击【否】按钮，此时的参数可能和已生成的刀具轨迹参数不相匹配；也可单击【取消】按钮取消修改。

12 生成 G 代码。选择【加工】/【后置处理】/【生成 G 代码】命令，弹出【选择后置文件】对话框，在【文件名】文本框中输入“五角星精加工 G 代码”，如图 7-75 所示。

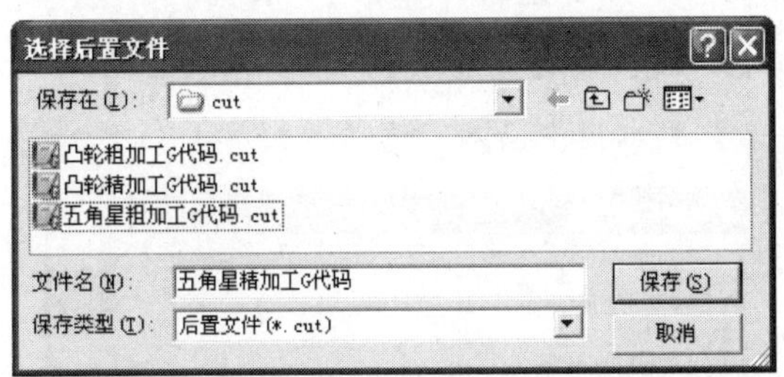

图 7-75　【选择后置文件】对话框

13 单击 保存(S) 按钮，状态栏提示“拾取刀具轨迹”，拾取“2-等高线精加工”轨迹线，拾取完成，单击鼠标右键，弹出“五角星精加工 G 代码.cut”记事本文件，如图 7-76 所示。

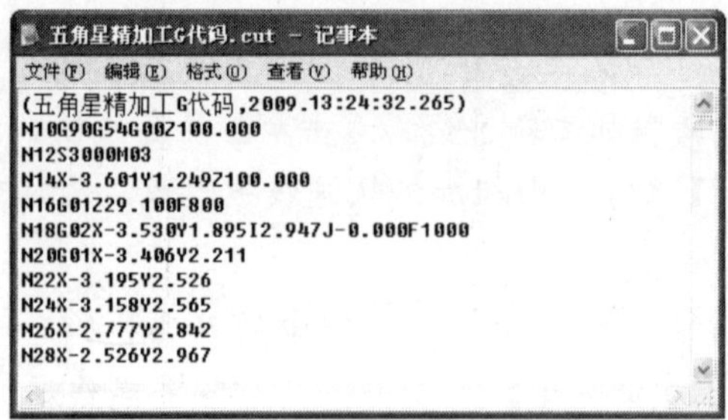

```
五角星精加工G代码.cut - 记事本
文件(F) 编辑(E) 格式(O) 查看(V) 帮助(H)
(五角星精加工G代码,2009.13:24:32.265)
N10G90G54G00Z100.000
N12S3000M03
N14X-3.601Y1.249Z100.000
N16G01Z29.100F800
N18G02X-3.530Y1.895I2.947J-0.000F1000
N20G01X-3.406Y2.211
N22X-3.195Y2.526
N24X-3.158Y2.565
N26X-2.777Y2.842
N28X-2.526Y2.967
```

图 7-76　五角星精加工 G 代码文本文件

14 在【加工管理】选项卡中右击“2-等高线精加工”文件夹，在弹出的快捷菜单中选择【隐藏】命令，隐藏粗加工轨迹线，右击“3-等高线补加工”文件夹，在弹出的快捷菜单中选择【显示】命令，则精加工轨迹线被隐藏，补加工线被显示，如图 7-77 所示。

15 如果对刀具轨迹不满意或想修改加工过程中的刀具和加工参数等数据时，可以通过双击树管理器中的【刀具轨迹】选择卡中的“3-等高线补加工”文件夹下的【加工参数】选项，弹出【等高线补加工】对话框，如图 7-78 所示。

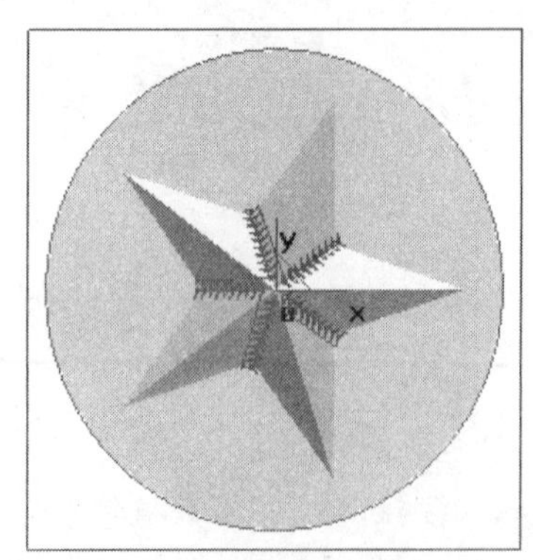

图 7-77　补加工轨迹线

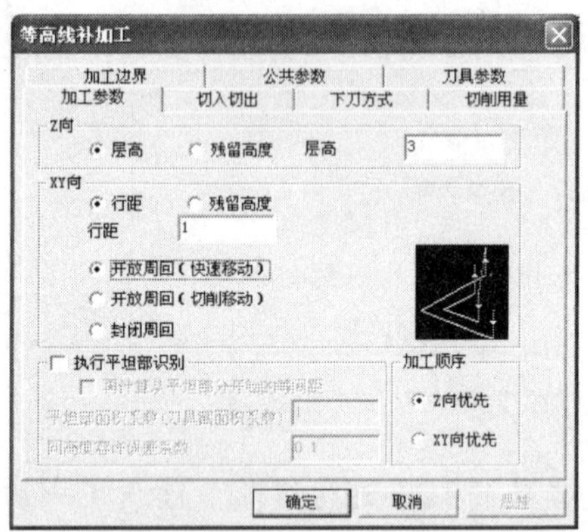

图 7-78 【等高线补加工】对话框

16 选择各选项进行修改，修改完成后，单击 确定 按钮，如果参数被修改，则系统弹出提示对话框，确定要修改参数生成新刀具轨迹则单击【是】按钮；不想修改已生成的刀具轨迹，只是修改参数内容则单击【否】按钮，此时的参数可能和已生成的刀具轨迹参数不相匹配；也可单击【取消】按钮取消修改。

17 生成 G 代码。选择【加工】/【后置处理】/【生成 G 代码】命令，弹出【选择后置文件】对话框，在【文件名】文本框中输入“五角星补加工 G 代码”，如图 7-79 所示。

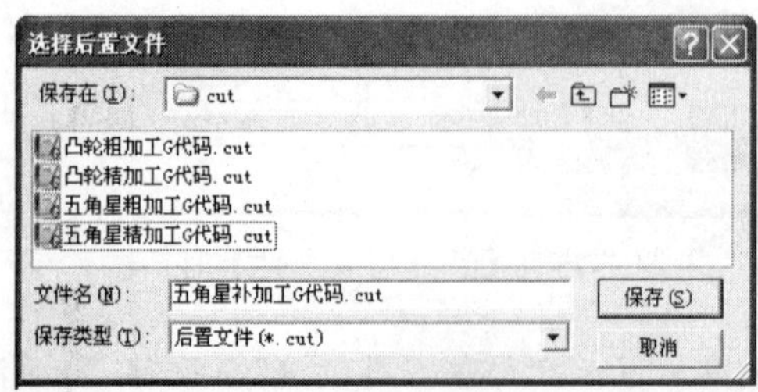

图 7-79 【选择后置文件】对话框

18 单击 保存(S) 按钮，状态栏提示“拾取刀具轨迹”，拾取“3-等高线补加工”轨迹线，拾取完成，单击鼠标右键，弹出“五角星补加工 G 代码.cut”记事本文件，如图 7-80 所示。

19 选择主菜单中的【加工】/【工艺清单】，弹出【工艺清单】对话框，输入零件名称、零件图图号、零件编号、设计、工艺和校核等内容，如图 7-81 所示。

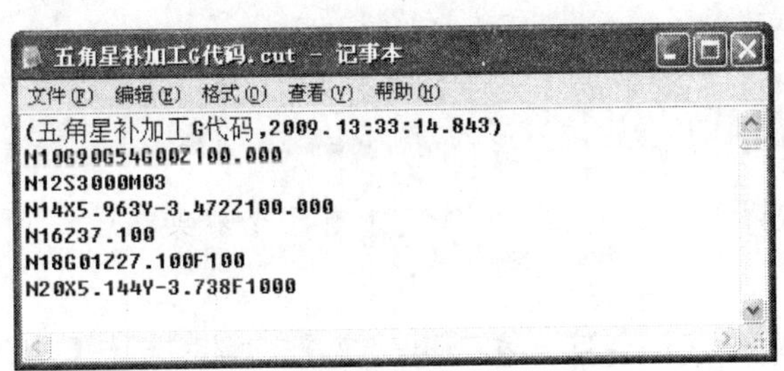

图 7-80　五角星补加工 G 代码文本文件

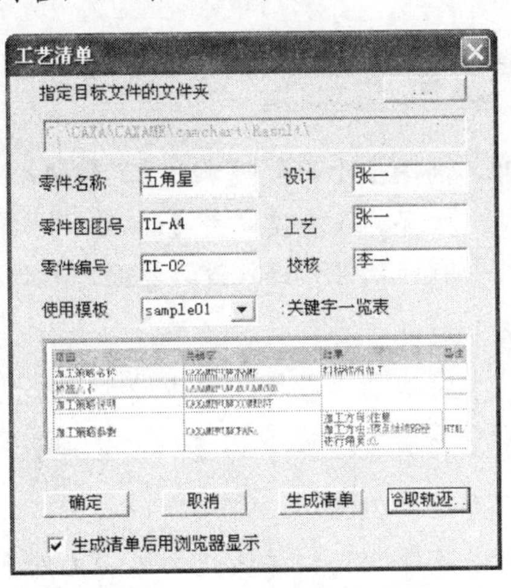

图 7-81　【工艺清单】对话框

20 单击【拾取轨迹】按钮，拾取粗、精加工和补精加工轨迹线，单击鼠标右键；单击【生成清单】按钮，工艺清单生成，如图 7-82 所示。

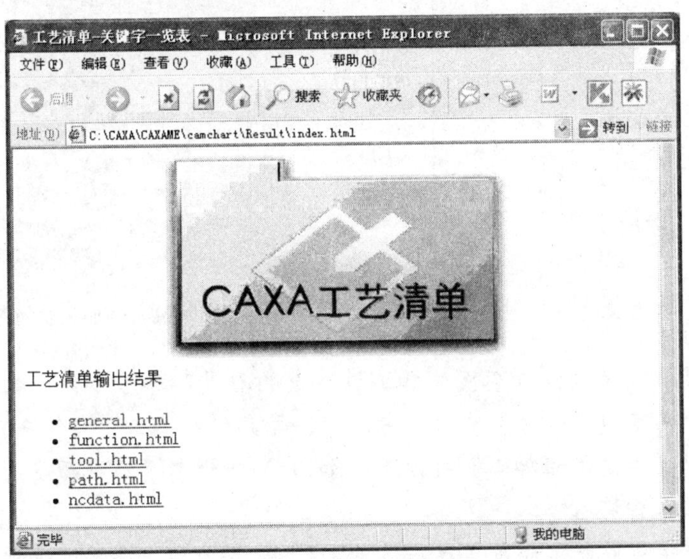

图 7-82　工艺清单文件列表

21 工艺清单的目录为“C:\CAXA\CAXAME\camchart\Result\index.html”，单击相关超链接项可以进入各项清单。

7.4 项目实现：连杆零件设计之六——刀具轨迹编辑与 G 代码生成

实例文件	实例\07\例 7-3.mxe
操作录像	视频\07\例 7-3.avi

通过前几章的学习，我们可以把连杆零件由二维平面图用不同造型方法绘制出来；本节将以实体造型后的实体生成刀具轨迹，生成加工 G 代码，生成加工工艺清单等。

操作步骤

01 选择【开始】/【程序】/【CAXA】/【CAXA 制造工程师】/【CAXA 制造工程师 2008】命令，或直接双击【CAXA 制造工程师 2008】桌面快捷方式图标，打开 CAXA 制造工程师软件，进入设计界面。软件默认状态下当前坐标为 *XOY* 平面，非草图状态。

02 打开“连杆的加工轨迹”文件。选择主菜单中的【文件】/【打开】，弹出【打开文件】对话框，寻找已完成的“连杆的加工轨迹.mxe”文件，单击 打开(O) 按钮，打开文件。

03 在树管理器中的【加工管理】选项卡中，刀具轨迹文件夹下有两个刀具轨迹，如图 7-83 所示。

04 选择“2-扫描线精加工”文件夹，单击鼠标右键，在弹出的快捷菜单中选择【隐藏】命令，把精加工轨迹隐藏，只显示“1-等高线粗加工”轨迹线，如图 7-84 所示。

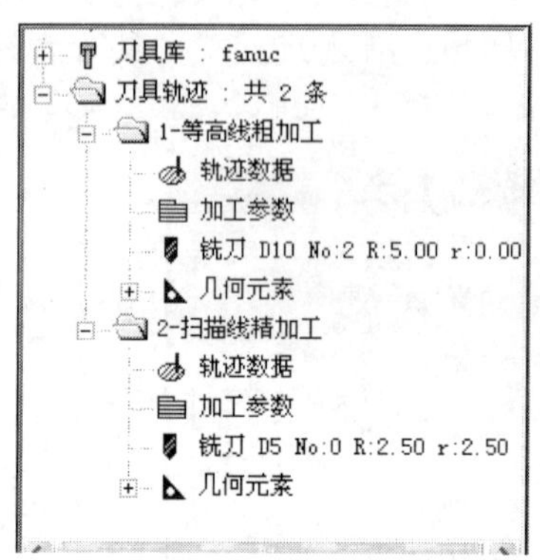

图 7-83 “刀具轨迹”文件夹

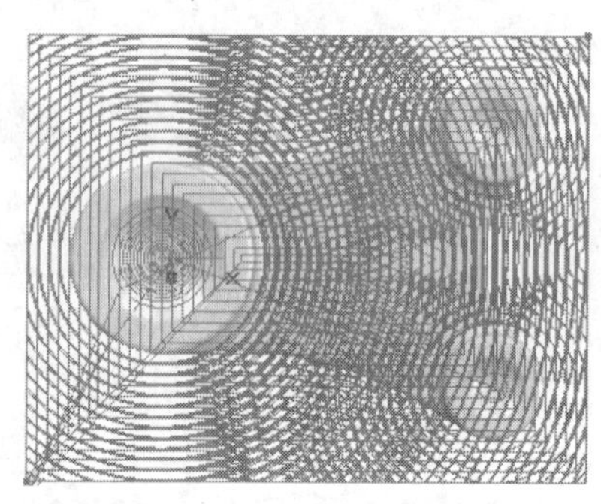

图 7-84 粗加工轨迹线

05 如果对刀具轨迹不满意或想修改加工过程中的刀具和加工参数等数据时，可以双击树管理器中的【刀具轨迹】选项卡中的“1-等高线粗加工”文件夹下的【加工参数】选项，弹出【等高线粗加工】对话框，如图 7-85 所示，可以在【下刀方式】选项卡中修改切入点和切入方式等。

06 选择各选项进行修改，修改完成后，单击 确定 按钮，如果参数被修改，则系统弹出提示对话框，提示“加工参数已被改变，需要立即重新生成刀具轨迹吗？”，确定要修改参数生成新刀具轨迹则单击【是】按钮；不想修改已生成的刀具轨迹，只是修改参数内容则单击【否】按钮，此时的参数可能和已生成的刀具轨迹参数不相匹配；也可单击【取消】按钮取消修改。

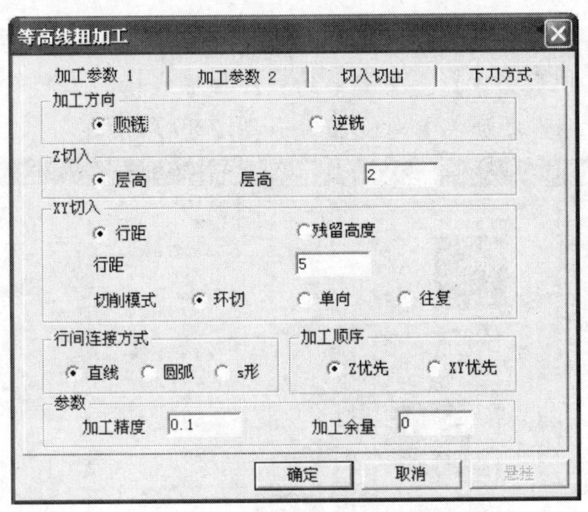

图 7-85 【等高线粗加工】对话框

07 重新生成刀具轨迹后，生成 G 代码。选择【加工】/【后置处理】/【生成 G 代码】命令，弹出【选择后置文件】对话框，在【文件名】文本框中输入“连杆粗加工 G 代码”，如图 7-86 所示。

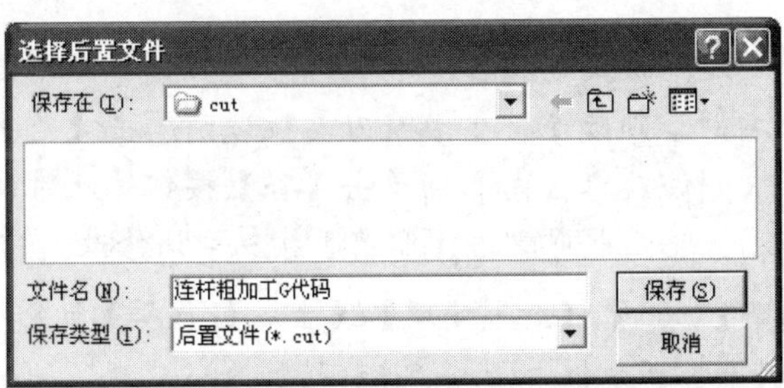

图 7-86 后置文件对话框

08 单击 保存(S) 按钮，状态栏提示“拾取刀具轨迹”，拾取“1-等高线粗加工”轨迹线，拾取完成，单击鼠标右键，弹出“连杆粗加工 G 代码.cut”记事本文件，如图 7-87 所示。

09 在【加工管理】选项卡中右击“1-等高线粗加工”文件夹，在弹出的快捷菜单中选择【隐藏】命令，隐藏粗加工轨迹线，右击“2-扫描线精加工”文件夹，在弹出的快捷菜单中选择【显示】命令，则粗加工轨迹线被隐藏，精加工线被显示，如图 7-88 所示。

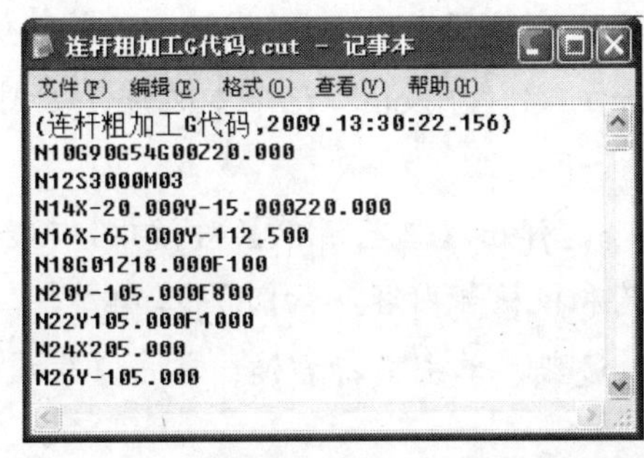

图 7-87 连杆粗加工 G 代码文本文件

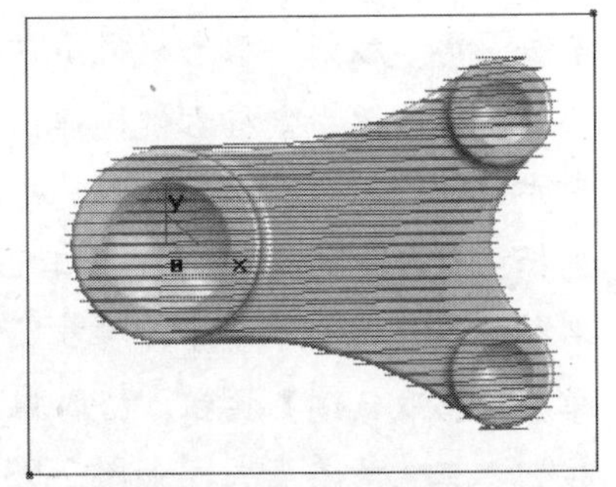

图 7-88 精加工轨迹线

10 如果对刀具轨迹不满意或想修改加工过程中的刀具和加工参数等数据时，可以双击树管理器中的【刀具轨迹】选项卡中的“2-扫描线精加工”文件夹下的【加工参数】选项，弹出【扫描线精加工】对话框，如图 7-89 所示。

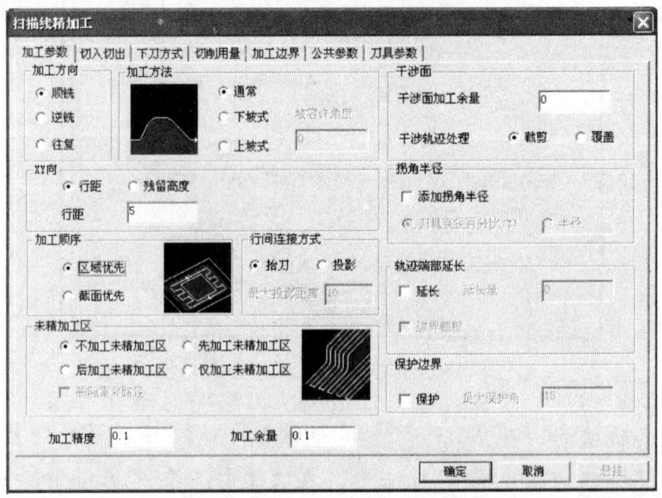

图 7-89 【扫描线精加工】对话框

11 选择各选项进行修改，修改完成后，单击 确定 按钮，如果参数被修改，则系统弹出提示对话框，确定要修改参数生成新刀具轨迹则单击【是】按钮；不想修改已生成的刀具轨迹，只是修改参数内容则单击【否】按钮，此时的参数可能和已生成的刀具轨迹参数不相匹配；也可单击【取消】按钮取消修改。

12 生成 G 代码。选择【加工】/【后置处理】/【生成 G 代码】命令，弹出【选择后置文件】对话框，在【文件名】文本框中输入“连杆精加工 G 代码”，如图 7-90 所示。

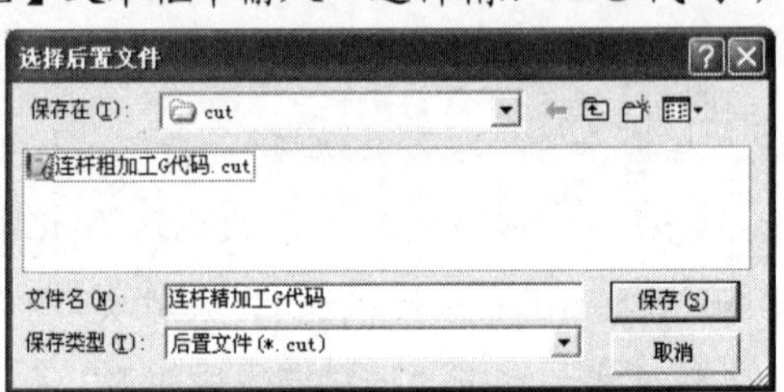

图 7-90 【选择后置文件】对话框

13 单击 保存(S) 按钮，状态栏提示“拾取刀具轨迹”，拾取“2-扫描线精加工”轨迹线，拾取完成，单击鼠标右键，弹出“连杆精加工 G 代码.cut”记事本文件，如图 7-91 所示。

14 选择主菜单中的【加工】/【工艺清单】命令，弹出【工艺清单】对话框，输入零件名称、零件图图号、零件编号、设计、工艺和校核等内容，如图 7-92 所示。

15 单击【拾取轨迹】按钮，拾取粗、精加工轨迹线，单击鼠标右键；单击【生成清单】按钮，工艺清单生成，如图 7-93 所示。

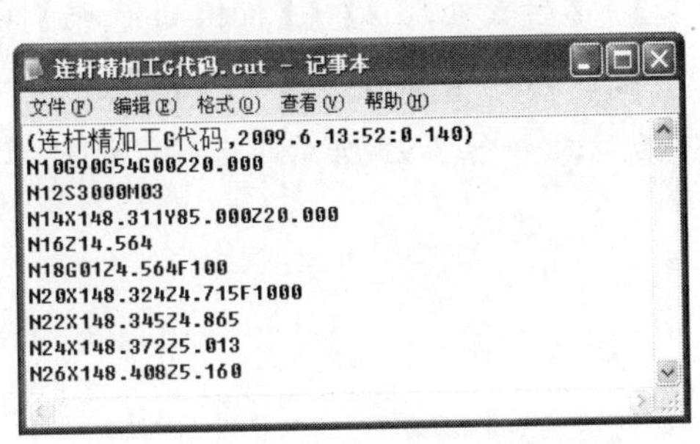
(连杆精加工G代码,2009.6,13:52:0.140)
N10G90G54G00Z20.000
N12S3000M03
N14X148.311Y85.000Z20.000
N16Z14.564
N18G01Z4.564F100
N20X148.324Z4.715F1000
N22X148.345Z4.865
N24X148.372Z5.013
N26X148.408Z5.160

图 7-91 连杆精加工 G 代码文本文件

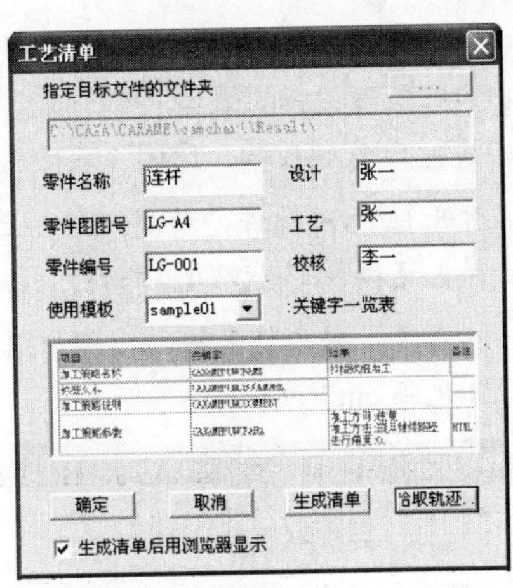

图 7-92 【工艺清单】对话框

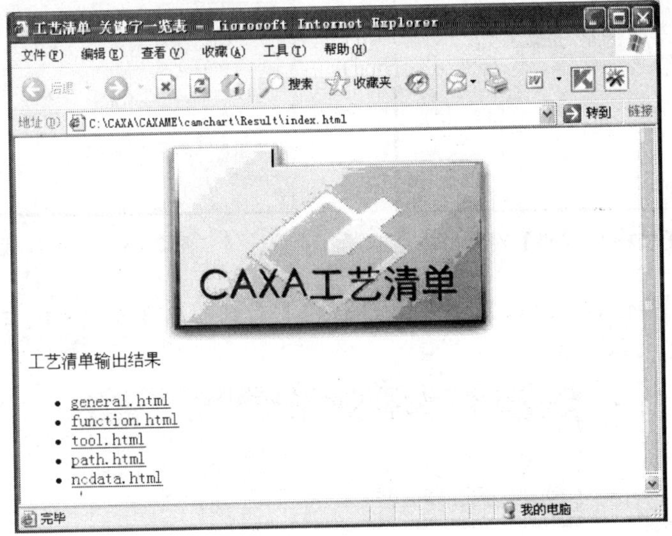

图 7-93 工艺清单文件列表

16 工艺清单的目录为“C:\CAXA\CAXAME\camchart\Result\index.html”，单击相关的超链接可进入各项清单。

7.5 应用拓展

数控编程的核心工作是生成刀具轨迹，然后将其离散成刀位点，经后置处理产生数控加工程序 G 代码。G 代码是数控机床的指令，最终传送给数控机床，指挥数控机床进行加工。

7.5.1 软件知识拓展

实体造型后会生成刀具轨迹，生成 G 代码。G 代码是数控加工的基础数据，所以只要有正确的 G 代码，就可以进行实体的加工。CAXA 制造工程师 2008 中带有 G 代码校核功能，可以把已生成的加工 G 代码进行反读，重新生成加工轨迹，与生成的加工轨迹进行比对。也可以通过校核 G 代码功能进行反读 G 代码，把反读的 G 代码进行切削用量和刀具参数的修改；还可以进行后置设置的修改，修改成想要进行加工的数控机床类型的 G 代码。下面在新建的文件中进行 G 代码反读，反读“连杆粗加工 G 代码.cut”，再修改参数生成新 G 代码。

01 打开 CAXA 软件，新建文件，选择【加工】/【后置处理 2】/【校核 G 代码】命令，弹出【校核 G 代码】对话框，如图 7-94 所示，选择【当前数控系统】为 fanuc。

02 单击【代码文件】按钮，弹出【打开】对话框，如图 7-95 所示，选择“连杆粗加工 G 代码.cut”文件。

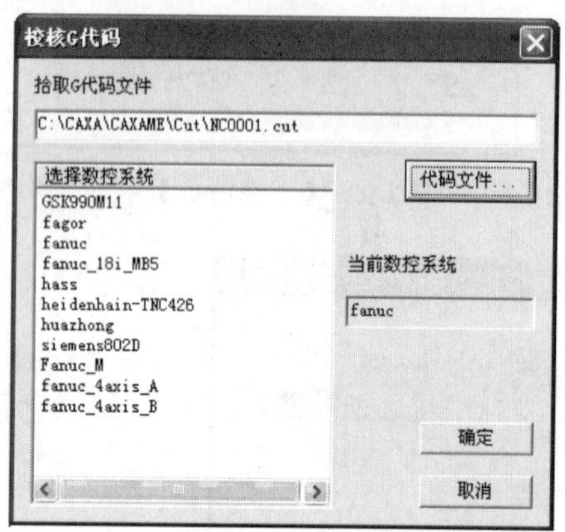

图 7-94 【校核 G 代码】对话框

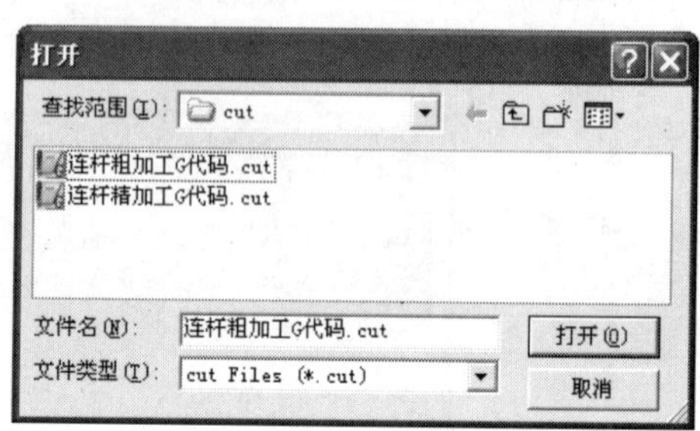

图 7-95 打开 G 代码文件

03 单击 打开(O) 按钮后，返回到【校核 G 代码】对话框，单击 确定 按钮，弹出反读进程框，如图 7-96 所示。

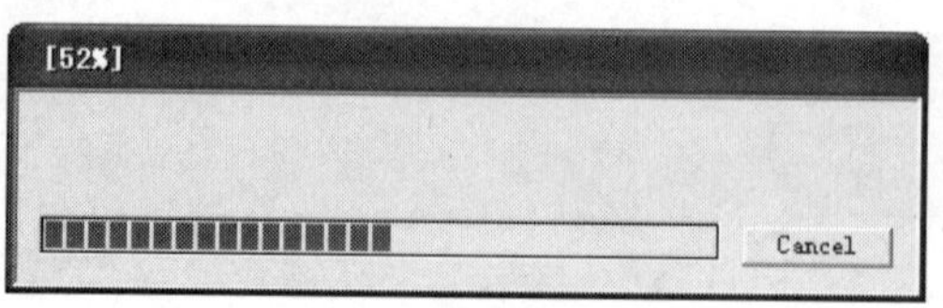

图 7-96 反读进程框

04 反读完成后，绘图区出现反读刀具轨迹，如图 7-97 所示；同时，树管理器中【加工管理】选项卡中的“刀具轨迹”文件夹中出现“1-反读轨迹”，如图 7-98 所示。

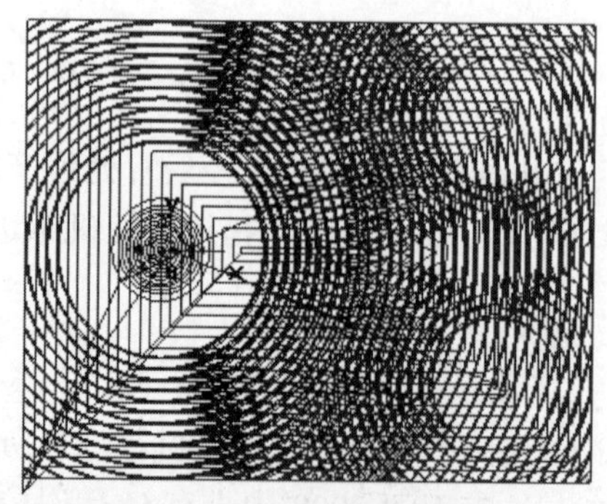

图 7-97 反读后的轨迹

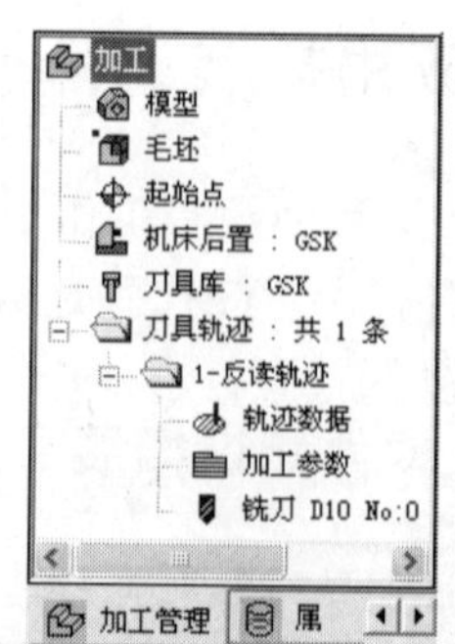

图 7-98 生成反读轨迹文件

05 可以双击【加工参数】选项，弹出加工参数对话框，只有【切削用量】及【刀具参数】两项参数可以修改。

06 选择【加工】/【后置设置】/【机床后置】命令，进行机床选择，【当前机床】选择 GSK，如图 7-99 所示。修改设置参数，单击 确定 按钮。

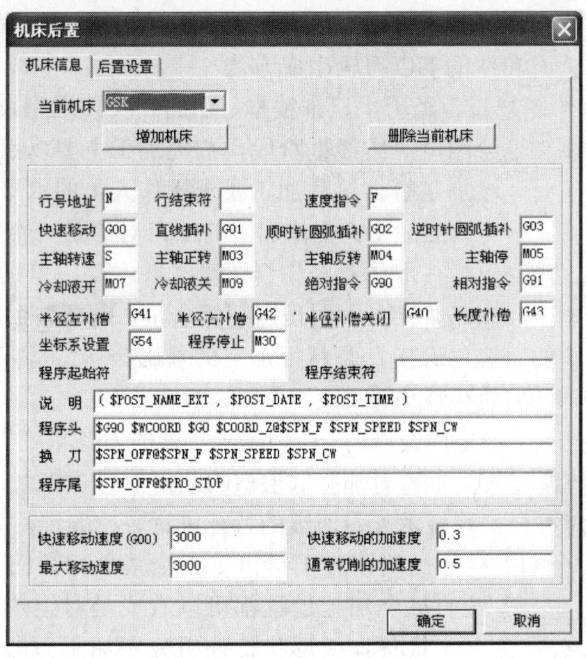

图 7-99　机床后置对话框

07 选择【加工】/【后置设置】/【生成 G 代码】命令，弹出【选择后置文件】对话框，在【文件名】文本框中输入“GSK 连杆粗加工 G 代码.cut”。

08 单击 保存(S) 按钮，拾取“1-反读轨迹”，单击鼠标右键，弹出“GSK 连杆粗加工 G 代码.cut”记事本文件，如图 7-100 所示。

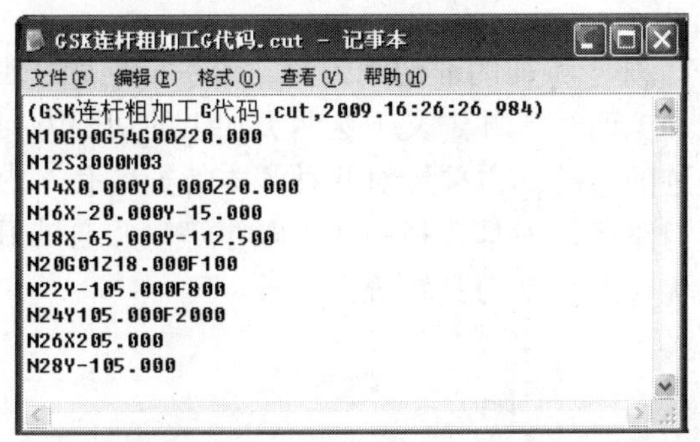


```
(GSK连杆粗加工G代码.cut,2009.16:26:26.984)
N10G90G54G00Z20.000
N12S3000M03
N14X0.000Y0.000Z20.000
N16X-20.000Y-15.000
N18X-65.000Y-112.500
N20G01Z18.000F100
N22Y-105.000F800
N24Y105.000F2000
N26X205.000
N28Y-105.000
```

图 7-100　GSK 连杆粗加工 G 代码文件

09 此时，连杆粗加工刀具轨迹线 G 代码已转换成 GSK 数控机床可加工的 G 代码了。

7.5.2 行业拓展

按照传统的 CAD/CAM 系统和 CNC 系统的工作方式，CAM 系统以直接或间接（通过中性文件）的方式从 CAD 系统获取产品的几何数据模型。CAM 系统以三维几何模型中的点、线、面或实体为驱动对象，生成加工刀具轨迹，并以刀具定位文件的形式经后置处理，以 NC 代码的形式提供给 CNC 机床。生成刀具轨迹的方法有许多，最简单的有如下两种方法。

（1）基于点、线、面和体的 NC 刀轨生成方法

CAD 技术从二维绘图起步，经历了三维线框、曲面和实体造型发展阶段，一直到现在的参数化特征造型。在二维绘图与三维线框阶段，数控加工主要以点、线为驱动对象，如孔加工、轮廓加工和平面区域加工等。这种加工要求操作人员的水平较高。在曲面和实体造型发展阶段，出现了基于实体的加工。实体加工的加工对象是一个实体（一般为 CSG 和 B-REP 混合表示的），它由一些基本体素经集合运算（并、交、差运算）而得。实体加工不仅可用于零件的粗加工和半精加工（大面积切削掉余量，提高加工效率），而且可用于基于特征的数控编程系统的研究与开发，是特征加工的基础。

（2）基于特征的 NC 刀轨生成方法

参数化特征造型已有了一定的发展时期，但基于特征的刀具轨迹生成方法的研究才刚刚开始。特征加工使数控编程人员不再对那些低层次的几何信息（如点、线、面、实体）进行操作，而转变为直接对符合工程技术人员习惯的特征进行数控编程，大大提高了编程效率。

W.R.Mail 和 A.J.Mcleod 在他们的研究中给出了一个基于特征的 NC 代码生成子系统，这个系统的工作原理是：零件的每个加工过程都可以看成是对组成该零件的形状特征组进行加工的总和。那么对整个形状特征或形状特征组分别加工后即完成了零件的加工，而每一形状特征或形状特征组的 NC 代码可自动生成。目前开发的系统只适用于 2.5D 零件的加工。

Lee and Chang 开发了一种用虚拟边界的方法自动产生凸自由曲面特征刀具轨迹的系统。这个系统的工作原理是：在凸自由曲面内嵌入一个最小的长方块，这样，凸自由曲面特征就被转换成一个凹特征。最小的长方块与最终产品模型的合并就构成了被称为虚拟模型的一种间接产品模型。刀具轨迹的生成方法为切削多面体特征→切削自由曲面特征→切削相交特征。

Jong-Yun Jung 研究了基于特征的非切削刀具轨迹生成问题，他把基于特征的加工轨迹分成轮廓加工和内区域加工两类，并定义了这两类加工的切削方向，通过减少切削刀具轨迹达到整体优化刀具轨迹的目的。主要针对几种基本特征（孔、内凹、台阶、槽）讨论了这些基本特征的典型走刀路径、刀具选择和加工顺序等，并通过 IP（Inter Programming）技术避免重复走刀，以优化非切削刀具轨迹。

7.6 思考与练习

1．思考题

（1）如何进行加工仿真？

（2）如何进行轨迹线的删除？

（3）后置设置的作用是什么？如何进行后置设置？

2．操作题

（1）利用实体造型绘制如图7-101所示实体，用等高线进行加工，生成加工轨迹及G代码。

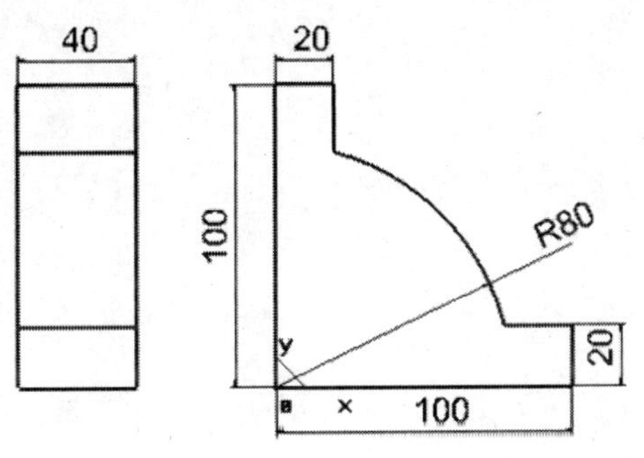

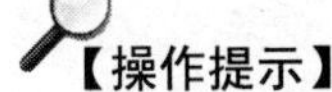

【操作提示】

☆ 绘制平面草图，进行实体造型。
☆ 设置相关刀具参数及后置设置。
☆ 利用等高线进行粗加工。
☆ 设置相关参数生成G代码。
☆ 利用加工仿真进行仿真加工。

图7-101　二维尺寸图

（2）利用实体造型绘制如图7-102所示实体，用“区域加工”方式进行加工，生成加工G代码。

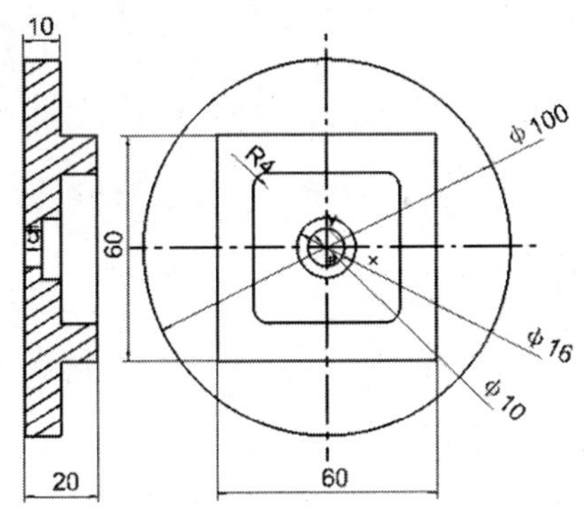

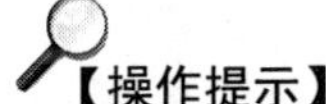

【操作提示】

☆ 绘制平面草图，进行实体造型。
☆ 设置相关刀具参数及后置设置。
☆ 利用区域粗加工进行加工。
☆ 设置相关参数生成G代码。
☆ 利用加工仿真进行仿真加工。

图7-102　二维尺寸图

第 8 章　编 程 助 手

学习目标

熟悉操作界面

掌握代码编辑方法

掌握代码仿真方法

掌握机床通信及设置方法

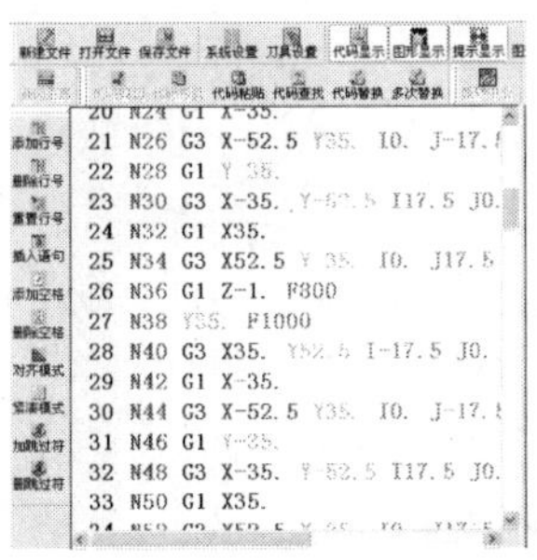

CAXA 制造工程师 2008 推出了“CAXA 编程助手”模块，它具有卓越工艺性的数控编程 CAM 软件，高效易学，为数控加工行业提供了从造型、设计到加工代码生成、加工仿真、代码校验等一体化的解决方案。

CAXA 编程助手支持自动导入代码和手工编写代码，其中包括宏程序代码的轨迹仿真，能够有效验证代码的正确性。CAXA 制造工程师 2008 还具有通信传输的功能，通过 RS232 接口可以实现数控系统与编程软件间的代码互传。

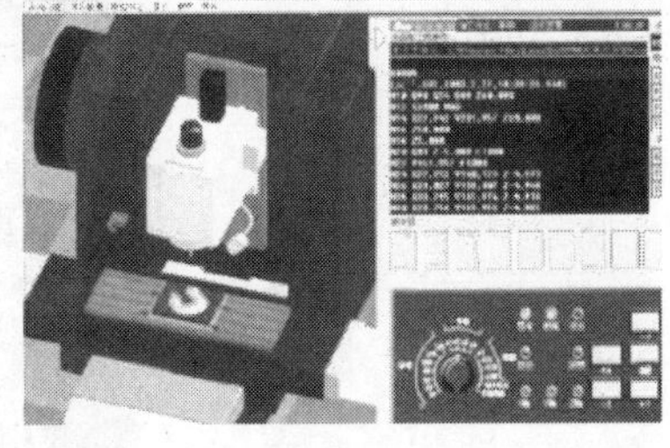

8.1 编程助手简介

CAXA 制造工程师 2008 版新品推出了“CAXA 编程助手”模块，如图 8-1 所示，它具有卓越工艺性的数控编程 CAM 软件，高效易学，为数控加工行业提供了从造型、设计到加工代码生成、加工仿真、代码校验等一体化的解决方案。CAXA 制造工程师 2008 版新增加的“CAXA 编程助手”模块是CAXA 为数控机床操作工提供的、用于手工数控编程的小工具。它一方面能让操作工在计算机上方便地进行手工代码编制，同时也能让操作工很直观地看到所编制代码的轨迹。

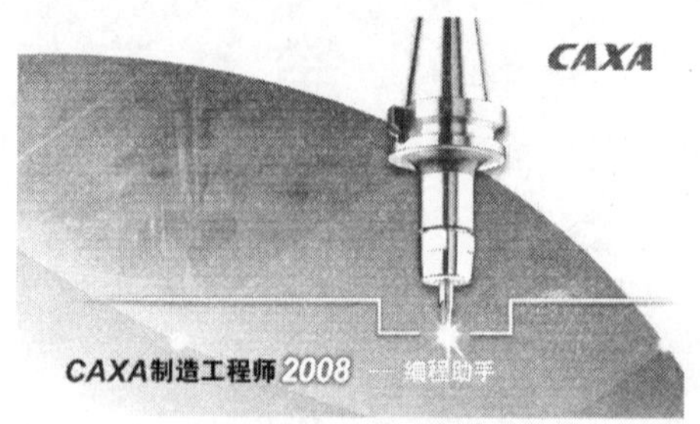

图 8-1　编程助手

CAXA 编程助手支持自动导入代码和手工编写代码，其中包括宏程序代码的轨迹仿真，能够有效验证代码的正确性，还支持多种系统代码的相互后置转换，实现加工程序在不同数控系统上的程序共享。此外，CAXA 制造工程师 2008 编程助手还具有通信传输的功能，通过 RS232 接口可以实现数控系统与编程软件间的代码互传。

8.2 编程助手界面操作

CAXA 制造工程师 2008 编程助手是一个单独运行的应用程序。可以通过双击桌面上的【CAXA 编程助手 2008】快捷方式图标（如图 8-2 所示）来启动应用程序，应用软件界面如图 8-3 所示。也可以通过选择 CAXA 制造工程师 2008 主菜单中的【加工】/【编程助手】命令启动该应用程序，如图 8-4 所示。

图 8-2　CAXA 编程助手快捷方式图标

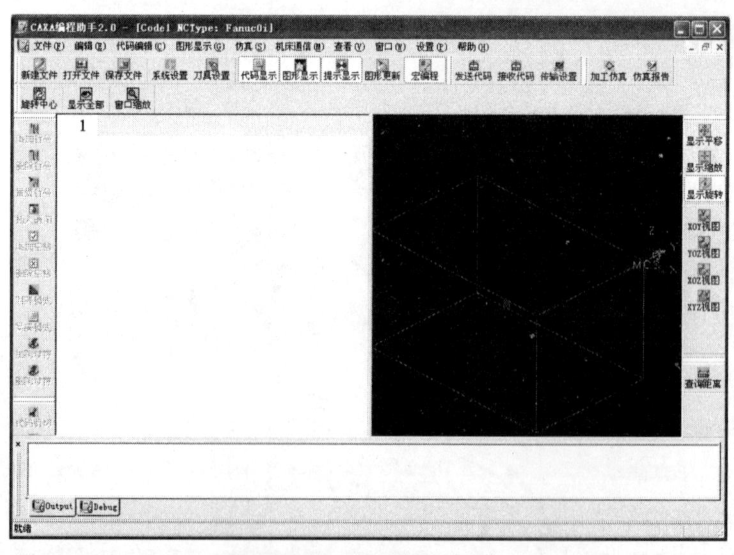

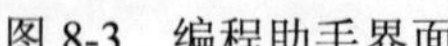

图 8-3　编程助手界面

图 8-4　【编程助手】命令

CAXA 制造工程师 2008 编程助手界面友好，操作简单，主菜单中包括文件、编辑、代码编辑、图形显示、仿真、机床通信、查看、窗口、设置和帮助 10 个菜单项。

CAXA 制造工程师 2008 编程助手窗体中包含标准、机床通信、仿真、选择、查询、显示操作、代码编辑及代码编辑 2 几个工具条。下面分别介绍各个工具条的功能。

- 标准工具条：主要有新建文件、打开文件、保存文件、系统设置、刀具设置、代码显示、图形显示、提示显示、图形更新及宏编程功能，其所有功能图标如图 8-5 所示。

图 8-5　标准工具条图标

- 机床通信工具条：有发送代码、接收代码和传输设置功能，其功能图标如图 8-6 所示。
- 仿真工具条：主要有加工仿真和仿真报告两种功能，其功能图标如图 8-7 所示。

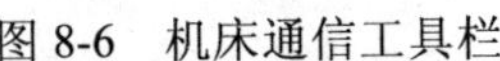

图 8-6　机床通信工具栏

图 8-7　仿真工具栏

- 选择工具条：有旋转中心、显示全部和窗口缩放 3 种功能，其功能图标如图 8-8 所示。
- 查询工具条：其中的查询距离主要用来查询两点距离，其功能图标如图 8-9 所示。

图 8-8　选择工具栏

图 8-9　查询工具栏

- 显示工具条：主要用来将界面进行显示平移、显示缩放、显示旋转及显示各方向视图操作，其功能图标如图 8-10 所示。

图 8-10　显示操作图标

- 代码编辑工具条：主要有以代码格式添加行号、删除行号、重置行号、插入语句、添加空格、删除空格、对齐模式、紧凑模式、加跳过符和删跳过符等功能，其功能图标如图 8-11 所示。

图 8-11　代码编辑图标

- 代码编辑 2 工具条：主要有代码剪切、代码拷贝、代码粘贴、代码查找及多次替换功能，其功能图标如图 8-12 所示。

图 8-12　代码编辑 2 图标

8.2.1　文件

【文件】菜单中包括【新建】、【打开】、【保存】、【另存为】、【打印】、【打印预览】、【打印设置】、【最近浏览文件】和【退出】等命令。

- 新建：即创建新的代码文件，会新建一个空白窗口，可以手工输入或粘贴代码。可选择【文件】/【新建】命令，也可以直接单击标准工具栏中的对应按钮。
- 打开：即打开已存在的代码文件。选择【文件】/【打开】命令，会弹出【打开】对话框。在编程助手中可以读入 CAXA 制造工程师后置程序 cut、MastCAM、UG 或 Pro/E 的后置程序 NC、通用后置 ISO、SIEMENS 的后置程序 MPF、海德汉的后置程序 H 和纯文本的加工程序 TXT 等多种后置程序。

> **注意**
>
> 当前的所有操作结果都记录在内存中，只有在单击【保存】以后，用户的设计成果才会被永久地保存下来。

- 保存：即保存当前代码文件。选择【文件】/【保存】命令可弹出【保存】对话框。
- 另存为：即把当前代码文件另存为其他名称文件。选择【文件】/【另存为】命令可弹出【另存为】对话框。

8.2.2　编辑

【编辑】菜单中的命令和 Windows 应用软件一样，包括【撤消】、【剪切】、【复制】、【粘贴】、【全选】、【查找】、【查找下一个】、【替换】、【多次替换】和【转到指定行菜单项】命令。

【剪切】、【复制】、【粘贴】和【全选】命令是进行编辑最常用的操作，它们的操作快捷键分别是 Ctrl+X、Ctrl+C、Ctrl+V、和 Ctrl+A。

【转到指定行】命令用于输入行号。选择【编辑】/【转到指定行】命令会弹出【转到指定行】对话框，单击【转到】按钮后可以转到相应的行处，如图 8-13 所示。

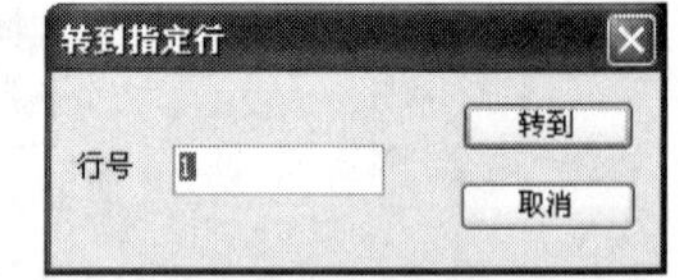

图 8-13　【转到指定行】对话框

8.2.3　代码编辑

【代码编辑】菜单中包括【代码转换】、【添加跳过字符】、【删除跳过字符】、【添加行号】、【删除行号】、【重置行号】、【库文件】、【添加空格】、【删除空格】、【对齐模式】和【紧凑模式】命令。

（1）**代码转换**

【代码转换】命令用于将一种数控类型的代码转换成另一种数控类型的代码。代码转换可以将一种格式的代码转换成用户需要的几种特定格式的代码，以实现加工程序在不同数控系统上的程序共享。在没有 CAM 软件、工件模型和毛坯信息的前提下，可以仅通过程序代码实现多种系统的特定代码的相互后置转换，通过该功能可以将 FANUC 的 ISO 程序转换为海德汉的*.H 专用程序，或者转换为 Fagor、SIEMENS、HASS、广州数控和华中数控等多种数控系统的专用程序，当然也可将海德汉或 SIEMENS 等系统的专用程序转换为 ISO 标准格式。【代码转换】对话框如图 8-14 所示。

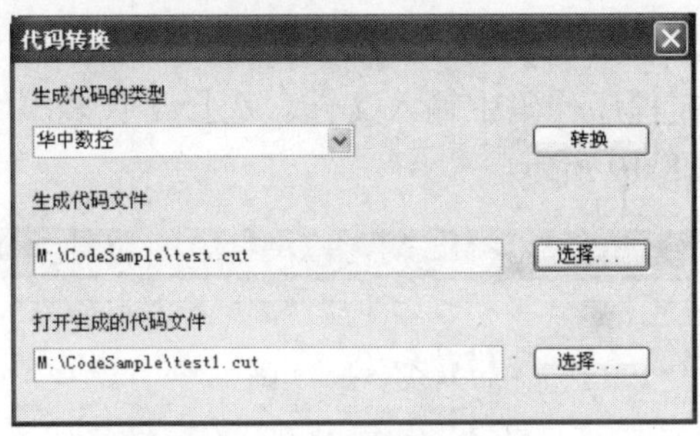

图 8-14　【代码转换】对话框

（2）**添加跳过字符**

在程序行前添加跳过字符/后，如果数控系统选择跳过模式，则该行被跳过。如图 8-15 所示的第 12～16 行加有跳过字符。

（3）**删除跳过字符**

【删除跳过字符】命令用于删除在程序行前的跳过符/。如图 8-16 所示为删除跳过字符。

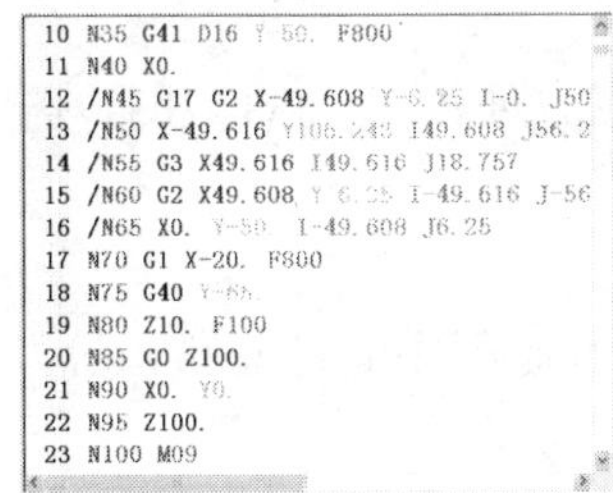

```
10 N35 G41 D16 Y-50. F800
11 N40 X0.
12 /N45 G17 G2 X-49.608 Y-6.25 I-0. J50
13 /N50 X-49.616 Y106.243 I49.608 J56.2
14 /N55 G3 X49.616 I49.616 J18.757
15 /N60 G2 X49.608 Y-6.25 I-49.616 J-56
16 /N65 X0. Y-50. I-49.608 J6.25
17 N70 G1 X-20. F800
18 N75 G40 Y-65.
19 N80 Z10. F100
20 N85 G0 Z100.
21 N90 X0. Y0.
22 N95 Z100.
23 N100 M09
```

图 8-15　添加跳过字符

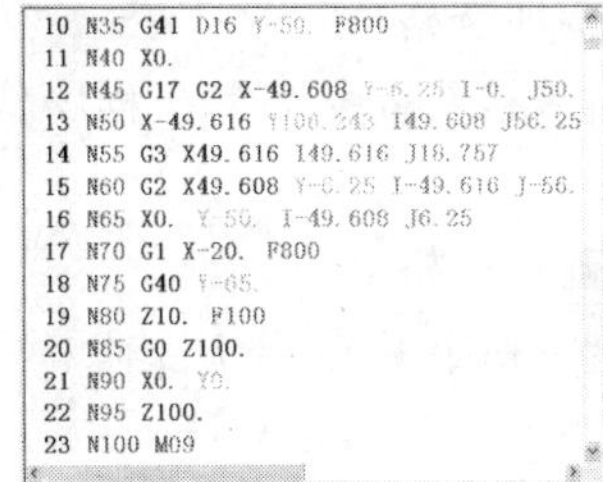

```
10 N35 G41 D16 Y-50. F800
11 N40 X0.
12 N45 G17 G2 X-49.608 Y-6.25 I-0. J50.
13 N50 X-49.616 Y106.243 I49.608 J56.25
14 N55 G3 X49.616 I49.616 J18.757
15 N60 G2 X49.608 Y-6.25 I-49.616 J-56.
16 N65 X0. Y-50. I-49.608 J6.25
17 N70 G1 X-20. F800
18 N75 G40 Y-65.
19 N80 Z10. F100
20 N85 G0 Z100.
21 N90 X0. Y0.
22 N95 Z100.
23 N100 M09
```

图 8-16　删除跳过字符

（4）**添加行号**

【添加行号】命令用于在程序代码中添加行号 Nxx，以方便识别和打印，如图 8-17 所示。

（5）**删除行号**

【删除行号】命令删除程序代码中的行号，以方便传输，或者进行行号重新排列，如图 8-18 所示。

```
10 N35 G41 D16 Y-50. F800
11 N40 X0.
12 N45 G17 G2 X-49.608 Y-6.25 I-0. J50.
13 N50 X-49.616 Y106.243 I49.608 J56.25
14 N55 G3 X49.616 I49.616 J18.757
15 N60 G2 X49.608 Y-6.25 I-49.616 J-56.
16 N65 X0. Y-50. I-49.608 J6.25
17 N70 G1 X-20. F800
18 N75 G40 Y-65.
19 N80 Z10. F100
20 N85 G0 Z100.
21 N90 X0. Y0.
22 N95 Z100.
23 N100 M09
```

图 8-17　添加行号

```
10 G41 D16 Y-50. F800
11 X0.
12 G17 G2 X-49.608 Y-6.25 I-0. J50. F10
13 X-49.616 Y106.243 I49.608 J56.25
14 G3 X49.616 I49.616 J18.757
15 G2 X49.608 Y-6.25 I-49.616 J-56.243
16 X0. Y-50. I-49.608 J6.25
17 G1 X-20. F800
18 G40 Y-65.
19 Z10. F100
20 G0 Z100.
21 X0. Y0.
22 Z100.
23 M09
```

图 8-18　删除行号

（6）**重置行号**

【重置行号】命令用于将程序代码中的混乱行号进行重新排列，如果程序代码是由几个不带行号的程序和几个带有行号的小程序拼合而成的，则同一行号可能会出现多次，也有个别行没有行号需要添加行号，这时选择【重置行号】命令，就可以实现行号的自动重新排列。

（7）**库文件**

【库文件】命令用于在程序代码中输入文件。选择【代码编辑】/【库文件】命令会弹出【插入】对话框，如图 8-19 所示。

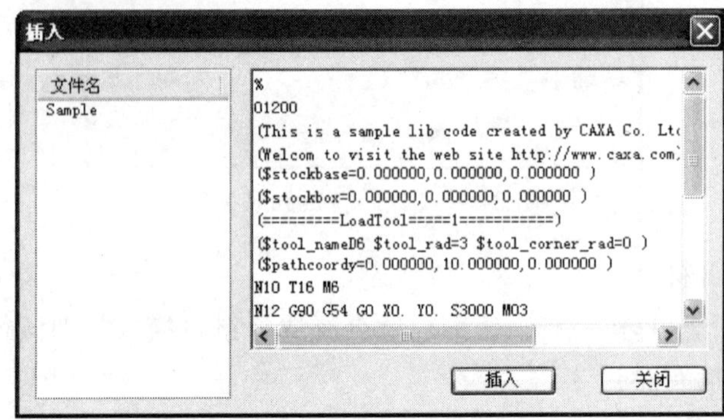

图 8-19 【插入】对话框

（8）**添加空格**

【添加空格】命令用于在程序代码之间添加空格，以方便浏览、修改和打印，如图 8-20 所示。

（9）**删除空格**

【删除空格】命令用于删除程序代码中的空格，以方便程序的传输和备份，如图 8-21 所示。

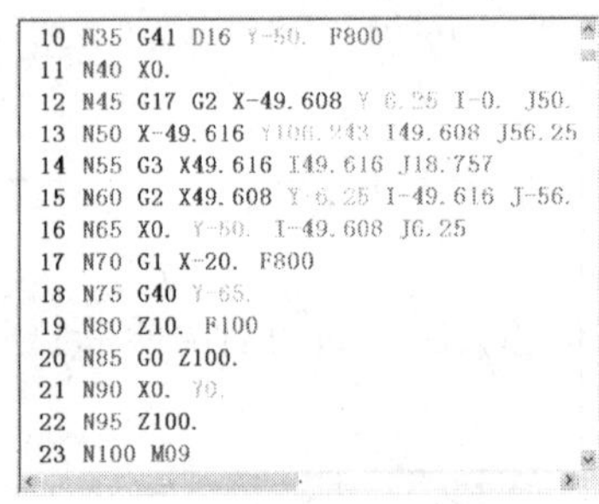

图 8-20　添加空格

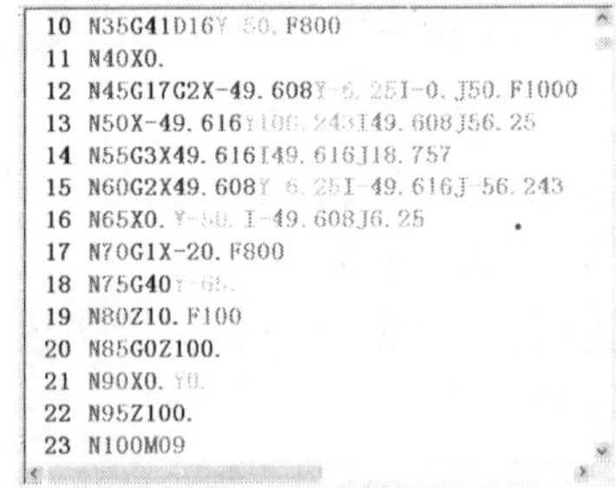

图 8-21　删除空格

（10）**对齐模式**

【对齐模式】命令用于将程序代码按照内容进行纵向对齐，使查看代码更方便。选择【对齐模式】命令后，程序内容会按照相同符号进行纵向排列，而不是简单地在程序内容中加入空格。选择【对齐模式】命令后的程序代码如图 8-22 所示。

（11）**紧凑模式**

【紧凑模式】命令用于将程序代码中不影响加工的空格等字符删除，实现程序代码的尺寸最小化，以方便代码传输。选择【紧凑模式】后的程序代码如图 8-23 所示。

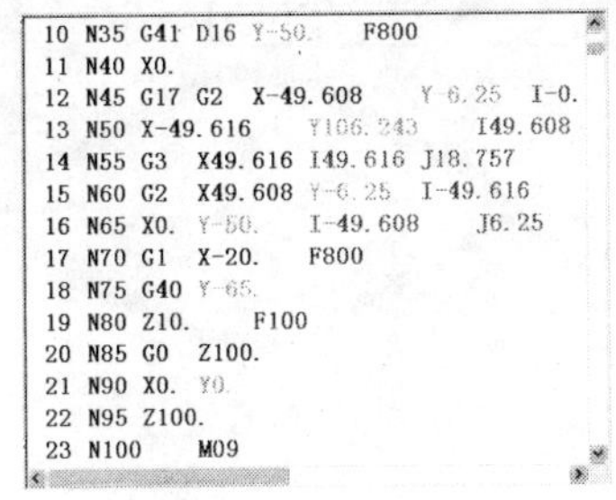

图 8-22　对齐模式

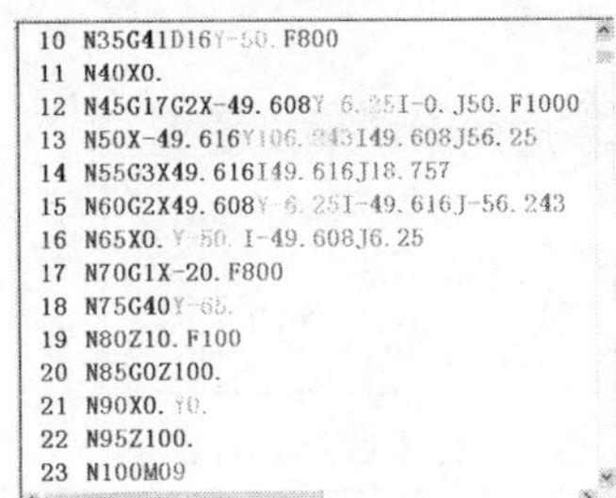

图 8-23　紧凑模式

8.2.4　图形显示

【图形显示】菜单中包括【旋转中心】、【平移】、【缩放】、【旋转】、【全部显示】、【局部缩放】和【视图菜单】命令。

- 旋转中心：即在作旋转时的中心点，选择旋转中心点，选择图形显示中的一点，再进行旋转操作时，都以该点为旋转中心。
- 平移：即图形显示可以随平面移动。
- 缩放：即图形可以在平面内缩小或放大。
- 旋转：即图形以旋转中心为中心进行旋转显示。
- 全部显示：即在显示框内显示所有图形。
- 局部缩放：即用鼠标框选，把选择部分进行缩小或放大。
- 视图菜单：包括【俯视图】、【仰视图】、【主视图】、【后视图】、【左视图】、【右视图】和【轴侧图】命令。

8.2.5　仿真

【仿真】菜单中包括【加工仿真】和【仿真报告】两个命令。

1．加工仿真

加工仿真为模拟刀具沿轨迹走刀，实现对代码的切削动态图像的显示过程，刀路轨迹将在图形显示窗口中显示出来。加工仿真支持自动换刀，也支持在仿真过程中旋转、缩放和平移等鼠标操作，还支持在仿真过程中画出刀饼图，即刀具在二维切削过程中刀具底部走过的痕迹。

在仿真过程中可以看到刀具的运动轨迹，仿真除支持标准 G 代码外，还支持海德汉专用代码和 SIEMENS 专用代码，并提供对宏程序仿真。

选择【仿真】/【加工仿真】命令会弹出【仿真】对话框，如图 8-24 所示。

单击【开始】按钮，仿真开始，仿真过程如图 8-25 所示。

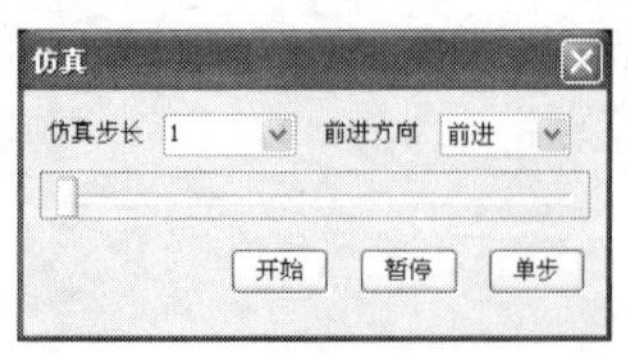

图 8-24 【仿真】对话框

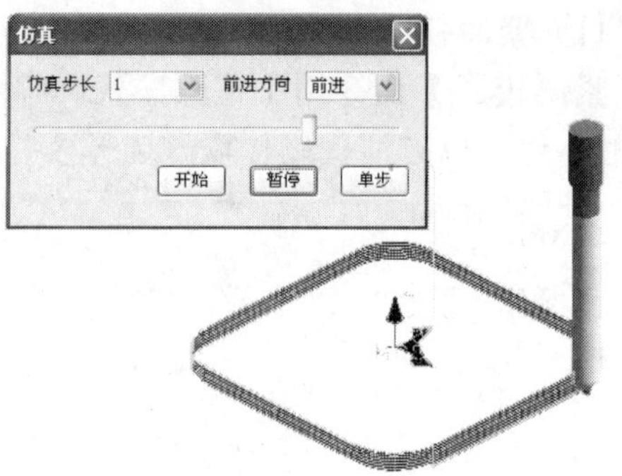

图 8-25 仿真过程

2．仿真报告

仿真报告记录了仿真文件、仿真时间、切削时间、包围盒最大值、包围盒最小值、刀号及切削速度。

选择【仿真】/【仿真报告】命令，弹出仿真报告文本文档，如图 8-26 所示。

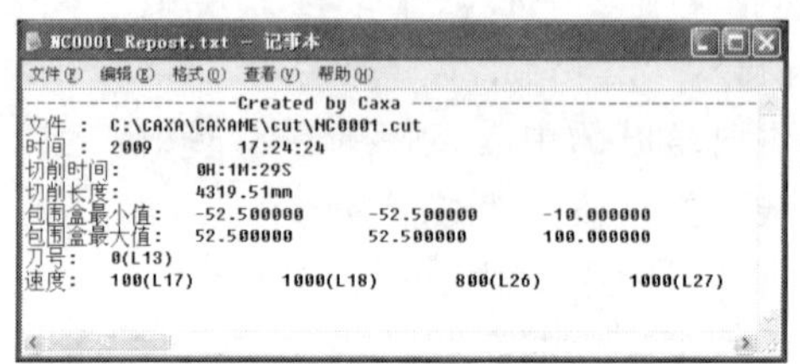


```
--------------------Created by Caxa ------------------------------
文件 :  C:\CAXA\CAXAME\cut\NC0001.cut
时间 :  2009          17:24:24
切削时间:       0H:1M:29S
切削长度:       4319.51mm
包围盒最小值:   -52.500000      -52.500000      -10.000000
包围盒最大值:   52.500000       52.500000       100.000000
刀号:   0(L13)
速度:   100(L17)        1000(L18)       800(L26)        1000(L27)
```

图 8-26 仿真报告文本文档

8.2.6 机床通信

机床通信是用编程助手通过串口线缆完成计算机与数控设备之间的程序或参数传输。【机床通信】菜单中包括【发送代码】、【接收代码】和【传输设置】3 个命令。

1．发送代码

【发送代码】命令用于用编程助手将程序代码传输到相应的设备上，具体操作如下。

01 用串口传输线缆将 PC 的串口（IOIO 口）与 NC 的 RS232 接口连接起来。

02 将通信参数设置正确。

03 将 NC 端设置为接收状态。

04 在 PC 上选择需要发送的程序代码，然后选择【机床通信】/【发送代码】命令完成发送。

2．接收代码

【接收代码】命令用于将设备内存里的程序或参数传输到计算机上，具体操作如下。

01 用串口传输线缆将 PC 的串口（IOIO 口）与 NC 的 RS232 接口连接起来。

02 将通信参数设置正确。

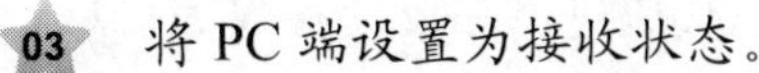

03 将 PC 端设置为接收状态。

04 在 NC 上选择需要发送的程序代码，然后发送。

3．传输设置

【传输设置】命令用于设置发送参数及接收参数。发送参数设置如图 8-27 所示，接收设置如图 8-28 所示。

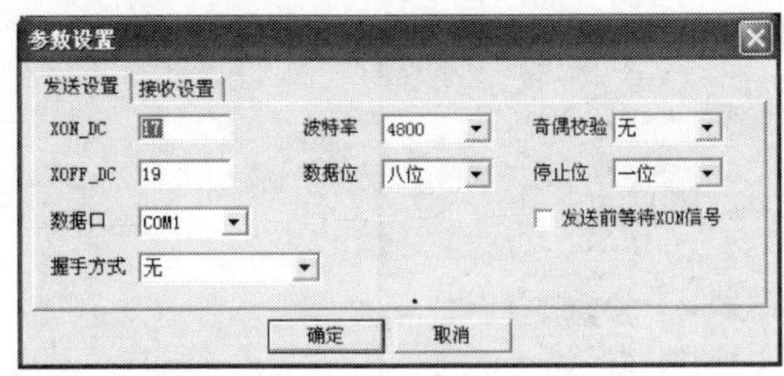

图 8-27　发送设置

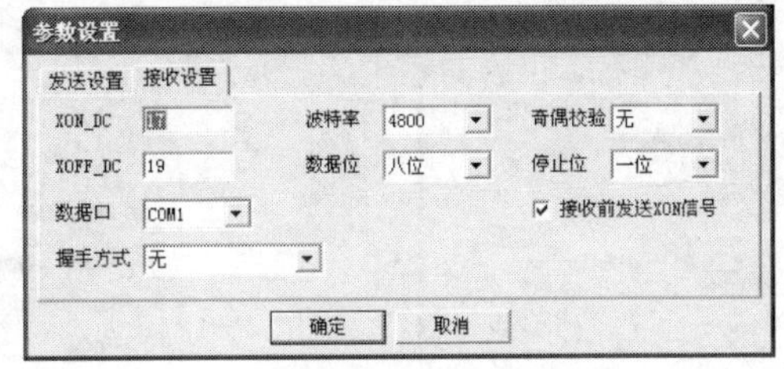

图 8-28　接收设置

设置通信参数时，需要将 PC 与 NC 的通信参数一致，将数据口设置成通信线缆连接的接口号，值得注意的是，XON_ON 和 XON_OFF 的起停信号中的数值是十进制的 17 和 19，对应到设备中的十六进制分别是 11 和 13。

- XON_DC：软件握手方式下，接收的一方在代码传输的过程中，用该字符控制发送方开始发送的动作信号。
- XOFF_DC：软件握手方式下，接收的一方在代码传输的过程中，用该字符控制发送方暂时停止发送的动作信号。
- 接收前发送 XON 信号：系统在从发送状态转换到接收状态之后发送的 DC 码信号。
- 发送前等待 XON 信号：软件握手方式下，接收一方在代码传输起始时，控制发送方开始发送的动作信号。选中该复选框后，计算机发送数据时，先将数据发送到智能终端，等机床给出 XON 信号后，智能终端才开始向机床发送数据。
- 波特率：数据传送速率，表示每秒钟传送二进制代码的倍数，它的单位是 bit/s。常用的波特率为 4800、9600、19200、38400。
- 数据位：串口通信中单位时间内的电平高低代表一位，多个位代表一个字符，这个位数的约定即数据位长度。一般位长度的约定根据系统的不同有 5 位、6 位、7 位和 8 位几种。
- 数据口：智能终端当前正常工作的端口中默认为 Com1。
- 奇偶校验：是指在代码传送过程中用来检验是否出现错误的一种方法。
- 停止位数：传输过程中每个字符数据传输结束的标示。
- 握手方式：接收和发送双方用来建立握手的传输协议。

8.2.7　设置

【设置】菜单中包括【系统设置】、【刀具库】、【刀具偏置】和【字体】命令。

1．系统设置

【系统设置】命令用来设置软件的轨迹显示和软件界面等信息，并可以设置加工中涉

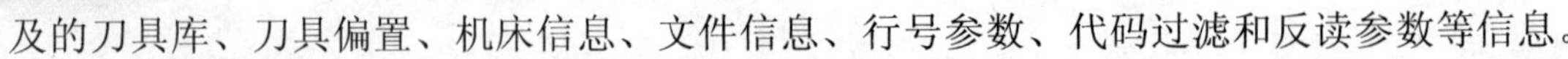

及的刀具库、刀具偏置、机床信息、文件信息、行号参数、代码过滤和反读参数等信息。

（1）**显示设置**

【显示设置】选项用来设置与显示相关的设定，如图 8-29 所示。主要包括行号列宽、边界与文本间隔、TAB 键宽度、显示速度改变点、使用文本颜色、刀具颜色、背景颜色、快速移动、顺时针圆弧，逆时针圆弧、直线插补图形使用与文本相同的颜色、显示刀补轨迹、显示原始轨迹、显示刀位点和刀位点大小设置。

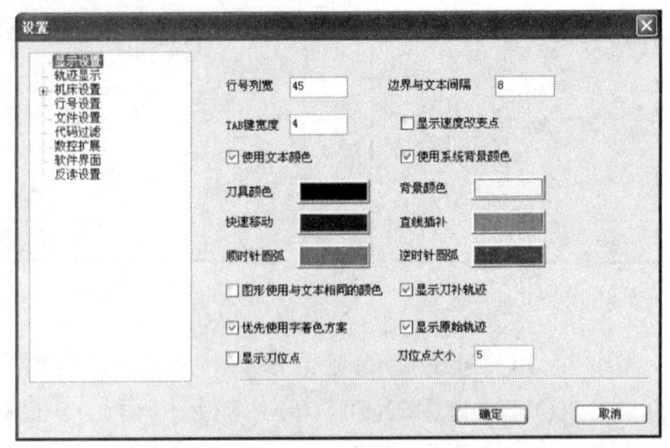

图 8-29　显示设置

（2）**轨迹显示**

【轨迹显示】选项用于设置轨迹显示的参数，其中包括仿真时显示刀饼图、手动显示中心和起始刀具位置功能。

- 仿真时显示刀饼图：用于控制在仿真的过程中是否显示刀具走过的痕迹，刀饼图可以用来检查在二维轨迹的切削中是否在两行刀具轨迹之间有间隙存在。
- 手动显示中心：在用鼠标对图形进行旋转时，图形会绕此点进行旋转。
- 起始刀具位置：是指代码读进来时刀具的起始位置。

（3）**机床设置**

【机床设置】选项用于设置机床的一些参数，如图 8-30 所示。

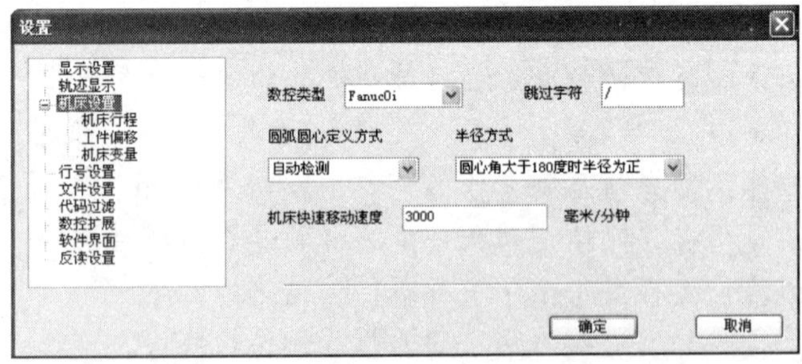

图 8-30　机床设置

【机床设置】界面中包话数控类型、跳过字符、圆弧圆心定义方式（目前一般有圆心相对起点、起点相对圆心、绝对坐标和圆心相对终点 4 种方式）、半径方式（是指怎么确定圆弧的方式，有圆心角大于 180 度时半径为正和圆心角大于 180 度时半径负两种方式）、机床快速移动速度（指的是机床最大移动速度，也是快速移动时的速度，用来计算加工时间的）几个选

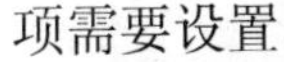

项需要设置。

（4）**机床行程**

【机床行程】选项用于设置机床的各个轴的行程大小。X+、Y+、Z+3 个数值指的是机床行程中的最大值。X–、Y–、Z–3 个数值指的是机床行程中的最小值。选中【显示机床行程包围盒】单选按钮，将会在图形窗口中画出机床的包围盒，可以在各个视图中观察轨迹是否超过机床行程，形象、方便。

（5）**工件偏移**

【工件偏移】选项用于设定机床 G54～G59 6 个偏移坐标系。设置的各个坐标系数据都是机床坐标系下的数据。选中【显示工件坐标系】单选按钮后，将会在图形窗口中显示出该坐标系的位置并标出 WCS.1。

（6）**机床变量**

【机床变量】选项用于设定机床的一些变量，在列表中显示了该类型的机床中已经预先设置的机床变量的数值，还可以添加新的变量。此处赋值的变量可以在代码中引用。

（7）**行号设置**

【行号设置】选项用于设置程序行号的参数，如图 8-31 所示。

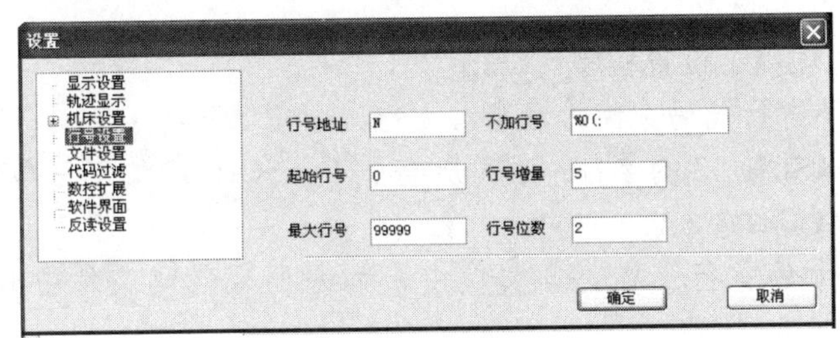

图 8-31　行号设置

- 行号地址：当前机床类型支持的行号地址，当在代码编辑中添加行号时，就会添加此地址。
- 不加行号：指的是代码窗口中的代码行的哪些首字符不需要添加行号。
- 起始行号：在添加行号或重置行号时第一行的行号。
- 行号增量：相邻两行行号的间隔数值。
- 最大行号：系统所支持的行号数值的最大值。
- 行号位置：行号显示多少位，不够的就在前面添加 0 补齐。

（8）**文件设置**

【文件设置】选项用于设置编程助手的文件默认目录及参数，如图 8-32 所示。

- 使用当前文档打开文件：一般多文档程序在打开新的程序时会重新打开一个新的窗口。如果不希望这样，就选中此复选框，以后再打开文件时就会在当前的窗口中打开，不会再新建一个窗口。
- 打开文件时同时显示轨迹图形：是指打开文件时是否进行反读，把代码的轨迹图形也显示出来。如果不选中此复选框，将会只打开代码，不显示图形，需要显示图形时单击【图形更新】按钮即可。
- 接收文件路径：此选项指的是机床通信接收代码时存储代码文件的目录，默认为

C 盘根目录下。

- 文件名定义：接收的代码文件名按一定的规则取名并直接保存，此处定义的就是代码的文件名，可以使用符号#来表示一个数字占位符，系统会在其中自动添加上一个流水号数字，且此数字会自动增加。
- 当前流水号：当前接收代码文件名中使用的流水号数值。
- 完整路径名：指上面选项定义的接收代码文件名的一个演示。

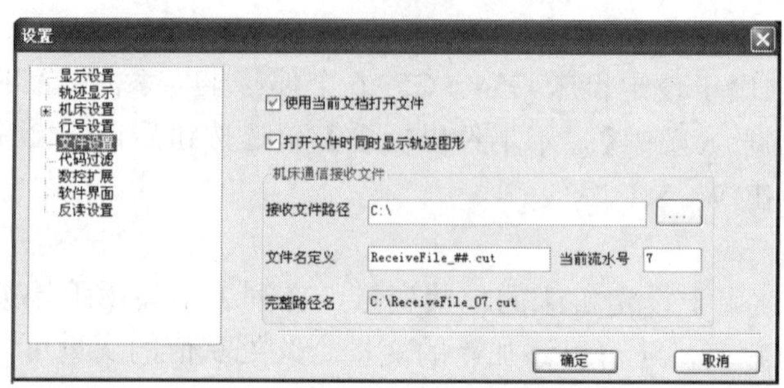

图 8-32 文件设置

（9）**代码过滤**

【代码过滤】选项用于设置程序代码。

- 无：表示不进行代码文件的过滤。
- 所有小于 ASCII 32 的字符：表示所有小于 ASCII 32 的字符都会被过滤掉，不会出现在代码窗口中。
- 删除代码中的空行：在打开文件中，如果发现代码文件中有空行，将会自动删除。
- 使用用户自定义的换行符：在文件保存时会把代码原来的换行符替换成用户在此处输入的字符。
- 区分字母大小写：在删除字符时是否要区分字母的大小写。
- 用户指定删除的字符：此处输入的字符在读入代码的过程中都会被删除。这里可以使用一些通配符来定义一系列的字符进行删除。

用户输入字符串的规则如下。

- 要输入多个要过滤的字符串，字符串之间用分号（;）隔开。
- 要输入普通字符，只需用键盘输入即可，如 G03、M07 等。
- 要输入十六进制的数字，前面加斜线符号（\），后面跟的必须是两位的字符，且这两个字符必须在 0～9、a～f 或 A～F 之间，否则不合法。例如，“\03”表示 16 进制数字 3；“\A5”表示 16 进制数字 A5；“\G0”是非法的。
- 十六进制数字之后，可以是普通 ASCII 字符，也可以是其他十六进制数字。例如，“\1F34f”表示一个十六进制数字（1F）+普通 ASCII 字符（34f）；“\1F\A3”表示两个连续的十六进制数字（1F）和（A3）；“\3B\9”是非法的，第二个“\”后只有一位；“\4E\T6”是非法的，第二个“\”后面的 T 不在 0～9、a～f 或 A～F 之间。
- \; 表示字符（;），优先级高于表示十六进制。例如，“\; A1”表示字符（;）+普通 ASCII 字符（A1）；“\; \A2”表示字符（;）+16 进制数字（A2）。

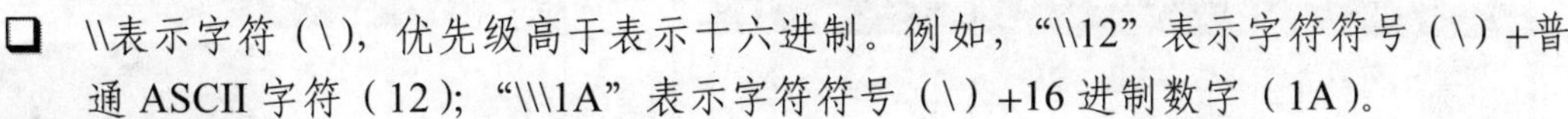

- \\表示字符（\），优先级高于表示十六进制。例如，“\\12”表示字符符号（\）+普通 ASCII 字符（12）；“\\\1A”表示字符符号（\）+16 进制数字（1A）。

（10）**数控扩展**

【数控扩展】选项中的功能只对代码查找功能起作用。在查找数字时，代码中的数字有带小数点和不带小数点之分，还有正负号之分，如果不考虑这些，把数字都找到，就要使用此选项。

此功能只对查找数字时起作用，查找字符时是不起作用的。前向过滤符的意思是指查找的数字前面不能是过滤符中的任意一个。如要查找数字 0，则 G0 中的数字 0 就不应该被查到，可以在过滤符中添加 G 就可以了。

（11）**软件界面**

目前，系统支持软件界面的一些定义，主要是工具栏图标的设置，可以选择大图标或小图标，还可以决定是否显示文字。

（12）**反读设置**

【反读设置】选项用于在程序反读时设置参数，如图 8-33 所示。

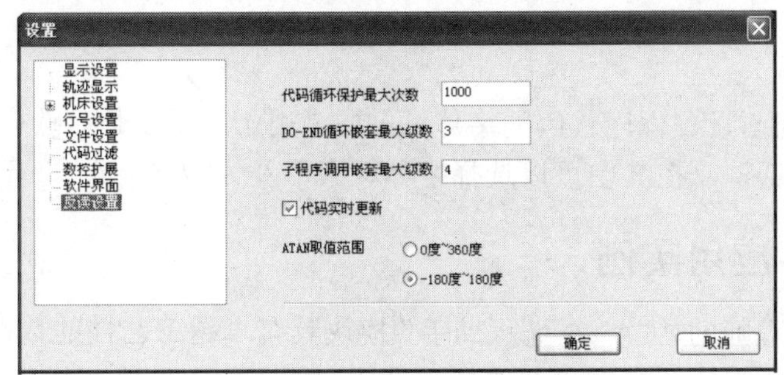

图 8-33　反读设置

- 代码循环保护最大次数：指的是宏程序的代码中如果有循环，其循环的最大次数不可以超过此最大值，否则就视为死循环，将会终止此循环，这也是对付死循环的一个有效机制，默认最大次数为 80000。用户的代码中如果实际循环次数比较大，可以把此数值调大些。
- DO-End 循环嵌套最大级数：指的是在 FANUC 中的循环 DO-END 支持的最大嵌套数，默认为 3。
- 程序调用嵌套最大级数：就是子程序调用子程序时，可以在里面嵌套调用多少个。
- 代码实时更新：选中此复选框，当修改了代码窗口中的代码后，右边的图形窗口中的图形会自动更新。当反读的代码文件比较大时，建议将取消选中此复选框。
- ATAN 取值范围：指的宏程序中的反正切函数的取值，有“0°～360° 和“–180°～+180°”两个选项。

2．刀具库

选择【设置】/【刀具库】命令，会弹出【设置】对话框，其中包括刀具库和补偿值设置。【刀具库】选项界面中包括所有刀具的列表及参数列表，包括刀号、名称、类型、半径、刀角半径、切削长度、全长和备注等，如图 8-34 所示。

双击某一刀具行会弹出【刀具定义】对话框，在其中可以修改刀具参数，如图 8-35 所示。

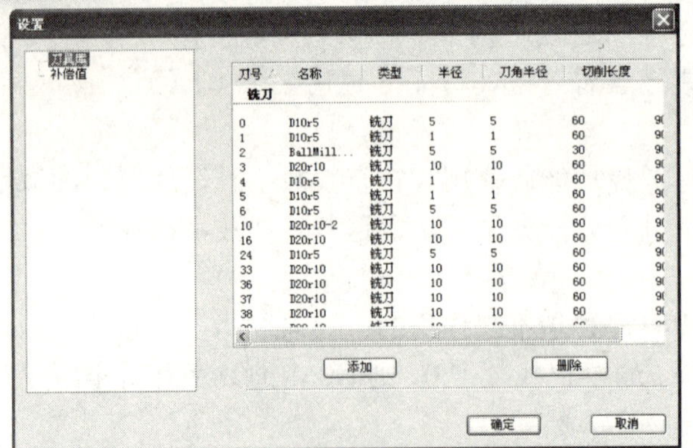

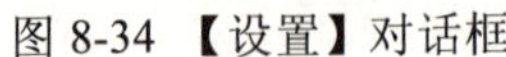
图 8-34 【设置】对话框

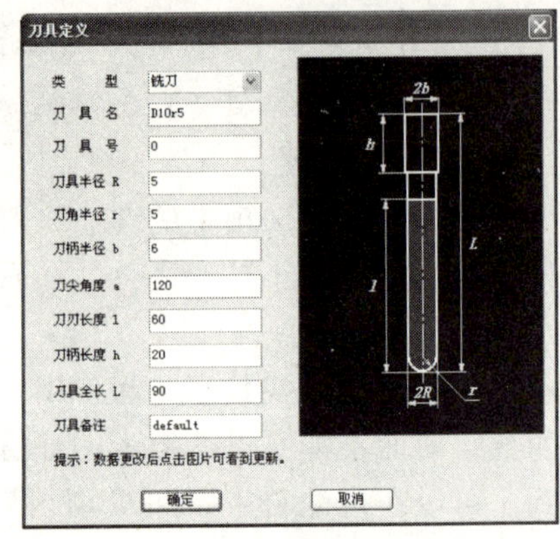

图 8-35 【刀具定义】对话框

补偿值是刀具的切削过程中的补偿。双击某一补偿号会弹出【补偿值定义】对话框。

3．刀具偏置

【刀具偏置】命令用于修改补偿号的补偿值。修改后，修改数值可以在刀具库补偿值中显示。

4．字体

【字体】命令用于设置程序代码的字体，主要是用于显示字体。选择【设置】/【字体】会弹出【字体】对话框，在其中可以选择字体、字形及大小。

8.3 编程助手应用实例

CAXA 制造工程师的“CAXA 编程助手”模块具有卓越工艺性的数控编程 CAM 软件，高效易学，为数控加工行业提供了从造型、设计到加工代码生成、加工仿真和代码校验等一体化的解决方案。同时，“CAXA 编程助手”模块在手工编程和 G 代码校验等方面有着很强的功能。下面用两个例子说明“CAXA 编程助手”模块的功能。

实例文件	实例\08\例 8-1.mxe
操作录像	视频\08\例 8-1.avi

8.3.1 圆弧面的加工 G 代码仿真

下面在 CAXA 制造工程师 2008 中生成如图 8-36 所示的实体，并生成刀具轨迹，进行加工仿真，最后生成加工轨迹 G 代码，并在 CAXA 编程助手 2.0 软件中进行加工代码的仿真。

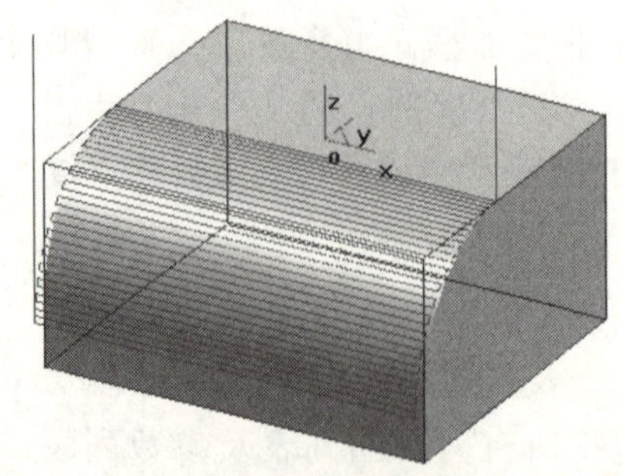

图 8-36 加工实体

操作步骤

01 打开软件。选择【开始】/【程序】/【CAXA】/【CAXA 制造工程师】/【CAXA 制造工程师 2008】命令，或直接双击【CAXA 制造工程师 2008】桌面快捷方式图标，打开 CAXA 制造工程师软件，进入设计界面。软件默认状态下当前坐标为 *XOY* 平面，非草图状态。

02 选择【造型】/【绘制草图】命令，在 *XOY* 平面作为平面进入草图绘制。单击□按钮，在立即菜单中选择“中心_长_宽”方式，在【长度=】文本框中输入“60”，在【宽度 =】文本框中输入“50”。状态栏提示“输入矩形中心位置”，捕捉坐标原点为中心点，如图 8-37 所示，右击结束绘制矩形。单击按钮退出草图绘制。

03 单击按钮，弹出【拉伸增料】对话框，类型选择“固定深度”，选中【反向拉伸】复选框，在【深度】数值框中输入“30”，拉伸对象选择“草图 0”，如图 8-38 所示，单击确定按钮，完成平面拉伸实体特征。

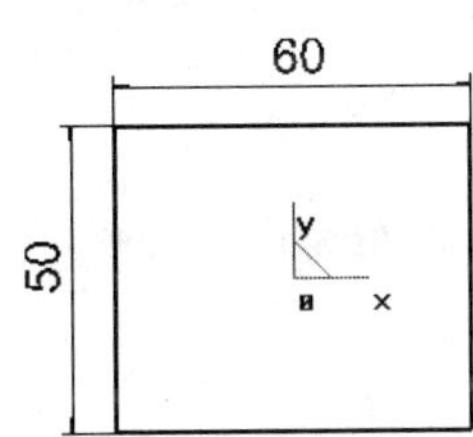

图 8-37　平面草图

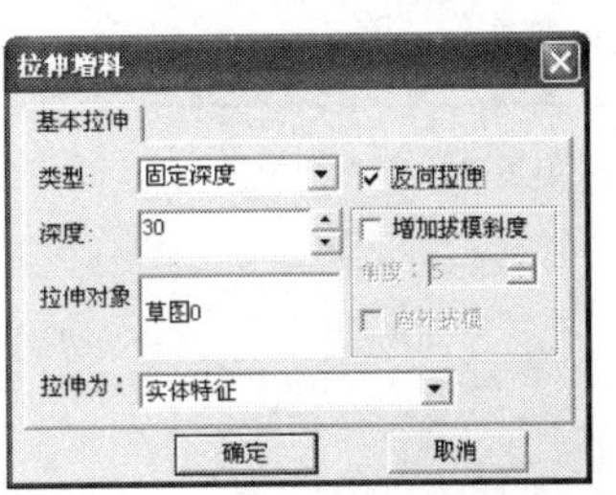

图 8-38　设置拉伸增料参数

04 按 F8 键，单击按钮，弹出【过渡】对话框，在【半径】数值框输入“20”，过渡方式选择“等半径”，选择上平面的左边，边设置为“边 0”，如图 8-39 所示，单击确定按钮，完成边的过渡，如图 8-40 所示。

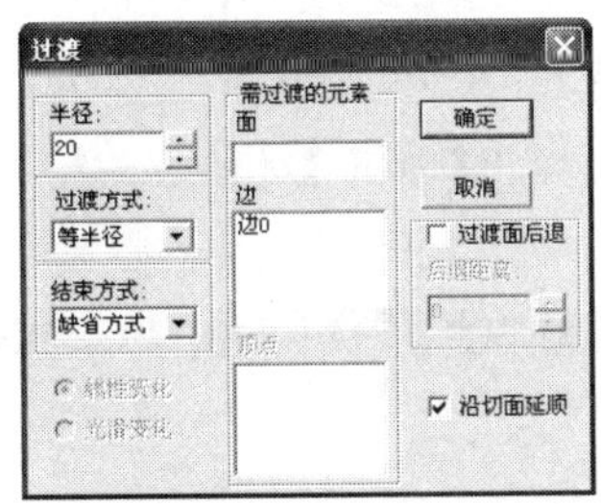

图 8-39　设置过渡参数

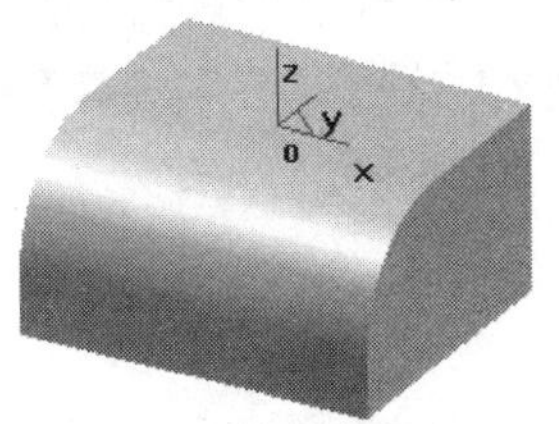

图 8-40　过渡实体

05 选择【加工管理】选项卡，在特征树中双击【毛坯】选项，弹出【定义毛坯】对话框，在【定义毛坯】对话框中单击【参照模型】按钮，基准点及大小根据坐标自动输入，如图 8-41 所示，单击确定按键，定义的毛坯如图 8-42 所示。

06 选择【加工】/【精加工】/【参数线精加工】命令，弹出【参数线精加工】对话框，设置行距为 0.5，单击确定按键，状态栏提示“拾取加工对象”，用鼠标拾取过渡

面，单击鼠标右键，拾取完成；状态栏中提示“拾取进刀点”，单击右边线；状态栏提示“切换加工方向”，单击鼠标右键，确定加工方向；状态栏中提示“改变曲面方向”，单击鼠标右键，确定曲面方向；状态栏中提示“拾取干涉曲面”，单击鼠标右键，确定无干涉曲面；系统自动计算，自动生成加工轨迹，如图 8-43 所示。

07 选择【加工】/【后置处理】/【生成 G 代码】命令，弹出【选择后置文件】对话框，如图 8-44 所示。保存类型选择“后置文件（*.cut）”，在【文件名】文本框中输入“NC0001.cut”，单击 保存(S) 按钮。

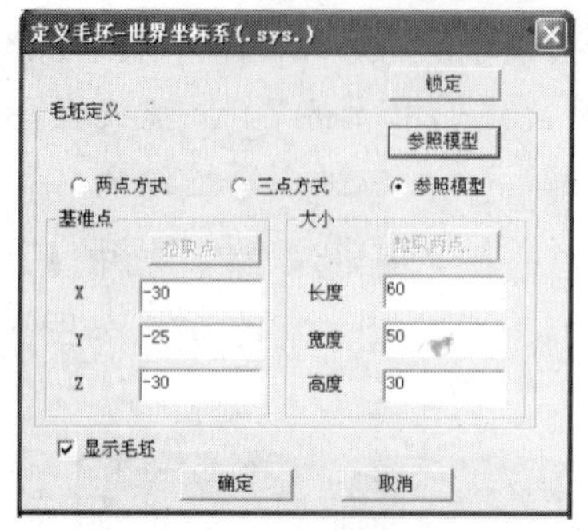

图 8-41　定义毛坯对话框

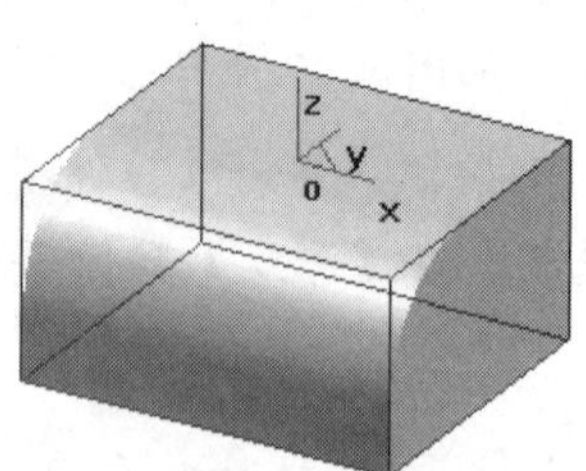

图 8-42　毛坯显示

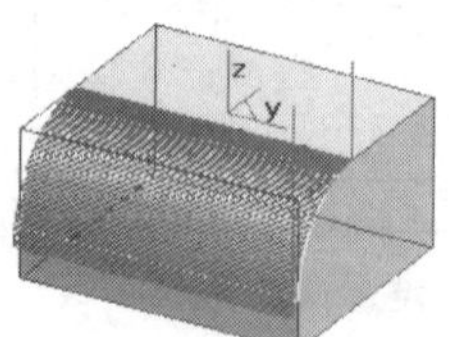

图 8-43　加工轨迹

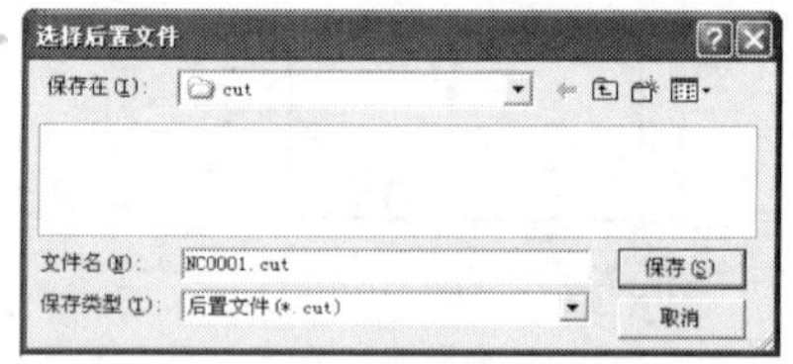

图 8-44　保存代码文件

08 在状态栏中提示“拾取刀具轨迹”，用鼠标拾取生成的刀具轨迹，单击鼠标右键，弹出 G 代码文本文档，如图 8-45 所示。

09 选择【加工】/【编程助手】命令，运行 CAXA 编程助手 2.0 应用程序。

10 在 CAXA 编程助手中选择【文件】/【打开】命令，弹出【打开】对话框，选择 NC0001.cut 文件，如图 8-46 所示。

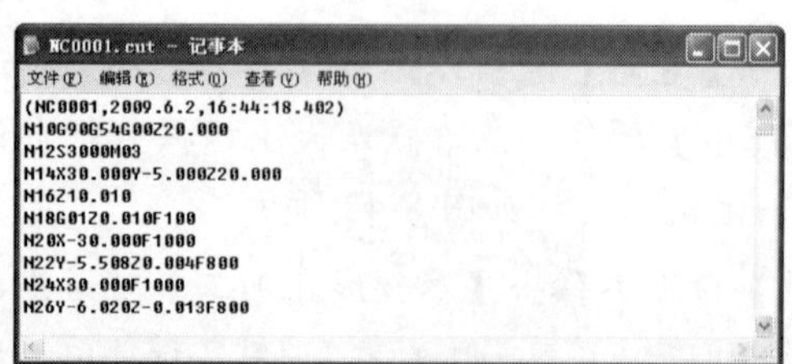

NC0001.cut - 记事本

文件(F) 编辑(E) 格式(O) 查看(V) 帮助(H)

```
(NC0001,2009.6.2,16:44:18.402)
N10G90G54G00Z20.000
N12S3000M03
N14X30.000Y-5.000Z20.000
N16Z10.010
N18G01Z0.010F100
N20X-30.000F1000
N22Y-5.508Z0.004F800
N24X30.000F1000
N26Y-6.020Z-0.013F800
```

图 8-45　G 代码文档

图 8-46　打开 G 代码文件

11 单击 打开(O) 按钮，编程助手加载 G 代码，生成刀具轨迹，如图 8-47 所示。

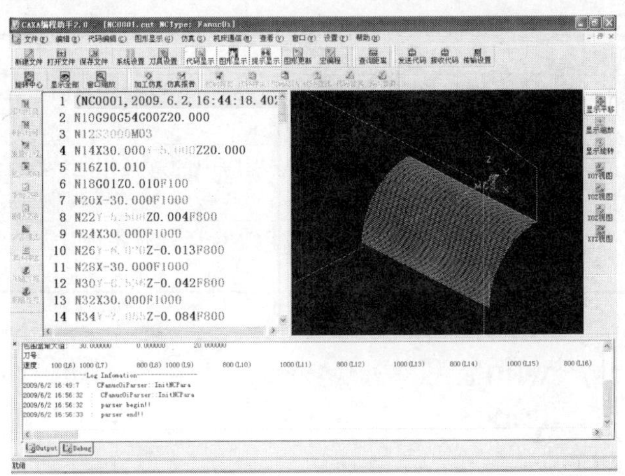

图 8-47　轨迹生成

12 选择【仿真】/【加工仿真】命令，弹出【仿真】对话框，如图 8-48 所示，单击【开始】按钮，仿真开始。

13 如果仿真后验证 G 代码可行，则可以把 G 代码直接传送到数控机床进行加工。

14 设置好数控机床为接收代码状态，选择【机床通信】/【发送代码】命令，则代码立即被发送出去，同时弹出【发送进度】对话框，如图 8-49 所示。

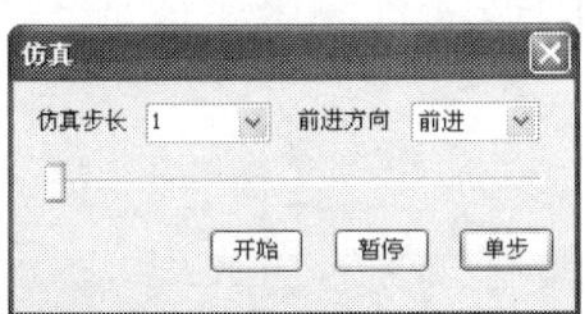

图 8-48 【仿真】对话框

图 8-49　代码发送进度

15 代码发送完成后，【发送进度】对话框消失。

实例文件	实例\08\例 8-2.mxe
操作录像	视频\08\例 8-2.avi

8.3.2　手工编程 G 代码仿真

CAXA 编程助手模块支持手工编程及轨迹显示功能，在每输入一次完整代码后，软件会自动编译，如有错误代码系统会提示。CAXA 编程助手模块同时支持带循环语句和变量的代码读入。下面以一个带变量的循环加工程序为例进行说明。

1．变量

普通加工程序直接用数值指定 G 代码和移动距离即可，如 G00 X10.0。

变量则需要用变量符号 # 和后面的变量号指定。当用变量时，变量值可用程序或 MDI 面板上的操作进行改变。例如，#1＝#2+10，G01 X#1 F100。

变量根据变量号一般可以分成 4 种类型，如表 8-1 所示。

表 8-1　变量分类

变　量　名	变 量 类 型	功　　能
#0	空值变量	该变量总为空
#1～#33	局部变量	局部变量只能用在宏程序中存储数据。如运算结果等。当断电时，局部变量被初始化为空
#100～#199 #500～#999	公共变量	公共变量在不同的宏程序中的意义相同。当断电时，变量#100～#199 初始化为空；变量#500～#999 的数据被保存，即断电后不丢失
#1000--	系统变量	系统变量用于读和写 CNC 运行时各种数据的变化值。如刀具的当前位置和补偿值等

2．循环语句

循环语句的格式为：WHILE [〈条件式〉] DO m；（m＝1，2，3……）

END m

循环语句说明如下。

- 当条件满足时，执行从 Do m 到 END m 之间的程序。当条件不满足时，转到 END m 后的程序段。
- 省略 WHILE 语句只有 DO m…END m 时，则从 DO m 到 END m 之间形成死循环。
- 嵌套不能多于 3 级，不能交叉，转移不能进入循环体。

3．判断条件

判断条件一般有等于、不等于、大于、小于、大于等于和小于等于等。其中，EQ 表示“=”、NE 表示“≠”、GT 表示“>”、LT 表示“<”、GE 表示“≥”、LE 表示“≤”。

下面加工如图 8-50 所示的轨迹图形，用带变量的循环程序来生成如图 8-51 所示的加工代码进行仿真。

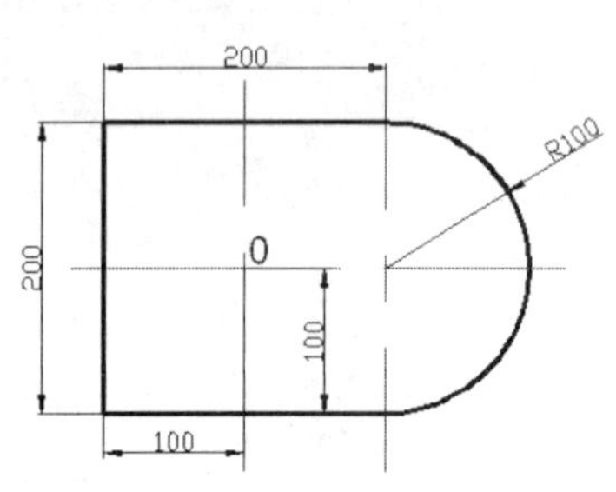

图 8-50　轨迹外形尺寸

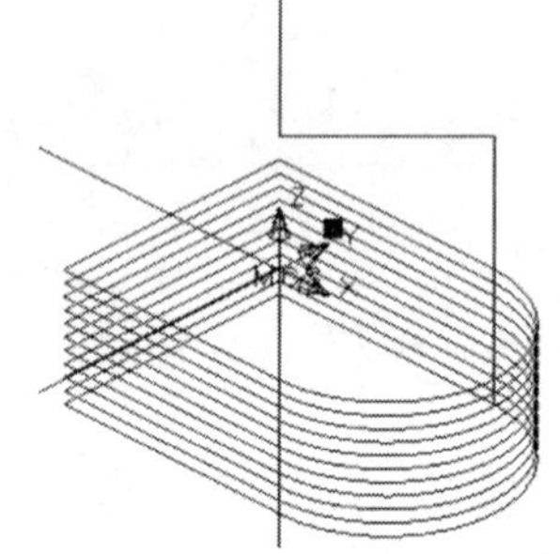

图 8-51　轨迹形态

循环加工程序 G 代码要求为：代码程序中有两个变量，分别定义为# 1 和 #2。变量 #1 在程序中作为 Z 轴的加工数值，并且在每次加工完成后自动加 10；只要变量 #1 小于等于变量#2 的值，就进行轨迹加工；变量#2 设置为 100。

操作步骤

01　打开软件。选择【开始】/【程序】/【CAXA】/【CAXA 制造工程师】/【编程助手 2008】命令，或直接双击【CAXA 编程助手 2008】桌面快捷方式图标，打开 CAXA 编程助手软件，进入软件界面。在程序代码录入框中将上面的循环加工程序 G 代码录入。

02 设置 G 代码坐标为绝对坐标。输入“G90G54G00Z200”使用绝对坐标，Z 轴快速移动到 200 处。

03 移动至换刀点。输入“X0 Y0”，使铣头定位在 X0Y0Z200 的位置上，再输入换刀及刀补指令，输入“T01G43H01”及刀号 01 号，刀补为 H01。

04 启动主轴。输入“S800M03”，即主轴以 800 转每分钟的转速进行顺时针旋转。

05 *Z* 轴快速下移，然后 *X*、*Y* 轴快速移动至加工点（100，100，100），输入“G00 Z100 X100 Y100”。

06 设置变量及循环语句。输入“#1 = 0，#2 = 100，WHILE [#1 LE #2] DO 1;”设置变量 #1 的值为 0，变量 #2 的值为 100。如果变量 #1 的值小于等于变量 #2 的值时执行 DO 1 到 END 1 之间的程序代码。

07 设置 *Z* 轴进给及进给率。输入“G01 Z－#1　F10”。当变量#1 为 10 时，Z－#1 为 Z–10。

08 向左加工到点（−100，100），输入“G01 X−100”。

09 向下加工到点（−100，−100），输入“G01 Y−100”。

10 向右加工到点（100，−100），输入“G01 X100”。

11 加工半径为 100 的半圆弧。输入“G03 X100 Y100 R100”，至此，一圈的加工轨迹完成。

12 变量 #1 的值增加 10。输入“#1 = #1+10”。此时#1 = 0+10。添加 END 1，程序跳转到 WHILE 处执行条件判断。如果条件成立，执行 DO 1 至 END 1 之间的程序；否则，执行 END 1 后面的加工程序。当变量 #1 的值为 100 时，执行#1=#1+10 指令后，变量#1 的值为 110，跳转到 WHILE 处后，判断条件#1（110）≤#2（100）不成立，程序执行 END 1 后面的加工程序。

13 *Z* 轴抬刀加原点。输入“G0 Z100，X0 Y0，Z200”。

14 停止主轴转动，程序结束。输入“M05M30”。

15 代码如下所示。编程助手中录入代码如图 8-52 所示。

```
%
N00 G90G54G00Z200
N05 X0 Y0
N10 T01G43H01
N15 S800M03
N20 G00 Z100
N25 G00 X100 Y100
N30 #1=0
N35 #2=100
N40 WHILE [#1 LE #2] DO 1;
N45 G01 Z-#1   F10
N50 G01 X-100
N55 G01 Y–100
N60 G01 X100
N65 G03 X100 Y100  R100
N70 #1=#1+10
N75 END 1
N80 G0 Z100
N85 X0 Y0
N90 Z200
N95 M05M30
%
```

16 代码在录入过程中，软件界面右侧出现加工轨迹线。生成如图 8-53 所示的加工轨迹。

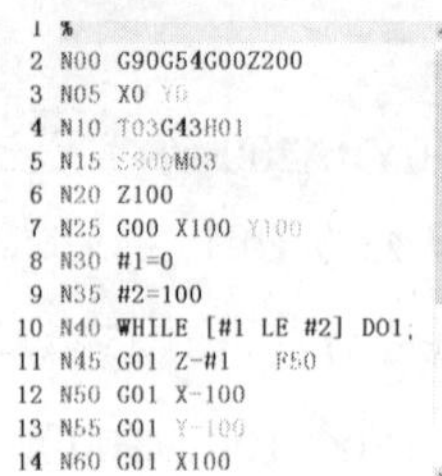

```
%
N00 G90G54G00Z200
N05 X0 Y0
N10 T03G43H01
N15 S300M03
N20 Z100
N25 G00 X100 Y100
N30 #1=0
N35 #2=100
N40 WHILE [#1 LE #2] DO1;
N45 G01 Z-#1   F50
N50 G01 X-100
N55 G01 Y-100
N60 G01 X100
```

图 8-52　录入 G 代码

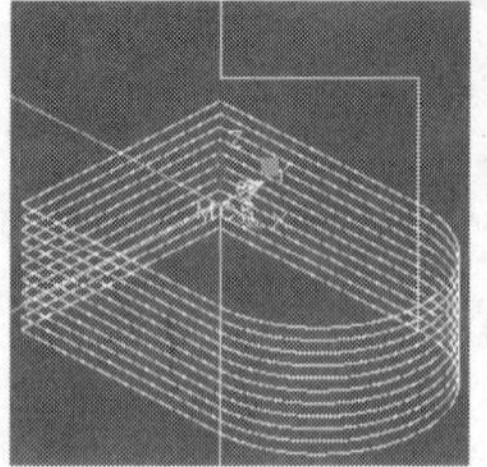

图 8-53　加工轨迹线

17 G 代码输入完成后，可以进行加工仿真。选择【仿真】/【加工仿真】命令，弹出【仿真】对话框，选择仿真步长为 1，前进方向选择“前进”，单击【开始】按钮，仿真开始。

18 当变量#1 变为 70 时，执行画圆弧的指令“N65 G03 X100 Y100 R100”时的仿真情况，如图 8-54 所示。

19 如果程序代码有错误，软件会进行提示。如果把“N45 G01 Z－#1 F50”代码中的 G01 误写为 GO1（大写字母 O），则软件在 Output 栏中会提示“error <11>: "GO"未定义的字符”，如图 8-55 所示。

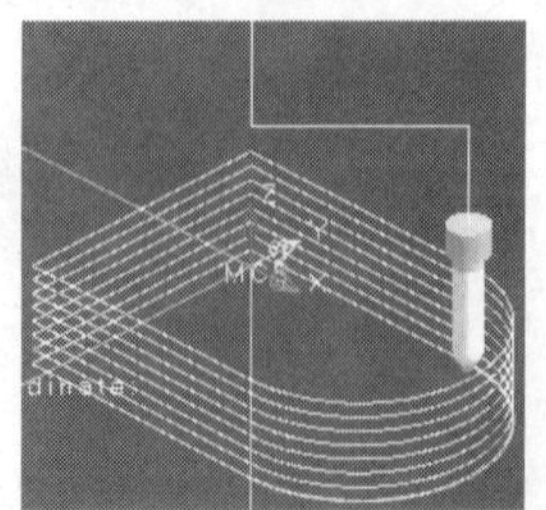

图 8-54　加工仿真中

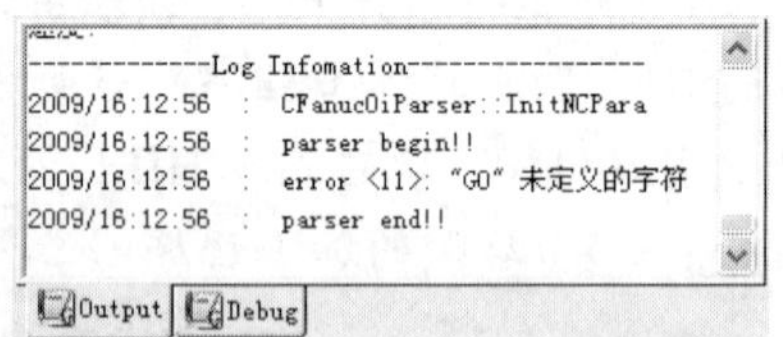

图 8-55　加工仿真中的错误

20 G 代码编写完成后，进行代码保存。选择【文件】/【保存】命令，弹出【另存为】对话框，输入文件名为“变量循环加工轨迹.cut”，如图 8-56 所示。

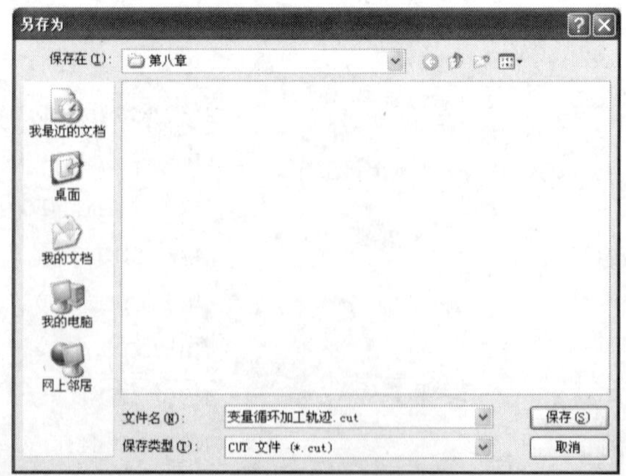

图 8-56　保存 G 代码

8.4　思考与练习

1．思考题

（1）如何进行加工代码仿真？

（2）编程助手如何将标准代码转换成其他类型数控系统的代码？

（3）编程助手与数控系统进行代码传送时，如何进行设置？

2．操作题

（1）利用手工编程方式编出如图 8-57 所示的平面加工程序。

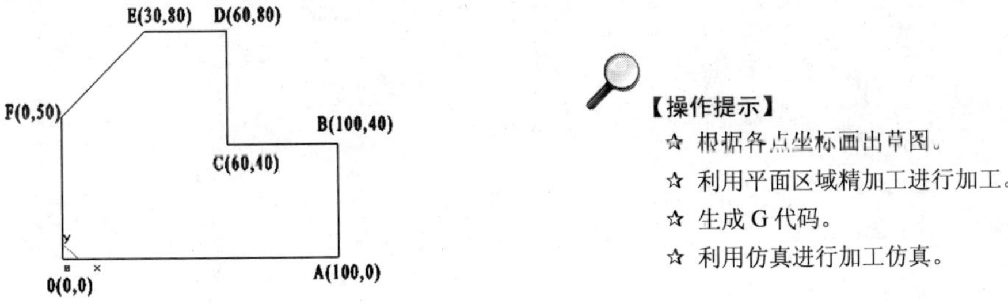

【操作提示】

☆ 根据各点坐标画出草图。

☆ 利用平面区域精加工进行加工。

☆ 生成 G 代码。

☆ 利用仿真进行加工仿真。

图 8-57　二维图形

（2）利用 CAXA 制造工程师按图 8-58 所示的尺寸生成如图 8-59 所示的实体，并生成加工轨迹，在编程助手中进行仿真轨迹线。

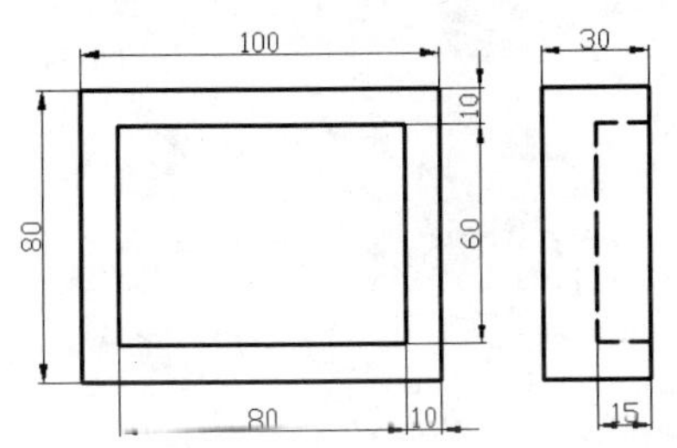

【操作提示】

☆ 按照二维图尺寸绘制实体。

☆ 进行粗加工或精加工。

☆ 生成刀具轨迹后生成代码。

☆ 代码完成后进行仿真。

图 8-58　几何图形

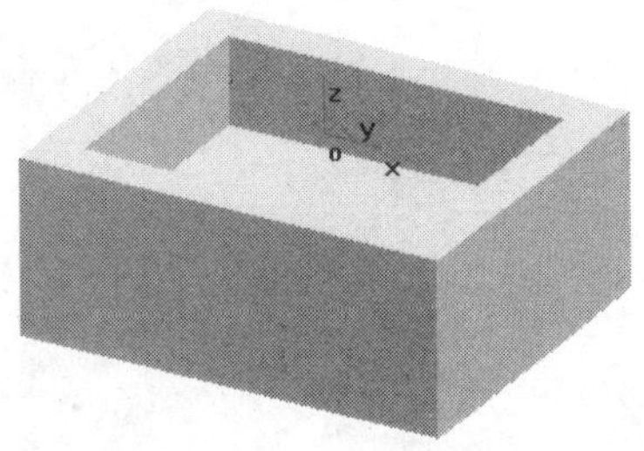

图 8-59　实体外形

第9章 综合实例

学习目标

掌握基本的草图绘制方法

掌握基本的线架造型方法

掌握基本的实体造型方法

掌握加工后置设置生成刀具轨迹的方法

掌握如何生成编辑G代码

掌握加工仿真方法

通过实体拉伸、变半径过渡、线面裁剪和布尔运算等实体特征及放样面的生成等方法可以完成肥皂的造型外形轮廓。实体生成后可以进行等高线粗加工、等高线精加工和笔式精根加工等生成加工轨迹，进而生成加工G代码。

通过相切圆的绘制、实体拉伸和实体过渡等实体特征及扫描面和等距面的生成方法可以实现实体的构建。模型生成后可以进行等高线粗加工、浅平面精加工、平面轮廓精加工和笔式精根加工来生成手机外壳框，再由加工轨迹生成相关的加工G代码。

9.1 球面底座的造型与加工实例

实例文件	实例\09\例 9-1.mxe
操作录像	视频\09\例 9-1.avi

本节以一球面底座为例进行实体造型的绘制。球面底座主要由正方体底座、圆柱形台和在圆柱台内的两个球面构成。实体绘制完成后进行后置设置，生成加工轨迹，进行加工轨迹仿真；然后生成 G 代码，进行加工仿真。

球面底座尺寸及三维实体如图 9-1 所示。

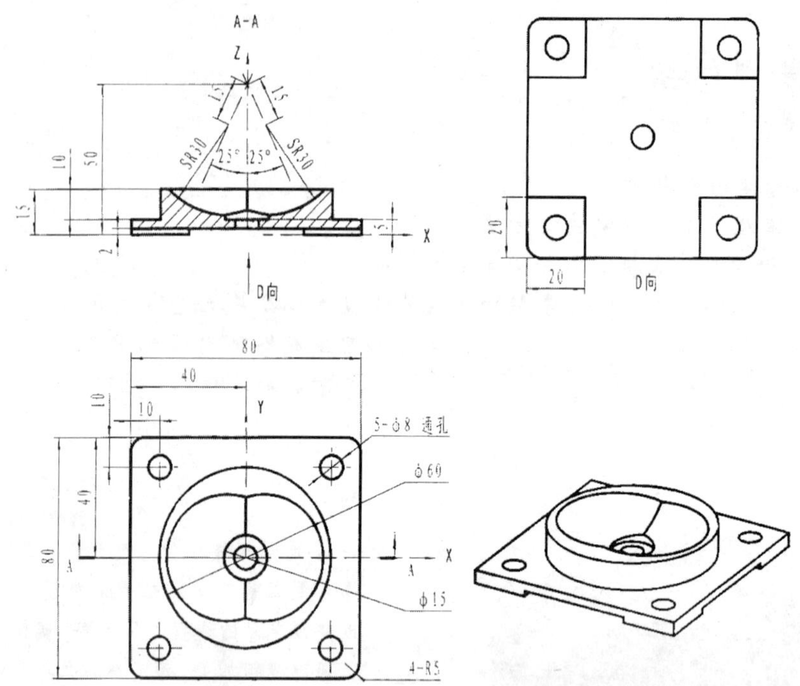

图 9-1 球面底座的尺寸及三维实体图

9.1.1 球面底座的造型

球面底座主要由正方形底座、圆柱台、两个球面及孔组成。通过球面底座的造型可以掌握建立平面、生成草图、拉伸增料、拉伸除料和旋转除料等造型方法。

操作步骤

01 打开软件。选择【开始】/【程序】/【CAXA】/【CAXA 制造工程师】/【CAXA 制造工程师 2008】命令，或直接双击【CAXA 制造工程师 2008】桌面快捷方式图标，打开 CAXA 制造工程师软件，进入设计界面。软件默认状态下，当前坐标为 *XOY* 平面，非草图状态。

02 绘制底座草图。在树管理器中的【零件特征】选项卡中选择【平面 *XY*】选项，按 F2 键，生成“草图 0”；单击【矩形】按钮，在立即菜单中选择【中心_长_宽】选项，在【长度】文本框中输入“80”，在【宽度】文本框中输入“80”，拾取原点，单击鼠标右键，生成正方形；单击【曲线过渡】按钮，在立即菜单中选择【圆弧过渡】选项，在【半径】文本框中输入“5”，拾取正四边形的两相邻边生成倒角，单击鼠标右键，倒角完成，如图 9-2 所示。

03 生成底板。按 F2 退出“草图 0”，单击【拉伸增料】按钮，在【拉伸增料】对话框中选择【固定深度】选项，在【深度】数值框中输入“5”，拉伸对象选择“草图 0”，单击 确定 按钮，生成如图 9-3 所示的实体。

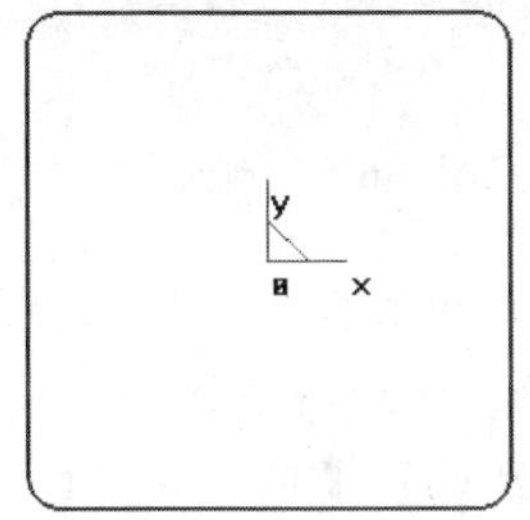

图 9-2 绘制底板草图

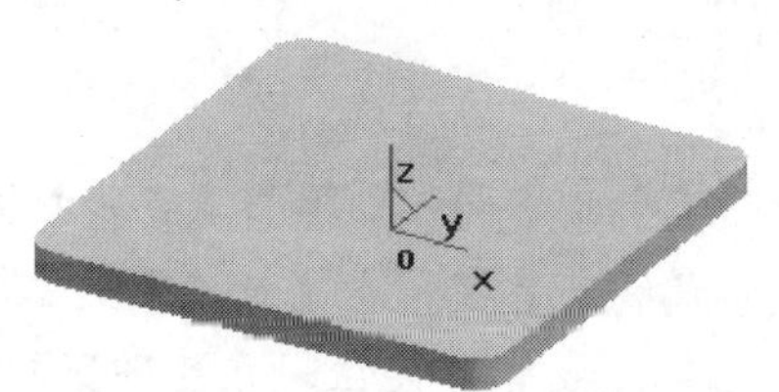

图 9-3 底板的三维实体

04 生成圆柱草图。拾取底板上平面，右击，在弹出的快捷菜单中选择【创建草图】命令，生成“草图 1”。单击【整圆】按钮，在立即菜单中选择“圆心_半径”方式绘制圆，拾取原点，按 Enter 键，弹出坐标值输入对话框，输入半径值“30”，按 Enter 键，右击，圆绘制完成。

05 生成圆柱台。按 F2 退出“草图 1”，单击【拉伸增料】按钮，在【拉伸增料】对话框中选择【固定深度】选项，在【深度】数值框中输入“10”，拉伸对象选择“草图 1”，单击 确定 按钮，生成如图 9-4 所示的实体。

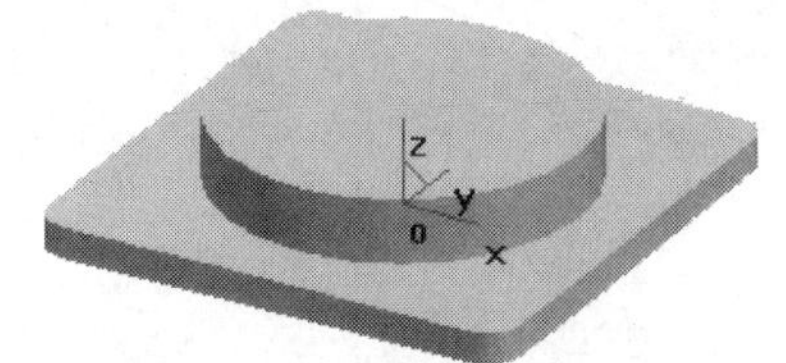

图 9-4 圆柱台拉伸实体

06 绘制两球心位置。按 F9 键切换到 *XOZ* 平面，绘制 *A*（0，0，50）点，单击【点】按钮，在立即菜单中选择“单个点”和“工具点”方式绘制点，按 Enter 键，输入点坐标值（0，0，50），按 Enter 键，绘制点完成；单击【直线】按钮，在立即菜单中选择“角度线”和“X 轴夹角”方式绘制直线，角度设置为 75°，拾取 *A* 点，绘制直线段；将角度修改“−75°”，拾取 *A* 点，绘制另一直线段；单击【整圆】按钮，在立即菜单中选择“圆心_半径”方式绘制半径为 15 的圆，拾取 *A* 点，按 Enter 键，输入半径值 15，按 Enter 键，圆绘制完成，与刚刚绘制的直线段相交产生 *B*、*C* 两点；从 *B*、*C* 两点向下作两条与 *Z* 轴平行的竖直线，单击【直线】按钮，在立即菜单中选择【两点线】、【单个】、【正交】和【两点式】选项，拾取 B 点，向下拾取另一点 *B'*，生成线段 *BB'*；拾取 *C* 点，向下拾取 *C'*点，生成一直线段生成线段 *CC'*，如图 9-5 所示。

07 绘制圆弧。在树管理器中的【零件特征】选项卡中选择【平面 *YZ*】选项，按 F2 键生成“草图 2”；按 F2 键，以 B 点为圆心，绘制半径为 30 的圆，单击【整圆】按钮，在立即菜单中选择【圆心_半径】选项，拾取 *B* 点，按 Enter 键，输入半径值“30”，按 Enter 键，圆 *B* 绘制完成，如图 9-6 所示。

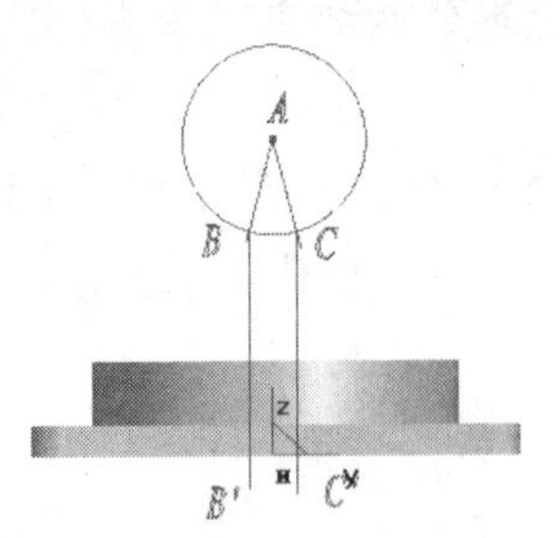

图 9-5　球面的圆心点

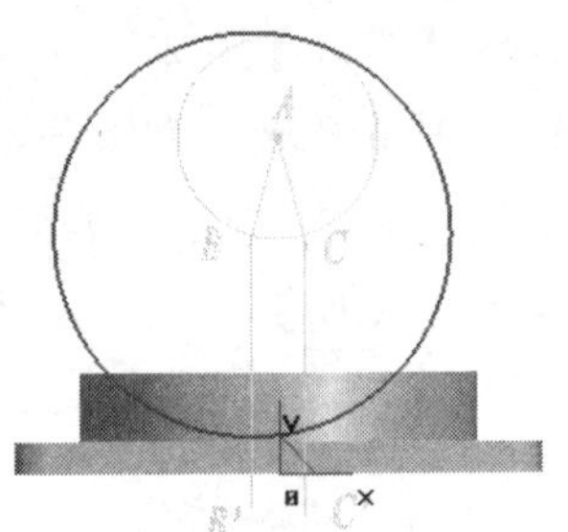
图 9-6　绘制圆

08 修改圆，生成半圆弧。单击【直线】按钮，在立即菜单中选择“水平/铅垂线”和“铅垂”方式绘制直线，在【长度】文本框中输入“100”，拾取 *B* 点，绘制直线段完成；单击【曲线裁剪】按钮，在立即菜单中选择【快速裁剪】、【正常裁剪】选项，拾取线段两端和右半圆弧，裁剪完成后如图 9-7 所示。

09 进行旋转除料。按 F2 键退出“草图 2”。单击【旋转除料】按钮，在【旋转除料】对话框中选择【单向旋转】选项，设置角度为 360°，拾取“草图 2”，拾取 *BB'* 线段为旋转轴线，单击 确定 按钮，旋转除料后如图 9-8 所示。

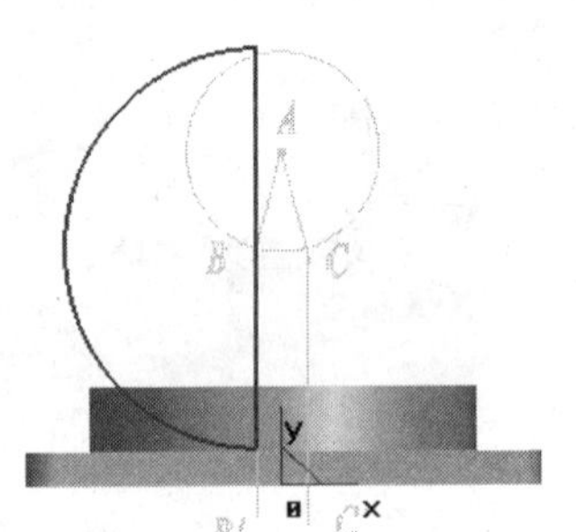
图 9-7　绘制圆弧

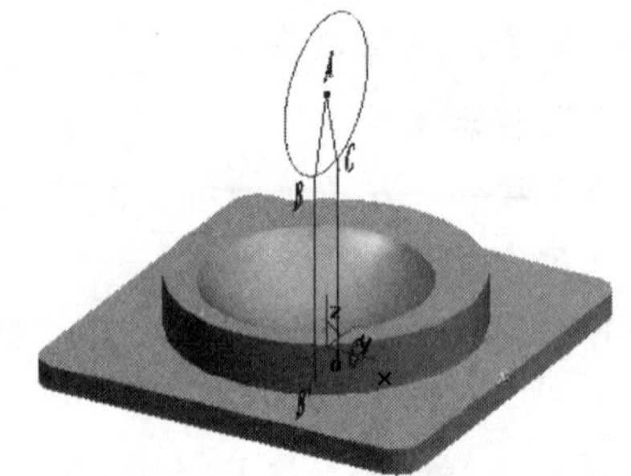
图 9-8　圆弧除料后效果

10 绘制另一则圆弧。在树管理器中的【零件特征】选项卡中选择【平面 *YZ*】选项，按 F2 键生成“草图 3”；按 F2 键，以 *C* 点为圆心，绘制半径为 30 的圆，单击【整圆】按钮，在立即菜单中选择【圆心_半径】选项，拾取 *C* 点，按 Enter 键，输入半径值“30”，按 Enter 键，圆 *C* 绘制完成。

11 修改圆，生成半圆弧。单击【直线】按钮，在立即菜单中选择“水平/铅垂线”和“铅垂”方式绘制直线，在【长度】文本框中输入“100”，拾取 *C* 点，绘制直线段完成；单击【曲线裁剪】按钮，在立即菜单中选择【快速裁剪】、【正常裁剪】选项，拾取线段两端和右半圆弧，裁剪完成后如图 9-9 所示。

12 进行旋转除料。按 F2 键退出“草图 3”。单击【旋转除料】按钮，在【旋转除料】对话框中选择【单向旋转】选项，设置角度为 360°，拾取“草图 3”，拾取 *CC'*

线段为旋转轴线，单击 确定 按钮，旋转除料后，把相关辅助线删除，如图 9-10 所示。

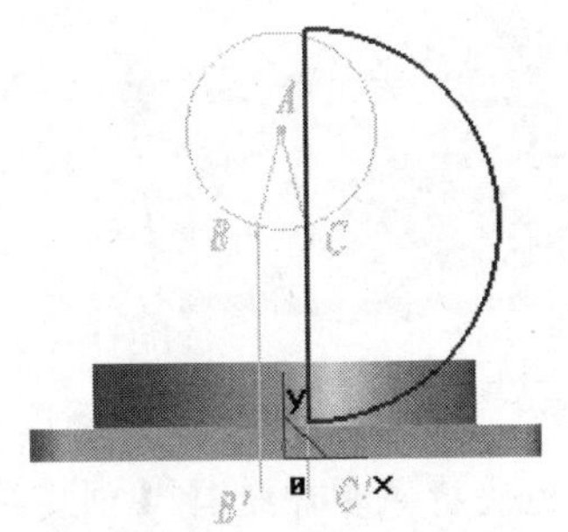

图 9-9　右侧圆弧草图

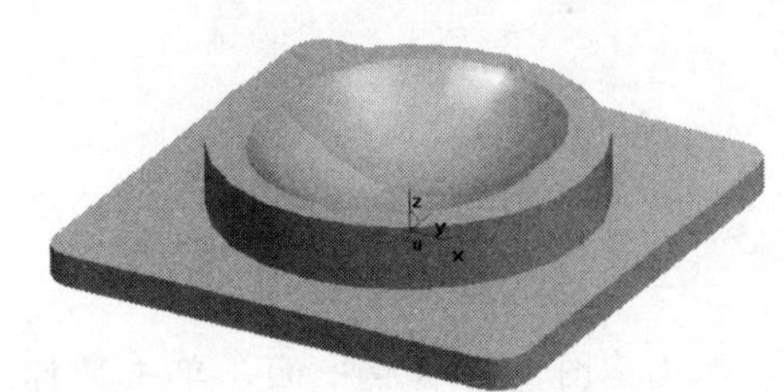

图 9-10　球面凹槽实体

13 绘制直径为 15 的圆孔。拾取圆柱台的上平面，单击鼠标右键，在弹出的快捷菜单中选择【创建草图】命令，生成“草图 4”。单击【整圆】按钮，在立即菜单中选择“圆心_半径”方式绘制圆，拾取原点，按 Enter 键，输入半径值 7.5，按 Enter 键，圆绘制完成，单击鼠标右键退出绘制。

14 进行拉伸除料生成孔。按 F2 键退出“草图 4”。单击【拉伸除料】按钮，在【拉伸除料】对话框中选择【固定深度】选项，在【深度】数值框中输入“10”，拾取“草图 4”，单击 确定 按钮，拉伸除料后如图 9-11 所示。

15 进行底板的绘制。旋转实体至底面向上，拾取底面，单击鼠标右键，在弹出的快捷菜单中选择【创建草图】命令，生成“草图 5”，按 F5 键。单击【直线】按钮，在立即菜单中选择“水平/铅垂线”和“水平+铅垂”方式绘制直线，在【长度】文本框中输入“100”，拾取原点，绘制十字直线段完成；单击【等距线】按钮，在立即菜单中选择【单根曲线】和【等距】选项，在【距离】文本框中输入“20”，拾取线段进行向外等距，等距完成后，再用等距后的线段进行等距，如图 9-12 所示。

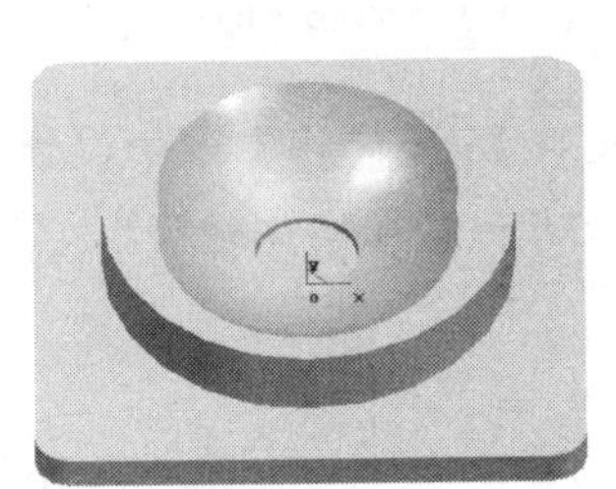

图 9-11　拉伸除料生成圆柱凹槽

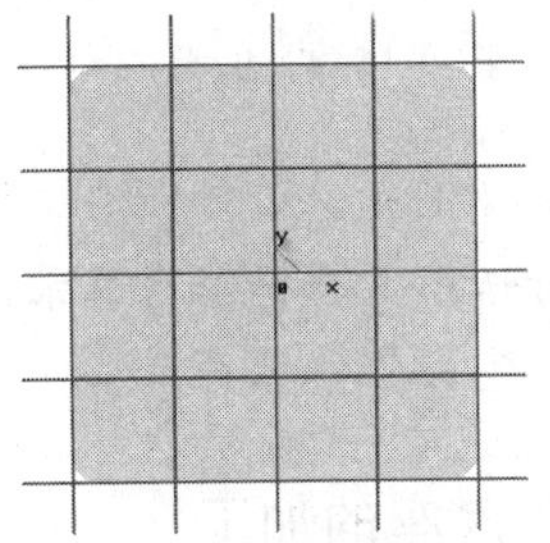

图 9-12　绘制等距线

16 修剪多余线。单击【曲线裁剪】按钮，在立即菜单中选择“快速裁剪”方式进行多余线的裁剪。单击【删除】按钮进行多余线的删除，修改后如图 9-13 所示。

17 进行除料。单击【拉伸除料】按钮，在【拉伸除料】对话框中选择【固定深度】选项，在【深度】数值框中输入“2”，拾取“草图 5”，单击 确定 按钮，拉伸除料后如图 9-14 所示。

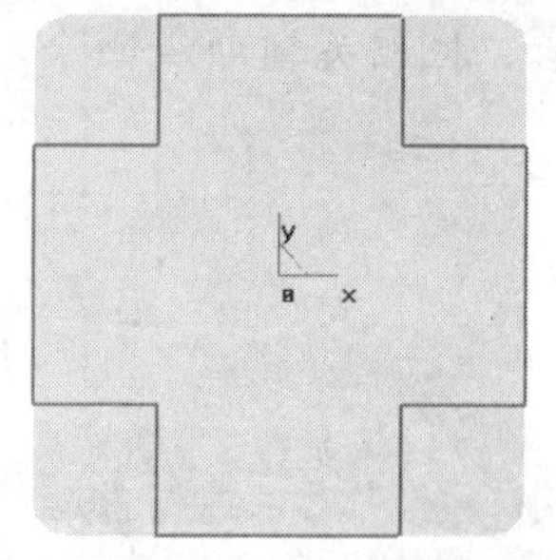

图 9-13　修剪多余线后的底座草图

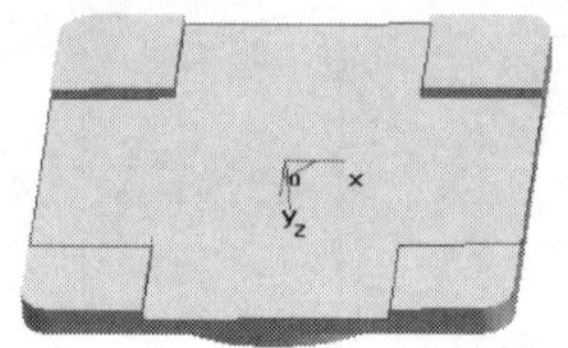

图 9-14　除料后的底座实体

18 绘制孔草图。拾取底平面，单击鼠标右键，在弹出的快捷菜单中选择【创建草图】命令，生成“草图 6”，按 F5 键。单击【整圆】按钮，在立即菜单中选择【圆心_半径】选项，拾取原点，按 Enter 键；输入半径值“4”，按 Enter 键，中心圆绘制完成；按 Enter 键；在弹出的输入对话框中输入圆心坐标值（30，30，0）；按 Enter 键，圆心确定；按 Enter 键，输入半径值“4”；按 Enter 键，外圆绘制完成；单击【阵列】按钮，在立即菜单中选择【圆形】和【均布】选项，在【份数】文本框中输入“4”，框选外圆，单击鼠标右键，拾取原点为中心点，阵列完成，如图 9-15 所示。

19 生成孔特征。按 F2 键退出“草图 6”。单击【拉伸除料】按钮，在【拉伸除料】对话框中选择【固定深度】选项，在【深度】数值框中输入“6”，拾取“草图 6”，单击 确定 按钮，拉伸除料后如图 9-16 所示。

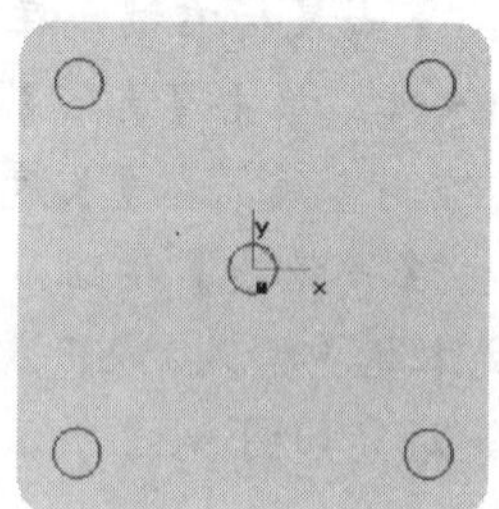

图 9-15　孔的草图

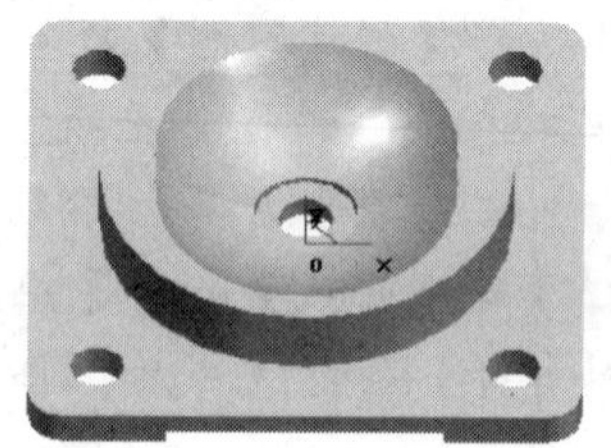

图 9-16　球面底座的三维实体图

20 实体造型完成，进行保存。选择主菜单中的【文件】/【保存】命令，弹出【存储文件】对话框，选择保存目录，输入保存文件名“球面底座实体造型”，单击【保存】按钮，完成实体保存。

9.1.2　球面底座的加工

球面底座的实体形状比较规则，可以用等高线粗、精加工来完成圆柱台及外轮廓的加工，用中心钻进行 5 个通孔的引正，用麻花钻进行 5 个通孔的钻削，用球头铣刀进行精加工曲面。

通过球面底座的加工学习毛坯的定义、等高线粗加工、区域式精加工、钻孔及扫描线精加工的加工方法。

（1）ϕ20mm 立铣刀，用等高线粗加工进行ϕ60 圆凸台、外轮廓及球面的加工等。

（2）ϕ8mm 键槽铣刀，用平面轮廓精加工进行ϕ15 凹圆槽的加工。

（3）ϕ8mm 麻花钻，钻 5 个ϕ8 通孔。

（4）R5mm 球头铣刀，用扫描线精加工进行球形曲面的精加工。

操作步骤

01 打开软件。选择【开始】/【程序】/【CAXA】/【CAXA 制造工程师】/【CAXA 制造工程师 2008】命令，或直接双击【CAXA 制造工程师 2008】桌面快捷方式图标，打开 CAXA 制造工程师软件，进入设计界面。软件默认状态下，当前坐标为 *XOY* 平面，非草图状态。

02 打开实体文件。选择主菜单中的【文件】/【打开】命令，弹出【打开文件】对话框，选择已完成的“球面底座实体造型.mxe”文件，单击 确定 按钮，打开文件。

03 后置设置。用户可以增加当前使用的机床，给出机床名，定义适合自己机床的后置格式。系统默认的格式为 FANUC 系统的格式，本例使用默认的 FANUC 系统。

04 定义刀具。单击树管理器，选择【加工管理】选项卡，双击【刀具库】选项，弹出【刀具库管理】对话框；单击【增加刀具】按钮，在对话框中输入铣刀名称“D20”，增加一个粗加工立铣刀；单击【增加刀具】按钮，在对话框中输入名称“铣刀，D8”，增加一个精加工键槽铣刀；单击【增加刀具】按钮，在对话框中输入名称“钻刀，D8”，增加一个钻刀；单击【增加刀具】按钮，在对话框中输入名称“铣刀，D10r5”，增加一个精加工铣刀，如图 9-17 所示，单击 确定 按钮退出刀具库管理。

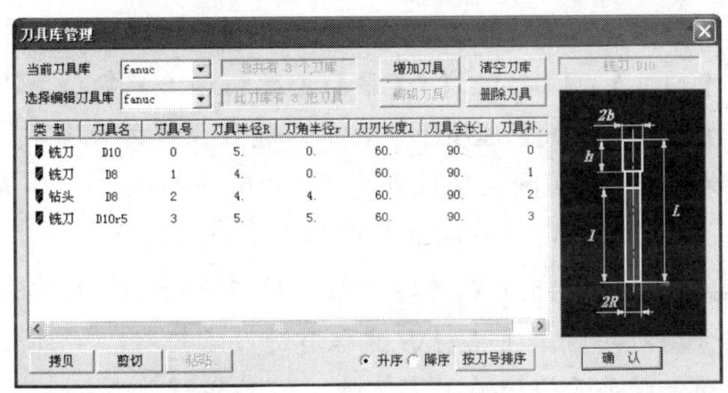

图 9-17 【刀具库管理】对话框

05 建立毛坯。单击树管理器，选择【加工管理】选项卡，双击【毛坯】选项，弹出【定义毛坯】对话框，选中【两点方式】单选按钮，参数如图 9-18 所示，单击 确定 按钮，生成毛坯。

06 用等高线粗加工方法加工外形。选择【加工】/【粗加工】/【等高线粗加工】命令，弹出【等高线粗加工】对话框。在【加工参数 1】选项卡中，加工方向选择“顺铣”，*Z* 切入选择“层高”，层高设为 2，*XY* 切入选择“行距”，行距设为 2，如图 9-19 所示。在【刀具参数】选项卡中，刀具设为“铣刀 D10”，然后设置其他相关参数。

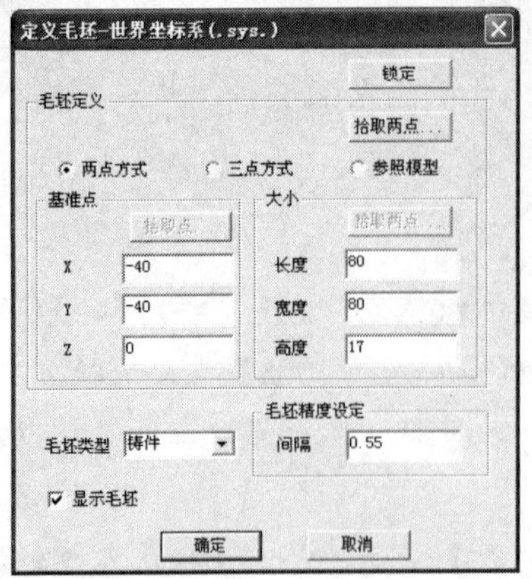

图 9-18 定义毛坯

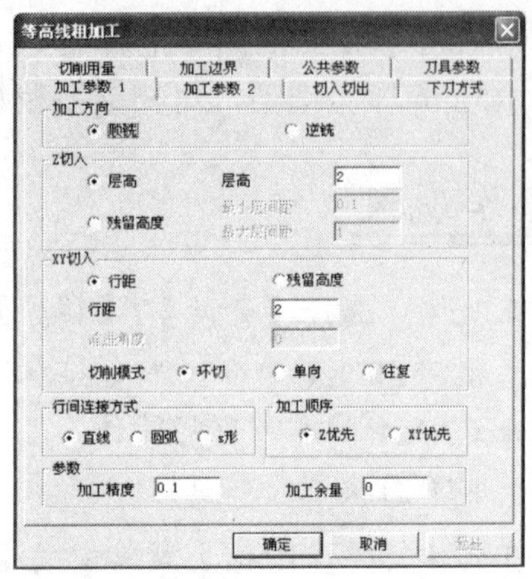

图 9-19 【等高线粗加工】对话框

07 单击 确定 按钮，拾取实体，单击鼠标右键确认拾取完成；单击鼠标右键取消拾取加工边界线，系统自动生成等高线粗加工轨迹，如图 9-20 所示。

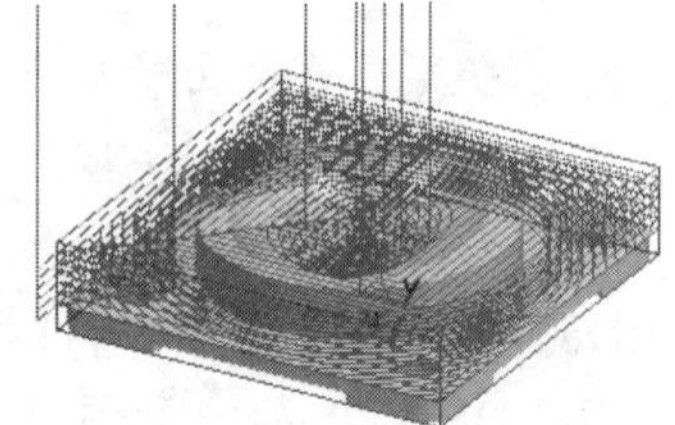

图 9-20 等高线粗加工轨迹

08 同时，在树管理器中生成“1-等高线粗加工”文件夹，选择此文件夹，单击鼠标右键，在弹出的快捷菜单中选择【隐藏】命令，隐藏轨迹线，方便生成其他加工轨迹线。

09 平面轮廓精加工进行 $\phi15$ 凹圆槽的加工。单击【相关线】按钮，在立即菜单中选择【实体边界】选项，拾取 $\phi15$ 凹圆槽的边，绘制一个圆；选择【加工】/【精加工】/【平面轮廓精加工】命令，弹出【平面轮廓精加工】对话框。在【加工参数】选项卡中，加工精度设置为 0.01，顶层高度设置为 10，底层高度设置为 5，每层下降高度设置为 1，如图 9-21 所示。在【刀具参数】选项卡中，刀具设为“铣刀 D8”，然后设置其他相关参数。

10 单击 确定 按钮，拾取 $\phi15$ 的圆为轮廓线，拾取任一方向的箭头进行自动搜索，拾取向内的加工方向前头，单击鼠标右键取消进刀点拾取，单击鼠标右键取消退刀点拾取，系统自动生成平面轮廓精加工轨迹，如图 9-22 所示。

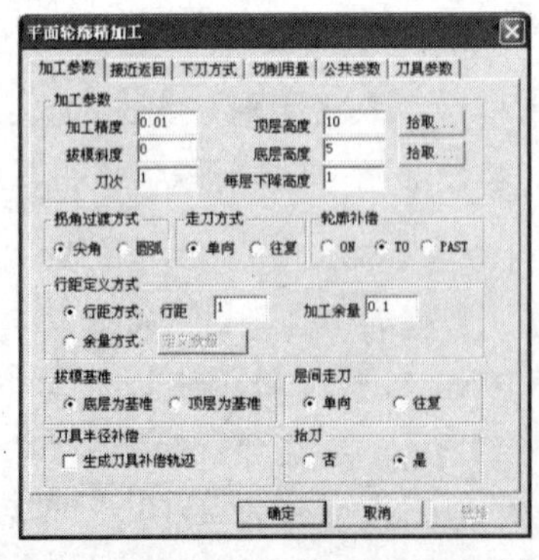

图 9-21 【平面轮廓精加工】对话框

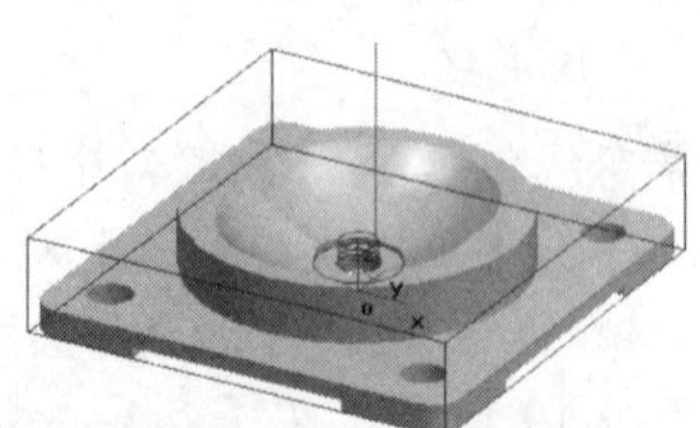

图 9-22 平面轮廓精加工轨迹

11 同时，在树管理器中生成“2–平面轮廓精加工”文件夹，选择此文件夹，单击鼠标右键，在弹出的快捷菜单中选择【隐藏】命令隐藏轨迹线，方便生成其他加工轨迹线。

12 钻 5 个$\phi 8$通孔。单击【相关线】按钮，在立即菜单中选择【实体边界】选项，拾取 4 个角上的圆孔的边，绘制出 4 个圆；选择【加工】/【其他加工】/【孔加工】命令，弹出【孔加工】对话框。在【加工参数】选项卡中，选择【钻孔】选项，钻孔深度设置为 8，工件平面设置为 6，钻孔位置定义选择“输入点位置”，如图 9-23 所示。在【刀具参数】选项卡中，刀具设为“钻刀 D8”，然后设置其他相关参数。

13 单击 确定 按钮，按 Space 按键，选择【圆心】命令，拾取 5 个圆线，单击鼠标右键，系统自动生成钻孔加工轨迹，如图 9-24 所示。

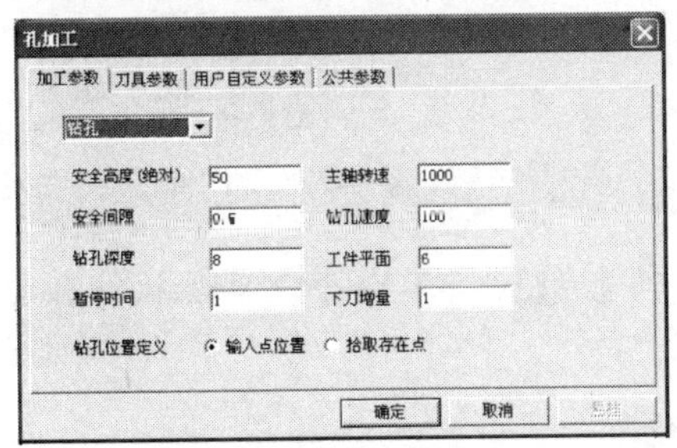

图 9-23 【孔加工】对话框

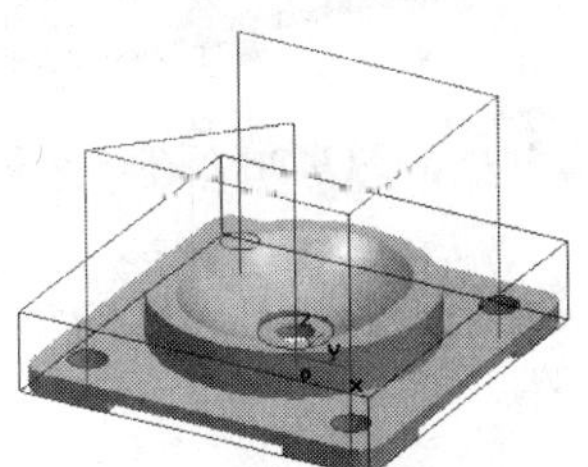

图 9-24 孔加工轨迹

14 同时，在树管理器中生成“3–钻孔”文件夹，选择此文件夹，单击鼠标右键，在弹出的快捷菜单中选择【隐藏】命令，隐藏轨迹线，方便生成其他加工轨迹线。

15 用扫描线精加工进行球形曲面的精加工。单击【相关线】按钮，在立即菜单中选择【实体边界】选项，拾取球面凹槽的两条边；选择【加工】/【精加工】/【扫描线精加工】命令，弹出【扫描线精加工】对话框。在【加工参数】选项卡中，加工方向选择“往复”，加工方法选择“通常”，*XY* 向选择“残留高度”，残留高度设置为 0.01，如图 9-25 所示。在【刀具参数】选项卡中，刀具设为“铣刀 D10r5”，然后设置其他相关参数。

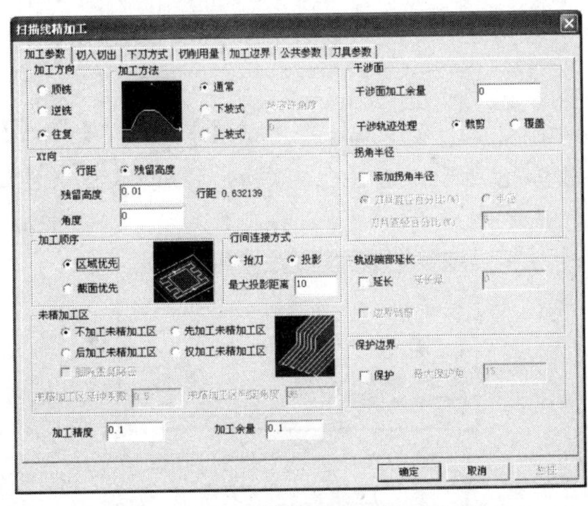

图 9-25 【扫描线精加工】对话框

16 单击 确定 按钮，拾取实体，单击鼠标右键确认拾取完成；单击鼠标右键取消干涉检查面，拾取 4 条边线为加工轮廓边界线，选择任一方向为自动搜索方向，单击鼠标右键，生成扫描线精加工轨迹，如图 9-26 所示。

17 同时，在树管理器中生成“4-扫描线精加工”文件夹，如图 9-27 所示为 4 次加工轨迹的文件夹，各个文件夹中包含各种加工方法的参数。

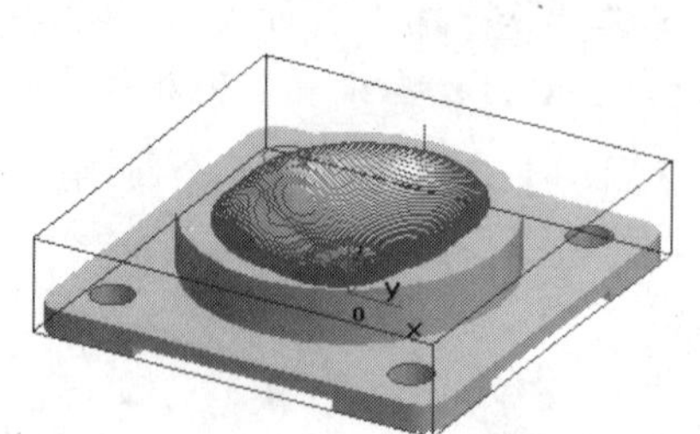

图 9-26 扫描线精加工

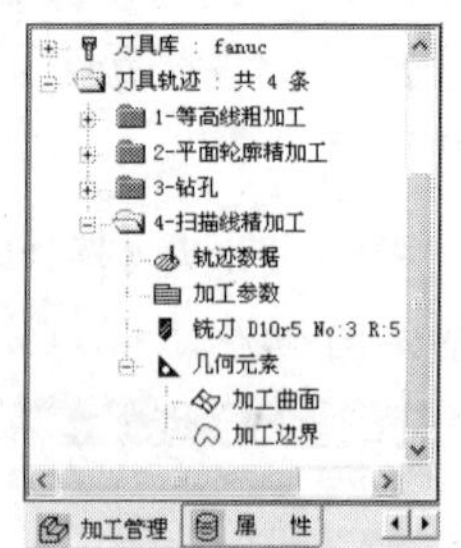

图 9-27 加工轨迹文件夹

18 加工轨迹的保存。选择主菜单中的【文件】/【保存】命令，系统软件自动完成文件的保存。

9.1.3 后置处理与 G 代码的生成

第 9.1.2 节通过几种加工方法生成了粗加工轨迹及精加工轨迹。本节将生成的加工轨迹生成 G 代码文件。G 代码文件的生成与使用的数控系统有关，本书中的例子都是以 FANUC 系统来说明的。下面通过设置机床数控系统类型进行后置设置，再结合已生成的加工轨迹，生成需要的加工代码。

操作步骤

01 打开软件。选择【开始】/【程序】/【CAXA】/【CAXA 制造工程师】/【CAXA 制造工程师 2008】命令，或直接双击【CAXA 制造工程师 2008】桌面快捷方式图标，打开 CAXA 制造工程师软件，进入设计界面。软件默认状态下，当前坐标为 *XOY* 平面，非草图状态。

02 打开实体及加工轨迹文件。选择主菜单中的【文件】/【打开】命令，弹出【打开文件】对话框，如图 9-28 所示。选择已完成的“球面底座实体造型. mxe”文件，单击【打开】按钮，打开文件。

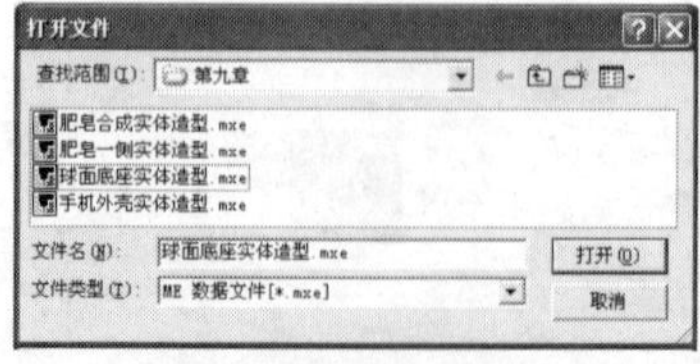

图 9-28 打开文件对话框

03 机床信息设置。选择【加工】/【后置处理】/【机床后置】命令，弹出【机床后置】对话框。当前机床选择 fanuc，进行适当的参数修改，如图 9-29 所示。

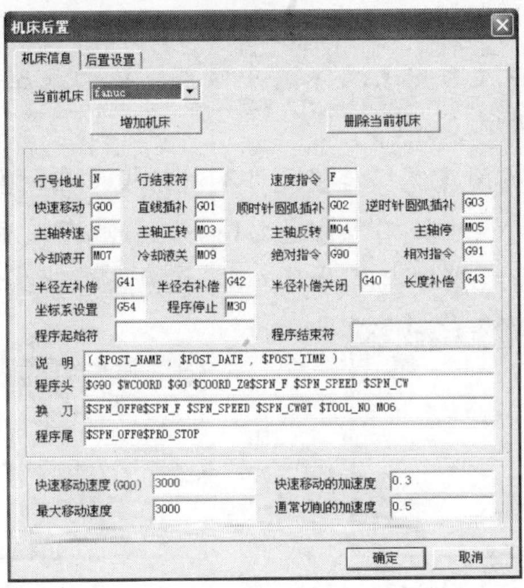

图 9-29 【机床后置】对话框

04 修改完成后，单击 确定 按钮，保存修改的参数。

05 进行加工仿真。选择【加工】/【实体仿真】命令，选择树管理器中【加工管理】选项卡中的“1-等高线粗加工”轨迹文件夹，单击鼠标右键，转换到“CAXA 轨迹仿真”界面上，单击 按钮，弹出【仿真加工】对话框，如图 9-30 所示。

06 加工仿真。单击 按钮，加工仿真开始。加工仿真完成后，效果如图 9-31 所示。

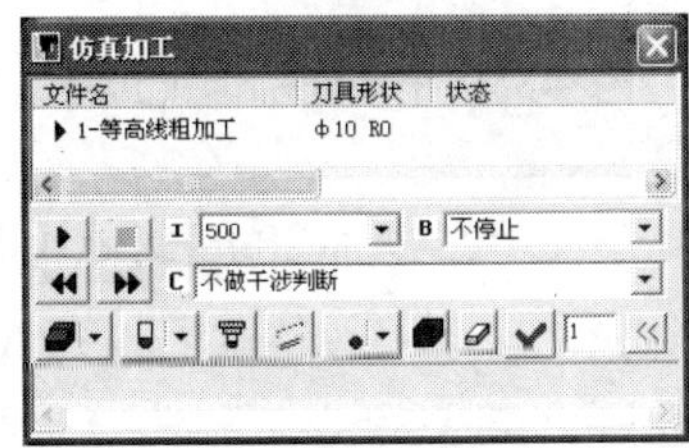

图 9-30 【仿真加工】对话框

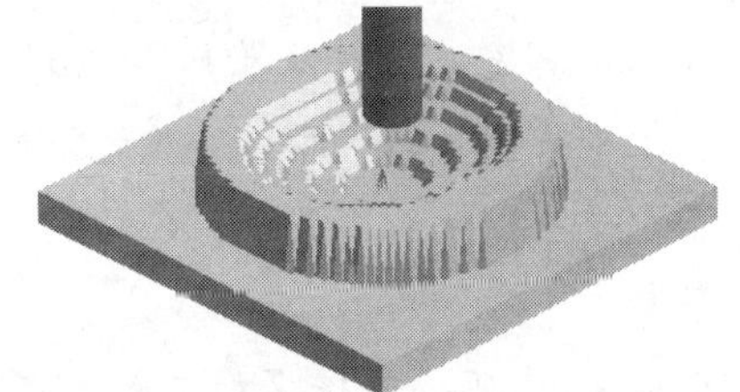

图 9-31　等高线粗加工仿真

07 加工仿真完成后，相关信息会显示在【仿真加工】对话框中，如图 9-32 所示。

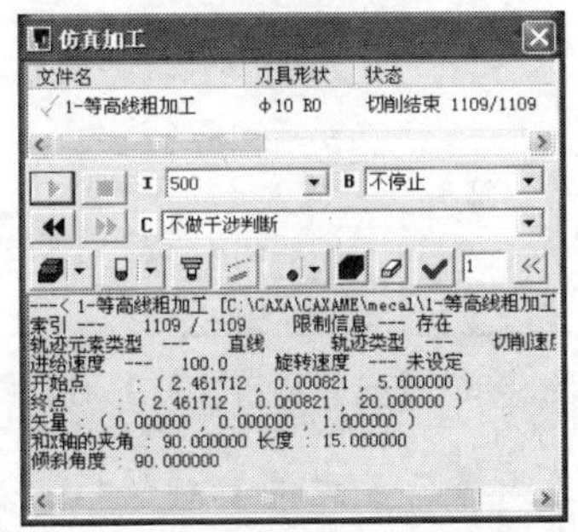

图 9-32 【仿真加工】对话框的信息

08 加工仿真通过后，在“CAXA 轨迹仿真”界面中单击☒按钮，关闭“CAXA 轨迹仿真”界面，进入“CAXA 2008 制造工程师”界面。

09 生成 G 代码。选择【加工】/【后置处理】/【生成 G 代码】命令，弹出【选择后置文件】对话框，在【文件名】文本框中输入“球面底座实体造型等高线粗加工 G 代码”，如图 9-33 所示。

10 单击 保存(S) 按钮，关闭【选择后置文件】对话框。在树管理器中的【加工管理】选项卡中选择“1-等高线粗加工”轨迹文件夹，拾取完成后单击鼠标右键，弹出“球面底座实体造型等高线粗加工 G 代码.cut”记事本文件，如图 9-34 所示。

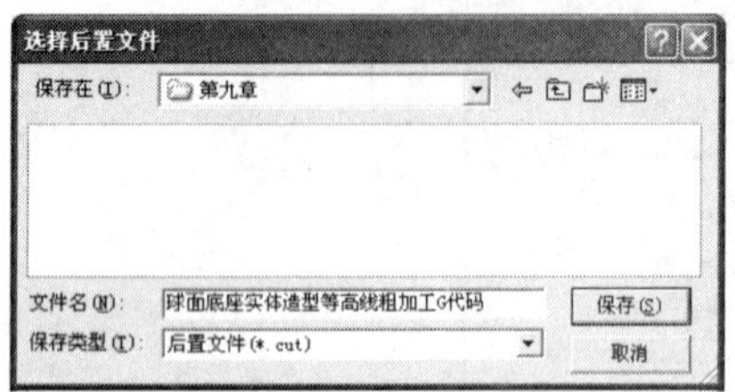

图 9-33 【选择后置文件】对话框

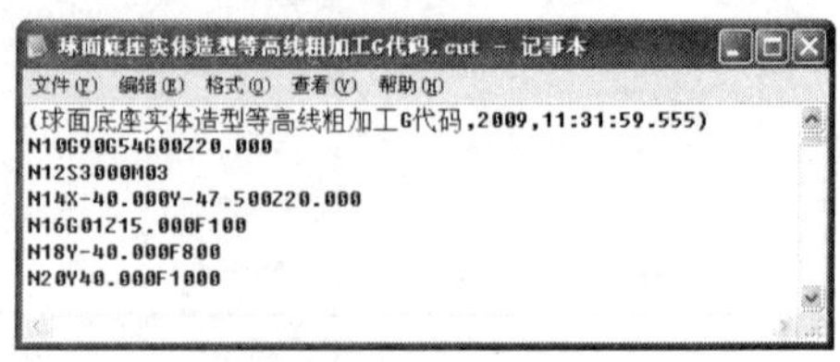

图 9-34 轨迹代码文件

11 进行精加工仿真。选择【加工】/【实体仿真】命令，选择树管理器中【加工管理】选项卡中的“2-平面轮廓精加工”轨迹文件夹，单击鼠标右键，转换到“CAXA 轨迹仿真”界面，单击按钮。

12 加工仿真。单击▶按钮，加工仿真开始。加工仿真完成后，效果如图 9-35 所示。

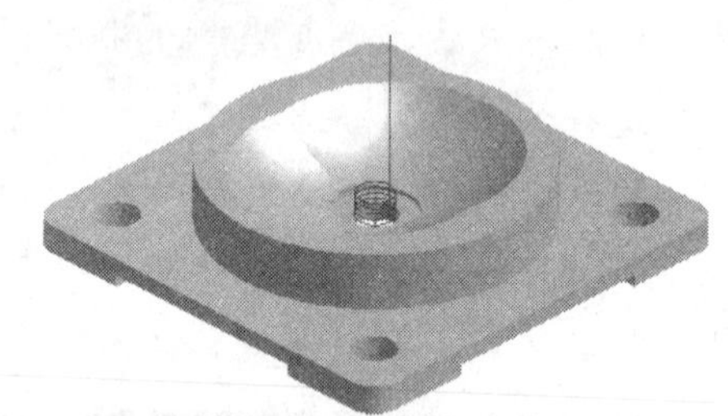

图 9-35 平面轮廓加工仿真

13 加工仿真通过后，在“CAXA 轨迹仿真”界面中单击☒按钮，关闭“CAXA 轨迹仿真”界面，进入“CAXA 2008 制造工程师”界面。

14 生成 G 代码。选择【加工】/【后置处理】/【生成 G 代码】命令，弹出【选择后置文件】对话框，在【文件名】文本框中输入“球面底座实体造型平面轮廓精加工 G 代码”，如图 9-36 所示。

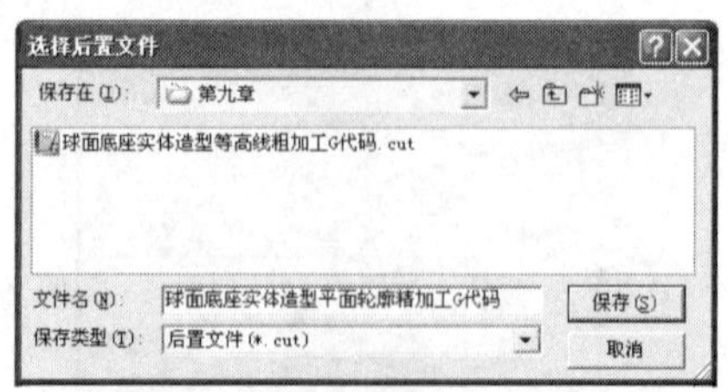

图 9-36 【选择后置文件】对话框

15 单击 保存(S) 按钮，关闭【选择后置文件】对话框。在树管理器中的【加工管理】选项卡中选择“2-平面轮廓精加工”轨迹文件夹，拾取完成后单击鼠标右键，弹出“球面底座实体造型平面轮廓精加工 G 代码.cut”记事本文件，如图 9-37 所示。

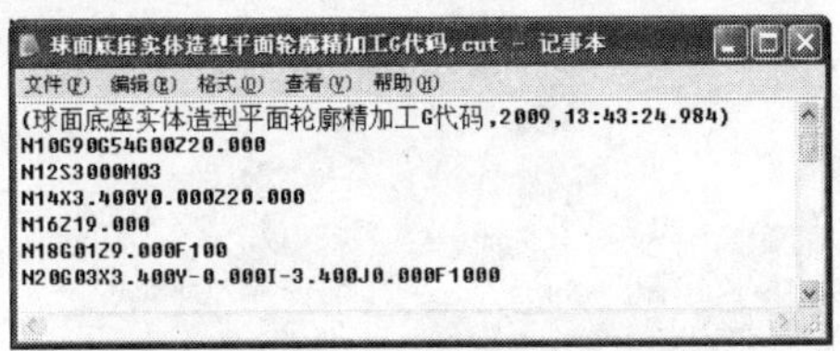

图 9-37　轨迹代码文件

16 进行钻孔加工仿真。选择【加工】/【实体仿真】命令，选择树管理器中【加工管理】选项卡中的“3-钻孔”轨迹文件夹，单击鼠标右键，转换到“CAXA 轨迹仿真”界面上，单击按钮。

17 加工仿真。单击按钮，加工仿真开始。加工仿真完成后，效果如图 9-38 所示。

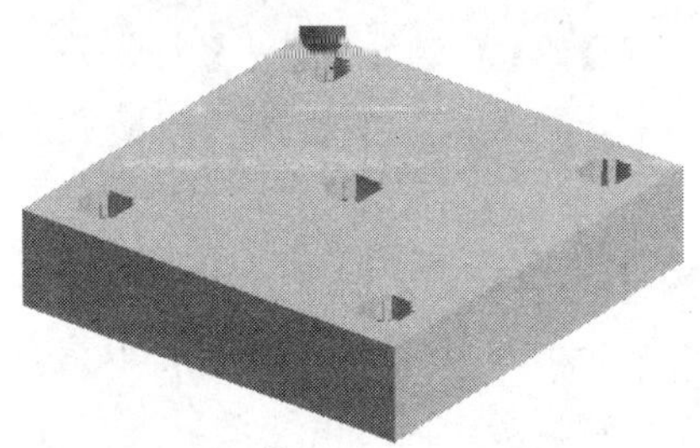

图 9-38　钻孔加工轨迹仿真

18 加工仿真通过后，在“CAXA 轨迹仿真”界面中单击按钮，关闭“CAXA 轨迹仿真”界面，进入“CAXA 2008 制造工程师”界面。

19 生成 G 代码。选择【加工】/【后置处理】/【生成 G 代码】命令，弹出【选择后置文件】对话框，在【文件名】文本框中输入“球面底座实体造型钻孔加工 G 代码”，如图 9-39 所示。

20 单击 保存(S) 按钮，关闭【选择后置文件】对话框。在树管理器中的【加工管理】选项卡中选择“3-钻孔”轨迹文件夹，拾取完成后单击鼠标右键，弹出“球面底座实体造型钻孔加工 G 代码.cut”记事本文件，如图 9-40 所示。

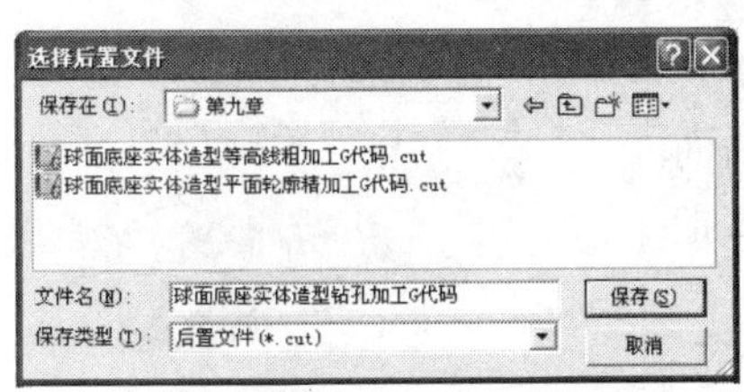

图 9-39　【选择后置文件】对话框

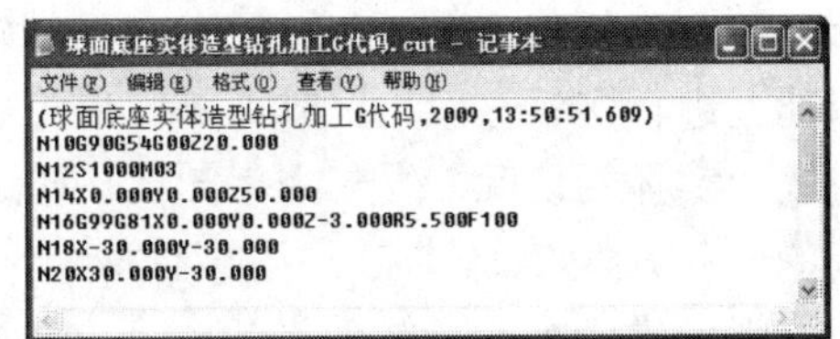

图 9-40　轨迹代码文件

21 进行扫描线精加工仿真。选择【加工】/【实体仿真】命令，选择树管理器中【加工管理】选项卡中的“3-扫描线精加工”轨迹文件夹，单击鼠标右键，转换到“CAXA

轨迹仿真”界面，单击按钮。

22 加工仿真。单击按钮，加工仿真开始。加工仿真完成后，效果如图 9-41 所示。

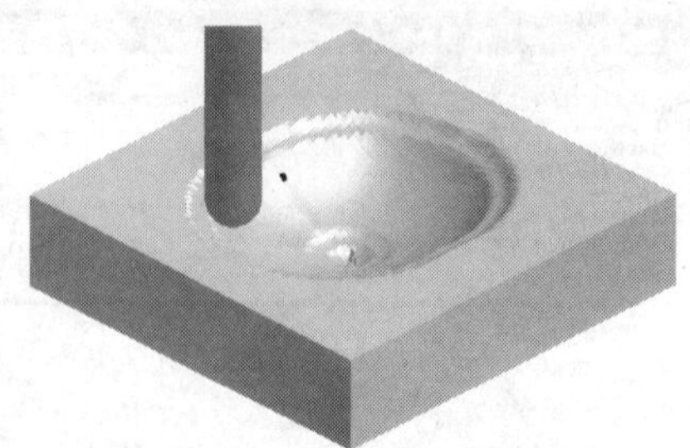

图 9-41 加工轨迹仿真

23 加工仿真通过后，在“CAXA 轨迹仿真”界面中单击按钮，关闭“CAXA 轨迹仿真”界面，进入“CAXA 2008 制造工程师”界面。

24 生成 G 代码。选择【加工】/【后置处理】/【生成 G 代码】命令，弹出【选择后置文件】对话框，在【文件名】文本框中输入“球面底座实体造型扫描线精加工 G 代码”，如图 9-42 所示。

25 单击 保存(S) 按钮，关闭【选择后置文件】对话框。在树管理器中的【加工管理】选项卡中选择“4-扫描线精加工”轨迹文件夹，拾取完成后单击鼠标右键，弹出“球面底座实体造型扫描线精加工 G 代码 cut”记事本文件，如图 9-43 所示。

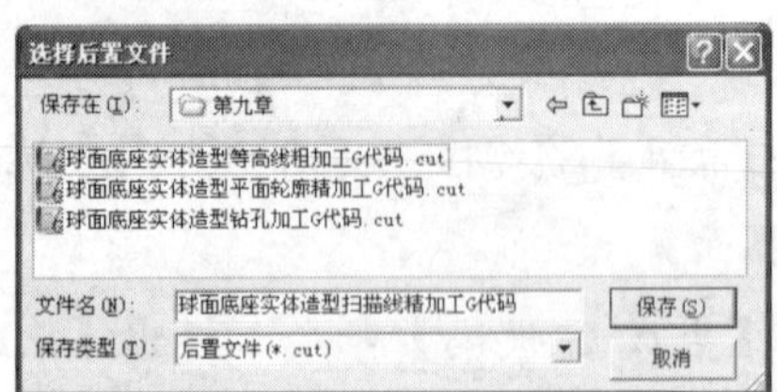

图 9-42 后置文件对话框

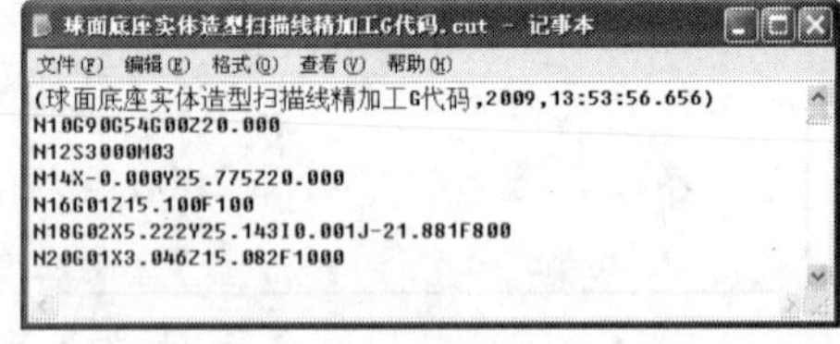

球面底座实体造型扫描线精加工G代码.cut - 记事本

文件(F) 编辑(E) 格式(O) 查看(V) 帮助(H)

```
(球面底座实体造型扫描线精加工G代码,2009,13:53:56.656)
N10G90G54G00Z20.000
N12S3000M03
N14X-0.000Y25.775Z20.000
N16G01Z15.100F100
N18G02X5.222Y25.143I0.001J-21.881F800
N20G01X3.046Z15.082F1000
```

图 9-43 轨迹代码文件

9.2 肥皂的造型与加工实例

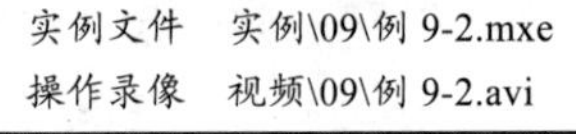

实例文件 实例\09\例 9-2.mxe
操作录像 视频\09\例 9-2.avi

下面通过实体造型生成肥皂，并在肥皂上生成 CAXA 的文字图样。通过草图尺寸来拉伸实体，在实体的基础上进行实体过渡，生成一侧肥皂形状；通过曲面裁剪进行实体的切除，生成文字图样；通过布尔运算把生成的一侧肥皂实体进行并运算合成一个完整的肥皂实体。肥皂生成后的三维效果如图 9-44 所示。

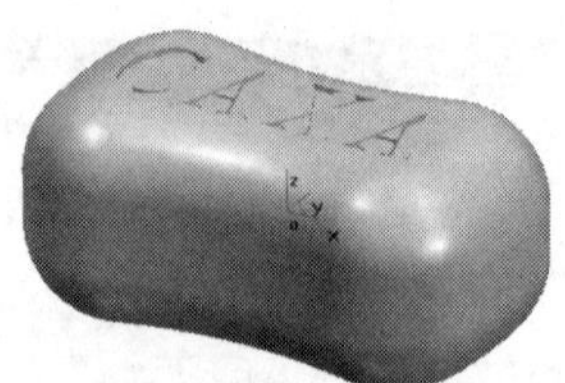

图 9-44 肥皂实体造型

9.2.1 肥皂的造型

可以通过实体拉伸、变半径过渡、线面裁剪和布尔运算等实体特征及放样面的生成等方法完成肥皂的造型。

肥皂的外形尺寸如图 9-45 所示，其中 4 个倒角的圆心点已经给出，分别是 *A* 点，坐标为（−27，7）；*B* 点，坐标为（27，7）；*C* 点，坐标为（27，−7）；*D* 点，坐标为（−27，−7）。

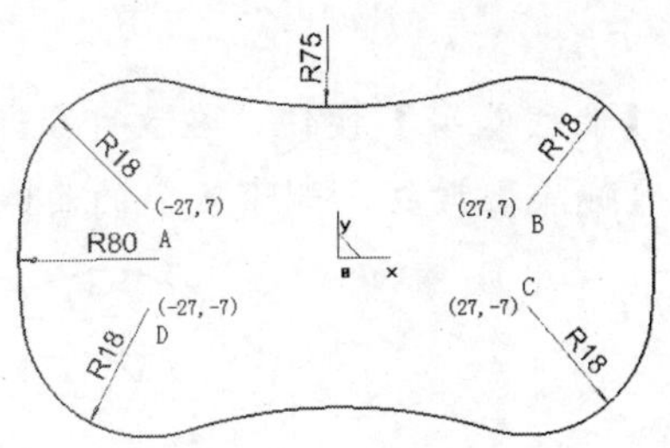

图 9-45　肥皂的外形尺寸

操作步骤

01 打开软件。选择【开始】/【程序】/【CAXA】/【CAXA 制造工程师】/【CAXA 制造工程师 2008】命令，或直接双击【CAXA 制造工程师 2008】桌面快捷方式图标，打开 CAXA 制造工程师软件，进入设计界面。软件默认状态下，当前坐标为 *XOY* 平面，非草图状态。

02 绘制草图中半径为 18 的 4 个倒角圆。在树管理器中的【零件特征】选项卡中选择【平面 *XY*】选项，按 F2 键生成“草图 0”；单击【整圆】按钮，在立即菜单中选择【圆心_半径】选项，按 Enter 键，在弹出的输入框中输入圆心 *A* 坐标值（−27，7，0），按 Enter 键，圆心确定，按 Enter 键，输入半径值“18”，按 Enter 键，单击鼠标右键，圆 *A* 绘制完成；按 Enter 键，在弹出的输入框中输入圆心 *B* 坐标值（27，7，0），按 Enter 键，圆心确定，按 Enter 键，输入半径值“18”，按 Enter 键，单击鼠标右键，圆 *B* 绘制完成。按这种方法生成圆 *C* 及圆 *D*，如图 9-46 所示。

03 绘制草图中半径为 80 的两个圆。单击【整圆】按钮，在立即菜单中选择【两点_半径】选项，按 Space 键，在弹出的菜单中选择【切点】命令，拾取圆 *A*，拾取圆 *D*，按 Enter 键，输入半径值“80”，按 Enter 键，单击鼠标右键，圆 *E* 绘制完成；拾取圆 *B*，拾取圆 *C*，按 Enter 键，输入半径值“80”，按 Enter 键，单击鼠标右键，圆 *F* 绘制完成，如图 9-47 所示。

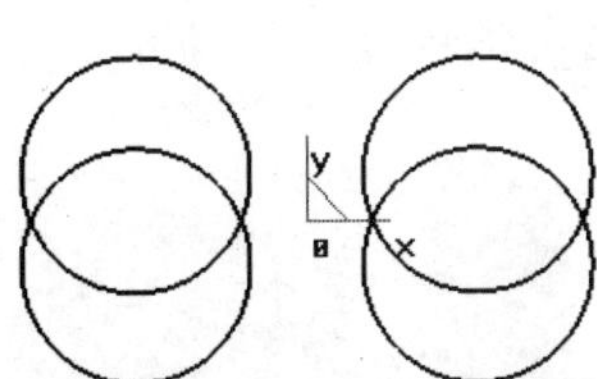

图 9-46　绘制 4 个角边圆

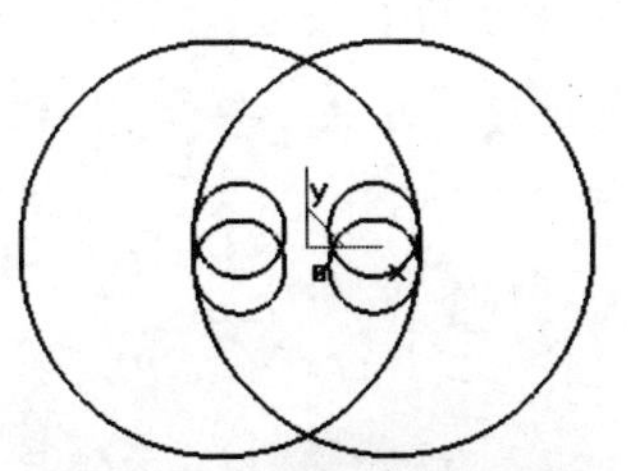

图 9-47　绘制相切圆

04 绘制草图中半径为 75 的两个圆。单击【整圆】按钮，在立即菜单中选择【两点_半径】选项，按 Space 键，在弹出的菜单中选择【切点】命令，拾取圆 A，拾取圆 B，按 Enter 键，输入半径值“75”，按 Enter 键，单击鼠标右键，圆 G 绘制完成；拾取圆 C，拾取圆 D，按 Enter 键，输入半径值“75”，按 Enter 键，单击鼠标右键，圆 H 绘制完成，如图 9-48 所示。

05 进行多余线修剪。单击【曲线裁剪】按钮，在立即菜单中选择【快速裁剪】选项，裁剪多余的曲线。单击【删除】按钮，删除多余的曲线，结果如图 9-49 所示。

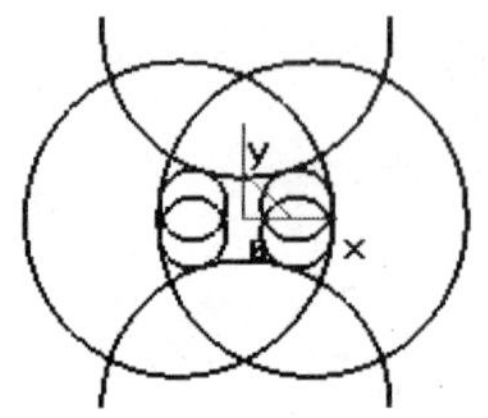

图 9-48 绘制相切圆

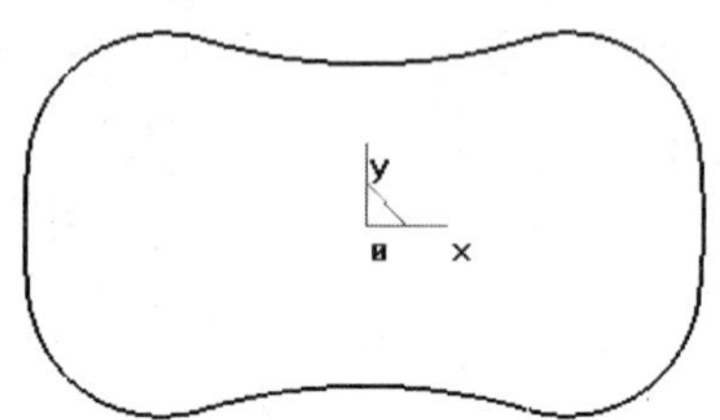

图 9-49 修剪成肥皂外形

06 生成实体。按 F2 退出“草图 0”，单击【拉伸增料】按钮，在【拉伸增料】对话框中选择【固定深度】选项，在【深度】数值框中输入“20”，拉伸对象选择“草图 0”，单击 确定 按钮，生成如图 9-50 所示的实体。

07 过渡。在进行过渡时用变角过渡，一种半径为 13，一种半径为 16。单击【过渡】按钮，弹出【过渡】对话框，过渡方式选择“变半径”，选中【光滑变化】单选按钮，如图 9-51 所示。

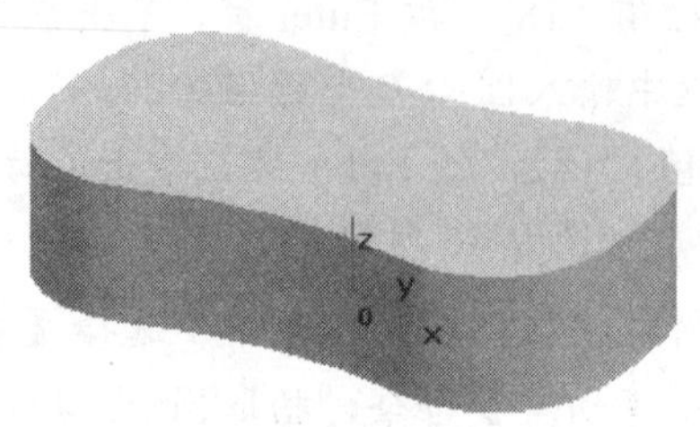

图 9-50 拉伸草图

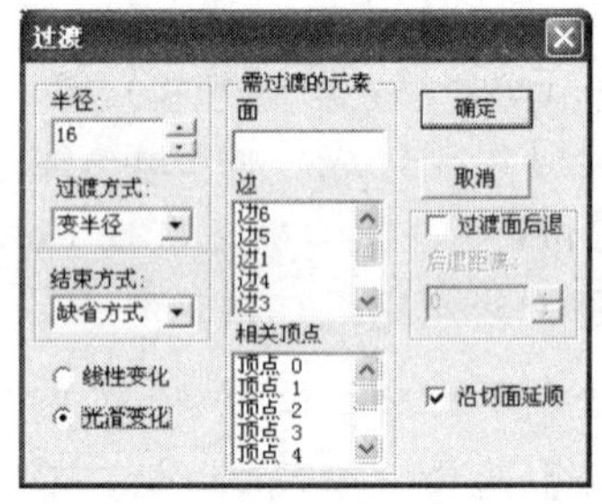

图 9-51 【过渡】对话框

08 拾取各边。在【半径】数值框中输入“13”，拾取 R13 的两条边，修改半径为 16，拾取 R16 的 6 条边。各顶点的过渡值如图 9-52 所示。

09 生成过渡。单击 确定 按钮，实体过渡后，肥皂实体如图 9-53 所示

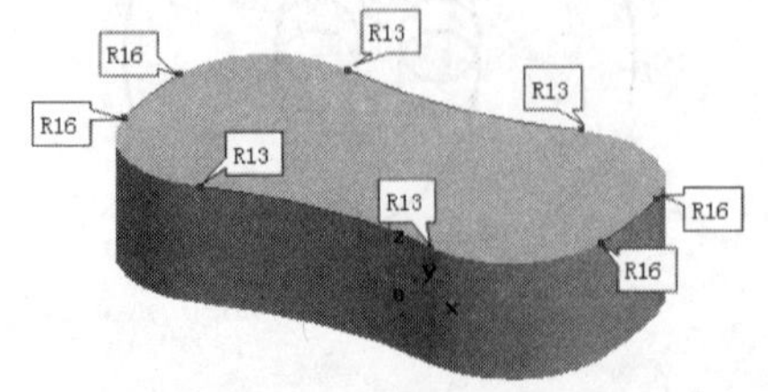

图 9-52 过渡顶点尺寸

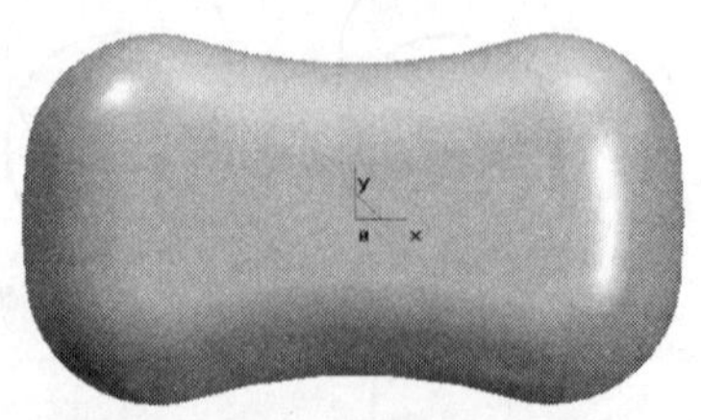

图 9-53 过渡后的效果

10 进行保存。选择主菜单中的【文件】/【保存】命令，弹出【存储文件】对话框，选择保存目录，输入保存文件名“肥皂一侧实体造型.mxe”，单击【保存】按钮，完成实体保存。

11 绘制文字图案。按 F5 键，单击【文字】按钮，在立即菜单中选择【左下角】选项，拾取肥皂实体的左下角一点，弹出【文字输入】对话框，输入“CAXA”，如图 9-54 所示；单击【设置】按钮，弹出【字体设置】对话框，按照图 9-55 所示进行参数设置。

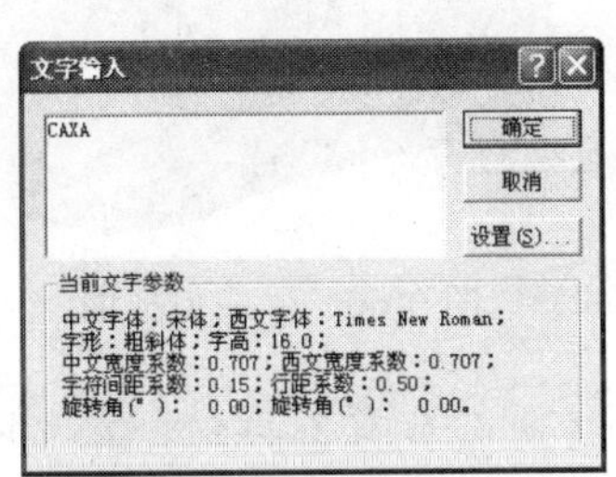

图 9-54 文字输入对话框

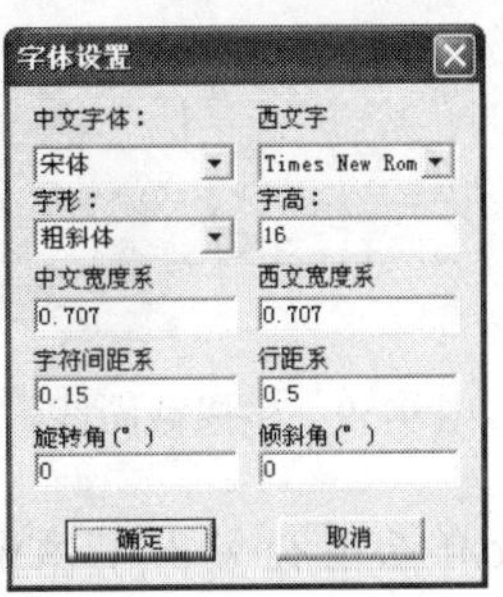

图 9-55 字体设置对话框

12 单击 确定 按钮后，调整到合适位置，如图 9-56 所示。

13 进行实体裁剪，生成裁剪曲面。单击【直线】按钮，在立即菜单中选择“水平/铅垂线”和“铅垂”方式绘制直线，在【长度】文本框中输入“60”，拾取原点，绘制一条垂直线段完成；单击【等距线】按钮，在立即菜单中选择【单根曲线】和【等距】选项，在【距离】文本框中输入“28”，拾取线段，向右等距，拾取线段，向左等距；单击【扫描面】按钮，在立即菜单的【起始距离】文本框中输入“–5”，在【扫描距离】文本框中输入“30”，按 Space 键，在弹出的菜单中选择【Z 轴正方向】命令，拾取一条线段，生成一曲面。按这样的方法再拾取另两条线段，生成的曲面如图 9-57 所示。

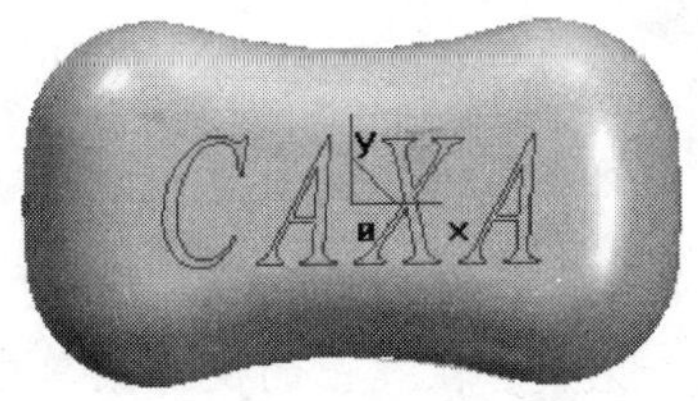

图 9-56 文字图案

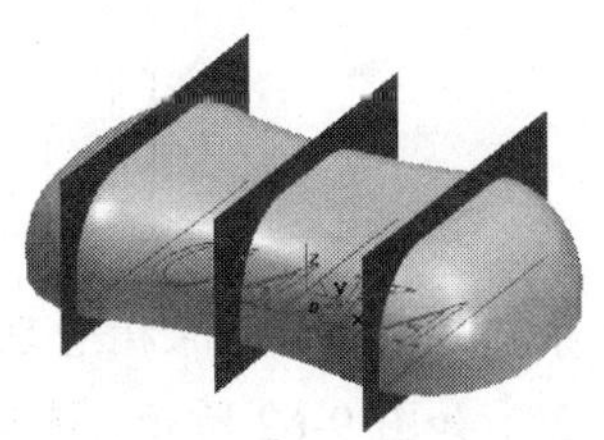

图 9-57 生成曲面

14 进行曲面裁剪。单击【曲面裁剪除料】按钮，弹出【曲面裁剪】对话框，拾取左侧曲面，单击 确定 按钮，除料完成。拾取此曲面，单击鼠标右建，在弹出的快捷菜单中选择【隐藏】命令，如图 9-58 所示。

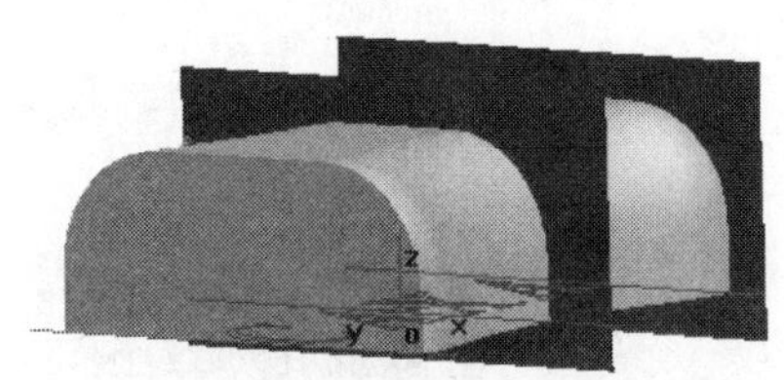

图 9-58 曲面裁剪实体

15 生成边界线。单击【相关线】按钮，在立即菜单中选择【实体边界】选项，拾取裁剪后的边线。单击【曲线组合】按钮，在立即菜单中选择【删除原曲线】选项，拾取生成的边线，单击鼠标右键确认拾取完成；按这种方法进行第二、第三个面的操作，结果如图 9-59 所示。

16 生成放样面。单击【放样面】按钮，在立即菜单中选择【截面曲线】和【不封闭】选项，拾取三线生成的曲线，单击鼠标右键，生成如图 9-60 所示的放样面。

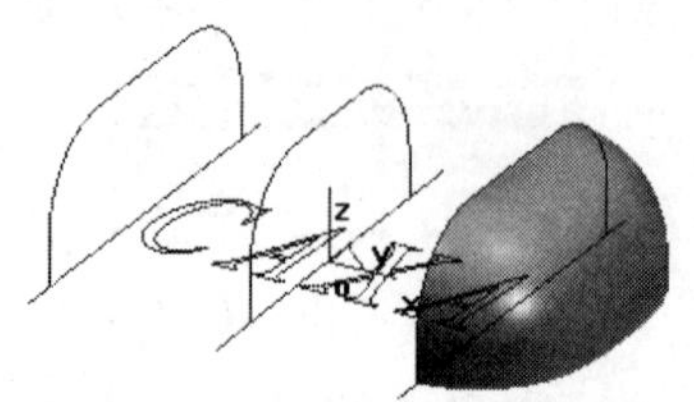

图 9-59 生成截面线

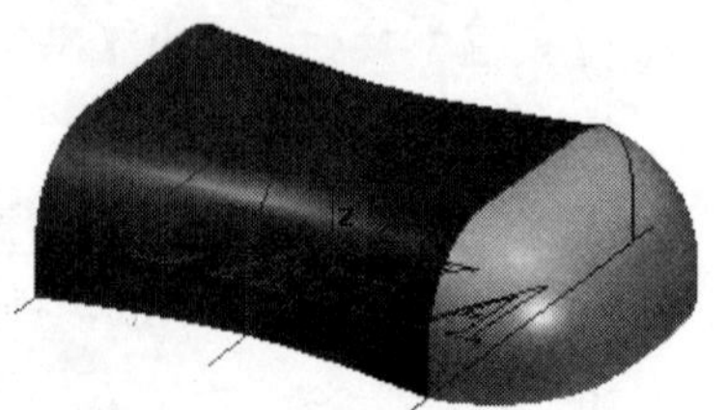

图 9-60 生成放样面

17 在放样面上分裂出字体图案。按 F5 键，单击【曲面裁剪】按钮，在立即菜单中选择【投影线裁剪】和【分裂】选项，拾取放样面，按 Space 键，在弹出的菜单中选择【Z 轴正方向】命令，拾取“C”字图案的边线，拾取任一方向箭头进行搜索；拾取放样面，按 Space 键，在弹出的菜单中选择“Z 轴正方向”命令，拾取“A”字图案中的三角形的边线，拾取任一方向箭头进行搜索；拾取放样面，按 Space 键，在弹出的菜单中选择【Z 轴正方向】命令，拾取“A”字图案中的外形边线，拾取任一方向箭头进行搜索。按这样方法生成分裂曲面，把分裂后多余的曲面进行隐藏后如图 9-61 所示。

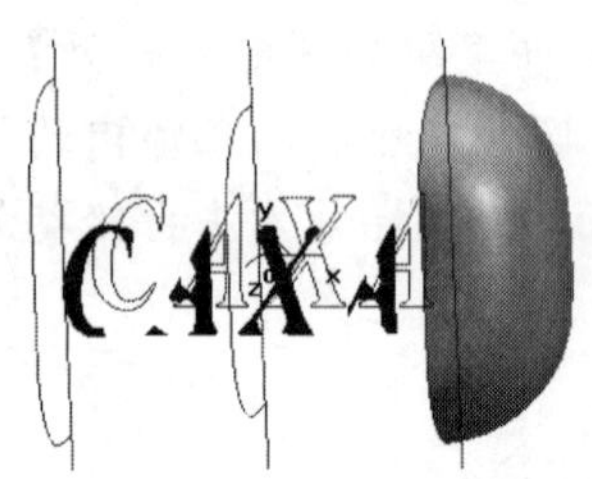

图 9-61 生成文字曲面

18 还原肥皂实体。删除树管理器中【零件特征】选项卡中的“裁剪 0”、“裁剪 1”和“裁剪 2”，如图 9-62 所示。选择“裁剪 2”，单击鼠标右键，在弹出的快捷菜单中选择【删除】命令，再依次删除“裁剪 1”和“裁剪 0”，结果如图 9-63 所示。

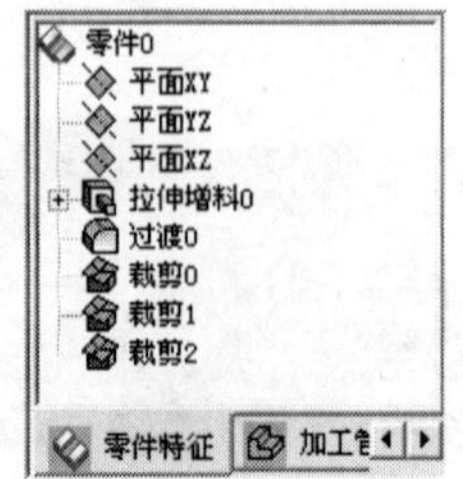

图 9-62 树管理器

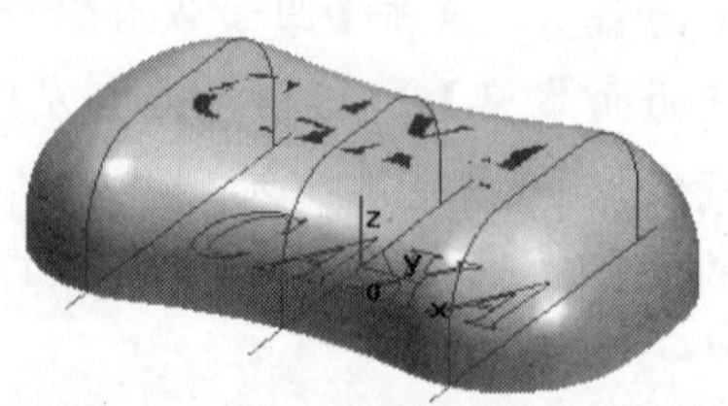

图 9-63 还原实体

19 生成“CAXA”图案。单击【曲面加厚除料】按钮，弹出【曲面加厚除料】对话框，如图 9-64 所示。选中【双向加厚】单选按钮，拾取“C”曲面图案，单击【确定】按钮。再按这种方法进行其他 3 个图案的除料，生成效果如图 9-65 所示。

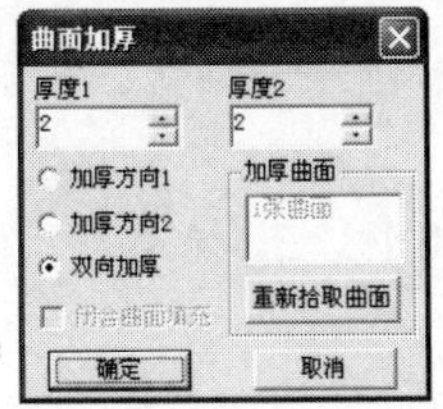

图 9-64 【曲面加厚】对话框

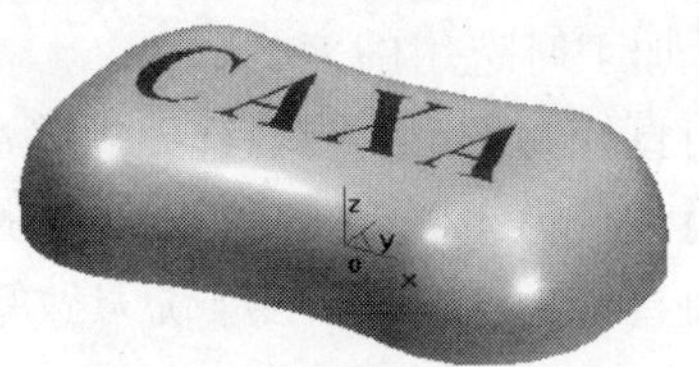

图 9-65　除料后效果

20 保存文件。选择主菜单中的【文件】/【保存】命令进行保存。选择主菜单中的【文件】/【另存为】命令，弹出【另存为】对话框，另存为“肥皂一侧实体造型 x_t. X_T”文件。

21 在 *X* 轴向绘制一条线段。单击【直线】按钮，在立即菜单中选择【水平/铅垂线】和【水平】选项，在【长度】文本框中输入“100”，拾取原点。单击【布尔运算】按钮，弹出【打开】对话框，如图 9-66 所示，选择“肥皂一侧实体造型 x_t. X_T”文件。

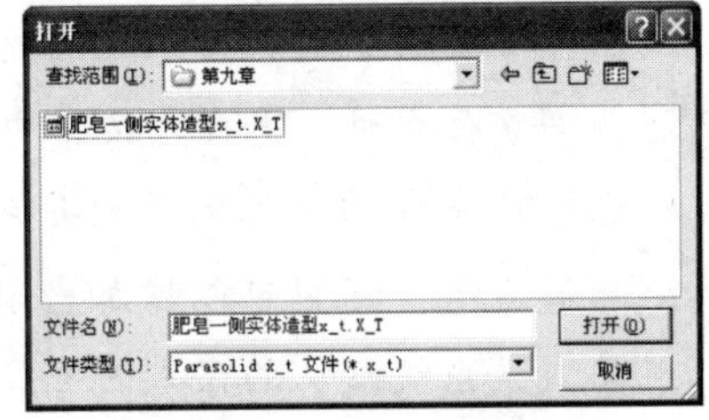

图 9-66　打开对话框

22 单击 打开(O) 按钮，弹出【输入特征】对话框。选中【当前零件∪输入零件】单选按钮，拾取坐标原点；选中【拾定位的 *X* 轴】单选按钮，拾取绘制的直线段；在【旋转角度】数值框中输入“180”，如图 9-67 所示。

23 单击 确定 按钮，生成两个零件的并运算结果，如图 9-68 所示。

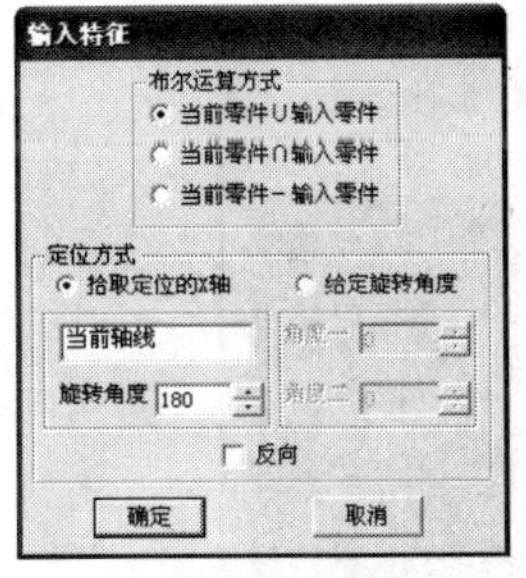

图 9-67 【输入特征】对话框

图 9-68　并运算后的效果

24 选择主菜单中的【文件】/【另存为】命令，弹出【另存为】对话框，另存为“肥皂合成实体造型.mxe”文件。

9.2.2　肥皂的加工

肥皂的实体已经生成，肥皂实体上下两侧完全相同，所以可以加工肥皂的一侧，生成一侧的加工轨迹。肥皂整体形状比较平坦，非常适合采用“等高粗加工”和“等高线精加工”方式进行加工。肥皂模型上表面的文字图案可以用扫描线精加工来完成。

通过肥皂模型的加工可以学习毛坯的定义、等高线粗加工、等高线精加工、轮廓线精加工及扫描线精加工的加工方法。

在进行加工时选用的刀具如下。

（1）用直径为ϕ8mm 的端铣刀做等高线粗加工。

（2）用直径为ϕ10mm 圆角为 r2 的圆角铣刀做等高线精加工。

（3）用直径为ϕ0.2mm 的雕铣刀做笔式清根加工图案。

操作步骤

01 打开软件。选择【开始】/【程序】/【CAXA】/【CAXA 制造工程师】/【CAXA 制造工程师 2008】命令，或直接双击【CAXA 制造工程师 2008】桌面快捷方式图标，打开 CAXA 制造工程师软件，进入设计界面。软件默认状态下，当前坐标为 *XOY* 平面，非草图状态。

02 打开实体文件。选择主菜单中的【文件】/【打开】命令，弹出【打开文件】对话框。选择已完成的“肥皂一侧实体造型.mxe”文件，单击 打开(O) 按钮，打开文件。

03 后置设置。用户可以增加当前使用的机床，给出机床名，定义适合自己机床的后置格式。系统默认的格式为 FANUC 系统的格式，本例使用默认的 FANUC 系统。

04 定义刀具。单击树管理器，选择【加工管理】选项卡，双击【刀具库】选项，弹出【刀具库管理】对话框；单击【增加刀具】按钮，在对话框中选择“铣刀”，输入铣刀名称“D10r2”，增加一把等高精加工铣刀；单击【增加刀具】按钮，在对话框中选择“铣刀”，输入铣刀名称“D0.2”，增加一把雕刻铣刀，如图 9-69 所示。单击 确 认 按钮，退出刀具库管理。

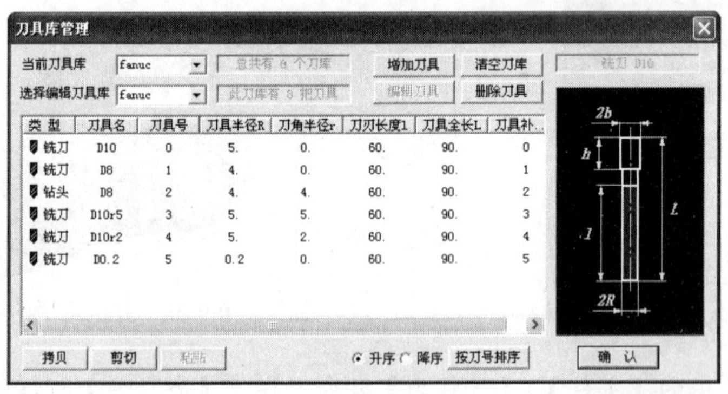

图 9-69 增加刀具

05 建立毛坯。单击树管理器，选择【加工管理】选项卡，双击【毛坯】选项，弹出【定义毛坯】对话框，选择“两点方式”，参数设置如图 9-70 所示。单击 确定 按钮，生成毛坯。

06 用等高线粗加工方法加工外形。选择【加工】/【粗加工】/【等高线粗加工】命令，弹出【等高线粗加工】对话框。在【加工参数 1】选项卡中，加工方向选择“顺铣”，Z 切入选择“层高”，层高设为 2，*XY* 切入选择“行距”，行距设为 2，如图 9-71 所示。【刀具参数】选项卡中刀具设为“铣刀 D10”，然后设置其他相关参数。

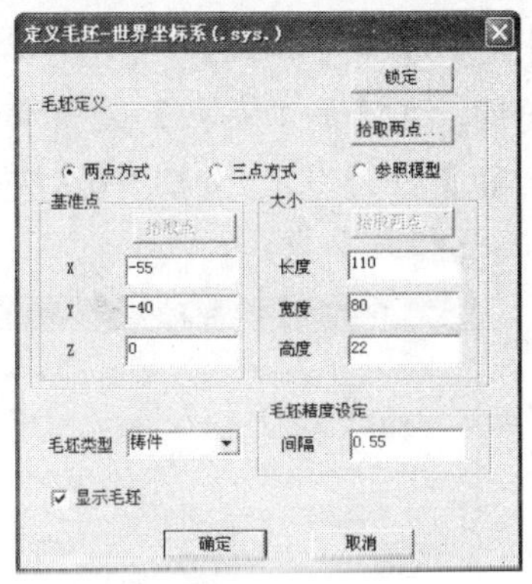

图 9-70　定义毛坯

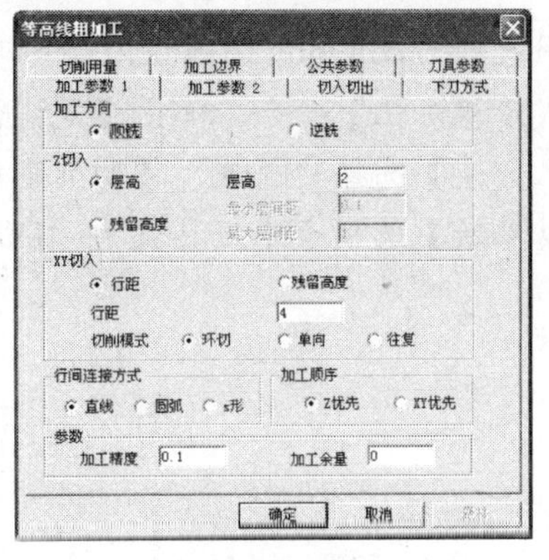

图 9-71　【等高线粗加工】对话框

07 单击 确定 按钮，拾取实体，单击鼠标右建确认拾取完成；单击鼠标右键取消拾取加工边界线，系统自动生成等高线粗加工轨迹，如图 9-72 所示。

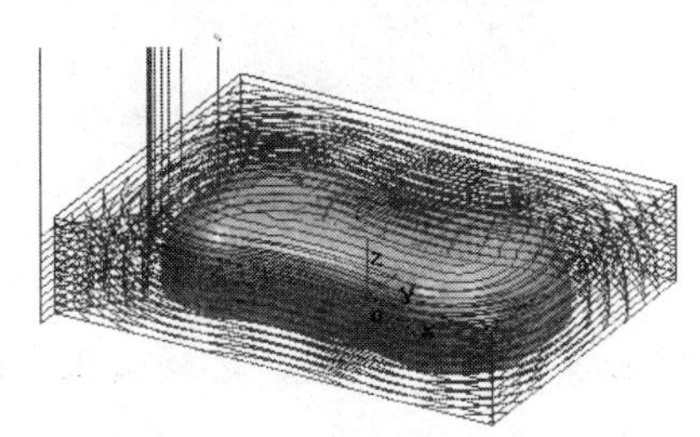

图 9-72　等高线粗加工轨迹线

08 同时，在树管理器中生成“1-等高线粗加工”文件夹，选择此文件夹，单击鼠标右键，在弹出的快捷菜单中选择【隐藏】命令，隐藏轨迹线，方便生成其他加工轨迹线。

09 等高线精加工进行表面精加工。选择【加工】/【精加工】/【等高线精加工】命令，弹出【等高线精加工】对话框。在【加工参数 1】选项中，加工方向选择“顺铣”，*Z* 向选择“层高”，层高设为 0.2，加工顺序选择“*Z* 优先”，如图 9-73 所示；【加工参数 2】选项卡的设置如图 9-74 所示。【刀具参数】选项卡中刀具设为“D10r2”，然后设置其他相关参数。

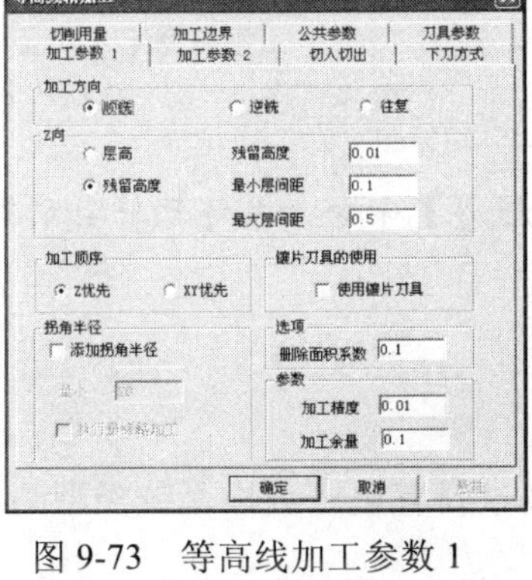

图 9-73　等高线加工参数 1

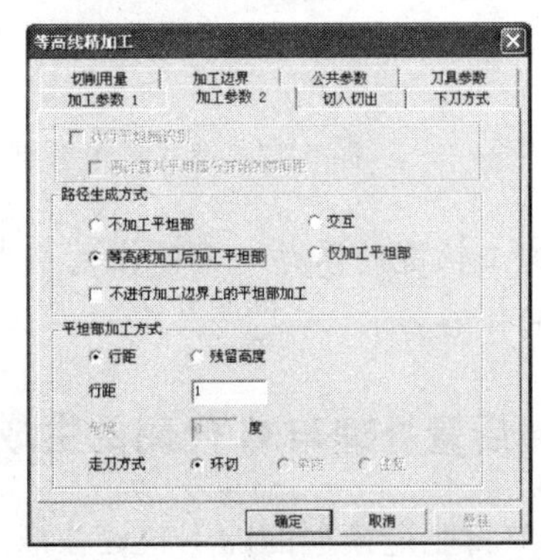

图 9-74　等高线加工参数 2

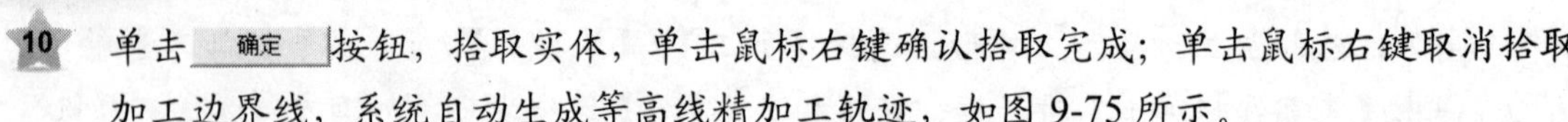

10 单击 确定 按钮，拾取实体，单击鼠标右键确认拾取完成；单击鼠标右键取消拾取加工边界线，系统自动生成等高线精加工轨迹，如图 9-75 所示。

11 同时，在树管理器中生成“2-等高线精加工”文件夹，选择此文件夹，单击鼠标右键，在弹出的快捷菜单中选择【隐藏】命令，隐藏轨迹线，方便生成其他加工轨迹线。

12 用直径为 ϕ0.2mm 的雕铣刀绘制笔式清根加工图案。选择【加工】/【补加工】/【笔式清根加工】命令，弹出【笔式清根加工】对话框。在【加工参数】选项卡中，【加工方法】选择“顺铣”，【切削宽度】设为 2，【行距】设为 0.2，如图 9-76 所示；【刀具参数】选项卡中刀具设为“D0.2”，然后设置其他相关参数。

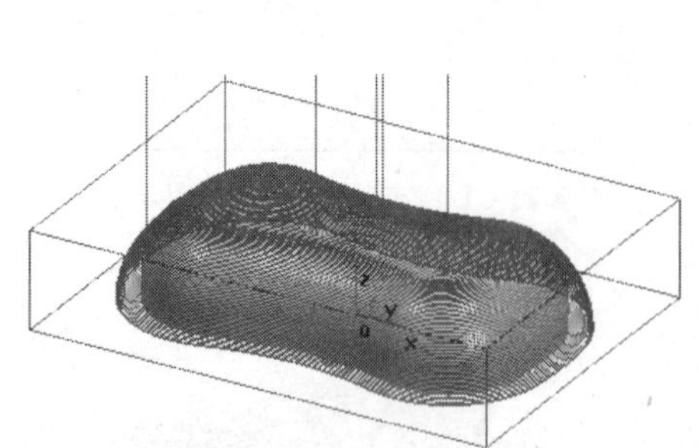

图 9-75　等高线精加工轨迹

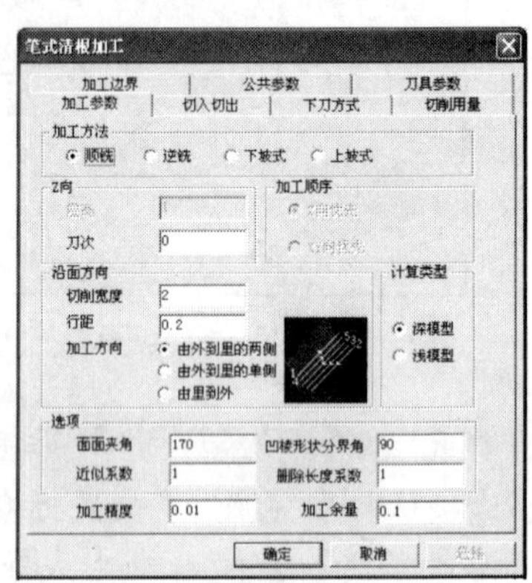

图 9-76　【笔式清根加工】对话框

13 单击 确定 按钮，拾取实体，单击鼠标右键确认拾取完成；单击鼠标右键取消拾取加工边界线，系统自动生成笔式清根加工轨迹，如图 9-77 所示。

14 同时，在树管理器中生成“3-笔式清根加工”文件夹，如图 9-78 所示为 3 次加工轨迹的文件夹，各个文件夹包含各种加工方法的参数。

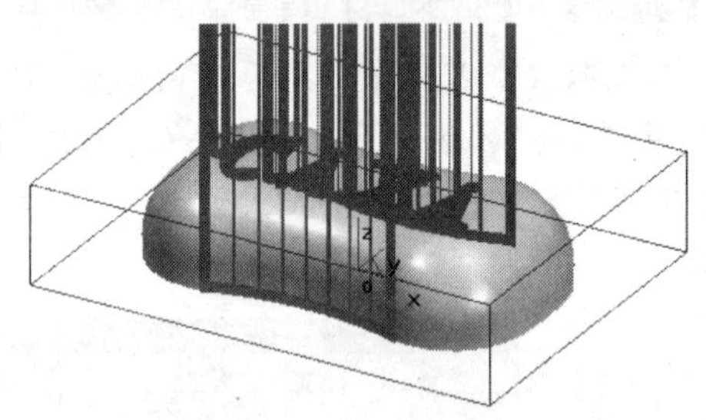

图 9-77　笔式清根轨迹

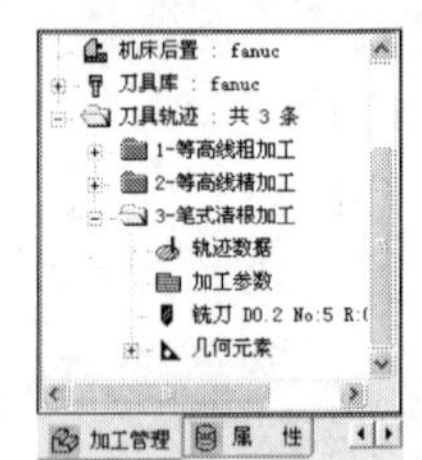

图 9-78　加工轨迹文件夹

15 加工轨迹的保存。选择主菜单中的【文件】/【保存】命令，系统软件自动完成文件的保存。

9.2.3　后置处理与 G 代码的生成

本节将肥皂模型的加工轨迹生成 G 代码文件。通过设置机床数控系统类型为 FANUC

系统进行后置设置，再结合已生成的 3 种加工轨迹，生成需要的 3 种加工 G 代码文件。

操作步骤

01 打开软件。选择【开始】/【程序】/【CAXA】/【CAXA 制造工程师】/【CAXA 制造工程师 2008】命令，或直接双击【CAXA 制造工程师 2008】桌面快捷方式图标，打开 CAXA 制造工程师软件，进入设计界面。软件默认状态下，当前坐标为 *XOY* 平面，非草图状态。

02 打开实体及加工轨迹文件。选择主菜单中的【文件】/【打开】命令，弹出【打开文件】对话框，如图 9-79 所示。选择已完成的“肥皂一侧实体造型.mxe”文件，单击 打开(O) 按钮，打开文件。

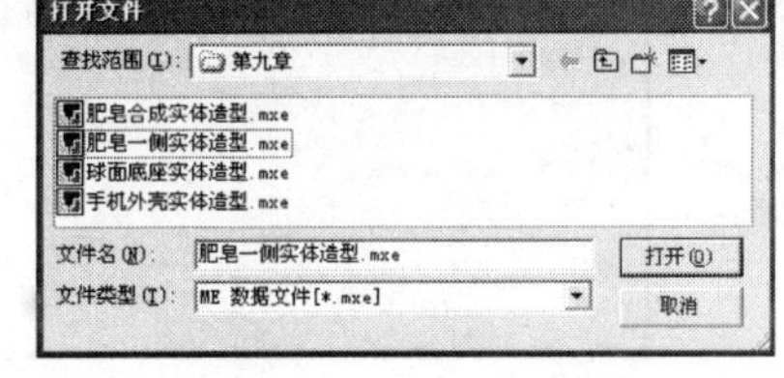

图 9-79　打开文件对话框

03 机床信息设置。选择【加工】/【后置处理】/【机床后置】命令，弹出【机床后置】对话框，【当前机床】选择 fanuc，进行适当的参数修改。修改完成后，单击 确定 按钮，将修改的参数保存。

04 进行粗加工仿真。选择【加工】/【实体仿真】命令，选择树管理器中【加工管理】选项卡中的“1-等高线粗加工”轨迹文件夹，单击鼠标右键，转换到“CAXA 轨迹仿真”界面。单击按钮，弹出【仿真加工】对话框，如图 9-80 所示。

05 加工仿真。单击按钮，加工仿真开始。加工仿真完成后，效果如图 9-81 所示。

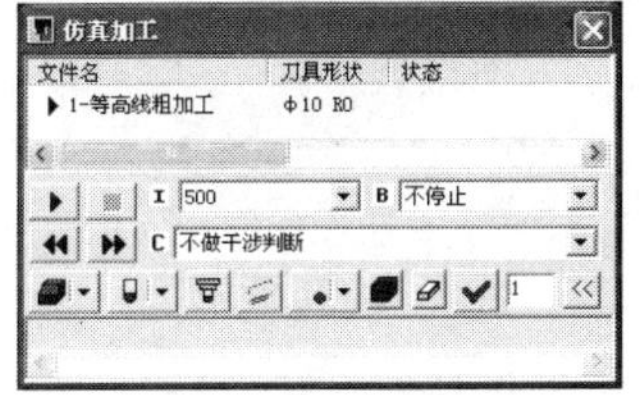

图 9-80　【仿真加工】对话框

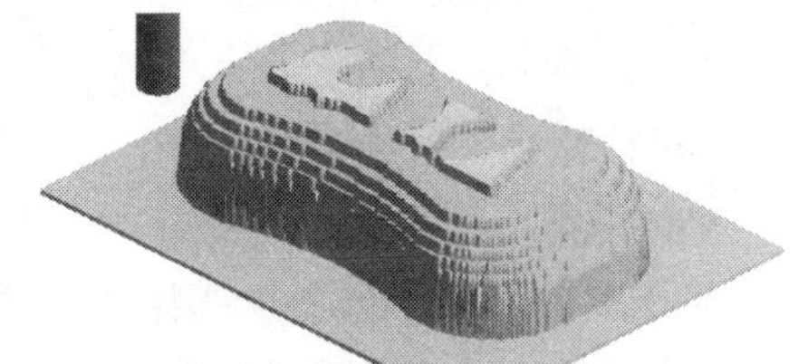

图 9-81　等高线粗加工仿真

06 加工仿真完成后，相关信息显示在【仿真加工】对话框中，如图 9-82 所示。

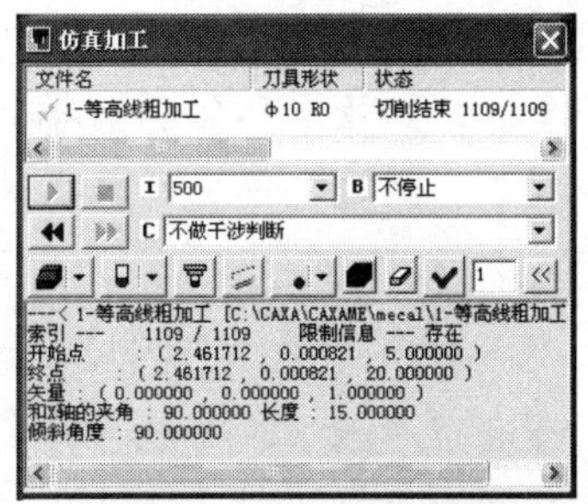

图 9-82　仿真加工信息

07 加工仿真通过后，在“CAXA 轨迹仿真”界面中单击按钮，关闭“CAXA 轨迹仿

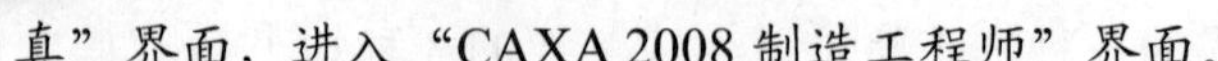

真”界面，进入“CAXA 2008 制造工程师”界面。

08 生成 G 代码。选择【加工】/【后置处理】/【生成 G 代码】命令，弹出【选择后置文件】对话框，如图 9-83 所示，在【文件名】文本框中输入“肥皂一侧实体造型等高线粗加工 G 代码”。

09 单击 保存(S) 按钮，关闭【选择后置文件】对话框消失。在树管理器中的【加工管理】选项卡中选择“1-等高线粗加工”轨迹文件夹，拾取完成后单击鼠标右键，弹出“肥皂一侧实体造型等高线粗加工 G 代码.cut”记事本文件，如图 9-84 所示。

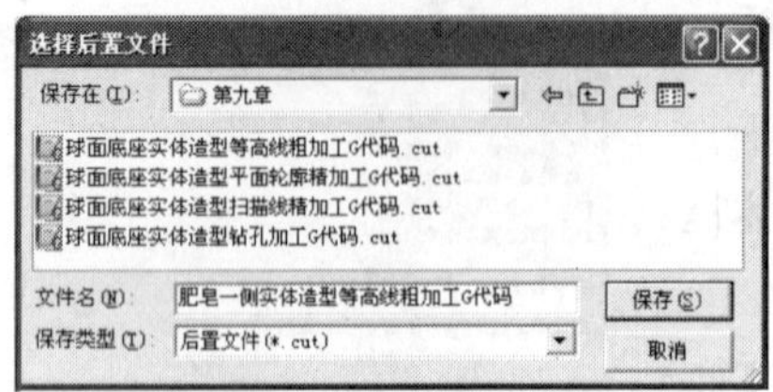

图 9-83　选择后置文件对话框

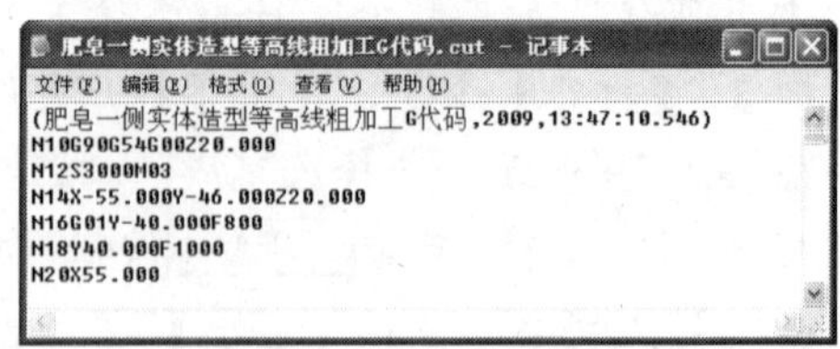

图 9-84　加工代码文件

10 进行精加工仿真。选择【加工】/【实体仿真】命令，选择树管理器中【加工管理】选项卡中的“2-等高线精加工”轨迹文件夹，单击鼠标右键，转换到“CAXA 轨迹仿真”界面，单击按钮。

11 加工仿真。单击按钮，加工仿真开始。加工仿真完成后，效果如图 9-85 所示。

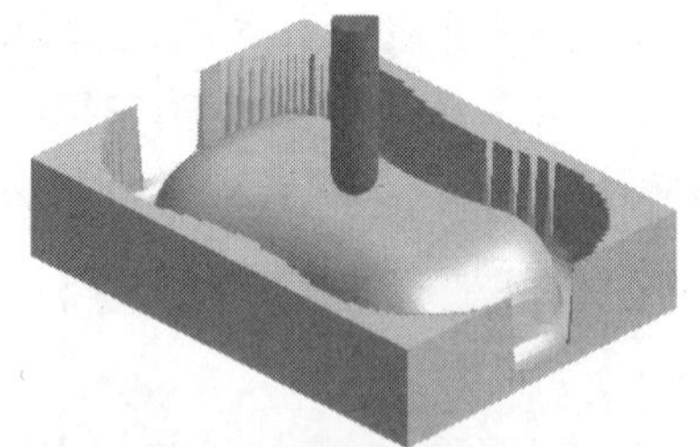

图 9-85　等高线精加工仿真

12 加工仿真通过后，在“CAXA 轨迹仿真”界面中单击按钮，关闭“CAXA 轨迹仿真”界面，进入“CAXA 2008 制造工程师”界面。

13 生成 G 代码。选择【加工】/【后置处理】/【生成 G 代码】命令，弹出【选择后置文件】对话框，在【文件名】文本框输入“肥皂一侧实体造型等高线精加工 G 代码”。

14 单击 保存(S) 按钮，关闭【选择后置文件】对话框。在树管理器中的【加工管理】选择卡中选择“2-平面轮廓精加工”轨迹文件夹，拾取完成后单击鼠标右键，在弹出“肥皂一侧实体造型等高线精加工 G 代码.cut”记事本文件。

15 笔式清根加工仿真。选择【加工】/【实体仿真】命令，选择树管理器中【加工管理】选项卡中的“3-笔式清根加工”轨迹文件夹，单击鼠标右键，转换到“CAXA 轨迹仿真”界面，单击按钮。

16 加工仿真。单击按钮，加工仿真开始。加工仿真完成后，效果如图 9-86 所示。

17 加工仿真通过后，在“CAXA 轨迹仿真”界面中单击按钮，关闭“CAXA 轨迹仿真”界面，进入“CAXA 2008 制造工程师”界面。

18 生成 G 代码。选择【加工】/【后置处理】/【生成 G 代码】命令，弹出【选择后置文件】对话框，在【文件名】文本框中输入“肥皂一侧实体造型笔式清根加工 G 代码”。

图 9-86　笔式清根加工仿真

19 单击保存(S)按钮，关闭【选择后置文件】对话框。在树管理器中的【加工管理】选项卡中选择“3-笔式清根加工”轨迹文件夹，拾取完成后单击鼠标右键，弹出“肥皂一侧实体造型笔式清根加工 G 代码.cut”记事本文件。

9.2.4 生成加工工艺清单

工艺清单的主要作用是记录零件的基本信息、加工信息、刀具信息、轨迹信息及代码加工信息。生成工艺清单后有利于进行前期准备工作，了解加工情况等。

下面生成肥皂的加工工艺清单，拾取 3 条已生成的加工轨迹就可以生成加工工艺清单。

操作步骤

01 选择主菜单中的【加工】/【工艺清单】命令，弹出【工艺清单】对话框，单击 … 按钮，选择文件存储目录为“F: \CAXA2008\第九章\肥皂工艺清单”，输入文件名称为“肥皂模型”，设置零件图号、零件编号、设计、工艺和校核等内容，如图 9-87 所示。

02 单击拾取轨迹按钮，依次拾取 3 条加工轨迹线文件夹，拾取完成后单击鼠标右键确认；单击生成清单按钮，工艺清单以网页形式打开，如图 9-88 所示。

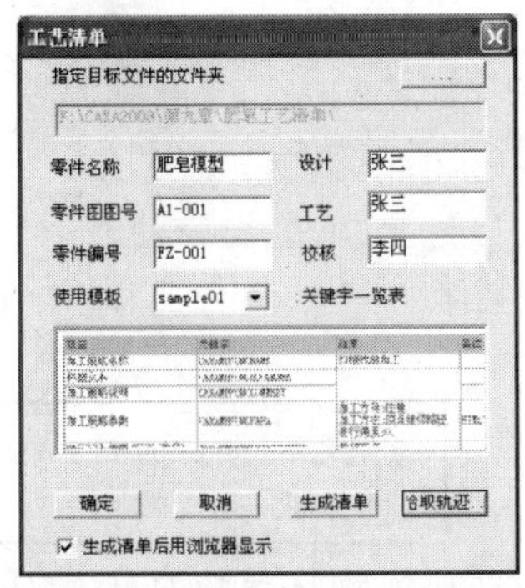

图 9-87 【工艺清单】对话框

图 9-88　工艺清单文件

03 在工艺清单的首页上有 general.html、function.html、tool.html、path.html 和 ncdata.html 超链接，单击相关的超链接即可进入各项清单。

04 单击 general.html 超链接后进入肥皂的基本信息页面，如图 9-89 所示。

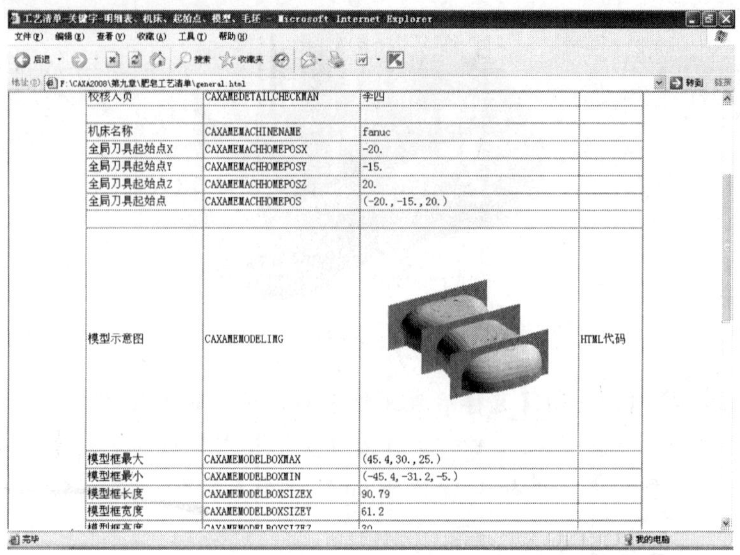

校核人员	CAXAMEDETAILCHECKMAN	李四	
机床名称	CAXAMEMACHINENAME	fanuc	
全局刀具起始点X	CAXAMEMACHHOMEPOSX	-20.	
全局刀具起始点Y	CAXAMEMACHHOMEPOSY	-15.	
全局刀具起始点Z	CAXAMEMACHHOMEPOSZ	20.	
全局刀具起始点	CAXAMEMACHHOMEPOS	(-20., -15., 20.)	
模型示意图	CAXAMEMODELIMG		HTML代码
模型框最大	CAXAMEMODELBOXMAX	(45.4, 30., 25.)	
模型框最小	CAXAMEMODELBOXMIN	(-45.4, -31.2, -5.)	
模型框长度	CAXAMEMODELBOXSIZEX	90.79	
模型框宽度	CAXAMEMODELBOXSIZEY	61.2	
模型框高度	CAXAMEMODELBOXSIZEZ	20	

图 9-89　基本信息页面

05 单击 ncdata.html 超链接后进入肥皂的加工信息页面，如图 9-90 所示。

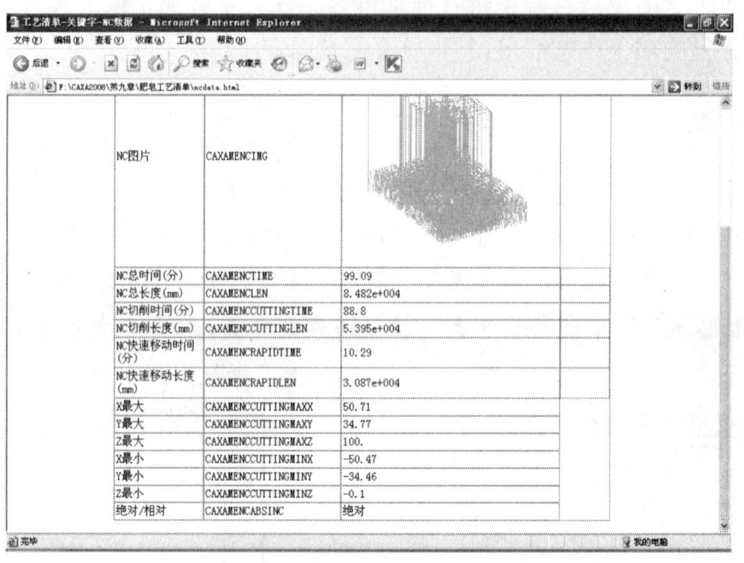

NC图片	CAXAMENCIMG	
NC总时间(分)	CAXAMENCTIME	99.09
NC总长度(mm)	CAXAMENCLEN	8.482e+004
NC切削时间(分)	CAXAMENCCUTTINGTIME	88.8
NC切削长度(mm)	CAXAMENCCUTTINGLEN	5.395e+004
NC快速移动时间(分)	CAXAMENCRAPIDTIME	10.29
NC快速移动长度(mm)	CAXAMENCRAPIDLEN	3.087e+004
X最大	CAXAMENCCUTTINGMAXX	50.71
Y最大	CAXAMENCCUTTINGMAXY	34.77
Z最大	CAXAMENCCUTTINGMAXZ	100.
X最小	CAXAMENCCUTTINGMINX	-50.47
Y最小	CAXAMENCCUTTINGMINY	-34.46
Z最小	CAXAMENCCUTTINGMINZ	-0.1
绝对/相对	CAXAMENCABSINC	绝对

图 9-90　加工代码信息页面

9.3　手机外壳的造型与加工实例

实例文件	实例\09\例 9-3.mxe
操作录像	视频\09\例 9-3.avi

下面通过手机外壳模型的例子来介绍手机外壳的实体造型、手机外壳实体绘制过程、外壳加工方法、轨迹生成及生成 G 代码的操作过程。手机外壳造型简单，加工方法多样，外壳实体表面为曲面开关，精加工方式要求比较高，且加工中要进行清根。

手机外壳实体的三维效果如图 9-91 所示。

图 9-91　手机外壳三维实体效果

9.3.1　手机外壳的造型

手机外壳的造型比较简单，首先需要绘制出手机外形实体，再生成手机上曲面的样条线，由样条线生成曲面，裁剪实体生成手机表面；通过实体过渡，过渡手机圆角边线；绘制键盘框草图，除料生成手机外壳框架。通过手机模型的造型可以学习相切圆的绘制、拉伸和过渡等实体特征及扫描面、等距面的生成方法。

手机外壳外形尺寸如图 9-92 所示。

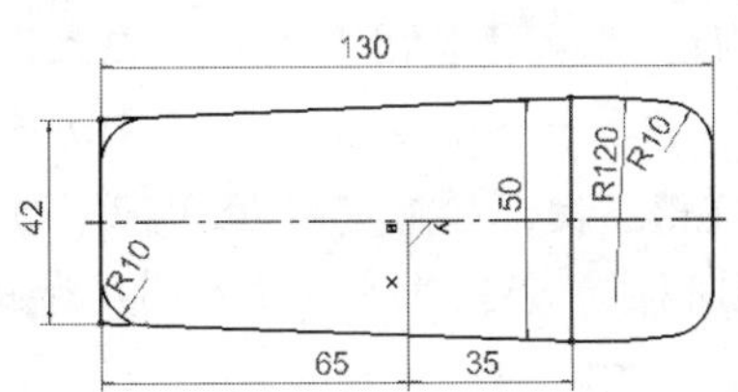

图 9-92　手机外壳外形尺寸

手机按键框的外形尺寸如图 9-93 所示。

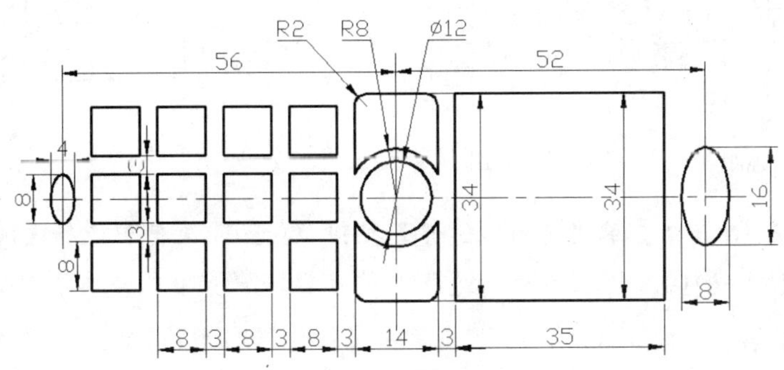

图 9-93　手机按键框的外形尺寸

手机外壳表面样条线如图 9-94 所示，其各点坐标为 *A*（0，−65，5）、*B*（0，−25，6.8）、*C*（0，38，10.6）、*D*（0，67，5）。

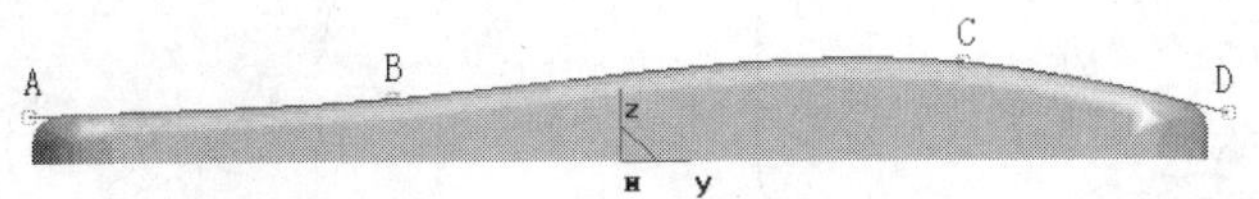

图 9-94　手机外壳表面样条线

操作步骤

01 打开软件。选择【开始】/【程序】/【CAXA】/【CAXA 制造工程师】/【CAXA 制造工程师 2008】命令，或直接双击【CAXA 制造工程师 2008】桌面快捷方式图标，打开 CAXA 制造工程师软件，进入设计界面。软件默认状态下，当前坐标为 *XOY* 平面，非草图状态。

02 绘制草图。拾取平面 *XY*，按 F2 键生成“草图 0”。单击【直线】按钮，在立即菜单中选择“水平/铅垂线”和“水平+铅垂”方式绘制直线，在【长度】文本框中输入“200”，拾取原点，绘制十字直线段完成；单击【等距线】按钮，在立即菜单中选择【单根曲线】和【等距】选项，在【距离】文本框中输入“65”，拾取水平线段向上和下进行等距；将距离修改为“35”，向上等距水平线；将距离修改为“21”，向左和右等距垂直线；将距离修改为“25”，向左和右等距垂直线，结果如图 9-95 所示。

03 绘制两传递斜边线。单击【直线】按钮，在立即菜单中选择“两点线”、“单个”和“非正交”方式绘制直线，绘制两条边线；裁剪删除多余线段，结果如图 9-96 所示。

04 绘制半径为 120 的两个圆。单击【整圆】按钮，在立即菜单中选择“两点_半径”方式绘制圆，第一点拾取 *A* 点，按 Space 键；选择【切点】命令，拾取线段 *AC* 为第二点，绘制两条边线，按 Enter 键；输入半径值“120”，按 Enter 键；单击鼠标右键，过 *A* 点圆绘制完成。按同样的方法绘制过 *B* 点圆，如图 9-97 所示。

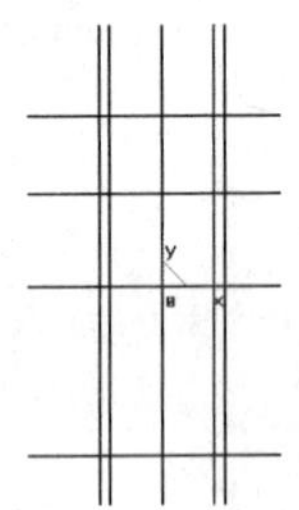
图 9-95 绘制等距线

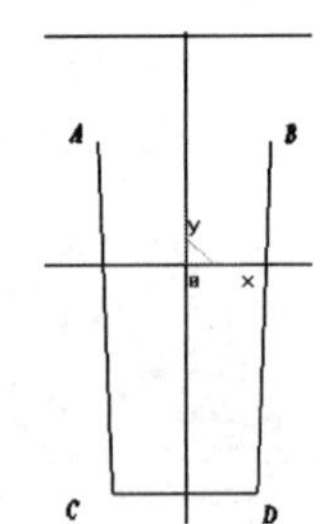

图 9-96 绘制手机边线

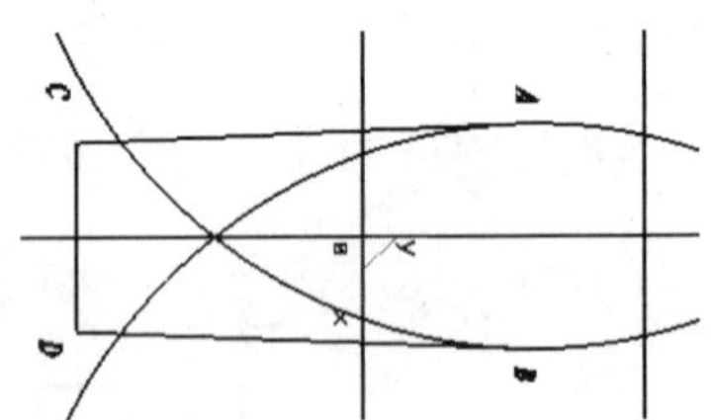
图 9-97 绘制圆弧线

05 过渡半径为 10 的角。单击【曲线过渡】按钮，在立即菜单中选择【圆弧过渡】选项，设置【半径】为 10，拾取各角的边线，过渡后删除多余线，如图 9-98 所示。

06 拉伸实体。按 F2 键退出“草图 0”，单击【拉伸增料】按钮，在【拉伸增料】对话框中选择【固定深度】选项，在【深度】数值框中输入“20”，拉伸对象选择“草图 0”，单击 确定 按钮，生成如图 9-99 所示的实体。

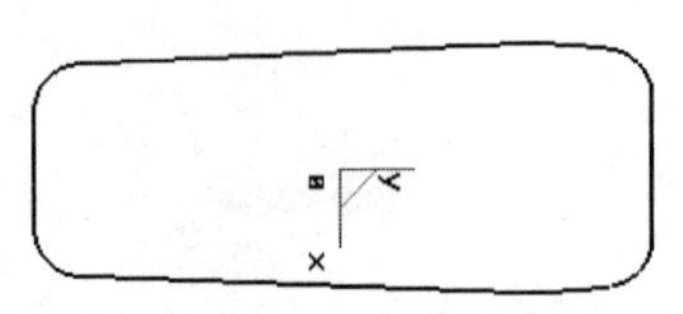
图 9-98 倒角生成草图

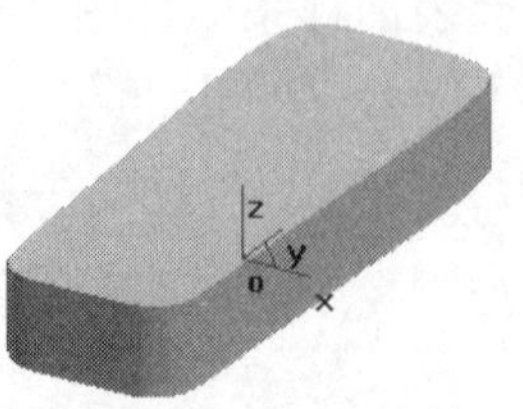
图 9-99 手机基础实体

07 绘制表面样条线。按F6键，单击【样条线】按钮，在立即菜单中选择【插值】和【缺省切矢】选项，按Enter键，在弹出的输入对话框中输入*A*点坐标值（0，−65，5），按Enter键，*A*点确定；按Enter键，在弹出的输入框中输入*B*点坐标值（0，−25，6.8），按Enter键，*B*点确定；按Enter键，在弹出的输入框中输入*C*点坐标值（0，38，10.6），按Enter键，*C*点确定；按Enter键，在弹出的输入框中输入*D*点坐标值（0，67，5），按Enter键，*D*点确定，结果如图9-100所示。

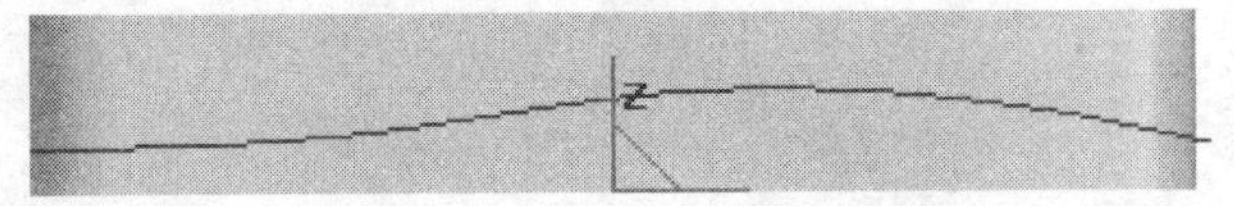

图9-100　手机面样条线

08 生成曲面。单击【扫描面】按钮，在立即菜单中的【起始距离】文本框中输入“–30”，在【扫描距离】文本框中输入“60”，按Space键，在弹出的菜单中选择【*X*轴正方向】命令，拾取样条线段，生成一曲面，如图9-101所示。

09 进行曲面裁剪。单击【曲面裁剪】按钮，弹出【曲面裁剪】对话框，拾取曲面，单击 确定 按钮，如图9-102所示。

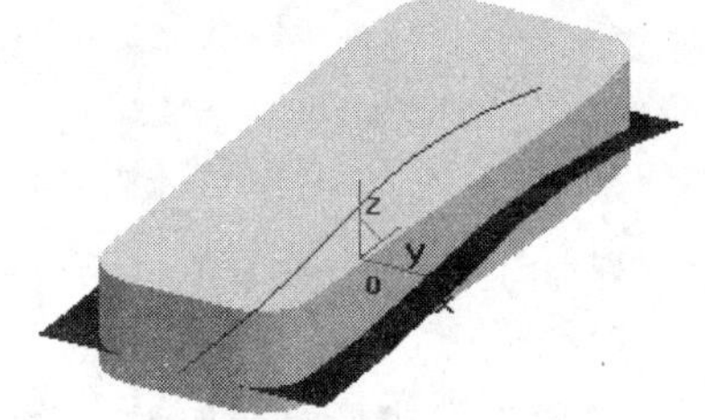

图9-101　样条线生成曲面

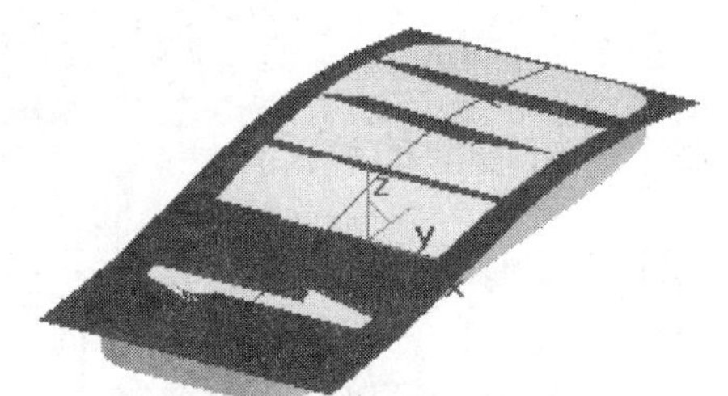

图9-102　曲面裁剪实体

10 向下等距曲面，生成键框除料面。单击【等距面】按钮，在立即菜单中的【等距距离】文本框中输入“2”，拾取生成的曲面，选择向下的箭头，向下等距面。隐藏上曲面后的效果如图9-103所示。

11 边的过渡。单击【过渡】按钮，在弹出的【过渡】对话框中设置半径为3，拾取实体上表面，单击【确定】按钮，完成过渡，效果如图9-104所示。

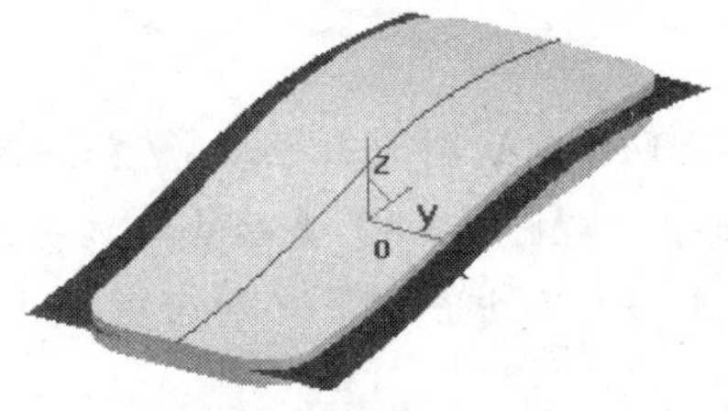

图9-103　曲面向下等距

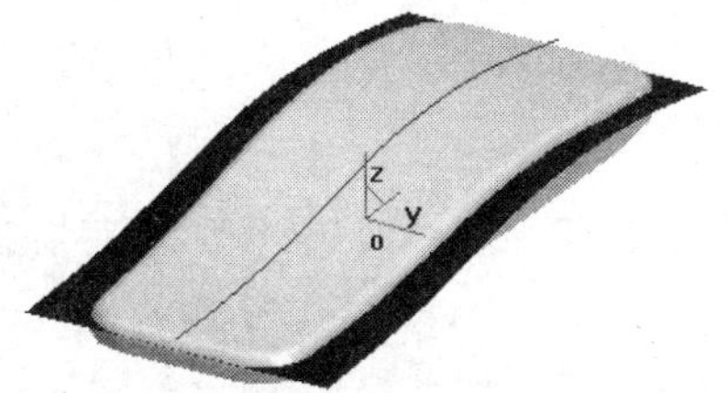

图9-104　过渡手机实体

12 生成手机按键边框的平面。单击【构造基准面】按钮，在弹出的【构造基准面】

对话框中设置【距离】为 30，构造条件拾取“平面 *XY*”，单击 确定 按钮，生成平面，按 F2 键生成“草图 2”，按图 9-93 所示尺寸绘制草图，如图 9-105 所示。

13 除料生成按键框。按 F2 键退出“草图 2”，单击【拉伸除料】按钮，在弹出的【拉伸除料】对话框中选择【拉伸到面】选项，拾取“草图 2”及曲面，单击 确定 按钮，隐藏曲面后的手机实体如图 9-106 所示。

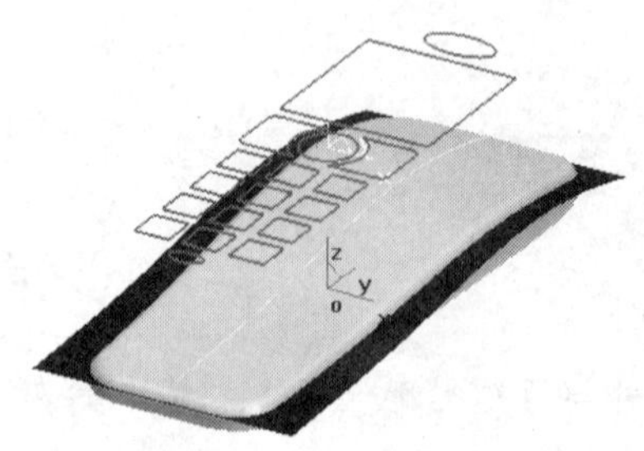

图 9-105　绘制按键草图

图 9-106　生成手机外壳

14 实体造型完成，进行保存。选择主菜单中的【文件】/【保存】命令，弹出【存储文件】对话框，选择保存目录，输入保存文件名“手机外壳实体造型.mxe”，单击【保存】按钮，完成实体保存。

9.3.2　手机模型的加工

手机模型整体形状平坦，可采用等高粗加工和浅平面精加工方法完成加工。手机模型上表面的孔和腔的根部需要清根，“清根”方式及方法有很多种。

本实例通过手机模型的加工学习毛坯的定义、等高线粗加工、浅平面精加工、轮廓线精加工及扫描线精加工的加工方法。

可以通过以下方法进行手机模型的加工。

（1）用直径为ϕ8mm 的端铣刀做等高线粗加工。

（2）用直径为ϕ2mm 的端铣刀做浅平面精加工。

（3）用直径为ϕ8mm 的端铣刀做轮廓线精加工。

（4）用直径为ϕ0.5mm 的端铣刀做笔式清根。

操作步骤

01 打开软件。选择【开始】/【程序】/【CAXA】/【CAXA 制造工程师】/【CAXA 制造工程师 2008】命令，或直接双击【CAXA 制造工程师 2008】桌面快捷方式图标，打开 CAXA 制造工程师软件，进入设计界面。软件默认状态下，当前坐标为 *XOY* 平面，非草图状态。

02 打开实体文件。选择主菜单中的【文件】/【打开】命令，弹出【打开文件】对话框。选择已完成的“手机外壳实体造型.mxe”文件，单击 打开(O) 按钮，打开文件。

03 后置设置。用户可以增加当前使用的机床，给出机床名，定义适合自己机床的后置格式。系统默认的格式为 FANUC 系统的格式，本例使用默认的 FANUC 系统。

04 定义刀具。单击树管理器，选择【加工管理】选项卡，双击【刀具库】选项，弹出【刀具库管理】对话框；单击【增加刀具】按钮，在对话框中选择“铣刀”，输入名称“D2”，增加一个浅平面精加工铣刀；单击【增加刀具】按钮，在对话框中选择“铣刀”，输入名称“D0.5”，增加一个雕刻铣刀，如图 9-107 所示。单击 确 认 按钮，退出刀具库管理。

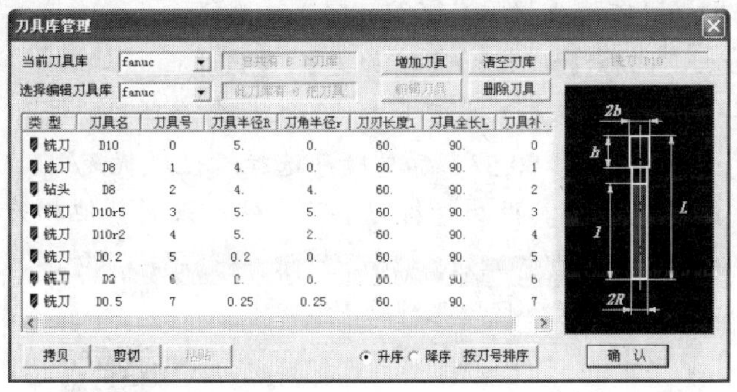

图 9-107　增加刀具

05 建立毛坯。单击树管理器，选择【加工管理】选项卡，双击【毛坯】选项，弹出【定义毛坯】对话框，选择【两点方式】选项，参数如图 9-108 所示。单击 确定 按钮，生成毛坯。

06 用等高线粗加工方法加工外形。选择【加工】/【粗加工】/【等高线粗加工】命令，弹出【等高线粗加工】对话框。在【加工参数 1】选项卡中，加工方向选择“顺铣”，*Z* 切入选择“层高”，在【层高】文本框中输入“2”，*XY* 切入选择“行距”，在【行距】文本框输入“4”，如图 9-109 所示。【刀具参数】选项卡中刀具设为“铣刀 D8”，然后设置其他相关参数。

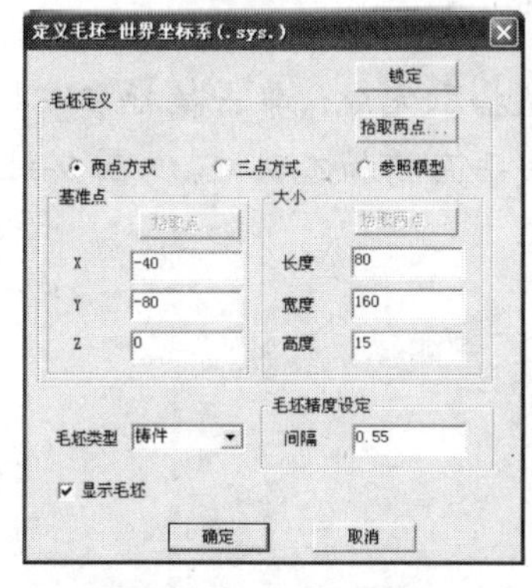

图 9-108　定义毛坯

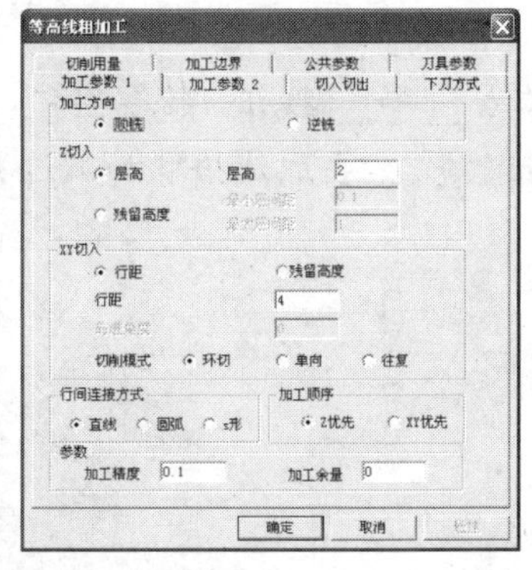

图 9-109　【等高线粗加工】对话框

07 单击 确定 按钮，拾取实体，单击鼠标右键确认拾取完成；单击鼠标右键取消拾取加工边界线，系统自动生成等高线粗加工轨迹，如图 9-110 所示。

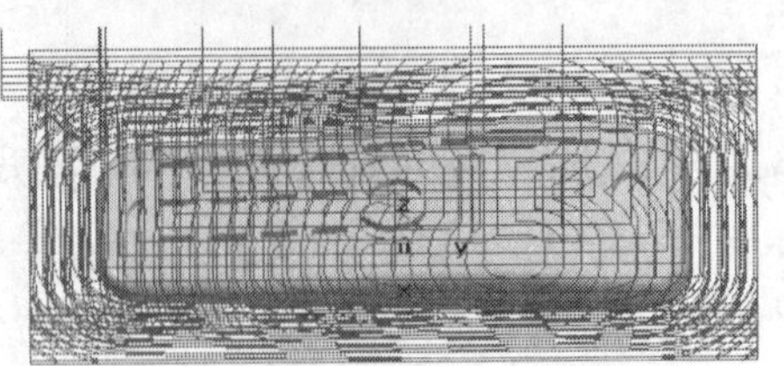
图 9-110　等高线粗加工轨迹线

08 同时，在树管理器中生成“1-等高线粗加工”文件夹，选择此文件夹，单击鼠标右键，在弹出的快捷菜单中选择【隐藏】命令，隐藏轨迹线，方便生成其他加工轨迹线。

09 做浅平面精加工。选择【加工】/【精加工】/【浅平面精加工】命令，弹出【浅平面精加工】对话框。【加工参数】选项卡中，加工方向选择“顺铣”，*XY* 向选择“行距”，在【行距】文本框中输入“0.5”，加工顺序选择“区域优先”，如图 9-111 所示。在【刀具参数】选项卡中刀具设为“铣刀 D2”，然后设置其他相关参数。

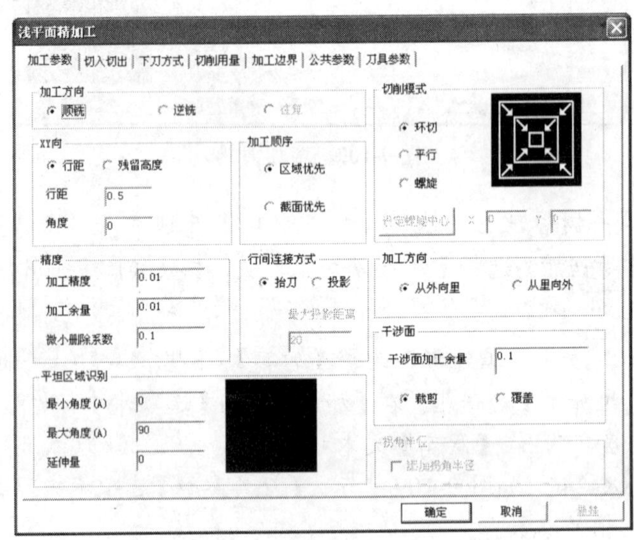

图 9-111　【浅平面精加工】对话框

10 单击 确定 按钮，拾取实体，单击鼠标右键确认拾取完成；单击鼠标右键取消干涉面检查，右击取消拾取加工边界，系统自动生成浅平面精加工轨迹，如图 9-112 所示。

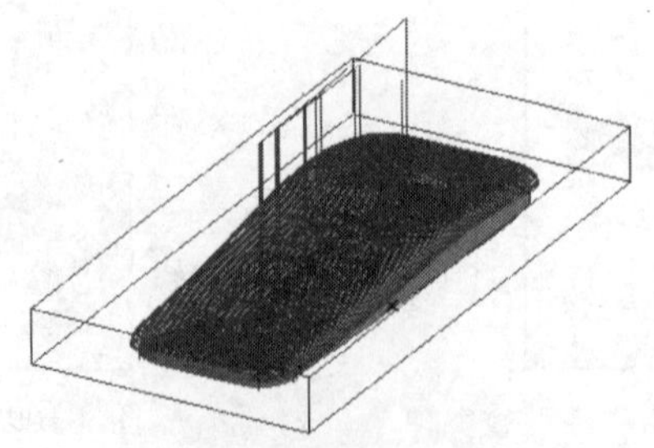
图 9-112　浅平面加工轨迹线

11 同时，在树管理器中生成“2-浅平面精加工”轨迹文件夹，选择此文件夹，单击鼠标右键，在弹出的快捷菜单中选择【隐藏】命令，隐藏轨迹线，方便生成其他加工轨迹线。

12 做平面轮廓精加工轨迹线。单击【相关线】按钮，在立即菜单中选择【实体边界】选项，拾取手机模型的边线，绘制出手机轮廓线；选择【加工】/【精加工】/【平面轮廓精加工】命令，弹出【平面轮廓精加工】对话框，在【加工参数】选项卡中，在【加工精度】文本框中输入“0.01”，在【顶层高度】文本框中输入“0”，在【底层高度】文本框中输入“0”，如图 9-113 所示。在【刀具参数】选项卡中刀具设为“铣刀 D8”，然后设置其他相关参数。

13 单击 确定 按钮，拾取轮廓线，选择任一方向的箭头以确认搜索方向，拾取向外的箭头确认加工实体的方向，单击鼠标右键取消拾取进刀点，单击鼠标右键取消拾取退刀点，系统自动生成浅平面精加工轨迹，如图 9-114 所示。

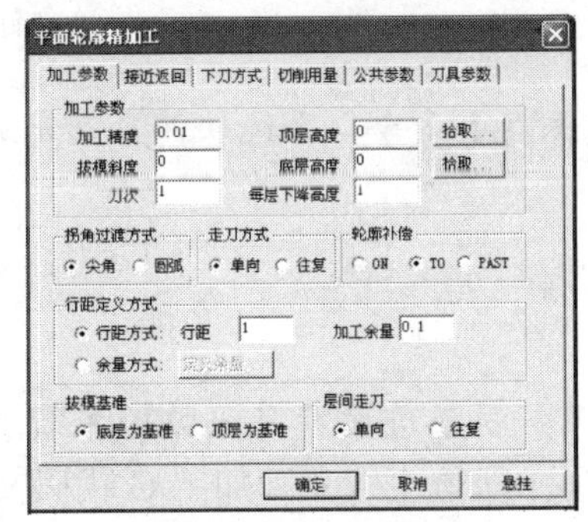

图 9-113 【平面轮廓精加工】对话框

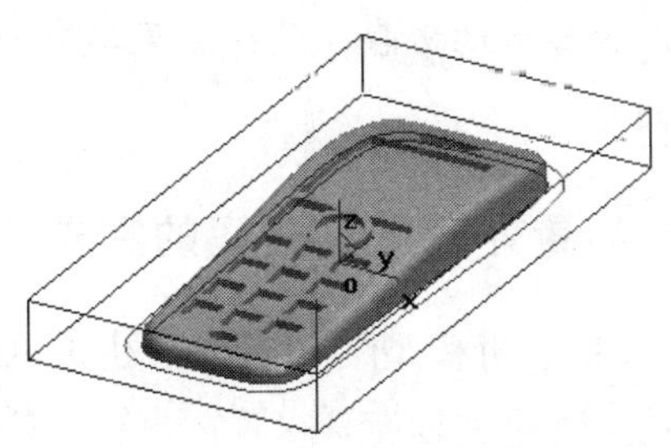

图 9-114　平面轮廓精加工轨迹线

14 同时，在树管理器中生成“3-平面轮廓精加工”轨迹文件夹，选择此文件夹，单击鼠标右键，在弹出的快捷菜单中选择【隐藏】命令，隐藏轨迹线，方便生成其他加工轨迹线。

15 做笔式清根加工轨迹线。选择【加工】/【补加工】/【笔式清根加工】命令，弹出【笔式清根加工】对话框。在【加工参数】选项卡中，加工方法选择“顺铣”，切削宽度设置为 2，行距设置为 0.25，如图 9-115 所示。在【刀具参数】选项卡中刀具设为“铣刀 D0.5”，然后设置其他相关参数。

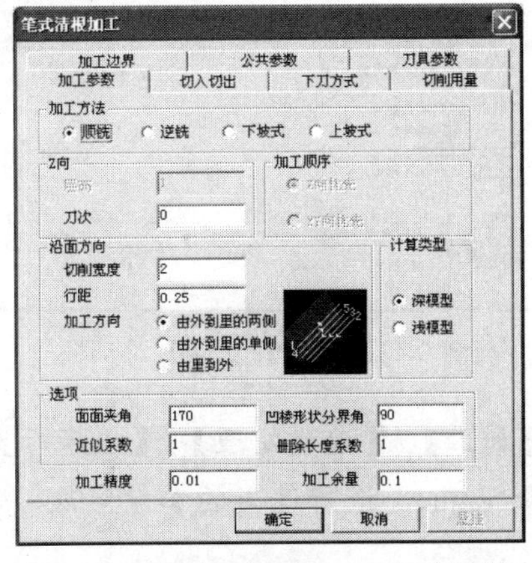

图 9-115 【笔式清根加工】对话框

16 单击 确定 按钮，拾取实体，单击鼠标右键确认。再次单击右键取消拾取加工边界，系统自动生成浅平面精加工轨迹，如图 9-116 所示。

17 同时，在树管理器中生成“4-笔式清根加工”文件夹，如图 9-117 所示为 4 次加工轨迹的文件夹。各个文件夹包含各种加工方法的参数。

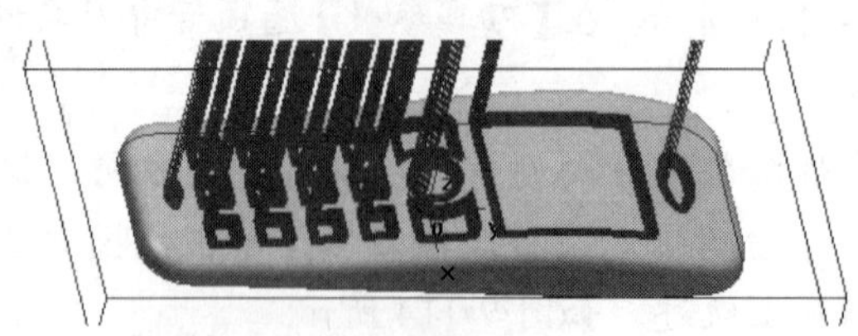

图 9-116 笔式清根加工轨迹线

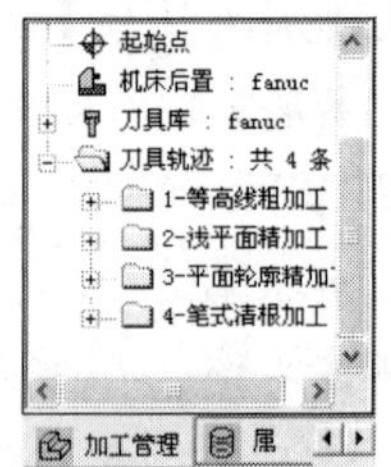

图 9-117 加工轨迹文件夹

18 加工轨迹的保存。选择主菜单中的【文件】/【保存】命令，系统软件自动完成文件的存档。

9.3.3 后置处理与 G 代码的生成

本节将手机模型的加工轨迹生成 G 代码文件。下面通过设置机床数控系统类型为 FANUC 系统，进行后置设置，再结合已生成的 4 种加工轨迹生成 4 种加工 G 代码文件。

操作步骤

01 打开软件。选择【开始】/【程序】/【CAXA】/【CAXA 制造工程师】/【CAXA 制造工程师 2008】命令，或直接双击【CAXA 制造工程师 2008】桌面快捷方式图标，打开 CAXA 制造工程师软件，进入设计界面。

02 打开实体及加工轨迹文件。选择主菜单中的【文件】/【打开】命令，弹出【打开文件】对话框，如图 9-118 所示。选择已完成的“手机外壳实体造型.mxe”文件，单击 打开(O) 按钮，打开文件。

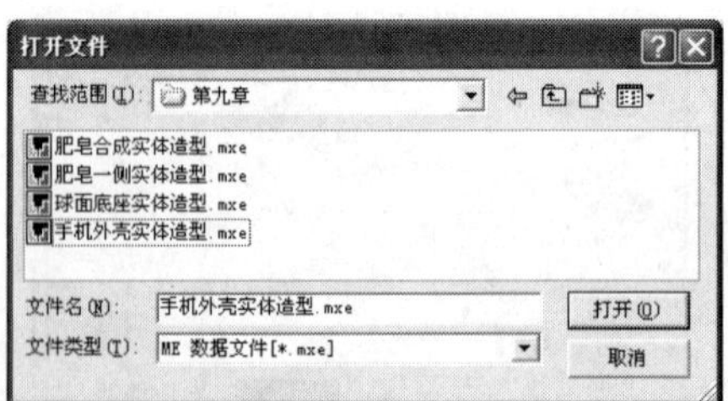

图 9-118 【打开文件】对话框

03 机床信息设置。选择【加工】/【后置处理】/【机床后置】命令，弹出【机床后置】对话框，当前机床选择 fanuc，进行适当的参数修改。修改完成后，单击 确定 按钮，保存修改的参数。

04 进行等高线粗加工仿真。选择【加工】/【实体仿真】命令，选择树管理器中【加工管理】选项卡中的“1-等高线粗加工”轨迹文件夹，单击鼠标右键，转换到“CAXA 轨迹仿真”界面，单击按钮，弹出【仿真加工】对话框。

05 加工仿真。单击按钮，加工仿真开始，完成后的效果如图 9-119 所示。

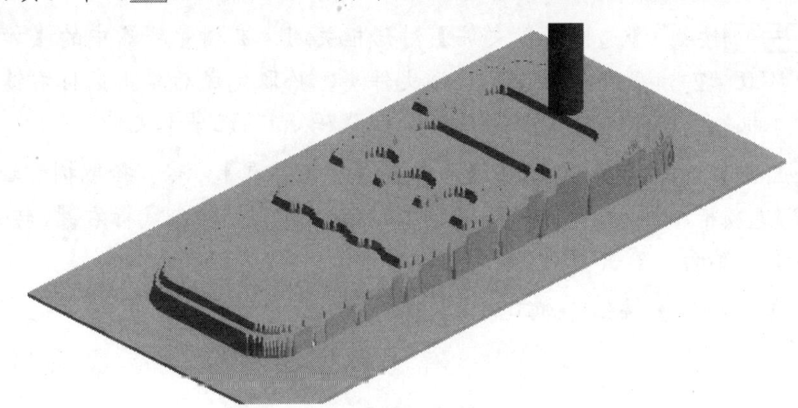

图 9-119　等高线粗加工仿真

06 加工仿真通过后，在“CAXA 轨迹仿真”界面中单击按钮，关闭“CAXA 轨迹仿真”界面，进入“CAXA 2008 制造工程师”界面。

07 生成 G 代码。选择【加工】/【后置处理】/【生成 G 代码】命令，弹出【选择后置文件】对话框，在【文件名】文本框中输入“手机外壳实体造型等高线粗加工 G 代码.cut”。

08 单击 保存(S) 按钮，关闭【选择后置文件】对话框。在树管理器中的【加工管理】选项卡中选择 “1-等高线粗加工”轨迹文件夹，拾取完成后单击鼠标右键，弹出“手机外壳实体造型等高线粗加工 G 代码.cut”记事本文件。

09 进行浅平面精加工仿真。选择【加工】/【实体仿真】命令，选择树管理器中【加工管理】选项卡中的“2-浅平面精加工”轨迹文件夹，单击鼠标右键，转换到“CAXA 轨迹仿真”界面，单击按钮。

10 加工仿真。单击按钮，加工仿真开始，完成后的效果如图 9-120 所示。

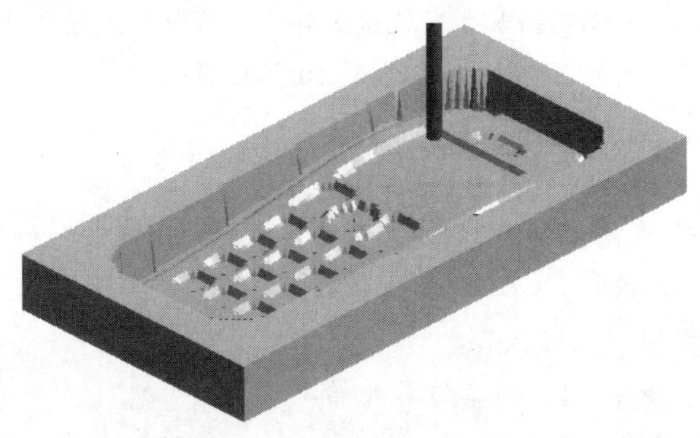

图 9-120　浅平面加工仿真

11 加工仿真通过后，在“CAXA 轨迹仿真”界面中单击☒图标，关闭“CAXA 轨迹仿真”界面，进入“CAXA 2008 制造工程师”界面。

12 生成 G 代码。选择【加工】/【后置处理】/【生成 G 代码】命令，弹出【选择后置文件】对话框，在【文件名】文框中输入“手机外壳实体造型浅平面精加工 G 代码.cut”。

13 单击 保存(S) 按钮，【选择后置文件】对话框关闭。在树管理器中的【加工管理】选项卡中拾取“2-浅平面精加工”轨迹文件夹，拾取完成后单击鼠标右键，在屏幕中弹出“手机外壳实体造型浅平面精加工 G 代码.cut”记事本文件。

14 进行平面轮廓精加工仿真。选择【加工】/【实体仿真】命令，拾取树管理器中的【加工管理】选项卡中的“3-平面轮廓精加工”轨迹文件夹，单击鼠标右键，转换到“CAXA 轨迹仿真”界面，单击■按钮。

15 加工仿真。单击▶按钮，加工仿真开始，完成后如图 9-121 所示。

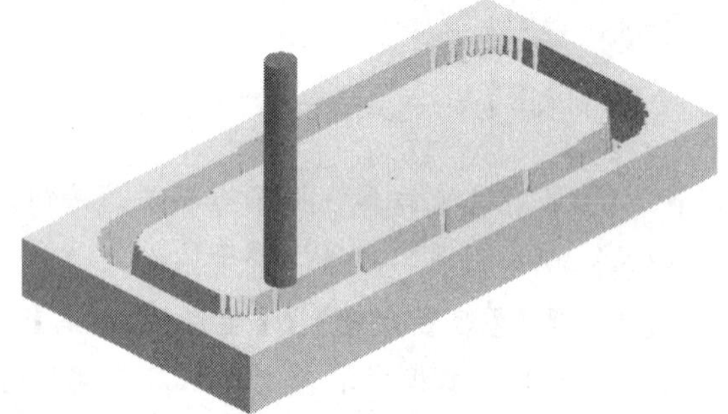

图 9-121　平面轮廓精加工仿真

16 加工仿真通过后，在“CAXA 轨迹仿真”界面中单击☒按钮，关闭“CAXA 轨迹仿真”界面，进入“CAXA 2008 制造工程师”界面。

17 生成 G 代码。选择【加工】/【后置处理】/【生成 G 代码】命令，弹出【选择后置文件】对话框，在【文件名】文本框中输入“手机外壳实体造型平面轮廓精加工 G 代码.cut”。

18 单击 保存(S) 按钮，关闭【选择后置文件】对话框。在树管理器中的【加工管理】选项卡中选择“3-平面轮廓精加工”轨迹文件夹，拾取完成后单击鼠标右键，弹出“手机外壳实体造型平面轮廓精加工 G 代码.cut”记事本文件。

19 进行笔式清根加工仿真。选择【加工】/【实体仿真】命令，选择树管理器中【加工管理】选项卡中的“4-笔式清根加工”轨迹文件夹，单击鼠标右键，转换到“CAXA 轨迹仿真”界面，单击■按钮。

20 加工仿真。单击▶按钮，加工仿真开始，完成后的效果如图 9-122 所示。

图 9-122　笔式清根加工仿真

21 加工仿真通过后，在“CAXA 轨迹仿真”界面中单击☒按钮，关闭“CAXA 轨迹仿真”界面，进入“CAXA 2008 制造工程师”界面。

22 生成 G 代码。选择【加工】/【后置处理】/【生成 G 代码】命令，弹出【选择后置文件】对话框，在【文件名】文本框中输入“手机外壳实体造型笔式清根加工 G 代码.cut”。

23 单击 保存(S) 按钮，关闭【选择后置文件】对话框。在树管理器中的【加工管理】选项卡中选择“4-笔式清根加工”轨迹文件夹，拾取完成后单击鼠标右键，弹出“手机外壳实体造型笔式清根加工 G 代码.cut”记事本文件，如图 9-123 所示。

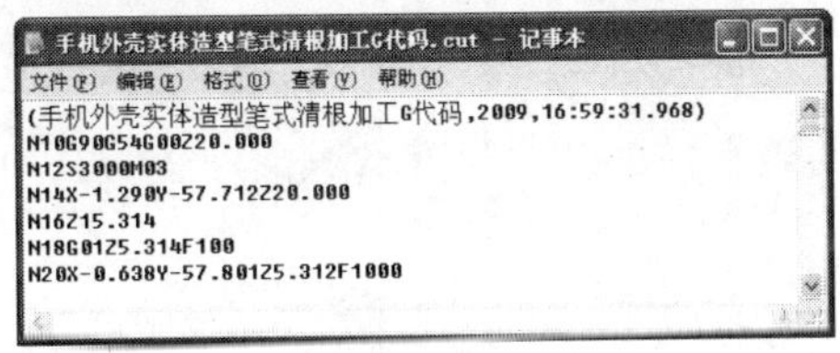

图 9-123　加工代码文件

9.3.4 生成加工工艺清单

本节将生成手机外壳框的加工工艺清单，拾取 4 条已生成的加工轨迹就可以生成加工工艺清单，便于加工生成的计划。

操作步骤

01 选择主菜单中的【加工】/【工艺清单】命令，弹出【工艺清单】对话框。单击 ... 按钮，选择文件存储目录为“F:\CAXA2008\第九章\手机外壳工艺清单”，输入文件名称为“手机外壳模型”，设置零件图号、零件编号、设计、工艺和校核等内容，如图 9-124 所示。

02 单击 拾取轨迹 按钮，依次拾取 3 条加工轨迹线文件夹，拾取完成后单击鼠标右键。单击 生成清单 按钮，工艺清单以网页形式打开，如图 9-125 所示。

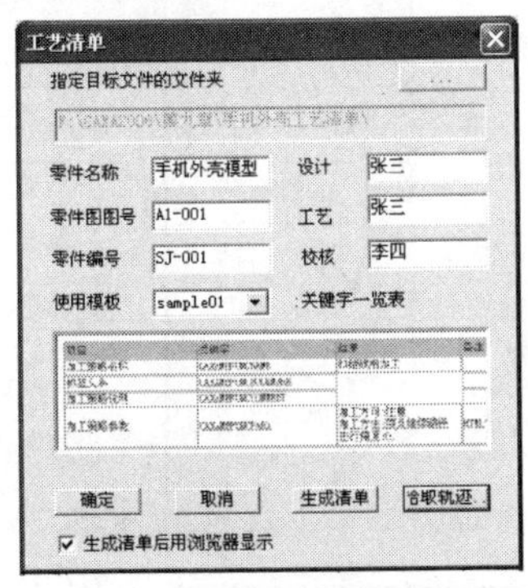

图 9-124　工艺清单对话框

图 9-125　工艺清单页面

03 在工艺清单的首面上有 general.html、function.html、tool.html、path.html 和 ncdata.html 文件超链接，单击相关超链接即可进入各项清单。

04 单击 general.html 超链接后进入手机的基本信息页面，如图 9-126 所示。

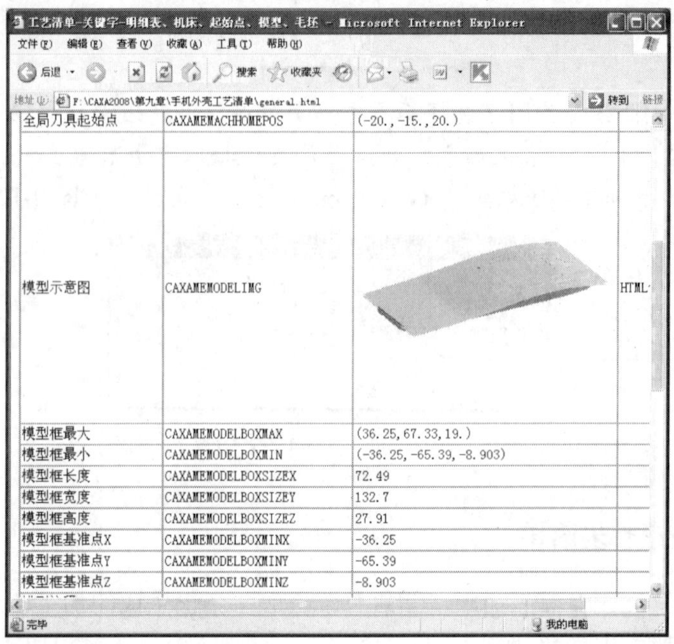

全局刀具起始点	CAXAMEMACHHOMEPOS	(-20., -15., 20.)	
模型示意图	CAXAMEMODELIMG		HTML
模型框最大	CAXAMEMODELBOXMAX	(36.25, 67.33, 19.)	
模型框最小	CAXAMEMODELBOXMIN	(-36.25, -65.39, -8.903)	
模型框长度	CAXAMEMODELBOXSIZEX	72.49	
模型框宽度	CAXAMEMODELBOXSIZEY	132.7	
模型框高度	CAXAMEMODELBOXSIZEZ	27.91	
模型框基准点X	CAXAMEMODELBOXMINX	-36.25	
模型框基准点Y	CAXAMEMODELBOXMINY	-65.39	
模型框基准点Z	CAXAMEMODELBOXMINZ	-8.903	

图 9-126　基本信息页面

05 单击 ncdata.html 超链接后进入手机的加工代码信息页面，如图 9-127 所示。

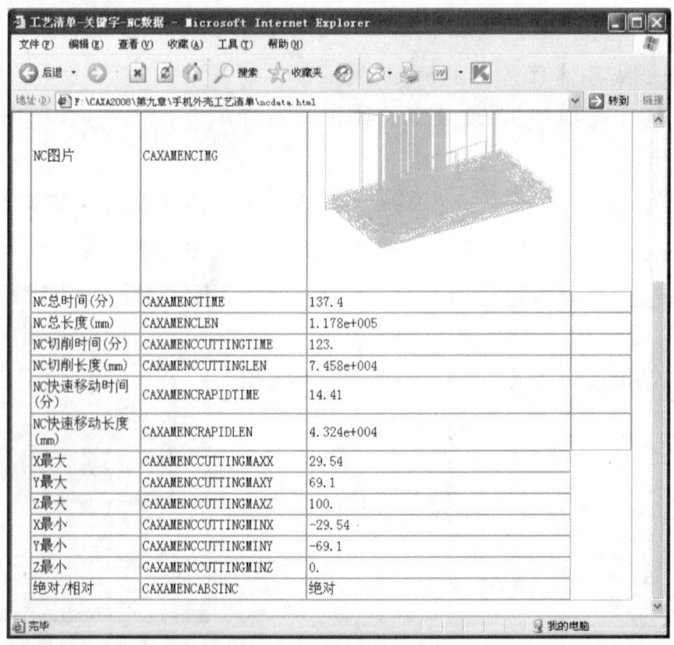

NC图片	CAXAMENCIMG	
NC总时间(分)	CAXAMENCTIME	137.4
NC总长度(mm)	CAXAMENCLEN	1.178e+005
NC切削时间(分)	CAXAMENCCUTTINGTIME	123.
NC切削长度(mm)	CAXAMENCCUTTINGLEN	7.458e+004
NC快速移动时间(分)	CAXAMENCRAPIDTIME	14.41
NC快速移动长度(mm)	CAXAMENCRAPIDLEN	4.324e+004
X最大	CAXAMENCCUTTINGMAXX	29.54
Y最大	CAXAMENCCUTTINGMAXY	69.1
Z最大	CAXAMENCCUTTINGMAXZ	100.
X最小	CAXAMENCCUTTINGMINX	-29.54
Y最小	CAXAMENCCUTTINGMINY	-69.1
Z最小	CAXAMENCCUTTINGMINZ	0.
绝对/相对	CAXAMENCABSINC	绝对

图 9-127　加工代码信息页面

附　录

1. FANUC 数控系统的准备功能 G 代码

FANUC 数控系统的准备功能 G 代码见表 1。

表 1　准备功能 G 代码

G 代 码	组　号	功　　能	G 代 码	组　号	功　　能
G00*	01	快速点定位	G40*	07	刀具半径补偿取消
G01*		直线插补	G41		刀具半径左补偿
G02		顺时针圆弧插补	G42		刀具半径右补偿
G03		逆时针圆弧插补	G43	08	刀具长度下补偿
G04	00	暂停，准确停止	G44		刀具长度负补偿
G07		虚拟轴插补	G45	00	刀具偏置增加
G08		预读控制	G46		刀具偏置减少
G09		准确停止	G47		刀具偏置两倍增加
G10		可编程数据输入	G48		刀具偏置两倍减少
G11		可编程数据输入方式取消	G49*	08	刀具长度补偿取消
G15*	17	极坐标指令取消	G50*	11	比例缩放取消
G16		极坐标指令	G51		比例缩放
G17*	02	*XY* 平面选择	G52	00	局部坐标系设定
G18*		*ZX* 平面选择	G53		选择机床坐标系
G19*		*YZ* 平面选择	G54-G59	14	选择机床坐标系 1～6
G20	06	英制输入	G60	00/01	单向定位
G21		公制输入	G61	15	精确停校验方式
G22*	04	存储行程限位 ON	G62		自动拐角倍率
G23		存储行程限位 OFF	G63		攻螺纹模式
G27	00	返回参考点校验	G64*		切削模式
G28		返回参考点	G65	00	宏指令简单调用
G29		从参考点返回	G66	12	宏指令模态调用
G30		返回第 2、3、4 参考点	G67*		宏指令模态调用取消
G31		跳转功能	G68		坐标系旋转

（续）

G 代 码	组 号	功 能	G 代 码	组 号	功 能
G33	01	螺纹切削	G69*		坐标系旋转取消
G37	00	自动刀具长度测量	G73	09	钻孔循环
G39		尖角圆弧插补	G74		反攻螺纹
G76	09	精镗循环	G90*	03	绝对值编程
G80*	09	取消固定循环	G91*		增量值编程
G81		钻孔循环镗阶梯孔	G92	00	设定工件坐标系
G82		攻螺纹循环	G94*	05	每分钟进给速度
G83		深孔钻循环	G95		每转进给速度
G84		攻丝循环	G96	13	恒周速控制
G85-86		镗孔循环	G97*		恒周速控制取消
G87		背镗循环	G98*	04	固定循环返回起始平面
G88-89		镗孔循环	G99		固定循环返回 R 平面

注：*为模态 G 代码。

2．FANUC 数控系统的辅助功能 M 代码

FANUC 数控系统的辅助功能 M 代码见表 2。

表 2　辅助功能 M 代码

M 代 码	功 能	简 要 说 明
M00	程序停止	切断机床所有动作，按程序启动按钮继续执行后面的程序段
M01	任选停止	与 M00 功能相似，机床控制面板上【条件停止】开关接通时有效
M02	程序结束	主程序运行结束指令，切断机床所有的动作
M03	主轴正转	从主轴端向主轴尾端看时为逆时针
M04	主轴反转	从主轴端向主轴尾端看时为顺时针
M05	主轴停止	执行完该指令后主轴停止转动
M06	刀具交换	按指定刀具换刀
M08	切削液开	执行该指令时切削液自动打开
M09	切削液关	执行该指令时切削液自动关闭
M30	程序结束	程序结束后自动返回到程序开始位置，机床及控制系统复位
M98	调用子程序	主程序可以调用两重子程序
M99	子程序返回	子程序结束并返回到主程序

参 考 文 献

[1]. 刘玉春，孙晓林. CAD/CAM 数控编程与实训（CAXA 版）[M]. 北京：中国林业出版社；北京大学出版社，2007.

[2]. 杨伟群. 数控工艺培训教程（数控铣部分）[M]. 北京：清华大学出版社，2002.

[3]. 刘颖. CAXA 制造工程师 2006 实体教程[M]. 北京：清华大学出版社，2006.

[4]. 刘雄伟. 数控机床操作与编程培训教程[M]. 北京：机械工业出版社，2003.

[5]. 杨伟群. CAXA-CAM 与 NC 加工应用实例[M]. 北京：高等教育出版社，2004.

[6]. 赵国增. 机械 CAD/CAM[M]. 北京：机械工业出版社，2005.

[7]. 史翠兰. CAD/CAM 技术及其应用[M]. 北京：机械工业出版社，2003.

[8]. 郑书华. 数控铣削编程与操作训练[M]. 北京：高等教育出版社，2005.